20 1170048 7
TELEPEN

AF606436

Gmelin Handbuch der Anorganischen Chemie

Ergänzungswerk zur achten Auflage

New Supplement Series

Metall-Organische Verbindungen im Gmelin Handbuch

Organometallic Compounds in the Gmelin Handbook

Die folgende Aufstellung gibt eine Anleitung, in welchen Bänden diese Verbindungen behandelt wurden bzw. sich Hinweise befinden:

The following listing indicates in which volumes these compounds are discussed or are referred to:

Transurane	Ergänzungswerk, Band 4
Silber	„Silber" B 5
Titan	Ergänzungswerk, Band 40
Zirkonium	Ergänzungswerk, Band 10
Hafnium	Ergänzungswerk, Band 11
Vanadium	Ergänzungswerk, Band 2, und „Vanadium" B
Niob	„Niob" B 4
Tantal	„Tantal" B 2
Chrom	Ergänzungswerk, Band 3
Eisen	Ergänzungswerk, Band 14, 36, 41 (vorliegender Band), und „Eisen" B
Ruthenium	„Ruthenium" Erg.-Bd.
Kobalt	Ergänzungswerk, Band 5 und 6, sowie „Kobalt" Erg.-Bd. A, B 1 und B 2
Nickel	Ergänzungswerk, Band 16, 17 und 18, und „Nickel" B 3 und C
Platin	„Platin" C und D
Zinn	Ergänzungswerk, Band 26, 29, 30 und 35

Gmelin Handbuch der Anorganischen Chemie

BEGRÜNDET VON — Leopold Gmelin

Ergänzungswerk zur achten Auflage

ACHTE AUFLAGE — begonnen im Auftrage der Deutschen Chemischen Gesellschaft
von R. J. Meyer
E. H. E. Pietsch und A. Kotowski

fortgeführt von
Margot Becke-Goehring

HERAUSGEGEBEN VOM — Gmelin-Institut für Anorganische Chemie
der Max-Planck-Gesellschaft zur Förderung der Wissenschaften

Springer-Verlag
Berlin · Heidelberg New York 1977

Gmelin-Institut für Anorganische Chemie
der Max-Planck-Gesellschaft zur Förderung der Wissenschaften

Gmelin Handbuch der Anorganischen Chemie

Ergänzungswerk zur achten Auflage

New Supplement Series

Band 41

Eisen-Organische Verbindungen

Teil A

Ferrocen 6

(Zweikernige und mehrkernige Ferrocene)

Mit 24 Figuren

HAUPTREDAKTEURE (CHIEF EDITORS) — Ulrich Krüerke, Adolf Slawisch

BEARBEITER DIESES BANDES (AUTHORS) — Helga Köttelwesch, Ulrich Krüerke

REDAKTEURE DIESES BANDES (EDITORS) — Ulrich Krüerke, Adolf Slawisch

FORMELREGISTER (FORMULA INDEX) — Edgar Rudolph

Springer-Verlag

Berlin · Heidelberg · New York 1977

ENGLISCHE FASSUNG DER STICHWÖRTER NEBEN DEM TEXT:
ENGLISH HEADINGS ON THE MARGINS OF THE TEXT:

E. LELL, LINZ, ÖSTERREICH

DIE LITERATUR IST VOLLSTÄNDIG BIS ENDE 1975
UND TEILWEISE BIS MITTE 1976 AUSGEWERTET

LITERATURE CLOSING DATE: COMPLETELY UP TO THE END OF 1975,
PARTLY UP TO THE MID OF 1976

Die vierte bis siebente Auflage dieses Werkes erschien im Verlag von
Carl Winter's Universitätsbuchhandlung in Heidelberg

Library of Congress Catalog Card Number: Agr 25-1383

ISBN 3-540-93332-8 Springer-Verlag, Berlin · Heidelberg · New York
ISBN 0-387-93332-8 Springer-Verlag, New York · Heidelberg · Berlin

LN-Druck Lübeck

Vorbemerkungen

Der vorliegende Band des Ergänzungswerkes setzt die Serie A der Eisen-Organischen Verbindungen fort, in der Ferrocen und Ferrocenderivate behandelt werden, vgl. „Ferrocen 1", Erg.-Werk Bd. 14. Er umfaßt alle definierten Verbindungen mit zwei und mehr Ferrocenkernen, ausgenommen die sogenannten „Ferrocen-Polymeren".

Der Band erfaßt die Literatur vollständig bis Ende 1975, in einigen Fällen auch bis Mitte 1976.

Der Stoff dieses Bandes ist in zwei Hauptgruppen gegliedert worden: zweikernige Verbindungen (Kapitel 6) und solche mit drei bis sechs Ferrocengruppen (Kapitel 7). Der erste Teil nimmt bei weitem den größten Raum ein, indem er neben Biferrocen, Biferrocenylen und deren Substitutionsprodukten eine große Anzahl organischer Substanzen mit zwei Ferrocenkernen behandelt, die zu recht verschiedenartigen Verbindungstypen gehören. Dieses heterogene Material wurde in einer etwas unkonventionellen Weise angeordnet, die in der Einleitung zu den Kapiteln 6.3 und 7 erläutert wird.

Die Formeln wurden nach Möglichkeit so geschrieben, daß die Stellung der Ferrocenkerne innerhalb der Molekel klar zum Ausdruck kommt. Die Ferrocenylgruppe $C_5H_5FeC_5H_4$ wird als fc abgekürzt. Zur Bezifferung der Stellungen bei substituierten Ferrocenkernen s. 6.1.3. In komplizierteren Fällen werden die Verbindungsstrukturen häufig durch schematische Skizzen dargestellt.

Die Wiedergabe der Sachverhalte in abgekürzter Form, besonders in den Tabellen ohne die Verwendung von Dimensionen, wird einmal in der Einleitung zu Kapitel 6 auf S. 1/2 erläutert. Weitere Bemerkungen, falls notwendig, sind im Text vor den Tabellen zu finden.

Hinweise auf Seiten, Tabellen und Figuren beziehen sich nur auf diesen Band. Dieser Band enthält ein Summenformelregister, dessen Anordnung auf Seite 294 erklärt wird.

Frankfurt am Main, Februar 1977

Ulrich Krüerke
Adolf Slawisch

Preface

The present volume of the New Supplement Series continues series A of the organoiron compounds which deals with ferrocene and ferrocene derivatives, cf. "Ferrocene 1", New Supplement Series Vol. 14. It comprises all defined compounds containing two and more ferrocene nuclei except what are commonly called "ferrocene polymers".

This volume covers the literature completely to the end of 1975, and extends in several cases to mid-1976.

The matter of this volume has been subdivided into two main sections: binuclear compounds (Chapter 6) and those containing three to six ferrocene groups (Chapter 7). The former section occupies by far the largest space by treating besides biferrocene, biferrocenylene and their substitution products, a great number of organic substances with two ferrocene nuclei which belong to quite various compound types. This heterogeneous material has been arranged in a somewhat unconventional manner, explained in the introductory remarks to Chapters 6.3 and 7.

Wherever possible the formulas are so written that the position of the ferrocene nuclei within a molecule becomes clearly evident. The ferrocenyl group $C_5H_5FeC_5H_4$ is abbreviated as fc. As to the numbering system for substituted ferrocene groups see 6.1.3. In more complicated cases the compound structures are frequently elucidated by schematic drawings.

The presentation of the data in an abbreviated form, particularly in the tables without use of dimensions, is interpreted once in the introduction to Chapter 6 on page 1/2. Additional remarks, if necessary, can be found in the text heading the tables.

References to pages, tables, and figures refer only to this volume. The arrangement of the molecular formula index is explained on page 294.

Frankfurt am Main, February 1977

Ulrich Krüerke
Adolf Slawisch

Inhaltsverzeichnis

(Table of Contents see page IV)

Seite

Table of Contents

(Inhaltsverzeichnis s. S. I)

Ferrocen 6

(Zwei- und mehrkernige Ferrocene)

Allgemeine Literatur:

Übersichtsartikel, die speziell mehrkernige Ferrocenverbindungen behandeln, lassen sich kaum zitieren. Wir verweisen daher auf „Ferrocen 1", Erg.-Werk, Bd. 14, wo in Abschnitt 1.1, S. 2/5, die allgemeine Literatur zu Ferrocen und Ferrocen-Derivaten bis zum Jahre 1973 zusammengestellt ist. Eine Bibliographie zu organischen Verbindungen der Übergangsmetalle einschließlich der Ferrocenchemie ist ferner zu finden bei:

M. I. Bruce, The Literature of Organo-Transition Metal Chemistry 1972, Advan. Organometal. Chem. **12** [1974] 379/407.

M. I. Bruce, The Literature of Organo-Transition Metal Chemistry 1971, Advan. Organometal. Chem. **11** [1973] 447/71.

M. I. Bruce, Organo-Transition Metal Chemistry — A Guide to the Literature 1950 — 1970, Advan. Organometal. Chem. **10** [1972] 273/346.

Weitere neue Übersichtsarbeiten:

H. Asai, Industrial Uses of Dicyclopentadienylmetal Complexes, Sekiyu To Sekiyu Kagaku **19** Nr. 11 [1975] 88/91 nach C. A. **85** [1976] Nr. 5709.

K. Bauer, G. Haller, Iron Compounds, in: M. Dub, Organometallic Compounds, Bd. 1, Compounds of Transition Metals, First Supplement, Berlin – Heidelberg – New York 1975, S. 337/743.

A. N. Nesmeyanov, N. S. Kochetkova, Principal Practical Applications of Ferrocene and its Derivatives, Usp. Khim. **43** [1974] 1513/23; Russ. Chem. Rev. **43** [1974] 710/5.

K. Schlögl, H. Falk, Ferrocene, in: F. Korte, K. Niedenzu, H. Zimmer, Methodicum Chimicum, Bd. 8, Stuttgart 1974, S. 433/56.

G. B. Shul'pin, M. I. Rybinskaya, Ferrocenophanes, Usp. Khim. **43** [1974] 1524/53; Russ. Chem. Rev. **43** [1974] 716/32.

D. W. Slocum, D. I. Sugarman, Directed Metalation, Advan. Chem. Ser. **130** [1974] 222/47, 224/6, 235/8, 241.

H.-J. Lorkowski, Ferrocene Polymers, Vysokomol. Soedin. A **15** [1973] 314/26; Polymer Sci. [USSR] **15** [1973] 358/73.

J. H. Peet, B. W. Rockett, 1,2-Disubstituted Ferrocenes, Rev. Pure Appl. Chem. **22** [1972] 145/61.

F. D. Popp, E. B. Moynahan, Heterocyclic Ferrocenes, Advan. Heterocycl. Chem. **13** [1971] 1/44.

6 Zweikernige Ferrocene

Binuclear Ferrocenes

Einleitung:

Ein großer Teil der in diesem Band zu behandelnden Substanzen, besonders die sehr verschiedenartigen organischen Verbindungen mit zwei Ferrocenkernen in Abschnitt 6.3, ist in Tabellen zusammengefaßt worden. Um die Sachverhalte der Tabellen möglichst kurz und übersichtlich darzustellen, haben wir Abkürzungen verwendet und auf Dimensionen zu Zahlenwerten verzichtet. Dazu sind folgende Erläuterungen notwendig:

Temperaturen werden in °C angegeben, andernfalls steht K für °Kelvin. In diesem Zusammenhang verwendete Abkürzungen sind Schmp. (Schmelzpunkt), Sdp. (Siedepunkt), Subl. (Sublimation) und Zers. (Zersetzung).

Die magnetische Kernresonanz wird als NMR bezeichnet. Chemische Verschiebungen der am häufigsten auftretenden ^{1}H-NMR-Spektren sind stets als τ-Werte angegeben; für andere Kernresonanzspektren gilt δ in ppm mit Angabe der Bezugssubstanz. Multiplizitäten werden als s, d, t, q (Singulett bis Quartett) abgekürzt und die Kopplungskonstanten J in Hz angegeben; zuweilen treten auch Bezeichnungen wie m's (Multipletts) oder dd (doppeltes Dublett) auf. Die Zuordnung der Ringprotonen, beispielsweise in der Form H-3,4 oder H-2',5',2''',5''', entspricht der in Formel I, S. 13, festgelegten Bezifferung der Ringpositionen.

Mössbauer-Spektren werden als ^{57}Fe-γ mit den Symbolen Δ für Quadrupolaufspaltung und δ für Isomerieverschiebung (Bezugssubstanz in Klammern) abgekürzt, beide Werte in mm · s^{-1}.

Optische Spektren werden durch IR (Infrarotspektrum) und UV (Elektronenspektrum, auch im sichtbaren Bereich) gekennzeichnet; IR-Banden in cm^{-1}, manchmal mit den Symbolen ν für Valenzschwingung oder δ für Deformationsschwingung, UV-Absorptionsmaxima in nm mit der Extinktion als ε (in l · mol^{-1} · cm^{-1}) oder lg ε in Klammern; S steht für Schulter.

Lösungsmittel oder andere Zustandsangaben der Messung treten hinter dem Spektrensymbol in Klammern auf, z. B. ^{1}H-NMR ($CDCl_3$) oder IR (KBr).

Potentiale elektrochemischer Messungen sind meistens auf die gesättigte Kalomel-Elektrode bezogen und in diesen Fällen mit SCE gekennzeichnet.

Teilweise sind auch die Darstellung (Darst.) und Bildung (Bldg.) von Verbindungen nur in Tabellen kurz beschrieben worden; Prozentzahlen in Klammern bedeuten dann Ausbeuten.

Weitere Erläuterungen und Hinweise sind, wenn notwendig, im Text vor den Tabellen zu finden.

Introduction:

The majority of the compounds being treated in the present volume has been listed in tables, particularly the rather heterogeneous organic compounds with two ferrocene groups in Section 6.3. We have used abbreviations with the aim of presenting the data in a short and clearly arranged form; we have also omitted dimensions of numerical values which requires some explanation:

Temperatures are given in °C, otherwise K stands for °Kelvin. Abbreviations used in this context are Schmp. (melting point), Sdp. (boiling point), Subl. (sublimation) and Zers. (decomposition).

NMR means nuclear magnetic resonance. Chemical shifts of the frequently cited ^{1}H-NMR spectra are always given as τ values; for other resonance spectra δ values in ppm are used including the reference substance. Multiplicities (in parentheses) from singlet to quartet are abbreviated as s, d, t and q respectively with coupling constants in Hz; occasionally terms like m's (multipletts) or dd (double doublet) occur. The assignment of the ferrocenyl protons, e.g. in the form H-3,4 or H-2',5',2''',5''', is based upon the numbering of the ring positions according to formula I on page 13.

Mössbauer spectra are indicated by ^{57}Fe-γ with the symbols Δ for the quadrupole splitting and δ for the isomer shift, both values in mm · s^{-1}.

Optical spectra are labelled as IR (infrared) and UV (electronic spectrum, including the visible region); IR bands in cm^{-1}, sometimes with the symbols ν (stretching vibration) and δ (deformation vibration), UV absorption maxima in nm with the extinction ε (l · $mole^{-1}$ · cm^{-1}) or lg ε in parentheses, S indicates shoulder.

Solvents and other information on the state of the substance during the measurement follow the spectrum symbol in parentheses, e.g. IR (KBr) or ^{1}H-NMR ($CDCl_3$).

Potentials of electrochemical measurements are usually referred to the saturated calomel electrode, in these cases abbreviated as SCE.

In several instances the preparation (Darst.) and formation (Bldg.) of the compounds is only briefly described in the tables, giving in parentheses the yield in %.

Additional explanation and remarks are given, if necessary, in the table heading.

6.1 Biferrocen und Derivate

Biferrocene and Derivatives

6.1.1 Biferrocen $C_5H_5FeC_5H_4$-$C_5H_4FeC_5H_5$

Biferrocene

Die Verbindung wird anfänglich und von verschiedenen Autoren auch heute noch als „Diferrocenyl" oder „Biferrocenyl" bezeichnet, vgl. etwa [1, 3, 6, 8]. Die hier bevorzugte Benennung als „Biferrocen" folgt den Chemical Abstracts, welche die Verbindung exakt als 1,1''-Biferrocen bezeichnen und damit gemäß den Nomenklaturregeln der organischen Chemie eine Unterscheidung der einzelnen Fünfringe einführen, vgl. auch [37], die für Substitutionsprodukte des Biferrocens notwendig ist. Näheres dazu s. 6.1.3.

Bildung und Darstellung. Biferrocen wird zum ersten Male bei der Reaktion von lithiiertem Ferrocen mit $(n\text{-}C_6H_{13})_3SiBr$ beobachtet und als ganz geringfügiges Nebenprodukt isoliert [1, 17]; es entsteht hier möglicherweise über Ferrocenylradikale aus einer homolytischen Si-C-Spaltung in Gegenwart geringer Mengen Luft [17].

Zur präparativen Darstellung verwendet man die Ullmann-Reaktion zwischen fc-J und aktivierter Cu-Bronze bei 90°C/20 h (63.4% Ausbeute neben fc-H) [17]; bei 150°C/16 h erhält man fast quantitative Ausbeute an Rohprodukt [5, 8, 10]. Die Reaktion ist aber auch schon bei 60°C und langer Reaktionszeit (60 h) ohne wesentliche Ausbeuteverminderung durchführbar [8, 10]. Entsprechende Umsetzungen mit fc-Br oder fc-Cl ergeben Ausbeuten von über 90 bzw. 65% [5, 10]. Auch in Gegenwart von äquimolaren Mengen 1-Jod-2-nitrobenzol, das leicht die Ullmann-Reaktion eingeht, kuppelt fc-J hauptsächlich mit sich selbst unter Bildung von Biferrocen [10]. Zu weiteren Modifikationen der Reaktionsbedingungen, z.B. die Verwendung von Biphenyl als Lösungsmittel und Versuche mit Zn-Staub als Halogenakzeptor, vgl. [5, 10]. Bei der Reaktion von fc-J mit „Gattermann-Kupfer" in Gegenwart von etwas CH_3OH entsteht nur fc-H, was auf die Bildung von Ferrocenylradikalen bei der Kupplungsreaktion hinweist [7]. Auch bei der gemischten Ullmann-Reaktion zwischen 1,1'-Dibromferrocen und fc-Br [18] oder 1,1'-Dijodferrocen und fc-X (X = Cl, Br, J) [38] sowie mit 1,1'-Dibromferrocen allein zum Aufbau mehrkerniger Ferrocene erhält man Biferrocen als überwiegendes Produkt. Eine Kupplung von fc-Br zu Biferrocen wird in homogener CH_3NO_2-Lösung bei 44.5°C mit $[Cu(CH_3CN)_4]ClO_4$ erreicht, jedoch in langsamer Reaktion (72 h) mit nur 35% Ausbeute [44].

Die Verbindung entsteht beim Erhitzen von fc-Hg-fc in Gegenwart von Ag-Pulver [8, 15], z.B. bei 265°C/17 h mit der achtfach molaren Menge Ag mit 54% Ausbeute neben 29% fc-H und Polymeren der angenäherten Zusammensetzung $(FeC_{10}H_8)_n$; bei Abwesenheit von Ag ist fc-H das Hauptprodukt [15]. Zur Bildung aus Polymercuriferrocenen durch homolytische C-Hg-Spaltung bei 250°C s. auch [35]. Beim Erhitzen von fc-Hg-fc mit Pd auf 170 bis 300°C wird nur wenig Biferrocen neben fc-H und „Ferrocen-Polymeren" gebildet [3]. Auch die thermische Zersetzung von fc-Grignard-Verbindungen ergibt nach [60] fc-H und Biferrocen, s. auch [11].

Weitere Bildungsweisen aus Ferrocenyl-Metall-Verbindungen, für die häufig das Auftreten von Ferrocenylradikalen verantwortlich gemacht wird: Bei der Darstellung von fc-Grignard-Verbindungen, z.B. aus fc-Br oder fc-J und Mg in Tetrahydrofuran und bei der Einwirkung von $CoCl_2$ auf fc-MgBr [11, 60], bei der Darstellung von fc-Li aus fc-J und LiC_4H_9 in Äther bei 0°C [11], s. auch [28], bei der Einwirkung von $CoCl_2$ auf fc-Li/$n\text{-}C_4H_9Br$ in Äther [22, 34] sowie bei Umsetzungen von fc-Li mit organischen Verbindungen [33]; als Nebenprodukt bei verschiedenen Reaktionen von intermediär hergestelltem fc-PdCl [46 bis 48, 54]; bei der Reaktion von fc-$AuP(C_6H_5)_3$ mit Halogenen neben $(C_6H_5)_3PAuX$ und fc-X (X = Cl, Br) [42, 57] und bei Umsetzungen von fc-$AuP(C_6H_5)_3$ mit Ferroceniumsalzen und elektrophilen organischen Verbindungen [50, 51, 57]. Ob bei der Metallierung von Ferrocen mit Alkalimetallen und anschließender Umsetzung mit CuBr Biferrocen entsteht, geht aus den Angaben bei [64] nicht hervor.

Biferrocen entsteht mit 52% Ausbeute bei der Einwirkung von Ag_2O in wäßrigem NH_3 auf fc-$B(OH)_2$ [2, 6], mit bis zu 75% Ausbeute bei der Reaktion von fc-X (X = Br, J) mit RCOOCu (R = CH_3, C_6H_5) in Toluol bei 120°C [39] und als Nebenprodukt bei der Darstellung von Ferrocenylestern, fc-OOCR, aus fc-$B(OH)_2$ und $Cu(RCOO)_2$ [4, 6]. Es bildet sich bei der Zersetzung von $(fc\text{-}SO_2)_2Cu$ in $HCON(CH_3)_2$ bei Zimmertemperatur neben fc-SO_2-fc [20]. Zum Auftreten bei der Darstellung von Verbindungen des Typs fc-NR-fc [29] vgl. 6.4.1.

Die Verbindung wird neben Terferrocen und polymeren Produkten bei der „Polyrekombination" von fc-H unter der Einwirkung von organischen Peroxiden bei 200°C isoliert [32, 49], vgl. auch 7.1.1.1.1.

Biferrocen läßt sich durch fraktionierte Kristallisation aus Hexan vom leichter löslichen fc-H trennen [17]; zumeist verwendet man zur Abtrennung von fc-H und anderen fc-Derivaten die Säulenchromatographie. Es wird von aktiviertem Al_2O_3 mit Hexan/Benzol (8:2 Volumina) eluiert [52], zur Adsorption an Al_2O_3 im Vergleich zu butylierten Biferrocenen und mehrkernigen Ferrocenen s. [34]. Es wandert bei der Dünnschichtchromatographie an SiO_2 mit Hexan/Benzol, R_f-Wert etwa 0.5 gegenüber 0.7 bei fc-H [52], zur Angabe von R_f-Werten s. auch [45].

Physikalische Eigenschaften. Die Verbindung bildet aus Heptan [5, 10], Benzol/Petroläther [1, 17, 34] oder aus Alkohol orange- bis dunkelorangefarbene Kristalle, nach [13, 23, 25] Blättchen, rötlichbraune aus Xylol [13, 23], die in Richtung der b-Achse verlängert sind [13, 25]. Schmelzpunktsangaben verschiedener Autoren liegen zwischen 227.5 bis 229.0°C (in evakuierter Kapillare) [1, 17] und 239 bis 240°C (in geschlossener Kapillare unter N_2, ohne merkbare Zersetzung) [10, 38], an der Luft unter Zersetzung [5, 8, 10]; vgl. auch [11, 34, 49]. Biferrocen kann sublimiert werden, wenn auch weniger leicht als fc-H, z. B. bei 200 bis 220°C Badtemperatur und 0.05 Torr [17].

Ein Suszeptibilitätswert der diamagnetischen Substanz ist bei [9] im Vergleich zu angeblich paramagnetischen polymeren Ferrocenverbindungen erwähnt. — Das ^{1}H-NMR-Spektrum (in $CHCl_3$) zeigt chemische Verschiebungen bei $\tau = 5.68$ und 5.82 als symmetrische Tripletts (J = 2 Hz) der 3,4- bzw. 2,5-Protonen der verknüpften Ringe und $\tau = 6.03$ als Singulett der C_5H_5-Protonen [17]; bei [34] werden die Signale bei niedrigem Feld in umgekehrter Weise und ohne Kommentar den 2,5- und 3,4-Protonen zugeordnet; siehe dort das Spektrum als Figur [34]. Im ^{13}C-NMR-Spektrum (in $CHCl_3$ gegen $Si(CH_3)_4$) liegen chemische Verschiebungen bei $\delta = 66.5$, 67.6 und 84.6 ppm für die C-Atome der verknüpften Ringe in den Stellungen 3, 2 bzw. 1 und bei 69.1 ppm für die C-Atome der C_5H_5-Liganden; die Verschiebung von C−1 beträgt gegenüber fc-H $\delta = -16.7$ ppm [56]. Aus der ^{57}Fe-γ-Resonanzabsorption im Vergleich zu der des fc-H ist zu ersehen, daß die Verknüpfung der beiden fc-Einheiten praktisch keinen Einfluß auf die Bindung der Fe-Atome ausübt. Folgende Werte werden für die Isomerieverschiebung δ und die Quadrupolaufspaltung Δ (bezogen auf eine ^{57}Co-Quelle in Cr, in mm/s) angegeben:

T in K	20	78	298
δ	0.71	0.69	0.59
Δ	2.35	2.34	2.30

Aus der Temperaturabhängigkeit des Bruchteils f' der rückstoßfreien Absorption ergibt sich eine Debye-Temperatur in der Nähe von 150 K [19], vgl. auch Diskussionen bei fc-H [61]. Bei der Abbildung des Resonanzspektrums von Biferrocen als Suspension in CH_3CN bei [53] muß ein Irrtum vorliegen.

Das IR-Spektrum, bei [1] von 700 bis 4000 cm^{-1} als Figur wiedergegeben, s. auch [18, 34], hat ein breites, intensives Bandensystem um 825 cm^{-1} [1], nach [27] mit einzelnen Banden bei 812, 817, 842 und 859 cm^{-1} (in KBr). Von drei stärkeren Banden im Bereich von 1000 bis 1120 cm^{-1} sind zwei für die unsubstituierten C_5H_5-Liganden charakteristisch [1, 10]: in CS_2-Lösung bei 1002 und 1113 cm^{-1} [17], zur Anwendbarkeit dieser „9,10-Regel" [61, S. 9] bei mehrkernigen Ferrocenen s. jedoch [34]. Der auffälligste Unterschied zum Spektrum von fc-H besteht in einer erhöhten Absorption im 825 cm^{-1}-Bereich und in der Aufspaltung der Bande bei 1100 cm^{-1} [10] in Komponenten bei 1104 (kristallin) bzw. 1106 (in Lösung) und bei 1111 cm^{-1} [16], s. auch [34]. Für die C-H-Valenzschwingungen werden 3067 [1] und 3085 cm^{-1} [27] angegeben; zur Messung der integralen Intensität dieser Bande und Zusammenhängen mit Substituenteneffekten s. [16]. Im fernen IR-Bereich treten die Metall-Ring-Valenzschwingung bei 478 und die Ring-Kippschwingung bei 489 cm^{-1} auf [40]. — Das Elektronenspektrum unterscheidet sich merkbar von dem des fc-H [1]. Nach einer Figur bei [1] liegen Absorptionsmaxima bei etwa 225 und 305 nm und Schultern bei etwa 260 und 350 nm (keine Angabe des Lösungsmittels); in cyclo-C_6H_{12}-Lösung, als Figur bei [34], findet man die erste Schulter bei 257 (lg $\varepsilon = 4.1$) nm [17]. Für C_2H_5OH-Lösungen werden angegeben: $\lambda_{max} = 221$, 297 und 455 nm [10] und λ_{max} (ε) = 295 (8470), 345 (950, Schulter) und 450 (600) nm [49]. Zur Zuordnung der Banden und Berechnung von Ligandenfeldparametern

s. [66]. — Die Ionisation aus dem Valenzbandgebiet ist fast identisch mit der von fc-H, so daß nur geringe Wechselwirkung zwischen den beiden fc-Kernen bestehen kann. Nach dem Röntgenphotoelektronenspektrum beträgt bei beiden Verbindungen die Ionisierungsenergie aus dem Fe $2p_{3/2}$-Niveau etwa 708 eV mit geringer Linienbreite von 1.3 bis 1.4 eV [43].

Struktur. Die Kristall- und Molekelstruktur von Biferrocen wurde etwa gleichzeitig von zwei Autorengruppen, [13] und [25, 23, 24], mit weitgehend übereinstimmemdem Ergebnis untersucht. Biferrocen kristallisiert im monoklinen System mit a = 10.35 ± 0.02, b = 7.87 ± 0.02, c = 12.63 ± 0.02 Å und β = 131.72° ± 0.05° [25]; eine stärkere Abweichung besteht bei [23] mit a = 10.17 ± 0.06 Å und einer dementsprechend größeren berechneten Dichte. Die Raumgruppe ist $P2_1/c\text{-}C^5_{2h}$. Mit zwei Molekeln in der Elementarzelle berechnet man D = 1.60 g · cm^{-3}, durch Flotation gemessen wird 1.61 g · cm^{-3} [25]. Die Molekel liegt in der trans-Konfiguration vor, **Fig. 1a**, was nach [23] eine sehr dichte Packung im Kristall erlaubt, Figuren dazu s. bei [23, 24, 25]. Die C-Atome der miteinander verbundenen C_5H_4-Ringe liegen alle in einer Ebene. Die Abweichung von der Parallelität der Ringe innerhalb jeder fc-Gruppe beträgt 2.8° [25], ihre Rotation gegeneinander um 16° bis 17°, **Fig. 1b**,

Fig. 1

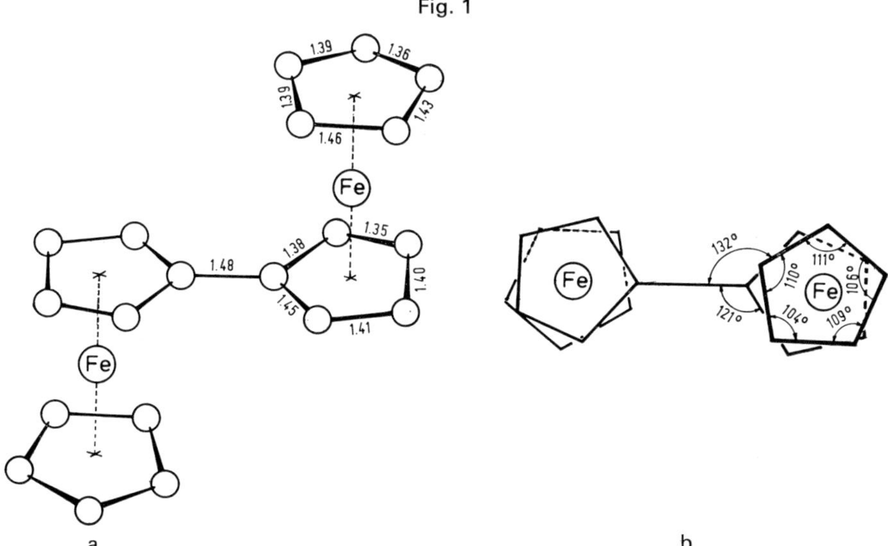

Molekelstruktur von Biferrocen nach [25].

liegt etwa in der Mitte zwischen prismatischer („eclipsed") und antiprismatischer („staggered" wie bei fc-H, 36°) Konfiguration [23, 25]. Die Probleme der Bestimmung des Verdrehungswinkels werden bei [65] diskutiert. Die Länge der mittleren Bindung entspricht mit 1.48 ± 0.04 Å einer Einfachbindung zwischen sp^2-Kohlenstoffatomen [25], während bei [23, 24] von einer leichten Verkürzung und einem Hinweis auf einen Konjugationseffekt gesprochen wird. Die Schwankungen der Bindungslängen innerhalb der Fünfringe, s. Fig. 1a, und damit auch der Winkel, s. Fig. 1b, sind so groß, daß sie möglicherweise nicht allein durch systematische Fehler der Strukturbestimmung erklärt werden können, sondern einen reellen Hintergrund besitzen. Dafür spricht auch, daß in den beiden kristallographisch unabhängigen C_5H_5-Liganden fast genau die gleichen Variationen auftreten und Ferrocen selbst den gleichen Typ der Abweichung von der strengen D_{5d}-Symmetrie zeigt [25].

Chemisches Verhalten. Biferrocen hat in den gebräuchlichen organischen Lösungsmitteln merkbar geringere Löslichkeit als fc-H [10]. Es löst sich in $CHCl_3$ [17], leicht in Benzol, Toluol, Tetrahydrofuran und Dioxan [2, 3], weniger in Petroläther [3, 17], Äther und Alkohol [3].

Die Verbindung bleibt unter N_2 bis etwa 300 °C eine klare, orangefarbene Flüssigkeit, dann tritt deutliche Dunkelfärbung ein [10]. Im geschlossenen Rohr gewinnt man nach 5 h bei 250 °C Biferrocen zu 80% zurück, fc-H wird nicht gebildet [3]. Beim Erhitzen an der Luft ist Zersetzung unter Dunkelfärbung ab etwa 200 °C zu erkennen [1, 3, 17], fc-H entsteht nicht [3].

Im Massenspektrum tritt wie bei den höheren Oligomeren neben dem Molekelion $[M]^+$ ein $[M]^{2+}$ auf [38, 52], z. B. im Verhältnis 100:23 [52]. Die nach [63] häufigsten Fragment-Ionen sind im folgenden Schema angegeben:

$[M]^{2+}$ m/2e 185(8.4) ← $[M]^+$ m/e 370(100) $\xrightarrow{-C_5H_5}$ m/e 305(40) $\xrightarrow{-H}$ m/e 304(20)

$[M]^+$ → Fe^+ m/e 121(44)

m/e 305(40) $\xrightarrow{-Fe}$ m/e 249(9.1) $\xrightarrow{-C_5H_5Fe}$ m/e 128(8.1)

Angaben zu weiteren Massen bis m/e = 56 und Strukturvorschläge für einige Fragmente, die auch bei Oligomeren auftreten, s. bei [52]. Bei geringer Anregungsenergie (8 eV, 350 °C Einlaßtemperatur) findet man neben dem sehr intensiven $[M]^+$ nur wenig Fragmentierung [12].

Biferrocen läßt sich im ersten Schritt leichter oxidieren (zu Biferrocen[$Fe^{II}Fe^{III}$], vgl. 6.1.2) als fc-H [14, 41, 58], da offensichtlich ein fc-Kern auf den anderen als elektronengebender Substituent einwirkt [14, 41]; der zweite Schritt zu Biferrocen[$Fe^{III}Fe^{III}$] wird durch den umgekehrten Effekt der schon oxidierten Gruppe erschwert [41], zur Diskussion der möglichen Wechselwirkungen s. ferner [55]. Polarographisch mißt man in CH_3CN an der rotierenden Pt-Elektrode (gegen SCE bei 27 °C) $E^{I}_{1/2} = 0.31$ und $E^{II}_{1/2} = 0.64$ V [55] (für fc-H: $E_{1/2} = 0.40$ V), vgl. auch [31]. Gleiche oder ähnliche Werte aus der cyclischen Voltammetrie in CH_3CN oder CH_3CN/CH_2Cl_2 sind bei [55, 58, 59] angegeben. An der Hg-Tropfelektrode (in $CH_3OCH_2CH_2OCH_3$) kann das höhere Potential vor der Hg-Entladung nicht beobachtet werden [55]. Ebenso erfaßt die potentiometrische Titration mit $K_2Cr_2O_7$ in $CH_3COOH/HClO_4/C_6H_6$ nur den ersten Oxidationsschritt bei $E = -0.189$ V (gegen NCE, fc-H hat $E = -0.245$ V) [14]. Chronopotentiometrisch gemessene Werte (gegen NCE bei 25 °C, in CH_3CN bzw. CH_2Cl_2) liegen bei $E^{I} = 0.286$ bzw. 0.380 und $E^{II} = 0.635$ bzw. 0.715 V. Das Produkt der zweiten Oxidation ist in CH_2Cl_2 stabiler als in CH_3CN [41].

Protonierung an beiden Fe-Atomen beobachtet man in $BF_3 \cdot H_2O$; im ^1H-NMR-Spektrum dieser Lösung (mit $N(CH_3)_4Br$ als innerem Standard) treten folgende Signale auf: $\tau = 4.17$ (H-2,5 in C_5H_4), 4.58 (H-3,4 in C_5H_4), 4.70 (C_5H_5) und 12.15 (Fe-H). Das protonierte Produkt oxidiert sich auch bei völligem Ausschluß von O_2 langsam [62].

Chemische Oxidation zu Biferrocen[$Fe^{II}Fe^{III}$] gelingt nach [55] mit J_2, O_2/Cl_3COOH und konzentriertem H_2SO_4. Die Einwirkung von $FeCl_3$ in Äther ergibt einen grünen Niederschlag der angenäherten Zusammensetzung $[C_{20}H_{18}Fe_2]^+[Fe_{3.6}Cl_{10.8} \cdot 5H_2O]^-$, dessen IR-Spektrum angegeben ist [36]. Zur Oxidation mit Chinonen vgl. die Darstellung von Biferroceniumsalzen in 6.1.2. Elektrophile Substitutionen verlaufen an Biferrocen weniger leicht als an fc-H [21, 27]; nähere Angaben zur Acetylierung [18, 21, 26, 27] und zur Vilsmeier-Reaktion [37] s. bei der Darstellung von Acetyl- und Formylbiferrocenen in 6.1.3.1 und 6.1.3.2.

Literatur:

[1] S. I. Goldberg, D. W. Mayo (Chem. Ind. [London] **1959** 671). — [2] A. N. Nesmeyanov, V. A. Sazonova, V. N. Drozd (Dokl. Akad. Nauk SSSR **126** [1959] 1004/6; Proc. Acad. Sci. USSR Chem. Sect. **124/126** [1959] 437/9). — [3] O. A. Nesmeyanova, E. G. Perevalova (Dokl. Akad. Nauk SSSR **126** [1959] 1007/8; Proc. Acad. Sci. USSR Chem. Sect. **124/126** [1959] 441/2). — [4] A. N. Nesmeyanov, V. A. Sazonova, V. N. Drozd (Dokl. Akad. Nauk SSSR **129** [1959] 1060/3; Proc. Acad. Sci. USSR Chem. Sect. **127/129** [1959] 1113/6). — [5] Monsanto Chemical Co., M. D. Rausch (U.S.P. 3010981 [1960/61]).

[6] A. N. Nesmeyanov, V. A. Sazonova, V. N. Drozd (Chem. Ber. **93** [1960] 2717/29). — [7] E. G. Perevalova, O. A. Nesmeyanova (Dokl. Akad. Nauk SSSR **132** [1960] 1093/4; Proc. Acad. Sci. USSR Chem. Sect. **130/132** [1960] 673/4). — [8] M. D. Rausch (J. Am. Chem. Soc. **82** [1960] 2080/1). — [9] A. N. Nesmeyanov, A. M. Rubinshtein, G. L. Slonimskii, A. A. Slinkin, N. S. Kochetkova, R. B. Materikova (Dokl. Akad. Nauk SSSR **138** [1961] 125/6; Proc. Acad. Sci. USSR Chem. Sect. **136/138** [1961] 451/2). — [10] M. D. Rausch (J. Org. Chem. **26** [1961] 1802/5).

[11] H. Shechter, J. F. Helling (J. Org. Chem. **26** [1961] 1034/7). — [12] D. J. Clancy, I. J. Spilners (Anal. Chem. **34** [1962] 1839). — [13] Z. L. Kaluskii, R. L. Avoyan, Yu. T. Struchkov (Zh. Strukt. Khim. **3** [1962] 599/602; J. Struct. Chem. [USSR] **3** [1962] 573/6). — [14] E. G. Perevalova, S. P. Gubin, S. A. Smirnova, A. N. Nesmeyanov (Dokl. Akad. Nauk SSSR **147** [1962] 384/7; Proc. Acad. Sci. USSR Chem. Sect. **145/147** [1962] 994/7). — [15] M. D. Rausch (Inorg. Chem. **1** [1962] 414/7).

[16] G. G. Dvoryantseva, M. I. Struchkova, Yu. N. Sheinker (Dokl. Akad. Nauk SSSR **152** [1963] 617/20; Dokl. Chem. Proc. Acad. Sci. USSR **151/153** [1963] 740/3). — [17] S. I. Goldberg, D. W. Mayo, J. A. Alford (J. Org. Chem. **28** [1963] 1708/10). — [18] A. N. Nesmeyanov, V. N. Drozd, V. A. Sazonova, V. I. Romanenko, A. K. Prokof'ev, L. A. Nikonova (Izv. Akad. Nauk SSSR Otd. Khim. Nauk **1963** 667/74; Bull. Acad. Sci. USSR Div. Chem. Sci. **1963** 597/603). — [19] G. K. Wertheim, R. H. Herber (J. Chem. Phys. **38** [1963] 2106/11). — [20] V. N. Drozd, V. A. Sazonova, A. N. Nesmeyanov (Dokl. Akad. Nauk SSSR **159** [1964] 591/4; Dokl. Chem. Proc. Acad. Sci. USSR **157/159** [1964] 1213/6).

[21] S. I. Goldberg, J. S. Crowell (J. Org. Chem. **29** [1964] 996/1000). — [22] K. Hata, I. Motoyama, H. Watanabe (Bull. Chem. Soc. Japan **37** [1964] 1719/20). — [23] Z. L. Kaluskii, Yu. T. Struchkov, R. L. Avoyan (Zh. Strukt. Khim. **5** [1964] 743/58; J. Struct. Chem. [USSR] **5** [1964] 683/95). — [24] Z. Kaluski (Bull. Acad. Polon. Sci. Ser. Sci. Chim. **12** [1964] 873/6). — [25] A. C. MacDonald, J. Trotter (Acta Cryst. **17** [1964] 872/7).

[26] M. D. Rausch (J. Org. Chem. **29** [1964] 1257/9). — [27] K. Yamakawa, N. Ishibashi, K. Arakawa (Chem. Pharm. Bull. [Tokyo] **12** [1964] 119/21). — [28] J. W. Huffman, L. H. Keith, R. L. Asbury (J. Org. Chem. **30** [1965] 1600/4). — [29] A. N. Nesmeyanov, V. A. Sazonova, V. I. Romanenko (Dokl. Akad. Nauk SSSR **161** [1965] 1085/8; Dokl. Chem. Proc. Acad. Sci. USSR **160/165** [1965] 343/6). — [30] I. J. Spilners, J. P. Pellegrini (J. Org. Chem. **30** [1965] 3800/4).

[31] R. E. Dessy, R. B. King, M. Waldrop (J. Am. Chem. Soc. **88** [1966] 5112/7). — [32] H. Rosenberg, E. W. Neuse (J. Organometal. Chem. **6** [1966] 76/85). — [33] H. Watanabe, J. Motoyama, K. Hata (Bull. Chem. Soc. Japan **39** [1966] 784/90). — [34] H. Watanabe, J. Motoyama, K. Hata (Bull. Chem. Soc. Japan **39** [1966] 790/801). — [35] E. W. Neuse, R. K. Crossland (J. Organometal. Chem. **7** [1967] 344/7).

[36] I. J. Spilners (J. Organometal. Chem. **11** [1968] 381/4). — [37] M. D. Rausch, T. M. Gund (J. Organometal. Chem. **24** [1970] 463/8). — [38] M. D. Rausch, P. V. Roling, A. Siegel (Chem. Commun. **1970** 502/3). — [39] M. Sato, I. Motoyama, K. Hata (Bull. Chem. Soc. Japan **43** [1970] 2213/7). — [40] D. O. Cowan, R. L. Collins, F. Kaufman (J. Phys. Chem. **75** [1971] 2025/30).

[41] T. Matsumoto, M. Sato, A. Ichimura (Bull. Chem. Soc. Japan **44** [1971] 1720). — [42] E. G. Perevalova, D. A. Lemenovskii, K. I. Grandberg, A. N. Nesmeyanov (Dokl. Akad. Nauk SSSR **199** [1971] 832/4; Dokl. Chem. Proc. Acad. Sci. USSR **199/201** [1971] 643/5). — [43] D. O. Cowan, J. Park, M. Barber, P. Swift (Chem. Commun. **1971** 1444/6). — [44] M. Sato, I. Motoyama, K. Hata (Bull. Chem. Soc. Japan **44** [1971] 812/5). — [45] K. Tanikawa, K. Arakawa (Bunseki Kagaku **20** [1971] 278/81 nach C.A. **75** [1971] Nr. 29735).

[46] A. Kasahara, T. Izumi, G. Saito, M. Yodono, R. Saito, Y. Goto (Bull. Chem. Soc. Japan **45** [1972] 895/900). — [47] A. Kasahara, T. Izumi, S. Honishi (Bull. Chem. Soc. Japan **45** [1972]

951/2). — [48] A. Kasahara, T. Izumi (Bull. Chem. Soc. Japan **45** [1972] 1256/7). — [49] E. W. Neuse (J. Organometal. Chem. **40** [1972] 387/92). — [50] E. G. Perevalova, D. A. Lemenovskii, K. I. Grandberg, A. N. Nesmeyanov (Dokl. Akad. Nauk SSSR **202** [1972] 93/6; Dokl. Chem. Proc. Acad. Sci. USSR **202** [1972] 11/4).

[51] E. G. Perevalova, D. A. Lemenovskii, T. V. Baukova, E. I. Smyslova, K. I. Grandberg, A. N. Nesmeyanov (Dokl. Akad. Nauk SSSR **206** [1972] 883/6; Dokl. Chem. Proc. Acad. Sci. USSR **206** [1972] 781/4). — [52] P. V. Roling, M. D. Rausch (J. Org. Chem. **37** [1972] 729/32). — [53] V. P. Alekseev, R. A. Stukan, A. A. Koridze (Izv. Akad. Nauk SSSR Ser. Khim. **1973** 132/4; Bull. Acad. Sci. USSR Div. Chem. Sci. **1973** 129/31). — [54] A. Kasahara, T. Izumi (Bull. Chem. Soc. Japan **46** [1973] 665/6). — [55] W. H. Morrison, S. Krogsrud, D. N. Hendrickson (Inorg. Chem. **12** [1973] 1998/2004).

[56] A. N. Nesmeyanov, P. V. Petrovskii, L. A. Federov, V. I. Robas, E. I. Fedin (Zh. Strukt. Khim. **14** [1973] 49/57; J. Struct. Chem. [USSR] **14** [1973] 42/9). — [57] A. N. Nesmeyanov, E. G. Perevalova, K. I. Grandberg, D. A. Lemenovskii (Izv. Akad. Nauk SSSR Ser. Khim. **1974** 1124/37; Bull. Acad. Sci. USSR Div. Chem. Sci. **1974** 1068/78). — [58] G. M. Brown, T. J. Meyer, D. O. Cowan, C. LeVanda, F. Kaufman, P. V. Roling, M. D. Rausch (Inorg. Chem. **14** [1975] 506/11). — [59] C. LeVanda, D. O. Cowan, K. Bechgaard (J. Am. Chem. Soc. **97** [1975] 1980/1). — [60] J. F. Helling (Diss. Ohio State Univ. 1960 nach Diss. Abstr. **21** [1961] 2109).

[61] Gmelin Handbuch „Eisen-Organische Verbindungen" A (Ferrocen 1), Erg.-Werk, Bd. 14. — [62] T. E. Bitterwolf, A. C. Ling (J. Organometal. Chem. **57** [1973] C15/C18). — [63] M. Hisatome, S. Ichida, K. Yamakawa (Org. Mass Spectrom. **11** [1976] 31/9). — [64] G. K. Vasilevskaya, R. A. Kasperovitch, G. I. Sukhinina (UdSSR P. 484222 [1972/75] nach C.A. **83** [1975] Nr. 193514). — [65] K. R. Dymock, G. J. Palenik (Inorg. Chem. **14** [1975] 1220/2).

[66] W. H. Morrison, D. N. Hendrickson (Inorg. Chem. **14** [1975] 2331/46).

Biferrocene Cations and Their Salts

6.1.2 Biferrocen-Kationen und deren Salze

Zur Bildung und Existenz eines zweikernigen blauen Kations, $[Fe(C_5H_5)_2]_2^+$, vgl. „Eisen-Organische Verbindungen" A (Ferrocen 1), Erg.-Werk, Bd. 14, S. 196.

Biferrocen vermag, wie aus seinem elektrochemischen Verhalten hervorgeht, zwei Kationen $(C_5H_5FeC_5H_4\text{-})_2^{n+}$ mit n = 1 und 2 zu bilden, die hier in Anlehnung an [2 bis 5] Biferrocen-$[Fe^{II}Fe^{III}]$ bzw. Biferrocen$[Fe^{III}Fe^{III}]$ genannt werden. Für das Monokation findet man auch die Bezeichnungen „Ferrocenylferrocenium" [8] und „Biferricenium" [10].

Von den in Tabelle 1 zusammengefaßten Verbindungen können die Biferrocen$[Fe^{II}Fe^{III}]$salze mit unterschiedlichen Fe-Oxidationsstufen („mixed-valence compounds") besonderes Interesse beanspruchen. Im Hinblick auf eine mögliche Wechselwirkung zwischen den beiden Fe-Zentren werden daher besonders die physikalischen Eigenschaften der Substanzen gründlich untersucht; eine Übersicht findet sich bei [12]. Neuere Untersuchungen dazu, auch im Vergleich zu Kationen von 1,1'-Terferrocen und 1,1'-Quaterferrocen, s. bei [16, 17]. Biferrocen$[Fe^{III}Fe^{III}]$salze sind in Lösung nicht stabil, vgl. weitere Angaben zu Nr. 5.

Die Darstellung aller Verbindungen von Tabelle 1 erfolgt durch chemische Oxidation von Biferrocen. Biferrocen$[Fe^{II}Fe^{III}]$pikrat (Nr. 1) erhält man durch Oxidation mit p-Benzochinon in Benzol in Gegenwart von Pikrinsäure bei Zimmertemperatur während mehrerer Tage [3]. Nach [5] entsteht zunächst das Dipikrat Nr. 2, das beim Umkristallisieren aus CH_3OH/H_2O unter Kühlen in das Monopikrat Nr. 1 übergeht. Andere Autoren [10] geben an, daß sie keine reine Probe dieser Verbindung darstellen konnten. Das Trijodid Nr. 3 wird aus Biferrocen und stöchiometrischen Mengen J_2 in Benzol bei etwa 50°C erhalten, es fällt beim Kühlen auf Zimmertemperatur in reiner Form aus [10]. Das Trichloracetat Nr. 4 bildet sich aus stöchiometrischen Mengen Biferrocen und CCl_3COOH in Benzol beim Durchleiten von O_2 (etwa 15 min) und kristallisiert bei Zimmertemperatur langsam aus der Lösung [17].

Für die Darstellung der Biferrocen$[Fe^{III}Fe^{III}]$verbindungen oxidiert man Biferrocen in kaltem Benzol mit Benzochinon (1:2 mol) unter Zugabe von $BF_3 \cdot O(C_2H_5)_2$ (Nr. 5) oder mit 2,3-Dichlor-5,6-dicyanochinon (2:1 mol) bei Zimmertemperatur (Nr. 6) [5]. Die letzte Verbindung wird bei

[5] mit einem Radikalanion $(C_8O_2Cl_2N_2)_2^{2-}$ formuliert, nach [11] liegen jedoch in dem diamagnetischen Produkt sicher zwei Hydrochinon-monoanionen vor, vgl. Tabelle 1.

$[C_{20}H_{18}Fe_2]^+[Fe_2Cl_6 \cdot 4\,H_2O]^-$ ist die Zusammensetzung einer in Tabelle 1 nicht aufgenommenen Substanz, die aus Benzollösungen von Biferrocen und $FeCl_3$ als dunkelblauer Niederschlag ausfällt. Sie zeigt im IR-Spektrum (Nujol) mittelstarke Banden bei 815 und 830 bis 850 cm^{-1} und schwache Banden bei 1000, 1030, 1045, 1055, 1110, 1410 und 3100 cm^{-1} [15], vgl. auch chemisches Verhalten von Biferrocen.

Tabelle 1. Salze der Biferrocen-Kationen.
Für alle Verbindungen folgen am Ende der Tabelle weitere Angaben.
Zu Abkürzungen und Dimensionen s. S. 1.

Nr.	Anion (Ausbeute in %)	Aussehen, Zersetzungspunkt	^{57}Fe-γ-Resonanz K	δ	Δ	Elektronenspektrum λ_{max} (ε)	Lit.
			(δ gegen Fe)				
Mit $(C_5H_5FeC_5H_4\text{-})_2^+$:							
1	$C_6H_2(NO_2)_3O^-$ (40 bis 50)	schwarze Blättchen (aus CH_3OH/H_2O)	298	0.419 0.421	2.053 0.302	220 (66400), 295 (14500), 375 (22100), 550 (1800)	[3, 5]
		190 unter Schmelzen	77	0.510 0.518	2.141 0.288	1900 (551) (CH_3CN)	
2	$(C_6H_2(NO_2)_3O)_2^-$ (60)	schwarze Mikrokristalle (aus Benzol)	—			—	[5]
3	J_3^-	schwarzer Festkörper (aus Benzol)	300	0.432 0.435	2.013 0.400	210 (—), 245 (30940), 542 (2030), 700 (S),	[10]
			4.2	0.519 0.531	2.119 0.381	1960 (541) (CH_3CN)	
4	$CCl_3COO^- \cdot 2\,CCl_3COOH$	—	300	0.441 0.450 0.435	2.176 0.903 0.392	<210 245 294	[17]
			4.2	0.534 0.509	2.183 1.015	350 540	
				0.542	0.474	700 1830 (CH_3CN/ CH_3OH)	
Mit $(C_5H_5FeC_5H_4\text{-})_2^{2+}$:							
5	$(BF_4^-)_2$ (37)	tiefblauer Festkörper (aus Nitromethan/Äther), >226	298 77	0.422 0.497	0.170 0.163	760 (im festen Zustand)	[5]
6	$(C_6Cl_2(CN)_2(OH)O^-)_2$ (19)	brauner Festkörper (aus Benzol), 240 unter Schmelzen	—			350 500 (S) (KBr)	[5, 17]

* Weitere Angaben:

$[(C_5H_5FeC_5H_4\text{-})_2]^+[C_6H_2(NO_2)_3O]^-$ (Tabelle **1**, Nr. **1**). Die Verbindung zeigt Ohmsches Verhalten über den weiten Bereich von 10^{-2} bis 10^4 V. Die Leitfähigkeit von Einkristallen in Richtung der langen Achse ist bei 298 K mit $\sigma = 2.3 \times 10^{-8}\ \Omega^{-1} \cdot cm^{-1}$ um fünf bis sechs Größenordnungen höher als bei Ferrocen oder Ferroceniumpikrat. Die Temperaturabhängigkeit der Leitfähigkeit folgt dem Gesetz $\sigma(T) = \sigma_0 \cdot \exp(-E_a/kT)$ mit $E_a = 0.43$ eV (bei Ferrocen $E_a = 0.89$ eV). Ionenleitung ist auch bei hoher Stromdichte nicht festzustellen [2, 3].

Die magnetische Suszeptibilität wird von 2 bis 300 K bestimmt; μ_{eff} ist in zwei Diagrammen von 2 bis 4.5 K und von 2 bis 298 K dargestellt. Der Wert bei 77 K von $\mu_{eff} = 2.21$ B.M. stimmt sehr gut mit dem aus den g-Werten der Elektronenspinresonanz berechneten magnetischen Moment überein [4].

Im ^{1}H-NMR-Spektrum tritt nur ein sehr breites Signal auf; eine besondere Resonanzabsorption der vom paramagnetischen Fe^{III}-Zentrum getrennten fc-Protonen findet man nicht, was mit einem sehr schnellen Elektronenaustausch vereinbar ist [5]. Das ESR-Signal, aufgenommen an einer bei 77 K eingefrorenen Acetonlösung der Verbindung, hat die typische Form einer polykristallinen Probe mit $g_{\parallel} = 3.53$ und $|g_{\perp}| = 1.85$; daraus berechnet sich $\mu_{eff} = 2.18$ B.M. Aus den g-Werten ergibt sich ein wesentlich größerer Symmetriestörfaktor als beim Ferrocenium-Ion, so daß der fc-Substituent die zu erwartende D_5-Symmetrie des fc^+-Teils der Molekel offenbar stark stört [4], s. auch [17]. Bei 298 K wird weder im festen Zustand noch in Lösung ein Resonanzsignal beobachtet [4].

Die ^{57}Fe-γ-Resonanzspektren, s. Tabelle 1, bestätigen, daß eine $Fe^{II}Fe^{III}$-Verbindung ohne Metall-Metallwechselwirkung vorliegt. Die gegenüber Ferroceniumpikrat größere Quadrupolaufspaltung der Fe^{III}-Resonanz läßt sich durch den Elektronendonoreffekt des fc-Teils und die dadurch steigende Elektronendichte im fc^+-Teil erklären [5]. Im Spektrum bei 298 K scheinen nach [5] neue Resonanzabsorptionen aufzutreten, die auf einen intramolekularen Elektronenaustausch mit einer Geschwindigkeit $<10^7 s^{-1}$ hindeuten. Bei [10] wird bezweifelt, daß bei dem großen statistischen Fehler der 298 K-Resonanz tatsächlich ein neues Dublett herauszulesen ist. Das Resonanzspektrum des J_3^--Salzes (Verbindung Nr. 3) gibt bei 300 K keinerlei Hinweise auf einen Valenzaustausch [10, 17], so daß ein intramolekularer thermischer Elektronenübergang merkbar langsamer als $10^7 s^{-1}$ sein muß [9, 10], s. auch [13].

Im IR-Spektrum (in KBr oder Nujol) werden die Banden bei 399 und 445 [3] bzw. 448 cm^{-1} [5] versuchsweise den antisymmetrischen Metall-Ligandvalenzschwingungen des Fe^{III}- bzw. Fe^{II}-Teils zugeordnet; eine Bande bei 489 [3] bzw. 495 cm^{-1} [5] ist wahrscheinlich als antisymmetrische Ring-Kippschwingung anzusehen [3, 5]. Weitere Banden: 812, 1002, 1102, 1109, 1414 und 3085 cm^{-1} [3]. Die optische Absorption wird im Bereich von 200 bis 2200 nm als Figur angegeben und mit Ferroceniumpikrat verglichen [2, 3]. Die Ferrocenium-Bande (617 nm) erfährt eine Verbreiterung und Verschiebung zu 550 bis 600 nm sowie eine Intensitätserhöhung, was als ein Zeichen der Wechselwirkung der beiden Molekelhälften gewertet wird [2, 3], s. dagegen eine andere Deutung bei [17]. Die schon im nahen IR liegende Absorption bei 1900, s. Tabelle 1, die auch bei dünnen Filmen des Festkörpers auftritt, betrachten die Autoren als optisch angeregten intramolekularen Elektronenaustausch. Auf der Basis der Modelle von [1] berechnet man für den thermisch angeregten Elektronenaustausch eine Energieschwelle von 0.16 eV und eine Austauschgeschwindigkeit von $10^{10} s^{-1}$ [2, 3], die aber mit den Ergebnissen der ^{57}Fe-γ-Resonanz nicht in Einklang steht [5, 9, 10], da die Lebensdauer des angeregten Kernzustandes etwa 10^{-7} s beträgt [5]. — Das elektrochemisch in CH_3CN-Lösung erzeugte Biferrocen$[Fe^{II}Fe^{III}]$kation zeigt Absorptionsmaxima bei $\lambda_{max}(\varepsilon) = 545$ (2160) und 1800 (750) nm [14].

Die im Röntgenphotoelektronenspektrum gemessenen Bindungsenergien im Niveau Fe $2p_{3/2}$ betragen 707.7 eV für Fe^{II} und 711.1 eV für Fe^{III}. Die Ursachen der größeren Breite (etwa 4 eV) und Strukturierung der Fe^{III}-Bande werden diskutiert; die Linienbreiten scheinen etwa parallel mit der Größe der Quadrupolaufspaltung in der ^{57}Fe-γ-Resonanz zu gehen [6].

Die Verbindung ist bei Zimmertemperatur an der Luft stabil, kann sich aber bei Schlag oder unter hohem Druck heftig zersetzen; zersetzt sich rasch oberhalb 200°C [3].

$[(C_5H_5FeC_5H_4\text{-})_2]^+[(C_6H_2(NO_2)_3O)_2]^-$ (Tabelle **1**, Nr. **2**) wurde nicht ganz rein isoliert. Zeigt das gleiche ^{57}Fe-γ-Resonanzspektrum wie Verbindung Nr. 1 [5].

$[(C_5H_5FeC_5H_4\text{-})_2]^+[J_3]^-$ (Tabelle **1**, Nr. **3**) hat bei 4.2 K ein mit dem Pikrat Nr. 1 identisches ^{57}Fe-γ-Resonanzspektrum, das seine Form bei 300 K nicht ändert, so daß die Geschwindigkeit des intramolekularen Elektronenaustausches („intervalence transfer") mit Sicherheit kleiner als $10^7 s^{-1}$ ist. Die Linienbreiten sind angegeben, sie liegen nahe den natürlichen [10]. Das ESR-Spektrum des Festkörpers (bei 12 K) zeigt ähnliche Signale wie das Salz Nr. 1: $g_{\parallel} = 3.58$ und $g_{\perp} = 1.72$ (auch als Figur angegeben). Die diese Werte erfüllenden Ligandenfeldparameter werden berechnet und diskutiert [17].

Zwei weitere Absorptionsmaxima im Elektronenspektrum, s. Tabelle 1, bei 291 und 360 nm sind wahrscheinlich dem J_3^- zuzuschreiben. Die aus der Lage und Halbwertsbreite der 1960-nm-Bande mit dem Modell von [1] ermittelte Geschwindigkeit des Valenzwechsels ist, wie bei der Verbindung Nr. 1, mit etwa $10^{10} s^{-1}$ nicht verträglich mit der ^{57}Fe-γ-Resonanz. Die Ursachen der Diskrepanzen werden erörtert: Möglicherweise besteht eine Überlappung von zwei verschiedenen Übergängen, nämlich mit einem zweiten Übergang in einen tiefliegenden angeregten $^2A_{1g}$-Zustand des Ferrocenium-Systems, vgl. 6.2.2, so daß Berechnungen der Geschwindigkeit des thermischen Valenzwechsels schwierig werden [10].

$[(C_5H_5FeC_5H_4\text{-})_2]^+[CCl_3COO \cdot 2CCl_3COOH]^-$ (Tabelle **1**, Nr. **4**). Im ^{57}Fe-γ-Resonanzspektrum sind die Intensitäten der beiden Dubletts temperaturabhängig; am zentralen Dublett (Ferroceniumkern) scheinen bei 300 K Schultern aufzutreten, die bei tiefer Temperatur zurückgehen. Tabelle 1 enthält daher drei Paare von δ- und Δ-Werten. Ob das dritte Dublett einem System mit Valenzaustausch („average valence system") zugeschrieben werden kann, ist noch nicht sicher [17]. — Die am Festkörper bei 12 K gemessenen ESR-Signale, $g_{\parallel} = 3.24$ und $g_{\perp} = 1.86$, führen bei der Berechnung der Ligandenfeldparameter zu einem ähnlich großen Störfaktor wie bei Nr. 1 [17], vgl. auch dort.

$[(C_5H_5FeC_5H_4\text{-})_2]^{2+}[BF_4^-]_2$ (Tabelle **1**, Nr. **5**). Das gemessene magnetische Moment, $\mu_{eff} = 3.53$ B.M. bei 298 K, stimmt gut überein mit dem aus dem ESR-Spektrum berechneten Wert von $\mu_{eff} = 3.42$ B.M. Die Temperaturabhängigkeit des magnetischen Momentes ist von 2 bis 300 K in zwei Diagrammen dargestellt: Im Gegensatz zum Biferrocen[$Fe^{II}Fe^{III}$]kation zeigt sich hier unterhalb 78 K ein starker Anstieg des Momentes bis $\mu_{eff} = 4.35$ B.M. bei etwa 4 K, der nicht durch Verunreinigungen hervorgerufen sein kann. Desgleichen zeigt das ESR-Spektrum, s. **Fig. 2**, bei 77 K eine drastische Veränderung: Bei 298 K ergibt die polykristalline Probe zwei Resonanzabsorptionen mit $g_{\parallel} = 3.2$ und $|g_{\perp}| = 1.91$, aus denen sich mit einem Symmetriestörparameter $\delta = 750$ cm^{-1} je Ferroceniumeinheit das oben angegebene magnetische Moment berechnet. Im Zentrum des $g_{\parallel}$-Signals tritt eine weitere Absorption auf, die den $g_x = g_y$-Werten des Kations zugeschrieben wird. Bei 77 K bricht das $g_{\parallel}$-Signal zusammen und $g_{\perp}$ erscheint bei niederem Feld; diese Veränderungen mit der Temperatur sind reversibel und werden durch eine erhöhte axiale Symmetrie der Molekel bei tiefer Temperatur hervorgerufen. Nach dem Wert der Suszeptibilität bei 4 K sollte der Störparameter bei dieser Temperatur um den Faktor 5 ($\delta = 150$ cm^{-1}) abgesunken sein [4], vgl. Diskussion bei Nr. 6.

Die Quadrupolaufspaltung im ^{57}Fe-γ-Resonanzspektrum ist etwa um den Faktor 4.5 geringer als im Ferroceniumtetrafluorborat, wahrscheinlich wegen einer geringeren 3d-Elektronendichte an den Fe-Atomen [5]. — IR- und Elektronenspektren können nur im festen Zustand untersucht werden, da das Dikation $[(C_5H_5FeC_5H_4\text{-})_2]^{2+}$ in Lösung offenbar instabil ist und schnell zum Monokation reduziert wird. So zeigt die Verbindung in CH_3CN-Lösung oder ein aus Lösung hergestellter Film die gleichen Spektren wie $[(C_5H_5FeC_5H_4\text{-})_2]^+$. Im IR-Spektrum (in Nujol) tritt eine starke Bande bei 408 cm^{-1} auf, die nicht mit Sicherheit als antisymmetrische Ligand-Metall-Valenzschwingung angesprochen werden kann. Die im Elektronenspektrum bei 760 nm liegende Absorption wird dem $^2E_{2g} \rightarrow {}^2E_{1u}$-Übergang des substituierten Ferrocenium-Ions zugeschrieben [5]. Das in CH_2Cl_2-Lösung elektrochemisch erzeugte Dikation absorbiert bei λ_{max} (ε) = 480 (920) und 660 (1000) nm [14]. Im Röntgenphotoelektronenspektrum findet man nach Lage und Form die gleiche Bande des Fe $2p_{3/2}$-Elektrons wie für den Fe^{III}-Teil von Verbindung Nr. 1 [6].

Fig. 2

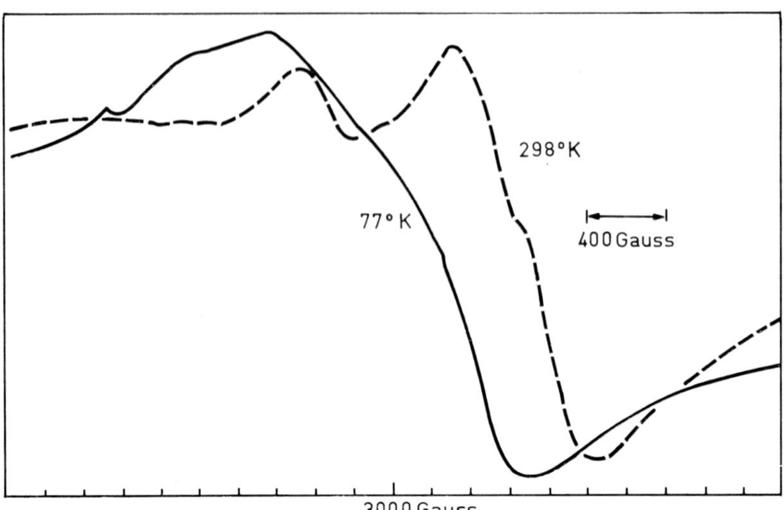

ESR-Spektren von $[(C_5H_5FeC_5H_4\text{-})_2]^{2+}[BF_4^-]_2$ bei 298 und 77 K [4].

$\mathbf{[(C_5H_5FeC_5H_4\text{-})_2]^{2+}[C_6Cl_2(CN)_2(OH)O^-]_2}$ (Tabelle **1**, Nr. **6**). Zur unterschiedlichen Formulierung des Anions nach [5] und [11] vgl. einleitende Bemerkungen. — Die magnetischen Suszeptibilitäten werden von 4.2 bis 290 K gemessen. Aus der Darstellung der Temperaturabhängigkeit des magnetischen Momentes als Figur ergibt sich bei 290 K ein μ_{eff} von etwa 3.65 B.M. Der Verlauf der Kurve ist sehr ähnlich wie bei der entsprechenden Ferroceniumverbindung und eine weitere Analyse der Daten zeigt, daß praktisch keine Austauschwechselwirkung zwischen den Fe^{III}-Zentren besteht [11]. Die g-Werte des ESR-Spektrums unterscheiden sich merkbar von denen des Salzes Nr. 5: $g_{\parallel} = 4.25$ und $g_{\perp} = 2.01$ bei 298 K; sie sind wenig temperaturabhängig, beispielsweise $g_{\parallel} = 4.27$ und $g_{\perp} = 2.02$ bei 77 K, $g_{\parallel} = 4.38$ und $g_{\perp} = 1.91$ bei 12 K (auch als Figur angegeben). Bei der Berechnung der Ligandenfeldparameter ergibt sich als deutlicher Unterschied zu $[fc]^+$ und $[fc\text{-}fc]^+$ eine Abnahme der Energie des $^2A_{1g}$-Zustandes. — Eine starke Bande im Elektronenspektrum bei 800 nm wird durch das Anion verursacht; das bei 77 K aufgenommene Spektrum ist als Figur gezeigt [17]. — Zum Verhalten in Lösung nach [5] s. Verbindung Nr. 5.

Literatur:

[1] N. S. Hush (Progr. Inorg. Chem. **8** [1967] 391/444). — [2] D. O. Cowan, F. Kaufman (J. Am. Chem. Soc. **92** [1970] 219/20). — [3] F. Kaufman, D. O. Cowan (J. Am. Chem. Soc. **92** [1970] 6198/204). — [4] D. O. Cowan, G. A. Candela, F. Kaufman (J. Am. Chem. Soc. **93** [1971] 3889/93). — [5] D. O. Cowan, T. L. Collins, F. Kaufman (J. Phys. Chem. **75** [1971] 2025/30).

[6] D. O. Cowan, J. Park, M. Barber, P. Swift (Chem. Commun. **1971** 1444/6). — [7] D. O. Cowan, C. LeVanda (J. Am. Chem. Soc. **94** [1972] 9271/2). — [8] U. T. Mueller-Westerhoff, P. Eilbracht (J. Am. Chem. Soc. **94** [1972] 9272/4). — [9] V. P. Alekseev, R. A. Stukan, A. A. Koridze (Izv. Akad. Nauk SSSR Ser. Khim. **1973** 132/4; Bull. Acad. Sci. USSR Div. Chem. Sci. **1973** 129/31). — [10] W. H. Morrison, D. N. Hendrickson (J. Chem. Phys. **59** [1973] 380/6).

[11] W. H. Morrison, S. Krogsrud, D. N. Hendrickson (Inorg. Chem. **12** [1973] 1998/2004). — [12] D. O. Cowan, C. LeVanda, J. Park, F. Kaufman (Accounts Chem. Res. **6** [1973] 1/7). — [13] M. L. Good, J. Buttone, D. Foyt (Ann. N.Y. Acad. Sci. **239** [1974] 193/207). — [14] C. LeVanda, D. O. Cowan, K. Bechgaard (J. Am. Chem. Soc. **97** [1975] 1980/1). — [15] I. J. Spilners (J. Organometal. Chem. **11** [1968] 381/4).

[16] G. M. Brown, T. J. Meyer, D. O. Cowan, C. LeVanda, F. Kaufman, P. V. Roling, M. D. Rausch (Inorg. Chem. **14** [1975] 506/11). — [17] W. H. Morrison, D. H. Hendrickson (Inorg. Chem. **14** [1975] 2331/46).

6.1.3 Substituierte Biferrocene

Substituted Biferrocenes

Zur Kennzeichnung der Substituentenstellung in Biferrocen haben die Bearbeiter des Gebietes bisher kein einheitliches System angewendet. Vorschläge bei [1] und [4] entsprechen nicht den Nomenklaturregeln der organischen Chemie, die bei gleichen, über eine Einfachbindung verknüpften Ringen ein- und mehrfach gestrichene Ziffern vorsehen, vgl. [7, S. 32]. Diesen Vereinbarungen kommt Bezifferung I am nächsten [5, 6], welche auch von den Chemical Abstracts verwendet [3] und in den folgenden Kapiteln übernommen wird; jedoch soll die Zählung in jedem Fünfring zum Fe-Atom hin gesehen („von oben") im Uhrzeigersinn erfolgen, vgl. 1.4 in „Ferrocen 1", und ist damit gegenüber [5] etwas anders. Die schematischen Strukturbilder I und II berücksichtigen gleichzeitig die für Biferrocen und einige Derivate im festen Zustand nachgewiesene trans-Konfiguration der beiden Ferrocenyl-Gruppen. Zur Bezeichnung der verschiedenen Fünfringe dienen im folgenden die Symbole Cp bis Cp''' gemäß II. Das Biferrocen-System wird bei n Substituenten als $Fe_2C_{20}H_{18-n}$ abgekürzt.

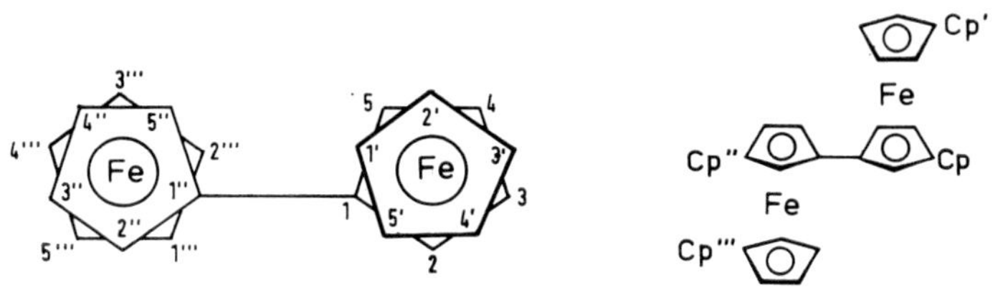

Durch die Bezifferung von Substituenten gemäß I sollen nur stellungsisomere Molekeln unterschieden, bei chiralen Verbindungen aber keine Absolutkonfigurationen angegeben werden, wenn nicht ausdrücklich anders vermerkt. So würde beispielsweise $Fe_2C_{20}H_{17}R$-2 das Racemat der beiden Enantiomeren $Fe_2C_{20}H_{17}R$-2 und -5 bedeuten. Die für Racemate und Fälle unbekannter Konfiguration vorgeschlagene α,β-Bezeichnung [2] wird nicht verwendet, s. auch 1.5 in „Ferrocen 1".

Bei Biferrocenen, die in Cp' und Cp''' substituiert sind, s. 6.1.3.1 und 6.1.3.2.1, gibt es wegen der praktisch uneingeschränkten Drehbarkeit dieser Ringe um die C_5-Achsen keine Stereoisomeren. Monosubstitution in Cp (bzw. Cp'') erzeugt Chiralität; solche Derivate sind stereochemisch identisch mit homoanular disubstituierten Ferrocenen, $C_5H_5FeC_5H_3(R)$fc. Bisher ließen sich jedoch nur wenige Verbindungen dieses Typs in schlechten Ausbeuten darstellen, s. 6.1.3.1, so daß hier keine Untersuchungen zur Stereochemie vorliegen. Leicht zugänglich wurden dagegen disubstituierte Biferrocene mit je einem Substituenten an Cp und Cp''; bei ihnen gelangen Trennungen in optische Antipoden und Bestimmungen von Absolutkonfigurationen, s. dazu 6.1.3.2.2 und 6.1.3.2.3.

Ein „1'-Biferrocenylnitrit" und Bis-(1'-nitroferrocenyl) sind bei [8] als Nebenprodukte der Reaktion von Lithioferrocen mit Alkylnitraten und -nitriten genannt, werden jedoch in keiner späteren Publikation erwähnt.

Literatur:

[1] S. I. Goldberg, J. S. Crowell (J. Org. Chem. **29** [1964] 996/1000). — [2] K. Schlögl (Fortschr. Chem. Forsch. **6** [1966] 479/514). — [3] Chemical Abstracts **66** [1967] Subject Index 19 I und 514 S. — [4] G. Marr, R. E. Moore, B. W. Rockett (Tetrahedron **25** [1969] 3477/84). — [5] M. D. Rausch, T. M. Gund (J. Organometal. Chem. **24** [1970] 463/8).

[6] D. J. Booth, G. Marr, B. W. Rockett (J. Organometal. Chem. **32** [1971] 227/30). — [7] D. Hellwinkel (Die systematische Nomenklatur der Organischen Chemie, Springer-Verlag, Berlin – Heidelberg – New York 1974). — [8] W. G. DeWitt (Diss. Univ. of Illinois 1966 nach Diss. Abstr. Intern. B **27** [1966] 747/8).

Mono-substituted Biferrocenes

6.1.3.1 Monosubstituierte Biferrocene

$Fe_2C_{20}H_{17}CH_3$-1' wurde erst vor kurzem im Rahmen einer massenspektroskopischen Untersuchung an substituierten Biferrocenen erwähnt [12]. Zur Synthese verweisen die Autoren [12] auf Literatur [11] und [13]. Das Massenspektrum zeigt, daß die Abspaltung von $C_5H_5^{\cdot}$ und $C_5H_4CH_3^{\cdot}$ vom Molekelion mit praktisch gleicher Leichtigkeit eintritt [12].

$Fe_2C_{20}H_{17}C_2H_5$ (Substituentenstellung unbekannt) wird massenspektroskopisch unter den Produkten der Reaktion von lithiiertem Ferrocen mit C_2H_5X (X = Br, J) nachgewiesen [14].

$Fe_2C_{20}H_{17}C_4H_9$-1' entsteht mit 6.5% [7] bzw. 3.4% [10] Ausbeute bei der Einwirkung von $CoCl_2$ auf Ferrocenyllithium und n-C_4H_9Br in Äther bei und etwas oberhalb Zimmertemperatur neben Biferrocen, Polyferrocenen und butylierten Polyferrocenen [7, 10]. Die Trennung der Reaktionsprodukte durch Chromatographie an Al_2O_3 ist bei [10] beschrieben; die Verbindung eluiert mit Petroläther/Benzol nach $Fe_2C_{20}H_{16}(C_4H_9)_2$-1',1'''. Rotorangefarbene Kristalle, Schmelzpunkt in geschlossener Kapillare: 68.2 bis 70.2°C [7, 10]. Chemische Verschiebungen im ^{1}H-NMR-Spektrum (in $CDCl_3$, als Figur wiedergegeben) liegen bei $\tau = 5.70$ und 5.85 (H-2, H-5 bzw. H-2'', H-5''), 6.02 (C_5H_5), 6.14 (butyl-substituierter Ring), 7.87, 8.85 und 9.15 (C_4H_9). Das IR-Spektrum ist als Figur angegeben. Die Verbindung ist in den gebräuchlichen organischen Lösungsmitteln sehr gut löslich [10].

$Fe_2C_{20}H_{17}CH_2C_6H_5$ wird im Niedervolt-Massenspektrum (8 eV) von „Polyferrocenylen"-Fraktionen nachgewiesen, die bei der Umsetzung von lithiiertem Ferrocen mit $C_6H_5CH_2Cl$ entstehen [14].

$Fe_2C_{20}H_{17}C_6H_5$-3 (3-Phenylbiferrocen oder 1-Ferrocenyl-3-phenylferrocen) wird dargestellt durch Umsetzung von 3-Ferrocenyl-1-phenylcyclopentadien (III) und Cyclopentadien mit $NaNH_2$ in flüssigem NH_3 und Zugabe von $FeCl_2$ in Xylol bei tiefer Temperatur. Eluiert von Al_2O_3 nach fc-H mit Heptan/Benzol und wird aus Heptan umkristallisiert, 15% Ausbeute neben einem phenylsubstituierten Terferrocen. Gelbe, kristalline Substanz vom Schmelzpunkt 172.5 bis 173°C (unter N_2). Das IR-Spektrum ist von 700 bis 1700 cm^{-1} als Figur angegeben [2].

Fe H C_6H_5

III

$Fe_2C_{20}H_{17}CH_2OH$-1'. Zur Darstellung s. Bemerkungen bei $Fe_2C_{20}H_{17}CH_3$-1'. — Im Massenspektrum tritt das Ion mit m/e = 304 am häufigsten auf, das aus dem Molekelion über ein $[fc\text{-}C_5H_4Fe\text{-}OH]^+$ entstehen kann [12].

$Fe_2C_{20}H_{17}CH(OH)CH_3$-1' (1'-(1-Hydroxyäthyl)biferrocen) erhält man aus 1'-Formylbiferrocen und CH_3Li in Benzol/Äther bei Zimmertemperatur/2 h (48% Ausbeute) oder aus 1'-Acetylbiferrocen mit $LiAlH_4$ in Äther bei Zimmertemperatur/2 h (81% Ausbeute). Reinigung durch Chromatographie und Kristallisation aus CH_3OH/H_2O. Gelbe Kristalle, Schmelzpunkt 90 bis 91°C. Das ^{1}H-NMR-Spektrum (in CS_2) zeigt folgende chemische Verschiebungen: $\tau = 5.73$ und 5.88 (m, Cp- und Cp''-Protonen und CH des Substituenten), 6.12 (s, Cp'- und Cp'''-Protonen), 8.82 (d, J = 6 Hz, CH_3) und 7.69 (breites s, OH) [8].

Häufigste Fragmente im 70 eV-Massenspektrum sind neben dem Molekelion $[M]^+$ das Ion mit m/e = 304, vgl. dazu oben $Fe_2C_{20}H_{17}CH_2OH$-1', ferner $[M-H_2O]^+$ und $[M-H_2O-C_5H_5]^+$; letzteres wird als $[CH_2{=}CHC_5H_4FeC_5H_4\text{-}C_5H_4Fe]^+$ formuliert [12].

$Fe_2C_{20}H_{17}CH(OH)C_6H_5$-1' wird aus 1'-Benzoylbiferrocen durch $LiAlH_4$-Reduktion in Äther/Benzol unter Rückfluß/0.5 h gewonnen, 98% Ausbeute an Rohprodukt. Bildet gelbe Nadeln (aus Hexan) vom Schmelzpunkt 121 bis 122°C. ^{1}H-NMR-Spektrum (in $CDCl_3$): $\tau = 2.55$ bis 2.85 (C_6H_5), 4.74 (d, CH an C_6H_5), 5.60, 5.78, 6.03 (m, Cp-Ringe) und 7.83 (d, OH). Im IR-Spektrum (KBr) liegt die ν(C=C)-Bande von Phenyl bei 1598 und die ν(OH)-Bande bei 3450 cm^{-1} [11].

Im 70 eV-Massenspektrum treten auf: das Molekelion $[M]^+$ (relative Intensität 80), mit ungewöhnlicher Intensität die Fragmente $[M-H_2]^+$ (40) und $[M-O]^+$ (100) und $[M-C_5H_5-CH(OH)C_6H_5]^+$ (96) mit m/e = 304 (vgl. oben) [11, 12]; zur Diskussion der Fragmentierung im Zusammenhang mit anderen Biferrocen-Derivaten s. [12].

$Fe_2C_{20}H_{17}CHO$-1' bildet sich in der Vilsmeier-Reaktion aus Biferrocen/$POCl_3$ (etwa 1:1.7 mol) und $C_6H_5N(CH_3)CHO$ in Heptan bei 50 bis 60 °C. Die Verbindung eluiert von Al_2O_3 mit Benzol/Äther zusammen mit Isomeren, wahrscheinlich auch 3-Formylbiferrocen, und vor gleichzeitig gebildetem 1',1'''-Diformylbiferrocen und wird durch fraktionierte Kristallisation gereinigt, Gesamtausbeute 3.2%. Auch durch veränderte Formylierungsbedingungen ließen sich keine besseren Ergebnisse erzielen. Rote Substanz vom Schmelzpunkt 170 bis 171 °C. ^{1}H-NMR-Spektrum (in $CDCl_3$): $\tau = 0.09$ (s, CHO), 5.38 (t, H-2' und H-5'), 5.66 (m, 10 H in H-2 bis H-5, H-2'' bis H-5'' sowie in H-3' und H-4'), 5.99 (s, Cp'''). Im IR-Spektrum (in $CDCl_3$) erscheinen die starken Banden des unsubstituierten Cp''' bei 1000 und 1100 cm^{-1} und die CO-Bande bei 1670 cm^{-1} [8].

Die häufigsten Fragmente im 70 eV-Massenspektrum sind bei [12] angegeben; zur Fragmentierung von Acyl-substituierten Biferrocenen im allgemeinen vgl. unten $Fe_2C_{20}H_{17}COCH_3$-1'. Zum chemischen Verhalten s. auch $Fe_2C_{20}H_{17}CH(OH)CH_3$-1' und $Fe_2C_{20}H_{17}CH{=}CHCOOH$-1'.

$Fe_2C_{20}H_{17}COCH_3$-1'. Alle drei möglichen isomeren Acetylbiferrocene, also auch die 2- und 3-substituierten Verbindungen, vgl. Formel I auf S. 13, entstehen bei der Acetylierung von Biferrocen mit einem großen Überschuß $(CH_3CO)_2O$ in Gegenwart von Polyphosphorsäure bei kurzem Erhitzen auf Wasserbadtemperatur. 51% des Ausgangsproduktes werden zurückgewonnen. Die Trennung erfolgt durch sorgfältige Chromatographie an Al_2O_3 mit Hexan/Benzol (1:1); ebenfalls gebildete Diacetylbiferrocene, s. 6.1.3.2.1 und 6.1.3.2.2, eluieren erst später mit Benzol und Benzol/Äther. 1'-Acetylbiferrocen fällt mit der höchsten Ausbeute von 5.1% (bezogen auf umgesetztes Biferrocen) an, während die Ausbeuten der beiden anderen Isomeren unter 1% liegen [4]; etwas höhere Ausbeuten am 3-substituierten Isomeren sind bei [6] angegeben. Auch bei der Acetylierung mit $CH_3COCl/AlCl_3$ in CH_2Cl_2 bei Zimmertemperatur/2 h ist das 1'-Isomere mit 14% Ausbeute das Hauptprodukt [5]. Durch gezielte Synthese wird es aus fc-Br und $BrC_5H_4FeC_5H_4COCH_3$ (etwa 2:1 mol) an aktivierter Cu-Bronze bei etwa 90 °C/28 h mit 16.3% Ausbeute neben Ferrocen, Acetylferrocen und etwas 1',1'''-Diacetylbiferrocen erhalten [3].

$Fe_2C_{20}H_{17}COCH_3$-1' wird von Al_2O_3 mit Hexan/Benzol (1:1) als letztes der Isomeren eluiert und bildet aus heißem Hexan dunkelorangefarbene, nadelförmige Kristalle vom Schmelzpunkt 137 bis 138 °C [3, 4] bzw. orangerote Nadeln vom Schmelzpunkt 142 bis 144 °C [5, 6]. Zum ^{1}H-NMR- und IR-Spektrum s. Tabelle 2. Das ^{1}H-NMR-Spektrum ist als Figur bei [3, 5] angegeben. Das UV-Spektrum (in C_2H_5OH) zeigt Absorptionsmaxima bei λ_{max} (lg ε) = 217 (4.66), 260 (4.10, Schulter) und 292 (4.00) nm [3].

Hauptsächliche Fragmente im 70 eV-Massenspektrum sind bei [12] genannt. Die Abspaltung eines unsubstituierten Cp-Ringes erfolgt bei den 1'-Acylbiferrocenen ausschließlich aus dem Molekelion zu $[RCOC_5H_4FeC_5H_4\text{-}C_5H_4Fe]^+$ ($R = CH_3$), gefolgt von der CO-Eliminierung zu $[RC_5H_4FeC_5H_4\text{-}C_5H_4Fe]^+$ [12].

$Fe_2C_{20}H_{17}COCH_3$-2. Zur Bildung s. oben das 1'-Isomere. Die Verbindung kann mit 37% Ausbeute aus fc-J und $C_5H_5FeC_5H_3(COCH_3\text{-}2)J$-1 (etwa 1:2.3 mol) an Cu-Bronze bei 130 °C/24 h dargestellt werden [9]. Aus Isomerengemischen wird 2-Acetylbiferrocen als erste Substanz von Al_2O_3 mit Hexan/Benzol eluiert [4]. Es fällt unter Umständen als dunkelrotes Öl an, das erst bei längerem Verreiben mit Hexan kristallisiert [9]: orangerote Kristalle (aus heißem Hexan) vom Schmelzpunkt 102 bis 103 °C [4, 9].

Zum ^{1}H-NMR- und IR-Spektrum s. Tabelle 2. Das ^{1}H-NMR-Spektrum ist bei [4] auch als Figur angegeben. Zum UV-Spektrum vgl. **Fig. 3**.

Fig. 3

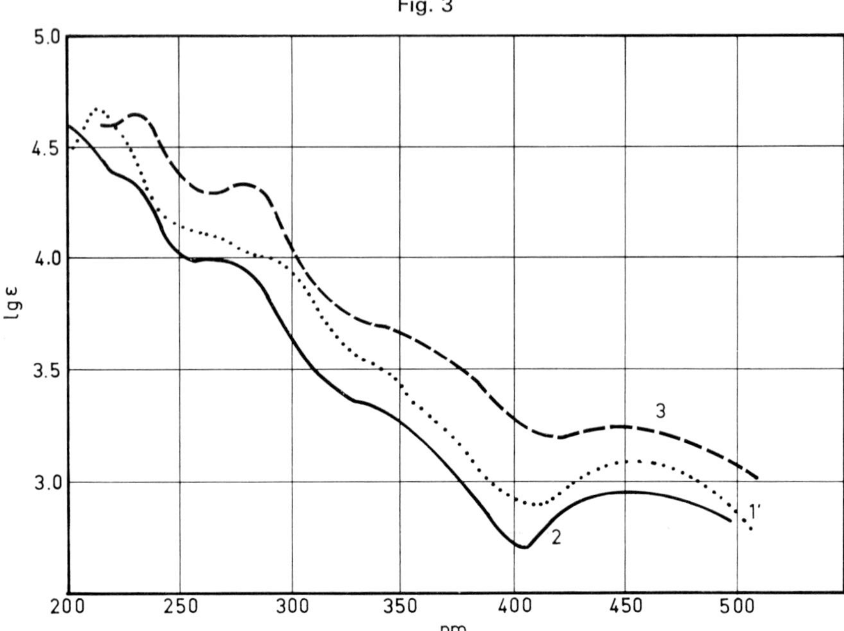

UV-Spektren der isomeren Acetylbiferrocene (in 95%igem C_2H_5OH) nach [4]; die Ziffern an den Kurven geben die Stellung der Acetyl-Gruppe an.

$Fe_2C_{20}H_{17}COCH_3$-3. Zur Bildung s. $Fe_2C_{20}H_{17}COCH_3$-1'. Die Substanz wird bei [5] zunächst als das 2-substituierte Isomere angesehen. Sie wird von Al_2O_3 als mittlere Fraktion eluiert und kristallisiert aus Hexan in orangefarbenen [4] bzw. orangeroten Nadeln [6]; Schmelzpunkt 153 bis 154°C nach [4] und 158 bis 159°C nach [5, 6].

Angaben zu den Spektren s. in Tabelle 2 und Fig. 3. Zum ^{1}H-NMR-Spektrum als Figur s. [4].

Tabelle 2. Spektroskopische Daten der Acylbiferrocene, $Fe_2C_{20}H_{17}COR$.
Zur Indizierung der Ringe und Ringatome s. Formeln I und II auf S. 13.
Zu Abkürzungen und Dimensionen s. S. 1.

Acyl-Gruppe und Stellung	^{1}H-NMR-Spektrum ($CDCl_3$)	IR-Spektrum (KBr)	Lit.
$-COCH_3$-1'	5.42 (t, J = 2; H-2', H-5') 5.65 (m, breit; H-3, H-4, H-3', H-4', H-3'', H-4'') 5.78 (t, J = 2; H-2, H-5, H-2'', H-5'') 6.02 (s, H in Cp''') 7.85 (s, CH_3)	805, 820, 831, 840, 899, 1000 (Cp'''), 1027, 1060, 1107 (Cp''', S), 1117, 1663 (CO)	[4 bis 6]
$-COCH_3$-2	5.20 (m, H in Cp') 5.51 (m, H-2'', H-5'') 5.79 (t, H-3'', H-4'') 5.85 (s's von Cp' und Cp''') 5.88 7.64 (s, CH_3)	815, 1000, 1100, 1250, 1270 (S), 1360, 1440, 1678 (CO); durch die Bande bei 1270 vom 3-Isomeren unterscheidbar	[4, 9]

Tabelle 2 [Fortsetzung].

Acyl-Gruppe und Stellung	^{1}H-NMR-Spektrum ($CDCl_3$)	IR-Spektrum (KBr)	Lit.
-$COCH_3$-3	5.02 (m, H-4) 5.27, 5.60, 5.78 (m's, sechs nicht zugeordnete H-Atome) 5.97, 5.99 (s's vom Cp' und Cp''') 7.59 (s, CH_3)	813, 824, 835, 905, 1002, 1031, 1053, 1105, 1115, 1660 (CO); durch eine doppelte Bande bei 1292, 1304 vom 2-Isomeren unterscheidbar	[4, 6]
-COC_6H_5-1'	2.1 bis 2.7 (m, C_6H_5) 5.32 (t, H-2', H-5') 5.66 (m, H-3', H-4', H-2'', H-5'') 5.76 (m, H-2, H-5) 5.80 (t, H-3, H-4) 5.87 (t, H-3'', H-4'') 6.08 (s, H von Cp''')	ν(C=C) von C_6H_5 bei 1595, ν(CO) bei 1622	[11]

$Fe_2C_{20}H_{17}COC_6H_5$-1'. Ein Benzoylbiferrocen (ohne Angabe der Substituentenstellung) ist als Produkt der Friedel-Crafts-Reaktion von Biferrocen mit C_6H_5COCl zuerst bei [1] mit einem Schmelzpunkt von 124 bis 125°C erwähnt. Nach [11] entsteht das 1'-Isomere mit 36% Ausbeute bei dieser Reaktion unter Verwendung von Biferrocen/$C_6H_5COCl/AlCl_3$ im Molverhältnis 2.7:10.8:12 in CH_2Cl_2 unter Rückfluß/1.5 h. Zur Isolierung muß die Chromatographie an Al_2O_3 mit C_6H_6/$CH_3COOC_2H_5$ (10:1) als Eluierungsmittel mehrfach wiederholt werden. 1,1'''-Dibenzoylbiferrocen wird neben anderen unbekannten Produkten nur in geringer Menge gebildet [11].

Kristallisiert aus Hexan/Benzol in rotorangefarbenen Nadeln vom Schmelzpunkt 135 bis 136°C [11]. Zum ^{1}H-NMR- und IR-Spektrum s. Tabelle 2.

Im 70 eV-Massenspektrum treten als intensive Fragmente (relative Intensität) auf: das Molekelion $[M]^+$ (100), $[M-C_5H_5]^+$ (67), $[M-C_5H_5-CO]^+$ (40) und $[M-C_5H_5-COC_6H_5]^+$ (23) [11, 12], vgl. auch $Fe_2C_{20}H_{17}COCH_3$-1'. Zur weiteren Acetylierung und Benzoylierung s. die entsprechenden Derivate in 6.1.3.2.1. Zur Reaktion mit $LiAlH_4$ s. $Fe_2C_{20}H_{17}CH(OH)C_6H_5$-1'.

$Fe_2C_{20}H_{17}COOCH_3$-2 wird neben disubstituierten Verbindungen durch Ullmann-Kupplung von Jodferrocen und 1-Jod-2-methoxycarbonylferrocen (etwa 2.4:1 mol) bei 130°C/24 h erhalten. Eluiert bei der präparativen Dünnschichtchromatographie mit CH_2Cl_2; 55% Ausbeute als dunkelrotes Öl, das nach längerem Verreiben mit Hexan kristallisiert. Orangefarbene Kristalle vom Schmelzpunkt 78 bis 79°C. ^{1}H-NMR-Spektrum ($CDCl_3$): τ = 5.00 bis 5.80 (Serie von Multipletts), 5.86 und 5.89 (s's, 10 H von Cp' und Cp'''), 6.19 (CH_3). IR-Spektrum (als Film): 815, 1000, 1030, 1110, 1130, 1250, 1275, 1350, 1450, 1730 cm^{-1} [9].

$Fe_2C_{20}H_{17}CH{=}CHCOOH$-1' (3-(1'-Biferrocenyl)acrylsäure) wird aus 1'-Formylbiferrocen und Malonsäure in Gegenwart von Piperidin und Pyridin bei Wasserbadtemperatur (2 h) dargestellt; 65% Ausbeute nach Umkristallisieren aus Benzol. Der rote Festkörper zersetzt sich oberhalb 190°C und ist in allen organischen Lösungsmitteln unlöslich. IR-Spektrum (KBr): C=C-Bande bei 1610 cm^{-1} und starke CO-Bande bei 1680 cm^{-1} [8].

Literatur:

[1] M. D. Rausch (J. Am. Chem. Soc. **82** [1960] 2080/1). — [2] A. N. Nesmeyanov, V. N. Drozd, V. A. Sazonova, V. I. Romanenko, A. K. Prokof'ev, L. A. Nikonova (Izv. Akad. Nauk SSSR Otd. Khim. Nauk **1963** 667/74; Bull. Acad. Sci. USSR Div. Chem. Sci. **1963** 597/603). — [3] S. I. Goldberg, R. L. Matteson (J. Org. Chem. **29** [1964] 323/6). — [4] S. I. Goldberg, J. S. Crowell (J. Org. Chem. **29** [1964] 996/1000). — [5] M. D. Rausch (J. Org. Chem. **29** [1964] 1257/9).

[6] K. Yamakawa, N. Ishibashi, K. Arakawa (Chem. Pharm. Bull. [Tokyo] **12** [1964] 119/21). — [7] K. Hata, I. Motoyama, H. Watanabe (Bull. Chem. Soc. Japan **37** [1964] 1719/20). — [8] M. D.

Rausch, T. M. Gund (J. Organometal. Chem. **24** [1970] 463/8). — [9] R. F. Kovar, M. D. Rausch (J. Organometal. Chem. **35** [1972] 351/66). — [10] H. Watanabe, I. Motoyama, K. Hata (Bull. Chem. Soc. Japan **39** [1966] 790/801).

[11] K. Yamakawa, M. Hisatome, Y. Sako, S. Ichida (J. Organometal. Chem. **93** [1975] 219/30). — [12] M. Hisatome, S. Ichida, K. Yamakawa (Org. Mass Spectrom. **11** [1976] 31/9). — [13] K. Yamakawa, M. Hisatome, S. Ichida (93rd Ann. Meeting Pharm. Soc. Japan, Tokyo 1973, Abstr. Papers II, S. 139). — [14] I. J. Spilners, J. P. Pellegrini (J. Org. Chem. **30** [1965] 3800/4).

Disubstituted Biferrocenes

6.1.3.2 Disubstituierte Biferrocene

Substitution in Cp' and Cp'''

6.1.3.2.1 Substitution in Cp' und Cp''' (vgl. Formel I)

Die in Tabelle 3 zusammengefaßten Biferrocen-Derivate enthalten überwiegend gleiche Substituenten in den Ringen Cp' und Cp''' (Verbindungen Nr. 1 bis 16) und sind als $Fe_2C_{20}H_{16}R_2$-1',1''' zu formulieren. Neben der gezielten Synthese dieses Verbindungstyps mit Hilfe der Ullmann-Kupplung von $RC_5H_4FeC_5H_4X$ (X = Halogen) wendet man verschiedene andere Darstellungsmethoden an, die unter weiteren Angaben zu den einzelnen Substanzen besprochen werden.

Erst in jüngster Zeit ist auch über Derivate mit zwei verschiedenen Substituenten in Cp' und Cp''' berichtet worden, Verbindungen Nr. 17 bis 21 der allgemeinen Form $Fe_2C_{20}H_{16}$(R'-1')R'''-1''' [25]. Sie werden aus Dibenzoylbiferrocen (Nr. 14) oder Acetyl-benzoylbiferrocen (Nr. 21) durch weitere Umsetzungen an den Ketogruppen gewonnen, s. weitere Angaben.

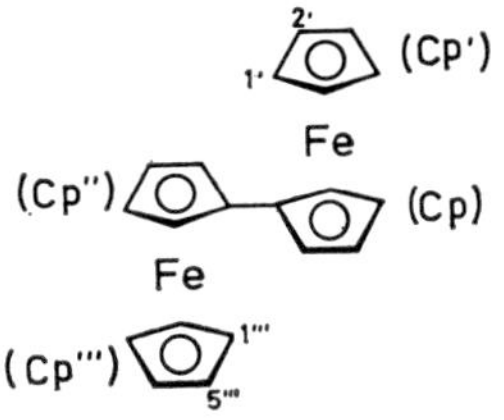

2' 1' (Cp') Fe (Cp'') (Cp) Fe (Cp''') 1''' 5'''

I

Soweit Röntgenstrukturanalysen vorliegen, ergibt sich für den festen Zustand durchweg eine Bevorzugung der prismatischen Konformation in den beiden Ferrocenyl-Gruppen und eine Bindung der Substituenten an die C-Atome 1',1''' oder 2',5''', was zu relativ kompakten Molekelstrukturen führt, vgl. dazu Verbindungen Nr. 2, 5, 13 und 15.

Eine kürzlich erschienene Arbeit behandelt die Massenspektren von Acyl- und α-Hydroxyalkyl-Derivaten des Biferrocens [26]. Die hauptsächlichen Fragment-Ionen sind angegeben, es werden Fragmentierungsschemata und Einflüsse der Substituenten auf die Fragmentierung diskutiert, vgl. die Originalliteratur [26], s. auch [25].

Aus der Dijodverbindung Nr. 7 wird ein Biferrocenium-Salz hergestellt und hinsichtlich seines Verhaltens als „mixed-valence" oder „average valence system" untersucht, vgl. 6.1.2:

$[Fe_2C_{20}H_{16}J_2$-1',1''']$^+J_3^-$ bildet sich aus dem Biferrocen-Derivat Nr. 7 durch Oxidation mit einer stöchiometrischen Menge J_2 in Benzol. — Im ^{57}Fe-Mössbauer-Spektrum stellt sich das Kation im Gegensatz zu $[fc\text{-}fc]^+$ als Valenzaustausch-System mit nur einem Quadrupoldublett dar: $\delta = 0.428$ (gegen Co in Rh) und $\Delta = 1.284$ mm · s^{-1} bei 300 K, $\delta = 0.532$ und $\Delta = 1.388$ mm · s^{-1} bei 4.2 K. Aus dem ESR-Spektrum, das schon bei 77 K gut zu beobachten ist, ergibt sich ein relativ isotroper g-Tensor: scharfe Signale bei 12 K mit $g_{\parallel} = 2.75$ und $g_{\perp} = 2.01$ und 1.97 sprechen für eine Valenzaustauschgeschwindigkeit von mehr als etwa 10^9 s^{-1}. Das Elektronenspektrum unterscheidet sich nicht wesentlich vom Spektrum des $[fc\text{-}fc]^+$, Extinktionen sind bei längeren Wellen wegen zu geringer Löslichkeit nicht ausreichend genau zu messen: λ_{max} (ε) = <210 (–), 243 (96600), 537 (–), 670 (–) und 1840 (–) nm; ferner Banden des Anions bei 295 (67400) und 360 (23800) nm [30]. Strukturelle Änderungen durch Substitution im Biferrocen, über die jedoch nichts bekannt ist, könnten für den schnelleren Valenzaustausch verantwortlich sein, Näheres s. in den Diskussionen bei [30].

Zur Bildung eines zweifachen Carbonium-Ions vgl. weitere Angaben zu Verbindung Nr. 10.

Literatur s. S. 27

Tabelle 3. Biferrocen-Derivate vom Typ $Fe_2C_{20}H_{16}$(R'-1')R'''-1'''.

Für laufende Nummern mit Sternchen folgen am Ende der Tabelle weitere Angaben. Zu Abkürzungen und Dimensionen s. S. 1.

Nr.	Substituenten R' R'''	Aussehen, Schmelzpunkt	Spektren und weitere Bemerkungen	Lit.
Mit gleichen Substituenten, R' = R''':				
*1	CH_3	rote Kristalle, 151 bis 152	^{1}H-NMR ($CDCl_3$): 5.72 (m, H und H''), 6.12 (s, H' und H'''), 8.25 (s, CH_3)	[19]
*2	C_2H_5	braune, prismatische Kristalle; orangefarben, 96.5 bis 97	^{1}H-NMR (CS_2?): 5.93 (m, H und H''), 6.26 (s, H' und H'''), 7.97 (q, CH_2), 8.99 (t, CH_3)	[2, 3, 12]
*3	n-C_4H_9	orangefarbene Kristalle, 52.0 bis 53.0	^{1}H-NMR ($CDCl_3$): 5.73, 5.85 (H und H''), 6.13 (s, H' und H'''), 7.89, 8.73, 9.14 (C_4H_9)	[15]
*4	$CH_2C_6H_5$	gelbe Nadeln, 151.5 bis 153	^{1}H-NMR ($CDCl_3$): 2.7 bis 3.0 (C_6H_5), 5.75, 5.88, 6.13 (Cp-Ringe), 6.62 (CH_2); IR (KBr): 1597 (C_6H_5), 2902, 2925	[25]
*5	Cl	rötlichbraune rhombische Blättchen, 134 bis 135 136.5 bis 137	^{1}H-NMR ($CDCl_3$): 5.60 (t, H-2', 5', 2''', 5'''), 5.74 (t, H-2, 5, 2'', 5''), 5.87 (t, H-3, 4, 3'', 4''), 6.14 (t, H-3', 4', 3''', 4''')	[2, 3, 9, 20]
*6	Br	dunkelrote Blättchen, 138 bis 140, 141 bis 142	^{1}H-NMR ($CDCl_3$): 5.61, 5.75, 5.84, 6.07 (Tripletts, Zuordnung wie bei Nr. 5)	[18, 20]
*7	J	dunkelrote Würfel, 167 bis 168 (unter N_2)	^{1}H-NMR ($CDCl_3$): 5.71 (t, H-2', 5', 2''', 5'''), 5.87 (m, H in Cp und Cp''), 6.03 (t, H-3', 4', 3''', 4''')	[20]
*8	CH_2OH	—	keine weiteren Daten; angegeben sind die vorherrschenden Fragment-Ionen im 70 eV-Massenspektrum	[26]

Tabelle 3 [Fortsetzung].

Nr.	Substituenten R′ R‴	Aussehen, Schmelzpunkt	Spektren und weitere Bemerkungen	Lit.
*9	$CH(OH)CH_3$	—	wie Nr. 8, vgl. weitere Angaben	[26]
*10	$CH(OH)C_6H_5$	gelbe Nadeln, 164 bis 165.5	^{1}H-NMR ($OS(CD_3)_2$): 2.6 bis 2.8 (m, C_6H_5), 4.67 (d, CH), 4.84 (d, OH), Multipletts der Ring-H bei 4.86, 5.95, 6.17, 6.33 und 5.61 (?); IR (KBr): 1596 (C_6H_5), 3540 (OH)	[25]
*11	$CH(OCH_3)C_6H_5$	gelbe Nadeln, 154 bis 155.5	^{1}H-NMR ($CDCl_3$): 2.70 (s, C_6H_5), 5.22 (s, CH), Multipletts der Ring-H bei 5.82, 5.97, 6.13, 6.31; 6.81 (s, CH_3); IR (KBr): ν(COC) bei 1090	[25]
*12	CHO	roter Festkörper, 175 bis 176.5	^{1}H-NMR ($CDCl_3$): 0.53 (s, CHO), 5.45 (t, H-2′, 5′, 2‴, 5‴), 5.65 (m, H in Cp und Cp″, ferner in H-3′, 4′, 3‴, 4‴)	[20]
*13	$COCH_3$	dunkelrote Nadeln, 187 bis 188, 191 bis 192	^{1}H-NMR ($CDCl_3$): 5.43 (t, H-2′, 5′, 2‴, 5‴), 5.67 (m, 12 H-Atome), 7.84 (s, CH_3) IR (KBr): ν(CO) bei 1665	[3, 4, 6, 20, 27]
*14	COC_6H_5	tief rotbraune Nadeln, 165 bis 166.5	^{1}H-NMR ($CDCl_3$): 2.2 bis 2.8 (m, C_6H_5), 5.36 (t, H-2′, 5′, 2‴, 5‴), 5.67 (t, H-3′, 4′, 3‴, 4‴), 5.78 (m, H-2, 5, 2″, 5″), 5.83 (m, H-3, 4, 3″, 4″); IR (KBr): 1593 (C_6H_5), ν(CO) bei 1623	[25]
*15	$COOCH_3$	große rote Nadeln, 184 bis 184.5, 193 bis 194	^{1}H-NMR ($CDCl_3$): 5.35 (t, H-2′, 5′, 2‴, 5‴), 5.62 (t, H-2, 5, 2″, 5″), 5.78 (t, H-3′, 4′, 3‴, 4‴, 3, 4, 3″, 4″), 6.37 (s, CH_3)	[3, 17, 22]
*16	CN	dunkelorange —	wird aus Nr. 7 mit CuCN gebildet und nur in Benzollösung erhalten	[20]

Literatur s. S. 27

Tabelle 3 [Fortsetzung].

Nr.	Substituenten R′	R‴	Aussehen, Schmelzpunkt	Spektren und weitere Bemerkungen	Lit.
Mit verschiedenen Substituenten, R′ ≠ R‴:					
*17	$CH_2C_6H_5$	$CH(OH)C_6H_5$	gelbe Nadeln, 144 bis 146	^{1}H-NMR ($CDCl_3$): 2.7 bis 3.05 (m, C_6H_5), 4.80 (d, CH), 5.66, 5.71, 5.82, 5.85, 5.95, 6.05, 6.15 (m's der Cp-Ringe), 6.65 (s, CH_2), 7.85 (d, OH); IR (KBr): ν(CH) bei 2908, 2925; ν(OH) bei 3545	[25]
*18	$CH(OH)CH_3$	$CH(OH)C_6H_5$	gelbe Nadeln, 115 bis 117	^{1}H-NMR (CD_3COCD_3): 2.55 bis 2.85 (m, C_6H_5), 4.60 (d, CH mit C_6H_5), 5.55 (m, CH mit CH_3), 5.52, 5.79, 6.10 (m's der Cp-Ringe), 8.71 (d, CH_3); IR (KBr): δ(CH_3) bei 1370, ν(C=C) von C_6H_5 bei 1595, ν(OH) bei 3417 und 3515 Darstellung s. bei weiteren Angaben zu Nr. 11	[25]
19	$CH(OCH_3)C_6H_5$	$CH(OH)C_6H_5$	gelbe Nadeln, 130 bis 134.5	^{1}H-NMR ($CDCl_3$): 2.68 bis 2.77 (s's, C_6H_5), 4.77 (s, CH mit OH), 5.21 (s, CH mit OCH_3), 5.60 bis 6.19 (m, Cp-Ringe), 6.81 (s, CH_3), 7.85 (d, OH); IR (KBr): ν(OH) bei 3500; vgl. Nr. 11	[25]
*20	$CH_2C_6H_5$	COC_6H_5	orangerote Nadeln, 99.5 bis 100	^{1}H-NMR ($CDCl_3$): 3.0 bis 3.1 (m, C_6H_5), 5.38 und 5.63 (t's, Cp-Ring mit C_6H_5CO), 5.77, 5.86, 6.13 (m's, übrige Cp-H), 6.60 (s, CH_2); IR (KBr): ν(CO) bei 1623	[25]
*21	$COCH_3$	COC_6H_5	tief rotbraune Nadeln, 129.5 bis 130.5	^{1}H-NMR ($CDCl_3$): 2.2 bis 2.7 (m, C_6H_5), 5.35 (t, H-2‴, 5‴), 5.50 (t, H-2′, 5′), 5.67 (t, H-3‴, 4‴), 5.69 (t, H-3′, 4′), 5.76 (m, H-2, 5, 2″ bis 5″), 5.85 (m, H-3, 4), 7.90 (s, CH_3); IR (KBr): ν(C=C) von C_6H_5 bei 1595, ν(CO) von COC_6H_5 bei 1629, ν(CO) von $COCH_3$ bei 1657	[25]

* Weitere Angaben:

$Fe_2C_{20}H_{16}(CH_3)_2$-1',1''' (Tabelle **3**, Nr. **1**) wird aus 1',1'''-Diformylbiferrocen (Nr. 12) durch Reduktion mit $LiAlH_4/AlCl_3$ in Äther dargestellt und durch Chromatographie an Al_2O_3 in Hexan gereinigt, 64% Ausbeute nach Umkristallisieren aus CH_3OH/H_2O [19].

$Fe_2C_{20}H_{16}(C_2H_5)_2$-1',1''' (Tabelle **3**, Nr. **2**). Die Darstellung erfolgt durch Kupplung von 1-Brom-1'-äthylferrocen mit Cu bei 125°C/30 min mit quantitativer Rohausbeute [3]. Bei der Clemmensen-Reduktion von 1,1'''-Diacetylbiferrocen (Verbindung Nr. 13) erhält man die Verbindung mit 43% Ausbeute [3]. Bildet sich auch bei der Umsetzung von Lithioferrocenen mit C_2H_5J in Äther/Tetrahydrofuran bei Zimmertemperatur neben Äthylferrocenen, Biferrocen, Mono- und Triäthylbiferrocen [12]. Wird aus Alkohol umkristallisiert [3, 12]. Das IR-Spektrum ist bei [3] als Figur angegeben; starke Banden liegen nach [12] bei 810, 855, 1020, 1030 und 1110. Die Substanz kristallisiert monoklin mit $a = 19.14 \pm 0.06$, $b = 7.52 \pm 0.03$, $c = 16.29 \pm 0.06$ Å und $\beta = 127.5° \pm 0.3°$; Raumgruppe C2/c-C_{2h}^6 mit vier Molekeln in der Elementarzelle. Als Dichten werden gemessen und berechnet: D = 1.45 bzw. D = 1.52 g · cm^{-3} [2, 7, 11, 13]. Die Molekel liegt in der gleichen trans-Konfiguration wie Biferrocen vor, jedoch mit praktisch prismatischer sandwich-Anordnung (Abweichung davon 4°) und einem bemerkenswert kurzen Abstand der C-Atome 1 und 1'', s. **Fig. 4**. Als Abweichung dieser Bindung aus den Ebenen Cp und Cp'' sind 1.8° angegeben; innerhalb der Ferrocenyl-Gruppen beträgt die Abweichung der Ringe von der Parallelität 2.8°. Die C_2H_5-Gruppen haben eine etwas unsymmetrische Orientierung gegenüber den Ringen Cp' bzw. Cp''', vgl. in Fig. 4 die Winkel an C(1'); die durch C(1')/C(6)/C(7) definierte Ebene bildet mit der Ebene Cp' einen Winkel von 85°. Die prismatische Konfiguration der Ferrocenyl-Gruppen und die Lage der C_2H_5-Gruppen über Cp bzw. Cp'' ergeben eine sehr geschlossene Molekel, die eine dichte Packung im Kristall erlaubt [7], Diskussionen und Figuren dazu s. bei [13].

Fig. 4

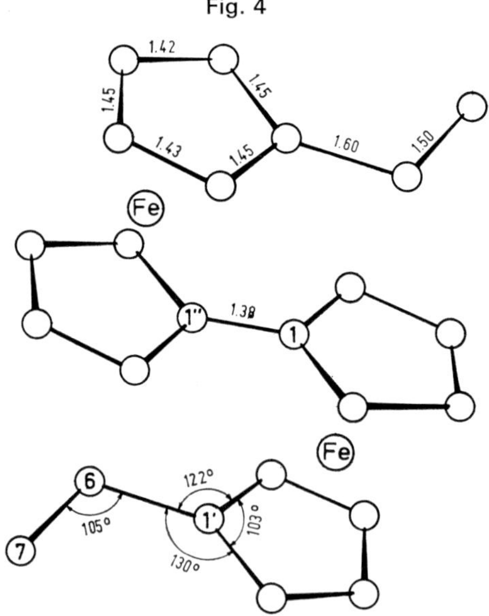

Molekelstruktur von $Fe_2C_{20}H_{16}(C_2H_5)_2$-1',1''' nach [7].

$Fe_2C_{20}H_{16}(C_4H_9\text{-}n)_2$-1',1''' (Tabelle **3**, Nr. **3**) wird durch Chromatographie aus einem Produktgemisch isoliert, das bei der Reaktion von Ferrocenyllithium mit n-C_4H_9Br in Gegenwart von $CoCl_2$ in Äther bei Zimmertemperatur entsteht und als Hauptprodukte Biferrocen, Monobutylbiferrocen, Terferrocen und Quaterferrocen enthält. Die Verbindung wird schwächer an Al_2O_3 adsorbiert als $Fe_2C_{20}H_{17}C_4H_9$-1'. Das ^1H-NMR- und IR-Spektrum sind als Figuren wiedergegeben [15].

Literatur s. S. 27

$Fe_2C_{20}H_{16}(CH_2C_6H_5)_2$-1',1''' (Tabelle **3**, Nr. **4**) entsteht bei der Reduktion von Dibenzoylbiferrocen (Nr. 14) mit $LiAlH_4$ in Äther/Benzol unter Rückfluß/0.5 h neben Verbindung Nr. 17 und dem normalen Reduktionsprodukt Nr. 10 und wird bei der Chromatographie an Al_2O_3 zuerst mit Benzol eluiert. Bei ausreichendem Überschuß an $LiAlH_4$ erzielt man 63% Ausbeute. Das Auftreten der Benzyl-Gruppe infolge Hydrogenolyse hängt offenbar mit der leichten Bildung eines zweifachen Carbonium-Ions, vgl. Nr. 10, zusammen [25].

$Fe_2C_{20}H_{16}Cl_2$-1',1''' (Tabelle **3**, Nr. **5**) wird mit 88% Ausbeute aus 1-Chlor-1'-jodferrocen und Cu bei 80 bis 85°C/30 min dargestellt [3]. Bildet sich neben fc-Cl bei der thermischen Zersetzung von $ClC_5H_4FeC_5H_4Ag$ in siedendem Xylol mit 60% Ausbeute [6] und bei der Zersetzung von $ClC_5H_4FeC_5H_4B(OH)_2$ mit heißer, ammoniakalischer $AgNO_3$-Lösung, 26% Ausbeute [3]. Entsteht als Nebenprodukt (10% Ausbeute) neben 1,1'-Dichlorferrocen bei der Reaktion von $LiC_5H_4FeC_5H_4Li$ mit p-$CH_3C_6H_4SO_2Cl$ in Hexan bei −78°C bis Zimmertemperatur [18], s. auch [20]. Die Verbindung kristallisiert leicht aus den gebräuchlichen organischen Lösungsmitteln [9], z. B. Hexan [20], absolutem Alkohol [3], Benzol und Xylol [9].

Das IR-Spektrum hat Banden bei 885, 1000, 1010, 1020, 1040, 1165, 1170 (Schulter), 1350, 1380 und 1410 cm^{-1} [20]. Die Verbindung kristallisiert monoklin mit $a = 10.63 \pm 0.03$, $b = 8.65 \pm 0.03$, $c = 10.60 \pm 0.03$ Å und $\beta = 121.5° \pm 0.5°$; Raumgruppe $P2_1/c$-C_{2h}^5 mit zwei Molekeln in der Elementarzelle. Als Dichten werden gemessen 1.68 und berechnet 1.70 $g \cdot cm^{-3}$ [9, 14], s. auch [2, 8]. Nach Bemerkungen bei [17] scheint es mehr als eine Kristallmodifikation zu geben. Die Molekel, s. **Fig. 5**, hat trans-Konfiguration mit fast prismatischer Konformation der Ringe in jedem Ferrocenteil, jedoch befinden sich die Cl-Atome in anderer Lage als beim Diäthyl-Derivat Nr. 2, nämlich in den Positionen 2' und 5'''; mit der bei [9] verwendeten Indizierung wird die Verbindung im festen Zustand daher als Bis[1-(2'-chlorferrocenyl)] bezeichnet [9]. In Fig. 5 ist ein mittlerer Fe-C-Abstand angegeben; die Bindung C(1)-C(1'') ist gegenüber Verbindung Nr. 2 beträchtlich verlängert. Der Winkel zwischen den Ringebenen Cp und Cp'' beträgt 4°. Die Cl-Atome liegen in den Ebenen von Cp' und Cp'''. An diesen äußeren Ringen findet man große Schwankungen der Innenwinkel an den C-Atomen; sie liegen außerhalb der möglichen Fehler und sind vielleicht durch sterische Faktoren zu erklären. Die dichte Packung der Molekeln im Kristall wird als Figur gezeigt [9].

Fig. 5

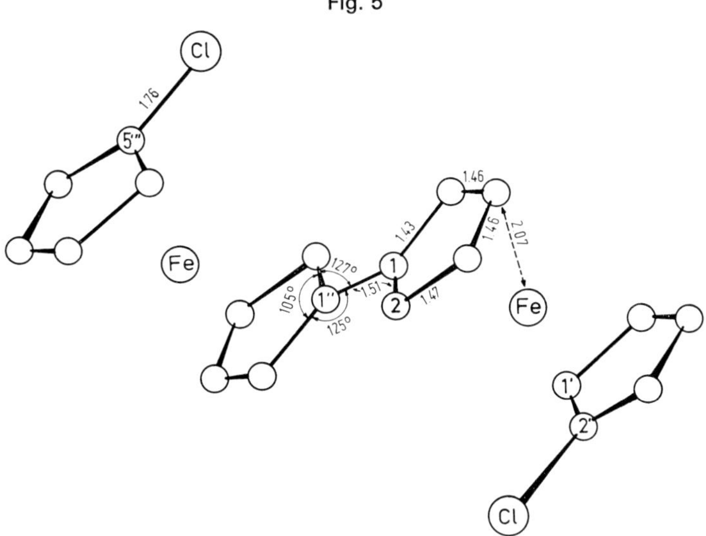

Molekelstruktur von $Fe_2C_{20}H_{16}Cl_2$-1',1''' nach [9].

$Fe_2C_{20}H_{16}Br_2$-1',1''' (Tabelle **3**, Nr. **6**) wird zum ersten Mal bei der thermischen Zersetzung von $BrC_5H_4FeC_5H_4Ag$ als Suspension in siedendem Xylol neben fc-Br mit 60% Ausbeute erhalten

[18]. Bildet sich mit 6 bis 12% Ausbeute aus Dilithioferrocen in Hexan und Br_2 oder p-$CH_3C_6H_4SO_2Br$ bei tiefer Temperatur neben 1,1'-Dibromferrocen als Hauptprodukt [20]. Wird aus Hexan [20] oder Äthanol [18] kristallisiert. Banden im IR-Spektrum (KBr) liegen bei 860, 875, 1000 (Schulter), 1010, 1035, 1065, 1120, 1160, 1345, 1415 cm^{-1} [20].

$Fe_2C_{20}H_{16}J_2$-1',1''' (Tabelle **3**, Nr. **7**) entsteht neben dem Hauptprodukt 1,1'-Dijodferrocen aus Dilithioferrocen und J_2 oder p-$CH_3C_6H_4SO_2J$ mit 6 bzw. 3% Ausbeute, vgl. Nr. 4, und wird aus Hexan/CH_2Cl_2 kristallisiert. Das IR-Spektrum (KBr) hat Banden bei 815, 828, 860, 870, 1000, 1025 (Schulter), 1030, 1105, 1135, 1375 bis 1420 cm^{-1} [20]. — Bei der elektrochemischen Oxidation an Pt in CH_3CN beobachtet man zwei reversible Oxidationsschritte bei $E_{1/2}=0.42$ und 0.70 V [30]. Die chemische Oxidation mit J_2 führt zu $[Fe_2C_{20}H_{16}J_2\text{-}1',1''']^+J_3^-$, das vor der Tabelle 3 auf S. 18 beschrieben ist. Zur Umsetzung mit CuCN s. Verbindung Nr. 16.

$Fe_2C_{20}H_{16}(CH_2OH)_2$-1',1''' (Tabelle **3**, Nr. **8**). Bei diesem Alkohol wird bei [26] auch auf unveröffentlichte Ergebnisse der gleichen Autoren verwiesen.

$Fe_2C_{20}H_{16}(CH(OH)CH_3)_2$-1',1''' (Tabelle **3**, Nr. **9**). Es ist anzunehmen, daß die Verbindung aus dem Acetyl-Derivat Nr. 13 mit $LiAlH_4$ erhalten wird. Bezüglich der Darstellung verweisen die Autoren bei [26] auf die Literatur [25, 27, 29]. — Im Massenspektrum (M^+ = Molekelion) treten die Fragmente $[M-H_2O]^+$ und $[M-2\,H_2O]^+$ mit hoher Intensität auf, wahrscheinlich infolge Dehydratisierung zur Vinyl-Gruppe [26].

$Fe_2C_{20}H_{16}(CH(OH)C_6H_5)_2$-1',1''' (Tabelle **3**, Nr. **10**). Zur Darstellung vgl. Verbindung Nr. 4. Die Substanz wird bei der Chromatographie zuletzt mit $CH_3COOC_2H_5$ eluiert. Ausbeute 74%, wenn ein großer Überschuß an $LiAlH_4$ vermieden wird. Umkristallisieren aus Hexan/Benzol [25].

Beim Lösen der Verbindung in CF_3COOH bei Zimmertemperatur entsteht ein stabiles Di-carbonium-Ion, $[Fe_2C_{20}H_{16}(CHC_6H_5)_2\text{-}1',1''']^{2+}$, das ein sehr ähnliches ^{1}H-NMR-Spektrum zeigt wie $[fc\text{-}CHC_6H_5]^+$: $\tau=1.88$ (H in $CHC_6H_5^+$), 3.65 (H-3', 3'''), 3.90 (H-4', 4'''), 4.69 (H-2', 2''') und 5.12 (H-5', 5''') [25]; zum chemischen Verhalten s. auch die folgende Verbindung.

$Fe_2C_{20}H_{16}(CH(OCH_3)C_6H_5)_2$-1',1''' (Tabelle **3**, Nr. **11**) wird aus dem Diol Nr. 10 in CH_3OH mit 10%iger Salzsäure unter Rückfluß/1 h neben Verbindung Nr. 19 erhalten. Wird von Al_2O_3 mit Benzol eluiert, 44% Ausbeute, später folgt Nr. 19 mit Benzol/$CH_3COOC_2H_5$ (1:1) mit 38% Ausbeute. Beide Substanzen werden aus Hexan/Benzol kristallisiert [25].

$Fe_2C_{20}H_{16}(CHO)_2$-1',1''' (Tabelle **3**, Nr. **12**) entsteht mit geringer Ausbeute (2.2%) neben 1'-Formylbiferrocen, s. 6.1.3.1, bei der Formylierung von Biferrocen mit $POCl_3/C_6H_5(CH_3)NCHO$ und eluiert von Al_2O_3 mit Benzol/Äther (1:1); Kristallisation aus Hexan/Benzol. Weitere, in zu geringer Menge gebildete Isomere ließen sich nicht trennen. Die CO-Bande im IR-Spektrum (in $CDCl_3$) liegt bei 1660 cm^{-1} [19]. Zur Reaktion mit $LiAlH_4$ s. Verbindung Nr. 1.

$Fe_2C_{20}H_{16}(COCH_3)_2$-1',1''' (Tabelle **3**, Nr. **13**). Die Darstellung durch Kupplung von $BrC_5H_4FeC_5H_4COCH_3$ ergibt mit Cu bei 125°C/24 h 54% [3] und mit aktivierter Cu-Bronze bei 75 bis 85°C/18 h 31% Ausbeute [4], in beiden Fällen neben fc-$COCH_3$. Bildet sich bei der Acetylierung von Biferrocen mit $CH_3COCl/AlCl_3$ in CH_2Cl_2 [1, 3] mit etwa 45% Ausbeute zusammen mit 1'-Acetylbiferrocen und einem Triacetylbiferrocen [3, 6]. Wird in geringer Menge auch aus den Produkten der Acetylierung von Biferrocen mit $(CH_3CO)_2O$ in Gegenwart von Polyphosphorsäure isoliert [5], s. auch [27]. Entsteht bei der Reaktion von 1,1'''-Dicyanobiferrocen, Nr. 16, mit CH_3Li und anschließender saurer Hydrolyse [20]. Zur Bildung bei der Darstellung von 1-Acetyl-1'-cymantrenylferrocen s. [24]. Eluiert bei der chromatographischen Reinigung von Al_2O_3 mit $CHCl_3$ [3], CH_2Cl_2 [6] oder Benzol/Äther (20:1) [5]. R_f-Werte für die Dünnschichtchromatographie an SiO_2 sind bei [21] angegeben. Kann aus Hexan/Benzol [6] oder Hexan/CH_2Cl_2 [20] umkristallisiert werden.

Das ^{1}H-NMR-Spektrum (als Figuren bei [4, 6, 27]) zeigt Multipletts bei $\tau=5.45$ (H-3, 4 aller Ringe) und 5.6 (H-2,5 aller Ringe) sowie ein CH_3-Singulett bei 7.87 [27]. Das IR-Spektrum (in KBr, als Figuren bei [3, 27]) hat folgende Banden: 818, 852, 860, 887, 958, 1003, 1011, 1035, 1058, 1110 und die ν(CO)-Bande bei 1665 [27]. Absorptionen im UV-Spektrum (in C_2H_5OH) liegen bei

λ_{max} (lg ε) = 227 (4.4) und 284 (4.2) nm [4]. Die Verbindung kristallisiert monoklin mit a = 8.576, b = 19.015, c = 5.826 ± 0.015 Å und β = 103.9° ± 1°; Raumgruppe $P2_1/n-C_{2h}^5$ mit zwei Molekeln in der Elementarzelle [28]; die $P2_1/c$-Raumgruppe mit den entsprechend veränderten kristallographischen Parametern wurde früher bei [2, 10] angegeben. Als Dichten werden gemessen 1.63 und berechnet 1.67 g · cm^{-3} [2, 10, 28]. Wie vermutet [10], ist die Molekelstruktur, s. **Fig. 6**, sehr ähnlich der von Verbindung Nr. 2 mit fast prismatischer Konformation der Ferrocenyl-Gruppen (die mittlere Abweichung von der verdeckten Lage der Fünfringe beträgt 4.1°) und den Stellungen 1' und 1''' der CH_3CO-Gruppen, die in den Ringebenen liegen (die Abstände innerhalb des fc-Kerns in Fig. 6 bedeuten Mittelwerte). Die Molekellagen in der Einheitszelle sind als Projektion auf die xy-Ebene angegeben [28].

Fig. 6

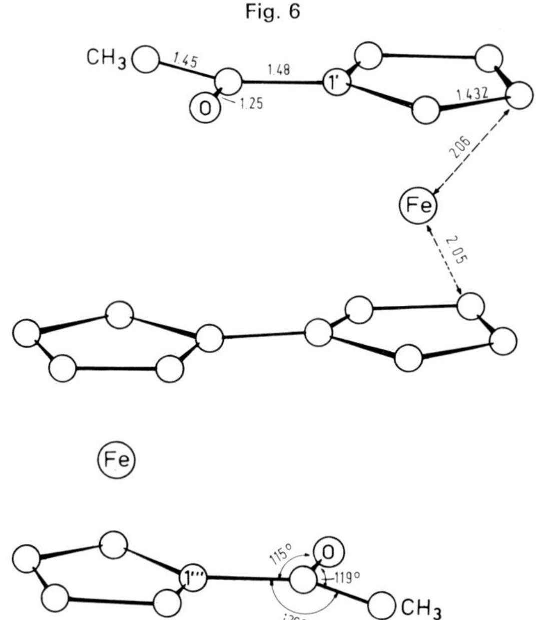

Strukturmodell von $Fe_2C_{20}H_{16}(COCH_3)_2$-1',1''' [28].

Zur Clemmensen-Reduktion s. Verbindung Nr. 2.

$Fe_2C_{20}H_{16}(COC_6H_5)_2$-1',1''' (Tabelle **3**, Nr. **14**) fällt bei der Friedel-Crafts-Reaktion von Biferrocen mit C_6H_5COCl mit etwa 5% Ausbeute neben 1'-Benzoylbiferrocen an, s. dort, 6.1.3.1. Bei der weiteren Benzoylierung von 1'-Benzoylbiferrocen unter gleichen Bedingungen werden 26% Ausbeute erhalten. Zur Darstellung nach der Ullmann-Reaktion wird $BrC_5H_4FeC_5H_4COC_6H_5$ mit aktiviertem Cu auf 120 bis 130°C/37 h erhitzt; Extraktion mit CH_2Cl_2 und Chromatographie an Al_2O_3 (Benzol/$CH_3COOC_2H_5$) ergibt 53% Ausbeute neben 29% fc-COC_6H_5; Kristallisation aus Hexan/Benzol [25].

Zur Reduktion mit $LiAlH_4$ s. Verbindungen Nr. 4, 10 und 17.

$Fe_2C_{20}H_{16}(COOCH_3)_2$-1',1''' (Tabelle **3**, Nr. **15**). Die Darstellung erfolgt durch Kupplung von $BrC_5H_4FeC_5H_4COOCH_3$ mit Cu bei 125°C/16 h (71.5% Ausbeute) [3] oder von $JC_5H_4FeC_5H_4COOCH_3$ mit aktivierter Cu-Bronze bei 130°C/24 h (41% Ausbeute) [22]. Wird von Al_2O_3 mit $CHCl_3$/Äther eluiert [3] und von SiO_2 mit CH_2Cl_2 extrahiert [22]. Kristallisation aus Heptan/Benzol [3] oder Heptan/CH_2Cl_2 [22].

Zum IR-Spektrum als Figur von 700 bis 1800 cm^{-1} s. [3]; einzelne Banden liegen nach [22] bei 1030, 1138, 1280, 1416, 1712 (CO) cm^{-1}. Kristallisiert in zwei Modifikationen; für eine blättchenförmige, monokline α-Form werden angegeben: a = 9.20 ± 0.03, b = 10.41 ± 0.03, c = 11.61 ± 0.03 Å und β = 121° ± 1°. Raumgruppe $P2_1/c\text{-}C^5_{2h}$, zwei Molekeln in der Elementarzelle und Dichten gemessen 1.62, berechnet 1.70 g · cm^{-3} [17]. Etwas andere Zelldimensionen sind bei [2] angegeben. Molekelstruktur s. in **Fig. 7**. Man findet wieder die prismatische sandwich-Anordnung innerhalb der Ferrocen-Gruppen und die gleiche Lage der Substituenten wie bei der Diäthylverbindung Nr. 2 Während die C-C- und Fe-C-Abstände (Mittelwerte in Fig. 7) und die Winkel in den Cp-Ringen normale Werte zeigen, ist die Bindungslänge C(1)-C(1'') genauso unerwartet kurz wie bei Nr. 2. Zwischen der Länge dieser Bindung und der Position der Substituenten besteht offenbar ein Zusammenhang, vgl. das Dichlor-Derivat Nr. 5. Die Anordnung der Molekeln im Kristall ist als Figur wiedergegeben [17]. Angekündigte Strukturuntersuchungen an der β-Modifikation der Verbindung [15] wurden bisher nicht veröffentlicht.

Fig. 7

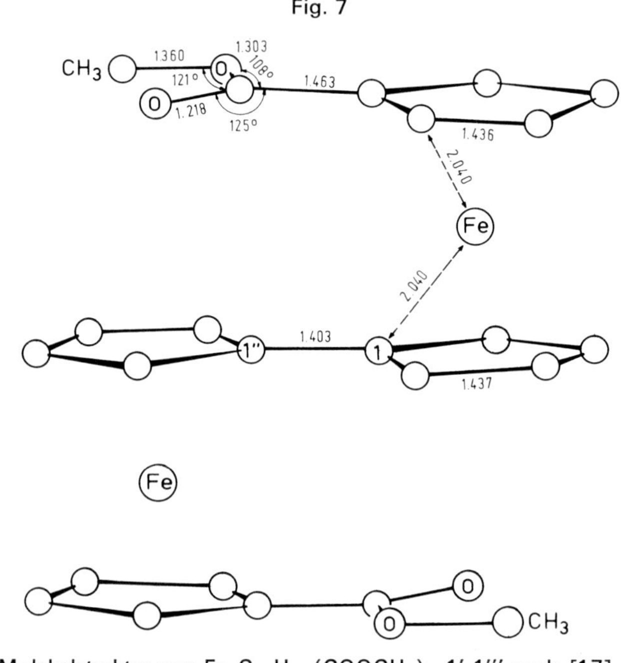

Molekelstruktur von $Fe_2C_{20}H_{16}(COOCH_3)_2$-1',1''' nach [17].

$Fe_2C_{20}H_{16}(CN)_2$-1',1''' (Tabelle **3**, Nr. **16**) wird aus der Reaktion von $Fe_2C_{20}H_{16}J_2$-1',1''' (Nr. 7) mit CuCN bei etwa 180°C/2 h und nach Chromatographie an Al_2O_3 (dunkel orangefarbene Bande) nur in Benzollösung erhalten (CN-Bande im IR-Spektrum) und durch CH_3Li mit anschließender Hydrolyse in das Diacetyl-Derivat Nr. 13 umgewandelt [20].

$Fe_2C_{20}H_{16}(CH_2C_6H_5$-1'$)CH(OH)C_6H_5$-1''' (Tabelle **3**, Nr. **17**). Zur Darstellung aus Dibenzoylbiferrocen vgl. Verbindung Nr. 4; wird aus dem Reaktionsgemisch als zweite Bande mit Benzol/$CH_3COOC_2H_5$ (1:5) eluiert und aus Hexan/Benzol kristallisiert, 19% Ausbeute [25].

Zur Oxidation s. Verbindung Nr. 20.

$Fe_2C_{20}H_{16}(CH(OH)CH_3$-1'$)CH(OH)C_6H_5$-1''' (Tabelle **3**, Nr. **18**) wird aus Verbindung Nr. 21 durch $LiAlH_4$-Reduktion unter ähnlichen Bedingungen wie bei Nr. 4 dargestellt, 67% Ausbeute [25].

$Fe_2C_{20}H_{16}(CH_2C_6H_5$-1'$)COC_6H_5$-1''' (Tabelle **3**, Nr. **20**) bildet sich aus Verbindung Nr. 17 durch Oxidation mit MnO_2 in Benzol unter Rückfluß/1 h und wird an Al_2O_3 vom Ausgangsmaterial und Spuren Dibenzoylbiferrocen (Nr. 14) mit Benzol/$CH_3COOC_2H_5$ (50/1) getrennt, 27% Ausbeute [25].

Literatur s. S. 27

$Fe_2C_{20}H_{16}(COCH_3$-1')COC_6H_5-1''' (Tabelle **3**, Nr. **21**) wird durch Friedel-Crafts-Acetylierung aus $Fe_2C_{20}H_{17}COC_6H_5$-1' in der üblichen Weise hergestellt, 41% Ausbeute [25]. Zur Reduktion s. Verbindung Nr. 18.

Literatur:

[1] M. D. Rausch (J. Am. Chem. Soc. **82** [1960] 2080/1). — [2] Z. L. Kaluskii, R. L. Avoyan, Yu. T. Struchkov (Zh. Strukt. Khim. **3** [1962] 599/602; J. Struct. Chem. [USSR] **3** [1962] 573/6). — [3] A. N. Nesmeyanov, V. N. Drozd, V. A. Sazonova, V. I. Romanenko, A. K. Prokof'ev, L. A. Nikonova (Izv. Akad. Nauk SSSR Otd. Khim. Nauk **1963** 667/74; Bull. Acad. Sci. USSR Div. Chem. Sci. **1963** 597/603). — [4] S. I. Goldberg, R. L. Matteson (J. Org. Chem. **29** [1964] 323/6). — [5] S. I. Goldberg, J. S. Crowell (J. Org. Chem. **29** [1964] 996/1000).

[6] M. D. Rausch (J. Org. Chem. **29** [1964] 1257/9). — [7] Z. L. Kaluskii, Yu. T. Struchkov (Zh. Strukt. Khim. **6** [1965] 104/12; J. Struct. Chem. [USSR] **6** [1965] 90/7). — [8] Z. L. Kaluskii, Yu. T. Struchkov (Zh. Strukt. Khim. **6** [1965] 475/6; J. Struct. Chem. [USSR] **6** [1965] 456/7). — [9] Z. L. Kaluskii, Yu. T. Struchkov (Zh. Strukt. Khim. **6** [1965] 745/54; J. Struct. Chem. [USSR] **6** [1965] 705/13). — [10] Z. L. Kaluskii, Yu. T. Struchkov (Zh. Strukt. Khim. **6** [1965] 921/2; J. Struct. Chem. [USSR] **6** [1965] 885/6).

[11] Z. Kaluskii, Yu. T. Struchkov (Bull. Acad. Polon. Sci. Ser. Sci. Chim. **13** [1965] 355/60). — [12] I. J. Spilners, J. P. Pellegrini (J. Org. Chem. **30** [1965] 3800/4). — [13] Z. L. Kaluskii, Yu. T. Struchkov (Zh. Strukt. Khim. **7** [1966] 293/6; J. Struct. Chem. [USSR] **7** [1966] 278/80). — [14] Z. Kaluskii, Yu. T. Struchkov (Bull. Acad. Polon. Sci. Ser. Sci. Chim. **14** [1966] 719/24). — [15] H. Watanabe, I. Motoyama, K. Hata (Bull. Chem. Soc. Japan **39** [1966] 790/801).

[16] A. N. Nesmeyanov, V. A. Sazonova, N. S. Sazonova, V. Plyukhina (Dokl. Akad. Nauk SSSR **177** [1967] 1352/4; Dokl. Chem. Proc. Acad. Sci. USSR **175/177** [1967] 1193/5). — [17] Z. Kaluskii, Yu. T. Struchkov (Bull. Acad. Polon. Sci. Ser. Sci. Chim. **16** [1968] 557/65). — [18] A. N. Nesmeyanov, N. S. Sazonova, V. A. Sazonova, L. M. Meshki (Izv. Akad. Nauk SSSR Ser. Khim. **1969** 1827/9; Bull. Acad. Sci. USSR Div. Chem. Sci. **1969** 1689/90). — [19] M. D. Rausch, T. M. Gund (J. Organometal. Chem. **24** [1970] 463/8). — [20] R. F. Kovar, M. D. Rausch, H. Rosenberg (Organometal. Chem. Syn. **1** [1970/71] 173/81).

[21] K. Tanikawa, K. Arakawa (Bunseki Kagaku **20** [1971] 278/81 nach C.A. **75** [1971] Nr. 29735). — [22] R. F. Kovar, M. D. Rausch (J. Organometal. Chem. **35** [1972] 351/66). — [23] M. D. Rausch (Pure Appl. Chem. **30** [1972] 523/38). — [24] A. N. Nesmeyanov, N. N. Sedova, V. A. Sazonova, I. F. Leshcheva, I. S. Rogozhin (Dokl. Akad. Nauk SSSR **218** [1974] 356/8; Dokl. Chem. Proc. Acad. Sci. USSR **218** [1974] 647/9). — [25] K. Yamakawa, M. Hisatome, Y. Sako, S. Ichida (J. Organometal. Chem. **93** [1975] 219/30).

[26] M. Hisatome, S. Ichida, K. Yamakawa (Org. Mass Spectrom. **11** [1976] 31/9). — [27] K. Yamakawa, N. Ishibashi, K. Arakawa (Chem. Pharm. Bull. [Tokyo] **12** [1964] 119/21). — [28] Z. Kaluskii, A. I. Gusev, Yu. T. Struchkov (Bull. Acad. Polon. Sci. Ser. Sci. Chim. **22** [1974] 739/45). — [29] K. Yamakawa, M. Hisatome, S. Ichida (93rd Ann. Meeting Pharm. Soc. Japan, Tokyo 1973, Abstr. Papers II, S. 139). — [30] W. H. Morrison, D. N. Hendrickson (Inorg. Chem. **14** [1975] 2331/46).

6.1.3.2.2 Gleiche Substituenten in den Ringen Cp und Cp''

Identical Substituents in the Cp and Cp'' Rings

Die in Tabelle 4 zusammengefaßten Biferrocen-Derivate haben gleiche Substituenten R in Nachbarstellung zu den verknüpfenden C-Atomen 1 und 1''; eine Ausnahme bildet nur die Diacetylverbindung Nr. 7, bei der die Position einer Acetyl-Gruppe nicht gesichert ist. In den Verbindungen Nr. 26 bis 28 überbrücken die Substituenten die 2,2''-Stellungen.

Bei dem hier vorliegenden Verbindungstyp, der im folgenden als $Fe_2C_{20}H_{16}R_2$ abgekürzt wird, können sich die beiden Ferrocenylteile zu einer achiralen Meso-Form I (2,5''-Substitution identisch mit 5,2'') oder zu einer chiralen Racem-Form II (2,2'' enantiomer zu 5,5'') zusammensetzen. Die für den chiralen Fall II hier verwendete Schreibweise $Fe_2C_{20}H_{16}R_2$-2,2'' soll für das Racemat aus 2,2'' und 5,5'' stehen und zunächst keine Absolutkonfiguration bedeuten.

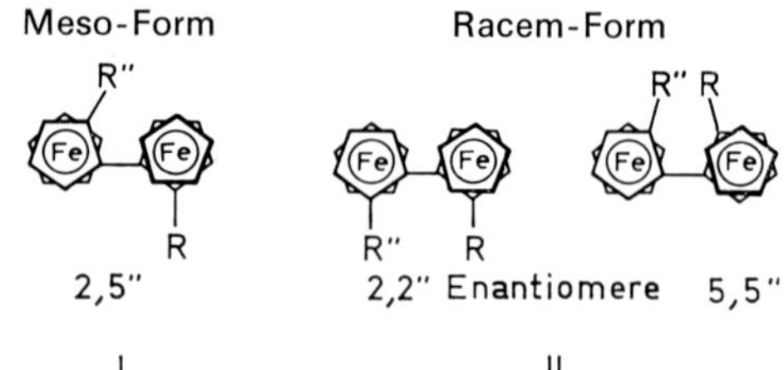

Die von Schlögl [6, 15] für racemische Verbindungen und Enantiomere unbekannter Konfiguration vorgeschlagene α,α'-Bezeichnung hat sich nicht allgemein durchgesetzt. Nur in Kombination mit den R, S-Symbolen bei optisch aktiven Formen bedeuten die Stellungsangaben auch die Absolutkonfiguration. Daten optisch aktiver Proben sind nicht in Tabelle 4 aufgenommen worden, sie finden sich unter weiteren Angaben zu den Racematen.

Ausgehend von den diastereomeren Basen Nr. 10 und 13 gelingt durch Racematspaltung von Nr. 10 der Nachweis, daß dieses tiefer schmelzende Isomere die Racem-Form II darstellt [6]; die vorläufig angenommene umgekehrte Zuordnung bei [3], s. auch [4], trifft nicht zu. Die Bildung von optisch aktivem $(-)Fe_2C_{20}H_{16}(CH_2N(CH_3)_2)_2$-2,2" neben der Meso-Form aus $(-)C_5H_5FeC_5H_3(CH_2N(CH_3)_2$-1)$B(OH)_2$-2 [10] bestätigt die Zuordnung. Eine optisch aktive linksdrehende Probe der Base Nr. 10 dient als Ausgangsmaterial für die Darstellung von linksdrehenden Proben der Verbindungen Nr. 1, 4, 5, 11 und 26 [6]. Auf zwei Synthesewegen für das Dimethyl-Derivat Nr. 1, s. **Fig. 8**, wird gezeigt, daß dem rechtsdrehenden Enantiomeren die Absolutkonfiguration (+)(1S,1"S)-$Fe_2C_{20}H_{16}(CH_3)_2$-2,2" zukommt [7]; damit wird die bei [6] angenommene Absolutkonfiguration der linksdrehenden Enantiomeren als (−)(1R,1"R)-$Fe_2C_{20}H_{16}R_2$-5,5" gesichert.

Infolge der von Biferrocen-Derivaten allgemein bevorzugten trans-Konformation liegen in der Racem-Form die Substituenten auf der gleichen Seite der Bindung C(1)-C(1"), vgl. II, so daß mit sterischer Wechselwirkung zu rechnen ist. Vergleiche zwischen den UV- und ^{1}H-NMR-Spektren der Diastereomeren I und II sowie Dipolmomentmessungen geben Hinweise dafür, daß die Ebenen der beiden Ferrocenylteile gemäß III gegeneinander verdreht sind, wobei IIIa energetisch begünstigt sein sollte, vgl. weitere Angaben zu den Verbindungen Nr. 1 und 10 [6].

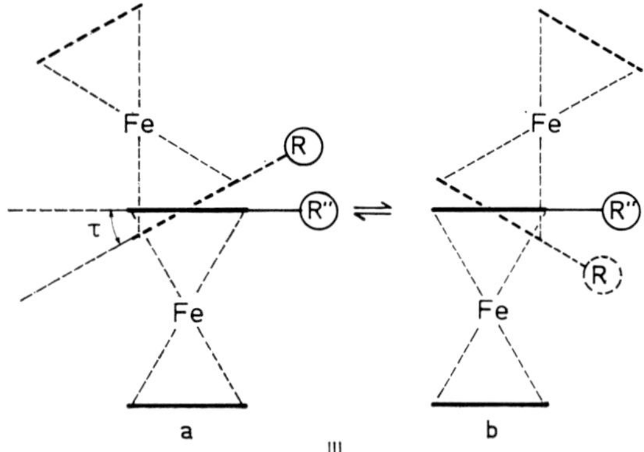

Von den Dimethyl-Derivaten Nr. 1 und 2 werden in Lösung ein- und zweiwertige Kationen elektrochemisch erzeugt und deren optische Absorptionen im sichtbaren bis nahen IR-Bereich untersucht [14]; s. weitere Angaben zu den Stammverbindungen.

Erläuterungen zu Tabelle 4: Bei den ^{1}H-NMR-Spektren (gemessen in $CDCl_3$) bezieht sich der erste τ-Wert auf die Protonen der freien Ringe Cp' und Cp''' und die folgenden τ-Werte auf die Protonen von Cp und Cp", die Multiplettsignale erzeugen. IR-Spektren werden in KBr und UV-Spektren (mit lg ε) in Cyclohexan aufgenommen, UV-Banden oberhalb 400 nm werden in Äthanol gemessen.

Literatur s. S. 37

Fig. 8

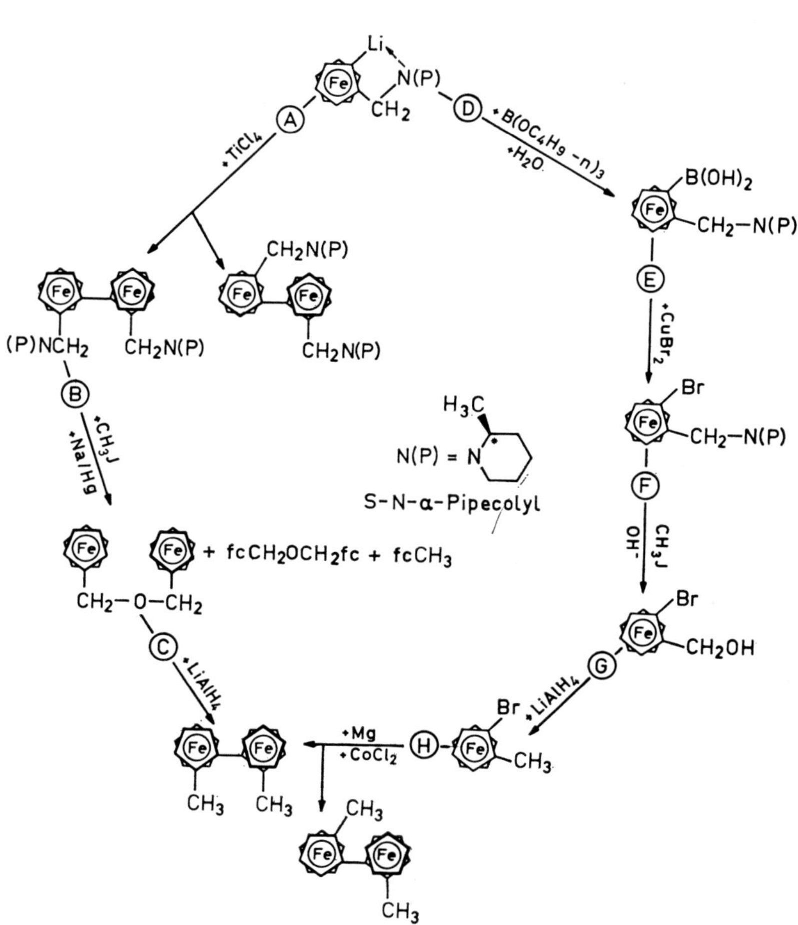

Synthese von (+)(1S,1''S)-$Fe_2C_{20}H_{16}(CH_3)_2$-2,2'' nach [7].

Literatur s. S. 37

Tabelle 4. Biferrocen-Derivate mit zwei gleichen Substituenten in Cp und Cp'', $Fe_2C_{20}H_{16}R_2$.
Für laufende Nummern mit Sternchen folgen am Ende der Tabelle weitere Angaben. Zu Abkürzungen und Dimensionen s. S. 1.

Nr.	Substituenten	Stellung	Aussehen, Schmelzpunkt	Spektren, Erläuterungen s. im Text, weitere Bemerkungen	Lit.
*1	CH_3	2,2''	hell orangefarbene Nadeln, 90.5	^{1}H-NMR: 5.81; 5.59, 5.86; 8.18 (CH_3) IR: 698, 822, 1009, 1068, 1112, 1152, 1379, 1420, 1455 UV: 201.5 (4.66), 215 (4.55, S), 250 (3.88, S), 300 (3.30, S), 443 (2.38)	[5 bis 7]
*2	CH_3	2,5''	orangefarbene Blättchen, 158 bis 159	^{1}H-NMR: 6.02; 5.60, 5.97; 7.74 (CH_3) IR: 820, 830, 930, 1110, 1140, 1230, 1380, 1445 UV: 197 (4.56), 222 (4.68), 255 (4.01, S), 294 (3.85)	[5, 6]
*3	Cl	2,5''	— 188 bis 189	wird als 2,2'-Dichlorbiferrocenyl bezeichnet, s. weitere Angaben	[2, 12]
*4	CH_2OH	5,5''	—	s. weitere Angaben	[6]
*5	CHO	2,2''	rotorange —	^{1}H-NMR: 5.69; etwa 5.05 und 5.25 IR: 1680 (CO), 2850 (CHO) UV: 456 (3.01)	[4, 6]
*6	CHO	2,5''	—	^{1}H-NMR: 5.84; 4.94 bis 5.24	[6]
*7	$COCH_3$	3,3'' ?	gelbe Kristalle, ab etwa 230 Zersetzung	^{1}H-NMR: 5.93; 5.00, 5.20; 7.58 (CH_3) in $CHCl_3$	[1]
*8	$COOCH_3$	2,2''	orangefarbene Nadeln, 174 bis 175	^{1}H-NMR: 5.90; 4.96, 5.13, 5.52; 6.16 (CH_3) IR: 1000, 1105, 1240, 1325, 1445, 1720	[11]

Literatur s. S. 37

Tabelle 4 [Fortsetzung].

Nr.	Substituenten	Stellung	Aussehen, Schmelzpunkt	Spektren, Erläuterungen s. im Text, weitere Bemerkungen	Lit.
*9	$COOCH_3$	2,5''	orangefarbene Nadeln, 191 bis 192	^{1}H-NMR: 5.76; 5.12, 5.50; 6.35 (CH_3) IR: 1000, 1110, 1120, 1150, 1280, 1440, 1455, 1710	[11]
*10	$CH_2N(CH_3)_2$	2,2''	dunkel orangefarbene Blättchen, 103 bis 105.5	^{1}H-NMR: 5.75; 5.55, etwa 5.75; 6.78 (CH_2), 8.03 (CH_3) IR: 820, 850, 1000, 1018, 1106, 1170, 1255, 1460 UV: 201 (4.77), 215 (4.63, S), 250 (3.96, S), 300 (3.31, S), 440 (2.49)	[3, 5, 6]
*11	Dimethojodid von Nr. 10	—	gelb, mikrokristallin, ab 175 Dunkelfärbung	IR: 828, 890, 1010, 1092, 1110, 1382, 1488 UV: 435 (2.46)	[5, 6]
*12	Dibenzoyl-(R)-weinsäuresalz von Nr. 10	—	146 bis 148	—	[6]
*13	$CH_2N(CH_3)_2$	2,5''	orangefarbene, körnige Kristalle, 200 bis 201 203 bis 205.5	^{1}H-NMR: 6.06; 5.21, 5.69, 5.86; 6.44 (CH_2), 7.68 (CH_3) IR: 828, 1004, 1023, 1105, 1262, 1467 UV: 198 (4.65), 222 (4.68), 255 (4.03, S), 298 (3.88)	[3, 5, 6, 12]
*14	Monomethojodid von Nr. 13	—	gelbe Nadeln, Zersetzung ab 140	IR: 836, 888, 1008, 1106, 1163, 1294, 1420, 1468	[3, 5]
*15	$CH_2CH_2N(CH_3)_2$	2,2''	braune Kristalle, 87 bis 88	^{1}H-NMR: 6.01; 5.62, 5.86; 7.23 (CH_2), 7.62 (CH_3)	[13]
16	Dimethojodid von Nr. 15	—	gelb, oberhalb 250	—	[13]

Literatur s. S. 37

Tabelle 4 [Fortsetzung].

Nr.	Substituenten	Stellung	Aussehen, Schmelzpunkt	Spektren, Erläuterungen s. im Text, weitere Bemerkungen	Lit.
*17	$CH_2CH_2N(CH_3)_2$	2,5''	schwer kristallisierbares Öl	—	[13]
18	Dimethojodid von Nr. 17	—	gelb, 215 (Zersetzung)	—	[13]
*19	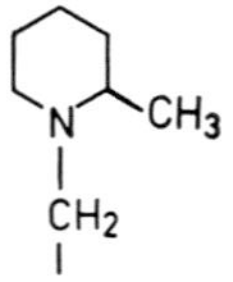 N, CH_3, CH_2	2,5''	rotes Öl	enthält einen geringen Anteil des 2,2''-Isomeren	[7]
*20	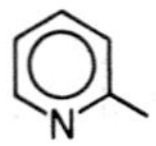 N	—	186.5 bis 187.5	eine Zuordnung der beiden Verbindungen zu den Isomeren 2,2'' oder 2,5'' wird nicht gegeben	[8]
*21	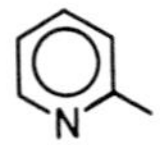 N	—	233.5		
*22	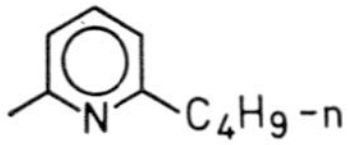 N, C_4H_9-n	2,2''	feine orangefarbene Nadeln, 48 bis 51	IR: 746, 813, 1003, 1104, 1479, 1573, 1589	[9]
*23	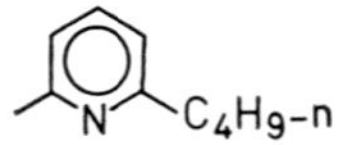 N, C_4H_9-n	2,5''	dunkel orangefarbene Körner, 108 bis 109	IR: 757, 817, 820, 1009, 1109, 1479, 1574, 1587	[9]
*24	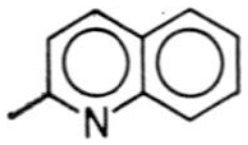 N	2,2''	orangefarbene Körner, 208 bis 211	IR: 675, 749, 823, 999, 1102, 1509, 1599	[9]
*25	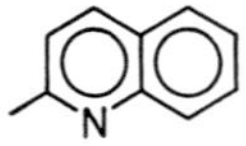 N	2,5''	feine orangefarbene Körner, 247 bis 248	IR: 755, 823, 1001, 1103, 1508, 1599	[9]

Literatur s. S. 37

Tabelle 4 [Fortsetzung].

Nr.	Substituenten	Stellung	Aussehen, Schmelzpunkt	Spektren, Erläuterungen s. im Text, weitere Bemerkungen	Lit.
*26	$-CH_2OCH_2-$	2,2''	orangebraune Nadeln, 164 bis 165.5	^{1}H-NMR: 6.03; 5.64, 5.87; 5.23 (CH_2) IR: 828, 932, 1006, 1035, 1104, 1212, 1410, 1460 UV: 206 (4.54), 226.5 (4.67), 270 (3.98, S), 299.5 (3.95), 448 (2.80)	[5, 6]
*27	$-CH_2SCH_2-$	2,2''	orangefarbene Nadeln, 144 bis 146	IR: 830, 1002, 1035, 1102, 1200, 1412 UV: 206 (4.57), 225.5 (4.64), 266 (3.97, S), 301 (3.86)	[5]
*28	$-CH_2N(CH_2C_6H_5)CH_2-$	2,2''	gelbe, federartige Kristalle, 141.5	IR: 706, 752, 830, 1010, 1108, 1322, 1378, 1460 UV: 202 (4.67), 224.5 (4.70), 257 (4.05, S), 299.5 (3.92)	[5]

Literatur s. S. 37

* Weitere Angaben:

$Fe_2C_{20}H_{16}(CH_3)_2$-2,2'' (Tabelle **4**, Nr. **1**) wird als Racemat aus Verbindung Nr. 11 durch Einwirkung von Na/Hg in siedendem H_2O mit 35% Ausbeute dargestellt und aus Petroläther umkristallisiert [3]. — Bei der elektrochemischen Oxidation in CH_3CN an Pt zum Mono- und Dikation betragen die Halbwellenpotentiale 0.370 bzw. 0.630 V (SCE). $[Fe_2C_{20}H_{16}(CH_3)_2\text{-}2,2'']^+$ zeigt in CH_3CN Absorptionsbanden bei λ_{max} (ε) = 560 (1030, als Schulter) und 1800 (340) nm. Im Vergleich zum Monokation des 2,5''-Isomeren ist die Absorption bei 1800 nm („intervalence transfer"-Bande, vgl. 6.1.2) beträchtlich schwächer, was mit einer Verdrehung der beiden Molekelhälften gemäß III in Einklang steht. Absorptionen des Dikations $[Fe_2C_{20}H_{16}(CH_3)_2\text{-}2,2'']^{2+}$ in CH_2Cl_2 liegen bei λ_{max} (ε) = 480 (480) und 660 (910) nm; sie sind wahrscheinlich Ligand-Metall-Übergängen von den verknüpften bzw. freien Fünfringen zuzuschreiben und fallen im Monokation zu der breiten, unsymmetrischen Absorption bei 560 nm zusammen [14].

Optisch aktive Formen. Ausgehend von einer linksdrehenden Probe der Verbindung Nr. 10 mit $[\alpha]_D^{20°} = -363°$ (in Benzol), entsprechend 52% optische Reinheit, wird auf dem Weg über das (−)Dimethojodid Nr. 11, die alkalische Hydrolyse zum (−)Brückenäther Nr. 26 und dessen Reduktion mit $LiAlH_4/AlCl_3$ in siedendem Äther (66% Ausbeute) eine linksdrehende Probe des Dimethylbiferrocens mit $[\alpha]_D^{20°} = -602°$ dargestellt, die mit großer Wahrscheinlichkeit die Absolutkonfiguration (−)(1R,1''R)-$Fe_2C_{20}H_{16}(CH_3)_2$-5,5'', vgl. Formel II, besitzt [6]. Eine Synthese mit Hilfe der asymmetrischen Lithiierung von (+)-(N-Pipecolylmethyl)ferrocen bestätigt diese Zuordnung: Man erhält auf zwei, in Fig. 8 angegebenen Wegen das Produkt mit der Konfiguration 1S,1''S als rechtsdrehendes Enantiomeres, (+)(1S,1''S)-$Fe_2C_{20}H_{16}(CH_3)_2$-2,2''. Schlechte Ausbeuten bei den Reaktionsschritten A und B ergeben eine Endausbeute von weniger als 0.5% an $Fe_2C_{20}H_{16}(CH_3)_2$-2,2'' mit $[\alpha]_D^{20°} = +520°$. Die Kupplung H liefert mit 43% Ausbeute das Diastereomerengemisch mit $[\alpha]_D^{20°} = +340°$, das nach der Intensität der unterschiedlichen CH_3-Signale im ^1H-NMR-Spektrum zu 55% das rechtsdrehende 2,2''-Isomere enthält [7]. Bei 100% optischer Reinheit beträgt $[\alpha]_D^{20°} = 1150°$ in Benzol [6]. Aus der Temperaturabhängigkeit des Circulardichroismus wird im oben genannten Konformerengleichgewicht III ein Anteil der Komponente IIIa von 85% bei 293.2 K berechnet [6].

$Fe_2C_{20}H_{16}(CH_3)_2$-2,5'' (Tabelle **4**, Nr. **2**). Zur Darstellung wird $Fe_2C_{20}H_{16}(CH_3\text{-}2)(CH_2N(CH_3)_3J\text{-}5'')$ mit Na/Hg in H_2O erhitzt, 22% Ausbeute; Kristallisation aus Petroläther [3, 5]; nach [6], wo das rechtsdrehende Enantiomere des gleichen Ausgangsproduktes verwendet wird, nur geringe Ausbeute neben viel $Fe_2C_{20}H_{16}(CH_2\text{-}2)(CH_2OH\text{-}5'')$ und dem entsprechenden Äther. Bei der Reduktion von $Fe_2C_{20}H_{16}(CH_3\text{-}2)CHO\text{-}5''$ mit $LiAlH_4/AlCl_3$ in Äther erhält man 86% Ausbeute [6]. Zur Bildung aus $C_5H_5FeC_5H_3(CH_3\text{-}1)Br\text{-}2$ s. Fig. 8, Reaktionsschritt H; die Verbindung ist in dem Gemisch zu 45% enthalten [7], vgl. auch Nr. 1.

Durch elektrochemische Oxidation in CH_3CN an Pt werden ein Mono- und Dikation bei Halbwellenpotentialen von 0.310 bzw. 0.605 V (SCE) gebildet. Folgende Absorptionsmaxima werden angegeben: für $[Fe_2C_{20}H_{16}(CH_3)_2\text{-}2,5'']^+$ in CH_3CN λ_{max} (ε) = 560 (1850, Schulter) und 1800 (560) nm, für $[Fe_2C_{20}H_{16}(CH_3)_2\text{-}2,5'']^{2+}$ in CH_2Cl_2 λ_{max} (ε) = 485 (860) und 670 (1100) nm [14]; zur Diskussion s. Verbindung Nr. 1.

$Fe_2C_{20}H_{16}Cl_2$-2,5'' (Tabelle **4**, Nr. **3**) entsteht bei der thermischen Zersetzung von $C_5H_5FeC_5H_3(Cl\text{-}1)Ag\text{-}2$ in siedendem Xylol neben fc-Cl und anderen Produkten, von denen es durch wiederholte Kristallisation aus Alkohol getrennt wird. Keine Angaben über die Substituentenstellung [2]. Wird später bei der Einwirkung von Cl_2 oder Br_2 auf $C_5H_5FeC_5H_3(Cl\text{-}1)AuP(C_6H_5)_3\text{-}2$ mit bis zu 74% Ausbeute erhalten und als „2,2'-Dichlorbiferrocenyl" bezeichnet [12]; nach dem Formelbild bei [12] liegt das 2,5''-Isomere vor.

(1R,1''R)-$Fe_2C_{20}H_{16}(CH_2OH)_2$-5,5'' (Tabelle **4**, Nr. **4**) bildet sich neben dem Brückenäther Nr. 26 bei der alkalischen Hydrolyse einer linksdrehenden Probe von Nr. 11 (52% optische Reinheit). Wird nicht rein isoliert (keine Angaben zur optischen Drehung), sondern mit aktivem MnO_2 in $CHCl_3$ zum Dialdehyd Nr. 5 oxidiert [6], s. auch [4].

Literatur s. S. 37

$Fe_2C_{20}H_{16}(CHO)_2$-2,2'' (Tabelle **4**, Nr. **5**) wird durch Oxidation von Verbindung Nr. 10 mit aktivem MnO_2 in $CHCl_3$ bei 20°C/20 h mit 32% Ausbeute neben $Fe_2C_{20}H_{16}(CHO\text{-}2)CH_2N(CH_3)_2$-2'' dargestellt [4]. Eine optisch aktive Form, (−)(1R,1''R)-$Fe_2C_{20}H_{16}(CHO)_2$-5,5'', erhält man in geringer Ausbeute aus einer linksdrehenden Probe von Verbindung Nr. 10 über den Alkohol Nr. 4 und dessen Oxidation, s. dort. Der Drehwert beträgt bei 100% optischer Reinheit $[\alpha]_D^{20°} = -150°$ (in Benzol) [6].

$Fe_2C_{20}H_{16}(CHO)_2$-2,5'' (Tabelle **4**, Nr. **6**) wird in geringer Ausbeute durch MnO_2-Oxidation von Verbindung Nr. 13 in $CHCl_3$ bei 20°C/60 h neben $Fe_2C_{20}H_{16}(CHO\text{-}2)CH_2N(CH_3)_2$-5'' dargestellt [4].

$Fe_2C_{20}H_{16}(COCH_3)_2$-3,3'' oder -3,4'' (Tabelle **4**, Nr. **7**) entsteht in geringer Ausbeute bei der Acetylierung von Biferrocen mit $(CH_3CO)_2O$/Polyphosphorsäure neben anderen isomeren Diacetylprodukten, vgl. 6.1.3.2.1. Das ^{1}H-NMR-Spektrum, auch als Figur angegeben, erlaubt keine Unterscheidung zwischen den Substituentenstellungen 3,3'' und 3,4'' [1].

$Fe_2C_{20}H_{16}(COOCH_3)_2$-2,2'' und -2,5'' (Tabelle **4**, Nr. **8** und **9**) entstehen bei der gemischten Ullmann-Kupplung von fc-J mit $C_5H_5FeC_5H_3(J\text{-}1)COOCH_3$-2 an aktivierter Cu-Bronze bei 130°C/ 24 h neben $Fe_2C_{20}H_{17}COOCH_3$-2 als Hauptprodukt. Die Isomeren werden durch präparative Dünnschichtchromatographie getrennt (CH_2Cl_2 als Elutionsmittel) und aus Heptan/CH_2Cl_2 kristallisiert. Die Strukturzuordnung geschieht durch Überführung in die Dimethylverbindungen Nr. 1 und 2, die jedoch nicht beschrieben wird [11].

$Fe_2C_{20}H_{16}(CH_2N(CH_3)_2)_2$-2,2'' (Tabelle **4**, Nr. **10**) wird zusammen mit dem 2,5''-Isomeren (Nr. 13) durch Einwirkung von $Cu(CH_3COO)_2$ auf $C_5H_5FeC_5H_3(CH_2N(CH_3)_2\text{-}1)B(OH)_2$-2 in H_2O bei 50°C/1 h dargestellt. Bei der Trennung durch Chromatographie an Al_2O_3 eluiert zunächst mit Benzol das 2,5''-Isomere (21% Ausbeute) und dann mit Methanol/Äther die 2,2''-Verbindung (27% Ausbeute); die Substanzen werden aus Petroläther oder Äther kristallisiert [3, 5]. Ursprünglich spricht man die tiefschmelzende Substanz Nr. 10 als zentrosymmetrische Mesoform (2,5''-) an [3, 4], korrigiert dies dann [5, 6] nach gelungener Racematspaltung und Isolierung von (−)(1R,1''R)-$Fe_2C_{20}H_{16}(CH_2N(CH_3)_2)_2$-5,5'' durch [6]. Nach unveröffentlichten Ergebnissen von Schlögl u. a. [5] werden beide Isomere auch durch Ullmann-Kupplung von $C_5H_5FeC_5H_3(Br\text{-}1)CH_2N(CH_3)_2$-2 erhalten. In einem weiteren Verfahren wird $C_5H_5FeC_5H_4CH_2N(CH_3)_2$ mit n-C_4H_9Li lithiiert und bei −78°C bis Zimmertemperatur mit der etwa 1.5fachen Menge $CoCl_2$ umgesetzt; man isoliert durch Chromatographie, ähnlich wie oben angegeben, die 2,5''- und 2,2''-Verbindung mit 61 bzw. 24% Ausbeute, bezogen auf nicht zurückgewonnenes Ausgangsmaterial [9].

Das unter gewissen Voraussetzungen berechnete Dipolmoment der Verbindung ist größer als der experimentelle Wert von $\mu = 1.28$ D (in Cyclohexan); daraus läßt sich in den Konformeren des Gleichgewichtes III, s. S. 28, eine Verdrehung der beiden Molekelhälften von etwa 30° abschätzen [6].

Optisch aktive Formen. Mehrfaches Umkristallisieren des Salzes der 2,2''-Verbindung mit (−)Dibenzoyl-(R)-weinsäurehydrat (Nr. 12) aus Äthanol/Äther ergibt eine Endfraktion, aus deren Suspension in Äther mit N NaOH der reine rechtsdrehende Antipode, (+)(1S,1''S)-$Fe_2C_{20}H_{16}(CH_2N(CH_3)_2)_2$-2,2'', gewonnen wird; Schmelzpunkt: 50 bis 53°C. Der Drehwert von $[\alpha]_D^{20°} = +700°$ (in Benzol) dient als Bezugspunkt für die optische Reinheit optisch aktiver Proben der Verbindungen Nr. 1, 5, 11 und 26, für deren Darstellung ein (−)(1R,1''R)-$Fe_2C_{20}H_{16}(CH_2N$-$(CH_3)_2)_2$-5,5'' mit 52% optischer Reinheit ($[\alpha]_D^{20°} = -363°$), gewonnen aus der Mutterlauge der ersten Kristallisation, als Ausgangsmaterial verwendet wird [6]. Aus optisch aktivem (−)$C_5H_5FeC_5H_3(CH_2N(CH_3)_2\text{-}1)B(OH)_2$-2 unbekannter optischer Reinheit ($[\alpha]_{Hg}^{25°} = -165°$ in Äther) wird durch Kupplung mit $Cu(CH_3COO)_2$ ein Diastereomerengemisch dargestellt. Das abgetrennte (−)$Fe_2C_{20}H_{16}(CH_2N(CH_3)_2)_2$ ist jedoch nach [10] ein Öl und zeigt einen Drehwert $[\alpha]_{Hg}^{25°} = -842°$ (in Äthanol). Mehrstündiges Erhitzen des rechtsdrehenden Antipoden in Benzol ändert den Drehwert nicht, so daß eine durch Atropisomerie bedingte Komponente der optischen Aktivität nicht vorliegen kann [6].

$Fe_2C_{20}H_{16}(CH_2N(CH_3)_3J)_2$-2,2″ (Tabelle **4**, Nr. **11**) wird aus Verbindung Nr. 10 in CH_3CN mit einem Überschuß CH_3J gebildet und durch Zugabe von Äther quantitativ gefällt. Schmilzt nicht bis 250°C [5]. Zum chemischen Verhalten vgl. Verbindungen Nr. 1 und 26 bis 28.

Optisch aktive Form. Ausgehend von der vorstehend erwähnten linksdrehenden Probe des Diamins wird auf gleichem Wege quantitativ (−)(1R,1″R)-$Fe_2C_{20}H_{16}(CH_2N(CH_3)_3J)_2$-5,5″ mit 52% optischer Reinheit erhalten. Es zersetzt sich ab 190°C. Bei 100% optischer Reinheit beträgt $[\alpha]_D^{20°} = -540°$ (in CH_3OH) [6].

$Fe_2C_{20}H_{16}(CH_2N(CH_3)_2$-2)$CH_2NH(CH_3)_2C_{18}H_{13}O_8$-2″ (Tabelle **4**, Nr. **12**) fällt sofort als Niederschlag aus, wenn warme Lösungen des Diamins Nr. 10 und von (−)Dibenzoyl-(R)-weinsäurehydrat (1:1 mol) in Äther zusammengebracht werden, 94% Ausbeute. Zersetzt sich ab 150°C [6]. Verwendung zur Racemattrennung s. oben bei optisch aktiven Formen von Verbindung Nr. 10.

$Fe_2C_{20}H_{16}(CH_2N(CH_3)_2)_2$-2,5″ (Tabelle **4**, Nr. **13**). Zu Darstellungsverfahren, bei denen diese meso-Form gemeinsam mit dem 2,2″-Isomeren anfällt, s. dort, Verbindung Nr. 10. Bei der Einwirkung von Br_2 auf $C_5H_5FeC_5H_3(CH_2N(CH_3)_2$-1)$AuP(C_6H_5)_3$-2 in CH_2Cl_2/CCl_4 bei −60°C bis Zimmertemperatur wird neben $C_5H_5FeC_5H_3$(Br-1)$CH_2N(CH_3)_2$-2 als Hauptprodukt nur das 2,5″-Isomere mit 32% Ausbeute erhalten [12]. — Das Dipolmoment (in Cyclohexan) beträgt μ = 0.87 D; unter der Annahme der trans-Konformation und freier Drehbarkeit der Substituenten berechnet man aus Partialmomenten μ = 0.98 D. Durch Atropisomerie bedingte stabile Enantiomere treten nicht auf [6]. — Die Verbindung bildet kein Dimethojodid [6], vgl. Nr. 14.

$Fe_2C_{20}H_{16}(CH_2N(CH_3)_2$-2)$CH_2N(CH_3)_3J$-5″ (Tabelle **4**, Nr. **14**) wird aus der Stammverbindung Nr. 13 in einem Minimum trocknen Benzols mit einem Überschuß CH_3J bei Zimmertemperatur/30 min dargestellt und mit absolutem Äther quantitativ gefällt; Umkristallisieren aus CH_3CN [5], s. auch [3]. Ein Dimethojodid wird auch nach zweitägiger Reaktion bei Zimmertemperatur nicht gebildet. Schmilzt nicht bis 250°C [5]. Durch Na/Hg-Reduktion an der Methyljodid-Gruppe wird $Fe_2C_{20}H_{16}(CH_3$-2)$CH_2N(CH_3)_2$-5″ zugänglich und von dort aus eine Reihe von Verbindungen des Typs $Fe_2C_{20}H_{16}(CH_3$-2)CH_2R-5″, s. 6.1.3.2.3.

$Fe_2C_{20}H_{16}(CH_2CH_2N(CH_3)_2)_2$-2,2″ und -2,5″ (Tabelle **4**, Nr. **15** und **17**) werden bei der Kupplung von $C_5H_5FeC_5H_3(CH_2CH_2N(CH_3)_2$-1)Li-2 durch $CoCl_2$ in Äther bei −78°C bis Zimmertemperatur gebildet und durch Chromatographie an Al_2O_3 getrennt; es wird zunächst mit Benzol/Äther das 2,5″-Isomere und dann mit Methanol/Äther das 2,2″-Isomere eluiert. Im Gegensatz zu Verbindung Nr. 13 bildet hier auch das 2,5″-Isomere ein Dimethojodid [13].

$Fe_2C_{20}H_{16}(CH_2NC_6H_{12})_2$-2,2″ und -2,5″ (Tabelle **4**, Nr. **19**, NC_6H_{12} = (S)-N-α-Pipecolyl, vgl. Fig. 8) entsteht als Gemisch mit einem geringen Anteil des 2,2″-Isomeren bei der Lithiierung von (+)$C_5H_5FeC_5H_4CH_2NC_6H_{12}$ mit n-C_4H_9Li und anschließender Einwirkung von $TiCl_4$ bei −70°C bis Zimmertemperatur. Wird nicht näher charakterisiert [7]. Zu weiteren Umsetzungen der 2,2″-Form über ein Dimethojodid, für das keine Daten vorliegen, s. Fig. 8.

$Fe_2C_{20}H_{16}(NC_5H_5$-2$)_2$ (Tabelle **4**, Nr. **20** und **21**). Zwei Isomere dieser Zusammensetzung entstehen aus $C_5H_5FeC_5H_3$(2-NC_5H_5-1)$B(OH)_2$-2 unter der Einwirkung von $Cu(CH_3COO)_2$ in Alkohol/Wasser bei 50°C. Bei der Chromatographie an Al_2O_3 wird mit Hexan/Äther Nr. 20 (39% Ausbeute) und dann mit Äther Nr. 21 (23% Ausbeute) eluiert. Kristallisation beider Verbindungen aus Benzol/Hexan. Eine Strukturzuordnung wird angekündigt [8].

$Fe_2C_{20}H_{16}(NC_9H_{12})_2$-2,2″ und -2,5″ (Tabelle **4**, Nr. **22** und **23**, NC_9H_{12} = 2-(6-Butyl)-pyridyl). Die Darstellung erfolgt durch Lithiierung von $C_5H_5FeC_5H_4NC_9H_{12}$ mit n-C_4H_9Li und Einwirkung von $CoCl_2$ auf das gebildete 2-Lithium-Derivat in Äther/Hexan bei −78°C bis Zimmertemperatur. Trennung durch Chromatographie an Al_2O_3: Das zuerst mit Benzol/Petroläther eluierende Produkt hat den höheren Schmelzpunkt und wird daher in Analogie zu Nr. 10 und 13 als die 2,5″-Form (20% Ausbeute) angesehen. Mit Benzol eluiert das 2,2″-Isomere (17% Ausbeute) [9].

Literatur s. S. 37

$Fe_2C_{20}H_{16}(NC_9H_6)_2$-2,2'' und -2,5'' (Tabelle **4**, Nr. **24** und **25**, NC_9H_6 = 2-Chinolyl) werden wie die vorangegangenen Verbindungen aus $C_5H_5FeC_5H_4NC_9H_6$ dargestellt und getrennt, 18 bzw. 5.6% Ausbeute [9].

$Fe_2C_{20}H_{16}(C_2H_4O)$-2,2'' (Tabelle **4**, Nr. **26**). Darstellung durch alkalische Hydrolyse (wäßriges NaOH, 1 M) des Dimethojodids Nr. 11 unter Rückfluß/5 h, 54% Ausbeute, oder durch saure Hydrolyse (wäßriges CH_3COOH, 15%ig) von Nr. 11 unter Rückfluß/1.5 h. Wird von Al_2O_3 mit Benzol eluiert und aus Äther/Petroläther kristallisiert [5], s. auch [4, 6]. Entsteht als Nebenprodukt auch bei der Na/Hg-Reduktion von Nr. 11 neben dem Dimethyl-Derivat Nr. 1 [5], s. auch [7].

Optisch aktive Formen. Durch alkalische Hydrolyse eines linksdrehenden Dimethojodids unter Rückfluß/3.5 h wird mit 28% Ausbeute (−)(1R,1''R)-$Fe_2C_{20}H_{16}(C_2H_4O)$-5,5'' erhalten, $[\alpha]_D^{20^\circ} = -187^\circ$ bei 52% optischer Reinheit, Schmelzpunkt 147 bis 162°C [6]. Ein mit dem rechtsdrehenden Enantiomeren angereichertes Produkt ($[\alpha]_D^{20^\circ} = +30^\circ$ in Benzol) erhält [7] aus einer rechtsdrehenden Probe von Verbindung Nr. 19 gemäß Fig. 8, Reaktion B. Die Reduktion mit $LiAlH_4/AlCl_3$ führt zu den Enantiomeren des Dimethyl-Derivates Nr. 1 [6, 7].

$Fe_2C_{20}H_{16}(C_2H_4S)$-2,2'' (Tabelle **4**, Nr. **27**) wird aus dem Dimethojodid Nr. 11 und $Na_2S \cdot 9H_2O$ in siedendem H_2O/5 h mit 50% Ausbeute erhalten und nach Chromatographie aus Äther/Petroläther bei 0°C kristallisiert [5].

$Fe_2C_{20}H_{16}(C_2H_4NCH_2C_6H_5)$-2,2'' (Tabelle **4**, Nr. **28**) entsteht analog den vorangegangenen Brückenverbindungen aus dem Dimethojodid Nr. 11 durch nucleophile Substitution mit $C_6H_5CH_2NH_2$ in siedendem H_2O/5 h, 79% Ausbeute; Chromatographie und Kristallisation aus gesättigter Petrolätherlösung bei 0°C. Zersetzt sich langsam in organischen Lösungsmitteln [5].

Literatur:

[1] S. I. Goldberg, J. S. Crowell (J. Org. Chem. **29** [1964] 996/1000). — [2] A. N. Nesmeyanov, V. A. Sazonova, N. S. Sazonova (Dokl. Akad. Nauk SSSR **176** [1967] 598/601; Dokl. Chem. Proc. Acad. Sci. USSR **175/177** [1967] 843/6). — [3] G. Marr, R. E. Moore, B. W. Rockett (Tetrahedron Letters **1968** 2517/20). — [4] K. Schlögl, M. Walser (Tetrahedron Letters **1968** 5885/8). — [5] G. Marr, R. E. Moore, B. W. Rockett (Tetrahedron **25** [1969] 3477/84).

[6] K. Schlögl, M. Walser (Monatsh. Chem. **100** [1969] 1515/39). — [7] T. Aratani, T. Gonda, H. Nozaki (Tetrahedron **26** [1970] 5453/64). — [8] A. N. Nesmeyanov, V. A. Sazonova, V. E. Fedorov (Izv. Akad. Nauk SSSR Ser. Khim. **1970** 2133/5; Bull. Acad. Sci. USSR Div. Chem. Sci. **1970** 2012/4). — [9] D. J. Booth, G. Marr, B. W. Rockett (J. Organometal. Chem. **32** [1971] 227/30). — [10] D. W. Slocum, D. I. Sugarman (Tetrahedron Letters **1971** 3287/9).

[11] R. F. Kovar, M. D. Rausch (J. Organometal. Chem. **35** [1972] 351/66). — [12] A. N. Nesmeyanov, K. I. Grandberg, D. A. Lemenovskii, O. B. Afanasova, E. G. Perevalova (Izv. Akad. Nauk SSSR Ser. Khim. **1973** 887/90; Bull. Acad. Sci. USSR Div. Chem. Sci. **1973** 856/9). — [13] J. H. J. Peet, B. W. Rockett (J. Organometal. Chem. **67** [1974] 407/12). — [14] C. LeVanda, D. O. Cowan, K. Bechgaard (J. Am. Chem. Soc. **97** [1975] 1980/1). — [15] K. Schlögl (Pure Appl. Chem. **23** [1970] 413/32, 426).

6.1.3.2.3 Verschiedene Substituenten an den Ringen Cp und Cp''

Different Substituents in the Cp and Cp'' Rings

Der überwiegende Teil der Substanzen dieses Abschnitts gehört zum Stereoisomerentyp I mit R = CH_3 und verschiedenartigen Substituenten R'', vgl. V; diese Biferrocen-Derivate sind in Tabelle 5 zusammengefaßt. Zwei Isomerenpaare I/II mit anderen Substituenten werden als Ausnahmen vor der Tabelle behandelt.

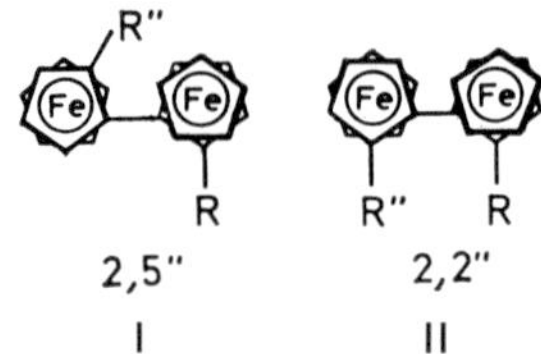

Infolge der ungleichen Substituenten R und R'' in den beiden Ferrocenyl-Gruppen weisen hier nicht nur Molekeln des Typs II, sondern auch die Stereoisomeren I Chiralität auf, vgl. dagegen I und II auf S. 28, beide Typen müssen sich aus optischen Antipoden zusammensetzen. Entsprechend den Festsetzungen in 6.1.3.2.2 sollen die Stellungsangaben 2,2'' und 2,5'' für die Racemate der beiden Stereoisomeren verwendet werden und nur in Verbindung mit den Konfigurationsangaben an den Chiralitätszentren C(1) und C(1'') absolute Bedeutung besitzen, vgl. Formeln V.

$Fe_2C_{20}H_{16}(CHO\text{-}2)CH_2N(CH_3)_2\text{-}2''$ entsteht bei der Oxidation von $Fe_2C_{20}H_{16}(CH_2N(CH_3)_2)_2$-2,2'' mit aktivem MnO_2 in $CHCl_3$ bei 20°C/20 h mit 26% Ausbeute neben dem Dialdehyd. Die Verbindung, identifiziert durch IR- und Massenspektrum, wird offenbar nicht kristallin erhalten [2]. Nach der vorläufigen, aber nicht zutreffenden stereochemischen Zuordnung des Ausgangsproduktes nach [1] ist die Substanz bei [2] noch als 2,5''-Isomeres aufgeführt. Eine entsprechende Umkehrung gilt für das folgende Stereoisomere.

$Fe_2C_{20}H_{16}(CHO\text{-}2)CH_2N(CH_3)_2\text{-}5''$, wird durch gleichartige Oxidation bei 20°C/60 h aus $Fe_2C_{20}H_{16}(CH_2N(CH_3)_2)_2$-2,5'' neben dem Dialdehyd mit 32% Ausbeute erhalten; Identifizierung durch IR- und Massenspektrum sowie N-Analyse, Schmelzpunkt 142 bis 145°C. Scheint stabiler zu sein als das 2,2''-Isomere [2].

$Fe_2C_{20}H_{16}(C_{13}H_{14}N\text{-}2)C_{13}H_{16}N\text{-}2''$ (s. Formeln III und IV) bildet sich (10% Ausbeute) zusammen mit dem 2,5''-Isomeren (12% Ausbeute) durch Lithiierung von $C_5H_5FeC_5H_4C_{13}H_{16}N$ mit n-C_4H_9Li in Äther/Benzol und anschließende Kupplung mit $CoCl_2$ bei −78°C bis Zimmertemperatur. Die Verbindung wird von Al_2O_3 nach dem 2,5''-Isomeren mit Benzol/Petroläther eluiert. Fällt aus Petroläther als orangefarbenes Pulver an, das sich ohne Schmelzen ab 110°C zersetzt. IR-Spektrum (KBr): 750, 767, 835, 1010, 1110, 1488, 1512, 1600 und 3350 cm^{-1} [5].

C_4H_9-n
$C_{13}H_{14}N$ = N

III

n-C_4H_9 H
$C_{13}H_{16}N$ = N H

IV

$Fe_2C_{20}H_{16}(C_{13}H_{14}N\text{-}2)C_{13}H_{16}N\text{-}5''$ (s. Formeln III und IV). Zur Darstellung s. das 2,2''-Isomere; die Ausbeuten beziehen sich auf nicht zurückgewonnenes Ausgangsmaterial. Das orangefarbene Pulver (aus Petroläther) schmilzt unter Zersetzung bei 187 bis 189°C. IR-Spektrum (KBr): 750, 820, 830, 1010, 1110, 1473, 1489, 1601 und 3350 cm^{-1} [5].

$Fe_2C_{20}H_{16}(CH_3\text{-}2)R\text{-}5''$ (Verbindungen von Tabelle 5, Formel V) wurden dadurch leicht zugänglich, daß $Fe_2C_{20}H_{16}(CH_2N(CH_3)_2)_2$-2,5'' mit CH_3J nur ein Monomethojodid bildet, vgl. 6.1.3.2.2, das sich durch Na/Hg-Reduktion in $Fe_2C_{20}H_{16}(CH_3\text{-}2)CH_2N(CH_3)_2$-5'' überführen läßt; über das Methojodid dieser Verbindung kann die Aminomethyl-Gruppe in andere Substituenten R'' umgewandelt werden [1, 3, 4], zur Darstellung der Verbindungen im einzelnen s. weitere Angaben.

Literatur s. S. 44

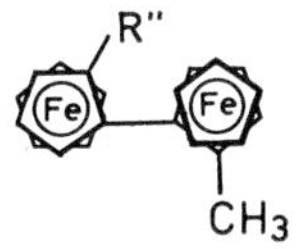

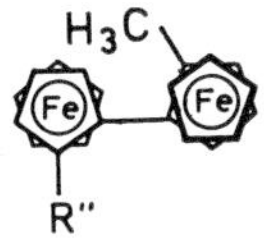

R'' H$_3$C

(Fe)—(Fe) (Fe)—(Fe)

V CH$_3$ R''

Enantiomere:	2,5''	5,2''
Konfiguration:	1S,1''R	1R,1''S

Ausgehend von einer durch Racematspaltung erhaltenen linksdrehenden Probe der Aminomethylverbindung Nr. 11 werden von [4] die optisch aktiven Verbindungen der folgenden Reihe A hergestellt (Drehsinn, Gruppe R'', Verbindungsnummer).

Reihe A: (−)$CH_2N(CH_3)_2$ (11)→(−)$CH_2N(CH_3)_3J$ (12)→(−)CH_2OH (3)→(+)CHO (7)→(−)$CH(OH)CH_3$ (4)→(−)$COCH_3$ (8)→(+)$CH{=}CH_2$ (2)→(−)C_2H_5 (1).

Ausgehend von einer rechtsdrehenden Probe von Nr. 11 erhält man wie in Reihe A den (−)Aldehyd (Nr. 7) und daraus die Substanzen der
Reihe B: (−)CHO (7)→(−)CN (16)→(+)$CONH_2$ (18)→(−)$COOCH_3$ (10)→(−)COOH (9).

Ein Vergleich mit dem Drehsinn einiger 1,2-substituierter Methylferrocene mit bekannter Absolutkonfiguration, z.B. $C_5H_5FeC_5H_3(CH_3\text{-}1)R\text{-}2$ mit R = COOH, $COCH_3$, CHO, $CH{=}CH_2$, läßt den Schluß zu, daß die Substanzen der Reihe A die Konfiguration (1S,1''R)-$Fe_2C_{20}H_{16}(CH_3\text{-}2)$-R-5'' und die von B (1R,1''S)-$Fe_2C_{20}H_{16}(CH_3\text{-}5)$R-2'' (vgl. V) besitzen. Eine kinetische Racematspaltung des Anhydrids der Säure Nr. 9 (vgl. 7.2) mit (−)$CH_3CH(C_6H_5)NH_2$ erhärtet das Ergebnis [4]. Da bei [4] eine andere Ringbezifferung als hier verwendet wird (Cp statt Cp'' und Cp' statt Cp), unterscheiden sich die R,S- und Stellungsangaben in den Formeln dieses Abschnitts von denen im Original [4].

Zur elektrochemischen Bildung von Kationen s. weitere Angaben zu Nr. 3.

Erläuterungen zu Tabelle 5: Bei den ^{1}H-NMR-Spektren (in $CDCl_3$) gehören die ersten beiden τ-Werte zu den Protonen der freien Ringe Cp' und Cp''', die folgenden zu Cp und Cp'' und der letzte Wert zur CH_3-Gruppe. IR-Spektren werden in KBr aufgenommen. Lösungsmittel für die UV-Spektren (mit lg ε) sind Cyclohexan und oberhalb 400 nm Äthanol. Zu Einzelwerten der Rotationsdispersion und des Circulardichroismus bei den optisch aktiven Verbindungen s. [4]. Der Drehwert $[\alpha]_D$ bezieht sich auf 100% optische Reinheit, wobei der Drehwert der Base Nr. 11 als Bezugspunkt dient [4]; als Drehungssinn ist der des genannten Antipoden angegeben. Die optische Reinheit der isolierten, optisch aktiven Proben ist bei deren Schmelzpunkt zu finden.

Weitere Angaben:

(−)(1S,1''R)-$Fe_2C_{20}H_{16}(CH_3\text{-}2)C_2H_5$-5'' (Tabelle **5**, Nr. **1**) wird durch Reduktion eines Gemisches von linksdrehenden Proben des Alkohols Nr. 4 und des Ketons Nr. 8 mit $LiAlH_4/AlCl_3$ in Äther erhalten, 95% Ausbeute [4].

(+)(1S,1''R)-$Fe_2C_{20}H_{16}(CH_3\text{-}2)CH{=}CH_2$-5'' (Tabelle **5**, Nr. **2**) bildet sich aus dem Alkohol Nr. 4 (linksdrehend) durch Dehydratisierung an saurem Al_2O_3 [4].

$Fe_2C_{20}H_{16}(CH_3\text{-}2)CH_2OH$-5'' (Tabelle **5**, Nr. **3**) wird als Racemat aus dem Methojodid Nr. 12 mit wäßrigem 0.5 M NaOH unter Rückfluß dargestellt und bei der Chromatographie an Al_2O_3 mit Benzol/Äther eluiert, 82% Ausbeute; Umkristallisieren aus Äther/Petroläther [1, 3]. — Bei der elektrochemischen Oxidation in CH_3CN an Pt erhält man ein Mono- und Dikation bei den Halbwellenpotentialen 0.350 bzw. 0.675 V (SCE), für die folgende optische Absorptionen angegeben sind: Monokation λ_{max} (ε) = 545 (2000) und 1680 (520) nm, Dikation λ_{max} (ε) = 485 (900) und 665 (1100) nm [6], vgl. auch $Fe_2C_{20}H_{16}(CH_3)_2$-2,2'' und -2,5'' in 6.1.3.2.2. — Auf dem gleichen Wege wie oben erhält [4] aus einem linksdrehenden Methojodid (−)(1S,1''R)-$Fe_2C_{20}H_{16}$-$(CH_3\text{-}2)CH_2OH$-5'' mit 99% Ausbeute.

Literatur s. S. 44

Tabelle 5. Biferrocen-Derivate des Typs $Fe_2C_{20}H_{16}(CH_3\text{-}2)R''\text{-}5''$, vgl. Formel V.
Für alle Verbindungen folgen am Ende der Tabelle weitere Angaben. Zu Abkürzungen und Dimensionen s. S. 1.

Nr.	Gruppe R''	Konfiguration, $[\alpha]_D$ bei 20°C in Benzol	Schmelzpunkt (optische Reinheit in %)	Weitere Bemerkungen und Spektren, Erläuterungen s. im Text	Lit.
1	C_2H_5	Racemat 1S,1''R −240°	85 bis 89 115 bis 121 (83)	^{1}H-NMR: 6.01, 6.03; etwa 5.60 und 5.85; 7.71 UV: 452 (2.74)	[4]
2	$CH{=}CH_2$	Racemat 1S,1''R +1170°	97 bis 100 60 bis 70 (83)	^{1}H-NMR: 5.99, 6.02; 5.42 bis 5.93; 7.78 IR: ν(C=C) bei 1625 UV: 451 (2.79)	[4]
3	CH_2OH	Racemat 1S,1''R −340°	184 bis 185 169 bis 186 (83)	orangefarbene, körnige Kristalle ^{1}H-NMR: 5.89, 5.98; 5.30 bis 5.80; 7.82 IR: 820, 840, 1010, 1110, 1224, 1415, 3450 UV: 196.5 (4.56), 222 (4.64), 255 (4.01, S), 295.5 (3.85), 451 (2.70)	[1, 3, 4]
4	$CH(OH)CH_3$	Racemat 1S,1''R −450°	97 bis 105 —	^{1}H-NMR: 5.84, 6.03; 5.00 bis 6.03; 7.71 IR: ν(OH) bei 3570	[4]
5	CH_2OCOCH_3	Racemat	170 bis 171	orangerote Nadeln IR: 822, 938, 1008, 1112, 1230, 1380, 1456, 1728 UV: 197.5 (4.63), 222 (4.67), 255 (4.01, S), 295 (3.82)	[3]
6	CH_2OCH_3	Racemat	123.5 bis 125.5	dunkel orangefarbene Blättchen IR: 830, 848, 915, 1016, 1090, 1118, 1236, 1458 UV: 196.5 (4.58), 222 (4.66), 255 (4.03, S), 295.5 (3.85)	[1, 3]
7	CHO	Racemat 1S,1''R +900°	199 bis 122 —	^{1}H-NMR: 5.82, 6.03; 5.02 bis 5.82; 7.77 IR: ν(CO) bei 1670, ν(CHO) bei 2850 UV: 461 (2.98)	[2, 4]

Tabelle 5 [Fortsetzung].

Nr.	Gruppe R''	Konfiguration, $[\alpha]_D$ bei 20°C in Benzol	Schmelzpunkt (optische Reinheit in %)	Weitere Bemerkungen und Spektren, Erläuterungen s. im Text	Lit.
8	$COCH_3$	Racemat 1S,1''R −340°	114 bis 117 —	^{1}H-NMR: 5.84, 6.02; 5.22 bis 6.02; 7.66 IR: ν(CO) bei 1660 und 1680 UV: 458 (2.92)	[4]
9	COOH	1R,1''S −140°	Zers. ab 150 (87)	UV: 448 (2.77)	[4]
10	$COOCH_3$	1R,1''S −130°	105 bis 110 (87)	^{1}H-NMR: 5.87, 6.04; 5.27 bis 5.97; 7.69 IR: ν(CO) bei 1730 UV: 450 (2.7)	[4]
11	$CH_2N(CH_3)_2$	Racemat 1R,1''S +760°	126 bis 128.5 102 bis 105 (100)	dunkel orangefarbene Blättchen, ^{1}H-NMR: 6.01, 6.07; 5.08 bis 6.00; 7.62; 6.67 (NCH_2), 7.75 (NCH_3) IR: 826, 1016, 1038, 1104, 1176, 1258, 1402, 1460 UV: 196.5 (4.62), 222 (4.69), 255 (4.03, S), 296 (3.86), 450 (2.68)	[1, 3, 4]
12	Methojodid von Nr. 11	Racemat 1S,1''R −1000° (in CH_3OH)	Zers. ab 165 Zers. ab 169	gelb, mikrokristallin, IR: 830, 890, 1010, 1112, 1384, 1420, 1484 UV: 442 (2.43)	[1, 3, 4]
13	Dibenzoyl-(R)-weinsäuresalz von Nr. 11	Racemat	178 bis 180, Zers.	—	[4]
14	$CH_2NHC_6H_5$	Racemat	122.5 bis 124	orangefarbene, körnige Kristalle, IR: 704, 764, 1000 (S), 1012, 1104, 1320, 1510, 1600, 3370 UV: 199 (4.80), 221.5 (4.67), 295 (3.96)	[1, 3]

Literatur s. S. 44

Tabelle 5 [Fortsetzung].

Nr.	Gruppe R''	Konfiguration, $[\alpha]_D$ bei 20°C in Benzol	Schmelzpunkt (optische Reinheit in %)	Weitere Bemerkungen und Spektren, Erläuterungen s. im Text	Lit.
15	Menthydrazon von Nr. 7	—	—	s. weitere Angaben	[4]
16	CN	Racemat 1R,1''S −1030°	113 bis 118 136 bis 141 (87)	^{1}H-NMR: 5.80, 5.96; 5.14 bis 5.80; 7.80 IR: ν(CN) bei 2220 UV: 447 (2.86)	[4]
17	CH_2CN	Racemat	149 bis 151, Zers.	orangefarbene Nadeln, IR: 818, 840, 1014, 1110, 1420, 2270 UV: 196.5 (4.56), 221 (4.64), 255 (4.00, S), 293.5 (3.80)	[1, 3]
18	$CONH_2$	1R,1''S +230°	Zers. ab 200 (87)	^{1}H-NMR: 5.83, 5.97; 5.09 bis 5.83; 7.59 IR: ν(CO) bei 1580, 1660, ν(NH_2) bei 3400, 3510 UV: 447 (2.86)	[4]
19	CH=NOH	—	—	s. weitere Angaben	[4]
20	$-CH_2-N$(Piperidino-Ring)	Racemat	142.5 bis 144	goldgelbe Nadeln, IR: 830, 1010, 1042, 1108, 1272, 1344, 1460, 2920 UV: 196.5 (4.65), 221.5 (4.71), 255 (4.05, S), 295.5 (3.88)	[1, 3]

Literatur s. S. 44

(−)(1S,1″R)-$Fe_2C_{20}H_{16}(CH_3$-2)CH(OH)CH_3-5″ (Tabelle **5**, Nr. **4**) bildet sich neben der Vinylverbindung Nr. 2 bei der Umsetzung einer rechtsdrehenden Probe des Aldehyds Nr. 7 mit CH_3MgJ in Äther, 35% Ausbeute [4]. Zur Oxidation s. Verbindung Nr. 8.

$Fe_2C_{20}H_{16}(CH_3$-2)CH_2OCOCH_3-5″ (Tabelle **5**, Nr. **5**) wird aus dem Alkohol Nr. 3 in 2%igem wäßrigem CH_3COOH unter Rückfluß/15 h mit 23% Ausbeute dargestellt und von Al_2O_3 mit Benzol/Petroläther eluiert, Kristallisation aus Äther/Petroläther [3].

$Fe_2C_{20}H_{16}(CH_3$-2)CH_2OCH_3-5″ (Tabelle **5**, Nr. **6**) entsteht aus dem Methojodid Nr. 12 bei der Reaktion mit wäßrigem NaOH/CH_3OH unter Rückfluß neben dem Alkohol Nr. 3, 49% Ausbeute [1, 3].

$Fe_2C_{20}H_{16}(CH_3$-2)CHO-5″ (Tabelle **5**, Nr. **7**) wird aus dem Amin Nr. 11 durch Oxidation mit aktivem MnO_2 in $CHCl_3$ bei 61°C/2 h mit 12% Ausbeute dargestellt und noch als 2,2″-Stereoisomeres formuliert [2]. Bei Verwendung einer linksdrehenden Probe des Alkohols Nr. 3 als Ausgangsprodukt wird durch MnO_2-Oxidation bei Zimmertemperatur (+)(1S,1″R)-$Fe_2C_{20}H_{16}$-(CH_3-2)CHO-5″ mit 81% Ausbeute erhalten [4]. Zur partiellen Racematspaltung des Aldehyds s. Verbindung Nr. 15.

(−)(1S,1″R)-$Fe_2C_{20}H_{16}(CH_3$-2)$COCH_3$-5″ (Tabelle **5**, Nr. **8**) wird in geringer Ausbeute aus dem Alkohol Nr. 4 durch MnO_2-Oxidation in $CHCl_3$ bei Zimmertemperatur gewonnen [4].

(−)(1R,1″S)-$Fe_2C_{20}H_{16}(CH_3$-5)COOH-2″ (Tabelle **5**, Nr. **9**) wird durch alkalische Verseifung einer linksdrehenden Probe des Esters Nr. 10 (vgl. dort) mit 94% Ausbeute erhalten [4]. Bei der kinetischen Racematspaltung des Anhydrids der Säure durch Umsetzung mit (−)$CH_3CH(C_6H_5)NH_2$ bei Zimmertemperatur erhält man eine rechtsdrehende Probe der Säure mit allerdings nur etwa 4% optischer Reinheit [4].

(−)(1R,1″S)-$Fe_2C_{20}H_{16}(CH_3$-5)$COOCH_3$-2″ (Tabelle **5**, Nr. **10**) wird durch Veresterung mit CH_2N_2 aus der Säure Nr. 9 hergestellt, die sich mit geringer Ausbeute bei der Verseifung des Nitrils Nr. 16 (linksdrehende Probe) neben dem Säureamid Nr. 18 bildet [4].

$Fe_2C_{20}H_{16}(CH_3$-2)$CH_2N(CH_3)_2$-5″ (Tabelle **5**, Nr. **11**). Zur Darstellung des Racemats wird $Fe_2C_{20}H_{16}(CH_2N(CH_3)_3J$-2)$CH_2N(CH_3)_2$-5″, vgl. 6.1.3.2.2, mit Na/Hg in H_2O auf 130°C/3 h erhitzt. Eluiert von Al_2O_3 mit Äther und wird aus Petroläther kristallisiert, 82% Ausbeute [1, 3]. Durch fraktionierte Kristallisation des Salzes mit (−)Dibenzoyl-(R)-weinsäure, Verbindung Nr. 13, aus CH_3OH/H_2O erhält man am Ende eine Mutterlauge, aus der das rechtsdrehende Enantiomere des Amins gewonnen wird; sein Drehwert dient als Bezugspunkt für die optische Reinheit der 2,5″-substituierten Biferrocene [4]. Andere Proben mit 83 und 87% optischer Reinheit dienen als Ausgangsmaterial für die Darstellung weiterer optisch aktiver Verbindungen, s. Reihe A und B in der Einleitung.

$Fe_2C_{20}H_{16}(CH_3$-2)$CH_2N(CH_3)_3J$ (Tabelle **5**, Nr. **12**) bildet sich aus dem Amin in trocknem Benzol mit einem Überschuß CH_3J und wird durch Zugabe von Äther gefällt, Kristallisation aus CH_3CN/Äther [1, 3]. Optisch aktive Proben werden bei [4] in CH_3CN mit 95% Ausbeute dargestellt. — Die nucleophile Verdrängung der Aminogruppe verläuft sehr schnell, vgl. Verbindungen Nr. 3, 6, 14, 17 und 20, und zeigt die Leichtigkeit, mit der sich ein 2-(Ferrocenyl)ferrocenylcarbonium-Ion bildet [1].

$Fe_2C_{20}H_{16}(CH_3$-2)$CH_2NH(CH_3)_2(C_{18}H_{13}O_8$-5″) (Tabelle **5**, Nr. **13**) wird aus dem Amin Nr. 11 und (−)Dibenzoyl-(R)-weinsäurehydrat in siedendem Äther und Kühlen mit 97.5% Ausbeute erhalten [4]. Das Salz dient zur Racematspaltung des Amins Nr. 11, vgl. dort.

$Fe_2C_{20}H_{16}(CH_3$-2)$CH_2NHC_6H_5$-5″ (Tabelle **5**, Nr. **14**) entsteht aus dem Methojodid Nr. 12 und $C_6H_5NH_2$ in H_2O unter Rückfluß. Wird von Al_2O_3 mit Petroläther eluiert und aus Äther/Petroläther kristallisiert, 92% Ausbeute [1, 3].

Literatur s. S. 44

$Fe_2C_{20}H_{16}(CH_3$-2)CH=N-NHCOO$C_{10}H_{19}$-5″ (Tabelle **5**, Nr. **15**, s. Formel VI) wird aus dem Racemat des Aldehyds Nr. 7 und „(−)Menthydrazin", gemeint ist offenbar N-Aminocarbaminsäure-

$C_{10}H_{19}$ = [Strukturformel: Cyclohexanring mit $CH(CH_3)_2$ (H_3C, CH_3), Methyl und CH_3]

VI

menthylester, in $CH_3COOH/C_2H_5OH/CH_3COONa$ unter Sieden mit 90% Ausbeute dargestellt. Durch fraktionierte Kristallisation des Hydrazons aus C_2H_5OH und Hydrolyse der vierten Kristallisation erhält man eine rechtsdrehende Probe des Aldehyds Nr. 7 mit 16% optischer Reinheit [4].

(−)(1R,1″S)-$Fe_2C_{20}H_{16}(CH_3$-5)CN-2″ (Tabelle **5**, Nr. **16**) wird aus einer linksdrehenden Probe des Aldehyds Nr. 7 über das Aldoxim Nr. 19 und dessen Dehydratisierung mit N,N′-Dicyclohexyl-carbodiimid in siedendem Benzol mit 89% Ausbeute dargestellt [4].

$Fe_2C_{20}H_{16}(CH_3$-2)CH_2CN-5″ (Tabelle **5**, Nr. **17**) entsteht aus dem Methojodid Nr. 12 und KCN im Überschuß in siedendem H_2O, 48% Ausbeute. Wird von Al_2O_3 mit Benzol eluiert, zersetzt sich aber teilweise auf der Kolonne; Kristallisation aus Äther/Petroläther [1, 3].

(+)(1R,1″S)-$Fe_2C_{20}H_{16}(CH_3$-5)CONH_2-2″ (Tabelle **5**, Nr. **18**) wird bei der Verseifung einer linksdrehenden Probe des Nitrils Nr. 16 mit KOH in n-C_4H_9OH unter Rückfluß mit 29.5% Ausbeute neben geringen Mengen der Säure Nr. 9 gebildet [4].

$Fe_2C_{20}H_{16}(CH_3$-2)CH=NOH-5″ (Tabelle **5**, Nr. **19**) wird aus einer linksdrehenden Probe des Aldehyds Nr. 7 in Äthanol und $NH_2OH \cdot HCl/CH_3COONa$ mit 93% Ausbeute dargestellt [4].

$Fe_2C_{20}H_{16}(CH_3$-2)$CH_2NC_5H_{10}$-5″ (Tabelle **5**, Nr. **20**) wird aus dem Methojodid Nr. 12 und Piperidin wie Nr. 14 dargestellt, 89% Ausbeute [1, 3].

Literatur:

[1] G. Marr, R. E. Moore, B. W. Rockett (Tetrahedron Letters **1968** 2517/20). — [2] K. Schlögl, M. Walser (Tetrahedron Letters **1968** 5885/8). — [3] G. Marr, R. E. Moore, B. W. Rockett (Tetrahedron **25** [1969] 3477/84). — [4] K. Schlögl, M. Walser (Monatsh. Chem. **100** [1969] 1515/39). — [5] D. J. Booth, G. Marr, B. W. Rockett (J. Organometal. Chem. **32** [1971] 227/30).

[6] C. LeVanda, D. O. Cowan, K. Bechgaard (J. Am. Chem. Soc. **97** [1975] 1980/1).

Other Disubstituted Biferrocenes

6.1.3.2.4 Weitere disubstituierte Biferrocene

$Fe_2C_{20}H_{16}(COCH_3)_2$-1′,3″ wird neben Mono- und anderen Diacetyl-biferrocenen, vgl. 6.1.3.1 und 6.1.3.2.2, aus dem Produktengemisch der Acetylierung von Biferrocen mit $(CH_3CO)_2O$ in Gegenwart von Polyphosphorsäure durch chromatographische Trennung und Kristallisationen mit 5.8% Ausbeute isoliert [1] und dort als „3,6′-Diacetylbiferrocenyl" bezeichnet. Rote, nadelförmige Kristalle vom Schmelzpunkt 112 bis 113°C. Das ^{1}H-NMR-Spektrum ($CHCl_3$) zeigt chemische Verschiebungen bei τ = 5.02, 5.18, 5.38, 5.55 und 5.70 (alles Multipletts), 5.98 (C_5H_5) und zwei Singuletts der nicht äquivalenten CH_3CO-Gruppen bei 7.58 (in 3″) und 7.82 (in 1′) [1].

$Fe_2C_{20}H_{16}(C_6F_5)C_6F_4C_6F_5$ ist möglicherweise das Produkt, das neben Pentafluorphenylferrocen und 1,1′-Bis(pentafluorphenyl)ferrocen bei der Reaktion von lithiiertem Ferrocen mit Hexafluorbenzol in Hexan bei Zimmertemperatur/2 d in geringer Menge anfällt. Hell orangeroter Festkörper vom Schmelzpunkt 178 bis 180°C, dessen Molgewicht massenspektroskopisch richtig ermittelt wird.

Im ^1H-NMR-Spektrum liegen die Protonensignale bei $\tau = 5.24$ und 5.51 (als Multipletts von elf Protonen) und 5.92 (Singulett eines nicht substituierten C_5H_5). Das ^{19}F-NMR-Spektrum (in Aceton) ist mit Signalen bei $\delta = 140.0$, 141.8, 159.1 und 164.4 ppm selbst in gesättigter Lösung noch zu schwach und nicht ausreichend aufgelöst, so daß eine Alternativstruktur als p-Bis(pentafluorphenylferrocenyl)tetrafluorbenzol nicht ausgeschlossen werden kann. Das IR-Spektrum ($CHCl_3$) ist von 861 bis 1652 cm^{-1} angegeben [2].

Literatur:

[1] S. I. Goldberg, J. S. Crowell (J. Org. Chem. **29** [1964] 996/1000). — [2] M. I. Bruce, M. J. Melvin (J. Chem. Soc. C **1969** 2107/12).

6.2 Biferrocenylen und Derivate

Biferrocenylene and Derivatives

Die in Formel I schematisch dargestellte Substanz der Zusammensetzung $Fe_2C_{20}H_{16}$ wird meistens als Biferrocenylen bezeichnet, auch als 1,1′-Biferrocenylen, um die hetereoanulare Substitution an jedem Ferrocenteil anzudeuten. Eine konsequente Anwendung der bei 1,1″-Biferrocen eingeführten Kennzeichnung der Fünfringe, vgl. 6.1.1 und 6.1.3, ergibt als Namen 1,1″:1′,1‴-

Cp″ 1″ 1 Cp
Fe Fe
Cp‴ 1‴ 1′ Cp′

I

Biferrocen, der im Chemical Substance Index, s. beispielsweise [17], zu finden ist und dem die Bezifferung der Formel I entspricht, vgl. dagegen auch [4]. Von den weiteren Namen, [0.0]Ferrocenophan [9] oder Bisfulvalen-dieisen [3, 5, 9], erscheint letzterer wenig glücklich, da keine echten Fulvalen-Liganden, sondern verknüpfte Cyclopentadienylringe ($C_{10}H_8^{2-}$) vorliegen.

Substitutionsprodukte des Biferrocenylens sind erst vor kurzem bekannt geworden, s. 6.2.3. Als weitere Derivate werden in 6.2.2 die Salze der Biferrocenylen-Kationen behandelt. Die Literatur ist für 6.2.1 und 6.2.2 auf S. 52 zusammengefaßt.

6.2.1 Biferrocenylen, [0.0]Ferrocenophan (Formel I)

Biferrocenylene, [0.0]Ferrocenophane

Die Verbindung wird zum ersten Mal bei der Pyrolyse eines polymeren $(-C_5H_4FeC_5H_4Hg-)_n$ in Gegenwart von Ag bei 300°C isoliert [1, 5], aber noch nicht identifiziert [1]; Ausbeuten bis zu 8% [5]. Zur Darstellung durch eine modifizierte Ullmann-Kupplung erhitzt man 1,1′-Dijodferrocen in einem großen Überschuß von fc-C_4H_9-n oder Diäthylbenzol mit Cu-Bronze auf 140 bis 160°C/3 h, fällt nach Filtration in der Hitze mit viel Hexan und kristallisiert aus Benzol um [4]. Die Ausbeuten hängen von der Reinheit des Ausgangsproduktes ab, das sehr schwer zu reinigen ist. Daher wird von [6] 1,1′-Dibromferrocen verwendet und mit Cu-Bronze in Biphenyl auf 190°C erhitzt, 18% Ausbeute. Die Synthese aus Biscyclopentadienyl-dilithium, LiC_5H_4-C_5H_4Li, in Tetrahydrofuran (THF) und $FeCl_2 \cdot 2THF$ ergibt neben Polyferrocenen 18 bis 22% Ausbeute an Biferrocenylen, bezogen auf C_5H_5Na als Ausgangsprodukt für die Herstellung von LiC_5H_4-C_5H_4Li [9]. Nach [18] sind höhere Ausbeuten als 14% nicht zu erreichen. Zur Bildung als Nebenprodukt bei der Umsetzung von $Fe(C_5H_4HgCl)_2/Li_2PdCl_4$ mit Olefinen und CO s. [7, 8].

Biferrocenylen kristallisiert aus Benzol in dunkel orangefarbenen Nadeln [4], orangerot nach [1], die unter N_2 bis 375°C nicht schmelzen [1, 5] und sich oberhalb 280°C zersetzen [18]. Es sublimiert ab 300°C unter Zersetzung [4] und unter den Bedingungen der Massenspektroskopie vollständig bei 240 bis 280°C [5]. Die Verbindung ist diamagnetisch [15].

Das ^{1}H-NMR-Spektrum wird wegen geringer Löslichkeit in C_6D_6 bei 60°C aufgenommen und zeigt nur zwei Tripletts mit den Zentren bei $\tau = 4.78$ (H-3,4) und 6.27 (H-2,5), J = 2 Hz [9, 18]; bei 70 bis 100°C bei $\tau = 4.73$ und 6.23 und anscheinend temperaturunabhängig [4]; zur Deutung der im Vergleich zu fc-H und Biferrocen (vgl. 6.1.1) ungewöhnlichen Verschiebungswerte wird bei [4] eine Lage der Fe-Atome außerhalb der Verbindungslinie der Ringzentren erwogen, was sich aber bei der Strukturbestimmung als nicht zutreffend erweist [3]. Die Isomerieverschiebung δ und die Quadrupolaufspaltung Δ in der ^{57}Fe-γ-Kernresonanz haben folgende Werte (in mm · s^{-1}, bezogen auf metallisches Fe, alle Werte ±0.001 mm · s^{-1}):

	4.2 K	80 K	300 K
δ	0.531	0.508	0.434
Δ	2.405	2.398	2.397

Die Linienbreiten sind angegeben [13], s. auch [10]. Banden im IR-Spektrum (KBr): 806, 826, 837, 851, 879, 913, 1000 (stark), 1031, 1047, 1105 (sehr schwach), 1266, 1379, 1418 und 3036 cm^{-1} [1], s. auch [18]; bei [4] werden genannt: 997 (mittelstark), 1100 (mittelschwach) und 3090 cm^{-1}; neueste, vollständige Daten für das IR-Spektrum (mit Abbildung) sind bei [19] angegeben. Im Elektronenspektrum findet man in Cyclohexan eine Bande bei 217.5 nm und in $CHCl_3$ weitere bei 360 (nur als Krümmung, $\varepsilon = 562$) und 466 ($\varepsilon = 255$) nm [4, 19]; in dem bei [9] abgebildeten und mit den Kationen des Biferrocenylens verglichenen Spektrum (s. Fig. 11, S. 51) ist eine weitere Absorption bei etwa 600 nm (lg ε etwa 2.1) zu erkennen.

Für die Röntgenstrukturanalyse geeignete Kristalle gewinnt man durch langsames Abkühlen einer am Siedepunkt gesättigten Benzollösung. Die Verbindung kristallisiert monoklin mit a = 9.517 ± 0.006, b = 7.561 ± 0.005, c = 10.604 ± 0.009 Å und $\beta = 112.07° \pm 0.08°$, Raumgruppe $P2_1/n$-C_{2h}^5, zwei Molekeln in der Elementarzelle. Als Dichten werden durch Flotation bestimmt D = 1.76 ± 0.03 und berechnet D = 1.728 g · cm^{-3}. Die Fe-Atome befinden sich in den Zentren der Ferroceneinheiten in

Fig. 9

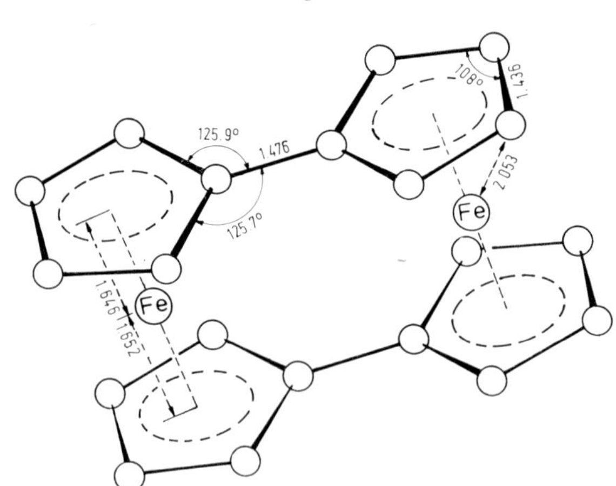

Molekelstruktur von Biferrocenyl nach [3].

einem gegenseitigen Abstand von 3.894 ± 0.004 Å, s. **Fig. 9**. Die Länge der Brückenbindungen ist in guter Übereinstimmung mit dem entsprechenden Abstand in Biferrocen und der zu erwartenden Bindungslänge zwischen zwei sp^2-C-Atomen (Distanzen innerhalb der fc-Kerne in Fig. 9 sind Mittelwerte). Die Ringe jeder Ferroceneinheit liegen fast perfekt in der verdeckten (eclipsed) Konformation vor (Abweichung nur 1°48'); der Diederwinkel zwischen den verbundenen Fünfringen beträgt nur 2°37'. Die Molekel besitzt ein kristallographisches Symmetriezentrum, die Packung im Kristall ist in der Projektion auf (010) als Figur dargestellt [3].

Literatur s. S. 52

Biferrocenylen löst sich in den gebräuchlichen organischen Lösungsmitteln in nur sehr geringem Maße [1], in kaltem Benzol etwa 0.2 g/l [4], in siedendem Benzol schätzungsweise 0.5 g/l nach Rausch, s. [3]. Die Kristalle sind gegen Röntgenstrahlen und an der Luft stabil [3]. Schnelle thermische Zersetzung setzt bei 380°C ein [4]. Die massenspektroskopische Fragmentierung (bei 70 eV) ergibt vier dominierende Partikel: das Molekelion (100 als relative Intensität), Fe^+ (11.7), $C_{10}H_8^+$ (11.9) und ein m/e = 184 (13.4), das wahrscheinlich das doppelt geladene Molekelion darstellt [4]; sonst ist das Spektrum ziemlich kompliziert [5], da auch Fragmente des Fulvalens auftreten [4]. Polarographische Halbwellenpotentiale (an Pt bei 27°C) in CH_3CN müssen bei Konzentrationen von nur 2×10^{-5} molar gemessen werden; sie werden durch reversible Einelektronenübergänge bei 0.13 und 0.72 V (SCE) erzeugt [14], s. auch [13]. Im Vergleich zu Biferrocen vergrößert sich der Abstand der beiden Oxidationsstufen um fast 80%, vor allem wegen starker Herabsetzung des niederen Potentials, zur Diskussion s. [14]. Bei Oxidationsversuchen mit J_2 oder CCl_3COOH/O_2 entsteht nur das Monokation und mit konzentriertem H_2SO_4 das Dikation [14], weiteres zur Oxidation s. 6.2.2. Nach [5] kann die Verbindung durch Friedel-Crafts-Reaktion in ein Gemisch von Benzoyl-Derivaten übergeführt werden, die nicht beschrieben sind. Neuere Untersuchungen zur Acylierung s. bei $Fe_2C_{20}H_{15}COCH_3$-3 in 6.2.3.

6.2.2 Biferrocenylen-Kationen und deren Salze

Biferrocenylene Cations and Their Salts

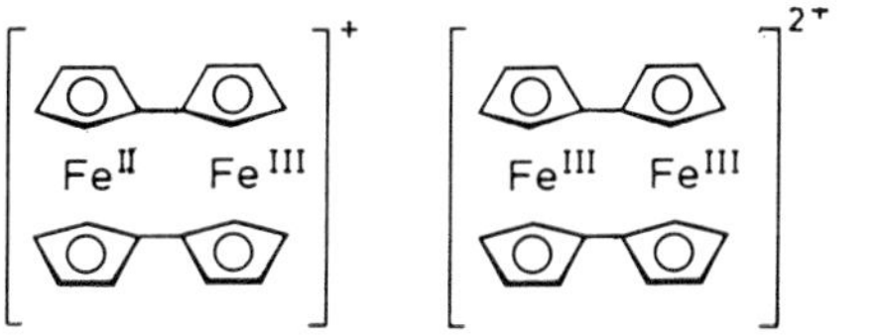

$[Fe^{II}\ Fe^{III}]^+$ II $[Fe^{III}\ Fe^{III}]^{2+}$ III

Die Frage nach den Mechanismen der intramolekularen Wechselwirkung zwischen den Fe-Atomen im starren Biferrocenylen-System hat mehrere Untersuchungen an den Verbindungen der Kationen II und III, die in Tabelle 6 zusammengestellt sind, veranlaßt. Man bezeichnet die Kationen als 1,1'-Biferrocenylen$[Fe^{II}Fe^{III}]$ bzw. 1,1'-Biferrocenylen$[Fe^{III}Fe^{III}]$ [6]; II wird auch „Biferrocenylenium" genannt [13]. Die Chemical Abstracts, vgl. [17], verwenden die Nomenklatur 1,1'':1',1'''-Biferrocenium(1+) bzw. -(2+).

Das Kation II ist ein delokalisiertes System: Die ^{57}Fe-γ-Kernresonanzspektren der verschiedenen Salze (s. Nr. 1 bis 5) besitzen nur ein einziges Quadrupoldublett, weil wegen der Geschwindigkeit des Elektronenaustausches („intervalence transfer", größer als etwa $10^7 s^{-1}$) nur eine mittlere Fe-Umgebung zu erkennen ist [13]; zum Intensitätsunterschied der Quadrupolkomponenten s. Verbindung Nr. 4. Ein relativ isotroper g-Tensor ist damit in Einklang, vgl. ESR-Spektren bei Verbindung Nr. 1, und beruht darauf, daß das Bahndrehmoment des ungepaarten, delokalisierten Elektrons herabgesetzt ist [19]. Im Elektronenspektrum findet sich eine für das „average valence"-System charakteristische Absorption um 1500 nm, die Ursache für die Form und Breite der Bande werden diskutiert; sie ist kurzwelliger und intensiver als die entsprechende Bande von $[FeC_{20}H_{18}]^+$ [13], vgl. **Fig. 11**, S. 51, und 6.1.2.

Für das Kation III ist im Gegensatz zum erwarteten Paramagnetismus von $[Fe_2C_{20}H_{18}]^{2+}$ (vgl. 6.1.2) der Diamagnetismus infolge Fe-Fe-Wechselwirkung hervorzuheben, vgl. Verbindungen Nr. 8 und 10. Bei [19] ist für eine Lösung von $[Fe_2C_{20}H_{16}]^{2+}$ in konzentriertem H_2SO_4 bei Zimmertemperatur das UV-Spektrum (auch als Figur) angegeben: λ_{max} (ε) = <210, 237 (14100), 271 (17600), 344 (etwa 4600, Schulter), 411 (etwa 600, Schulter), 426 (785) und 466 (708) nm.

Die in Tabelle 6 angegebenen Isomerieverschiebungen δ sind auf metallisches Fe bezogen [10, 13, 16].

Literatur s. S. 52

Tabelle 6. Verbindungen des Typs $[Fe_2C_{20}H_{16}]^{n+}[X^-]_n$, Formel II und III.
Für laufende Nummern mit Sternchen folgen am Ende der Tabelle weitere Angaben. Zu Abkürzungen und Dimensionen s. S. 1.

Nr.	Anion	Darstellung durch Oxidation von $Fe_2C_{20}H_{16}$	^{57}Fe-γ-Kernresonanz K	δ (Standardabweichung)	Δ	UV-Spektrum (CH_3CN) λ_{max} (ε)	Lit.
Mit n = 1:							
*1	J_5^-	mit J_2 (1:1 mol) in C_6H_6 bei 50°C, Kühlen auf Zimmertemperatur	4.2 300	0.542 (2) 0.441 (3)	1.756 (2) 1.719 (3)	<210, 245, 471 (1110), 601 (583), 1470 (1710)	[13, 14, 19]
*2	BF_4^-	mit p-Benzochinon in C_6H_6 oder CH_3CN und $BF_3 \cdot O(C_2H_5)_2$	—	—	—	269 (17800), 333 (6170), 466 (1000), 600 (370), 1550 (2100)	[9, 15, 19]
*3	PF_6^-	bildet sich zu etwa 6 bis 10% mit dem Salz Nr. 8, s. weitere Angaben	4.2 300	0.527 (5) 0.403 (20)	1.816 (5) 1.738 (22)	<210, 239 (14600), 269 (10600), 329 (5150), 466 (1140), 594 (417), 1510 (1930)	[12, 19]
*4	$C_6H_2(NO_2)_3O^-$	mit p-Benzochinon in C_6H_6 in Gegenwart von Pikrinsäure	77 298	0.525 0.436	1.78 1.75	269 (36000), 600 (370), 1550 (1800)	[6, 9, 10, 19]
5	$C_6Cl_2(CN)_2(OH)O^-$	bildet sich zusammen mit Nr. 10 (6 bis 10%)	4.2 300	0.520 (8) 0.440 (13)	1.726 (8) 1.784 (13)	—	[12, 14, 19]
*6	$[C_6H_4(C(CN)_2)_2\text{-p}]_2^-$	mit Tetracyano-chinodimethan in CH_2Cl_2 oder CH_3CN	—	—	—	1500 (1600) (in Dimethylformamid)	[6, 9, 19]
*7	$CCl_3COO^- \cdot 2\,CCl_3COOH$	mit O_2 in C_6H_6 in Gegenwart von 1 mol CCl_3COOH	—	—	—	—	[19]

Literatur s. S. 52

Tabelle 6 [Fortsetzung].

Nr.	Anion	Darstellung durch Oxidation von $Fe_2C_{20}H_{16}$	^{57}Fe-γ-Kernresonanz K	δ (Standardabweichung)	Δ	UV-Spektrum (CH_3CN) λ_{max} (ε)	Lit.
Mit n = 2:							
*8	BF_4^-	mit p-Benzochinon im Überschuß und $BF_3 \cdot O(C_2H_5)_2$ in CH_3CN	—	—	—	239 (14715), 270 (14700), 320 (S), 428 (2405), 465 (2755)	[15]
*9	PF_6^-	s. weitere Angaben	4.2 300	0.567 (1) 0.467 (2)	2.950 (1) 2.890 (2)	—	[12, 16, 19]
*10	$C_6Cl_2(CN)_2(OH)O^-$	mit 2,3-Dichlor-5,6-dicyano-p-benzochinon in C_6H_6	4.2 300	0.573 (2) 0.476 (4)	2.951 (2) 2.833 (4)	480 (–) (in KBr)	[12, 14, 19]

Literatur s. S. 52

* Weitere Angaben:

$[Fe_2C_{20}H_{16}]^+J_5^-$ (Tabelle **6**, Nr. **1**). Das Primärprodukt der Oxidation wird zunächst als J_3^--Salz formuliert [13], enthält aber nach neueren analytischen Daten das Anion J_2^- [19]. Beim Kristallisieren aus CH_3CN in Gegenwart eines großen Überschusses an J_2 bilden sich schwarze Nadeln des Salzes $[FeC_{20}H_{16}]^+J_5^-$ [13, 19].

Das ESR-Spektrum der festen Substanz bei 77 K besteht aus ungewöhnlich scharfen Signalen, s. **Fig. 10**, charakteristisch für Elektronenaustausch-Wechselwirkung [14]; eine anscheinend erkennbare Hyperfeinstruktur [14] kommt jedoch nur durch unzureichende Ausmittlung im Pulver zustande [19]. Auch bei Zimmertemperatur oder in CH_3CN-Lösung (bei 77 und 300 K) erhält man ähnliche Spektren mit etwas geringerer Auflösung [14]. Das ESR-Spektrum ist praktisch unabhängig von der Art des Anions: Ähnliche g-Werte bei Temperaturen von 12, 77 und 298 K sind für die Salze mit J_2^-, PF_6^- und $[C_8HCl_2O_2N_2]^-$ (Nr. 5) angegeben. Das J_2^--Salz (oder auch geringe Mengen von $[Fe_2C_{20}H_{16}]^+$ in einer Probe von $[Fe_2C_{20}H_{16}]^{2+}[PF_6^-]_2$) zeigt bei 12 K zusätzliche Aufspaltung im Bereich der $g_\perp$-Signale, für die keine Erklärung gegeben werden kann [19].

Die Substanz gehorcht dem Curie-Gesetz; Werte der magnetischen Suszeptibilität zwischen 4.5 und 119 K ergeben für Zimmertemperatur ein magnetisches Moment von $\mu_{eff} = 1.90$ B.M. [19]. Das IR-Spektrum ist bei [19] von 309 bis 3100 cm^{-1} vollständig angegeben. Weitere Absorptionen im UV-Spektrum bei 288, 336 und 358 nm werden durch das Anion hervorgerufen [13, 19].

$[Fe_2C_{20}H_{16}]^+BF_4^-$ (Tabelle **6**, Nr. **2**) bildet dunkelgrüne Kristalle [15], aus Methanol grüne Nadeln, die sich oberhalb 220°C ohne Schmelzen zersetzen [9]. Messungen der magnetischen Suszeptibilität bei 22°C ergeben den erwarteten Spin-Paramagnetismus von $\mu_{eff} = 1.85$ B.M. [15]. Das Elektronenspektrum ist oberhalb von etwa 550 nm identisch mit dem Spektrum von Nr. 4, zur Diskussion dieses Bereiches s. dort. Weitere Banden im kurzwelligen Bereich bis 200 nm nach [9] s. in **Fig. 11**.

$[Fe_2C_{20}H_{16}]^+PF_6^-$ (Tabelle **6**, Nr. **3**) entsteht aus dem Salz Nr. 9 beim Auflösen in H_2O und fällt langsam in Form von dunkelgrünen, blättchenartigen Kristallen aus [19]. — Zum ESR-Spektrum vgl. Nr. 1; Ligandenfeldparameter werden berechnet. Das IR-Spektrum ist vollständig (auch als Figur) angegeben [19].

$[Fe_2C_{20}H_{16}]^+[C_6H_2O_7N_3]^-$ (Tabelle **6**, Nr. **4**, Pikrat-Anion) kristallisiert aus Methanol in grünschwarzen Nadeln, Zersetzung oberhalb 210°C ohne Schmelzen [9]. — Die magnetische Suszeptibilität, gemessen von 2 bis 300 K, folgt dem Curie-Gesetz und läßt sich ausdrücken durch $\chi = 0.372/T + 250 \times 10^{-6}$ (in $cm^3 \cdot mol^{-1}$); daraus folgt für Zimmertemperatur ein dem reinen Spin-Wert naheliegendes Moment von $\mu_{eff} = 1.88$ B.M., vgl. auch Nr. 2. Die Quadrupolaufspaltung der ^{57}Fe-γ-Resonanz, die nur einen Typ an Fe-Atomen zeigt, liegt zwischen den Werten des Ferrocens und Ferrocenium-Ions; die Asymmetrie der Intensität der Quadrupolkomponenten, die auch beim J_5-Salz (Nr. 1) beobachtet wird und bei Zimmertemperatur stärker ist, kann durch eine Störung durch das Anion oder einen Jahn-Teller-Effekt hervorgerufen sein [10]. Im IR-Spektrum (KBr) liegen Ringkipp- und Ringvalenzschwingungen bei 350, 458 und 492 cm^{-1}, C-H out-of-plane-Schwingungen bei 835 und 842 cm^{-1} [6]; weitere Banden bei 680, 830, 1280, 1390, 1420, 1630 und 3100 werden als gemeinsam für das Pikrat und BF_4-Salz (Nr. 2) angegeben [9]. Zum Elektronenspektrum s. Fig. 11. Die Bande bei 600 nm ist nach Lage und Intensität typisch für substituierte Ferroceniumsalze [9]. Die breite Absorption im nahen IR-Gebiet enthält eine zweite Komponente bei 1140 nm mit etwas geringerer Intensität [9]. Die Zuordnung dieser Absorption zum Elektronenaustausch zwischen den Fe-Atomen [6] kann nach [9, 15] nicht als gesichert angesehen werden. — Nach vorläufigen Messungen zeigt auch das Photoelektronenspektrum nur einen $Fe^2P_{3/2}$-Übergang mit einer Halbwertsbreite von 1.5 bis 1.8 eV [10]. Zur Interpretation des Photoelektronenspektrums s. auch [20].

$[Fe_2C_{20}H_{16}]^+[(C_{12}H_4N_4)_2]^-$ (Tabelle **6**, Nr. **6**, $C_{12}H_4N_4$ = Tetracyanochinodimethan, dimeres Radikalanion im Komplex) fällt aus dem Reaktionsgemisch der Darstellung in sehr dünnen grünen Nadeln an und bildet beim Umkristallisieren aus absolutem CH_3CN filzartige, flexible Aggregate [9]. — Die elektrische Leitfähigkeit von gepreßten Tabletten der Substanz ist bei Zimmertemperatur mit über 10 $\Omega^{-1} \cdot cm^{-1}$ sehr hoch und läßt ungewöhnliche Leitfähigkeit in Richtung der Hauptkristallachsen erwarten; geeignete Einkristalle für endgültige Messungen konnten noch nicht erhalten werden [9].

Fig. 10

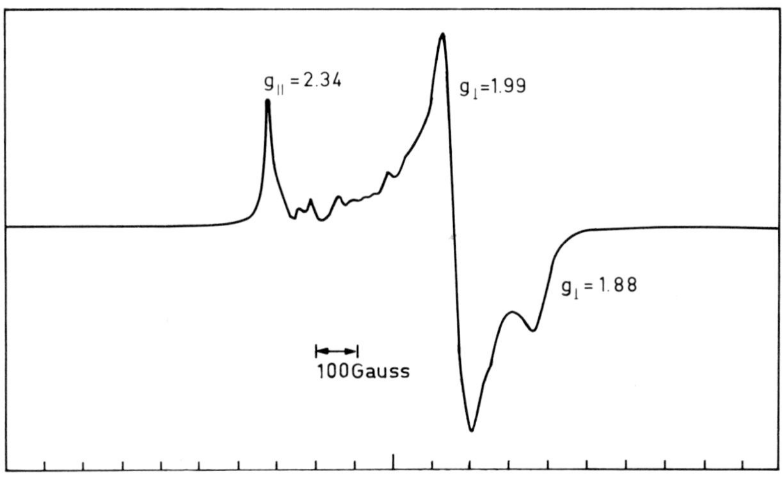

ESR-Spektrum von $[Fe_2C_{20}H_{16}]^{+}J_5^{-}$
bei 77 K im festen Zustand nach [14, 19].

Fig. 11

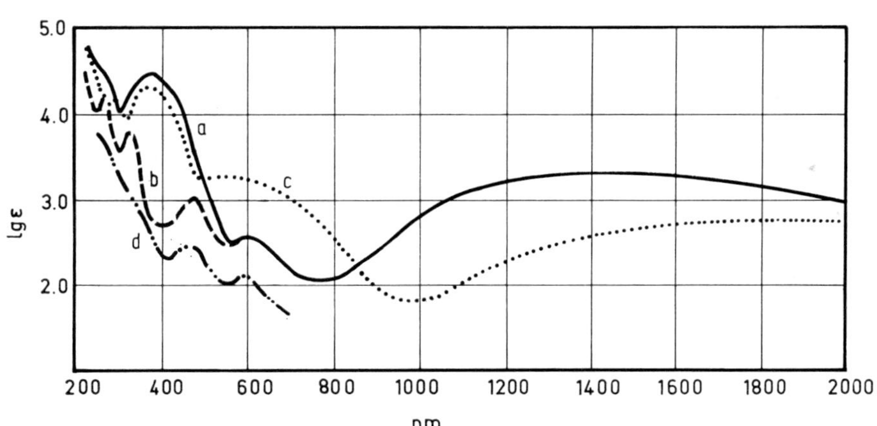

Elektronenspektrum (in CH_3CN) von
a) Nr. 4, b) Nr. 2, c) Biferrocen[$Fe^{II}Fe^{III}$]
und d) Biferrocenylen nach [9].

Literatur s. S. 52

Der IR-Bereich (KBr) von 400 bis 4000 cm^{-1} ist durch nahezu totale Absorption oder Reflexion verdeckt [6]. Im nahen IR-Bereich findet sich die gleiche Bande wie bei den vorangegangenen Substanzen [6, 9], nach [6] bei λ_{max} = 1500 (ε = 1600) nm in Dimethylformamid; weitere Absorptionsmaxima bei 394 und 842 nm werden durch das Radikalanion hervorgerufen, aus ihrer Intensität ist zu entnehmen, daß in Lösung selbst bei sehr kleinen Konzentrationen (10^{-4} molar) kein Gleichgewicht mit den neutralen Komponenten vorliegt [9].

$[Fe_2C_{20}H_{16}]^+[CCl_3COO \cdot 2Cl_3COOH]^-$ (Tabelle **6**, Nr. **7**) ist bei [19] kurz erwähnt und durch nur mäßig gute C, H, Fe-Analysenwerte charakterisiert. — An der Bande bei etwa 600 nm ließ sich bei Temperaturen nahe 20 K (in KBr) keine Schwingungsstruktur beobachten [19].

$[Fe_2C_{20}H_{16}]^{2+}[BF_4^-]_2$ (Tabelle **6**, Nr. **8**) wird aus der Reaktionsmischung bei Zugabe von Äther als mikrokristallines Pulver oder bei langsamem Abkühlen auf −30°C in glänzenden dünnen Blättchen erhalten, gelbbraun. Zersetzt sich oberhalb 250°C unter Dunkelfärbung ohne zu schmelzen [15].

Nach Messungen der magnetischen Suszeptibilität bei 22°C ist die Substanz diamagnetisch, jedoch nie ganz frei von paramagnetischen Verunreinigungen, offenbar das paramagnetische $[Fe_2C_{20}H_{16}]^+$. Der Diamagnetismus läßt sich wegen des großen Fe-Fe-Abstandes kaum durch eine direkte Metall-Metall-Bindung erklären; eher ist anzunehmen, daß die Paarung der Elektronenspins durch Wechselwirkung zwischen den Fe-Atomen über die coplanaren Liganden zustande kommt [15], s. auch [14]. Aufnahmen des ^{1}H-NMR-Spektrums in CD_3CN-Lösung ergeben wegen der Verunreinigungen nur breite Signale; in D_2O kann man Werte von τ = 3.64 und 5.92 (gegen das Na-Salz der 2,2-Dimethyl-2-silapentansulfonsäure) im Intensitätsverhältnis 1:1 messen, die Signale verbreitern sich jedoch in wenigen Minuten zu schlecht definierten breiten Banden. Im Elektronenspektrum (CH_3CN) fehlen die typische Ferroceniumabsorption bei 600 nm und die charakteristische langwellige Bande des Monokations (s. Fig. 11).

Die reine Verbindung scheint bei Zimmertemperatur an Luft stabil zu sein. Bei Abwesenheit eines Oxidationsmittels zersetzen sich aber Lösungen in H_2O oder CH_3CN schnell unter Bildung des Monokations [15].

$[Fe_2C_{20}H_{16}]^{2+}[PF_6^-]_2$ (Tabelle **6**, Nr. **9**). Die Darstellung wird bei [12, 16] nicht näher beschrieben; nach [19] oxidiert man Biferrocenylen in konzentriertem H_2SO_4 bei Zimmertemperatur, verdünnt bei 0°C und versetzt mit konzentriertem wäßrigem NH_4PF_6. — Die Veränderungen des ^{57}Fe-Resonanzspektrums unter dem Einfluß eines longitudinalen magnetischen Feldes von 27 kG bei 4.2 K zeigen, daß an den Fe^{III}-Zentren ein negativer Feldgradient herrscht. Dies ist zu erwarten, wenn infolge Delokalisierung der e_{2g}-Elektronen ($d_{x^2-y^2}$ und d_{xy} bei D_{5d}-Symmetrie) der Feldgradient im wesentlichen durch die beiden a_{1d}-Elektronen (d_{z^2}) bestimmt wird [16], s. auch [12]. Das IR-Spektrum (auch als Figur) ist vollständig angegeben [19].

$[Fe_2C_{20}H_{16}]^{2+}[C_8HCl_2O_2N_2^-]_2$ (Tabelle **6**, Nr. **10**, $C_8HCl_2O_2N_2^-$ = Monoanion von 2,3-Dichlor-5,6-dicyanohydrochinon). Auch an dieser Verbindung wird durch Messungen zwischen 4.2 bis 290 K Diamagnetismus festgestellt [14, 19]. Zur Diskussion der großen Quadrupolaufspaltung des ^{57}Fe-Kernresonanzsignals s. auch [12].

Literatur:

[1] M. D. Rausch (J. Org. Chem. **28** [1963] 3337/41). — [2] I. J. Spilners, J. P. Pellegrini (J. Org. Chem. **30** [1965] 3800/4). — [3] M. R. Churchill, J. Wormald (Inorg. Chem. **8** [1969] 1970/4). — [4] F. L. Hedberg, H. Rosenberg (J. Am. Chem. Soc. **91** [1969] 1258/9). — [5] M. D. Rausch, R. F. Kovar, C. S. Kraihanzel (J. Am. Chem. Soc. **91** [1969] 1259/61).

[6] D. O. Cowan, C. LeVanda (J. Am. Chem. Soc. **94** [1972] 9271/2). — [7] A. Kasahara, T. Izumi, G. Saito, M. Yodono, R. Saito, Y. Goto (Bull. Chem. Soc. Japan **45** [1972] 895/900). — [8] A. Kasahara, T. Izumi, S. Ohnishi (Bull. Chem. Soc. Japan **45** [1972] 951/2). — [9] U. T. Mueller-Westerhoff, P. Eilbracht (J. Am. Chem. Soc. **94** [1972] 9272/4). — [10] D. O. Cowan, C. LeVanda, R. L. Collins, G. A. Candela, U. T. Mueller-Westerhoff, P. Eilbracht (J. Chem. Soc. Chem. Commun. **1973** 329/30).

[11] D. O. Cowan, C. LeVanda, J. Park, F. Kaufman (Accounts Chem. Res. **6** [1973] 1/7). — [12] W. H. Morrison, D. N. Hendrickson (Chem. Phys. Letters **22** [1973] 119/23). — [13] W. H. Morrison, D. N. Hendrickson (J. Chem. Phys. **59** [1973] 380/6). — [14] W. H. Morrison, S. Krogsrud, D. N. Hendrickson (Inorg. Chem. **12** [1973] 1998/2004). — [15] U. T. Mueller-Westerhoff, P. Eilbracht (Tetrahedron Letters **1973** 1855/8).

[16] W. H. Morrison, D. N. Hendrickson (Inorg. Chem. **13** [1974] 2279/80). — [17] Chemical Abstracts, Chemical Substance Index **79** [1973] 712CS. — [18] C. U. Pittman, B. Surynarayanan (J. Am. Chem. Soc. **96** [1974] 7916/9). — [19] W. H. Morrison, D. H. Hendrickson (Inorg. Chem. **14** [1975] 2331/46). — [20] W. L. Jolly (Coord. Chem. Rev. **13** [1974] 47/81, 59/60).

6.2.3 Substitutionsprodukte von Biferrocenylen

Substitution Products of Biferrocenylene

$Fe_2C_{20}H_{15}CH{=}CH_2$-3 entsteht bei der Dehydratisierung des folgenden Alkohols im Gemisch mit Al_2O_3 bei 190°C/0.002 Torr im Vakuumsublimator. Die Ausbeuten schwanken in verschiedenen Ansätzen zwischen 10 und 20%.

^{1}H-NMR-Spektrum ($CDCl_3$): τ=4.72 bis 4.85 (m, H-3,4), 4.97 (q, CH_2, J_{cis}=10 Hz)' 5.31 (q, CH_2, J_{trans}=16 und J_{gem}=2 Hz), 6.42 (m, CH=) und 6.20 bis 6.40 (H-2,5). IR-Spektrum (KBr): 720, 810, 850, 890, 1030, 1040, 1050, 1270, 1630 (ν(C=C), scharf) und 3080 cm^{-1}.

Die Verbindung läßt sich mit Azobisisobutyronitril polymerisieren und ebenfalls radikalisch mit Styrol copolymerisieren.

$Fe_2C_{20}H_{15}CH(OH)CH_3$-3 wird aus dem folgenden Acetyl-Derivat durch Reduktion mit $NaBH_4$ in $CH_2Cl_2/CH_3OH/H_2O$ (10:10:1) bei 22°C/4 h in 78% Ausbeute dargestellt und durch Elementaranalyse und IR-Spektrum (ν(OH) bei 3300 bis 3500 cm^{-1}) charakterisiert. Es ist Ausgangsprodukt für 3-Vinylbiferrocenylen.

$Fe_2C_{20}H_{15}COCH_3$-3. Die Darstellung erfolgt durch Zugabe von $CH_3COCl/AlCl_3$ (1:1 mol) in CH_2Cl_2 zu einer relativ verdünnten Lösung von Biferrocenylen in CH_2Cl_2 bei 0°C während 15 min und weiterer Reaktion bei 22°C/4 h. Das nach üblicher Aufarbeitung durch Hydrolyse erhaltene, in Aceton unlösliche Rohprodukt enthält auch drei Diacetyl-Derivate (16 bis 22% Ausbeute), von denen $Fe_2C_{20}H_{15}COCH_3$-3 durch Hochdruck-Flüssigkeitschromatographie (Isooctan/$CHCl_3$-3:7 bis reines $CHCl_3$) getrennt wird, 8 bis 10% Ausbeute neben 35 bis 45% Ausgangsmaterial. Unter etwas anderen Reaktionsbedingungen, vor allem langer Reaktionszeit (24 h), erhält man nur Diacetylbiferrocenylene (vier Isomere), die sich nicht trennen lassen.

^{1}H-NMR-Spektrum ($CDCl_3$): τ=4.5 (m, H-3,4), 6.02 (m, H-2,5), 7.62 (s, CH_3). IR-Spektrum (KBr): 810, 850, 1030, 1050, 1270, 1300, 1360, 1410, 1450, 1670 (CO-Bande), 2940 und 3080 cm^{-1}.

Zur Reduktion s. den vorstehenden Alkohol.

$Fe_2C_{20}H_{14}(COCH_3)_2$. Zur Darstellung von vier nicht näher beschriebenen Isomeren s. vorstehende Verbindung.

Literatur:

C. U. Pittman, B. Suranarayanan (J. Am. Chem. Soc. **96** [1974] 7916/9).

6.3 Verbindungen mit organischen Brückengruppen

Compounds with Organic Bridging Groups

Der folgende Abschnitt umfaßt organische Verbindungen, die zwei Ferrocenkerne an sehr verschiedenartigen Orten einer organischen Molekel enthalten können. Da der Umfang des gegenwärtig vorliegenden Materials zu einzelnen Klassen organischer Verbindungen sehr unterschiedlich ist, schien es nicht angebracht, dieses Material in der gebräuchlichen Weise der organischen Chemie zu gliedern. Es wurde daher eine mehr formale Einteilung gewählt, nach der sich die Verbindungen besser in Gruppen zusammenfassen lassen und bestimmte Substanzen auch leicht aufzufinden sind:

Erstes Einteilungsprinzip ist die Anzahl der Atome in der kürzesten Verbindung („Brücke") zwischen den beiden Ferrocenkernen, wobei die Brücke selbst nur aus C-Atomen bestehen kann (Formel I, Beispiele a bis h, s. 6.3.1) oder auch andere Atome („Heteroatome") enthalten kann (Formel II, Beispiele i bis k, s. 6.3.2). Nicht sehr häufige Substanzen mit zweifachen Brücken vom Typ III oder IV erscheinen am Ende der genannten Kapitel.

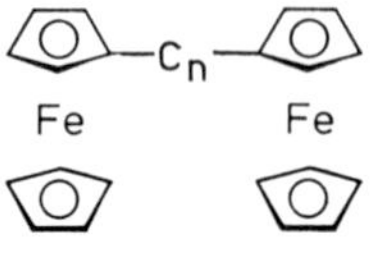

C_n Fe Fe (I) | $(C,X)_n$ Fe Fe (II) | C_n Fe Fe C_n (III) | $(C,X)_n$ Fe Fe $(C,X)_n$ (IV)

I 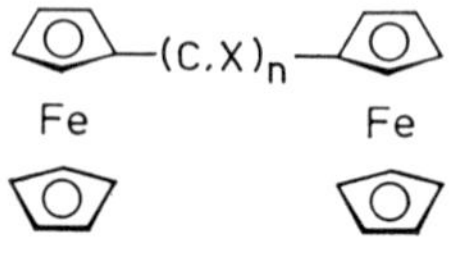 II 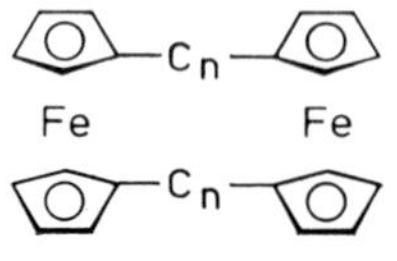 III 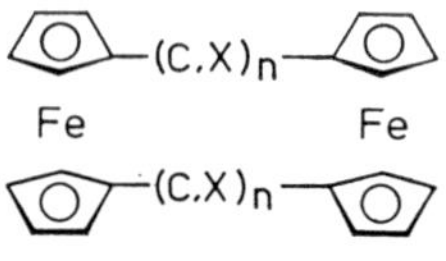 IV

Die weitere Gliederung der Unterabschnitte, z. B. nach gesättigten oder ungesättigten Kohlenwasserstoff-Brücken, nach der Art der Substituenten oder funktionellen Gruppen an den Brückenatomen, ist nicht einheitlich und muß dem Umfang des Materials angepaßt werden. Verbindungen mit Substituenten in den Ferrocenyl-Gruppen („Kern-substituiert") werden in geeigneter Weise bei den Stammsubstanzen eingeordnet. Wenn notwendig, werden in den Unterabschnitten weitere Erläuterungen gegeben.

Beispiele:

a) fc-CH(CH_3)-fc — C_1-Brücke, Brücken-substituiert

b)  fc–C(fc) (Norbornadien) — C_1-Brücke, zweifach Brücken-substituiert

c) 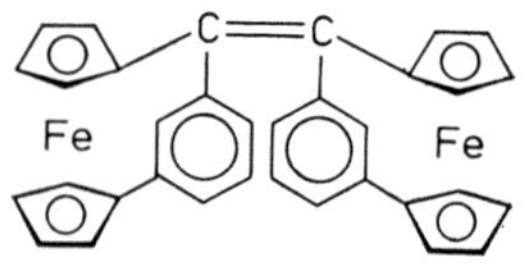 C=C, Fe, Fe — C_2-Brücke, Brücken- und Kern-substituiert, Stammverbindung ist fc-CH=CH-fc

d) fc-CH=CH-CO-fc — C_3-Brücke mit funktionellen Gruppen

e) 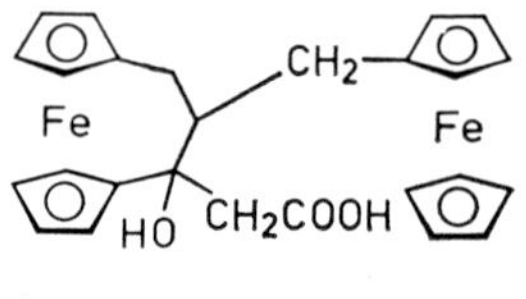 CH_2, Fe, Fe, HO, CH_2COOH — C_3-Brücke, Brücken- und Kern-substituiert

f) 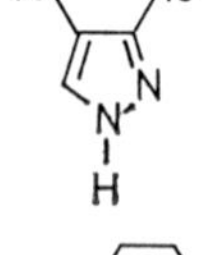 fc, fc, N, N–H — C_2-Brücke, Brücken-substituiert

g)  fc–C_6H_4–fc — C_4-Brücke

h) 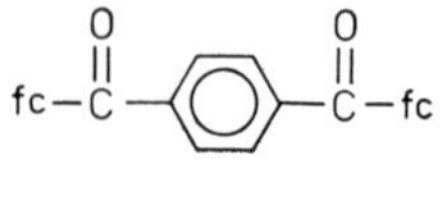 fc–C(=O)–C_6H_4–C(=O)–fc — C_6-Brücke

i) 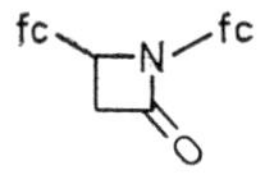 (structure: fc–N-substituted β-lactam, fc) (C,X)$_2$-Brücke, Brücken-substituiert

j) fc-CH$_2$-O-CH$_2$-fc (C,X)$_3$-Brücke

k) 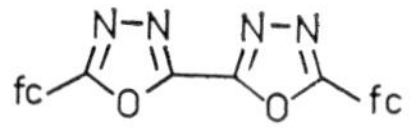 (structure: fc–oxadiazolyl–oxadiazolyl–fc) (C,X)$_6$-Brücke, Brücken-substituiert

Bei diesem Einteilungsprinzip, das in erster Linie den Abstand der beiden Ferrocenkerne in der organischen Molekel berücksichtigt, müssen in einigen Fällen enger verwandte Verbindungstypen in verschiedenen Abschnitten behandelt werden, was aber angesichts der sonst gewonnenen Übersichtlichkeit in Kauf genommen und durch Hinweise ergänzt werden kann.

Spiroverbindungen (Formel V) werden entsprechend Beispiel (e) als Substanzen mit einfachen Brücken, Brücken- und Kern-substituiert, aufgefaßt, vgl. 6.3.1.3.2. Verbindungen mit mehrfachen Brücken vom Typ VI treten in diesem Abschnitt nicht auf. Wenige Beispiele dafür sind nur bei Verbindungen mit heteroatomaren Brücken, vgl. 6.4.7, bekannt.

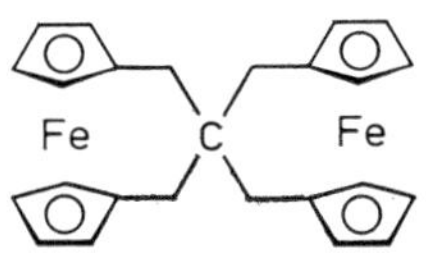

Fe C Fe Fe C_n C_m Fe

V 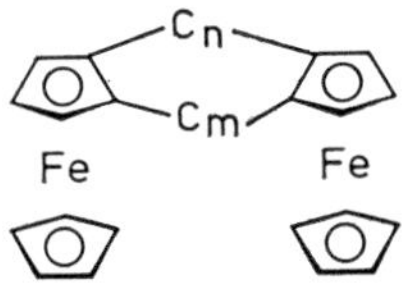 VI

6.3.1 Verbindungen mit Kohlenstoff-Brücken

Compounds with Carbon Bridges

6.3.1.1 Brücken aus einem C-Atom

Bridges Comprising One C Atom

Dieses Kapitel behandelt fast 100 Verbindungen von sehr verschiedenartigem Typ, die sich formal auf Diferrocenylmethan, fc-CH$_2$-fc, zurückführen lassen. Daher wurde folgende weitere Unterteilung getroffen: Diferrocenylmethan (6.3.1.1.1) und seine nur in den fc-Kernen substituierten Derivate (6.3.1.1.2); anschließend Verbindungen mit Substituenten an der C$_1$-Brücke (6.3.1.1.3), wobei zwischen reinen Kohlenwasserstoffen-Substituenten (6.3.1.1.3.1) und funktionellen Substituenten (6.3.1.1.3.2) unterschieden wird; es folgen Verbindungen, die gleichzeitig in den Kernen und am Brückenatom substituiert sind (6.3.1.1.4) sowie Salze der Carbonium-Ionen $[fc_2CR]^+$ (6.3.1.1.5). Dadurch ist der Umfang der Unterabschnitte begrenzt und übersehbar, so daß Substanzen mit bestimmten organischen Funktionen leicht aufgefunden werden können.

Weitere Stammverbindungen, die neben fc-CH$_2$-fc in stärkerem Maße untersucht wurden, sind Diferrocenylmethylalkohol („Diferrocenylcarbinol"), fc$_2$CHOH, und Diferrocenylketon, fc$_2$CO, s. 6.3.1.1.3.2.

6.3.1.1.1 Diferrocenylmethan, fc-CH$_2$-fc

Diferrocenylmethane

Zur Darstellung wird Ferrocen mit Paraformaldehyd in konzentriertem H_2SO_4 bei Zimmertemperatur während 3 h umgesetzt; nach Verdünnen des blauen Gemisches mit Wasser reduziert man die Ferroceniumsalze mit $TiCl_3$ und gewinnt aus dem hellgelben Niederschlag fc-CH$_2$-fc durch Chromatographie an Al_2O_3 mit 58% Ausbeute. Unter gleichen Bedingungen lassen sich fc-H und fc-CH$_2$OH in konzentriertem H_2SO_4 zu fc-CH$_2$-fc mit 29% Ausbeute umsetzen, Nebenprodukt ist mit 9% Ausbeute fc-CH$_2$OCH$_2$-fc [4]. Bei der Reduktion von fc-CO-fc mit $LiAlH_4/AlCl_3$ entsteht die Verbindung mit 83% Ausbeute [1]; das Keton kann auch in heißem, absolutem C_2H_5OH mit Natrium reduziert werden, 40% Ausbeute, bezogen auf das umgesetzte Keton [3]. Die Verbindung kann ferner durch katalytische Hydrierung von fc-CH(OH)-fc an Pd/C in C_2H_5OH mit 30% Ausbeute gewonnen werden [3].

Diferrocenylmethan bildet sich in geringen Mengen bei der Reaktion von fc-H mit wäßrigem HCHO und konzentrierter Salzsäure unter Rückfluß [16], bei der Darstellung von Polymeren durch Polykondensation von fc-H mit HCHO in Gegenwart von $ZnCl_2$ bei etwa 170°C [12] oder von fc-H mit fc-$CH_2N(CH_3)_2$ unter ähnlichen Bedingungen [11]. Die Verbindung befindet sich unter einer größeren Anzahl von Produkten, die bei der Reaktion von fc-H mit $AlCl_3$ in CH_2Cl_2 bei Zimmertemperatur erhalten werden [14] oder durch Polyrekombination von fc-H in Gegenwart von t-Butylperoxid entstehen, hier wahrscheinlich über intermediäres fc-CH_3 und fc-$CH_2^{\cdot}$ [13]. fc-CH_2-fc wird bei der thermischen Disproportionierung von fc-CH(OH)-fc in der Ionenquelle eines Massenspektrometers zusammen mit fc-CO-fc beobachtet [9].

Bei chromatographischen Trennungen wird fc-CH_2-fc von Al_2O_3 schon mit Ligroin nach fc-H eluiert [4, 11, 16]; nach [16] kann dabei aber Oxidation zu fc-CO-fc eintreten. Mit Benzol wandert die Verbindung rasch als gelbe Bande und läßt sich glatt von fc-CO-fc trennen [3]. R_f-Werte der Dünnschichtchromatographie an SiO_2 für C_6H_6 und Mischungen von C_6H_6/C_2H_5OH als Entwickler sind bei [2] angegeben. Geeignete Lösungsmittel zum Umkristallisieren sind Ligroin [4], Äthanol [3] oder Isopropanol [11].

Die bei [1] isolierte Substanz mit einem Schmelzpunkt von 124 bis 125°C war offenbar nicht rein, denn später werden höhere Schmelzpunkte angegeben: 142 bis 149°C [3], 144 bis 146°C [4, 14] und 147 bis 149°C [11]. Nach Röntgenbeugungsdiagrammen kristallisiert die Verbindung, nachdem sie auf 160°C erhitzt wurde, in einer anderen Modifikation, die auch gelegentlich beim Umkristallisieren aus Isopropanol zusammen mit der stabilen Form anfällt. Eine dritte Modifikation kristallisiert aus Hexan. Einige Gitterebenenabstände der drei Formen, die den gleichen Schmelzpunkt haben, sind bei [11] angegeben.

^{1}H-NMR-Spektrum ($CDCl_3$): $\tau = 5.92$ und 5.95 (s's, C_5H_5 bzw. C_5H_4), 6.60 (s, CH_2) [15]; um etwa 0.1 höhere τ-Werte s. bei [11].

^{13}C-NMR-Spektrum ($CHCl_3$, δ-Werte gegen Tetramethylsilan): $\delta = 30.0$ (CH_2), 67.3, 68.5, 88.5 (C-Atome in C_5H_4 in 3-, 2- bzw. 1-Stellung) und 68.6 (C-Atome in C_5H_5) ppm [22].

Im IR-Spektrum liegen die typischen Banden für monosubstituierte Ferrocenkerne bei 1002 und 1104 cm^{-1} [17]. Das UV-Spektrum (C_2H_5OH) zeigt Banden bei λ_{max} (lg ε) = 258 (3.94, Schulter) und 322 (3.41) nm [18]; eine fc-Bande (über 400 nm) ist nicht angegeben.

Die beiden fc-Kerne werden elektrochemisch bei verschiedenen Potentialen oxidiert. Polarographisch ermittelte Werte (rotierende Pt-Elektrode gegen SCE) für Lösungen in 90%igem wäßrigem C_2H_5OH sind $E_{1/2} = 0.30$ und 0.40 V (0.34 V für Ferrocen) [19]. In CH_3CN-Lösungen liegen die Oxidationsstufen bei $E_{1/2} = 0.39$ und 0.56 V und sind nur durch differentiale Puls-Polarographie gut aufzulösen [21]. Durch potentiometrische Titration mit $Cr_2O_7^{2-}$ in $CH_3COOH/HClO_4$ erhält man als formale Oxidationspotentiale $E_0' = -0.189$ und $E_0'' = -0.308$ V [5, 8], s. auch [10]; für Lösungen in CH_3COOH/H_2O/Aceton wird bei [6] nur ein mittlerer Wert angegeben. Ein Vergleich mit dem E_0-Wert von fc-CH_3 (−0.198 V) zeigt, daß der Donoreffekt eines fc-Kernes fast nicht über die CH_2-Gruppe hinweg auf den anderen fc-Kern übertragen wird [8]. Zur Berechnung des induktiven Parameters aus den Potentialen s. [10]. Mit Hilfe der eindeutig ablaufenden potentiometrischen Titration läßt sich das Molekulargewicht bestimmen [7].

In $BF_3 \cdot H_2O$ tritt Protonierung beider fc-Kerne ein. Das ^{1}H-NMR-Spektrum des Produktes zeigt ein stark zu niederem Feld verschobenes Signal der Ringprotonen bei $\tau = 4.62$, breit mit einer Schulter bei etwa 4.53, das etwa unveränderte CH_2-Singulett bei 6.70 und ein Signal der Fe-H bei 11.79 (zwei Protonen). Das Produkt in der Lösung oxidiert sich langsam auch bei völliger Abwesenheit von Sauerstoff [20], vgl. auch [1.1]-Ferrocenophan in 6.3.1.8.

Durch Oxidation mit H_2SO_4 kann man ein Salz darstellen, s. die folgende Verbindung. Oxidation mit MnO_2 führt zu fc-CO-fc, s. dort in 6.3.1.1.3.2. Zur Acetylierung vgl. die Kern-substituierten Derivate im folgenden Abschnitt.

[fc-CH$_2$-fc][PF$_6$]$_2$ wird als blauer Niederschlag bei Zugabe von fc-CH$_2$-fc zu konzentrierter H_2SO_4 (15 min bei Zimmertemperatur) und anschließendem Verdünnen mit H_2O und wäßrigem NH_4PF_6 erhalten und nach Vakuumtrocknung über P_2O_5 durch C-, H-Elementaranalyse charakterisiert.

Die molaren paramagnetischen Suszeptibilitätswerte werden bei verschiedenen Temperaturen gemessen; der Verlauf der entsprechenden μ_{eff} im Bereich von 10 bis 300 K ist als Figur wiedergegeben. Das magnetische Verhalten entspricht dem von [fc-H]J_3 und gibt damit keinen Hinweis auf eine intramolekulare Wechselwirkung zwischen den beiden paramagnetischen Fe^{III}-Zentren der Molekel [21].

Literatur:

[1] K. L. Rinehart, A. F. Ellis, C. J. Michejda, P. A. Kittle (J. Am. Chem. Soc. **82** [1960] 4112/3). — [2] K. Schlögl, H. Pelousek, A. Mohar (Monatsh. Chem. **92** [1961] 533/41). — [3] K. Schlögl, A. Mohar (Monatsh. Chem. **92** [1961] 219/35). — [4] P. L. Pauson, W. E. Watts (J. Chem. Soc. **1962** 3880/6). — [5] E. G. Perevalova, S. P. Gubin, S. A. Smirnova, A. N. Nesmeyanov (Dokl. Akad. Nauk SSSR **147** [1962] 384/7; Proc. Acad. Sci. USSR Chem. Sect. **142/147** [1962] 994/7).

[6] K. Schlögl, M. Peterlik (Monatsh. Chem. **93** [1962] 1328/42). — [7] M. Peterlik, K. Schlögl (Z. Anal. Chem. **195** [1963] 113/7). — [8] S. P. Gubin, K. I. Grandberg nach A. N. Nesmeyanov, E. G. Perevalova (Ann. N.Y. Acad. Sci. **125** [1965] 67/88). — [9] H. Egger (Monatsh. Chem. **97** [1966] 602/18). — [10] A. N. Nesmeyanov, E. G. Perevalova, S. P. Gubin, K. I. Grandberg, A. G. Kozlovsky (Tetrahedron Letters **1966** 2381/7).

[11] E. Neuse, K. Koda (Bull. Chem. Soc. Japan **39** [1966] 1502/7). — [12] E. W. Neuse, E. Quo (Bull. Chem. Soc. Japan **39** [1966] 1508/14). — [13] H. Rosenberg, E. W. Neuse (J. Organometal. Chem. **6** [1966] 76/85). — [14] E. W. Neuse (J. Org. Chem. **33** [1968] 3312/6). — [15] T. H. Barr, H. L. Lentzer, W. E. Watts (Tetrahedron **25** [1969] 6001/13).

[16] A. N. Nesmeyanov, L. P. Yur'eva, O. T. Nikitin (Izv. Akad. Nauk SSSR Ser. Khim. **1969** 1096/100; Bull. Acad. Sci. USSR Div. Chem. Sci. **1969** 1000/3). — [17] A. Perjéssy, S. Toma (Chem. Zvesti **23** [1969] 533/9). — [18] S. Toma, E. Kaluzayova (Chem. Zvesti **23** [1969] 540/52). — [19] J. E. Gorton, H. L. Lentzner, W. E. Watts (Tetrahedron **27** [1971] 4353/60). — [20] T. E. Bitterwolf, A. C. Ling (J. Organometal. Chem. **57** [1973] C15/C18).

[21] W. H. Morrison, S. Krogsrud, D.-N. Hendrickson (Inorg. Chem. **12** [1973] 1998/2004). — [22] A. N. Nesmeyanov, P. V. Petrovskii, L. A. Federov, V. I. Robas, E. I. Fedin (Zh. Strukt. Khim. **14** [1973] 49/75; J. Struct. Chem. [USSR] **14** [1973] 42/9).

6.3.1.1.2 Kern-substituierte Derivate von fc-CH$_2$-fc

Ring Substituted Derivatives of fc-CH$_2$-fc

Die Substitutionsprodukte der Formel $C_{21}H_{20-n}Fe_2R_n$ mit n = 1 und 2 sind in Tabelle 7 zusammengestellt. Zur Angabe der Substituentenstellung dient die bei Biferrocen in 6.1.3, S. 13, eingeführte Bezeichnung der Ringe und Ring-C-Atome. Formeln VII und VIII sollen die Substitution in den Alkoholen Nr. 10 und 11 bzw. im Keton Nr. 12 verdeutlichen.

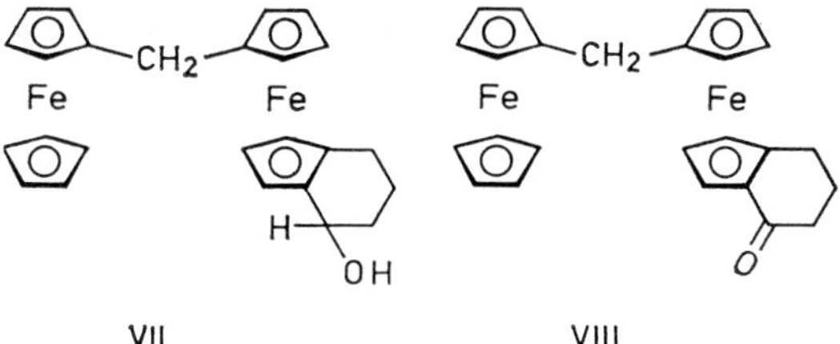

VII VIII

Die Darstellung der Verbindungen wird entweder in der Tabelle angedeutet oder unter weiteren Angaben beschrieben. Die UV-Spektren in Tabelle 7 sind in C_2H_5OH gemessen; Extinktionen als lg ε.

Tabelle 7. Kern-substituierte Derivate von fc-CH_2-fc, $C_{21}H_{20-n}Fe_2R_n$.
Für laufende Nummern mit Sternchen folgen am Ende der Tabelle weitere Angaben.
Zu Abkürzungen und Dimensionen s. S. 1.

Nr.	Substituenten R und Position	Schmelzpunkt	Weitere Bemerkungen, Spektren (s. Text)	Lit.
*1	CH_3-2	—	alle drei Isomeren entstehen in etwa gleichen Mengen bei der Reaktion von fc-CH_3 mit $C_6H_5CH{=}NC_6H_5$ (offenbar in einer Radikalreaktion). Bedingungen und weitere Daten sind nicht mitgeteilt	[5]
2	CH_3-3	—		
3	CH_3-1′	—		
*4	$COCH_3$-2	105 bis 108	IR: 1004, 1105 UV: 227 (4.40), 266 (3.98), 377 (3.24)	[2, 3]
*5	$(COCH_3)_2$-2,2″	240 (Zersetzung)	IR: 1003, 1104 UV: 223 (4.62), 2.66 (4.28), 325 (3.59)	[2, 3]
*6	$(COCH_3)_2$-1′,1‴	113 bis 116	IR: 1025, 1116 UV: 226 (4.73), 268 (4.31), 330 (3.64)	[2, 3]
7	COOH-1′	—	wird nur als Reaktionsprodukt von fc-CO-$C_5H_4FeC_5H_4COOH$ erwähnt	[4]
*8	$(CH_2)_3COOCH_3$-1′	31 bis 32	Oxidation mit MnO_2 liefert fc-CO-$C_5H_4FeC_5H_4(CH_2)_3COOCH_3$	[4]
*9	$CO(CH_2)_2COOCH_3$-1′	50 bis 51	—	[4]
10	$(CH_2)_3CH(OH)$-1′,2′ (endo, Formel VII)	70 bis 71	wird zusammen mit dem exo-Alkohol Nr. 11 durch Reduktion des Ketons Nr. 12 mit KBH_4 dargestellt	[4]
11	$(CH_2)_3CH(OH)$-1′,2′ (exo, Formel VII)	81 bis 82	s. Nr. 10	[4]
*12	$(CH_2)_3CO$-1′,2′ (Formel VIII)	87 bis 88	Darstellung durch Cyclisierung der Säure fc-CH_2-$C_5H_4FeC_5H_4(CH_2)_3COOH$ mit Polyphosphorsäure oder $(CF_3CO)_2O$	[4]

* Weitere Angaben:

$C_{21}H_{19}Fe_2CH_3$-2 (Tabelle **7**, Nr. **1**) bildet sich auch bei der katalytischen Reduktion von fc-CHO zu fc-CH_3 mit einem aus $NiCl_2$/Zn erhaltenen Ni-Katalysator in siedendem Wasser. — Die angegebene Formel wird der gelben, kristallinen Substanz auf Grund des ^{1}H-NMR-Spektrums (Daten nicht mitgeteilt) zugeordnet [1].

$C_{21}H_{19}Fe_2COCH_3$-2 (Tabelle **7**, Nr. **4**) und **$C_{21}H_{18}Fe_2(COCH_3)_2$** (Tabelle **7**, Nr. **5** und **6**) werden durch Acetylierung von fc-CH_2-fc in Benzol mit einem Überschuß Acetanhydrid in Gegenwart von 85%igem H_3PO_4 bei Zimmertemperatur (2 h) und unter mäßigem Rückfluß dargestellt; der Umsatz beträgt aber nur 20%. Bei der Trennung durch Chromatographie an Al_2O_3 werden die drei Substanzen mit Benzol in der Reihenfolge Nr. 4/Nr. 5/Nr. 6 mit Ausbeuten von 7.0, 3.0 bzw. 6.4% eluiert [3]. Eine IR-Bande von Nr. 6 bei 1116 cm^{-1} wird als symmetrische C-C-Schwingung des Systems C-CO-CH_3, die auch bei fc-$COCH_3$ auftritt, gedeutet [2].

$C_{21}H_{19}Fe_2(CH_2)_3COOCH_3$-1′ (Tabelle **7**, Nr. **8**) und **$C_{21}H_{19}Fe_2CO(CH_2)_2COOCH_3$-1′** (Tabelle **7**, Nr. **9**) entstehen mit 40 bzw. 50% Ausbeute bei der Reduktion von fc-CO-C_5H_4Fe-$C_5H_4CO(CH_2)_2COOCH_3$-1′ mit $(C_6H_5)_3SnH/CH_3COCl$ (4:8 mol pro mol Keton). Trennung durch Chromatographie [4].

$C_{21}H_{18}Fe_2(CH_2)_3CO$-1′,2′ (Tabelle **7**, Nr. **12**, s. Formel VIII). Chemische Verschiebungen im ^{1}H-NMR-Spektrum liegen bei $\tau = 5.24$ (t, C_5H_3), 5.60 und 5.63 (2H von C_5H_3), 5.92 bis 5.97 (C_5H_4 und C_5H_5). — MnO_2 oxidiert zu dem entsprechend substituierten Diferrocenylketon [4].

Literatur:

[1] K. Sakai, M. Ishige, H. Kono, I. Motoyama, K. Watanabe, K. Hata (Bull. Chem. Soc. Japan **41** [1968] 1902/8). — [2] A. Perjessy, S. Toma (Chem. Zvesti **23** [1969] 533/9). — [3] S. Toma, E. Kaluzayova (Chem. Zvesti **23** [1969] 540/52). — [4] D. Touchard, R. Dabard (Compt. Rend. C **275** [1972] 841/4). — [5] R. Eberhardt, K. Schlögl (Syn. Reactiv. Inorg. Metal-Org. Chem. **4** [1974] 317/23).

6.3.1.1.3 Verbindungen mit Substituenten am Brücken-C-Atom

Compounds with Substituents at the Bridging C Atom

6.3.1.1.3.1 Mit Kohlenwasserstoff-Substituenten

With Hydrocarbon Substituents

Tabelle 8 gibt eine Übersicht über die bekannten Kohlenwasserstoffe mit zwei fc-Kernen am gleichen C-Atom. Zu weiteren, in den fc-Kernen substituierten Verbindungen s. Vorbemerkungen zu 6.3.1.1.4.

Eine bei [8] als $fc_2C(C_6H_5)$-$CH_2C_6H_5$ angesprochene Verbindung existiert nicht, sondern ist tatsächlich fc-$C(C_6H_5)$=$C(C_6H_5)$-fc [17].

Tabelle 8. Verbindungen mit Kohlenwasserstoff-Gruppen am Brücken-C-Atom.
Für laufende Nummern mit Sternchen folgen am Ende der Tabelle weitere Angaben.
Zu Abkürzungen und Dimensionen s. S. 1.

Nr.	Verbindung	Schmelzpunkt	Weitere Bemerkungen, Spektren	Lit.
*1	fc_2CHCH_3	144 bis 146 147 bis 149	^{1}H-NMR ($CDCl_3$): 5.95, 5.99 (2s, C_5H_4 und C_5H_5), 6.50 (q, CH), 8.38 (d, CH_3)	[5, 6, 18]
*2	$fc_2C(CH_3)_2$	127.5 bis 128.5 129 bis 130	orangefarbene Kristalle, ^{1}H-NMR ($CDCl_3$): 5.95 (m, C_5H_4), 6.05 (s, C_5H_5), 8.40 (s, CH_3); IR: 812, 1002, 1107, 1411 (fc); 2842, 2875, 2950, 2970 (CH_3); 3093 (fc); UV (C_2H_5OH): 325 ($\varepsilon = 230$, S), 445 (240)	[18, 19]
*3	fc_2C=CH_2	161.4 bis 162 162 bis 164	IR(KBr): ν(C=C) bei 1600 UV: 252 ($\varepsilon = 18700$)	[5, 22, 23]
*4	$fc_2CHC_6H_5$	123 bis 124 133 bis 135	IR: 1106, 1492, 1586, 1670	[2, 7, 16]
*5	fc_2C=CHC_6H_5	—	s. weitere Angaben	[15]
*6	Cyclopentyl-fc_2CH (Formel: Cyclopentanring an fc_2CH)	130 bis 131.5	s. weitere Angaben	[13, 16]

Tabelle 8 [Fortsetzung].

Nr.	Verbindung	Schmelzpunkt	Weitere Bemerkungen, Spektren	Lit.
*7	Cyclopentan-1,1-diyl mit fc, fc	168 bis 169	orangefarbene Substanz, ^1H-NMR ($CDCl_3$): 5.85 bis 6.12 (fc), 7.6 bis 8.3 (komplexes Signal von C_5H_8)	[11, 12]
*8	Cyclopentadienyl–fc_2CH	110 bis 111.5	fällt als gelbes Öl an, das bei Zugabe von Hexan kristallisiert; zersetzt sich beim Versuch der Umkristallisation	[16]
9	Cyclopentadienyl–$fc_2C-C_6H_5$	166 bis 168	Darstellung aus $fc_2C(C_6H_5)Cl \cdot HCl$ wie bei Nr. 8 mit 73% Ausbeute; Fällung aus C_6H_6 mit CH_3OH	[16]
*10	Cyclopentadienyliden=fc_2C	68 bis 83 (Zers.)	violettrote Verbindung; instabil in Lösung; nicht ganz rein isoliert, da Zersetzung an Al_2O_3 oder beim Umkristallisieren aus Hexan	[13]

* Weitere Angaben:

fc_2CHCH_3 (Tabelle **8**, Nr. **1**). Ein bei der Reaktion von fc-H mit $ClCH_2CH_2Cl$ in Gegenwart von $AlCl_3$ erhaltenes Produkt wird anfangs als „Diferrocenyläthan" [1] und später genauer als fc-CH_2CH_2-fc [3, 4] bezeichnet, ist jedoch tatsächlich 1,1'-Diferrocenyläthan, fc_2CHCH_3, wie bei [5] durch folgende eindeutige Synthese erwiesen wird: fc-CO-fc(+CH_3MgJ)→$fc_2C(CH_3)OH$-(−H_2O)→$fc_2C{=}CH_2$(+H_2, katalytisch)→fc_2CHCH_3, vgl. Verbindung Nr. 3. Die treibende Kraft für die Bildung des 1,1'-substituierten Äthans ist wahrscheinlich die große Stabilität des α-Ferrocenyl-methyl-carbonium-Ions: fc-CH_2CH_2Cl(+$AlCl_3$) → [fc-$CH_2CH_2^+$]$AlCl_4^-$ → [fc-CH^+CH_3]$AlCl_4^-$ [5]. fc-CH_2CH_2-fc entsteht bei der genannten Friedel-Crafts-Reaktion ebenfalls, aber nur in geringer Menge [6]. Bei der Chromatographie an Al_2O_3 wird fc_2CHCH_3 mit n-Heptan/Benzol vor dem isomeren fc-CH_2CH_2-fc (vgl. 6.3.1.2.1) eluiert [6].

Im ^1H-NMR-Spektrum unterscheiden sich die chemischen Verschiebungen der C_5H_4-Protonen in 2- und 3-Stellung nur wenig [18]. Weitere, um etwa 0.1 höhere τ-Werte sind für Lösungen in CS_2 bei [10] angegeben; s. auch [6, 9].

$fc_2C(CH_3)_2$ (Tabelle **8**, Nr. **2**), 2,2'-Diferrocenylpropan, entsteht aus fc-H in CH_3COCH_3 beim Einleiten von BF_3; nach Entfernung des Lösungsmittels, Behandlung des Rückstandes mit H_2O und Chromatographie des in Petroläther löslichen Produktes an Al_2O_3 wird die Verbindung mit 9% Ausbeute neben 4% fc-$C(CH_3)_2CH_2COCH_3$ und etwa 70% zurückgewonnenem fc-H isoliert. Bildet sich auch aus fc-H und $CH_3COCH_2COCH_3$ beim Erhitzen in Gegenwart von konzentrierter Salzsäure [19]. Eine andere Synthese geht von 6-Ferrocenyl-6'-methylfulven aus, das man mit CH_3Li in Äther/Tetrahydrofuran in das entsprechende Li-Cyclopentadienid umwandelt und dann mit C_5H_5Na und $FeCl_2$ bei Zimmertemperatur zur Reaktion bringt, 11% Ausbeute [18]. $fc_2C(CH_3)_2$ wird aus Petroläther kristallisiert [18, 19] und läßt sich durch Sublimation bei etwa 180°C/3 Torr weiter reinigen [19].

Im Massenspektrum (als Figur angegeben) tritt das Molekelion $[M]^+$ mit größter Intensität auf, daneben schwach $[M]^{2+}$ und eine große Anzahl an Fragmenten; nach dem Spektrum war die Substanz mit etwa 5% fc-$C(CH_3)_2$-$C(CH_3)_2$-fc verunreinigt [19]. Bei der Polarographie (an Pt in 90%igem wäßrigem C_2H_5OH) werden zwei Oxidationsstufen, jedoch nur unzureichend aufgelöst, beobachtet: $E_{1/2}$ = 0.28 und 0.44 V (SCE) [20].

In CF_3COOH wird die Verbindung nach dem ^1H-NMR-Spektrum der Lösung über ein Protonierungsprodukt I gespalten [21, 24]:

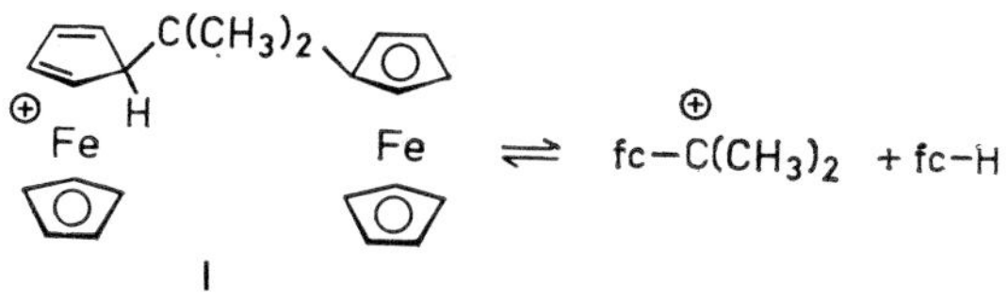

$$\mathbf{I} \rightleftharpoons fc-\overset{\oplus}{C}(CH_3)_2 + fc-H$$

$fc_2C{=}CH_2$ (Tabelle **8**, Nr. **3**) wird aus fc-CO-fc durch Reaktion mit CH_3MgJ und Dehydratisierung des erhaltenen $fc_2C(CH_3)OH$ dargestellt [5, 23]. Wenn das primäre Produkt der Grignard-Reaktion mit verdünnter Salzsäure hydrolysiert wird, entsteht sofort $fc_2C{=}CH_2$ mit 65% Ausbeute. Die Dehydratisierung von $fc_2C(CH_3)OH$ durch Erhitzen in Benzollösung mit Al_2O_3 gibt 81% Ausbeute an $fc_2C{=}CH_2$. Kristallisation aus Petroläther [23].

Im IR-Spektrum ist die C=C-Valenzschwingung gegenüber $(C_6H_5)_2C{=}CH_2$ um 40 cm^{-1} zu niederen Frequenzen verschoben [22].

Das Massenspektrum zeigt das Molekelion $[M]^+$ sowie die Fragmente $[M-fc]^+$ und $[fc-H]^+$ [23]. Die Bedingungen der Hydrierung zu fc_2CHCH_3 sind bei [5] nicht genannt.

$fc_2CHC_6H_5$ (Tabelle **8**, Nr. **4**). Darstellung mit 87% Ausbeute aus $fc_2C(C_6H_5)OH$ in C_2H_5OH mit Zn-Staub (und etwas $TiCl_3$) unter langsamer Zugabe von 0.1 N Salzsäure bei Rückflußtemperatur (3 h) [7]. Entsteht auch mit guter Ausbeute bei der Spaltung von $fc_2C(C_6H_5)COC_6H_5$ (vgl. 6.3.1.1.3.2) mit alkoholischem NaOH (5%ig) bei 100°C/24 h; die Benzoyl-Gruppe wird als Benzoesäure isoliert [2]. Bei der Umsetzung von $fc_2CHCl \cdot HCl$ mit C_6H_5Li in Äther bei Zimmertemperatur erhält man $fc_2CHC_6H_5$ mit etwa 8% Ausbeute [16]. Die Verbindung wird bei der Chromatographie an Al_2O_3 mit Petroläther/Benzol eluiert [7]; Kristallisation aus Hexan [16] oder Ligroin [7].

$fc_2C{=}CHC_6H_5$ (Tabelle **8**, Nr. **5**) wird zusammen mit $fc_2C{=}C(C_6H_5)$-fc bei der Reaktion von $fc_2C(C_6H_5)Cl \cdot HCl$ mit Diazomethan gebildet; das Substanzgemisch läßt sich aber nicht trennen. Bei der Oxidation mit $KMnO_4$ werden fc-CO-fc und C_6H_5COOH (8% bzw. 9% Ausbeute) erhalten, was als ausreichender Nachweis für die Bildung von $fc_2C{=}CHC_6H_5$ angesehen wird [15].

$fc_2CHC_5H_9$ (Tabelle **8**, Nr. **6**). Ausgangsprodukt für die Darstellung ist das Fulven-Derivat Nr. 10, das an Raney-Nickel in siedendem Benzol während 5 h katalytisch hydriert wird (91% Ausbeute) [16] oder mit Raney-Nickel in Äthanol/Äther unter Rückfluß (5 h) reduziert wird (20% Ausbeute) [13]. Wird von Al_2O_3 mit Petroläther eluiert und aus Methanol umkristallisiert [13].

$fc_2C_5H_8$ (Tabelle **8**, Nr. **7**) wird bei der Reaktion von Ferrocen mit $ZnCl_2$ in Gegenwart von wenig H_2O bei 180°C (Schmelze) in ganz geringer Menge gebildet und aus den Hexan-Extrakten des Reaktionsproduktes durch Chromatographie an Al_2O_3 isoliert [11]. Die Ursache für die Bildung des Cyclopentanringes liegt wahrscheinlich in der Spaltung von fc-H unter dem Einfluß der Lewis-Base; die Substanz tritt daher auch bei der Polykondensation von fc-H mit p-$ClCOC_6H_4COCl$ in Sulfolan in Gegenwart von $ZnCl_2$ auf [12]. Wird aus Hexan [12] oder Äthanol [11] umkristallisiert.

Das IR-Spektrum (KBr) zeigt neben den typischen Banden von fc auch C-H-Banden des cycloaliphatischen Ringes bei 1449, 2874 und 2950 cm^{-1} [11].

$fc_2CHC_5H_5$ (Tabelle **8**, Nr. **8**) erhält man mit 50% Ausbeute bei der Umsetzung von $fc_2CHCl \cdot HCl$ mit einer Tetrahydrofuranlösung von C_5H_5Na bei −60 bis −70°C und üblicher Aufarbeitung durch Hydrolyse und Dünnschichtchromatographie an Al_2O_3 mit Benzol/Petroläther [16]. Zur Oxidation s. Verbindung Nr. 10.

$fc_2C{=}CC_4H_4$ (Tabelle **8**, Nr. **10**) bildet sich bei der Zersetzung von $fc_3CCl \cdot HCl$ in polaren Lösungsmitteln wie CH_3OH oder CH_2Cl_2, besonders in Gegenwart von verdünnter Salzsäure [13]. Bei der Oxidation von $fc_2CHC_5H_5$ (Nr. 8) mit MnO_2 in siedendem Benzol erhält man das Fulven-Derivat mit 50% Ausbeute, wahrscheinlich über den Alkohol $fc_2C(OH)C_5H_5$, der dehydratisiert wird [16]. Bei der Zersetzung von fc_3COH unter der Einwirkung von Pyridin/p-Toluolsulfonylchlorid in Benzol bei Zimmertemperatur wird $fc_2C{=}CC_4H_4$ mit 53% Ausbeute isoliert [14].

Zur Hydrierung s. Verbindung Nr. 6. Bildet mit $CH_3OOCC{\equiv}CCOOCH_3$ ein Diels-Alder-Addukt, vgl. 6.3.1.1.3.2.

Literatur:

[1] A. N. Nesmeyanov, N. S. Kochetkova (Dokl. Akad. Nauk SSSR **109** [1956] 543/5). — [2] N. Weliky, E. S. Gould (J. Am. Chem. Soc. **79** [1957] 2742/6). — [3] A. N. Nesmeyanov, E. G. Perevalova (Usp. Khim. **27** [1958] 3/56). — [4] A. N. Nesmeyanov, L. A. Kazitsyna, B. V. Lokshin, V. D. Vil'chevskaya (Dokl. Akad. Nauk SSSR **125** [1959] 1037/40; Proc. Acad. Sci. USSR Chem. Sect. **124/129** [1959] 290/3). — [5] K. L. Rinehart, P. A. Kittle, A. F. Ellis (J. Am. Chem. Soc. **82** [1960] 2082/3).

[6] A. N. Nesmeyanov, N. S. Kochetkova, R. B. Materikova (Dokl. Akad. Nauk SSSR **136** [1961] 1096/8; Proc. Acad. Sci. USSR Chem. Sect. **136/141** [1961] 193/5). — [7] P. L. Pauson, W. E. Watts (J. Chem. Soc. **1962** 3880/6). — [8] A. N. Nesmeyanov, I. I. Kritskaya (Izv. Akad. Nauk SSSR Otd. Khim. Nauk **1962** 352/4; Bull. Acad. Sci. USSR Div. Chem. Sci. **1962** 327/8). — [9] Yu. Yu. Samitov, R. M. Aminova (Dokl. Akad. Nauk SSSR **156** [1964] 142/4). — [10] W. E. Watts (J. Am. Chem. Soc. **88** [1966] 855/6).

[11] E. W. Neuse, R. K. Crossland, K. Koda (J. Org. Chem. **31** [1966] 2409/11). — [12] E. W. Neuse, K. Koda (J. Macromol. Chem. **1** [1966] 595/609). — [13] A. N. Nesmeyanov, E. G. Perevalova, L. I. Leont'eva, Yu. A. Ustynyuk (Izv. Akad. Nauk SSSR Ser. Khim. **1966** 556/8; Bull. Acad. Sci. USSR Div. Chem. Sci. **1966** 525/7). — [14] E. G. Perevalova, L. I. Leont'eva, M. D. Reshtova (Izv. Akad. Nauk SSSR Ser. Khim. **1967** 1617/8; Bull. Acad. Sci. USSR Div. Chem. Sci. **1967** 1559/60). — [15] A. N. Nesmeyanov, E. G. Perevalova, L. I. Leont'eva, Yu. A. Ustynyuk (Izv. Akad. Nauk SSSR Ser. Khim. **1967** 681/2; Bull. Acad. Sci. USSR Div. Chem. Sci. **1967** 657/8).

[16] A. N. Nesmeyanov, E. G. Perevalova, L. I. Leont'eva, O. F. Filipov (Izv. Akad. Nauk SSSR Ser. Khim. **1967** 464/6; Bull. Acad. Sci. USSR Div. Chem. Sci. **1967** 457/9). — [17] S. I. Goldberg, M. L. McGregor (J. Org. Chem. **33** [1968] 2568/70). — [18] T. H. Barr, H. L. Lentzner, W. E. Watts (Tetrahedron **25** [1969] 6001/13). — [19] A. N. Nesmeyanov, L. P. Yur'eva, O. T. Nikitin (Izv. Akad. Nauk SSSR Ser. Khim. **1969** 1096/100; Bull. Acad. Sci. USSR Div. Chem. Sci. **1969** 1000/3). — [20] J. E. Gorton, H. L. Lentzner, W. E. Watts (Tetrahedron **27** [1971] 4353/60).

[21] T. D. Turbitt, W. E. Watts (J. Chem. Soc. Chem. Commun. **1972** 947/8). — [22] V. G. Osinpov, M. D. Reshetova, N. N. Silkina, S. A. Yankovskii, E. A. Chernyshev (Zh. Obshch. Khim. **44** [1974] 599/600; J. Gen. Chem. USSR **44** [1974] 572/3). — [23] M. D. Reshetova, S. A. Yankovskii, E. A. Chernyshev (Zh. Obshch. Khim. **44** [1974] 1841/2; J. Gen. Chem. USSR **44** [1974] 1809). — [24] T. D. Turbitt, W. E. Watts (J. Chem. Soc. Perkin Trans. II **1974** 189/95).

Compounds with Functional Group Substituents

6.3.1.1.3.2 Verbindungen mit funktionellen Gruppen an der C-Brücke

Die in Tabelle 9 zusammengefaßten Verbindungen sind nach der Art der funktionellen Gruppen in folgender Reihe geordnet: Halogen, OH, OR, Keton, Carbonsäure und Carbonsäurederivate, Amine und andere N-Funktionen. Weitere Verbindungen vom Typ fc-$C(CH_3)(CH_2CH_2X)$-fc (1-substituierte 3,3-Diferrocenylbutane) sind in jüngster Zeit beschrieben worden, aber nicht mehr in Tabelle 9 aufgenommen worden. Sie enthalten als funktionelle Gruppen X = CH_2OH, COOH, $COOCH_3$, $CONH_2$, $CONHNH_2$, NCO, $NHCOOCH_3$ und $NHCONHC_6H_5$ [51], s. auch [49].

Die Bildungsweisen oder Darstellungsmethoden werden zu einem großen Teil in der Tabelle genannt, andernfalls sind sie unter weiteren Angaben zu finden.

Tabelle 9. Verbindungen mit funktionellen Gruppen an der C-Brücke.
Für laufende Nummern mit Sternchen folgen am Ende der Tabelle weitere Angaben.
Zu Abkürzungen und Dimensionen s. S. 1.

Nr.	Verbindung	Eigenschaften und weitere Bemerkungen	Lit.
1	fc_2CHCl	wird nur im Gemisch mit $[fc_2\overset{+}{C}H]HCl_2^-$ erhalten, s. 6.3.1.1.5	[24]
2	fc_2CCl_2	entsteht neben Polymeren bei der Reaktion von fc-H mit $AlCl_3$ in CCl_4. Schmp.: 209 bis 211. ^1H-NMR: 5.10 (H-2,5,2'',5''), 5.73 (übrige H)	[28]
*3	fc_2CHOH	Rosetten von gelben Nadeln aus Cyclohexan. Schmp.: 176 bis 177, 179 bis 180. UV (Benzol; ε): 352 (3060), 455 (1320)	[10, 21, 45]
4	$fc_2C(CH_3)OH$	Darst. aus fc-CO-fc und einem Überschuß CH_3MgJ (60%). Schmp.: 124 bis 125 (aus Petroläther). IR (CCl_4): ν(OH) bei 3550. — Wird an Al_2O_3 zu $fc_2C{=}CH_2$ dehydratisiert	[47]
5	$fc_2C(C_4H_9\text{-}n)OH$	Darst. aus fc-CO-fc und $n\text{-}C_4H_9Li$ bei −70°C bis Zimmertemperatur (89%). Schmp.: 148 bis 150 (aus Cyclohexan)	[10]
*6	$fc_2C(C_6H_5)OH$	gelb, kristallin. Schmp.: 195 bis 197 (Zers.) mit Erweichen ab 170. IR: 1107 (fc), 1492, 1600 (C_6H_5), 3520 (OH); UV (CH_2Cl_2; ε): 446 (170)	[1, 10, 48]
*7	$fc_2C(C_6H_5)\text{-}CH(C_6H_5)OH$	gelber Festkörper. Schmp.: 78 bis 80. ^1H-NMR ($CDCl_3$): 2.5 bis 3.1 (m, C_6H_5), 4.77 (s, CH-O oder OH), 5.90 (s, C_5H_5), 5.82 bis 6.30 (m, C_5H_4 und CH-O oder OH)	[27]
8	$fc_2CHC_6H_4OH\text{-}p$	Bildung bei der Polykondensation von fc-H mit $HOC_6H_4CHO\text{-}p/ZnCl_2$ bei 135°C/1.3 h; Isolierung aus den cyclohexanlöslichen Produkten, gelbgrüne Kristalle. Schmp.: 182 bis 186	[17]
9	$fc_2CHOC_2H_5$	Darst. aus fc_2CHOH in C_2H_5OH und 2%igem CH_3COOH unter Rückfluß/6 h (43%). Schmp.: 122 bis 128, Sintern ab 115	[5]
10	$fc_2C(C_6H_5)OCH_3$	Darst. aus $fc_2C(C_6H_5)OH$ und CH_3OH unter Rückfluß/7.5 h. Kristallin, Schmp.: 158 (Zers.). IR: 1076 (C-O-C), 1106, 1494, 1554, 2820, 2920	[1]

Literatur s. S. 68

Tabelle 9 [Fortsetzung].

Nr.	Verbindung	Eigenschaften und weitere Bemerkungen	Lit.
11	fc_2HC-(2-Furyl)	Darst. durch Kondensation von fc-H mit Furfurylaldehyd in Gegenwart von $ZnCl_2$ bei 120°C/45 min. Schmp.: 150 bis 152	[17]
*12	$fc_2CHC_6H_4OCH_3$-o	Darst. aus fc-H und $CH_3OC_6H_4CHO$-o wie bei Nr. 8 und 11 und Isolierung aus den in Hexan löslichen Anteilen der Polykondensate (3 bis 9%). Orangefarbene Kristalle, Schmp.: 172 bis 174. ^{1}H-NMR (CCl_4): 3.03 (m, C_6H_5), 4.75 (s, CH), 5.9 bis 6.2 (m, fc und OCH_3)	[17, 19]
*13	fc_2CO	lange rotviolette Nadeln (aus Propanol), orangerote Nadeln (aus Benzol); Schmp.: 204 (Zers.), 211 bis 212. ^{1}H-NMR ($CDCl_3$): 5.00 (t, C_5H_4, H-2,5), 5.48 (t, C_5H_4, H-3,4), 5.80 (C_5H_5) IR: 1008 und 1105, ν(CO) bei 1612 UV (C_2H_5OH; lg ε): 237 (4.46), 275 (4.31), 360 (3.68)	[3, 5, 9, 30, 36]
*14	$fc_2C(CH_3)COCH_3$	hellgelbes Pulver durch Sublimation bei 180/0.02 Torr; Schmp.: 122 bis 123. ^{1}H-NMR ($CDCl_3$): 5.84 bis 6.00 (m, C_5H_4), 5.96 (s, C_5H_5), 7.95 (s, C-CH_3), 8.12 (s, CO-CH_3) IR (CCl_4): ν(CO) bei 1709	[10, 53]
15	$fc_2C(C_2H_5)COC_2H_5$	Schmp.: 110 bis 111.5. — Zur Darstellung s. weitere Angaben zu Nr. 16 (47% Ausbeute)	[16]
*16	$fc_2C(C_3H_7\text{-n})COC_3H_7\text{-n}$	kurze goldene Nadeln (aus CH_3OH/C_6H_6), Schmp.: 108.5 bis 109.5. IR (CCl_4): 995 und 1105 (fc), 1710 (CO) UV: Pinacolon-Absorption bei 270	[16]
17	$fc_2C(C_4H_9\text{-n})COC_4H_9\text{-n}$	Schmp.: 62 bis 64. — Zur Darstellung s. weitere Angaben zu Nr. 16 (42% Ausbeute)	[16]
*18	$fc_2C(C_6H_5)COC_6H_5$	gelbe Nadeln (aus Benzol/Äther), Schmp.: 204 bis 206, 209 bis 211 (unter N_2). ^{1}H-NMR ($CDCl_3$): 2.55 (t, J ≈ 3, ortho-H in C_6H_5CO), 2.7 (m, C_6H_5), 5.80 (t, J ≈ 2, H-2 in C_5H_4), 5.98 (scheinbares s, C_5H_4 und C_5H_5) IR (KBr): 1108 (fc), 1490 und 1600 (C_6H_5), 1680 (CO), 3080	[1, 8, 29, 37, 38, 44]
19	fc_2CHCH_2COOH	Darst. aus fc_2CHOH und $CH_2(COOH)_2$ in Gegenwart von Essigsäure-Essigsäureanhydrid; Charakterisierung nur als Methylester Nr. 20 (60%)	[43]

Literatur s. S. 68

Tabelle 9 [Fortsetzung].

Nr.	Verbindung	Eigenschaften und weitere Bemerkungen	Lit.
20	$fc_2CHCH_2COOCH_3$	Darst. s. Nr. 19. Schmp.: 141 bis 142	[43]
21	$fc_2CHC_6H_4COOH$-p	Darst. aus fc-H und $HOOCC_6H_4CHO$-p/ $ZnCl_2$ bei 165°C, vgl. Nr. 8 und 11. Orangegelbe Kristalle, Schmp.: >300	[17]
22	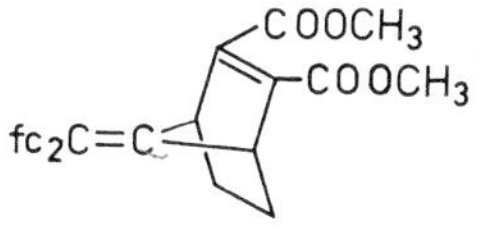 $fc_2C{=}C$ (Bicyclus mit $COOCH_3$, $COOCH_3$)	Darst. aus 6,6'-Diferrocenylfulven (vgl. 6.3.1.1.3.1) und $H_3COOCC{\equiv}CCOOCH_3$ in Benzol bei Zimmertemperatur/4 d (81%). Orangegelbe Kristalle, Schmp.: 189 bis 190 (Zers. ab 183)	[21]
23	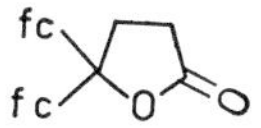 fc, fc (γ-Lacton, O, =O)	Bildung neben dem Hauptprodukt fc-$COCH_2CH_2CO$-fc aus fc-H und $ClCOCH_2CH_2COCl/AlCl_3$ in CH_2Cl_2 unter Rückfluß/2 h. Hellorangefarbene Nadeln (aus $CH_3COOC_2H_5$), Schmp.: 165 bis 165.5 IR (KBr): γ-Lacton-Banden bei 1770 und 1780; UV-Bande bei 445	[12]
24	$fc_2CHN(CH_3)_2$	Darst. aus fc_2CHOH und $(CH_3)_2NH/AlCl_3$ in $ClCH_2CH_2Cl$ (85%). ^{1}H-NMR ($CDCl_3$): 5.42 (CH), 5.85 (fc), 7.87 (CH_3); in Methylcellosolve/H_2O ist pK = 7.76	[39]
25	$fc_2C(C_6H_5)NH_2$	sind nur erwähnt als Produkte der Reaktion	[48]
26	$fc_2C(C_6H_5)N(CH_3)_2$	von $[fc_2\overset{+}{C}C_6H_5]$ mit Aminen in CH_2Cl_2/ H_2O bei 0 bis 25°C	[48]
27	$fc_2C{=}NH$	IR ($CHCl_3$): ν(C=N) bei 1565, ν(NH) bei 3010, im deuterierten Produkt ν(ND) bei 2225. Keine weiteren Angaben über Darstellung und Eigenschaften	[46]
28	$fc_2CHC_6H_4N(CH_3)_2$-p	Darst. aus dem Alkohol Nr. 29 durch Reduktion mit Zn in CH_3COOH und etwas H_2O unter Erhitzen (88%). Schmp.: 167.5 bis 168.5 (kristallisiert aus Heptan)	[18]
29	$fc_2C(OH)C_6H_4N(CH_3)_2$	Darst. aus fc-CO-fc und p-$(CH_3)_2NC_6H_4Li$ in Äther/Benzol (40%); Kristallisation aus Heptan. Schmp.: 190 bis 192 (Zers.)	[18]
30	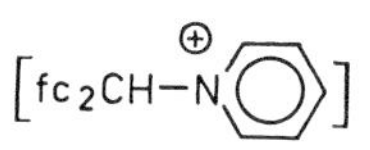 $[fc_2CH{-}\overset{\oplus}{N}C_5H_5]$ $[O_3SC_6H_4CH_3$-p$]$	Darst. aus fc_2CHOH in Tetrahydrofuran mit C_5H_5N und p-$CH_3C_6H_4SO_2Cl$ bei Zimmertemperatur/6 h (53%). Kristallisiert aus Aceton mit 1 mol CH_3COCH_3. Schmp.: 82 bis 84 (Zers.); vgl. auch Nr. 31	[25]
31	fc_2CHCN	Darst. aus $fc_2CHCl \cdot HCl$ und NaCN in absolutem CH_3OH (60%); auch aus Nr. 30 und NaCN in H_2O/Aceton. Schmp.: 167 bis 169 (Zers.). An Al_2O_3 Bldg. von fc_2CO	[25]
32	$fc_2C(C_6H_5)CN$	Darst. wie Nr. 31 aus $fc_2C(C_6H_5)Cl \cdot HCl$ (96%). Schmp.: 191 bis 194 (Zers.)	[25]

 Literatur s. S. 68

* Weitere Angaben:

fc_2CHOH (Tabelle **9**, Nr. **3**) wird zum ersten Mal von [5] aus fc_2CO durch Reduktion mit einem großen Überschuß $LiAlH_4$ in Tetrahydrofuran unter Erhitzen dargestellt, 74% Rohausbeute; zur gleichen Reaktion in Äther mit 70% Ausbeute s. [10]. Weitere Darstellung aus fc-CHO und fc-Li im Überschuß in Äther/Tetrahydrofuran bei Zimmertemperatur, 62% Ausbeute [21]; bei Molverhältnissen fc-CHO/fc-Li = 1 oder 3 erhalten andere Autoren unter ähnlichen Bedingungen nur fc_2CO, was als Oxidation des primären fc_2-CHOLi durch fc-CHO gedeutet wird [34]. fc_2CHOH entsteht mit 10% Ausbeute bei der Reaktion von fc-H mit $HC(OC_2H_5)_3$ (1:4 mol) in $ClCH_2CH_2Cl$ in Gegenwart von 2 mol $AlCl_3$ unter Rückfluß [11] oder aus fc-H im Überschuß und fc-CHO in CH_2Cl_2 in Gegenwart von $AlCl_3$ bei Zimmertemperatur, 58% Ausbeute (bezogen auf umgesetztes fc-CHO) [10]. Zum Umkristallisieren des Alkohols verwendet man Cyclohexan [10], Benzol, Toluol [11, 21] oder Benzol/Äther [5]. Das Verhalten bei der Dünnschichtchromatographie an SiO_2 zur Trennung und Identifizierung ist bei [6] untersucht.

Nach [11] schmilzt die Verbindung bei 175 bis 180°C unter Zersetzung. Charakteristische IR-Banden liegen bei 1000, 1100 (fc) und 3500 (OH) cm^{-1} [11]. Wie verschiedene andere α-Hydroxyalkylferrocene zeigt das Spektrum in C_6H_{12}- und C_6H_6-Lösung nur eine OH-Bande bei 3554 cm^{-1}, in CCl_4-Lösung dagegen zwei Banden bei 3566 und 3612 cm^{-1} (Intensitäten etwa 4:1); die niedere Bande wird durch intramolekulare O-H···Fe-Bindung erklärt, während die höhere der freien OH-Gruppe zuzuordnen ist [32].

Ein Massenspektrum des reinen fc_2CHOH konnte nicht aufgenommen werden, da in der Ionenquelle rasch thermische Disproportionierung in fc_2CH_2 und fc_2CO eintritt [20].

Aus fc_2CHOH wird mit starken Säuren das Carbonium-Ion $[fc_2\overset{+}{C}H]$ gebildet, vgl. 6.3.1.1.5. Die Konstante des Gleichgewichtes $fc_2CHOH + CCl_3COOH \rightleftharpoons [fc_2CH]^+CCl_3COO^- + H_2O$ in Benzollösung bei 25°C beträgt K = 278 ± 23 [40, 45]. Das UV-Spektrum von Benzollösungen, 1 M an CCl_3COOH, zeigt λ_{max} (ε) = 369 (4260) und 510 (2940) nm; in 40%igem wäßrigem H_2SO_4: λ_{max} (ε) = 333 (7300) und 606 (3580) nm [45].

Zum chemischen Verhalten von fc_2CHOH vgl. Bildung und Darstellung von Verbindungen Nr. 9, 13, 19 und 30, ferner fc_2CH_2 (6.3.1.1.1), $fc_2CHCHfc_2$ (7.2.2.2.1) und fc-CH_2OCH_2-fc (6.3.2.2.1).

$fc_2C(C_6H_5)OH$ (Tabelle **9**, Nr. **6**) wird aus fc_2CO und C_6H_5Li in Äther bei Zimmertemperatur/2 h dargestellt, 91% Ausbeute nach üblicher Aufarbeitung und Chromatographie an Al_2O_3 mit Benzol [10]. Bei der Reduktion von fc-COC_6H_5 mit Na/Hg in siedendem Benzol erhält man ein Produkt, das als $fc_2C(C_6H_5)OH$ angesehen wird. Es geht in siedendem Methanol in Verbindung Nr. 10 über und gibt bei der Reduktion mit Zn/Salzsäure $fc_2CHC_6H_5$ [1]. — Das UV-Spektrum (in CH_2Cl_2 und Dioxan/H_2O) ist bei [48] als Figur angegeben. — Zum chemischen Verhalten s. auch 6.3.1.1.5.

$fc_2C(C_6H_5)$-$CH(C_6H_5)OH$ (Tabelle **9**, Nr. **7**) wird aus $fc_2C(C_6H_5)CO$-C_6H_5 mit $LiAlH_4/AlCl_3$ in Äther bei Zimmertemperatur/4 h erhalten und von Al_2O_3 nach kleinen Mengen fc-$(C_6H_5)C{=}C(C_6H_5)$-fc mit CH_3OH eluiert. Das IR-Spektrum (in CH_2Cl_2) ist angegeben [27].

$fc_2CHC_6H_4OCH_3$-p (Tabelle **9**, Nr. **12**). Das Röntgenbeugungsdiagramm ist angegeben. Die Verbindung löst sich gut in aromatischen Kohlenwasserstoffen, Chlorkohlenwasserstoffen, Dioxan, Pyridin, weniger in Hexan, Alkoholen und Äthern [19].

fc_2CO (Tabelle **9**, Nr. **13**). Zur Darstellung kann fc_2CH_2 [4] oder fc_2CHOH [21] mit MnO_2 in $CHCl_3$ bei Zimmertemperatur oder unter Rückfluß oxidiert werden, 72 bzw. 90% Ausbeute [4, 21]; bei der Oxidation von fc_2CH_2 mit SeO_2 in siedendem Benzol (10 h) erhält man 48% Ausbeute an fc_2CO [22]. Die Bildung durch Oxidation von fc_2CH_2 bei der Chromatographie an Al_2O_3 wird bei [33] erwähnt. Bei der Darstellung durch Friedel-Crafts-Reaktionen in siedendem CH_2Cl_2 in Gegenwart von $AlCl_3$ verwendet man als Komponenten fc-H und fc-COCl (25% Ausbeute) [3] oder fc-H und $COCl_2$ (12% Ausbeute) [5]; bei der Reaktion von fc-H mit ClOCCOCl wird fc_2CO in ganz geringer Menge isoliert [2]. Entsteht mit 41% Ausbeute aus fc-CHO und fc-Li in Tetrahydrofuran, wenn ein Molverhältnis von 1:3 angewendet wird [34], vgl. auch Darstellung von fc_2CHOH. Bildet sich auch aus fc-CN und fc-Li mit anschließender Hydrolyse [9]. fc_2CO ist eines der Produkte, das bei der Carbonylierung von fc-HgCl mit CO (50 at) in CH_3OH in Gegenwart von Li_2PdCl_4 auftritt, 31.5% Ausbeute [41]. Weitere Hinweise zur Bildung von fc_2CO s. bei fc_2CHOH (Nr. 3), fc_2CHCN (Nr. 31) und $fc_2C{=}CHC_6H_5$ (6.3.1.1.3.1).

Das ^{1}H-NMR-Spektrum ist bei [30] als Figur gezeigt. Die Kopplung zwischen den 2,3- und 2,4-Protonen in den C_5H_4-Ringen ist mit etwa 2.0 Hz gleich groß [22]. Das Spektrum wird in $CHFCl_2$-Lösung bei 30°C genau vermessen: Zentren der Tripletts bei $\tau = 5.021$ und 5.498, Singulett bei 5.823. Aus der Temperaturabhängigkeit des Spektrums (Koaleszenz bei $T_C = 143$ K) berechnet man im Vergleich zu fc-CHO, fc-$COCH_3$ und fc-COC_6H_5 die Barriere der Rotation um die fc-COR-Bindung, die bei fc_2CO mit $\Delta G^{\ddagger} = 6.8 \pm 0.2$ kcal · mol^{-1} (bei T_C) ziemlich groß ist [52]. Zu den Veränderungen des Spektrums in Gegenwart starker Säuren s. unten.

Zur Lage der charakteristischen fc-Schwingungen im IR-Spektrum s. auch [13, 15, 35]. Während die ν(CO)-Bande in KBr um 1610 cm^{-1} liegt [46], hat sie in Lösungen von Dioxan, $CHCl_3$ und CCl_4 Werte von 1627 bis 1630 cm^{-1} [14, 30].

fc_2CO kristallisiert im monoklinen System mit den Dimensionen $a = 10.50 \pm 0.02$, $b = 6.18 \pm 0.01$, $c = 13.05 \pm 0.03$ Å und $\beta = 111°0' \pm 5'$; Raumgruppe P2/c-C^4_{2h} mit Z = 2; berechnete und gemessene Dichten sind D = 1.67 bzw. 1.64 g · cm^{-3}. Die Molekelstruktur, s. **Fig. 12**, zeigt in jedem fc-Kern planare und fast exakt parallele Cp-Ringe im Abstand von 3.30 Å in fast verdeckter Konfiguration. Jeder an die Carbonyl-Gruppe gebundene Ring ist um 17° aus der Ebene [C(1), C(6), C(1'), O] herausgedreht, so daß die sterische Behinderung der H-Atome an C(5) und C(5') durch Abstandsvergrößerung auf etwa 2.5 Å vermindert wird [23].

Fig. 12

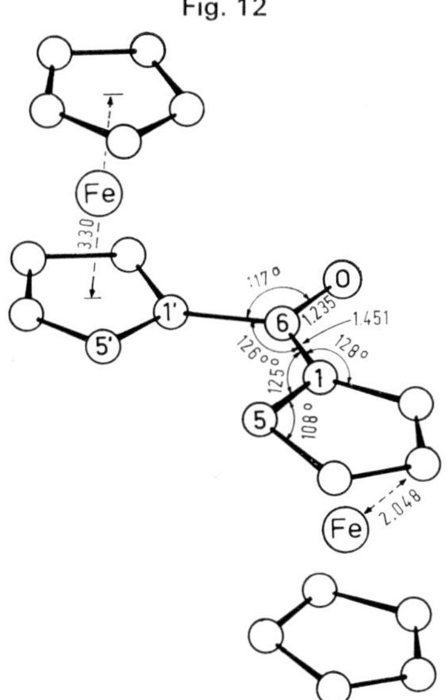

Molekelstruktur von fc_2CO nach [23].

Nach [11] zersetzt sich fc_2CO unter N_2 erst im Bereich von 345 bis 395°C langsam, teilweise unter Bildung von Ferrocen.

Die Basenstärke wird mit der Verteilungsmethode (fc_2CO in Cyclohexan gegen wäßriges H_2SO_4 verschiedener Acidität) zu $pK_a = -2.55$ bestimmt [7]. Die Gleichgewichtskonstante der Protonierung durch CCl_3COOH in Benzol bei 25°C gemäß $fc_2CO + CCl_3COOH \rightleftharpoons [fc_2COH]^+ + CCl_3COO^-$ beträgt $K = 227 \pm 10$ [40, 45]; für wäßriges H_2SO_4 liegt der Wert in der Größenordnung von 10^{-3}. Ein Vergleich mit fc-$COCH_3$ zeigt, daß der zweite fc-Kern in fc_2CO nicht sehr wesentlich zur Stabilisierung des Kations beiträgt [40]. In Lösungen von $CDCl_3$ beobachtet man bei Zugabe von CF_3COOH

Literatur s. S. 68

eine Verschiebung und Verbreiterung der ^{1}H-NMR-Signale; in reinem CF_3COOH erhält man ein charakteristisches Spektrum des Ions $[fc_2COH]^+$, die Lösungen sind tiefblau gefärbt, die ν(CO)-Bande im IR-Spektrum verschwindet [30], vgl. dazu 6.3.1.1.5.

Die Clemmensen-Reduktion von fc_2CO wird bei [31] untersucht. Zu weiteren Reduktionen s. die Darstellung von fc_2CH_2 und fc_2CHOH. Die Friedel-Crafts-Acetylierung ergibt zwei kernsubstituierte Derivate, s. 6.3.1.1.4. Umsetzungen mit LiR oder RMgJ gehen den normalen Weg zu Alkoholen, $fc_2C(R)OH$, vgl. Nr. 4 bis 6 und 29.

Bei der Reaktion mit Benzol oder Mesitylen unter Rückfluß in Gegenwart von $AlCl_3$ werden die beiden freien C_5H_5-Liganden ausgetauscht; es bilden sich Kationen vom Typ $[(Aren)FeC_5H_4COC_5H_4Fe(Aren)]^{2+}$ und (durch Kondensation an der Carbonyl-Gruppe) vom Typ $[(Aren)FeC_5H_4C(Aryl)_2C_5H_4Fe(Aren)]^{2+}$ [50].

$fc_2C(CH_3)COCH_3$ (Tabelle **9**, Nr. **14**) kann durch Umlagerung des Pinakols fc-$C(CH_3)(OH)$-$(HO)(CH_3)C$-fc in Aceton mit konzentriertem $HClO_4$ bei Eis-Salzbadtemperatur mit 87% Ausbeute dargestellt werden [53]. Bildet sich als Nebenprodukt bei der Reduktion von fc-$COCH_3$ in C_2H_5OH mit Zn/Hg/Salzsäure neben fc-C_2H_5 [10].

$fc_2C(C_3H_7\text{-}n)COC_3H_7\text{-}n$ (Tabelle **9**, Nr. **16**). Die Darstellung erfolgt wie bei Nr. 14 durch Pinakolumlagerung in einem Zweiphasensystem aus Chlorbenzol/Schwefelsäure unter Rückfluß mit starkem Rühren, 60% Ausbeute. Verbindungen Nr. 15 und 17 werden in gleicher Weise aus den entsprechenden Pinakolen erhalten. Alle Pinakole dieses Typs bilden keine Oxime oder 2,4-Dinitrophenylhydrazone, sie lassen sich auch nicht nach Clemmensen oder Wolff-Kishner reduzieren [16].

$fc_2C(C_6H_5)COC_6H_5$ (Tabelle **9**, Nr. **18**) wird zum ersten Mal von [1] bei der Clemmensen-Reduktion von fc-COC_6H_5 mit 33% Ausbeute isoliert. Durch Wanderung der fc- und C_6H_5-Gruppe im intermediären Pinakol entsteht eine größere Anzahl von Produkten, die bei [29, 37] untersucht werden, s. auch [8, 26, 44]. Verschiedene Reduktionsbedingungen werden angewendet: mit Zn/Hg in Essigsäure/Salzsäure (41% Ausbeute) [8], in Toluol/Salzsäure (14.7% Ausbeute) [37]; die Reduktion mit Zn-Staub in C_2H_5OH unter Zugabe von Salzsäure/Äthanol bei Zimmertemperatur und anschließendem Erhitzen unter Rückfluß/2 h ergibt 50.2% Ausbeute an $fc_2C(C_6H_5)COC_6H_5$ neben fc-$CH_2C_6H_5$, fc-$(C_6H_5)C{=}C(C_6H_5)$-fc und fc-$(C_6H_5)_2C$-CO-fc [37]. Bei der Umlagerung von fc-$C(C_6H_5)(OH)$-$(HO)(C_6H_5)C$-fc in Benzol unter Einleiten von HCl-Gas wird die Verbindung mit 18% Ausbeute erhalten [38], s. auch [44].

Im Massenspektrum tritt das Molekelion mit einer relativen Intensität 15 auf [37]. Die basische Hydrolyse führt zu $fc_2CHC_6H_5$ [44]. Bei der Reduktion mit $LiAlH_4/AlCl_3$ entsteht hauptsächlich $fc_2C(C_6H_5)OH$ und wenig fc-$(C_6H_5)C{=}C(C_6H_5)$-fc [27], aber nicht $fc_2C(C_6H_5)CH_2C_6H_5$, wie bei [8] angenommen [27].

Literatur:

[1] N. Weliky, E. S. Gould (J. Am. Chem. Soc. **79** [1957] 2742/6). — [2] S. I. Goldberg (J. Org. Chem. **25** [1960] 482/3). — [3] M. D. Rausch, E. O. Fischer, H. Grubert (J. Am. Chem. Soc. **82** [1960] 76/82). — [4] K. L. Rinehart, A. F. Ellis, C. J. Michejda, P. A. Kittle (J. Am. Chem. Soc. **82** [1960] 4112/3). — [5] K. Schlögl, A. Mohar (Monatsh. Chem. **92** [1961] 219/35).

[6] K. Schlögl, H. Pelousek, A. Mohar (Monatsh. Chem. **92** [1961] 533/41). — [7] E. M. Arnett, R. D. Bushik (J. Org. Chem. **27** [1962] 111/5). — [8] A. N. Nesmeyanov, I. I. Kritskaya (Izv. Akad. Nauk SSSR Otd. Khim. Nauk **1962** 352/4; Bull. Acad. Sci. USSR Div. Chem. Sci. **1962** 327/8). — [9] A. N. Nesmeyanov, E. G. Perevalova, L. P. Yur'eva, L. I. Denisovich (Izv. Akad. Nauk SSSR Otd. Khim. Nauk **1962** 2241/3; Bull. Acad. Sci. USSR Div. Chem. Sci. **1962** 2142/4). — [10] P. L. Pauson, W. E. Watts (J. Chem. Soc. **1962** 3880/6).

[11] R. L. Schaaf (J. Org. Chem. **27** [1962] 107/11). — [12] N. Sugiyama, H. Suzuki, Y. Shioura, T. Teitei (Bull. Chem. Soc. Japan **35** [1962] 767/9). — [13] G. G. Dvoryantseva, M. I. Struchkova, Yu. N. Sheinker (Dokl. Akad. Nauk SSSR **152** [1963] 617/20; Dokl. Chem. Proc. Acad. Sci. USSR

148/153 [1963] 740/3). — [14] G. G. Dvoryantseva, Yu. N. Sheinker (Izv. Akad. Nauk SSSR Ser. Khim. **1963** 924/7; Bull. Acad. Sci. USSR Div. Chem. Sci. **1963** 832/5). — [15] S. I. Goldberg, D. W. Mayo, J. A. Alford (J. Org. Chem. **28** [1963] 1708/10).

[16] L. R. Moffett (J. Org. Chem. **29** [1964] 3726/7). — [17] McDonnell Douglas Corp., E. W. Neuse (U.S.P. 3437634 [1964/69]). — [18] A. N. Nesmeyanov, V. A. Sazonova, V. N. Drozd, N. A. Rofionova, G. I. Zudkova (Izv. Akad. Nauk SSSR Ser. Khim. **1965** 2061/3; Bull. Acad. Sci. USSR Div. Chem. Sci. **1965** 2029/31). — [19] E. W. Neuse, K. Koda (J. Organometal. Chem. **4** [1965] 475/83). — [20] H. Egger (Monatsh. Chem. **97** [1966] 602/18).

[21] A. N. Nesmeyanov, E. G. Perevalova, L. I. Leont'eva, Yu. A. Ustynyuk (Izv. Akad. Nauk SSSR Ser. Khim. **1966** 556/8; Bull. Acad. Sci. USSR Div. Chem. Sci. **1966** 525/7). — [22] E. Neuse, K. Koda (Bull. Chem. Soc. Japan **39** [1966] 1502/7). — [23] J. Trotter, A. C. Macdonald (Acta Cryst. **21** [1966] 359/66). — [24] A. N. Nesmeyanov, E. G. Perevalova, L. I. Leont'eva, O. F. Filippov (Izv. Akad. Nauk SSSR Ser. Khim. **1967** 464/6; Bull. Acad. Sci. USSR Div. Chem. Sci. **1967** 457/9). — [25] E. G. Perevalova, L. I. Leont'eva, M. D. Reshetova (Izv. Akad. Nauk SSSR Ser. Khim. **1967** 1617/8; Bull. Acad. Sci. USSR Div. Chem. Sci. **1967** 1559/60).

[26] M. D. Rausch, D. L. Adams (J. Org. Chem. **32** [1967] 4144/5). — [27] S. I. Goldberg, M. L. McGregor (J. Org. Chem. **33** [1968] 2568/70). — [28] E. W. Neuse (J. Org. Chem. **33** [1968] 3312/6). — [29] S. I. Goldberg, W. D. Bailey (Chem. Commun. **1969** 1059/60). — [30] R. E. Hesters, M. Cais (J. Organometal. Chem. **16** [1969] 283/8).

[31] M. L. McGregor (Diss. Univ. of South Carolina, Columbia 1969 nach Diss. Abstr. Intern. B **30** [1970] 4944). — [32] A. N. Nesmeyanov, M. D. Reshetova, E. G. Perevalova (Izv. Akad. Nauk SSSR Ser. Khim. **1969** 1939/44; Bull. Acad. Sci. USSR Div. Chem. Sci. **1969** 1795/9). — [33] A. N. Nesmeyanov, L. P. Yur'eva, O. T. Nikitin (Izv. Akad. Nauk SSSR Ser. Khim. **1969** 1096/100; Bull. Acad. Sci. USSR Div. Chem. Sci. **1969** 1000/3). — [34] F. D. Popp, E. B. Moynahan (J. Org. Chem. **34** [1969] 454/6). — [35] A. Perjessy, S. Toma (Chem. Zvesti **23** [1969] 533/9).

[36] S. Toma, E. Kaluzayova (Chem. Zvesti **23** [1969] 540/52). — [37] S. I. Goldberg, W. D. Bailey, M. L. McGregor (J. Org. Chem. **36** [1971] 761/9). — [38] M. D. Rausch, C. A. Pryde (J. Organometal. Chem. **26** [1971] 141/6). — [39] P. Dixneuf, R. Dabard (Bull. Soc. Chim. France **1972** 2847/54). — [40] B. Floris, G. Illuminati, P. E. Jones, G. Orzaggi (Coord. Chem. Rev. **8** [1972] 39/43).

[41] A. Kasahara, T. Izumi, S. Ohnishi (Bull. Chem. Soc. Japan **45** [1972] 951/2). — [42] M. Laćan, V. Rapić (Croat. Chem. Acta **42** [1972] 411/6). — [43] D. Touchard, R. Dabard (Compt. Rend. C **275** [1972] 841/4). — [44] H. Patin, R. Dabard (Bull. Soc. Chem. France **1973** 2413/7). — [45] G. Cerichelli, B. Floris, G. Illuminati, G. Ortaggi (Ann. Chim. [Rome] **64** [1974] 119/23).

[46] V. G. Osinpov, M. D. Reshetova, N. N. Silkina, S. A. Yankovskii, E. A. Chernyshev (Zh. Obshch. Khim. **44** [1974] 599/600; J. Gen. Chem. USSR **44** [1974] 572/3). — [47] M. D. Reshetova, S. A. Yankovskii, E. A. Chernyshev (Zh. Obshch. Khim. **44** [1974] 1841/2; J. Gen. Chem. USSR **44** [1974] 1809). — [48] S. Allenmark, K. Kalén, A. Sandblom (Chem. Scr. **7** [1975] 97/101). — [49] U.S.A. Secretary Navy, A. T. Nielsen (U.S.P. 3878233 [1972/75]). — [50] D. Astruc, R. Dabard (Tetrahedron **32** [1976] 245/9).

[51] A. T. Nielsen, W. P. Norri (J. Org. Chem. **41** [1976] 655/9). — [52] J. Sandström, J. Seita (J. Organometal. Chem. **108** [1976] 371/80).

6.3.1.1.4 Brücken- und Kern-substituierte Verbindungen

Bridge- and Ring-Substituted Compounds

Alle Verbindungen, die sich als Kern-substituierte Derivate der Muttersubstanzen $fc_2C(CH_3)OH$, $fc_2C(C_6H_5)OH$, fc_2CO und $fc_2C(C_6H_5)CN$ (vgl. Tabelle 9, S. 63) ordnen lassen, sind in Tabelle 10 zusammengefaßt. Reine Alkyl-substituierte Derivate vom Typ I können nach [10] aus fc-R und verschiedenen Ketonen R'COR'' in CH_3OH/H_2SO_4 bei 65 bis 80°C dargestellt werden. Es fallen Isomerengemische an, deren Viskositäten angegeben sind und von denen es heißt, sie seien durch präparative Gaschromatographie in die Komponenten zu trennen. Keine der Substanzen, z. B. mit $R = C_2H_5$ oder C_4H_9 und $R' = R'' = CH_3$, ist jedoch bei [10] näher charakterisiert.

Die Formulierung einer Verbindung mit $(CH_3)_2NC_6H_4$-Substituenten am Brückenatom und an einem der fc-Kerne („Nr. 28, Schmelzpunkt 257°C") bei [1] ist sicher nicht richtig.

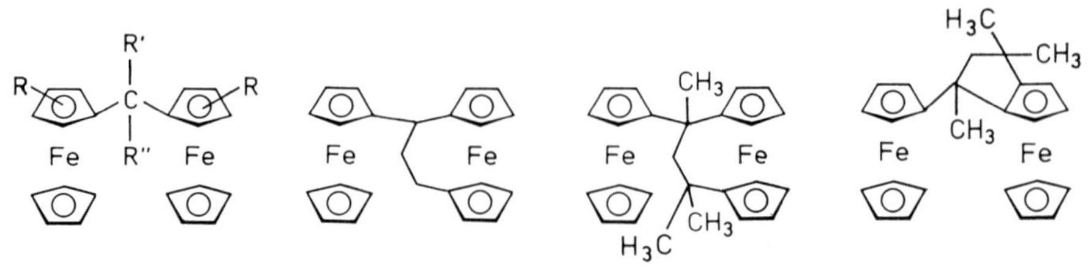

I II III IV

Verbindungen mit hetero- bzw. homoanularem Ringschluß vom Brückenatom zu einem fc-Kern (Formeln II, III bzw. IV) sowie ein Kern-substituiertes Derivat von $fc_2C{=}CH_2$ werden im folgenden vor der Tabelle gesondert behandelt.

$\mathbf{C_{23}H_{22}Fe_2}$ (Formel II) entsteht aus dem Keton VI (s. S. 72) durch Reduktion mit $LiAlH_4/AlCl_3$. Schmelzpunkt: 154 bis 155°C [13].

$\mathbf{C_{26}H_{28}Fe_2}$ (Formel III) und $\mathbf{C_{26}H_{28}Fe_2}$ (Formel IV). Die beiden Isomeren werden zum ersten Mal bei der Einwirkung von 90%igem wäßrigem HCOOH auf fc-$C(CH_3){=}CH_2$ bei Zimmertemperatur und Extraktion des Reaktionsgemisches mit Benzol als ein Öl erhalten; das Isomere IV kristallisiert aus Skellysolve F bei −70°C, das Isomere III anschließend aus Pentanlösung, 31 bzw. 51% Ausbeute [9], s. auch [6]. Die Bildung der Verbindungen läuft nach folgendem Schema über das einfache und dimere Carbonium-Ion:

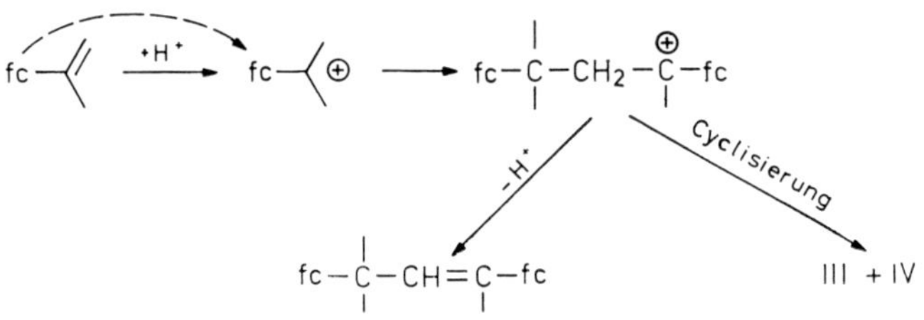

Die raumerfüllenden CH_3-Gruppen im dimeren Carbonium-Ion sind wahrscheinlich dafür verantwortlich, daß auch homoanulare Cyclisierung zum Isomeren IV eintritt [6, 9]. Zur Bildung der Verbindungen aus Lösungen von fc-$C(CH_3){=}CH_3$ in 98%igem H_2SO_4 beim Verdünnen mit H_2O unter verschiedenen Bedingungen s. [12].

Die Substanzen entstehen immer, wenn die Bedingungen für das Auftreten der Carbonium-Ionen des Reaktionsschemas gegeben sind: bei der Einwirkung von HCOOH auf ein Gemisch von fc-$C(CH_3)_2CH_2C({=}CH_2)$-fc und fc-$C(CH_3)_2CH{=}C(CH_3)$-fc in Benzol bei Zimmertemperatur/16 h, 74% Gesamtausbeute im Verhältnis 1:1 [11], bei der Zersetzung des in Lösung instabilen [fc-$C(CH_3)_2CH_2C(CH_3)$-fc]$B(C_6H_5)_4$ in CH_3CN oder CH_3NO_2 bei Zimmertemperatur, etwa 90% Ausbeute [19], bei der reduktiven Dimerisierung von fc-$C(CH_3)_2^+$ mit Zn in CH_3COOH/HBr zu fc-$C(CH_3)_2$-$C(CH_3)_2$-fc [14] und bei Versuchen der Cycloaddition von Cyclopentadien an fc-C-$(CH_3)_2^+$ [20]. Sie werden auch bei der Grignard-Reaktion von fc-$C(CH_3)_2OH$ oder fc-$COCH_3$ mit CH_3MgJ gefunden, da infolge der Stabilität der α-Ferrocenylcarbonium-Ionen das Grignard-Addukt möglicherweise als [fc-$C(CH_3)_2]^+[OMgJ]^-$ vorliegt [11, 16].

Isomeres III, Schmelzpunkt: 105 bis 106°C [9], 116.5°C [11]. ^{1}H-NMR-Spektrum ($CDCl_3$): τ = 5.6, 5.83, 6.12, 6.2, 6.4 (17 Ring-Protonen), 7.5 (q, CH_2, J = 12 Hz), 8.4, 8.5, 8.75 (s's, CH_3); das AB-Quartett der CH_2-Gruppe beruht auf geminaler Kopplung, die Komponenten liegen bei 7.13 und 7.87 [9].

Literatur s. S. 76

Isomeres IV, ein hellgelber Festkörper, Schmelzpunkt 185 bis 186°C, kristallisiert aus Petroläther (60 bis 70°C) [9, 16]. ^{1}H-NMR-Spektrum ($CDCl_3$): τ = 5.75, 5.88, 5.95, 6.1, 6.6 (17 Ring-Protonen), 7.7 (q, CH_2, J = 12 Hz), 8.09, 8.64, 9.14 (s's, CH_3); die Komponenten des AB-Quartetts, vgl. oben, liegen bei 7.45 und 7.95 [9], s. auch [16]. Die vorläufige Zuordnung der Signale der beiden CH_2-Protonen und der verschiedenen CH_3-Gruppen bei [9] wird später auf Grund der Strukturanalyse korrigiert [18]. Das IR-Spektrum ist bei [16] von 455 bis 3050 cm^{-1} angegeben.

Das Isomere IV kristallisiert orthorhombisch mit a = 14.719 ± 0.007, b = 24.630 ± 0.112 und c = 11.354 ± 0.005 Å; Raumgruppe Pbca-D_{2h}^{15} mit acht Molekeln in der Elementarzelle; gemessene und berechnete Dichten sind 1.448 bzw. 1.459 g · cm^{-3}. In **Fig. 13** der Molekelstruktur sind für jeden Bindungstyp Mittelwerte der Bindungslängen angegeben. Der fc-Kern Fe(2) besetzt am gesättigten Fünfring die exo-Position und besitzt sich fast deckende Cyclopentadienyl-Ringe (Abweichung von 8° Rotation) in paralleler Lage. Im anderen Kern Fe(1) sind die Cyclopentadienyl-Ringe fast voll versetzt (34° Rotation) und weichen um 6.4° von der Parallelität ab; dadurch vermindert sich die Wechselwirkung zwischen den beiden endo-CH_3-Gruppen und den H-Atomen des unteren, unsubstituierten Cyclopentadienyl-Ringes. Durch eine Versetzung der CH_2-Gruppe (C-Atom 5) um 0.37 Å unterhalb der Ebene [C(1) bis C(4)] wird die 1,3-transanulare Wechselwirkung der beiden endo-CH_3-Gruppen herabgesetzt [18].

Fig. 13

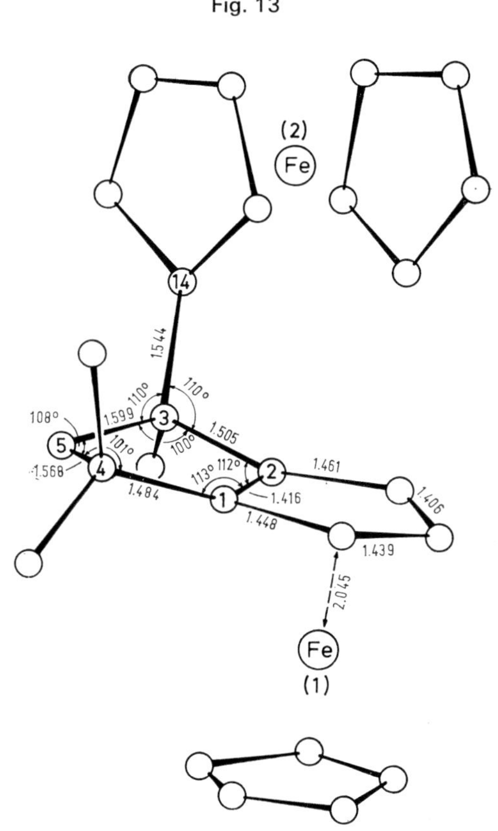

Molekelstruktur von $C_{26}H_{28}Fe_2$, Isomeres IV, nach [18].

In CF_3COOH-Lösung zeigen beide Isomeren III und IV das ^{1}H-NMR-Spektrum von fc-$C(CH_3)_2^+$ [19].

$C_{23}H_{22}OFe_2$ (Formel V) wird aus dem Keton VI durch Reduktion mit KBH_4 dargestellt. Schmelzpunkt: 179 bis 180°C [13].

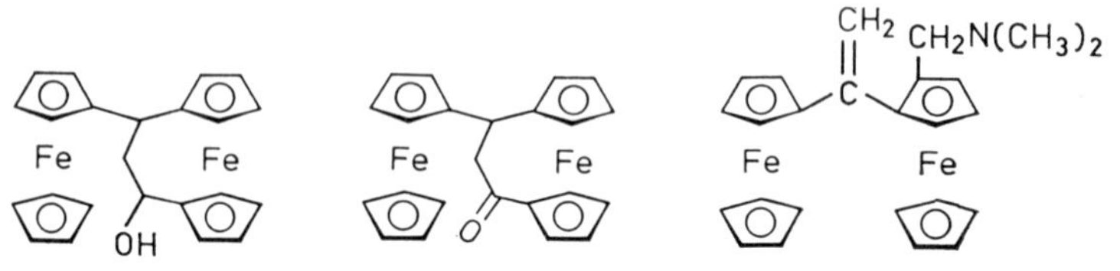

V VI VII

$C_{23}H_{20}OFe_2$ (Formel VI) erhält man durch intramolekulare Cyclisierung von fc_2CHCH_2COOH (vgl. Tabelle 9, Nr. 19) unter der Einwirkung von $(CF_3CO)_2O$, 60% Ausbeute. Die Verbindung schmilzt bei 223 bis 225°C. Das ^{1}H-NMR-Spektrum zeigt zwei Tripletts bei $\tau = 5.23$ und 5.68 (4H) und ein Multiplett von 13 Protonen mit dem Zentrum bei $\tau = 5.93$ [13].

$C_5H_5FeC_5H_3(CH_2N(CH_3)_2$-2)-C(=$CH_2$)-fc (Formel VII) wird aus dem entsprechend substituierten Brückenalkohol (Nr. 2 in Tabelle 10) durch Dehydratisierung mit H_3PO_4 dargestellt, 86% Ausbeute. Schmelzpunkt: 93 bis 94°C. Das Methojodid, **$C_5H_5FeC_5H_3(CH_2N(CH_3)_3J$-2)-C-(=$CH_2$)-fc**, schmilzt unter Zersetzung bei 195°C [5].

Vorbemerkungen zu Tabelle 10:

Zur Angabe der Substituentenstellungen s. 6.1.3, S. 13. — Die Derivate der Alkohole $fc_2C(R)OH$ und von $fc_2C(R)CN$ (Verbindungen 1 bis 14 und 28, 29) bestehen ausschließlich aus dem Substitutionstyp VIII; er tritt in diastereomeren Formen auf, die aber nur teilweise getrennt und rein isoliert werden. Die beiden Formen werden als A und B bezeichnet. Ausgangsprodukte für die Darstellung dieser Verbindungen sind die Aminalkohole Nr. 2 bzw. 7 und 8, die aus dem Lithioferrocen IX und fc-COR (R = CH_3 und C_6H_5) erhalten werden.

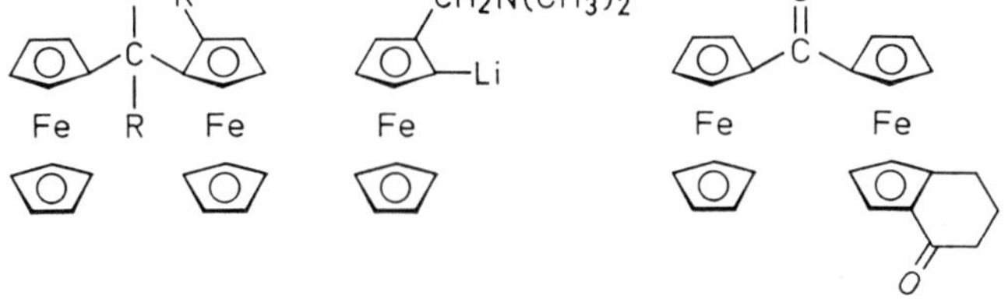

VIII IX X

Die Derivate von fc_2CO (Nr. 15 bis 27) bestehen fast ausschließlich aus Cp'-substituierten Verbindungen. Bei den Ausnahmen, Nr. 16 und 17, liegen keine Angaben über ihre Eigenschaften vor, es wird nur die Darstellung erwähnt.

Wenn kurze Hinweise auf Darstellungsmethoden ausreichen, sind sie unter weiteren Bemerkungen in Tabelle 10 aufgenommen, s. sonst weitere Angaben.

Literatur s. S. 76

Tabelle 10. Verbindungen mit Brücken- und Kernsubstitution.
Für laufende Nummern mit Sternchen folgen am Ende der Tabelle weitere Angaben.
Zu Abkürzungen und Dimensionen s. S. 1.

Nr.	Substituenten in fc und Stellung	Eigenschaften und weitere Bemerkungen, Erläuterungen s. im Text	Lit.
	Derivate von fc_2-$C(CH_3)OH$:		
1	CH_2OH -2	Darst. durch alkalische Hydrolyse des Methojodids Nr. 3 in wäßrigem Medium unter Erhitzen (66%). Schmp.: 168 bis 169, bei [2] ist 78 angegeben	[2, 5]
2	$CH_2N(CH_3)_2$ -2	Darst. aus $C_5H_5FeC_5H_3(CH_2N(CH_3)_2$-2)Li und fc-$COCH_3$ (30%), vgl. weitere Angaben zu Nr. 7. Schmp.: 161 bis 162. Zur Hydrolyse s. Nr. 1	[2, 5]
3	$CH_2N(CH_3)_3J$ -2	Darst. aus Nr. 2 nach Standardmethoden. Schmp.: 180 unter Zersetzung	[2, 5]
	Derivate von fc_2-$C(C_6H_5)OH$:		
4	CH_2OH -2 (A)	Darst. aus Nr. 9 durch Hydrolyse mit wäßrigem molarem NaOH unter Rückfluß/24 h; wird von Al_2O_3 mit Äther/Methanol (1%) eluiert (53%). Gelbe Substanz, Schmp.: 144 bis 145 (Kristallisation aus Petroläther)	[15]
5	CH_2OH -2 (B)	Darst. aus Nr. 10 durch alkalische Hydrolyse, s. Nr. 4 (93%). Schmp.: 162 bis 163	[15]
6	CHO -2 (B)	Darst. aus Nr. 5 durch Oxidation mit MnO_2 in $CHCl_3$ bei Zimmertemperatur/2 d; von Al_2O_3 mit Äther eluiert (50%). Roter Festkörper aus C_2H_5OH. Schmp.: 190 bis 191	[15]
*7	$CH_2N(CH_3)_2$ -2 (A)	orangefarbene Kristalle aus C_2H_5OH, Schmp.: 146 bis 147 ^{1}H-NMR ($CDCl_3$): 2.59 (m, C_6H_5), 5.89 (m, C_5H_4), 6.02 (m, C_5H_3), 6.10 und 6.12 (s, C_5H_5), 6.55 und 7.58 (d, CH_2, J = 14), 7.88 (s, CH_3)	[15]
*8	$CH_2N(CH_3)_2$ -2 (B)	Schmp.: 165 bis 166°C (Kristallisation aus C_2H_5OH) ^{1}H-NMR ($CDCl_3$): 2.60, 5.88, 6.03, 5.86 und 6.01, 6.73 und 7.48, 8.02, Multiplizität und Zuordnung wie Nr. 7	[15]
*9	$CH_2N(CH_3)_3J$ -2 (A)	Darst. aus Nr. 7 nach Standardmethoden. Orangefarben, Schmp.: 160 (Zers.). Kristallisation aus Äther/CH_3CN	[15]

Literatur s. S. 76

Tabelle 10 [Fortsetzung].

Nr.	Substituenten in fc und Stellung	Eigenschaften und weitere Bemerkungen, Erläuterungen s. im Text	Lit.
*10	$CH_2N(CH_3)_3J$ -2 (B)	Darst. aus Nr. 8 nach Standardmethoden. Schmp.: 190 (Zers.). Kristallisiert mit 0.5 mol CH_3CN	[15]
11	CN -2	Darst. aus Nr. 14 durch Dehydratisierung mit Dicyclohexylcarbodiimid in siedendem C_6H_6/24 h (48%). Gelbes Produkt aus C_2H_5OH, Schmp.: 230 (Zers.)	[15]
*12	CH_2CN -2 (A)	Darst. aus Nr. 9 mit wäßrigem KCN unter Rückfluß/24 h (100%). Orangefarbene Blättchen, Schmp.: 157 bis 158	[15]
*13	CH_2CN -2 (B)	Darst. aus Nr. 10 wie bei Nr. 12 (87%). Kristallisation aus Benzol/Petroläther, Schmp.: 217 bis 218	[15]
14	CH=NOH -2 (B)	Darst. aus dem Aldehyd Nr. 6 nach Standardmethoden. Kristallisiert aus Benzol/Petroläther mit 1 mol C_6H_6; orangefarben, Schmp.: 225	[15]
	Derivate von fc_2CO:		
15	CH_3 -1′	Darst. aus den entsprechend substituierten fc_2CH_2-Derivaten (s. Tabelle 7, S. 58) durch Oxidation der CH_2-Gruppe mit MnO_2. Auch durch Friedel-Crafts-Reaktion zwischen fc-CH_3 und fc-COCl	[17]
16	CH_3 -2		
17	CH_3 -3		
*18	$COCH_3$ -1′	Schmp.: 197 bis 181 (aus Aceton) IR: 1009 und 1108 (fc), 1117 UV (C_2H_5OH; lg ε): 270 (4.44), 355 (3.73)	[7, 8, 13]
19	$(COCH_3)_2$ -1′,1‴	Darst. bei Nr. 18. Schmp.: 198 bis 201 (aus Aceton), 204 bis 206 IR: 1020 (fc), 1116 UV (C_2H_5OH; lg ε): 220 (4.69), 268 (4.55), 355 (3.80)	[7, 8, 13]
20	$-(CH_2)_3CO-$ (Formel X)	Darst. durch Cyclisierung der Säure fc-CO-$C_5H_4FeC_5H_4(CH_2)_3COOH$ (vgl. Nr. 25) mit $(CF_3CO)_2O$ (2 bis 3%). Schmp.: 109 bis 110	[13]
*21	COOH -1′	dunkelbrauner Festkörper, Schmp.: >300 IR (Nujol): 1610 und 1667	[4, 13]
*22	$COOCH_3$ -1′	rotorangefarbene Nadeln aus Ligroin/Äther, Schmp.: 180 bis 182, 186 ^{1}H-NMR ($CDCl_3$): 4.92 (q), 5.11 (t), 5.41 (q), 5.55 (t), 5.77 (s) (fc-Protonen), 6.21 (s, CH_3) IR (Nujol): 1580 und 1695	[4, 13]

Literatur s. S. 76

Tabelle 10 [Fortsetzung].

Nr.	Substituenten in fc und Stellung	Eigenschaften und weitere Bemerkungen, Erläuterungen s. im Text	Lit.
23	$COOC_2H_5$ -1′	wird als Nebenprodukt bei der Synthese von [1.1]Ferrocenophan-1,12-dion (vgl. 6.3.2.6) isoliert (7%). Kleine orangefarbene Nadeln (aus Ligroin/Äther), Schmp.: 123 bis 125. ^1H-NMR ($CDCl_3$): 4.9 bis 5.7 (m, C_5H_4CO, CH_2), 5.80 (s, C_5H_5), 8.69 (t, CH_3) IR (CCl_4): 1629 und 1715	[4]
*24	COCl -1′	rotbraune Nadeln (aus Äther), Schmp.: 141 bis 149 ^1H-NMR ($CDCl_3$): 4.82 (t), 4.98 (t), 5.2 bis 5.4 (m), 5.74 (s, C_5H_5) IR (Nujol): 1634 und 1754	[4]
25	$(CH_2)_3COOCH_3$ -1′	Darst. aus fc-$CH_2C_5H_4FeC_5H_4(CH_2)_3COOCH_3$ durch Oxidation der CH_2-Gruppe mit MnO_2 (60%). Schmp.: 65 bis 66	[13]
26	$CO(CH_2)_2COOCH_3$ -1′	Darst. durch Friedel-Crafts-Reaktion von fc_2CO mit $ClOC(CH_2)_2COOCH_3$ (50%). Schmp.: 101 bis 102	[13]
27	$(CO(CH_2)_2COOCH_3)_2$ -1′,1‴	Bildung bei der Darstellung von Nr. 26 (10%); keine weiteren Angaben	[13]
	Derivate von $fc_2C(C_6H_5)CN$:		
*28	CH_2CONH_2 -2 (A)	Darst. aus Nr. 9 mit KCN in H_2O/CH_3OH (1:1) unter Rückfluß/24 h (63%). Braunes Pulver, Schmp.: 192 bis 194 (aus Benzol)	[15]
*29	CH_2CONH_2 -2 (B)	Darst. aus Nr. 10 wie bei Nr. 28 (71%). Gelbe Substanz aus Benzol/Petroläther, Schmp.: 239 bis 240	[15]

* Weitere Angaben:

fc-$C(C_6H_5)(OH)$-$C_5H_3(CH_2N(CH_3)_2$-2)FeC_5H_5 (A und B, Tabelle **10**, Nr. **7** und **8**). Zur Darstellung wird eine Suspension von fc-COC_6H_5 in Äther zu $C_5H_5FeC_5H_3(CH_2N(CH_3)_2$-2)Li (Formel IX) in Äther gegeben und 2 h bei Zimmertemperatur gerührt. Nach saurer Hydrolyse extrahiert man die Substanzen aus der neutralisierten wäßrigen Phase mit Äther und trennt die Isomeren durch Chromatographie an Al_2O_3: Nr. 7 wird zuerst mit Benzol, Nr. 8 danach mit Äther eluiert, Gesamtausbeute: 32%.

Die Verbindungen zeigen intramolekulare Wasserstoff-Brückenbindung, N···H-O [15].

fc-$C(C_6H_5)(OH)$-$C_5H_3(CH_2N(CH_3)_3J$-2)FeC_5H_5 (A und B, Tabelle **10**, Nr. **9** und **10**). Während mit wäßrigem KCN die Nitrile Nr. 12 und 13 entstehen, erhält man in wäßrig-alkoholischer Lösung die Amide Nr. 28 und 29 mit gleichzeitigem Austausch des Brücken-OH gegen CN [15]; zur Erklärung s. weitere Angaben zu Nr. 12 und 13.

Literatur s. S. 76

fc-C(C_6H_5)(OH)-C_5H_3(CH_2CN-2)FeC_5H_5 (A und B, Tabelle **10**, Nr. **12** und **13**). Beim Erhitzen mit KCN in H_2O/C_2H_5OH werden die entsprechenden Amide Nr. 28 und 29 gebildet. Die Hydrolyse der CN-Gruppe verläuft über eine intramolekulare Addition des Brücken-OH an C≡N, gefolgt von einer nucleophilen Addition von CN^- an das Brücken-C-Atom [15].

fc-CO-C_5H_4FeC_5H_4COCH_3 (Tabelle **10**, Nr. **18**). Zur Darstellung wird fc_2CO mit CH_3COCl (5:6 mol) in CH_2Cl_2 in Gegenwart von $AlCl_3$ (15 mol) bei Zimmertemperatur/15 h umgesetzt und wie üblich aufgearbeitet; Chromatographie an Al_2O_3 mit $C_6H_6/CH_3COOC_2H_5$ (3%), 54.5% Ausbeute neben 4.5% des diacetylierten Derivates Nr. 19 [8]. Nach [13] ist das Ausbeuteverhältnis 70 zu 9%. — Zur Oxidation mit NaOCl vgl. die Säure Nr. 21.

fc-CO-C_5H_4FeC_5H_4COOH (Tabelle **10**, Nr. **21**) wird aus den Estern Nr. 22 oder 23 durch Hydrolyse mit NaOH in Wasser/Methanol unter Rückfluß/24 h mit 26% Ausbeute erhalten [4]. Bei der Oxidation der Acetyl-Gruppe von Nr. 18 mit NaOCl/NaOH erhält man 55% Ausbeute [13].

fc-CO-C_5H_4FeC_5H_4COOCH_3 (Tabelle **10**, Nr. **22**) wird aus fc-H und $ClOCC_5H_4FeC_5H_4$-$COOCH_3$ in Gegenwart von $AlCl_3$ in CH_2Cl_2 bei Zimmertemperatur/24 h mit 58% Ausbeute dargestellt und von Al_2O_3 mit Äther/CH_2Cl_2 (3:1) eluiert [4]. Die Darstellung aus der Säure Nr. 21 ist bei [13] erwähnt.

fc-CO-C_5H_4FeC_5H_4COCl (Tabelle **10**, Nr. **24**). Darstellung aus der Säure Nr. 21 mit einem Überschuß PCl_3 in Benzol unter Rückfluß/4 h und nach Abdampfen im Vakuum Behandlung des Rückstandes mit $AlCl_3$ in CH_2Cl_2 bei Zimmertemperatur/24 h, 26% Ausbeute [4].

Unter der Einwirkung von $AlCl_3$ in CH_2Cl_2 bei Zimmertemperatur cyclisiert die Verbindung intramolekular zum [1.1]Ferrocenophan-1,12-dion [3], vgl. 6.3.1.8, Formel XI, S. 152.

fc-C(C_6H_5)(CN)-C_5H_3(CH_2CONH_2-2)FeC_5H_5 (A und B, Tabelle **10**, Nr. **28** und **29**) bilden sich auch aus den Nitrilen Nr. 12 und 13 mit KCN, zum Mechanismus s. dort.

Literatur:

[1] A. N. Nesmeyanov, L. A. Kozitsyna, B. V. Lokshin, I. I. Kritskaya (Dokl. Akad. Nauk SSSR **117** [1957] 433/6; Proc. Acad. Sci. USSR Chem. Sect. **112/117** [1957] 1033/6). — [2] G. Marr, J. H. Peet, B. W. Rockett, A. Rushworth (J. Organometal. Chem. **8** [1967] P17/P18). — [3] W. E. Watts (J. Organometal. Chem. **10** [1967] 191/2). — [4] T. H. Barr, H. L. Lentzner, W. E. Watts (Tetrahedron **25** [1969] 6001/13). — [5] D. J. Booth, G. Marr, B. W. Rockett, A. Rushworth (J. Chem. Soc. C **1969** 2701/3).

[6] W. M. Horspool, R. G. Sutherland, J. R. Sutton (Abstr. Papers 158th Natl. Meeting Am. Chem. Soc., New York 1969, Div. Org. Chem. Nr. 87). — [7] A. Perjessy, S. Toma (Chem. Zvesti **23** [1969] 533/9). — [8] S. Toma, E. Kaluzayova (Chem. Zvesti **23** [1969] 540/52). — [9] W. M. Horspool, R. G. Sutherland, J. R. Sutton (Can. J. Chem. **48** [1970] 3542/4). — [10] Syntex Corp., M. L. Talbott, T. T. Foster (U.S.P. 3673232 [1970/72]).

[11] W. M. Horspool, P. Stanley, R. G. Sutherland, B. J. Thomson (J. Chem. Soc. C **1971** 1365/9). — [12] W. H. Horspool, R. G. Sutherland, B. J. Thomson (Syn. Inorg. Metal-Org. Chem. **2** [1972] 129/34). — [13] D. Touchard, R. Dabard (Compt. Rend. C **275** [1972] 841/4). — [14] W. M. Horspool, B. J. Thomson (Syn. Inorg. Metal-Org. Chem. **3** [1973] 149/55). — [15] J. H. Peet, B. W. Rockett (J. Chem. Soc. Perkin Trans. I **1973** 106/8).

[16] R. E. Bozak, R. G. Riley, W. P. Fawns, H. Javaheripour (Chem. Letters **1974** 167/70). — [17] R. Eberhardt, K. Schlögl (Syn. Inorg. Metal-Org. Chem. **4** [1974] 317/23). — [18] W. M. Horspool, J. Ibale, M. Rafferty, S. N. Scrimgeour (J. Chem. Soc. Dalton Trans. **1974** 401/5). — [19] A. N. Nesmeyanov, B. A. Surkov, V. A. Sazonova (Dokl. Akad. Nauk SSSR **217** [1974] 840/2; Dokl. Chem. Proc. Acad. Nauk USSR **214/219** [1974] 546/8). — [20] T. D. Turbitt, W. E. Watts (J. Chem. Soc. Perkin Trans. II **1974** 195/200).

6.3.1.1.5 Diferrocenylmethylcarbonium-Ionen und ihre Salze

Diferrocenylmethylcarbonium Ions and Their Salts

Neben den im folgenden behandelten Verbindungen werden weitere Salze erwähnt, aber nicht näher beschrieben: $[fc_2CH]X$, $[fc_2CD]X$ und $[fc_2C(CH_3)]X$ mit $X = BF_4^-$, PF_6^- und $B(C_6H_5)_4^-$ [12].

$[fc_2CH]ClO_4$ wird aus fc-CHO und fc-H in Gegenwart einer Säure oder aus fc-H in HCOOH in Gegenwart einer Lewis-Säure unter Luftabschluß dargestellt; nähere Angaben der Bedingungen und der Art der Isolierung als Perchlorat liegen nicht vor [1]. Das Salz wird mit 98% Ausbeute erhalten, wenn man eine Lösung von fc_2CHOH in Benzol/Äther mit einigen Tropfen an 71%igem $HClO_4$ versetzt [5].

Die in Lösung tiefblaue Substanz kristallisiert aus Chloroform/n-Hexan in schwarzen Nädelchen mit Bronzeglanz, die beim Erhitzen heftig verpuffen [1]. Sie ist diamagnetisch mit $\chi = (-79.1 \pm 1.5\%)$ 10^{-6} $cm^3 \cdot mol^{-1}$ bei 295.5 K [1]. Folgende Daten sind für das ^{57}Fe-Mössbauer-Spektrum angegeben (bei 80/300 K): Isomerieverschiebung $\delta = 0.67/0.63$ $mm \cdot s^{-1}$ [4], bezogen auf Nitroprussidnatrium nach [7], Quadrupolaufspaltung $\Delta = 2.05/2.10$ $mm \cdot s^{-1}$ [4]; die Ergebnisse werden in einem allgemeinen Rahmen, zahlreiche Ferrocen-Derivate vergleichend, diskutiert [4, 7]. Die Banden des IR-Spektrums (KBr) sind ausgeprägt scharf: 652, 668, 749, 826, 840 (stark), 885, 911, 943, 1005, 1036, 1054, 1099 (stärkste Bande), 1120, 1142, 1264, 1321, 1348, 1366, 1412, 1531 (zweitstärkste Bande), 1613, 1045, 2899, 3058 cm^{-1}. UV-Spektrum ($CHCl_3$): λ_{max} (lg ε) = 352 (4.13), 605 (3.89) nm; Absorptionsminima liegen bei 300 (3.73), 440 (3.22) und 830 (3.14) nm [1].

Bei der kalorimetrischen Messung der Bildungswärme bei der Bildung aus fc_2CHOH in 96.1%igem H_2SO_4 erhält man einen sehr hohen Wert von $\Delta H = -51.7 \pm 1.6$ $kcal \cdot mol^{-1}$, etwa 2.5fach höher als für das entsprechende $(C_6H_5)_2CH^+$ [15].

Das Salz ist in CH_2Cl_2, CH_3OH und CH_3COCH_3 löslich, wenig dagegen in H_2O [5]. In Lösungsmitteln mit OH-Gruppen tritt langsam Zersetzung ein. Lösungen in $CHCl_3$ geben beim Schütteln mit wäßrigem Natriumcarbonat fc_2CHOH [1]. Die Reduktion mit Zn führt zum $fc_2CH^{\cdot}$-Radikal, das zu fc_2CH-$CHfc_2$ dimerisiert [10].

$[fc_2CH]HCl_2$ wird nur im Gemisch mit fc_2CHCl aus fc_2CHOH und HCl-Gas in Äther mit 83% Ausbeute erhalten. Die Verbindung bildet mit C_6H_5Li hauptsächlich fc_2CH-$CHfc_2$ und nur wenig $fc_2CHC_6H_5$; bei der Umsetzung mit C_6H_5MgBr werden beide Substanzen mit je 36% Ausbeute erhalten [5]. Zur Umsetzung mit C_5H_5Na s. $fc_2CHC_6H_5$ in 6.3.1.1.3.1. In Lösung wird ein fc-Kern unter Bildung von 6-Ferrocenylfulven zerstört [10].

$[fc_2CH]BF_4$. Die Darstellung ist bei [12] nicht im einzelnen beschrieben, wahrscheinlich aus fc_2CHOH mit HBF_4 in CH_3COOH nach dem bei [2] für andere Ferrocenylcarbonium-Ionen angegebenen Verfahren.

^{1}H-NMR-Spektrum (CD_2Cl_2): $\tau = 4.39$ (t, H-3,4), 5.00 (t, H-2,5), 5.43 (s, C_5H_5). Das Signal des Protons am Carbonium-C ist unter dem Triplett der 2,5-Protonen verborgen. Mit abnehmender Temperatur verbreitern sich die beiden C_5H_4-Signale; bei -66°C spaltet das erste Signal auf in $\tau = 4.32$ (H-4) und 4.45 (H-3), während das zweite Signal auch bis -100°C unaufgespalten bleibt. Bis etwa -70°C können die Ringe offenbar um die Bindung zur CH-Gruppe hin- und herklappen; für die Aktivierung dieser Drehung berechnet man $\Delta G^{\ddagger} = 11.1$ $kcal \cdot mol^{-1}$ [12].

Im ^{57}Fe-Mössbauer-Spektrum, bei 298 K $\delta = 0.692 \pm 0.005$ (bezogen auf Nitroprussidnatrium) und $\Delta = 2.100 \pm 0.02$ $mm \cdot s^{-1}$, ist die Temperaturabhängigkeit der Isomerieverschiebung bis etwa -170°C die gleiche wie bei Ferrocen. Insgesamt ergibt sich aus dem Spektrum eine Äquivalenz der beiden Fe-Atome, ähnliche Elektronendichte an den Fe-Atomen wie in Ferrocen und hinsichtlich der Ladungsverteilung ein starker Unterschied gegenüber $[fc\text{-}H]BF_4$ [13], s. auch [8]. Auch aus dem vertikalen Ionisationspotential des Fe $2p_{3/2}$-Niveaus, $E_I = 709.6$ eV und der Linienbreite (2.1 eV) geht hervor, daß beide Fe-Atome etwa die gleiche Ladung besitzen, die sich nicht wesentlich von der in Ferrocen unterscheidet [11].

Das Salz kristallisiert monoklin mit a = 15.96, b = 12.75, c = 9.36 Å und $\beta = 90°38'$, Raumgruppe $P2_1/a$-C_{2h}^5 mit vier Molekeln in der Elementarzelle. Wie **Fig. 14** zeigt, hat das Kation keine exakte trans-Konformation. Während die Cp-Ringe in einem fc-Kern gestaffelt vorliegen, sind sie im anderen

Kern um 11.1° aus der gestaffelten Lage herausgedreht. Die Abweichungen von der Parallelität der Ringe betragen 3.1° und 7.1°. Das exocyclische C-Atom, C(6), mit aufgeweitetem Bindungswinkel (verminderte Wechselwirkung zwischen den H-Atomen an C(2) und C(2″)) liegt unterhalb der Ringebenen von Cp und Cp″ und damit einem Fe-Atom näher als dem anderen [12].

Fig. 14

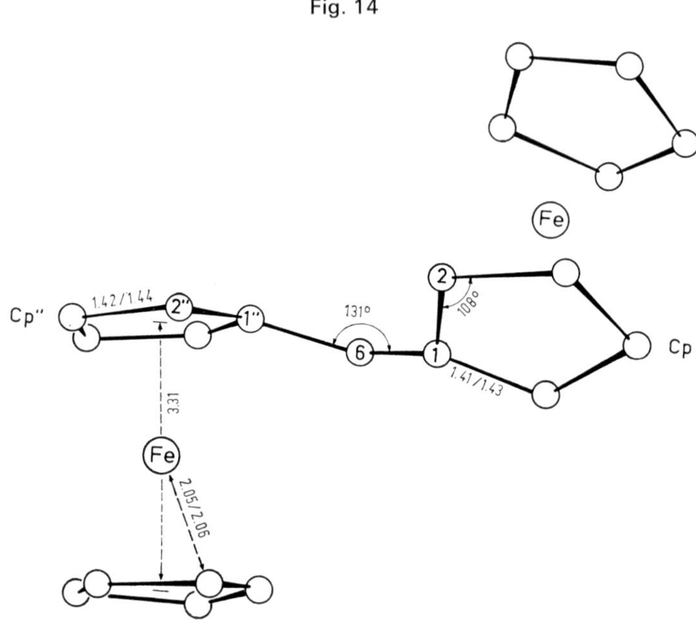

Struktur des Kations in $[fc_2CH]BF_4$ nach [12].

Das Salz läßt sich aus mehreren Lösungsmitteln, sogar aus CH_3OH, umkristallisieren und bleibt auch bei längerem Liegen an der Luft unverändert [12].

$[fc_2CC_6H_5]ClO_4$ wird mit 95% Ausbeute aus $fc_2C(C_6H_5)OH$ und $HClO_4$ erhalten, vgl. $[fc_2CH]ClO_4$ [5]. Zur Messung des UV-Spektrums wird das Ion in Dioxan/H_2O mit 17.5%igem $HClO_4$ aus dem gleichen Alkohol erzeugt [14]. Nach einer Figur bei [14] liegt die stärkste Bande bei 378 nm, eine weitere bei etwa 700 nm. Aus den spektralen Veränderungen bei verschiedenen Säurekonzentrationen ergibt sich $pK_{R^+} = +3.15 \pm 0.04$, etwa 50mal größer als für $[fcC(C_6H_5)_2]^+$ [14].

Zur Löslichkeit s. $[fc_2CH]ClO_4$, ist aber in H_2O unlöslich [5]. Mit Zn wird das Radikal $fc_2C(C_6H_5)^{\cdot}$ gebildet [10].

$[fc_2CC_6H_5]HCl_2$ wird aus $fc_2C(C_6H_5)OH$ und HCl-Gas in Äther dargestellt, 97% Ausbeute. Ist in organischen Lösungsmitteln leicht löslich, auch löslich in H_2O [5]. Bei der Umsetzung mit CH_2N_2 entstehen fc-$(C_6H_5)C{=}CH$-fc und $fc_2C{=}CHC_6H_5$ [6]. Zur Reaktion mit C_5H_5Na vgl. $fc_2C(C_6H_5)C_5H_5$ in 6.3.1.1.3.1.

$[fc_2C(C_6H_5)]BF_4$ wird aus $fc_2C(C_6H_5)OH$ mit HBF_4 in Äther dargestellt [14], s. auch $[fc_2CH]BF_4$. — Das ^{1}H-NMR-Spektrum (CD_2Cl_2) zeigt bei 28°C zwei Signale der C_5H_4-Protonen bei $\tau = 4.15$ und 4.98, bei −45°C aber jeden einzelnen Protonentyp bei $\tau = 4.13$ (H-4), 4.35 (H-3), 4.47 (H-5) und 5.56 (H-2) [12]; für die Drehung um die Bindungen zur CH-Gruppe errechnet sich eine Freie Enthalpie der Aktivierung von etwa 12.7 kcal · mol^{-1} [12], vgl. $[fc_2CH]BF_4$. Das UV-Spektrum (CH_2Cl_2) hat λ_{max} (ε) = 383 (15000) und 725 (6900) nm [14].

[$fc_2C(C_6H_4N(CH_3)_2$-p)]$B(C_6H_5)_4$ wird aus dem entsprechenden Diferrocenylalkohol in CH_3COOH mit $Na[B(C_6H_5)_4]$ mit 66% Ausbeute erhalten und aus Aceton mit Äther umgefällt. Purpurblaue Kristalle. Das Kation wird auch mit der Grenzstruktur XI formuliert. — Bei der Photolyse in H_2O/Aceton entstehen $fc_2C(C_6H_4N(CH_3)_2$-p)OH und das Fulven-Derivat XII [3].

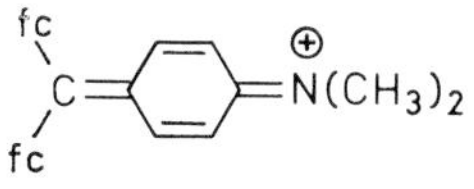

fc
C=⟨⟩=N$(CH_3)_2$ ⊕
fc

XI

p-$(CH_3)_2NC_6H_4$
C=⟨⟩
fc

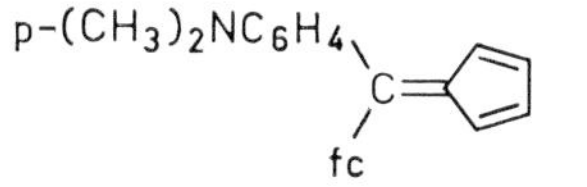

XII

[$fc_2C(OH)$]CF_3COO wird nicht in Substanz isoliert, sondern in Lösungen von fc_2CO in CF_3COOH (tiefblau) durch das ^{1}H-NMR-Spektrum nachgewiesen: $\tau = 4.53$ (t, H-3,4), 4.64 (t, H-2,5), 5.52 (s, C_5H_5). Die Kopplung zwischen den 2,5- und 3,4-Protonen beträgt J = 2 Hz. In Lösungen von fc_2CO in $CDCl_3/CF_3COOH$ beobachtet man dieses scharfe Spektrum nicht; vielmehr verbreitern sich die Signale mit zunehmender Konzentration von CF_3COOH, bis nur noch eine breite Resonanz bei etwa $\tau = 4.7$ übrig bleibt. Zusammen mit dem aufeinanderfolgenden Auftreten von zwei isosbestischen Punkten im UV-Spektrum bei 432 und später auch bei 530 nm ist dies als Anzeichen für eine weitere Protonierung zu $[fc_2COH_2]^{2+}$ zu werten, bevor das reine $[fc_2C(OH)]^+$ gebildet ist. Auch reine CF_3COOH-Lösungen zeigen beim Aufbewahren Signalverbreiterung [9].

Literatur:

[1] C. Jutz (Tetrahedron Letters **1959** (No. 21) 1/4). — [2] M. Cais, A. Eisenstadt (J. Org. Chem. **30** [1965] 1148/54). — [3] A. N. Nesmeyanov, V. A. Sazonova, G. I. Zudkova, L. S. Isaeva (Izv. Akad. Nauk SSSR Ser. Khim. **1966** 2017/9; Bull. Acad. Sci. USSR Div. Chem. Sci. **1966** 1949/51). — [4] R. A. Stukan, S. P. Gubin, A. N. Nesmeyanov, V. I. Gol'danskii, E. F. Makarov (Teor. i Eksperim. Khim. **2** [1966] 805/11; Theor. Exptl. Chem. **2** [1966] 581/4). — [5] A. N. Nesmeyanov, E. G. Perevalova, L. I. Leont'eva, O. F. Filippov (Izv. Akad. Nauk SSSR Ser. Khim. **1967** 464/6; Bull. Acad. Sci. USSR Div. Chem. Sci. **1967** 457/9).

[6] A. N. Nesmeyanov, E. G. Perevalova, L. I. Leont'eva, Yu. A. Ustynyuk (Izv. Akad. Nauk SSSR Ser. Khim. **1967** 681/2; Bull. Acad. Sci. USSR Div. Chem. Sci. **1967** 657/8). — [7] E. Fluck (in: V. I. Gol'danskii, R. H. Herber, Chemical Applications of Mössbauer Spectroscopy, New York – London 1968, S. 268/313). — [8] R. H. Herber (in: M. Tsutsui, Characterization of Organometallic Compounds, Pt. I, New York – London – Sydney – Toronto 1969, S. 315/40). — [9] R. E. Hesters, M. Cais (J. Organometal. Chem. **16** [1969] 283/8). — [10] L. I. Leont'eva (5th Intern Conf. Organometal. Chem., Moscow 1971, Abstr., Bd. 2, S. 18/9).

[11] R. Gleiter, R. Seeger, H. Binder, E. Fluck, M. Cais (Angew. Chem. **84** [1972] 1107/8). — [12] S. Lupan, M. Kapon, M. Cais, F. H. Herbstein (Angew. Chem. **84** [1972] 1104/6). — [13] E. Fluck, F. Hausser (Z. Anorg. Allgem. Chem. **396** [1973] 257/60). — [14] S. Allenmark, K. Kalén, A. Sandblom (Chem. Scr. **7** [1975] 97/101). — [15] J. W. Larsen, P. Ashkenazi (J. Am. Chem. Soc. **97** [1975] 2140/2).

6.3.1.2 Brücken aus zwei C-Atomen

Bridges Comprising Two C Atoms

Als Grundkörper der Verbindungen dieses Kapitels kann man fc-CH_2CH_2-fc (6.3.1.2.1), fc-CH=CH-fc und fc-C≡C-fc (6.3.1.2.2) auffassen. Verbindungen mit zwei orthoständigen fc-Gruppen an aromatischen Systemen sind hier unbekannt, s. dagegen $C_6H_3fc_3$-1,2,4 in 7.1.2.2.2. Dagegen existieren mehrere Substanzen, bei denen zwei fc-Gruppen an einem Dreiring oder Fünfring benachbarte Stellungen einnehmen, s. Tabellen 11 bis 13. In den fc-Kernen substituierte Derivate gibt es nur in geringer Anzahl. Nach den fc-Kohlenwasserstoffen werden im letzten Abschnitt 6.3.1.2.3 alle Verbindungen behandelt, die an der C_2-Brücke funktionelle Gruppen besitzen.

1,2-Diferrocenylethane and Derivatives with Hydrocarbon Substituents

6.3.1.2.1 1,2-Diferrocenyläthan und Derivate mit Kohlenwasserstoff-Substituenten

Die Verbindungen sind in Tabelle 11 zusammengestellt. Kern-substituierte Derivate sind unbekannt mit Ausnahme von Verbindung Nr. 14, die aus zwei „Ferroco-indenyl"-Gruppen aufgebaut ist.

Die allgemein anwendbaren Synthesemethoden der Verbindungen sowie viele Bildungsweisen hängen mit dem Auftreten und der Stabilität von Carbonium-Ionen des Typs fc-$\overset{+}{C}$RR′ zusammen: die Kondensation von Ferrocen mit Aldehyden (näher beschrieben bei Nr. 1), die reduktive Dimerisierung von Alkoholen des Typs fc-C(OH)RR′ (s. dazu Nr. 7 und 8) und Umsetzungen zwischen den Verbindungen fc-CH(R)OCH_3 und fc-CH(R′)$Si(CH_3)_3$ (s. Nr. 10 und 11), alle Reaktionen in stark sauren Medien.

* Weitere Angaben:

fc-CH_2CH_2-fc (Tabelle **11**, Nr. **1**) wird zum ersten Mal bei der Kondensation von Ferrocen mit Formaldehyd in Gegenwart starker Säuren erhalten [1, 2, 3, 4], aber zunächst in Analogie zu den Phenol/Formaldehyd-Kondensationsprodukten mit zwei CH_2-Brücken zwischen zwei fc-Kernen falsch formuliert [3, 5, 6, 7]. Die eindeutige Synthese der Verbindung aus fc-CH_2CO-fc durch Hydrierung an Pt in CH_3COOH beweist, daß das damit identische Kondensationsprodukt aus 1,2-Diferrocenyläthan besteht [9, 10, 14], s. auch [21]. Verantwortlich für den andersartigen Verlauf der Formaldehydkondensation bei Ferrocen ist nach [9, 10, 14] die leichte Bildung des Carbonium-Ions I und möglicherweise sein Übergang in das Ferroceniumradikal II nach dem folgenden Schema:

Fe $\xrightarrow{+HCHO}$ Fe–CH_2OH $\xrightarrow{+H^+}$ Fe–$CH_2^{\oplus}$ (I) $\longrightarrow$ $Fe^{\oplus}$–$CH_2^{\bullet}$ (II) $\xrightarrow{\text{Dimerisierung}}$

$Fe^{\oplus}$–CH_2–CH_2–$Fe^{\oplus}$ $\xrightarrow{\text{Reduktion}}$ Fe–CH_2–CH_2–Fe

Ein neutrales Radikal fc-$CH_2^{\bullet}$ anstelle von II sollte bevorzugt unter H-Abstraktion fc-CH_3 bilden [42]; doch wird von anderer Seite auch eine Dimerisierung über das Radikal fc-$CH_2^{\bullet}$ formuliert [36, 41].

Folgende Kondensationsbedingungen werden angewandt: fc-H und Paraformaldehyd in HF bei 100°C/6 h (im Ni-Autoklaven) und Reduktion mit Zn, etwa 45% Ausbeute [2]; fc-H und wäßriges 40%iges HCHO bei −15°C mit 96%igem H_2SO_4 und Reaktion bei Zimmertemperatur bis 75°C, nach Verdünnen mit H_2O Reduktion mit $SnCl_2$/Salzsäure, 65 bis 75% Ausbeute [3]; ähnlich hohe Ausbeuten werden für die Umsetzung von fc-H mit Trioxan (1:5 mol) in $CHCl_3/H_2SO_4$ bei Dampfbadtemperatur angegeben [42]. Insgesamt scheint der Verlauf der Reaktion stark von der Art und Konzentration der Säure und von der Art des Lösungsmittels abzuhängen [42]. So finden andere Autoren bei der Umsetzung von fc-H mit Paraformaldehyd in konzentriertem H_2SO_4 bei Zimmertemperatur/3 h und anschließender Reduktion mit $TiCl_3$-Lösung als Hauptprodukt fc_2CH_2 und nur Spuren an fc-CH_2CH_2-fc [23], s. auch [35]. Ausgehend von dem intermediären Alkohol fc-CH_2OH kann nach [42] fc-CH_2CH_2-fc nur mit 76- bis 96%igem H_2SO_4 oder wasserfreiem HF dargestellt werden.

fc-CH_2CH_2-fc entsteht mit 34% Ausbeute neben fc-CH_3, wenn man $FeCl_3$ auf fc-CH_2Li (1:2 mol) in Äther/Tetrahydrofuran bei −30°C bis Zimmertemperatur einwirken läßt (1.5 h) und nach Hydrolyse mit $SnCl_2$/Salzsäure reduziert [13].

Literatur s. S. 87

Tabelle 11. fc-CH_2CH_2-fc und Derivate mit Kohlenwasserstoff-Substituenten.
Für laufende Nummern mit Sternchen folgen am Ende der Tabelle weitere Angaben.
Zu Abkürzungen und Dimensionen s. S. 1.

Nr.	Verbindung	Schmelzpunkt und Erscheinungsform, Spektren; weitere Bemerkungen	Lit.
*1	fc-CH_2CH_2-fc	200 bis 200.5 (im Vakuum); hellgelbe Nadeln, IR (Festkörper): 825, 840, 1005, 1035, 1104, 1395, 1460, 1637 UV (Isooctan, ε): =247 (7020), 322 (164), 437 (205)	[2, 7, 13, 26, 28, 45]
*2	fc-$CH(CH_3)$-$CH(CH_3)$-fc	144 bis 146 (aus Hexan), 136°C, ^{1}H-NMR ($CDCl_3$): 6.0 bis 6.1 (fc-Ringe), 7.48 (q, CH), 8.9 (d, CH_3)	[28, 61]
*3	fc-$C(CH_3)_2$-$C(CH_3)_2$-fc	215 bis 216; gelbe Blättchen (aus Benzol/Pentan), ^{1}H-NMR ($CDCl_3$): 5.98 (s), 6.03 (m), 6.23 (m, fc-Ringe), 8.83 (s, CH_3) IR (Nujol): 810, 820, 1005, 1115 (fc-Banden)	[57]
*4	fc-$C(CH_3)(C_2H_5)$-$C(CH_3)(C_2H_5)$-fc	140 bis 145; wahrscheinlich Diastereomeren-Gemisch, ^{1}H-NMR (C_6H_6): 5.85 (s, C_5H_5), 6.16 (m, C_5H_4), 6.30 (m, C_5H_4), 6.55 (q, J = 7, 4 H), 8.56 (s, 6 H), 8.70 (t, J = 7, 6 H)	[65]
*5	fc-$CH(C_4H_9$-t)-$CH(C_4H_9$-t)-fc	149 bis 151; gelbe Kristalle (aus Hexan), ^{1}H-NMR ($CDCl_3$): 6.00 (s, C_5H_5), 6.11 (breites m, C_5H_4), 6.97 (s, CH), 8.68 (s, C_4H_9)	[54]
*6	fc-$C(=CH_2)$-$C(=CH_2)$-fc	112 bis 113 (aus Äthanol), ^{1}H-NMR (CCl_4): 4.63 bis 4.56 (CH_2=C, J = 2.1 Hz), und 4.79 bis 4.86, 5.72 bis 5.82 und 5.86 bis 5.98 (t's, C_5H_4), 6.05 (s, C_5H_5) IR (CCl_4): ν(C=C) bei 1620	[64]
*7	fc-$CH(C_6H_5)$-$CH(C_6H_5)$-fc meso-Form (A)	218 bis 220, 220 bis 222; gelborangefarbene Blättchen, ^{1}H-NMR ($CDCl_3$): 2.95 (C_6H_5), 6.18 (C_5H_4), 6.28 (CH), 6.32 (s, C_5H_5) IR (KBr): 998, 1103, 3050, 3070 (fc); 1450, 1500, 3020 (C_6H_5); 2890, 2920 (CH) UV (C_2H_5OH, lg ε): =193 (4.90), 207 (4.95), 255 (3.74)	[11, 36, 53]

Tabelle 11 [Fortsetzung].

Nr.	Verbindung	Schmelzpunkt und Erscheinungsform, Spektren; weitere Bemerkungen	Lit.
*8	fc-CH(C_6H_5)-CH(C_6H_5)-fc racem-Form (B)	278 bis 280; flockige gelbe Kristalle (aus Äther/Benzol), ^{1}H-NMR ($CDCl_3$): 2.88 (C_6H_5), 6.18 (m, C_5H_4), 6.38 (scheinbares s, C_5H_5 und CH) IR (KBr): 1000, 1103, 3070 (fc); 1452, 1495, 1600, 3010 (C_6H_5); 2900 (CH)	[26, 53]
9	fc-CH(C_6H_5)-CH($C_6H_4CH_3$-p)-fc	177 bis 184; zur Bildung s. weitere Angaben zu Nr. 10 und 11	[58]
*10	fc-CH($C_6H_4CH_3$-p)-CH($C_6H_4CH_3$-p)-fc (A)	223 bis 236 (aus Hexan), ^{1}H-NMR (CCl_4): 3.06 (C_6H_4), 6.22 (C_5H_4), 6.42 (C_5H_5), 7.67 (CH_3)	[58]
*11	fc-CH($C_6H_4CH_3$-p)-CH($C_6H_4CH_3$-p)-fc (B)	255 bis 258 (aus Benzol), ^{1}H-NMR (CCl_4): 3.06 (C_6H_4), 6.42 (C_5H_5), 7.63 (CH_3)	[58]
*12	fc fc	Zersetzung bei etwa 130; gelber Festkörper, ^{1}H-NMR: δ (gegen C_6H_6) = 3.1 (fc), 5.1 (CH_2) ppm IR: Banden bei 1000 und 1100 (C_5H_5), 2850 und 2928 (CH_2) Dichten: 1.37 bis 1.461 (20 bis 22°C) $g \cdot cm^{-3}$	[8, 25, 30]
*13	fc fc CH_3	159 bis 160; gelber Festkörper (aus n-Hexan), ^{1}H-NMR (CS_2): 6.06 (s, C_5H_5), 6.15 (m, C_5H_4), 8.98 (s, CH_3), 8.18, 8.97, 9.26 (q, Cyclopropan-Ring) UV (CH_3OH, lg ε): = 270 (3.79), 440 (2.69)	[51]
*14	Fe Fe	>360; bräunlich orangefarbene Kristalle (aus Benzol), ^{1}H-NMR: 2.48, 5.38, 5.72, 6.22, 6.58 UV (C_2H_5OH, ε): = 218 (22500), 242 (10300), 289 (7910), 345 (619), 459 (234)	[37]

Literatur s. S. 87

Die Verbindung wird in geringer Menge oft neben fc-CH_3 gefunden, wenn bei einer Reaktion fc-$CH_2^{\cdot}$-Radikale auftreten können: Umsetzung von fc-CH_2Li mit CO_2 und RCHO [27], Spaltung von Verbindungen des Typs fc-CH_2XR (X = O, S) mit Li in Tetrahydrofuran [28] oder Umlagerungen von Verbindungen des Typs fc-CH_2OR und fc-CH_2NR_2 mit C_4H_9Li in Tetrahydrofuran [33, 34]; auch bei der Einwirkung von RMgX auf fc-$CH_2N(CH_3)_3J$ [19]. Zur geringfügigen Bildung bei der Friedel-Crafts-Reaktion von fc-H mit $ClCH_2CH_2Cl$ s. [18]. Tritt auch bei der Photolyse von fc-$CH_2OC_2H_5$ auf [62].

Die Darstellung durch Reduktion von fc-CH=CH-fc mit Na in C_6H_6/C_2H_5OH oder durch katalytische Hydrierung von fc-C≡C-fc an Pd/C ergibt 60 bzw. 93% Ausbeute [26].

fc-CH_2CH_2-fc wird von Al_2O_3 mit Ligroin [26] oder Heptan/Benzol [18] eluiert. Zum Umkristallisieren sind die gleichen Lösungsmittel angegeben [2, 19, 26], ferner Äther [13, 28], Dioxan [3] und CH_2Cl_2 [63].

Für die Röntgenstrukturanalyse werden aus CH_2Cl_2 tief orangefarbene Rhomboeder kristallisiert [63]. Weitere Schmelzpunktsangaben reichen von 191°C [2, 3] bis 196°C [19, 26, 45].

Für das ^{1}H-NMR-Spektrum ist bei [32] nur ein Signal der Ringprotonen bei $\tau = 6.09$ angegeben. ^{13}C-NMR-Spektrum ($CHCl_3$, gegen Tetramethylsilan): $\delta = 31.4$ (CH_2), 67.4 (C_5H_4, C-3,4), 68.3 (C_5H_4, C-2,5), 68.8 (C von C_5H_5) ppm; ein Wert für C-1 in C_5H_4 ist nicht genannt [60].

Die Substanz kristallisiert orthorhombisch mit a = 10.063(8), b = 10.434(4) und c = 16.226(5) Å; Raumgruppe Pbca-D_{2h}^{15}, vier Molekeln in der Elementarzelle; als Dichten werden gemessen 1.45 ± 0.03 und berechnet 1.53 g · cm^{-3}. Die Molekel, s. **Fig. 15**, besitzt ein Symmetriezentrum in der Mitte der CH_2-CH_2-Bindung, hat also im festen Zustand transoide Konformation. Die Ringe jedes fc-Kernes liegen parallel und aus der verdeckten Anordnung um 8.5° verdreht, der Abstand ihrer Ebenen beträgt 3.34 Å. Die Molekelpackung in der Elementarzelle ist als Figur gezeigt [63].

Fig. 15

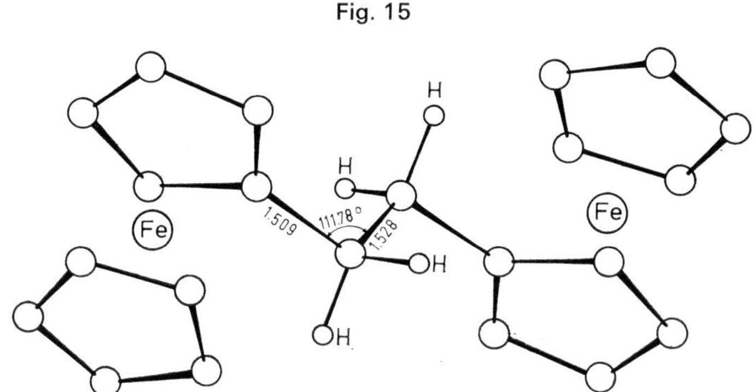

Molekelstruktur von 1,2-Diferrocenyläthan nach [63].

Zur massenspektroskopischen Fragmentierung gibt es nur kurze Hinweise bei [38]. — Polarographische Messungen an der rotierenden Pt-Elektrode in CH_3CN lassen nur einen Zweielektronen-Oxidationsschritt bei $E_{1/2} = 0.37$ V (SCE) erkennen, der aber durch differentiale Pulspolarographie in zwei dicht beieinander liegende Stufen bei 0.33 und 0.37 V aufgelöst werden kann [59], vgl. dazu auch fc-fc und fc_2CH_2. Durch potentiometrische Oxidation mit $K_2Cr_2O_7$ in $CH_3COOH/HClO_4$ findet man zwei Oxidationspotentiale bei E' = −0.214 und E'' = −0.282 V [24].

fc-CH_2CH_2-fc ist löslich in Benzol, Chloroform und Dioxan, weniger in Aceton und Alkohol [3]. Es löst sich nach [2] in konzentriertem H_2SO_4 mit grüner Farbe. Zur Photostabilität in CH_3OH-Lösung im Hinblick auf Anwendungen als UV-Absorber in Polymeren s. [45]. In $BF_3 \cdot H_2O$ werden beide fc-Kerne protoniert; das gebildete Produkt zeigt im ^{1}H-NMR-Spektrum Signale bei $\tau = 4.70$ (breit mit Schulter bei 4.83, Ringprotonen), 7.33 (CH_2) und 11.79 (Fe-H), es wird auch bei O_2-Ausschluß langsam oxidiert [56].

Nach [2] kann die Verbindung offen ohne Zersetzung bis zum Sieden erhitzt werden, sie oxidiert sich aber bei längerem Stehen an der Luft [3]. Zur Oxidation mit MnO_2 s. fc-CO-CO-fc. CrO_3/CH_3COOH oxidiert nicht zu fc-CO-CO-fc [2]. Die Bildung von Pentabromcyclopentan bei der Reaktion mit Br_2 in CCl_4 (43% Ausbeute) dient als Nachweis für das Vorhandensein von unsubstituierten C_5H_5-Ringen in der Substanz [5].

fc-CH(CH_3)-CH(CH_3)-fc (Tabelle **11**, Nr. **2**). Bei der Darstellung durch reduktive Dimerisierung (10% Ausbeute), vgl. Vorbemerkungen, entstehen hauptsächlich nicht näher charakterisierte „Oligomere" [36]. Ausgehend von fc-$COCH_3$ in CH_3COOH/HBr erhält man mit einem Überschuß an Zn bei 0°C/10 min 28% Ausbeute der Verbindung neben 35% des fc-C(CH_3)=C(CH_3)-fc [61]. Bildet sich in geringer Menge als Nebenprodukt bei der Photolyse von fc-CH(CH_3)OC_2H_5 in CH_3OH [52, 62], bei der Spaltung von fc-CH(CH_3)OCH_3 mit Li in Tetrahydrofuran (11%) neben fc-C_2H_5 [28] und in Spuren bei der thermischen Zersetzung von fc-C(CH_3)=N-N(Na)$SO_2C_6H_4CH_3$-p [49, 51].

Über eine Trennung in diastereomere Formen wird nichts berichtet. Bei [36] ist ein Schmelzpunkt von 100 bis 103°C angegeben.

fc-C(CH_3)$_2$-C(CH_3)$_2$-fc (Tabelle **11**, Nr. **3**). Die Darstellung gelingt durch reduktive Dimerisierung von fc-C(CH_3)=CH_2 in CH_3COOH/HBr mit Zn-Staub bei Zimmertemperatur/30 min, 9.7% Ausbeute neben weiteren Mengen der Substanz, die von Cyclisierungsprodukten (s. Verbindungen $C_{26}H_{28}Fe_2$ in 6.3.1.1.4, S. 70) nicht zu trennen sind [57]. Das bei [15] aus fc-C(CH_3)=CH_2 und konzentriertem H_2SO_4 erhaltene „2,3-Diferrocenyl-2,3-dimethylbutan" vom Schmelzpunkt 74 bis 75°C bestand möglicherweise aus einem Gemisch der Verbindung mit den genannten Cyclisierungsprodukten. Bei der Umsetzung von fc-$COCH_3$ mit CH_3MgJ wird kein fc-C(CH_3)$_2$-C(CH_3)$_2$-fc (Schmelzpunkt: 88°C) [29], sondern ein Gemisch von Olefinen und Cyclisierungsprodukten erhalten [55]. Bildet sich mit 10.2% Ausbeute bei der Photolyse von fc-C(CH_3)$_2OC_2H_5$ in CH_3OH [62]. Zur Bildung als Nebenprodukt bei der Darstellung von $fc_2C(CH_3)_2$ [48] vgl. 6.3.1.1.3.1.

Bei der Oxidation an der rotierenden Pt-Elektrode oder bei der differentialen Pulspolarographie in CH_3CN wird nur ein Zweielektronen-Oxidationsschritt bei $E_{1/2}$ = 0.36 bzw. 0.34 V (SCE) beobachtet [59].

[fc-C(CH_3)$_2$-C(CH_3)$_2$-fc][PF_6]$_2$ wird aus dem Grundkörper durch Oxidation mit konzentriertem H_2SO_4 erhalten (vgl. Oxidation von fc_2CH_2 in 6.3.1.1.1) und durch C-, H-, Fe-Elementaranalyse charakterisiert. Suszeptibilitätsmessungen bei verschiedenen Temperaturen geben keine Hinweise auf eine intramolekulare Wechselwirkung zwischen den beiden Fe^{III}-Zentren [59].

fc-C(CH_3)(C_2H_5)-C(CH_3)(C_2H_5)-fc (Tabelle **11**, Nr. **4**). Darstellung durch reduktive Dimerisierung von fc-C(CH_3)=$CHCH_3$ ohne nähere Angaben [65].

fc-CH(C_4H_9-t)-CH(C_4H_9-t)-fc (Tabelle **11**, Nr. **5**) entsteht bei der Reduktion von fc-C(C_4H_9-t)=C(C_4H_9-t)-fc mit Na in Äthanol/Benzol (etwa 12:1) unter Rückfluß [54].

fc-C(=CH_2)-C(=CH_2)-fc (Tabelle **11**, Nr. **6**) wird durch Dehydratisierung von fc-C(CH_3)(OH)-C(CH_3)(OH)-fc in $(CH_3CO)_2O$/CH_3COONa bei 134°C/2.5 h mit 50% Ausbeute dargestellt [64].

fc-CH(C_6H_5)-CH(C_6H_5)-fc (Tabelle **11**, Nr. **7** und **8**). Für die durch Kondensation von fc-H mit C_6H_5CHO erhaltenen Produkte nimmt man wie bei fc-CH_2CH_2-fc zunächst falsche Strukturen an [3, 5, 7] oder läßt die Struktur offen [2, 4]. Zur richtigen Formulierung als 1,2-Diferrocenyl-1,2-diphenyläthan s. [10, 14, 21]. Schon bei [2, 3] werden beide Diastereomere isoliert, aber nicht erkannt. Die Gesamtausbeute bei der Kondensation unter der Einwirkung von H_2SO_4 bei Zimmertemperatur bis 75°C liegt bei 60 bis 75% [3]. Zum Mechanismus der Bildung über ein Carbonium-Ion, hier fc-CH(C_6H_5)$^+$, vgl. fc-CH_2CH_2-fc. Das Salz [fc-CH(C_6H_5)][B(C_6H_5)$_4$] liefert bei der Zersetzung in CH_3NO_2 bei 50°C die meso-Form A mit 42% und die racem-Form B mit 46% Ausbeute [40].

Die Verbindungen befinden sich unter mehreren Produkten der Clemmensen-Reduktion von fc-COC_6H_5, Ausbeuten unter 10% in Abhängigkeit von den Reaktionsbedingungen [44, 47, 53], s. auch [61]; zu den verschiedenen Bedingungen und zur Trennung der Produkte s. besonders [53]. Reproduzierbare Ausbeuten von 33% werden bei der Einwirkung von H_2SO_4, 5.66 M in CH_3COOH, auf fc-$CH(C_6H_5)OH$ erhalten [42], s. auch [21], wobei ein Einfluß von O_2 festzustellen ist [42]. Die reduktive Kupplung des gleichen Alkohols mit Zn/Hg in Äther/H_2O/HCl bei Zimmertemperatur liefert A und B mit 27 bzw. 49% Ausbeute. Bei Verwendung von Zn-Staub in (+)-(S)-$CH_3OCH_2CH(CH_3)CH_2CH_3/H_2O$/HCl fällt das chirale B optisch aktiv an; mit Zn/Hg und der doppelten Menge des optisch aktiven Lösungsmittels wird bei geringerer Ausbeute B mit einem höheren Drehwert erhalten [47, 53].

Die reduktive Dimerisierung von fc-$CH(C_6H_5)OH$ ergibt etwa 60% Ausbeute an beiden Formen. Bei dieser Methode erzeugt man aus entsprechenden fc-Alkoholen mit 1 Moläquivalent HBr in CH_3COOH das Carbonium-Ion, versetzt nach 5 min mit Zn-Staub und läßt 30 min reagieren. Nach Verdünnen mit H_2O und Extraktion mit CH_2Cl_2 wird das Produkt aus der organischen Phase an Al_2O_3 aufgearbeitet. Längere Reaktionszeit vor der Zn-Zugabe führt zu beträchtlicher Ausbeuteverminderung, da andere Reaktionen des Carbonium-Ions in Erscheinung treten. Verschiedene Beobachtungen sprechen dafür, daß im Carbonium-Ion keine Ladungsverschiebung eintritt (s. I und II bei fc-CH_2CH_2-fc), sondern daß es von Zn reduziert wird und als Radikal dimerisiert. Raumerfüllende Gruppen R in fc-CH(R)OH verhindern die Dimerisierung, beispielsweise erhält man aus fc-$CH(C_4H_9$-t)OH nur fc-$CH_2C(CH_3)_3$ [36], s. auch [41].

Bei der Reduktion von fc-$C(C_6H_5)$=$C(C_6H_5)$-fc mit Na in Benzol/Äthanol fallen A und B mit 84% Ausbeute an [26]. Ausgehend vom gleichen trans-Olefin wird durch Hydroborierung mit $NaBH_4/BF_3 \cdot O(C_2H_5)_2$ in Diglyme bei 100°C/2 h und Spaltung mit CH_3CH_2COOH bei 100°C/20 h das chirale B dargestellt, 71% Ausbeute neben fc-$CH_2C_6H_5$ [53]. Achirales A entsteht sowohl aus der meso- und racem-Form von fc-$C(C_6H_5)(OH)$-$C(C_6H_5)(OH)$-fc mit $LiAlH_4/AlCl_3$ in Äther mit 51 bis 55% Ausbeute [53].

Beide Verbindungen bilden sich bei der Umsetzung von fc-$CH(C_6H_5)OCH_3$ mit fc-$CH(C_6H_5)Si(CH_3)_3$ in CH_3OH/HCl bei Zimmertemperatur/75 h (65.8% Ausbeute an A, 29.0% an B); etwa gleiche Ausbeuten werden bei längerer Reaktion von fc-$CH(C_6H_5)Si(CH_3)_3$ mit $FeCl_3$ in CH_3OH erhalten, da hierbei zunächst fc-$CH(C_6H_5)OCH_3$ gebildet wird [58].

Weitere Bildungsweisen: bei der Photolyse von fc-$CH(C_6H_5)OC_2H_5$ in CH_3OH [62] und bei der Spaltung von fc-$CH(C_6H_5)OCH_3$ mit Li in Tetrahydrofuran [28]; bei der Säure-katalysierten Zersetzung von fc-$CH(C_6H_5)N_3$, wobei auch hier ein Radikal-Ion $[\text{fc-}CH(C_6H_5)]^+$ als Intermediäres diskutiert wird [11, 12, 17], s. auch [20, 50]; wahrscheinlich auch bei der UV-Bestrahlung von fc-$C(C_6H_5)$=N_2 in CH_3OH neben fc-COC_6H_5 [46] und in geringer Menge bei der Zersetzung von fc-$C(C_6H_5)$=N-N(Na)$SO_2C_6H_4CH_3$-p in Pyridin/Cyclohexan bei 80°C [49].

Zur Trennung der Diastereomeren kann das Gemisch mit heißem Aceton, in dem sich A löst, ausgezogen werden [36, 44]; oder man kristallisiert fraktioniert aus Aceton [26], s. auch [3]. Bei der Chromatographie an Al_2O_3 wird zuerst A mit Petroläther/Benzol und dann B mit Benzol eluiert [40, 53]. R_f-Werte der Dünnschichtchromatographie sind bei [53, 61] angegeben. Das Verhalten an verschiedenen Typen von Al_2O_3 und an SiO_2 (teilweise Oxidation zu fc-COC_6H_5) wird untersucht [22]. A wird auch aus Heptan und B aus CH_3NO_2 kristallisiert [40].

Weitere Angaben zum ^{1}H-NMR- und IR-Spektrum von A s. bei [44]. Für das ^{1}H-NMR-Spektrum von B in C_6D_6 werden zwei Signale genannt: $\tau = 5.92$ (breites s, C_5H_4) und 6.30 (s, C_5H_5) [58].

Das schwerste Fragment im Massenspektrum hat den Wert m/e = 275, da die Molekel an der mittleren Bindung leicht gespalten wird [53]. Beide Verbindungen lassen sich nur schwer mit Br_2 in CCl_4 zersetzen [5].

fc-CH($C_6H_4CH_3$-p)-CH($C_6H_4CH_3$-p)-fc (Tabelle **11**, Nr. **10** und **11**). Beide Diastereomeren entstehen bei der Einwirkung von $FeCl_3$ auf fc-$CH(C_6H_4CH_3$-p)$Si(CH_3)_3$ in CH_3OH bei Zimmertemperatur/120 h oder bei der Reaktion der gleichen Verbindung mit fc-$CH(C_6H_4CH_3$-p)OCH_3 in CH_3OH/HCl (etwa 0.1 mol) bei Zimmertemperatur/168 h; die Ausbeuten betragen in beiden Fällen etwa 56% an A und etwa 28% an B. Sie bilden sich auch im Gemisch mit Nr. 7, 8 und 9, wenn man

Literatur s. S. 87

in der letzten Reaktion die Komponenten fc-CH$(C_6H_5)Si(CH_3)_3$/fc-CH$(C_6H_4CH_3$-p)OCH_3 oder fc-CH$(C_6H_4CH_3$-p)$Si(CH_3)_3$/fc-CH$(C_6H_5)OCH_3$ einsetzt, wobei der Zusammentritt der beiden verschiedenen fc-CH(Aryl)-Gruppen in etwa statistischer Verteilung erfolgt. Die Diastereomeren werden durch wiederholte Chromatographie an Al_2O_3 getrennt, A wird mit Äther, B mit Benzol eluiert [58]. Darstellung auch durch reduktive Dimerisierung von fc-CH$(C_6H_4CH_3$-p)OH in CH_3COOH/HBr mit Zn-Staub, 80% Ausbeute [36].

Im ^{1}H-NMR-Spektrum sind die chemischen Verschiebungen der CH-Protonen wahrscheinlich von den Cyclopentadienylsignalen verdeckt. — Das Massenspektrum des Diastereomerengemisches zeigt nur schwach das Molekelion und am stärksten $[fc\text{-}CHC_6H_4CH_3]^+$ [58].

fc-C_5H_8-C_5H_8-fc (Tabelle **11**, Nr. **12**) wird ursprünglich bei Versuchen der Friedel-Crafts-Alkylierung von Ferrocen mit $ClCH_2CH_2Cl$ in geringer Menge als niedermolekulares Produkt isoliert und als „Pentaäthanodiferrocen" angesehen [8]. Daß diese Formulierung nicht zutreffen kann, ergibt sich aus der Bildung des gleichen Produktes bei der Einwirkung von $AlCl_3$ auf Ferrocen in Benzol [66] oder auf fc-C_5H_7-cyclo (Cyclopentenyl) in Heptan [25]. Die in Tabelle 11 angegebene Struktur stimmt am besten mit den experimentellen Daten überein. Der Bildungsmechanismus wird diskutiert [25, 30], s. auch [31].

Die Verbindung wird von höhermolekularen Produkten durch Fällung aus Äther/Methanol getrennt und durch Chromatographie an Al_2O_3 mit Cyclohexan als Elutionsmittel gereinigt [8, 30].

Zum IR-Spektrum als Figur s. auch [8]. — Die Substanz löst sich leicht in Benzol, Äther, Chloroform, wenig in Alkoholen [8].

$fc_2(CH_3)C_3H_3$-cyclo (Tabelle **11**, Nr. **13**) entsteht in geringer Menge neben mehreren anderen Produkten aus Ferrocenyl-methylcarben, das aus fc-C(CH_3)=NNH_2 in C_6H_6 oder C_6H_{12} in Gegenwart von HgO bei 80°C oder aus fc-C(CH_3)=N-NH-$SO_2C_6H_4CH_3$-p in Gegenwart von Basen (z. B. NaH/Pyridin) bei 90°C erzeugt wird [49, 51]. — Das IR-Spektrum ist von 812 bis 3090 cm^{-1} bei [51] angegeben.

$C_{34}H_{26}Fe_2$ (Tabelle **11**, Nr. **14**, „Bi(2,3-ferrocoindenyl)") bildet sich aus seinem unten beschriebenen Salz durch Reduktion mit Ascorbinsäure in Aceton/Wasser oder mit Zn in CH_3COOH/HCl.

Das IR-Spektrum zeigt zahlreiche Banden, von denen einige angegeben sind. — Im Massenspektrum tritt das Molekelion auf, ferner $[C_{12}H_{18}FeC_5H_5]^+$, $[C_{12}H_8]^+$, $[C_5H_5Fe]^+$ und zahlreiche weitere Fragmente mit geringer Intensität [37].

$[C_{34}H_{26}Fe_2][BF_4]_2$ wird bei dem Versuch erhalten, das Carbonium-Ion I aus 2,3-Ferrocoindenol II mit HBF_4 in $(CH_3CO)_2O$ bei Zimmertemperatur zu erzeugen. Die Bildung des dimeren Kations läßt sich als interne Redoxreaktion zu III und dessen Dimerisierung deuten, vgl. fc-CH_2CH_2-fc.

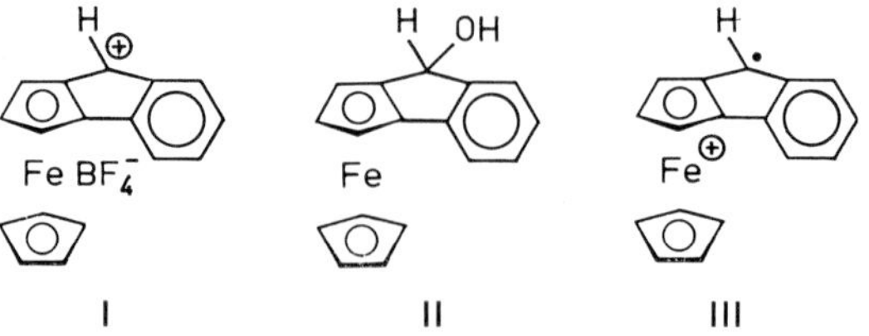

Man erhält das Salz als grüne, pulvrige Substanz aus Aceton/Äther, Schmelzpunkt >360°C. — Die magnetische Suszeptibilität, gemessen im festen Zustand oder in Dimethylsulfoxid zu $\chi = 5.1 \times 10^{-6}$ $cm^3 \cdot g^{-1}$ (bei 294.5 K), ergibt $\mu_{eff} = 3.14$ B.M., entsprechend 2.2 B.M. je Fe-Atom, was für Ferrocenium zu erwarten ist. Die Temperaturabhängigkeit der Suszeptibilität ist bis 80 K als Figur wiedergegeben. IR-Spektrum (KBr): 765, 850, 1000 bis 1080, 1440, 1510, 1580, 3150 cm^{-1}. Das UV-Spektrum in konzentriertem H_2SO_4 ist praktisch das gleiche wie von II in konzentriertem H_2SO_4. — Einige Fragmente des Massenspektrums sind angegeben [37].

Literatur s. S. 87

Literatur:

[1] E. I. Du Pont de Nemours & Co., V. Weinmayr (U.S.P. 2694721 [1952/54]). — [2] V. Weinmayr (J. Am. Chem. Soc. **77** [1955] 3009/11). — [3] A. N. Nesmeyanov, I. I. Kritskaya (Izv. Akad. Nauk SSSR Otd. Khim. Nauk **1956** 253/4). — [4] R. Riemschneider, D. Helm (Chem. Ber. **89** [1956] 155/61). — [5] A. N. Nesmeyanov, L. A. Kazitsyna, B. V. Lokshin, I. I. Kritskaya (Dokl. Akad. Nauk SSSR **117** [1957] 433/6; Proc. Acad. Sci. USSR Chem. Sect. **112/117** [1957] 1033/6).

[6] A. N. Nesmeyanov (Proc. Roy. Soc. [London] **246** [1958] 495/503). — [7] A. N. Nesmeyanov, L. A. Kazitsyna, B. V. Lokshin, V. D. Vil'chevskaya (Dokl. Akad. Nauk SSSR **125** [1959] 1037/40; Proc. Acad. Sci. USSR Chem. Sect. **124/129** [1959] 290/3). — [8] A. N. Nesmeyanov, N. S. Kochetkova (Dokl. Akad. Nauk SSSR **126** [1959] 307/9; Proc. Acad. Sci. USSR Chem. Sect. **124/129** [1959] 359/61). — [9] K. L. Rinehart, C. J. Michejda, P. A. Kittle (17th Intern. Congr. Pure Appl. Chem., München 1959, Abstr. A 146, S. 29). — [10] K. L. Rinehart, C. J. Michejda, P. A. Kittle (J. Am. Chem. Soc. **81** [1959] 3162/3).

[11] A. Berger, J. Kleinberg, W. E. McEwen (Chem. Ind. [London] **1960** 204/5). — [12] A. Berger, J. Kleinberg, W. E. McEwen (Chem. Ind. [London] **1960** 1245). — [13] A. N. Nesmeyanov, E. G. Perevalova, Yu. A. Ustynyuk (Dokl. Akad. Nauk SSSR **133** [1960] 1105/7; Proc. Acad. Sci. USSR Chem. Sect. **130/135** [1960] 921/3). — [14] K. L. Rinehart, C. J. Michejda, P. A. Kittle (Angew. Chem. **72** [1960] 38). — [15] K. L. Rinehart, P. A. Kittle, A. F. Ellis (J. Am. Chem. Soc. **82** [1960] 2082/3).

[16] K. L. Rinehart, A. K. Frerichs, P. A. Kittle, L. F. Westman, D. H. Gustafson, R. L. Pruett, J. E. McMahon (J. Am. Chem. Soc. **82** [1960] 4111/2). — [17] A. Berger, W. E. McEwen, J. Kleinberg (J. Am. Chem. Soc. **83** [1961] 2274/9). — [18] A. N. Nesmeyanov, N. S. Kochetkova, R. B. Materikova (Dokl. Akad. Nauk SSSR **136** [1961] 1096/8; Proc. Acad. Sci. USSR Chem. Sect. **136/141** [1961] 193/5). — [19] A. N. Nesmeyanov, E. G. Perevalova, L. S. Shilovtseva (Izv. Akad. Nauk SSSR Otd. Khim. Nauk **1961** 1982/5; Bull. Acad. Sci. USSR Div. Chem. Sci. **1961** 1850/2). — [20] D. E. Bublitz, W. E. McEwen, J. Kleinberg (J. Am. Chem. Soc. **84** [1962] 1845/9).

[21] A. N. Nesmeyanov, I. I. Kritskaya (Izv. Akad. Nauk SSSR Otd. Khim. Nauk **1962** 352/4; Bull. Acad. Sci. USSR Div. Chem. Sci. **1962** 327/8). — [22] A. N. Nesmeyanov, I. I. Kritskaya, T. V. Antipina (Izv. Akad. Nauk SSSR Otd. Khim. Nauk **1962** 1777/83; Bull. Acad. Sci. USSR Div. Chem. Sci. **1962** 1685/90). — [23] P. L. Pauson, W. E. Watts (J. Chem. Soc. **1962** 3880/6). — [24] E. G. Perevalova, S. P. Gubin, S. A. Smirnova, A. N. Nesmeyanov (Dokl. Akad. Nauk SSSR **147** [1962] 384/7; Proc. Acad. Sci. USSR Chem. Sect. **142/147** [1962] 994/7). — [25] A. N. Nesmeyanov, N. S. Kochetkova, P. V. Petrovskii, E. I. Fedin (Dokl. Akad. Nauk SSSR **152** [1963] 875/8; Dokl. Chem. Proc. Acad. Sci. USSR **148/153** [1963] 780/3).

[26] P. L. Pauson, W. E. Watts (J. Chem. Soc. **1963** 2990/6). — [27] E. G. Perevalova, Yu. A. Ustynyuk, A. N. Nesmeyanov (Izv. Akad. Nauk SSSR Otd. Khim. Nauk **1963** 1967/72; Bull. Acad. Sci. USSR Div. Chem. Sci. **1963** 1813/7). — [28] E. G. Perevalova, Yu. A. Ustynyuk, A. N. Nesmeyanov (Izv. Akad. Nauk SSSR Otd. Khim. Nauk **1963** 1972/7; Bull. Acad. Sci. USSR Div. Chem. Sci. **1963** 1818/21). — [29] A. Wende, H. J. Lorkowski (Plaste Kautschuk **10** [1963] 32/3). — [30] S. G. Cottis, H. Rosenberg (J. Polymer Sci. B **2** [1964] 295/9).

[31] U.S.A. Secretary Air Force, H. Rosenberg, S. G. Cottis (U.S.P. 3350369 [1964/67]). — [32] Yu. Yu. Samitov, R. M. Aminova (Dokl. Akad. Nauk SSSR **156** [1964] 142/4). — [33] Yu. A. Ustynyuk, E. G. Perevalova, A. N. Nesmeyanov (Izv. Akad. Nauk SSSR Ser. Khim. **1964** 70/3; Bull. Acad. Sci. USSR Div. Chem. Sci. **1964** 59/61). — [34] Yu. A. Ustynyuk, E. G. Perevalova (Izv. Akad. Nauk SSSR Ser. Khim. **1964** 62/9; Bull. Acad. Sci. USSR Div. Chem. Sci. **1964** 52/8). — [35] H. Valot (Compt. Rend. **258** [1964] 5870/2).

[36] M. Cais, A. Eisenstadt (J. Org. Chem. **30** [1965] 1148/54). — [37] M. Cais, A. Modiano, A. Raveh (J. Am. Chem. Soc. **87** [1965] 5607/14). — [38] C. Cordes, K. L. Rinehart (Abstr. Papers 150th Meeting Am. Chem. Soc., Atlantic City 1965, 37 S). — [39] A. N. Nesmeyanov, E. G. Perevalova, L. I. Leont'eva, Yu. A. Ustynyuk (Izv. Akad. Nauk SSSR Ser. Khim. **1965** 1996/7; Bull. Acad. Sci. USSR Div. Chem. Sci. **1965** 1662/4). — [40] A. N. Nesmeyanov, V. A. Sazonova, V. N. Drozd, N. A. Rodionova (Dokl. Akad. Nauk SSSR **160** [1965] 355/8; Dokl. Chem. Proc. Acad. Sci. USSR **160/165** [1965] 62/5).

[41] M. Cais, A. Eisenstadt (Omagiu Raluca Ripan, Bucaresti 1966, S. 179/81). — [42] W. G. DeWitt (Diss. Univ. of Illinois 1966 nach Diss. Abstr. B **27** [1966] 747/8). — [43] A. N. Nesmeyanov, E. G. Perevalova, T. T. Tsiskaridze (Izv. Akad. Nauk SSSR Ser. Khim. **1966** 2209/11; Bull. Acad. Sci. USSR Div. Chem. Sci. **1966** 2136/8). — [44] M. D. Rausch, D. L. Adams (J. Org. Chem. **32** [1967] 4144/5). — [45] A. M. Tarr, D. M. Wiles (Can. J. Chem. **46** [1968] 2725/31).

[46] P. Ashkenazi, S. Lupan, A. Schwarz, M. Cais (Tetrahedron Letters **1969** 817/20). — [47] S. Goldberg, W. D. Bailey (J. Am. Chem. Soc. **91** [1969] 5685/6). — [48] A. N. Nesmeyanov, L. P. Yur'eva, O. T. Nikitin (Izv. Akad. Nauk SSSR Ser. Khim. **1969** 1096/100; Bull. Acad. Sci. USSR Div. Chem. Sci. **1969** 1000/3). — [49] A. Sonoda, I. Moritani, T. Saraie, T. Wada (Tetrahedron Letters **1969** 2943/6). — [50] D. E. Bublitz (J. Organometal. Chem. **23** [1970] 225/8).

[51] A. Sonoda, I. Moritani, S. Yasuda, T. Wada (Tetrahedron **26** [1970] 3075/81). — [52] C. Baker, W. H. Horspool (Chem. Commun. **1971** 615/6). — [53] S. I. Goldberg, W. D. Bailey, M. L. McGregor (J. Org. Chem. **36** [1971] 761/9). — [54] M. D. Rausch, C. A. Pryde (J. Organometal. Chem. **26** [1971] 141/6). — [55] W. H. Horspool, R. G. Sutherland, B. J. Thomson (Syn. Inorg. Metal-Org. Chem. **2** [1972] 129/34).

[56] T. E. Bitterwolf, A. C. Ling (J. Organometal. Chem. **57** [1973] C15/C18). — [57] W. M. Horspool, B. J. Thomson (Syn. Inorg. Metal-Org. Chem. **3** [1973] 149/55). — [58] T. Kondo, K. Yamamoto, M. Kumada (J. Organometal. Chem. **60** [1973] 303/10). — [59] W. H. Morrison, S. Krogsrud, D. N. Hendrickson (Inorg. Chem. **12** [1973] 1998/2004). — [60] A. N. Nesmeyanov, P. V. Petrovskii, L. A. Federov, V. I. Robas, E. I. Fedin (Zh. Strukt. Khim. **14** [1973] 49/57; J. Struct. Chem. [USSR] **14** [1973] 42/9).

[61] H. Patin, R. Dabard (Bull. Soc. Chim. France **1973** 2413/7). — [62] C. Baker, W. M. Horspool (Tetrahedron Letters **1974** 3533/4). — [63] J. R. Doyle, N. C. Baenziger, R. L. Davis (Inorg. Chem. **13** [1974] 101/5). — [64] M. Lacan, Z. Ibrisagic (Croat. Chem. Acta **46** [1974] 107/13). — [65] A. N. Nesmeyanov, V. A. Sazonova, B. A. Surkov, V. M. Kramarov (Dokl. Akad. Nauk SSSR **215** [1974] 1128/31; Dokl. Chem. Proc. Acad. Sci. USSR **214/219** [1974] 240/3).

[66] S. I. Goldberg (J. Am. Chem. Soc. **84** [1962] 3022).

fc-CH=CH-fc and Derivatives with Hydrocarbon Substituents fc-C≡C-fc

6.3.1.2.2 fc-CH=CH-fc und Derivate mit Kohlenwasserstoff-Substituenten, fc-C≡C-fc

Neben den Verbindungen von Tabelle 12, unter denen sich auch vier Kern-substituierte Derivate von fc-$C(C_6H_5)$=$C(C_6H_5)$-fc befinden, ist fc-$C(C_6H_5)$=CH-fc als Produkt der Reaktion von $[fc_2C(C_6H_5)][HCl_2]$ mit Diazomethan erwähnt; es kann nicht isoliert werden, doch wird seine Existenz aus der Oxidation mit MnO_4^- zu fc-COC_6H_5, fc-CHO und fc-COOH abgeleitet [13].

Ein Nebenprodukt der Stevens-Umlagerung von fc-$CH_2N(CH_3)_3^+$ hat die Zusammensetzung $\mathbf{C_{22}H_{20}Fe_2}$, goldfarbene Blättchen (aus C_2H_5OH) mit kampferartigem Geruch [2]; es kann wegen des tiefen Schmelzpunktes von 39 bis 40°C nicht 1,2-Diferrocenyläthylen sein [3], wie bei [2] als möglich angenommen.

Tabelle 12. fc-CH=CH-fc, fc-C≡C-fc und Derivate mit Kohlenwasserstoff-Substituenten.
Für laufende Nummern mit Sternchen folgen am Ende der Tabelle weitere Angaben.
Zu Abkürzungen und Dimensionen s. S. 1.

Nr.	Verbindung	Schmelzpunkt und Erscheinungsform, Spektren; weitere Bemerkungen	Lit.
*1	fc-CH=CH-fc cis	195 bis 198; orangefarbenes Pulver durch Sublimation bei 160/0.5 Torr, UV (C_2H_5OH, lg ε): 240 (4.23), 271 (3.98), 305 (3.94)	[3]

Tabelle 12 [Fortsetzung].

Nr.	Verbindung	Schmelzpunkt und Erscheinungsform, Spektren; weitere Bemerkungen	Lit.
*2	fc-CH=CH-fc trans	275 bis 276; orangefarbene Nadeln oder feine Prismen (aus Benzol), ^{1}H-NMR ($CDCl_3$): 3.64 (=CH), 5.67 und 5.80 (C_5H_4, H-2 bzw. H-3), 5.92 (C_5H_5) UV (C_2H_5OH, ε): = 244 (19700), 313 (1700), 459 (1250)	[15, 17, 25]
*3	fc-C(CH_3)=C(CH_3)-fc trans	172, ^{1}H-NMR ($CDCl_3$): 6.00 (s, C_5H_5), 6.02 und 6.14 (t, C_5H_4), 7.94 (s, CH_3)	[26]
*4	fc-C(C_4H_9-t)=C(C_4H_9-t)-fc trans (?)	242 bis 243; rote Kristalle (aus Benzol/Hexan), ^{1}H-NMR ($CDCl_3$): 5.67 (t, C_5H_4), 5.84 (s, C_5H_5), 8.90 (s, CH_3)	[24]
*5	fc-C(C_6H_5)=C(C_6H_5)-fc trans	278 bis 280; tief orangefarbene Prismen (aus Benzol), ^{1}H-NMR ($CDCl_3$): 2.57 (m, C_6H_5), 5.97 (s, C_5H_5), 6.05 und 6.87 (t, A_2B_2-System, C_5H_4) UV (C_2H_5OH, ε): = 218 (39000), 241 (11000, S), 282 (4300, S), 460 (350)	[14, 21, 22, 26]
*6	C(C_6H_5)=C(C_6H_5) Fe Fe R R R = C_2H_5	161, ^{1}H-NMR ($CDCl_3$): 6.17 (s), 6.20 (t), 6.94 (t)	[21, 26]
*7	s. Nr. 6 R = C_3H_7	156, ^{1}H-NMR ($CDCl_3$): 6.13 (s), 6.17 (t), 6.92 (t)	[21, 26]
*8	s. Nr. 6 R = C_4H_9	171, ^{1}H-NMR ($CDCl_3$): 6.12 (s), 6.16 (t), 6.88 (t)	[21, 26]
*9	s. Nr. 6 R = $CH_2CH_2C_6H_5$	142, ^{1}H-NMR ($CDCl_3$): 6.12 (s), 6.15 (t), 6.88 (t)	[21, 26]
*10	fc fc	orangefarbenes Öl, ^{1}H-NMR ($CDCl_3$): 3.45 (d von t, H-3, J = 5.5 und 1.5), 3.83 (d von t, H-4, J wie oben), 5.68 und 5.90 (t, C_5H_4, H-2 bzw. H-3), 6.02 und 6.08 (s, C_5H_5), 6.67 (t, CH_2, J = 1.5) UV($C_2H_5OH/H_2O/CH_2Cl_2$,ε): 220 (20000), 320 (5500)	[23]

Tabelle 12 [Fortsetzung].

Nr.	Verbindung	Schmelzpunkt und Erscheinungsform, Spektren; weitere Bemerkungen	Lit.
*11	fc-C≡C-fc	244 bis 246; bronzefarbene bis tiefrote Nadeln, ^{1}H-NMR ($CDCl_3$): 5.56 und 5.81 (t, C_5H_4, H-2 bzw. H-3, J = 1.8), 5.78 (s, C_5H_5) UV (C_2H_5OH, ε): = 230 (19400), 265 (11500), 302 (10900), 453 (820)	[3, 10, 11]

* Weitere Angaben:

fc-CH=CH-fc-cis (Tabelle **12**, Nr. **1**) entsteht bei der Hydrierung von fc-C≡C-fc an einem mit Pb desaktivierten Pd-Katalysator in Tetrahydrofuran, 94% Ausbeute. Wird von neutralem Al_2O_3 mit Benzol eluiert. — Vor dem Schmelzen beobachtet man Erweichen ab 140°C. Unter der Einwirkung von p-$CH_3C_6H_4SO_3H$ in Benzol isomerisiert das Olefin vollständig zur trans-Verbindung Nr. 2 [3].

fc-CH=CH-fc-trans (Tabelle **12**, Nr. **2**). Darstellung durch Wittig-Reaktion aus fc-CH=P(C_6H_5)$_3$ und fc-CHO in Tetrahydrofuran unter Rückfluß/2 h mit 26% Ausbeute oder nach der Methode von Horner [28] aus fc-CHO mit (C_6H_5)$_2$P(O)Na in einer Öl-Dispersion bei 200°C/3 h mit 73% Ausbeute [3]; zur Wittig-Synthese s. auch [5]. Bei der Umsetzung von fc-CHO mit fc-CH_2P(O)(OC_2H_5)$_2$ und t-C_4H_9OK in Dimethylformamid bei 130°C wird nur 15% Ausbeute erhalten [20]. Die Dehydratisierung von fc-CH_2CH(OH)-fc in (CH_3CO)$_2$O/CH_3COOK bei Siedetemperatur/1 h gibt 70% Ausbeute [7]. Wenn man die Oxidation von fc-CH_2CH_2-fc mit MnO_2 in $CHCl_3$ bei Zimmertemperatur/8 h ausführt, ist fc-CH=CH-fc mit 44% Ausbeute das Hauptprodukt neben nur 11% fc-COCO-fc [9]. Weitere Bildungsweisen: mit 20% Ausbeute bei der thermischen Zersetzung von fc-CH=NN=CH-fc in Paraffinöl [17], als geringfügiges Nebenprodukt bei der Oligomerisierung von Ferrocen nach [25], vgl. 7.1.1.1.2, bei Versuchen zur Cotrimerisierung von fc-C≡CH/fc-C≡C-fc durch $Co_2(CO)_8$ [15], vgl. 7.1.2.2.2, und bei der Spaltung von fc-CH_2SCH_3 mit Li in Tetrahydrofuran unterhalb Zimmertemperatur [8]. — Zur Isolierung und Reinigung wird das Olefin von Al_2O_3 mit Benzol eluiert [3], auch mit Benzol/Petroläther (2:1) [20].

Weitere Schmelzpunktsangaben bewegen sich zwischen 264 und 271°C [3, 5, 7, 17], 269 bis 271°C in geschlossener, evakuierter Kapillare [25], nach [5] unter Zersetzung. Das IR-Spektrum des Festkörpers ist von 726 cm^{-1} bis zur ν(C=C)-Bande bei 1634 cm^{-1} bei [7] angegeben; die charakteristischen Banden der C_5H_5-Ringe liegen bei 1001, 1100 und 1410 cm^{-1} [25], s. auch [19]. Das UV-Spektrum hat nach [3] eine weitere Absorption bei 210 (lg ε = 4.60) nm; eine Abbildung der Spektren von Diferrocenylpolyenen bei [6] zeigt für fc-CH=CH-fc zusätzlich eine Schulter bei etwa 360 nm mit lg ε ≈ 3.6. Das Maximum bei 313 nm gehört zum Olefinübergang $\pi \rightarrow \pi^*$ [4, 6], vgl. auch fc-(CH=CH)$_2$-fc in 6.3.1.4.

Im Massenspektrum ist das Molekelion $[M]^+$ am häufigsten. Ein Fragment mit m/e = 394 entsteht wahrscheinlich durch Verlust der H-Atome in 2,2''-Stellung von C_5H_4 unter Bildung des Indacen-Systems IV, dessen Abbau weitere Fragmente des Spektrums erklären kann [25].

R_f-Werte der Dünnschichtchromatographie an SiO_2 sind bei [20] angegeben. — Die Verbindung wird mit Na/C_2H_5OH zu fc-CH_2CH_2-fc reduziert, s. dort. Bei der Oxidation mit MnO_2 in $CHCl_3$ wird neben fc-COCO-fc auch fc-CHO gebildet, das bei der gleichen Oxidation von fc-CH_2CH_2-fc im allgemeinen nicht auftritt [9]. Zur Acetylierung s. 6.3.1.2.3.

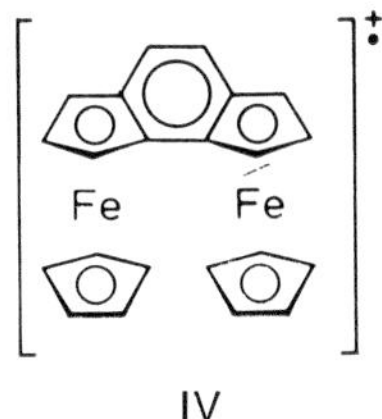

IV

fc-C(CH_3)=C(CH_3)-fc (Tabelle **12**, Nr. **3**) wird aus fc-$COCH_3$ durch Reduktion mit Zn-Pulver in CH_3COOH/HBr bei 0°C/10 min mit 35% Ausbeute neben fc-CH(CH_3)-CH(CH_3)-fc (28%) dargestellt [26].

fc-C(C_4H_9-t)=C(C_4H_9-t)-fc (Tabelle **12**, Nr. **4**) wird bei der Reduktion von fc-COC_4H_9-t mit Mg/MgJ_2 (etwa 2:1 mol) in Benzol/Äther unter Rückfluß/2 h mit 63% Ausbeute gebildet; Kristallisation aus Benzol/Hexan [24]. Zur Reduktion s. fc-CH(C_4H_9-t)-CH(C_4H_9-t)-fc in 6.3.1.2.1.

fc-C(C_6H_5)=C(C_6H_5)-fc (Tabelle **12**, Nr. **5**) ist eines der Produkte der Clemmensen-Reduktion von fc-COC_6H_5, das zum ersten Mal bei [1] isoliert und später bestätigt wird [14]. Diese Reduktion wird unter verschiedenen Bedingungen untersucht: Das Olefin kann mit bis zu 38% Ausbeute als Hauptprodukt auftreten, beispielsweise bei der Reduktion mit Na/Hg und konzentrierter Salzsäure in Toluol bei Rückfluß und schnellem Rühren [22]. Es ist das einzige Produkt, wenn die Reduktion von fc-COC_6H_5 in CH_3COOH und wäßrigem 48%igem HBr mit einem Überschuß Zn-Pulver bei 0°C/10 min durchgeführt wird [26]. Die Synthese aus fc-COC_6H_5 und $(C_6H_5)_2P(O)Na$ nach Horner gibt 47% Ausbeute [3], s. auch [26]. Geringe Mengen werden bei der Umlagerung von fc-C(C_6H_5)(OH)-C(C_6H_5)(OH)-fc mit HCl in Benzol zum entsprechenden Pinacolon gefunden [18, 24, 26] oder auch bei der Umlagerung an Al_2O_3 [24]. Bei der Chromatographie an Al_2O_3 wird die Verbindung mit Benzol/Hexan zusammen mit dem gesättigten Kohlenwasserstoff eluiert; letzterer läßt sich bei kleinen Mengen durch Verreiben mit Hexan herauslösen [22].

Schmilzt nach [26] unter Zersetzung. Andere UV-Absorptionen (in $CHCl_3$) sind mit λ_{max} (lg ε) = 277 (4.13) und 322 (4.21) nm bei [3] angegeben. Zum IR-Spektrum zwischen 1000 und 3080 cm^{-1} s. [22].

Die Hydroborierung ergibt das chirale fc-CH(C_6H_5)-CH(C_6H_5)-fc, s. dort, 6.3.1.2.1.

$RC_5H_4FeC_5H_4$-C(C_6H_5)=C(C_6H_5)-$C_5H_4FeC_5H_4R$ (Tabelle **12**, Verbindungen Nr. **6** bis **9**). Die Verbindungen bilden sich mit 8 bis 16% Ausbeute neben den einkernigen Derivaten $RC_5H_4FeC_5H_4CH_2C_6H_5$ bei der Reduktion der Ketone $R'COC_5H_4FeC_5H_4COC_6H_5$ ($R' = CH_3$, C_2H_5, C_3H_7 und $CH_2C_6H_5$) mit Zn/Hg in CH_3COOH und konzentrierter Salzsäure unter Rückfluß. Die Trennung von den einkernigen Verbindungen erfolgt an SiO_2 mit Petroläther; Kristallisation aus Hexan. Verbindung Nr. 6 wird auch nach der Horner-Methode aus $C_2H_5C_5H_4FeC_5H_4COC_6H_5$ und $(C_6H_5)_2P(O)Na$ mit 12% Ausbeute dargestellt [21, 26] und entsteht bei der Pinacol-Pinacolon-Umlagerung des entsprechend substituierten Pinacols mit HCl-Gas in Benzol.

Es gelingt nicht, die Doppelbindung mit Na/C_2H_5OH zu reduzieren oder katalytisch zu hydrieren; sie wird in Verbindung Nr. 6 durch Ozonolyse und $LiAlH_4$-Reduktion zu $C_2H_5C_5H_4FeC_5H_4CH(C_6H_5)OH$ nachgewiesen [26].

$fc_2C_5H_4$-cyclo (Tabelle **12**, Nr. **10**) wird aus dem Keton V über den nicht rein isolierbaren Alkohol VI durch $NaBH_4$-Reduktion in Tetrahydrofuran/Äthanol bei 55°C/5 h und Dehydratisierung von VI in CH_2Cl_2 an Al_2O_3/SiO_2 mit 45.7% Ausbeute erhalten.

O OH

fc fc fc fc

V VI

IR-Banden im fc- und Cyclopentadienylbereich sind angegeben. — Das Massenspektrum zeigt das Molekelion und Bruchstücke bis zu m/e = 121, die nicht weiter diskutiert werden. — Die Verbindung dient als Ausgangsmaterial für die Synthese von 1,2-Terferrocen [23], vgl. 7.1.1.1.2.

fc-C≡C-fc (Tabelle **12**, Nr. **11**). Die erste Darstellung von Diferrocenylacetylen gelingt durch Pyrolyse von fc-CO-C(=P(C_6H_5)$_3$)-fc bei 210°C/0.02 Torr und Chromatographie an Al_2O_3 mit Benzol als Elutionsmittel, 93% Ausbeute [3]. Bei der Reaktion von fc-C≡CCu mit fc-J (etwa 2:1 mol) in Pyridin unter Rückfluß werden bis 84% Ausbeute erhalten [10, 11]. Wird aus Äthanol [10] oder Chloroform/Cyclohexan [11] umkristallisiert.

Die Verbindung läßt sich bei 180°C/0.02 Torr sublimieren [3]. Das ^{1}H-NMR-Spektrum zeigt in $(CD_3)_2SO$ etwas höhere τ-Werte [11] als in der Tabelle nach [10] angegeben. Die Absorptionsmaxima des UV-Spektrums in $CHCl_3$ liegen nach [12] bei λ_{max} (ε) = 258 (10400), 300 (7150), 345 (Schulter, 1150) und 444 (790) nm.

Durch elektrochemische Oxidation in CH_2Cl_2 können die Kationen [fc-C≡C-fc]$^+$ (A) und [fc-C≡C-fc]$^{2+}$ (B) erzeugt werden; bei der cyclischen Voltammetrie findet man die entsprechenden reversiblen Einelektronenübergänge (anodisch) bei E^I = 0.640 und E^{II} = 0.775 V. Tiefviolettes A disproportioniert in Lösung bei 25°C zu etwa 10% in fc-C≡C-fc und B; eine reine Lösung des hellgrünen B wird durch vollständige coulometrische Oxidation hergestellt, diese Lösungen sind bei Luft- und Feuchtigkeitsausschluß stabil. Die Spektren von A und B werden als Figur zwischen 400 und 1800 nm angegeben; beträchtlich verschobene Ferrocenium-Banden liegen bei λ_{max} (ε) = 545 (2100) nm für A und 720 (1000) nm für B. Eine breite Bande von A bei 1560 (ε = 670) nm ist dem Übergang [fc$^+$C≡Cfc] → [fcC≡Cfc$^+$]* („intervalence transfer transition") zuzuschreiben [27], s. auch [29], vgl. Biferrocen und Biferrocenylen in 6.1.2 bzw. 6.2.2.

fc-C≡C-fc läßt sich weder thermisch noch mit $Co_2(CO)_8$ als Katalysator zu Hexaferrocenylbenzol trimerisieren [16]; auch eine Cotrimerisierung mit fc-C≡CH in Gegenwart von $Co_2(CO)_8$ gelingt nicht, bei Zimmertemperatur in Dioxan bilden $Co_2(CO)_8$ und fc-C≡C-fc den Komplex $Co_2(CO)_6$fc-C_2-fc [15], der schon in „Kobalt-Organische Verbindungen" 2, Erg.-Werk, Bd. 6, Kapitel 2.2.2.5, Tabelle 17, Nr. 60, behandelt worden ist. Weitere Umsetzungen mit $Fe(CO)_5$, $Mo(CO)_6$ und $Fe_3(CO)_{12}$ nach [15] s. bei vierkernigen Verbindungen in 7.2.2.2.2. Die katalytische Hydrierung führt zu cis-fc-CH=CH-fc (Nr. 1).

Literatur:

[1] M. Rausch, M. Vogel, H. Rosenberg (J. Org. Chem. **22** [1957] 903/6). — [2] C. R. Hauser, J. K. Lindsay, D. Lednicer (J. Org. Chem. **23** [1958] 358/60). — [3] P. L. Pauson, W. E. Watts (J. Chem. Soc. **1963** 2990/6). — [4] K. Schlögl, H. Egger (Angew. Chem. **75** [1963] 1123). — [5] K. Schlögl, H. Egger (Liebigs Ann. Chem. **676** [1964] 76/87).

[6] K. Schlögl, H. Egger (Liebigs Ann. Chem. **676** [1964] 88/97). — [7] Yu. A. Ustynyuk, E. G. Perevalova, A. N. Nesmeyanov (Izv. Akad. Nauk SSSR Ser. Khim. **1964** 70/3; Bull. Acad. Sci. USSR Div. Chem. Sci. **1964** 59/61). — [8] A. N. Nesmeyanov, E. G. Perevalova, L. I. Leont'eva, Yu. A. Ustynyuk (Izv. Akad. Nauk SSSR Ser. Khim. **1965** 1696/7; Bull. Acad. Sci. USSR Div. Chem. Sci. **1965** 1662/4). — [9] A. N. Nesmeyanov, E. G. Perevalova, T. T. Tsiskaridze (Izv. Akad. Nauk SSSR Ser. Khim. **1966** 2209/11; Bull. Acad. Sci. USSR Div. Chem. Sci. **1966** 2136/8). — [10] M. D. Rausch, A. Siegel, L. P. Kleman (J. Org. Chem. **31** [1966] 2703/4).

[11] M. Rosenblum, N. Brawn, J. Papenmeier, M. Applebaum (J. Organometal. Chem. **6** [1966] 173/80). — [12] K. Schlögl, W. Steyrer (J. Organometal. Chem. **6** [1966] 399/411). — [13] A. N. Nesmeyanov, E. G. Perevalova, L. I. Leont'eva, Yu. A. Ustynyuk (Izv. Akad. Nauk SSSR Ser. Khim. **1967** 681/2; Bull. Acad. Sci. USSR Div. Chem. Sci. **1967** 657/8). — [14] M. D. Rausch, D. L. Adams (J. Org. Chem. **32** [1967] 4144/5). — [15] M. Rosenblum, N. Brawn, B. King (Tetrahedron Letters **1967** 4421/5).

[16] K. Schlögl, H. Soukup (Tetrahedron Letters **1967** 1181/4). — [17] N. P. Buu-Hoï, G. Saint-Ruf (Bull. Soc. Chim. France **1968** 2489/92). — [18] S. I. Goldberg, W. D. Bailey (Chem. Commun. **1969** 1059/60). — [19] A. Perjessy, S. Toma (Chem. Zvesti **23** [1969] 533/9). — [20] S. Toma, E. Kaluzayova (Chem. Zvesti **23** [1969] 540/52).

[21] H. Patin (Compt. Rend. C **270** [1970] 243/5). — [22] S. I. Goldberg, W. D. Bailey, M. L. McGregor (J. Org. Chem. **36** [1971] 761/9). — [23] S. I. Goldberg, J. G. Breland (J. Org. Chem. **36** [1971] 1499/503). — [24] M. D. Rausch, C. A. Pryde (J. Organometal. Chem. **26** [1971] 141/6). — [25] E. W. Neuse (J. Organometal. Chem. **56** [1973] 323/6).

[26] H. Patin, R. Dabard (Bull. Soc. Chim. France **1973** 2413/7). — [27] C. LeVanda, D. O. Cowan, C. Leitch, K. Bechgaard (J. Am. Chem. Soc. **96** [1974] 6788/9). — [28] L. Horner, P. Beck, V. G. Toscano (Chem. Ber. **94** [1961] 1323/6). — [29] C. LeVanda, K. Bechgaard, D. O. Cowan (J. Org. Chem. **41** [1976] 2700/4).

6.3.1.2.3 Verbindungen mit funktionellen Gruppen

Compounds with Functional Groups

Die folgende Tabelle 13 enthält nur Verbindungen mit funktionellen Gruppen an den Brücken-C-Atomen. Die einzige bisher bekannte Kern-substituierte Verbindung ist ein Acetylderivat von 1,2-Diferrocenyläthylen:

fc-CH=CH-$C_5H_4FeC_5H_4COCH_3$. Die Darstellung erfolgt durch Acetylierung von trans-fc-CH=CH-fc mit $(CH_3CO)_2O$ (1:4 mol) in Gegenwart von 85%igem H_3PO_4 (1 mol) unter Rückfluß/2 h, 4.5% Ausbeute. — Die Substanz wird aus Äthanol kristallisiert. Schmelzpunkt: 185 bis 187°C [20]. Im IR-Spektrum tritt neben den fc-Banden bei 1004 und 1105 cm^{-1} eine Acetyl-Bande bei 1114 cm^{-1} auf [19]. UV-Spektrum (in C_2H_5OH): λ_{max} (lg ε) = 242 (4.65) und 310 (4.53) nm [20].

Folgende weitere Substanzen sind nicht in die Tabelle aufgenommen:

fc-C(C_6F_5)=C(C_6F_5)-fc, dessen Formulierung als nicht gesichert anzusehen ist, entsteht wahrscheinlich bei der Clemmensen-Reduktion von fc-COC_6F_5 neben fc-$CH_2C_6F_5$ als gelbe, unlösliche Substanz, die durch das Molgewicht (m/e = 728) und IR-Banden bei 963, 981, 1000, 1030, 1105, 1116, 1300, 1323, 1401, 1489 und 1652 cm^{-1} charakterisiert ist [16].

fc-CH($C_6H_4OCH_3$-p)-CH($C_6H_4OCH_3$-p)-fc wird durch reduktive Dimerisierung von fc-CH($C_6H_4OCH_3$-p)OH mit 67% Ausbeute erhalten, vgl. zu dieser Methode fc-CH(C_6H_5)-CH(C_6H_5)-fc in 6.3.1.2.1. Aus dem Gemisch der beiden diastereomeren Formen läßt sich durch wiederholte Dünnschichtchromatographie nur die weniger polare Komponente rein isolieren. Ihr Schmelzpunkt liegt nach Kristallisation aus Hexan bei 190 bis 192°C [10], s. auch [12].

fc-CH($C_5H_4Mn(CO)_3$)-CH($C_5H_4Mn(CO)_3$)-fc entsteht entsprechend der vorangegangenen Substanz aus fc-CH($C_5H_4Mn(CO)_3$)OH als „gefärbte", kristalline Verbindung, die bis 220°C nicht schmilzt [12].

Die in Tabelle 13 zusammengestellten Verbindungen sind geordnet nach Alkoholen (Nr. 1 bis 11), Ketonen (Nr. 12 bis 18), Carbonsäurederivaten (Nr. 19 und 20) und Verbindungen mit N- und P-Funktionen (Nr. 21 bis 25).

Tabelle 13. Verbindungen mit funktionellen Gruppen.
Für laufende Nummern mit Sternchen folgen am Ende der Tabelle weitere Angaben.
Zu Abkürzungen und Dimensionen s. S. 1.

Nr.	Verbindung	Schmelzpunkt und Erscheinungsform, Spektren; weitere Bemerkungen	Lit.
1	fc-$CH_2CH(OH)$-fc	194.5 bis 196.5; das IR ist von 720 bis 2720 angegeben. — Bildung durch Einwirkung von C_4H_9Li auf fc-CH_2OCH_2-fc in THF bei Zimmertemperatur (23.5%), Kristallisation aus Benzol/Heptan	[9]
2	fc-CH(OH)-CH(OH)-fc	147 bis 148 (Zers.); Darst. aus Nr. 13 mit $LiAlH_4$ in Äther/Benzol bei Zimmertemperatur (40%), Kristallisation aus Benzol. Zersetzt sich an der Luft	[13]
*3	fc-$C(CH_3)(OH)$-$C(CH_3)(OH)$-fc	140 bis 143; gelb. Gemisch von d, l- und meso-Form im Verhältnis 2.25, ^1H-NMR (CCl_4): 5.93 (s, C_5H_5), 5.75 bis 6.26 und 6.26 bis 6.46 (2m, C_5H_4), 7.70 (OH), 8.52 und 8.68 (2s, CH_3)	[25]
4	fc-$C(C_2H_5)(OH)$-$C(C_2H_5)(OH)$-fc	113 bis 115; zur Darst. s. weitere Angaben zu Nr. 5; das Diol ist stabiler als Nr. 5 und 6	[8]
*5	fc-$C(C_3H_7$-n)(OH)-$C(C_3H_7$-n)(OH)-fc	126 bis 128; braune Blättchen (aus Benzol/Petroläther). Instabil: Luftoxidation zu fc-COC_3H_7-n, IR: ν(OH) bei 3400	[8]
6	fc-$C(C_4H_9$-n)(OH)-$C(C_4H_9$-n)(OH)-fc	94 bis 97; instabil an der Luft, s. Nr. 5	[8]
*7	fc-$CH(C_6H_5)$-$C(C_6H_5)(OH)$-fc	178 bis 180; Diastereomerenform unbekannt, ^1H-NMR ($CDCl_3$): 2.95 (m, C_6H_5), 6.05 und 6.15 (2m, C_5H_4 und CH), 6.25 und 6.40 (2s, C_5H_5), 7.32 (s, OH) IR (C_6H_6): 1000, 1105, 3100 (fc); 1450, 1600 (C_6H_5); 2910 (CH); 3520 (OH)	[21]
*8	fc-$C(C_6H_5)(OH)$-$C(C_6H_5)(OH)$-fc meso-Form (A)	202 bis 204; gelbe Kristalle, ^1H-NMR (CS_2): 2.55, 3.00 (komplexe m's, C_6H_5), 5.95 (m, C_5H_4, H-2), 6.13 (m, C_5H_4, H-3), 6.38 (s, C_5H_5), 7.40 (s, OH)	[21]

Literatur s. S. 100

Tabelle 13 [Fortsetzung].

Nr.	Verbindung	Schmelzpunkt und Erscheinungsform, Spektren; weitere Bemerkungen	Lit.
*9	fc-C(C_6H_5)(OH)-C(C_6H_5)(OH)-fc racem-Form (B)	207 bis 209; gelbe Kristalle, ^{1}H-NMR (CS_2): 2.93 (scheinbares d, C_6H_5), 5.97, 6.13, 6.22 (komplexes m, C_5H_4), 6.38 (s, C_5H_5), 7.22 (s, OH)	[21]
*10	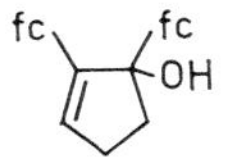 fc, fc, OH	orangefarbenes Öl, nicht rein isoliert	[22]
*11	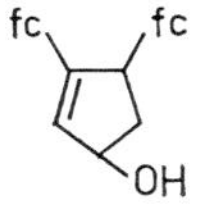 fc, fc, OH	orangefarbenes Öl, nicht rein isoliert, IR (CH_2Cl_2): 998, 1100, 3040, 3090 (fc); 1630 (C=C); 3445, 3590 (OH)	[22]
*12	fc-CH_2CO-fc	160 bis 163; rotes Pulver nach Sublimation bei 160/0.02 Torr, IR (CH_2Cl_2): 998, 1100, 3050, 3100 (fc); 1600 (CO)	[7, 22]
*13	fc-COCO-fc	193.5 bis 195.5; purpurfarben, ^{1}H-NMR ($CDCl_3$): 5.05 (t, H-2 von C_5H_4, J = 3), 5.35 (t, H-3 von C_5H_4, J = 3), 5.75 (s, C_5H_5) IR (CH_2Cl_2): 995, 1100, 3050, 3100 (fc); 1650 (CO)	[5, 22]
*14	fc-C(C_6H_5)$_2$-CO-fc	250 bis 251; orangerote Kristalle (aus Benzol/Äther), ^{1}H-NMR ($CDCl_3$): 2.8 (m, C_6H_5), 7.57 und 5.88 (2t, H-2 bzw. H-3 von C_5H_4CO, J = 2), 5.95 (scheinbares d, C_5H_4 und C_5H_5), 6.59 (t, H-3 von C_5H_4?, J ≈ 2) IR ($CHCl_3$): 1003, 1110, 3060, 3090 (fc); 1445, 1490, 1600, 3000, 3015 (C_6H_5); 1670 (CO)	[18, 21, 23]
15	fc-C(C_3H_7-n)(OH)-CO-fc	168 bis 169 (aus Benzol); Darst. aus Nr. 13 mit n-C_3H_7MgBr in Äther/Benzol bei Zimmertemperatur (48%), IR: 1004, 1108 (fc); 1631 (CO)	[13]

Literatur s. S. 100

Tabelle 13 [Fortsetzung].

Nr.	Verbindung	Schmelzpunkt und Erscheinungsform, Spektren; weitere Bemerkungen	Lit.
*16	fc, fc, O	181 (Zers.); dunkelrote Kristalle (aus Benzol/Petroläther), ^{1}H-NMR ($CDCl_3$): 5.17 und 5.44 (2t, H-2 bzw. H-3 von C_5H_4, J = 2), 5.77 (s, C_5H_5) UV (C_2H_5OH, lg ε): 243 (4.15), 275 (4.08), 300 (4.08), 348 (3.71), 477 (3.33)	[26]
*17	fc, fc, O	226 bis 227 (Zers.); tiefrote Kristalle (aus CH_2Cl_2 bei −30°C), ^{1}H-NMR ($CDCl_3$): 3.82 (scheinbares t, ≡CH, J = 1 bis 2), 5.2 bis 5.7 (komplex, CH und C_5H_4), 5.8 und 6.0 (2s, C_5H_5), 6.88 und 6.95 (scheinbares d, J = 1 bis 2) UV ($C_2H_5OH/H_2O/CH_2Cl_2$, ε): 214 (24000), 256 (9000), 311 (11000)	[22]
*18	fc, fc, OH, O	210 bis 213 (Zers.); dunkelrot, kristallin, ^{1}H-NMR ($CDCl_3$): 3.88 (scheinbares s, ≡CH), 5.2 bis 6.0 (komplex, C_5H_4 und OH), 5.74 und 6.0 (2s, C_5H_5), 6.66 und 6.86 (2 scheinbare d, J = 1 bis 2) UV ($C_2H_5OH/H_2O/CH_2Cl_2$, ε): 220 (19900), 255 (13000), 312 (8400)	[22]
19	fc, fc, O, O, O	199 bis 202; orangefarben, kristallin (aus C_2H_5OH), ^{1}H-NMR ($CDCl_3$): 5.92 (s, C_5H_5), 6.00 und 6.15 (2t, C_5H_4), 6.50 und 7.00 (2m, CH_2) IR: ν(CO-O-CO) bei 1775, 1845, 1867 Darst. aus fc-C(=CH_2)-C(=CH_2)-fc und Maleinsäureanhydrid in siedendem Toluol/4 h (80%)	[25]
*20	fc, fc, O, O, O, O	250 (nicht scharf, Zers.); hellgelbes Pulver (aus Benzol oder Benzol/Petroläther), IR: 1000, 1105 (fc); etwa 1760 (CO)	[6, 11]

Literatur s. S. 100

Tabelle 13 [Fortsetzung].

Nr.	Verbindung	Schmelzpunkt und Erscheinungsform, Spektren; weitere Bemerkungen	Lit.
21	fc-CO-C(=NOH)-fc	169 bis 170 (Zers., aus Äther/Petroläther), IR: ν(CO) bei 1639. — Darst. aus Nr. 13 mit NH_2OH in Pyridin/Äthanol (73%)	[13]
22	fc-CO-C(=NNH$C_6H_3(NO_2)_2$-2,4)-fc	kein Schmelzen bis 250. — Darst. aus Nr. 13 mit dem Hydrazin-Derivat (56%), IR: ν(CO) bei 1643	[13]
23	[fc-CH($C_6H_4N(CH_3)_2$-p)-]$_2$	215 bis 217 (aus C_4H_9OH). — Darst. durch reduktive Dimerisierung von fc-CH($C_6H_4N(CH_3)_2$-p)OH oder Bldg. aus [fc-CH-$C_6H_4N(CH_3)_2$-p]-[B$(C_6H_5)_4$] in alkalisch wäßrigem Aceton neben fc-CH(CH_2COCH_3)-$C_6H_4N(CH_3)_2$-p	[14]
24	fc-CO-CH(P$(C_6H_5)_3$J)-fc	200 bis 203; ziegelroter Niederschlag (Zers.). — Zur Darst. s. weitere Angaben zu Nr. 25	[7]
*25	fc-CO-C(=P$(C_6H_5)_3$)-fc	201 bis 203 (Zers.); orangefarbenes Pulver (aus Benzol) IR: ν(O=CC=P) bei 1479	[7]

Literatur s. S. 100

* Weitere Angaben:

fc-C(CH_3)(OH)-C(CH_3)(OH)-fc (Tabelle **13**, Nr. **3**) wird aus fc-$COCH_3$ in alkalischem C_2H_5OH/H_2O an einer Hg-Kathode (Bildung von Na/Hg) mit 90% Ausbeute hergestellt und durch Umfällen aus kaltem C_2H_5OH unter Zugabe von H_2O gereinigt. Die Substanz kann aus heißem Heptan oder Äthanol nicht umkristallisiert werden, da sie in Lösung zu fc-$COCH_3$ oxidiert wird. — Das Diol läßt sich zu fc-C(=CH_2)-C(=CH_2)-fc dehydratisieren, s. 6.3.1.2.1. Zur Pinacolumlagerung s. $fc_2C(CH_3)COCH_3$, 6.3.1.1.3.2 [25].

fc-C(C_3H_7-n)(OH)-C(C_3H_7-n)(OH)-fc (Tabelle **13**, Nr. **5**). Darstellung aus fc-COC_3H_7-n durch Reduktion mit amalgamiertem Mg in trocknem Benzol/Tetrahydrofuran unter Rückfluß/36 h und anschließender Behandlung mit H_2O unter Rückfluß/1 h, 55% Ausbeute. In entsprechender Weise werden Verbindungen Nr. 4 (31%) und Nr. 6 (60%) dargestellt. — Das nach Aufbewahren bei Zimmertemperatur nach einigen Tagen gebildete braune Öl enthält nach dem IR-Spektrum fc-COC_3H_7-n [8].

fc-CH(C_6H_5)-C(C_6H_5)(OH)-fc (Tabelle **13**, Nr. **7**) wird bei der Durchführung der Clemmensen-Reduktion von fc-COC_6H_5 in Toluol/H_2O und konzentrierter Salzsäure bei Zimmertemperatur/5 h in sehr geringer Menge durch wiederholte Dünnschichtchromatographie isoliert. Die Verbindung muß vorsichtig aus Hexan umkristallisiert werden, da sie sehr leicht (schon bei der Chromatographie) in fc-COC_6H_5 und fc-$CH_2C_6H_5$ spaltet.

Das zweite Diastereomere (racem-Form?) wird bei der Chromatographie als langsamer wandernde Substanz ebenfalls beobachtet; es ist weniger löslich und scheint schneller zu fragmentieren [21].

fc-C(C_6H_5)(OH)-C(C_6H_5)(OH)-fc (Tabelle **13**, Nr. **8** und **9**). Diastereomerengemische werden durch verschiedenartige Reduktionen von fc-COC_6H_5 dargestellt: Mit $CH_3MgJ/CoCl_2$ in Äther/Benzol unter Rückfluß/2.5 h mit anschließender Hydrolyse (38% Ausbeute) [1], die Ausbeute erhöht sich auf 62%, wenn man mit einem größeren Überschuß an CH_3MgJ in weniger Lösungsmittel arbeitet [23]; durch Clemmensen-Reduktion in Äther/H_2O bei Zimmertemperatur unter schnellem Rühren während 15 min mit 80% Ausbeute [21] und in ähnlicher Weise in Äther/HBr (wäßriges, 48%ig, etwa 1.5 Vol.-%) bei 0°C unter Zugabe von Zn-Pulver während 5 min und anschließender Zugabe von H_2O (praktisch quantitativ) [24]. Bei Verwendung von (+)-(S)-1-Methoxy-2-methylbutan als Lösungsmittel in der Clemmensen-Reduktion mit Zn/Salzsäure entsteht das chirale Isomere B (Nr. 9) in optisch aktiver Form [17, 21].

Das Diastereomerengemisch, das bei der Clemmensen-Reduktion etwa im Verhältnis A : B = 3 : 1 anfällt [21] und für das Schmelzbereiche von 125 bis 145°C angegeben sind [1, 21, 23, 24], kann durch fraktionierte Kristallisation aus einem Gemisch von Äther und alkalischem H_2O (4 : 1 Volumen) getrennt werden, wobei zuerst das chirale B kristallisiert [21]. Das Gemisch läßt sich vorsichtig aus Hexan kristallisieren [24].

Die in Tabelle 13 angegebenen Schmelzpunkte wurden in Kapillaren unter Ausschluß von Luft bestimmt [21]. Die IR-Spektren (in KBr) sind zwischen 700 und 3600 cm^{-1} vollständig mitgeteilt; OH-Banden zwischen 3500 und 3600 cm^{-1} zeigen intramolekulare Wasserstoffbindung an, freies OH ist nicht festzustellen. Eine konzentrationsabhängige OH-Bande der achiralen Form A bei 3420 cm^{-1} wird als intermolekulare Wasserstoffbindung gedeutet [21], s. auch [1]. Im UV-Spektrum (in C_6H_6) liegt die fc-Absorption bei 445 (ε = 281) nm [1].

Die Verbindungen sind luftempfindlich; gelbe Lösungen in Benzol/Alkohol, Dioxan oder $CHCl_3$ färben sich infolge Bildung von $fc_2C(C_6H_5)COC_6H_5$ rasch rot, in Benzol ist diese Umwandlung sehr langsam [1]. Auch bei der Umlagerung unter der Einwirkung von HCl in Benzol [23] oder in Äther [18] wandert bevorzugt eine fc-Gruppe, in geringem Maße (etwa zu 10 bis 15%) auch eine C_6H_5-Gruppe unter Bildung von fc-C$(C_6H_5)_2$-CO-fc [18, 23]; die beiden Diastereomeren geben gleiche Ausbeuten an Umlagerungsprodukten [18]. Zum Mechanismus der Umlagerungen s. auch [24]. Die Chromatographie an Al_2O_3 führt mit 90% Ausbeute zu fc-COC_6H_5 [23]. Zur Reduktion mit $LiAlH_4/AlCl_3$ s. fc-CH(C_6H_5)-CH(C_6H_5)-fc in 6.3.1.2.1.

fc$_2$C$_5$H$_6$O (Tabelle **13**, Nr. **10**). Bei der Reaktion von fc-CO$(CH_2)_3$CO-fc mit $CH_3MgBr/CoCl_2$ in Äther/Tetrahydrofuran bei 0°C bis Zimmertemperatur wird durch Molekulardestillation (100°C/0.7 Torr) ein Öl isoliert, das nach dem Massenspektrum wahrscheinlich aus einem Gemisch der Verbindung mit fc-C(CH_3)=CHCH_2CH_2C(CH_3)(OH)-fc bestand. Eine Trennung wurde nicht versucht. Einige charakteristische IR-Banden des Gemisches sind angegeben [22].

fc$_2$C$_5$H$_6$O (Tabelle **13**, Nr. **11**) wird aus dem Cyclopentenon Nr. 17 mit $NaBH_4$ in Tetrahydrofuran/Äthanol bei 55°C/5 h erhalten, aber wegen leichter Zersetzbarkeit, vor allem bei der Chromatographie, nicht rein isoliert, sondern als Rohprodukt an Al_2O_3/SiO_2 zum Cyclopentadien-Derivat (s. 6.3.1.2.2) dehydratisiert [22].

fc-COCH$_2$-fc (Tabelle **13**, Nr. **12**) läßt sich durch Reduktion von fc-CO-CH$(P(C_6H_5)_3J)$-fc (s. Nr. 24) in $CHCl_3$ mit Zn/CH_3COOH unter Rückfluß/1 h mit 74% Ausbeute darstellen [7]. Auch durch Friedel-Crafts-Reaktion von fc-H mit fc-CH_2COCl [3, 4, 22]: Dazu wird fc-COOH mit PCl_3 bei 40°C/3.5 h umgesetzt und das Produkt dann in CH_2Cl_2 mit fc-H und $BF_3 \cdot O(C_2H_5)_2$ bei 0°C bis Zimmertemperatur weiter zur Reaktion gebracht (mehrere Stunden), 24.8% Ausbeute [22].

Wird an Pt zu fc-CH_2CH_2-fc hydriert [3, 4]. Zur Oxidation s. Verbindung Nr. 13.

fc-COCO-fc (Tabelle **13**, Nr. **13**). Darstellung durch Oxidation der vorstehenden Verbindung mit MnO_2 bei Zimmertemperatur in $CHCl_3$, 86% Ausbeute [5], s. auch [22], oder auch ausgehend von fc-CH_2CH_2-fc bei Rückflußtemperatur, 43% Ausbeute neben trans-fc-CH=CH-fc [13]. Entsteht bei der Luftoxidation von $Co_2(CO)_6$fc-C_2-fc (s. „Kobalt-Organische Verbindungen", Teil 2, Erg.-Werk, Bd. 6, Tabelle 17, Nr. 60 in 2.2.2.5) in Lösung [15].

Die Verbindung bildet ein Monoxim und Monohydrazon, s. Nr. 21 und 22. Zur Reduktion s. Nr. 2, zur Kondensation mit CH_3COCH_3 s. Nr. 18.

fc-C(C$_6$H$_5$)$_2$-CO-fc (Tabelle **13**, Nr. **14**) findet sich in geringer Menge (etwa 1% Ausbeute) unter den Produkten der Clemmensen-Reduktion von fc-COC_6H_5, wenn in Toluol/H_2O und konzentrierter Salzsäure unter Rückfluß und langsamem Rühren gearbeitet wird. Eine bessere Ausbeute von 6.6% erhält man bei der Reduktion von fc-COC_6H_5 in absolutem C_2H_5OH mit Zn-Staub und HCl-Gas unter Rückfluß/2 h; Hauptprodukt ist infolge fc-Wanderung fc$_2$C(C_6H_5)-COC_6H_5 [21]. Durch Umlagerung des Pinacols fc-C(C_6H_5)(OH)-C(C_6H_5)(OH)-fc (Nr. 8 und 9) in absolutem Benzol mit HCl-Gas werden die Verbindung und das genannte isomere Pinacolon in Molverhältnissen von etwa 1:5 [18] bis 1:9 [23] gebildet.

Weitere Schmelzpunktsangaben liegen zwischen 245 und 250°C [18, 21]. Einige Banden des IR-Spektrums in KBr sind bei [23] angegeben.

fc$_2$C$_3$O (Tabelle **13**, Nr. **16**). Die Reaktion von fc-H mit dem Trichlorcyclopropeniumsalz $[C_3Cl_3][AlCl_4]$ (2:1 mol) in CH_2Cl_2 bei −70 bis −80°C/5 h und kurzzeitig bei Zimmertemperatur führt zu einem dunkelroten Komplex, der bei der Zersetzung mit wäßrigem Aceton bei −60°C das Diferrocenylcyclopropenon liefert, das durch Chromatographie an SiO_2 (mit $CH_3COOC_2H_5$ als Elutionsmittel) gereinigt wird, 18% Ausbeute.

Das elektrische Dipolmoment in Benzol bei 30°C, $\mu=5.37$ D, ist nur etwas größer als das des Diphenyl-Derivates, so daß keine wesentliche Verschiebung der Ladung vom C_3-Ring zu den fc-Kernen vorliegen kann. In C_6D_6-Lösung sind die ^{1}H-NMR-Signale zu höheren τ-Werten verschoben. Das IR-Spektrum (KBr) ist angegeben, es hat charakteristische Banden des Cyclopropenon-Systems bei 1612, 1820 und 1850 cm^{-1}. Das Massenspektrum zeigt neben dem Molekelion (6%) am stärksten $[M-CO]^+$ (100%) [26].

$fc_2C_5H_4O$ (Tabelle **13**, Nr. **17**) wird aus dem folgenden Ketoalkohol Nr. 18 durch Reduktion mit $TiCl_3$ (etwa 1:3 mol) in O_2-freiem CH_3COOH/H_2O und Salzsäure bei 50°C mit 95% Ausbeute dargestellt. — Das IR-Spektrum (in CH_2Cl_2) zeigt CO-Banden bei 1590 und 1685 cm^{-1}. — Die Verbindung zersetzt sich an Al_2O_3 [22]. Zur Reduktion s. Nr. 11.

$fc_2C_5H_4O_2$ (Tabelle **13**, Nr. **18**). Die Darstellung erfolgt durch Kondensation von fc-COCO-fc mit CH_3COCH_3 in O_2-freiem, absolutem $C_2H_5OH/(CH_3)_2SO$ in Gegenwart von KOH unter Lichtausschluß bei etwa 60°C/5.5 h; 78.9% Ausbeute nach Kristallisation aus kaltem Äther/Hexan (1:5). — CO-Banden im IR-Spektrum (CH_2Cl_2) liegen bei 1590 und 1690 cm^{-1}, ν(OH) bei 3560 cm^{-1}, weitere fc-Schwingungen sind angegeben. Im Massenspektrum dominiert das Molekelion. — Die Verbindung zersetzt sich an Al_2O_3 [22].

$fc_2C_{16}H_8O_4$ (Tabelle **13**, Nr. **20**), ursprünglich bei [2] als Ferrocen-Analoges des Anthrachinons angesehen, wird aus fc-COC_6H_4COOH-o unter der Einwirkung von Säuren gebildet: mit konzentriertem H_2SO_4 oder in CH_3COOH mit katalytischen Mengen an H_2SO_4, 87% Ausbeute [6]; auch mit H_3PO_4 und geringen Mengen C_2H_5OH bei 50 bis 60°C, wobei das Phthalid VII Hauptprodukt ist [11]. Entsteht aus diesen Phthaliden mit 85% Ausbeute unter der Einwirkung von H_2SO_4 oder beim Erhitzen etwas über 100°C [6].

Die Verbindung löst sich leicht in Äther, wenig in Benzol und Alkohol. Erhitzen mit konzentriertem wäßrigem KOH oder mit C_2H_5ONa/C_2H_5OH führt zu fc-COC_6H_4COOH-o und dem Lacton VIII [6].

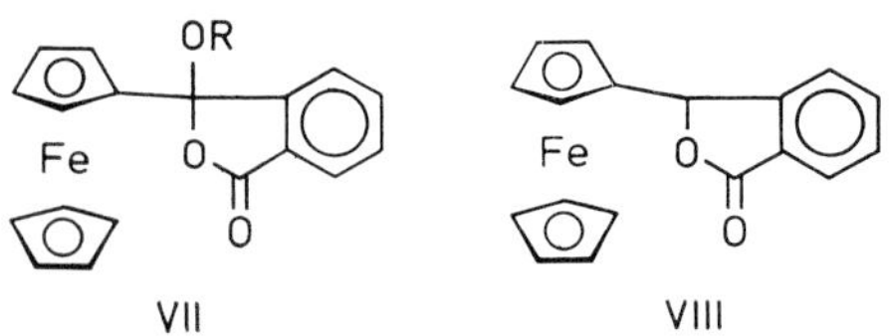

fc-CO-C(=P(C_6H_5)$_3$)-fc (Tabelle **13**, Nr. **25**). Durch Reaktion von fc-CH=P$(C_6H_5)_3$ mit fc-COCl in Äther in Gegenwart von LiJ erhält man zunächst Verbindung Nr. 24, die unter der Einwirkung von wäßrigem, 8%igem NaOH in Benzol in das Phosphoran Nr. 25 umgewandelt wird [7]. — Zur Pyrolyse s. fc-C≡C-fc (6.3.1.2.2).

Literatur:

[1] N. Weliky, E. S. Gould (J. Am. Chem. Soc. **79** [1957] 2742/6). — [2] A. N. Nesmeyanov, N. A. Vol'kenau, V. D. Vil'chevskaya (Dokl. Akad. Nauk SSSR **118** [1958] 512/4). — [3] K. L. Rinehart, C. J. Michejda, P. A. Kittle (J. Am. Chem. Soc. **81** [1959] 3162/3). — [4] K. L. Rinehart, C. J. Michejda, P. A. Kittle (Angew. Chem. **72** [1960] 38). — [5] K. L. Rinehart, A. F. Ellis, C. J. Michejda, P. A. Kittle (J. Am. Chem. Soc. **82** [1960] 4112/3).

[6] A. N. Nesmeyanov, V. D. Vil'chevskaya, N. S. Kochetkova (Dokl. Akad. Nauk SSSR **138** [1961] 390/2; Proc. Acad. Sci. USSR Chem. Sect. **136/141** [1961] 495/7). — [7] P. L. Pauson, W. E. Watts (J. Chem. Soc. **1963** 2990/6). — [8] L. R. Moffett (J. Org. Chem. **29** [1964] 3726/7). — [9] Yu. A. Ustynyuk, E. G. Perevalova, A. N. Nesmeyanov (Izv. Akad. Nauk SSSR Ser. Khim. **1964** 70/3; Bull. Acad. Sci. USSR Div. Chem. Sci. **1964** 59/61). — [10] M. Cais, A. Eisenstadt (J. Org. Chem. **30** [1965] 1148/54).

[11] A. N. Nesmeyanov, V. D. Vil'chevskaya, N. S. Kochetkova (Dokl. Akad. Nauk SSSR **165** [1965] 835/7; Dokl. Chem. Proc. Acad. Sci. USSR **160/165** [1965] 1155/7). — [12] M. Cais, A. Eisenstadt (Omagiu Raluca Ripan, Bucuresti 1966, S. 179/81). — [13] A. N. Nesmeyanov, E. G. Perevalova, T. T. Tsiskaridze (Izv. Akad. Nauk SSSR Ser. Khim. **1966** 2209/11; Bull. Acad. Sci. USSR Div. Chem. Sci. **1966** 2136/8). — [14] A. N. Nesmeyanov, V. A. Sazonova, G. I. Zudkova (Dokl. Akad. Nauk SSSR **176** [1967] 1317/9; Dokl. Chem. Proc. Acad. Sci. USSR **172/177** [1967] 946/7). — [15] M. Rosenblum, N. Brawn, B. King (Tetrahedron Letters **1967** 4421/5).

[16] M. I. Bruce, M. J. Melvin (J. Chem. Soc. C **1969** 2107/12). — [17] S. Goldberg, W. D. Bailey (J. Am. Chem. Soc. **91** [1969] 5685/6). — [18] S. I. Goldberg, W. D. Bailey (Chem. Commun. **1969** 1059/60). — [19] A. Perjessy, S. Toma (Chem. Zvesti **23** [1969] 533/9). — [20] S. Toma, E. Kaluzayova (Chem. Zvesti **23** [1969] 540/52).

[21] S. I. Goldberg, W. D. Bailey, M. L. McGregor (J. Org. Chem. **36** [1971] 761/9). — [22] S. I. Goldberg, J. G. Breland (J. Org. Chem. **36** [1971] 1499/503). — [23] M. D. Rausch, C. A. Pryde (J. Organometal. Chem. **26** [1971] 141/6). — [24] H. Patin, R. Dabard (Bull. Soc. Chim. France **1973** 2413/7). — [25] M. Lacan, Z. Ibrisagic (Croat. Chem. Acta **46** [1974] 107/13).

[26] I. Agranat, E. Aharon-Shalom (J. Am. Chem. Soc. **97** [1975] 3829/30).

6.3.1.3 Brücken aus drei C-Atomen

Bridges Comprising Three C Atoms

Das vorliegende Kapitel umfaßt mehr als einhundert Substanzen, neben 28 Diferrocenyl-Kohlenwasserstoffen (s. 6.3.1.3.1) vorwiegend Verbindungen mit verschiedenen O-Funktionen, so daß hier eine weitere Unterteilung in die Abschnitte 6.3.1.3.2.1 bis 6.3.1.3.2.3 vorgenommen werden mußte, s. Tabellen 15 bis 17.

6.3.1.3.1 Verbindungen mit Kohlenwasserstoff-Substituenten

Compounds with Hydrocarbon Substituents

Unter den in Tabelle 14 zusammengestellten Kohlenwasserstoffen befinden sich nur zwei Kern-substituierte Derivate, die als Nr. 27 und 28 am Ende der Tabelle behandelt werden. Außerdem sind folgende Salze von Carbonium-Ionen beschrieben worden:

[fc-C(CH_3)$_2$CH$_2\overset{+}{C}$(CH_3)-fc]B(C_6H_5)$_4$ bildet sich als dunkelroter Niederschlag bei der Reaktion von fc-C(CH_3)=CH_2 mit Na[B(C_6H_5)$_4$] in CH_3COOH (85% Ausbeute) oder in gleicher Weise aus fc-C(CH_3)$_2$CH$_2$C(=CH_2)-fc (s. Tabelle 14, Nr. 14) mit 70% Ausbeute. Zur Bildung dieses Carbonium-Ions s. auch weitere Angaben zu Nr. 14 und 15.

Die Verbindung ist in Lösung nicht stabil: In absolutem Aceton, Tetrahydrofuran, Pyridin oder Dimethylanilin entstehen aus dem Salz bei Zimmertemperatur die Olefine Nr. 14 und 15. In den weniger basischen Lösungsmitteln CH_3CN oder CH_3NO_2 findet dagegen Cyclisierung zu den beiden isomeren Verbindungen $C_{26}H_{28}Fe_2$ (s. 6.3.1.1.4) statt [23].

[fc-CH=CH$\overset{+}{C}$H-fc]ClO_4 (?), bei [1] ohne Angaben der Darstellung als „Diferrocenyltrimethinperchlorat" bezeichnet, ist in CH_2Cl_2-Lösung grün gefärbt und hat Absorptionsmaxima bei 425 und 785 nm [1].

[fc-CH=CH$\overset{+}{C}$(C_6H_5)-fc]BF_4 wird aus fc-CH=CHC(C_6H_5)(OH)-fc erhalten, wenn man eine Lösung des Alkohols in CH_3COOH unter heftigem Rühren in eine wäßrige Lösung von $NaBF_4$ gibt, den Niederschlag mit H_2O und Äther wäscht und über P_2O_5 trocknet, 93% Ausbeute. Das Salz mit B(C_6H_5)$_4^-$ kann genauso dargestellt werden. — Die Verbindung alkyliert Dimethylanilin quantitativ in para-Stellung unter Bildung der Verbindung Nr. 1 in Tabelle 17 [19].

Literatur s. S. 107

Tabelle 14. Verbindungen mit Kohlenwasserstoff-Substituenten.
Für laufende Nummern mit Sternchen folgen am Ende der Tabelle weitere Angaben.
Zu Abkürzungen und Dimensionen s. S. 1.

Nr.	Verbindung	Schmelzpunkt und Erscheinungsform, Spektren; weitere Bemerkungen	Lit.
1	fc-$CH_2CH_2CH_2$-fc	87 bis 89; gelbe Blättchen (aus Petroläther). — Darst. aus fc-CH_2CH_2-CO-fc und $LiAlH_4/AlCl_3$ oder aus fc-CH=CHCO-fc mit H_2/PtO_2 in CH_3COOH	[2]
*2	fc-$CH_2CH_2CH(CH_3)$-fc	80 bis 82; Kristallisation aus Petroläther. — Darst. aus fc-COCH=C-(CH_3)-fc mit H_2/PtO_2 in CH_3COOH (Ausbeute praktisch quantitativ)	[2]
3	fc-$CH(CH_3)CH_2CH(CH_3)$-fc	nicht näher charakterisiert; Bildung aus Nr. 13 (97.7%), s. weitere Angaben zu Nr. 2	[17]
*4	fc-$C(CH_3)_2CH_2CH(CH_3)$-fc	79 bis 80; braune Nadeln (aus n-Pentan), ^{1}H-NMR ($CDCl_3$): 5.87 (s), 5.97 (s), 6.01 (m), 7.60 (m), 8.37 (m), 8.70 (s), 9.00 (d, J = 6.9)	[18]
5	fc-$CH(CH_3)CH(CH_3)C(CH_3)(C_2H_5)$-fc	41 bis 48; gelb (aus $CHCl_3/CH_3OH$). — Darst. aus Nr. 20 mit Raney-Ni/CH_3OH unter Rückfluß (98%)	[12]
6	fc-$CH(C_6H_5)CH_2C(CH_3)(C_6H_5)$-fc	118 bis 126; gelbe Kristalle. — Darst. aus Nr. 21 mit Raney-Ni/CH_3OH unter Rückfluß (98%)	[12]
*7	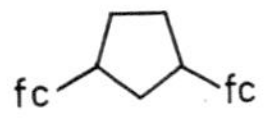 fc fc	104 bis 105 (aus C_2H_5OH), ^{1}H-NMR ($CDCl_3$): 6.9 bis 7.4 (CH), 7.7 bis 8.5 (CH_2)	[7]
8	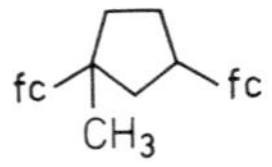 fc fc CH_3	Öl (Isomerengemisch). Zur Bildung s. weitere Angaben zu Nr. 7, ^{1}H-NMR ($CDCl_3$): 5.8 bis 6.1 (fc), 7.0 bis 7.4 (CH), 7.6 bis 8.5 (CH_2), 8.64 (s, CH_3)	[11]
*9	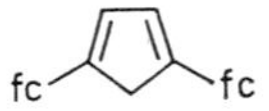 fc fc	231 bis 232; gelbe Blättchen (aus Benzol), ^{1}H-NMR ($CDCl_3$): 3.62 (s, =CH), 6.60 (s, CH_2) UV ($CHCl_3$, ε): = 368 (11400), 468 (2400)	[21]

Tabelle 14 [Fortsetzung].

Nr.	Verbindung	Schmelzpunkt und Erscheinungsform, Spektren; weitere Bemerkungen	Lit.
10	fc−H_2C CH_2−fc (Fluoren-Gerüst) mit 0.5 mol C_6H_6	215; orangefarbene Kristalle (aus Benzol/Petroläther). — Darst. aus Fluorenyl-Natrium und fc-$CH_2N(CH_3)_3J$ (1%)	[15]
11	fc-CH_2CH=CH-fc	120 bis 122; gelbe Kristalle (aus Petroläther). — Darst. aus fc-COCH=CH-fc mit geringem Überschuß $LiAlH_4/AlCl_3$ in Äther/Tetrahydrofuran (etwa 50%)	[3]
*12	fc-CH(CH_3)CH=CH-fc	tiefrote Flüssigkeit, ^{1}H-NMR ($CDCl_3$): 4.0 (komplex, =CH), 5.6 bis 6.1 (komplex, CH und fc), 8.12 (d, CH_3, J = 7.0) UV (C_2H_5OH, lg ε): 207 (5.02), 272 (4.20), 330 (2.59, S.), 450 (2.59)	[9]
13	fc-CH(CH_3)CH_2C(=CH_2)-fc	wird nur als Ausgangsprodukt für Verbindung Nr. 3 erwähnt	[17]
*14	fc-C$(CH_3)_2CH_2$C(=CH_2)-fc	88 bis 88.5; orangefarbene Kristalle (aus Aceton/H_2O), ^{1}H-NMR ($CDCl_3$): 4.73 und 5.41 (d, =CH_2, J = 1.7), 5.89 und 6.01 (fc), 7.59 (s, CH_2), 8.76 (s, CH_3) IR (Nujol): ν(C=C) bei 1610	[17, 18]
*15	fc-C$(CH_3)_2$CH=C(CH_3)-fc	89 bis 93; orangefarbene Kristalle (aus Aceton/H_2O), ^{1}H-NMR ($CDCl_3$): 4.15 (m, =CH), 5.68, 5.82 und 5.92 (fc), 8.14 (d, CH_3, J = 1.5), 8.57 (s, CH_3) IR (Nujol): ν(C=C) bei 1640	[17, 18]
*16	fc-C(CH_3)(C_2H_5)CH=C(C_2H_5)-fc	die jeweils isomeren Olefinpaare (Nr. 16/17 und 18/19) bilden sich durch Zersetzung von [fc-C(CH_3)CH_2R]B$(C_6H_5)_4$ (R = CH_3 bzw. C_3H_7) beim Aufbewahren bei Zimmertemperatur (48 bzw. 44%), Molverhältnisse 1:2 bzw. 2:3; keine Angaben über die Eigenschaften	[24]
*17	fc-C(CH_3)(C_2H_5)CH_2C(=CHCH_3)-fc		[24]
*18	fc-C(CH_3)(C_4H_9)CH=C(C_4H_9)-fc		[24]
*19	fc-C(CH_3)(C_4H_9)CH_2C(=CHC_3H_7)-fc		[24]
20	fc-C(CH_3)(C_2H_5)-C(CH_3)=C(CH_3)-fc	47 bis 52; gelber Festkörper (aus $CHCl_3/CH_3OH$), IR: ν(C=C) bei 1625. — Darst. aus fc-H und $CH_3COC_2H_5$ in Gegenwart von $AlCl_3$ (62%); Hydrierung s. Nr. 5	[12]

Literatur s. S. 107

Tabelle 14 [Fortsetzung].

Nr.	Verbindung	Schmelzpunkt und Erscheinungsform, Spektren; weitere Bemerkungen	Lit.
*21	fc-C(CH_3)(C_6H_5)CH=C(C_6H_5)-fc	139.0 bis 142.5; gelborangefarbene Kristalle (aus n-Hexan), ^{1}H-NMR ($CDCl_3$): 2.86 (m, C_6H_5), 3.4 (C=CH), 5.74 (s, C_5H_4, H-2), 5.84 (s, C_5H_4, H-3), 5.92 (d, C_5H_5), 8.5 (s, CH_3)	[12, 14]
*22	fc-CH(CH=CHC_6H_5)-CH($CH_2C_6H_5$)CH_2-fc	orangegelbe Flüssigkeit, ^{1}H-NMR ($CDCl_3$): 2.3 bis 3.0 (C_6H_5), 3.4 bis 3.6 (=CH), 5.7 bis 6.1 (fc), weitere m's oberhalb 6.0 UV (C_2H_5OH, ε): 253 (19950)	[16]
*23	fc-CH=C=CH-fc	nur in sehr geringen Mengen neben Nr. 24 nachgewiesen, IR: Allen-Bande bei 1930	[6]
*24	fc-CH_2C≡C-fc	128 bis 130 (aus Cyclohexan/Petroläther), ^{1}H-NMR ($CDCl_3$): 6.64 (s, CH_2); IR: (CCl_4): ν (C≡C) bei 2230	[4, 27]
25	fc-C(=CH_2)C≡C-fc	118 bis 119; orangefarben, instabil, ^{1}H-NMR ($CDCl_3$): 4.50 und 4.58 (2d, =CH_2); Bildung durch Dehydratisierung von fc-C(CH_3)(OH)C≡C-fc an SiO_2, in Lösung oder beim Aufbewahren	[27]
*26	fc, fc (Strukturformel)	189 bis 191, ^{1}H-NMR (CCl_4): 2.4 und 2.85 (C_6H_4), 5.42 und 5.77 (scheinbare t's, C_5H_4, J = 2.5), 6.02 (s, C_5H_5)	[5]
27	Fe, Fe (Strukturformel)	220 bis 250; gelbe Kristalle (aus $CHCl_3$/Hexan). — Darst. aus dem Keto-Alkohol Nr. 40/41 in Tabelle 15 mit $LiAlH_4/AlCl_3$	[8]
28	t-C_4H_9; fc−C(=CH_2)−C≡C−; Fe; t-C_4H_9 (Strukturformel)	bernsteinfarbenes Öl, ^{1}H-NMR ($CDCl_3$): 4.50 und 4.60 (2d, =CH_2), 8.54 und 8.74 (2s, t-C_4H_9); Bildung wie bei Nr. 25 aus einem entsprechenden Acetylenalkohol	[27]

* Weitere Angaben:

fc-$CH_2CH_2CH(CH_3)$-fc (Tabelle **14**, Nr. **2**) bildet sich aus dem Olefin Nr. 12 in 98%igem H_2SO_4 über das Kation fc-CH^+-$CH_2CH(CH_3)$-fc beim Verdünnen mit H_2O und Reduktion mit Ascorbinsäure, 57.7% Ausbeute [17]. In gleicher Weise wird Verbindung Nr. 3 aus dem Olefin Nr. 13 erhalten.

fc-$C(CH_3)_2CH_2CH(CH_3)$-fc (Tabelle **14**, Nr. **4**) wird durch Hydrierung eines Gemisches der Olefine Nr. 14 und 15 an Pd/C in Cyclohexan mit quantitativer Ausbeute dargestellt [18]. Bildung auch aus dem Olefin Nr. 14 über das Carbonium-Ion wie bei Nr. 2 beschrieben, 87.5% Ausbeute [17].

$fc_2C_5H_8$ (Tabelle **14**, Nr. **7**) ist Nebenprodukt bei der Ferrocenspaltung durch $ZnCl_2/H_2O$ (10:3 mol) in der Schmelze bei 180°C [7] und bei der Ferrocenspaltung mit $AlCl_3$ in CH_2Cl_2 bei 0 bis 25°C [11]. Wird auch durch Hydrierung von Verbindung Nr. 9 erhalten [7]. — Bei der Spaltung von fc-H mit $AlCl_3$ wird das Isomerengemisch Nr. 8 isoliert [11].

$fc_2C_5H_4$ (Tabelle **14**, Nr. **9**) wird nach dem folgenden Reaktionsschema mit 16.2% Ausbeute dargestellt [21] und dient als Ausgangsprodukt für die Synthese von 1,3-Terferrocen, vgl. 7.1.1.1.3.

$$\text{fc}-\overset{O}{\overset{\|}{C}}-CH_2CH_2-\overset{O}{\overset{\|}{C}}-OC_2H_5 + \text{fc}-\overset{O}{\overset{\|}{C}}-CH_3 \xrightarrow[t\text{-}C_4H_9OH]{t\text{-}C_4H_9OK} \text{fc}(HO)C{=}CH-C(COOC_2H_5){=}C(CH_3)\text{fc} \longrightarrow \left(\text{1-COOC}_2\text{H}_5\text{-2,4-fc}_2\text{-cyclopentadien}\right)$$

(nicht isoliert)

$$\xrightarrow[\text{Rückfluß}]{KOH, H_2O} \text{fc}_2C_5H_4$$

fc-$CH(CH_3)CH{=}CH$-fc (Tabelle **14**, Nr. **12**) entsteht mit 77% Ausbeute, wenn fc-$CH(CH_3)OH$ in Benzol mit säurebehandeltem und bei 100°C aktiviertem Al_2O_3 auf Rückflußtemperatur (2 h) erhitzt wird; an neutralem Al_2O_3 erhält man unter gleichen Bedingungen nur fc-$CH{=}CH_2$ [9]. Auch beim Erhitzen von fc-$CH(CH_3)OH$ mit $(CH_3CO)_2O$ [10] oder CH_3COOH [13] wird die Verbindung mit hohen Ausbeuten gebildet.

Die Substanz kann durch Molekulardestillation bei 55°C/0.25 Torr gereinigt werden. Charakteristische Banden des IR-Spektrums (in CCl_4) sind mit Zuordnung angegeben. Bei der Ozonolyse und anschließender Behandlung mit $LiAlH_4$ werden fc-CH_2OH und wahrscheinlich fc-$CH(CH_3)$-CH_2OH gebildet [9].

fc-$C(CH_3)_2CH_2C({=}CH_2)$-fc und **fc-$C(CH_3)_2CH{=}C(CH_3)$-fc** (Tabelle **14**, Nr. **14** und **15**). Beide Olefine entstehen aus $[\text{fc-}C(CH_3)_2]^+$ in konzentriertem H_2SO_4 beim Verdünnen mit H_2O, da fc-$C(CH_3){=}CH_2$ im Gleichgewicht auftritt:

$$[\text{fc}-\overset{\oplus}{C}(CH_3)_2] \xrightarrow{H_2O} \text{fc}-\underset{CH_3}{\underset{|}{C}}{=}CH_2 \longrightarrow [\text{fc}-C(CH_3)_2CH_2\overset{\oplus}{C}(CH_3)-\text{fc}] \xrightarrow{-H^+} \text{Nr. 14} + 15$$

Das Mengenverhältnis der beiden Verbindungen sowie die Anteile an fc-$C(CH_3){=}CH_2$ und fc-$C(CH_3)_2OH$ können durch die Bedingungen des Verdünnens geändert werden: Mit Eis bei 0°C erhält man vorwiegend Nr. 15 (Gesamtausbeute etwa 28%) neben 42% fc-$C(CH_3){=}CH_2$, bei 20 bis 60°C bilden sich beide Olefine in etwa gleichen Mengen (Gesamtausbeute 66.4%) und bei Endtemperaturen über 70°C entstehen Cyclisierungsprodukte (vgl. 6.3.1.1.4) [17, 20]. Zur Bildung des Olefingemisches bei der Erzeugung von $[\text{fc-}C(CH_3)_2]^+$ aus fc-$C(CH_3)_2OH$ und $[(C_6H_5)_3C]BF_4$ in CH_2Cl_2 bei −78°C und Eingießen in H_2O s. auch [25]. Beide Verbindungen entstehen mit 74%

Ausbeute bei der Zersetzung von trocknem [fc-C$(CH_3)_2$]B$(C_6H_5)_4$ bei Zimmertemperatur während 3 bis 5 d [24]. Auch die Reaktion von fc-$COCH_3$ mit CH_3MgJ/MgJ_2 im Überschuß in siedendem Äther führt zu den beiden Olefinen (1:1 mol) neben fc-C_4H_9-t, fc-C(CH_3)=CH_2, den erwähnten cyclischen Verbindungen und nur wenig des normalen Grignard-Produktes fc-C$(CH_3)_2$OH; bei der Umsetzung von fc-$COCH_3$ mit CH_3MgJ in Äther/Benzol bei Zimmertemperatur/12 h und säurefreier Aufarbeitung werden nur die beiden Olefine (1:1 mol) mit 61% Ausbeute gebildet [18]. Mit CH_3MgBr läuft dagegen die normale Grignard-Reaktion ab [22]. Man nimmt an, daß das Carbonium-Ion in diesen Fällen aus dem Alkoholat entsteht und dann nach der oben angegebenen Gleichung weiterreagiert [18]:

$$\left.\begin{array}{c}\text{fc}-\overset{\displaystyle O}{\overset{\|}{C}}-CH_3\\ \text{oder}\\ \text{fc}-C(CH_3)_2OH\end{array}\right\}\xrightarrow{+CH_3MgJ}\text{fc}-C(CH_3)_2OMgJ\longrightarrow[\text{fc}-\overset{\oplus}{C}(CH_3)_2]+[OMgJ]^-$$

Die beiden isomeren Olefine lassen sich an Al_2O_3 mit Petroläther/Benzol (25:3) nicht vollständig trennen, Nr. 15 wird jedoch schneller eluiert [18, 20]. — Zur Hydrierung s. Nr. 4. Unter der Einwirkung von HCOOH in Benzol tritt Cyclisierung ein, s. die Isomeren $C_{26}H_{28}Fe_2$ in 6.3.1.1.4. — Verbindung Nr. 14 kann in CH_3COOH in das B$(C_6H_5)_4$-Salz des dimeren Carbonium-Ions übergeführt werden. In CF_3COOH-Lösung findet man das ^{1}H-NMR-Spektrum von [fc-C$(CH_3)_3$]$^+$ [23].

fc-C(CH$_3$)(CH$_2$R)CH=C(CH$_2$R)-fc und **fc-C(CH$_3$)(CH$_2$R)CH$_2$C(=CHR)-fc** (Tabelle **14**, Nr. **16** und **17** mit R = CH_3 und Nr. **18** und **19** mit R = C_3H_7) lassen sich auch durch wiederholte Dünnschichtchromatographie nicht trennen. — Ein ^{1}H-NMR-Signal von Nr. 17 und 19 bei τ = 7.5 bis 7.6 wird der zentralen CH_2-Gruppe zugeordnet; Nr. 16 und 17 zeigen Multipletts der Vinylprotonen bei τ = 3.95 und 4.81 [24].

fc-C(CH$_3$)(C$_6$H$_5$)CH=C(C$_6$H$_5$)-fc (Tabelle **14**, Nr. **21**) wird aus der Reaktion von CH_3MgJ mit fc-COC_6H_5 in Äther/Benzol unter Rückfluß und auch aus CH_3MgJ und fc-C$(CH_3)(C_6H_5)$OH erhalten [14, 22], vgl. oben. Nach [26] entsteht das Olefin nur, wenn man das primäre Grignard-Produkt, fc-C$(CH_3)(C_6H_5)$OMgJ, mit wäßriger Salzsäure behandelt (74% Ausbeute); wird auch in geringer Menge bei der Behandlung von fc-C$(CH_3)(C_6H_5)$OH oder von fc-C(C_6H_5)=CH_2 in Benzol mit 6 N Salzsäure gefunden [26]. Die Umsetzung von fc-H mit $CH_3COC_6H_5/AlCl_3$ (etwa 1:3:3 mol) in $CHCl_3$ bei 0°C bis Zimmertemperatur/20 h ergibt das Olefin mit 55% Ausbeute [12].

Zur Hydrierung s. Nr. 6. — Die Ozonisierung liefert fc-COC_6H_5 [14].

fc-CH(CH=CHC$_6$H$_5$)-CH(CH$_2$C$_6$H$_5$)-CH$_2$-fc (Tabelle **14**, Nr. **22**) bildet sich als Nebenprodukt bei der Reduktion von fc-COCH=CHC_6H_5 mit $LiAlH_4/AlCl_3$ zu fc-CH_2CH=CHC_6H_5. Die Struktur kann nicht als gesichert angesehen werden [16]. Analoge Verbindungen mit Methoxyphenyl-Gruppen s. in 6.3.1.3.2.1, Tab. 15, Nr. 5 bis 7.

fc-CH=C=CH-fc (Tabelle **14**, Nr. **23**) kann nicht durch Isomerisierung von Verbindung Nr. 24 erhalten werden [4], scheint aber neben dem Alkin Nr. 24 in geringer Menge zu entstehen, wenn die Reaktionsprodukte von fc-$COCH_2CH_2$-fc/$POCl_3$ mit $NaNH_2$ behandelt werden [6].

fc-CH$_2$C≡C-fc (Tabelle **14**, Nr. **24**) wird durch Reduktion von fc-COC≡C-fc oder fc-CH(OH)C≡C-fc mit $LiAlH_4/AlCl_3$ in Äther/Tetrahydrofuran bei Zimmertemperatur mit 56% Ausbeute dargestellt [4], s. auch [27].

fc$_2$C$_6$H$_4$ (Tabelle **14**, Nr. **26**) bildet sich mit 16% Ausbeute bei der Reaktion von fc-H mit dem Bis-diazoniumsalz $[C_6H_4(N_2)_2$-m$][BF_4]_2$ in CH_2Cl_2; die Bedingungen sind nicht im einzelnen angegeben [5].

Literatur s. S. 107

Literatur:

[1] C. Jutz (Tetrahedron Letters **1959** Nr. 21, S. 1/4). — [2] K. Schlögl, H. Egger (Monatsh. Chem. **94** [1963] 376/92). — [3] H. Egger, K. Schlögl (J. Organometal. Chem. **2** [1964] 398/409). — [4] H. Egger, K. Schlögl (Monatsh. Chem. **95** [1964] 1750/8). — [5] W. F. Little, B. Nielsen, R. Williams (Chem. Ind. [London] **1964** 195/7).

[6] K. Schlögl, W. Steyrer (Monatsh. Chem. **96** [1965] 1520/35). — [7] E. W. Neuse, R. K. Crossland, K. Koda (J. Org. Chem. **31** [1966] 2409/11). — [8] Colgate-Palmolive Co., R. A. Schnettler, J. T. Suh (U.S.P. 3420863 [1966/69]). — [9] S. I. Goldberg, W. D. Loeble, T. T. Tidwell (J. Org. Chem. **32** [1967] 4070/1). — [10] Thiokol Chemical Corp., C. S. Combs, W. D. Stephens (U.S.P. 3564034 [1968/71]).

[11] E. W. Neuse (J. Org. Chem. **33** [1968] 3312/6). — [12] M. Shiga, I. Motoyama, K. Hata (Bull. Chem. Soc. Japan **41** [1968] 1891/6). — [13] Thiokol Chemical Corp., C. I. Ashmore (U.S.P. 3577449 [1969/71]). — [14] R. E. Bozak, H. M. Sorensen, R. G. Riley (Chem. Commun. **1969** 520). — [15] J.-P. Ravoux, J. Décombe (Bull. Soc. Chim. France **1969** 146/53).

[16] M. J. A. Habib, J. Park, W. E. Watts (J. Chem. Soc. C **1970** 2556/63). — [17] W. M. Horspool, R. G. Sutherland, B. J. Thomson (Chem. Commun. **1970** 729/30). — [18] W. M. Horspool, P. Stanley, R. G. Sutherland, B. J. Thomson (J. Chem. Soc. C **1971** 1365/9). — [19] A. N. Nesmeyanov, V. N. Postnov, I. F. Lescheva, B. A. Surkov, V. A. Sazonova (Dokl. Akad. Nauk SSSR **200** [1971] 858/61; Dokl. Chem. Proc. Acad. Sci. USSR **196/201** [1971] 818/20). — [20] W. H. Horspool, R. G. Sutherland, B. J. Thomson (Syn. Inorg. Metal-Org. Chem. **2** [1972] 129/34).

[21] E. W. Neuse, R. K. Crossland (J. Organometal. Chem. **43** [1972] 385/92). — [22] R. E. Bozak, R. G. Riley, P. W. Fawns, H. Javaheripour (Chem. Letters **1974** 167/70). — [23] A. N. Nesmeyanov, B. A. Surkov, V. A. Sazonova (Dokl. Akad. Nauk SSSR **217** [1974] 840/2; Dokl. Chem. Proc. Acad. Sci. USSR **214/219** [1974] 546/8). — [24] A. N. Nesmeyanov, V. A. Sazonova, B. A. Surkov, V. M. Kramarov (Dokl. Akad. Nauk SSSR **215** [1974] 1128/31; Dokl. Chem. Proc. Acad. Sci. USSR **214/219** [1974] 240/3). — [25] T. D. Turbitt, W. E. Watts (J. Chem. Soc. Perkin Trans II **1974** 195/200).

[26] M. Hisatome, S. Koshikawa, K. Yamakawa (Chem. Letters **1975** 789/92). — [27] T. S. Abram, W. E. Watts (Syn. Reactiv. Inorg. Metal-Org. Chem. **6** [1976] 31/53).

6.3.1.3.2 Verbindungen mit funktionellen Gruppen

Compounds with Functional Groups

Dieser Abschnitt enthält sehr verschiedenartige Typen organischer Diferrocenylverbindungen und ist daher zur besseren Übersicht in folgende Gruppen unterteilt worden: Alkohole, Äther und Ketone (6.3.1.3.2.1, Tabelle 15), Carbonsäuren, Carbonsäureester und einige Substanzen mit S-Funktionen (6.3.1.3.2.2, Tabelle 16) sowie Verbindungen mit N-Funktionen (6.3.1.3.2.3, Tabelle 17). Im ersten Teil jeder Tabelle erscheinen alle Verbindungen mit nichtsubstituierten fc-Kernen und im zweiten Teil entsprechende Substanzen mit Kernsubstitution; in dieser letzten Gruppe treten besonders bei den Ketonen und Carbonsäure-Derivaten zahlreiche Verbindungen auf, in denen von einem der Brückenatome ein Ring zu einem fc-Kern heteroanular geschlossen ist, auch Spiroverbindungen mit zweifachem Ringschluß zu beiden fc-Kernen. Für die Reihenfolge bei Verbindungen mit verschiedenen funktionellen Gruppen gilt das Prinzip der letzten Stelle, so daß beispielsweise eine Ketocarbonsäure bei den Carbonsäuren oder ein Cyanoessigsäure-Derivat bei den Verbindungen mit N-Funktionen zu suchen ist.

Als einzige Substanzen mit Halogenatomen in der C_3-Brücke kennt man die folgenden:

fc-CCl=CHCH$_2$-fc entsteht bei der Umsetzung von fc-COCH$_2$CH$_2$-fc mit dem Vilsmeier-Komplex aus $POCl_3$/HCON$(CH_3)_2$ (2:1 mol) bei 20°C/3 h, 51% Ausbeute. Die aus Petroläther kristallisierte Verbindung, Schmelzpunkt 108 bis 110°C, zeigt im IR-Spektrum (in CCl_4) die ν(C=C)-Bande bei 1640 cm^{-1} [1].

fc-CCl=C(CHO)-CH$_2$-fc wird als cis, trans-Gemisch bei der oben genannten Vilsmeier-Reaktion als Nebenprodukt mit 12% Ausbeute erhalten und durch Dünnschichtchromatographie in die Komponenten getrennt. Eigenschaften:

		cis-Form	trans-Form
Schmelzpunkt in °C		129 bis 131	156 bis 158
IR (KBr)	ν (C=C)	1560	1585
in cm^{-1}	ν (C=O)	1660	1660 [1]

fc-CHBr-CHBr-CO-fc (nicht gesichert). Bei der Addition von Br_2 an fc-CH=CHCO-fc in $CHCl_3$ bei 0°C isoliert man neben Harzen ein Produkt von annähernd der angegebenen Zusammensetzung [2].

Literatur:

[1] K. Schlögl, W. Steyrer (Monatsh. Chem. **96** [1965] 1520/35). — [2] H. Henning (Diss. Karl-Marx-Universität Leipzig 1963).

Alcohols, Ethers, and Ketones

6.3.1.3.2.1 Alkohole, Äther und Ketone

Die Verbindungen sind in Tabelle 15 zusammengestellt. Nur im Kern substituierte Derivate (Nr. 18 bis 25) leiten sich hauptsächlich von dem Chalcon fc-CH=CHCO-fc ab. Unter den Substanzen mit Brücken- und Kernsubstitution (Nr. 26 bis 45) befinden sich als Derivate des Spiroalkohols Nr. 30/31 auch ein Acetal und drei Ester (Nr. 32 bis 35). Die Verbindungen dieser letzten Gruppe entstammen im wesentlichen Untersuchungen über optisch aktive, aromatisch substituierte Spirane [34, 35], über Kondensationen zwischen Verbindungen mit aktivem Wasserstoff und fc-$CH_2N(CH_3)_3J$, über die Anwendung der Reformatsky-Reaktion zur Synthese von mehrfachen Carbonsäuren (s. 6.3.1.3.2.2) und deren intramolekulare Cyclisation s. [16, 20, 21, 28].

* Weitere Angaben:

fc-C≡CC(CH$_3$)(OH)-fc (Tabelle **15**, Nr. **4**) gibt beim Lösen in CF_3COOH das Propargyl↔Allen-Kation I, das durch schnelle Addition von CF_3COOH in das Allyl-Kation II übergeht; Lösungen von II bilden mit wäßrigem Na_2CO_3 in guter Ausbeute fc-C(CH_3)=CHCO-fc [43].

```
      ⊕  CH3                   ⊕   CH3
         |                         |
fc—C≡≡C==C—fc          fc—C==CH==C—fc
                          |
                          O—C—CF3
                            ||
                            O
      I                        II
```

fc-CH(CH=CHC$_6$H$_4$OCH$_3$)-CH(CH$_2$C$_6$H$_4$OCH$_3$)-CH$_2$-fc (Tabelle **15**, Nr. **5** bis **7**) entstehen als Nebenprodukte (Ausbeuten um 12%) bei der Reduktion der entsprechenden fc-COCH=CH-$C_6H_4OCH_3$ mit $LiAlH_4/AlCl_3$ in Äther bei Zimmertemperatur. Sie werden nach dem Hauptprodukt fc-CH_2CH=CH-$C_6H_4OCH_3$ von Al_2O_3 mit Petroläther/Äther (7:3) eluiert.

^{1}H-NMR-Spektren: Die für Nr. 5 gegebene Zuordnung gilt auch für Nr. 6 und 7; nicht näher bezeichnete Signale sind Multipletts; oberhalb $\tau = 6$ liegen nicht im einzelnen bestimmbare Multipletts der übrigen Protonen [30].

fc-CH$_2$CH$_2$CO-fc (Tabelle **15**, Nr. **8**) wird durch Hydrierung von fc-CH=CHCO-fc (Nr. 15) an Pd/C in Essigester hergestellt [7]. Bei der Umsetzung des gleichen Ketons mit $(C_6H_5)_3SnH$ bei 100°C/5 h erhält man 83% Ausbeute; $(C_6H_5)_3SnH$ greift selektiv an der Doppelbindung an und geht in $(C_6H_5)_3SnSn(C_6H_5)_3$ über [32, 40]. Bildet sich auch bei der Verseifung von fc-$CH_2CH(COOC_2H_5)$CO-fc (s. Tabelle 16) infolge Decarboxylierung der Säure (24% Ausbeute) [20]. — Rotorangefarbene Kristalle aus Hexan, Schmelzpunkt nach [20]: 112°C. — Zu einem Kern-substituierten Derivat s. Nr. 18.

Literatur s. S. 119

Tabelle 15. Alkohole, Äther und Ketone.
Für laufende Nummern mit Sternchen folgen am Ende der Tabelle weitere Angaben.
Zu Abkürzungen und Dimensionen s. S. 1.

Nr.	Verbindung	Schmelzpunkt und Erscheinungsform, Spektren; weitere Bemerkungen	Lit.
Verbindungen mit unsubstituierten fc-Kernen:			
1	fc-CH(CH_3)CH_2CH(OH)-fc	109 bis 111; gelbes Pulver (aus Ligroin); Darst. aus fc-C(CH_3)=CHCO-fc oder fc-CH(CH_3)CH_2CO-fc durch Reduktion mit Na in C_2H_5OH (56 bzw. 80%), IR (CCl_4): ν(OH) bei 3571	[2]
2	fc-CH=CHC(C_6H_5)(OH)-fc (trans)	147 (aus Alkohol), ^{1}H-NMR (Aceton, gegen $(CH_3)_3SiOSi(CH_3)_3$): 3.35 und 3.59 (AB-System, trans HC=CH, J = 15.5), 4.15 und 4.60 (2t's, C_5H_4), 4.27 und 4.80 (2t's, C_5H_4), 5.64 und 5.74 (C_5H_5); Darst. aus fc-CH=CHCO-fc und C_6H_5Li in Äther/Benzol bei Zimmertemperatur (84%)	[36]
3	fc-C≡CCH(OH)-fc	145 bis 152 (aus CH_2Cl_2); Darst. aus fc-C≡CLi und fc-CHO in Tetrahydrofuran bei Zimmertemperatur. — Durch Autoxidation oder mit MnO_2 Bildung des Ketons Nr. 17	[11]
*4	fc-C≡CC(CH_3)(OH)-fc	ist nur erwähnt als Ausgangsprodukt für die Bildung eines Propargyl-Kations	[43]
*5	fc–CH(HC=CH–$C_6H_4OCH_3$-x)–CH($CH_2C_6H_4OCH_3$-x)–CH_2–fc, x = o	54 bis 56, ^{1}H-NMR ($CDCl_3$): 2.2 bis 3.2 (C_6H_4), 3.3 bis 3.6 (=CH), 6.1, 6.2 (2s's, OCH_3), 5.6 bis 6.2 (fc)	[30]
*6	x = m	42 bis 44, ^{1}H-NMR ($CDCl_3$): 2.4 bis 3.3, 3.4 bis 3.6, 6.1, 6.2, 5.7 bis 6.0	[30]
*7	x = p	54 bis 56; gelber Festkörper (aus Petroläther, −70°C), ^{1}H-NMR ($CDCl_3$): 2.4 bis 3.3, 3.5 bis 3.8, 6.12, 6.18, 5.8 bis 6.1	[30]

Tabelle 15 [Fortsetzung].

Nr.	Verbindung	Schmelzpunkt und Erscheinungsform, Spektren; weitere Bemerkungen	Lit.
*8	fc-CH_2CH_2CO-fc	127 bis 130; orangefarbene Kristalle (aus Benzol/Petroläther), IR: ν(CO) bei 1665	[7]
*9	fc-$CH(CH_3)CH_2CO$-fc	147 bis 149; orangefarbene Nadeln (aus Ligroin), IR (CCl_4): ν(CO) bei 1669	[2]
10	$C_6H_5-CH_2$ O │ ‖ fc−CH−CH−C−fc │ HC=CH−C_6H_5	90 bis 92, ^{1}H-NMR ($CDCl_3$): 2.4 bis 2.9 (C_6H_5), 3.4 bis 3.6 (=CH), 5.2 bis 5.3 und 5.5 bis 5.6 (fc); Bildung als Nebenprodukt (etwa 2%) bei der Reduktion von fc-COCH=CHC_6H_5 mit $LiAlH_4/AlCl_3$ in Äther	[30]
*11	fc-$COCH_2CO$-fc	162.5 bis 163.5; dunkel ziegelrote Nadeln (aus Xylol), UV (CH_3CN, ε): 338 (12250), 486 (2700)	[5, 8, 22]
*12	fc-$COC(CH_3)_2CO$-fc	141 bis 142; orangefarbene Nadeln (aus Petroläther)	[6]
13	fc-$CH_2CH(COCH_3)CH_2$-fc	122; orangegelbe Kristalle (aus Petroläther); Bildung in geringer Menge bei der Verseifung von fc-$CH_2C(COCH_3)(COOC_2H_5)CH_2$-fc, vgl. Tabelle 16	[21]
14	fc-$CH_2C(COCH_3)_2CH_2$-fc	178; kleine gelbe Kristalle; Darst. aus fc-$CH_2C(Na)(COCH_3)_2$ und fc-$CH_2N(CH_3)_3J$ (72%)	[9, 21]
*15	fc-CH=CHCO-fc	209 bis 211; rotviolette Kristalle, IR (KBr): 1008, 1107 (fc), ν(C=C) bei 1585, ν(C=O) bei 1644 UV ($CHCl_3$, ε): 314 (14500), 384 (4400), 498 (4000)	[1, 4, 7, 10, 12, 29]
*16	fc-$C(CH_3)$=CHCO-fc	123 bis 124; tiefrote Blättchen (aus Ligroin/Benzol), ^{1}H-NMR ($CDCl_3$): 3.27 (s, =CH), 5.19, 5.40 (2t's, C_5H_4, H-2), 5.54 (m, C_5H_4, H-3), 5.81, 5.84 (2s's, C_5H_5), 7.44 (m, CH_3) IR (CCl_4): ν(C=C) bei 1585, ν(C=O) bei 1650 UV (C_2H_5OH, ε): 319 (5120), 388 (1450), 505 (1740)	[2, 3, 25]
*17	fc-C≡CCO-fc	166 bis 168; rotviolette Kristalle (aus C_6H_{12}/C_6H_6), IR (CH_2Cl_2): ν(CO) bei 1615, ν(C≡C) bei 2200 UV($CHCl_3$, ε): 304 (13900), 376 (4000), 486 (2800)	[11]

Literatur s. S. 119

Tabelle 15 [Fortsetzung].

Nr.	Verbindung	Schmelzpunkt und Erscheinungsform, Spektren; weitere Bemerkungen	Lit.
Verbindungen mit substituierten fc-Kernen:			
18	$CH_2CH_2-C(=O)$; Fe; Fe; $C_6H_5-C(=O)$	136 bis 137, ^1H-NMR ($CDCl_3$): 1.8 bis 2.5 (m), 5.11, 5.22 (2t's), 5.43, 5.85 (2s's), 7.23 (s); Darst.: s. weitere Angaben zu Nr. 22	[32, 40]
*19	$CH=CH-C(=O)$; Fe; Fe; $CH_3-C(=O)$	153 bis 154 (aus Aceton/Petroläther), IR (Festkörper): 1006, 1106, 1117, 1653 UV (C_2H_5OH, lg ε): 256 (4.10), 319 (4.15)	[29]
*20	$CH=CH-C(=O)$; Fe; Fe; $C(=O)-CH_3$	188 bis 189 (aus Aceton), IR (Festkörper): 1008, 1107, 1117, 1644, 1675 UV (C_2H_5OH, lg ε): 270 (4.11), 329 (4.19)	[29]
21	$CH=CH-C(=O)$; Fe; Fe; $C(=O)-CH_3$; $C(=O)-CH_3$	178 (aus Aceton), IR (Festkörper): 1013, 1117, 1666 UV (C_2H_5OH, lg ε): 263 (4.23), 325 (4.22); Darst.: s. weitere Angaben zu Nr. 19 und 20	[29]

Literatur s. S. 119

Tabelle 15 [Fortsetzung].

Nr.	Verbindung	Schmelzpunkt und Erscheinungsform, Spektren; weitere Bemerkungen	Lit.
*22	CH=CH–C(=O); Fe; Fe; C_6H_5–C(=O)	199 (aus C_2H_5OH), ^1H-NMR ($CDCl_3$): 2.25, 3.28 (2d's, CH=CH, J = 16 Hz) IR (Nujol): 1005, 1111 (fc), ν(C=O) bei 1636, 1647 (CCl_4): ν(C=C) bei 1538	[27, 38]
23	CH=CH–C(=O); Fe; Fe; CHO	167 (aus C_2H_5OH/H_2O); Darst. durch Aldolkondensation von $OHCC_5H_4FeC_5H_4CHO$ mit fc-CHO in C_2H_5OH bei Zimmertemperatur/6 h	[18, 26]
*24	CH=CH–C(=O); Fe; Fe; C(=O)–CH_3; CHO	163 (Zers.); rötlich violette Kristalle (aus C_6H_6/CH_2Cl_2). — Das ^1H-NMR-Spektrum ist als Figur angegeben, ein J = 15.7 der Olefinsignale spricht für die trans-Form	[33]
*25	C(CH_3)=CH–C(=O); Fe; Fe; C(=O)–CH_3; C(=O)–CH_3	tiefrotes Öl, ^1H-NMR ($CDCl_3$): 5.23, 5.24 (2m's, C_5H_4, H-2), 5.50 (t, C_5H_4, H-3), 7.49 (s, CH_3), 7.64 (s, $COCH_3$) IR (Film): ν(C=C) bei 1576, ν(C=O) bei 1644, 1664	[25]

Tabelle 15 [Fortsetzung].

Nr.	Verbindung	Schmelzpunkt und Erscheinungsform, Spektren; weitere Bemerkungen	Lit.
*26	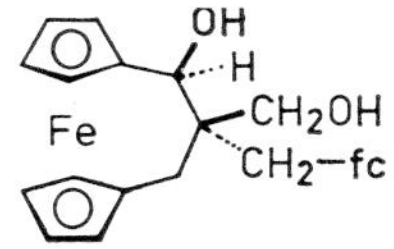 „cis“	218, ^{1}H-NMR ($CDCl_3$): 5.75, 6.48, 6.84, 7.89, 8.72 IR (CCl_4): ν(OH) bei 3520, 3605, 3695	[34]
*27	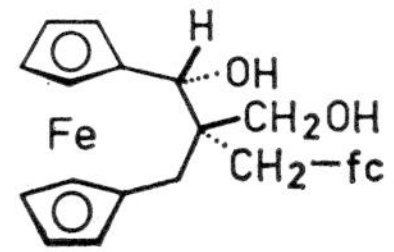 „trans“	216, ^{1}H-NMR-Spektrum identisch mit dem von Nr. 26 IR (CCl_4): ν(OH) bei 3530, 3610, 3705; zur Dehydratisierung zu einem Äther s. Nr. 36	[34]
28	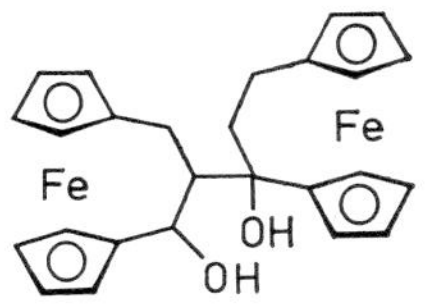 A	220 bis 225; gelber, flockiger Festkörper (aus $CH_3COOC_2H_5$)	[19]
29	B	251 bis 254; Darst. von A und B aus den entsprechenden isomeren Ketoalkoholen Nr. 40 und 41 mit $NaBH_4$ in Dioxan	[19]
*30	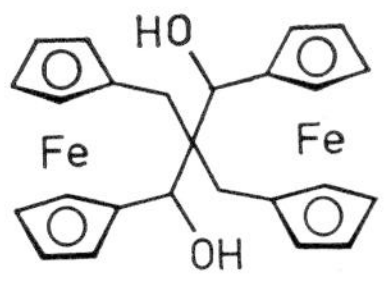 cis, cis	229 (Zers.); gelbe Kristalle, IR (CCl_4): 3470 (assoziiertes OH), 3605 (freies OH) UV (C_6H_6, ε): 442 (290)	[35]
*31	cis, trans	234 bis 236 (Zers.); gelbe Kristalle, IR (CCl_4): ν(OH) bei 3475, 3600, vgl. Nr. 30	[35]
32	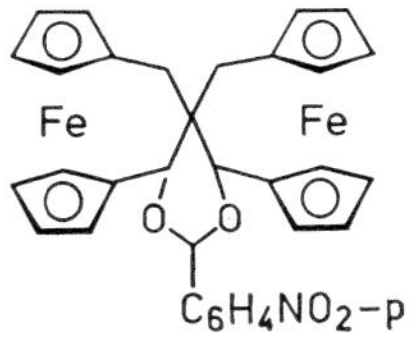	268 bis 269, IR (CCl_4): 1348 (NO_2), 2855 (Acetal-Bande); Darst. aus Nr. 30 mit p-Nitrobenzaldehyd in C_6H_6 in Gegenwart von $CH_3C_6H_4SO_3H$-p unter Rückfluß (66%)	[34]

Tabelle 15 [Fortsetzung].

Nr.	Verbindung	Schmelzpunkt und Erscheinungsform, Spektren; weitere Bemerkungen	Lit.
33	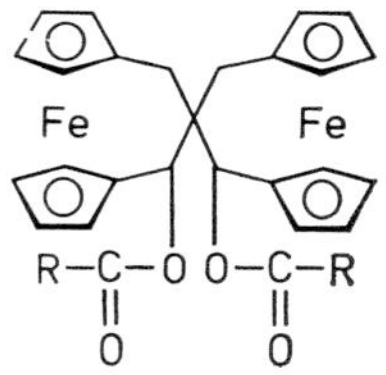 R = CH(C_6H_5)-CH_2CH_3	127, IR (CCl_4): ν(C=O) bei 1740; Darst. s. bei Nr. 35	[35]
*34	R = CH(C_6H_5)-OCH_3	235 bis 238 (Zers.), ^{1}H-NMR ($CDCl_3$): 2.60, 3.53, 4.54, 5.20, 5.40, 5.76, 7.21	[35]
*35	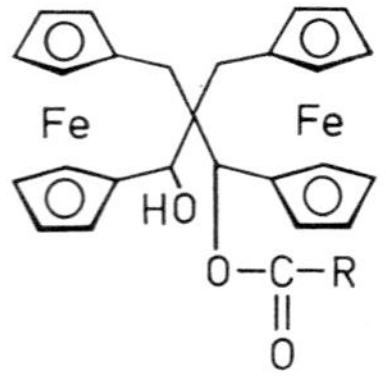 R = CH(C_6H_5)-CH_2CH_3	116 bis 118, IR (CCl_4): 1742 (C=O), 3500 und 3575 (OH)	[35]
36	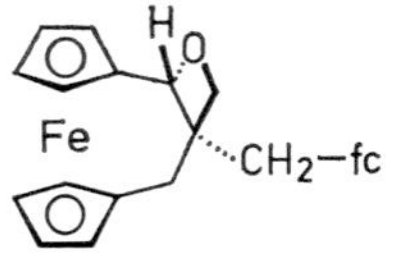	127; hellgelbe Kristalle; Darst. aus Nr. 27 durch Dehydratisierung mit $KHSO_4$ in siedendem Benzol	[34]
*37	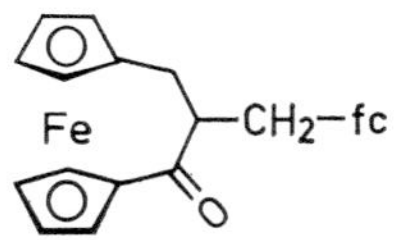	220; feine gelbrote Kristalle, braunrote Blättchen (aus Äther). — Darst. durch Cyclisierung von fc-CH_2CH(COOH)CH_2-fc mit ($CF_3CO)_2O$ in CH_2Cl_2 unter Rückfluß (80%); s. auch Nr. 42	[16, 21, 28]
*38	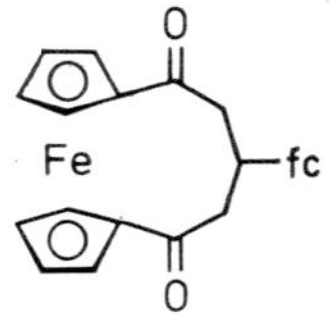	bei 340 Sublimation; gelbe Kristalle (aus Dioxan); IR als Figur angegeben, ν(C=O) bei 1660	[12]

Literatur s. S. 119

Tabelle 15 [Fortsetzung].

Nr.	Verbindung	Schmelzpunkt und Erscheinungsform, Spektren; weitere Bemerkungen	Lit.
39	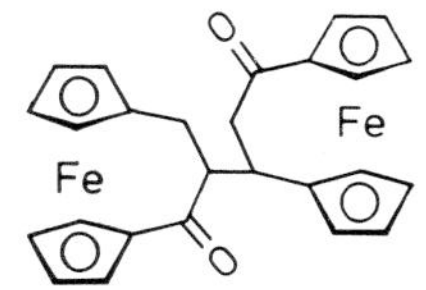	145; orangerote Kristalle (aus Äther); Darst. durch doppelte Cyclisierung von fc-CH(CH_2COOH)-CH(COOH)-CH_2-fc mit $(CF_3CO)_2O$ (75%)	[20]
*40	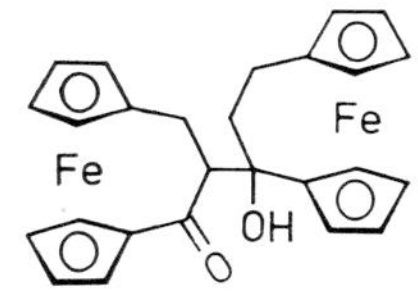 A	191 bis 192	[19]
*41	B	210 bis 211	[19]
*42	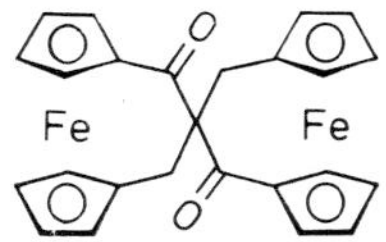	291; granatrote Kristalle (aus CH_2Cl_2/Äther) 305 (Zers.); hell orangefarbene große Quader (aus Benzol), ^{1}H-NMR (CS_2): 5.8 (C_5H_4), 6.9 (CH_2) IR (KBr): ν(C=O) bei 1645 UV (C_6H_6, ε): 442 (760)	[16, 21, 35]
*43	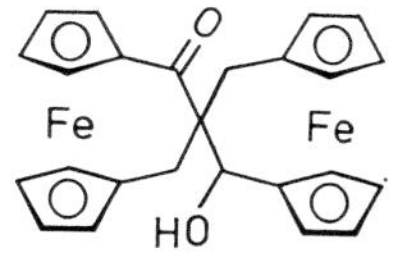 cis, cis	178 bis 179 (Zers.), IR (CCl_4): ν(CO) bei 1672, ν(OH) bei 3480 und 3560 UV (C_6H_6, ε): 442 (374)	[35]
*44	cis, trans	258 bis 260 (Zers.)	
45	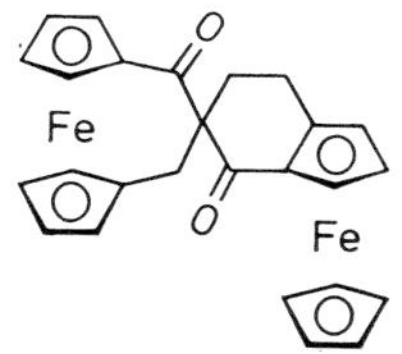	177; hellbraune Kristalle; Darst. mit 75% Ausbeute durch Cyclisierung von fc-CH_2C(COOH)-(CH_2COOH)CH_2-fc	[20]

fc-CH(CH_3)CH_2CO-fc (Tabelle **15**, Nr. **9**) entsteht mit 70% Ausbeute bei der Behandlung von fc-$COCH_3$ mit Na/Hg in H_2O-gesättigtem Benzol unter Rückfluß/6 h infolge einer primären Aldolkondensation zu Verbindung Nr. 16 und dessen Reduktion [2]. Wird auch als Produkt der selektiven Reduktion von fc-C(CH_3)=CHCO-fc mit gefälltem Ni in Wasser/Dioxan unter Rückfluß erwähnt, mehr als 90% Ausbeute [23]; zur Bildung durch Hydrierung der gleichen Verbindung an einem Ni-Katalysator („Urushibara Ni A") bei 20°C in Dioxan (30% Ausbeute) s. [31]. Bildet sich in geringer Menge, wenn das gleiche Olefin mit Na in C_2H_5OH reduziert wird, Hauptprodukt ist Nr. 1 [2].

fc-$COCH_2$CO-fc (Tabelle **15**, Nr. **11**) wird durch Kondensation von fc-$COOCH_3$ mit fc-$COCH_3$ in einer ätherischen Suspension von $NaNH_2$ mit 30% Ausbeute dargestellt [5, 8].

Das Diketon ist leicht löslich in Ligroin und Benzol, löslich in Xylol und Methanol; es löst sich in konzentrierten Mineralsäuren mit tiefvioletter Färbung. Mit $FeCl_3$ erhält man eine dunkelgrüne Farbreaktion [8]. Es bildet ein rotes **Cu(fc-$COCH_2$CO-fc)$_2$**, das sich bei 280°C zersetzt und in Benzol und Tetralin löslich ist [5]. Mit N_2H_4 erhält man 3,5-Diferrocenyl-pyrazol, vgl. Tabelle 17, Nr. 4. Bei der elektrochemischen Oxidation an Pt in CH_3CN erfolgt bei $E_{1/2}=0.575$ V (SCE) ein Übergang von mehr als zwei Elektronen; Zusammenhänge zwischen dem Halbstufenpotential und der langwelligen UV-Bande werden im Vergleich zu zahlreichen anderen Ferrocen-Derivaten untersucht und diskutiert [22].

fc-COC(CH_3)$_2$CO-fc (Tabelle **15**, Nr. **12**) wird bei Versuchen zur Darstellung von 1,1'-überbrückten Ferrocenen aus fc-H und $(CH_3)_2C(COCl)_2$ (etwa 1:1 mol) in großer Verdünnung von CH_2Cl_2 bei 0°C erhalten [6].

fc-CH=CHCO-fc (Tabelle **15**, Nr. **15**). Darstellung durch Aldolkondensation zwischen fc-$COCH_3$ und fc-CHO mit einem Überschuß an Alkali in einem Minimum an Alkohol unterhalb Zimmertemperatur (44% Ausbeute) [1, 4], auch bei Zimmertemperatur während einiger Stunden [5] oder bei Temperaturen bis 80°C zwischen 0.5 und 4 h [12, 39]. Bildet sich auch durch Friedel-Crafts-Reaktion zwischen fc-H und fc-CH=CHCOCl/$AlCl_3$ in CH_2Cl_2 bei Zimmertemperatur (17% Ausbeute) [7] und bei der Oxidation von fc-CH=$CHCH_2$-fc mit MnO_2 in siedendem CH_2Cl_2 [10]. Bei dem Versuch, aus fc-CH(OH)CH_2Cl ein Epoxid mit $C_2H_5O^-/C_2H_5OH$ herzustellen, wird das Keton bei 50°C/15 min mit 30 bis 50% Ausbeute gebildet [7, 10]; der Mechanismus dieser Reaktion, an der Oxidation durch Luftsauerstoff beteiligt ist, wird bei [10] untersucht. Die Verbindung wird von Al_2O_3 mit Benzol/Hexan (4:1) [39] oder CH_2Cl_2 [10] eluiert; weitere Reinigung durch Kristallisation aus Dioxan [12], Alkohol/Wasser [4] oder auch Sublimation bei 200°C/10^{-4} Torr [10].

Neben der in der Tabelle angegebenen „β-Form" existiert eine „α-Form" mit einem Schmelzpunkt von 198°C [1, 4], die neuerdings auch bei [46] aus Benzol in roten Kristallen erhalten wird. Ferner erwähnt [17] ein „isomeres Chalcon", das sich über ein Addukt mit $NCCH_2COOC_2H_5$ bildet, löslicher ist, und dessen UV-Maxima um 5 nm zu längeren Wellen verschoben sind.

Zum IR-Spektrum als Figur zwischen 400 und 1800 cm^{-1} s. [12], zur Lage der fc-Banden vgl. auch [27, 39]. Das in der Tabelle angegebene UV-Spektrum ist nach [10] zitiert. Weitere Werte für Lösungen in C_2H_5OH sind λ_{max} (lg ε) = 250 (4.09), 320 (4.25), 385 (3.64) bzw. 390 (4.65), 510 (3.64) nm [17, 29, 39] und für Lösungen in CH_3CN λ_{max} (ε) = 338 (3570), 480 (1240) nm [22].

Die elektrochemische Oxidation der fc-Kerne erfolgt an Pt in CH_3CN bei $E_{1/2}=0.575$ V (SCE) mit einem Übergang von mehr als zwei Elektronen [22], weitere Bemerkungen dazu s. bei Nr. 11. Die Form eines Oszillopolarogramms für die Oxidation an Pt in $C_2H_5OH/HClO_4$ ist bei [13] gezeigt und diskutiert.

Zur selektiven Hydrierung der Doppelbindung und Reduktion der CO-Gruppe vgl. fc-CH_2CH_2CO-fc (Nr. 8) bzw. fc-CH=$CHCH_2$-fc (Nr. 11 in Tabelle 14). An PtO_2 wird zu fc-$(CH_2)_3$-fc hydriert (Nr. 1 in Tabelle 14). Ein Produkt der Reaktion mit Br_2 ist vor Tabelle 15 erwähnt. Zur Michael-Addition von $NCCH_2COOC_2H_5$ s. Verbindung Nr. 7 in Tabelle 17; die Reaktionsgeschwindigkeiten dieser Reaktion werden gemessen und mit denen von Chalconen des Typs fc-COCH=CH-C_6H_4X-p verglichen; danach besitzt die fc-Gruppe 60 bis 70% der Elektronendonoreigenschaften der p-$(CH_3)_2NC_6H_4$-Gruppe [17, 24]. Zur Darstellung von Kern-substituierten Derivaten von fc-CH=CHCO-fc s. Verbindungen Nr. 19 bis 24 in dieser Tabelle. — Die Verwendung als Antiklopfmittel ist untersucht [42].

Das Oxim des Ketons ist in Tabelle 17 (Nr. 9) beschrieben.

fc-C(CH_3)=CHCO-fc (Tabelle **15**, Nr. **16**). Die Darstellung erfolgt durch Eigenkondensation von fc-$COCH_3$ unter der Einwirkung von t-C_4H_9OK in siedendem Benzol/6 h (64% Ausbeute) [2] oder von $AlCl_3$/Morpholin (10:1) in Benzol bei Zimmertemperatur/18 h und am Ende langsamer Zugabe von $(CH_3CO)_2O$ (61.3% Ausbeute); verschiedene Reaktionsbedingungen sind untersucht [25]. Bei der Umsetzung von fc-$COCH_3$ mit $HC(OC_2H_5)_3$ in C_6H_6 oder CH_2Cl_2 unter Einleiten von HCl bei Zimmertemperatur/4 h erzielt man Ausbeuten bis zu etwa 80% neben $C_6H_3fc_3$-1,3,5 [41]. Weitere Bildungsweisen: bei der Reaktion von fc-$COCH_3$ mit i-C_3H_7MgBr in Äther neben fc-C(CH_3)(OH)-C$(CH_3)_2$ [37], bei der Darstellung von fc-$COCH_2COOC_2H_5$ aus fc-$COCH_3$ und $(C_2H_5O)_2CO$/NaH [3], in geringen Mengen auch bei der Acetylierung von fc-H mit $(CH_3CO)_2O$/H_3PO_4 und mit Chloracetylchloriden/$AlCl_3$ in CH_2Cl_2 [7]. Die Bildung beim Erhitzen von fc-$COCH_3$ mit ^{103}Ru-Chlorid ist erwähnt [44]. Zur Bildung aus fc-C≡CC(CH_3)(OH)-fc s. dort (Nr. 4).

Die Verbindung sublimiert bei 120°C/0.1 Torr [37]. Zum ^{1}H-NMR-Spektrum in CCl_4 und CS_2 s. Angaben bei [37] bzw. [41]. In alkalischem C_2H_5OH (0.1 N) haben die UV-Banden bei gleicher Lage sehr viel schwächere Extinktion [3].

Einige Fragmente des Massenspektrums sind bei [41] angegeben. — Zum chemischen Verhalten vgl. Verbindungen Nr. 1 und 9. Die Verbindung reagiert mit CH_3MgJ in Äther nicht in einer normalen Grignard-Reaktion: Es entsteht eine blaue Lösung (UV-Maxima bei 253, 296 und 371 nm), die wahrscheinlich das Enolat III enthält, das bei Hydrolyse unter längerem Erhitzen wieder das Ausgangsketon freisetzt [3]. Reagiert nicht wie fc-$COCH_3$ mit $HC(OC_2H_5)_3/CH_3C_6H_4SO_3H$ [41]. Ein Kern-substituiertes Derivat ist bekannt, s. Nr. 25.

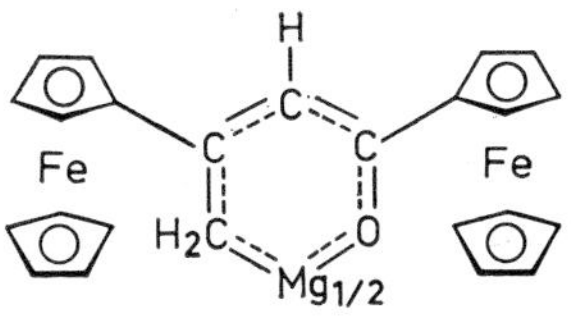

III

fc-C≡CCO-fc (Tabelle **15**, Nr. **17**) wird aus dem Propinol Nr. 3 mit aktivem MnO_2 in $CHCl_3$ bei Zimmertemperatur dargestellt und aus Cyclohexan/Benzol umkristallisiert, 63% Ausbeute [11]. Zur Reduktion s. Verbindung Nr. 24 in Tabelle 14. Zu weiteren neuen Angaben s. [45].

fc-CH=CHCO-$C_5H_4FeC_5H_4COCH_3$ und **$CH_3COC_5H_4FeC_5H_4$-CH=CHCO-fc** (Tabelle **15**, Nr. **19** und **20**) werden durch Friedel-Crafts-Acetylierung aus fc-CH=CHCO-fc und $CH_3COCl/AlCl_3$ in CH_2Cl_2 bei Zimmertemperatur/4.5 h dargestellt und durch Chromatographie an Al_2O_3 mit C_6H_6/$CH_3COOC_2H_5$ isoliert: Es werden eluiert zuerst Nr. 20 (42.1% Ausbeute), dann Nr. 19 (3.5% Ausbeute) und am Ende das Diacetylprodukt Nr. 21 mit etwa 2% Ausbeute.

Die Zuordnung der beiden Monoacetyl-Derivate zu den Formeln der Tabelle ist nicht gesichert [29]. Zur Lage der fc-Banden im IR-Spektrum und einer nahe benachbarten Acetyl-Bande bei 1117 cm^{-1} s. die Diskussion bei [27].

fc-CH=CHCO-$C_5H_4FeC_5H_4COC_6H_5$ (Tabelle **15**, Nr. **22**) entsteht mit praktisch quantitativer Ausbeute bei der Kondensation von fc-CHO mit $CH_3COC_5H_4FeC_5H_4COC_6H_5$ in alkalischem Äthanol bei kurzem Erhitzen auf 50 bis 60°C; Umkristallisieren aus Äthanol [38]. — Die Reduktion mit $(C_6H_5)_3SnH$ bei 120°C führt mit 65% Ausbeute zu Verbindung Nr. 18 [32, 40], vgl. auch Darstellung von Nr. 8.

$CH_3COC_5H_4FeC_5H_4$-$CH{=}CHCO$-$C_5H_4FeC_5H_4CHO$ (Tabelle **15**, Nr. **24**) ist Nebenprodukt (etwa 1% Ausbeute) der Darstellung von $CH_3COC_5H_4FeC_5H_4CHO$ aus fc-CHO und $CH_3COCl/AlCl_3$ bei 0°C bis Zimmertemperatur; es wird von Al_2O_3 mit Äther eluiert. — Das ^1H-NMR-Spektrum ist als Figur angegeben [33].

$CH_3COC_5H_4FeC_5H_4$-$C(CH_3){=}CHCO$-$C_5H_4FeC_5H_4COCH_3$ (Tabelle **15**, Nr. **25**) wird bei der Eigenkondensation von 1,1'-Diacetylferrocen unter der Einwirkung von $AlCl_3$/Morpholin mit 17% Ausbeute erhalten [25], vgl. Darstellung von Nr. 16.

$C_{25}H_{26}O_2Fe_2$ (Tabelle **15**, Nr. **26** und **27**). Die bezüglich der Alkohol-Gruppen als cis- und trans-Verbindungen bezeichneten Diole werden aus einem entsprechenden Isomerengemisch IV mit $LiAlH_4$ in Äther unter Rückfluß/2 h mit 90% Ausbeute dargestellt. Bei der Trennung durch präparative Dünnschichtchromatographie an SiO_2 mit Benzol/Äthanol wandert die cis-Form schneller; 35.8% (Nr. 26) und 51.8% (Nr. 27) Ausbeute. — Fragmente des Massenspektrums sind für Nr. 26 angegeben [34]. Zur Dehydratisierung der trans-Form s. Nr. 36.

HO, O, $C-O-C_2H_5$, Fe, CH_2-fc

IV

$C_{25}H_{24}O_2Fe_2$ (Tabelle **15**, Nr. **30** und **31**) werden aus dem Diketon Nr. 42 mit $LiAlH_4$ in Äther gewonnen: Das Racemat V liefert zwei (VI und VII) der drei möglichen diastereomeren Diole im Verhältnis von etwa 4:1, die sich durch Dünnschichtchromatographie an SiO_2 mit Benzol/Äther trennen lassen; das cis, cis-Isomere VI (Nr. 30) wandert schneller. Es bildet ein cyclisches Acetal (Nr. 32), läßt sich durch kinetische Racematspaltung mit (+)-α-Phenylbuttersäureanhydrid in optisch aktiver Form gewinnen ($[\alpha]_D = +38°$ bei etwa 33% optischer Reinheit) und gibt bei der partiellen Oxidation mit MnO_2 nur einen Ketoalkohol (Nr. 43). Die Konfiguration bezüglich der asymmetrischen C-Atome 6 und 6' ist (+)-(6S,6'S). Im Zusammenhang mit der Frage nach der optischen Reinheit des cis, cis-Diols werden die Ester Nr. 33 bis 35 dargestellt. Das cis, trans-Diastereomere (VII) gibt bei der partiellen Oxidation zwei Ketoalkohole, Nr. 43 und 44 [35].

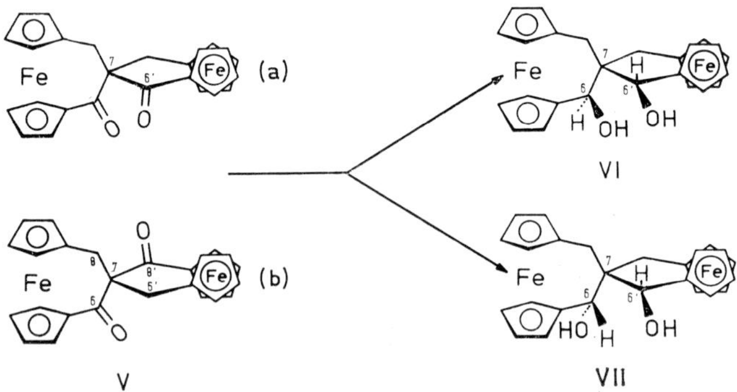

$C_{43}H_{40}O_6Fe_2$ (Tabelle **15**, Nr. **34**) wird aus optisch reiner (+)-O-Methylmandelsäure durch Umsetzung mit $SOCl_2$ zum Säurechlorid und dessen Reaktion mit einer optisch aktiven Form des Diols Nr. 30 (vgl. VI) in Petroläther bei 40 bis 60°C dargestellt, 49% Ausbeute. Aus dem Intensitätsverhältnis der OCH_3-Signale im ^1H-NMR-Spektrum bei $\tau = 5.20$ und 5.40 wird die optische Reinheit des eingesetzten Diols ermittelt [35].

Literatur s. S. 119

$C_{35}H_{34}O_3Fe_2$ (Tabelle **15**, Nr. **35**) wird zusammen mit dem Di-ester Nr. 33 bei der Reaktion des Diols Nr. 30 mit (+)-α-Phenylbuttersäureanhydrid in Gegenwart von Pyridin bei Zimmertemperatur/16 h gebildet; die beiden Ester werden durch Dünnschichtchromatographie getrennt (etwa 75% Gesamtausbeute). Das nicht umgesetzte Diol Nr. 30 wird als rechtsdrehende Substanz zurückgewonnen. — Aus dem Mono-ester Nr. 35 erhält man bei der Verseifung mit äthanolischem KOH eine linksdrehende Probe des Diols Nr. 30 [35].

$C_{24}H_{22}OFe_2$ (Tabelle **15**, Nr. **37**). Die Verbindung ist identisch mit einer früher bei [9, 14] als homoanular cyclisiertes Diketon angesprochenen Substanz [28].

$C_{25}H_{22}O_2Fe_2$ (Tabelle **15**, Nr. **38**) entsteht aus fc-CHO und 1,1'-Diacetylferrocen in wäßrig-alkoholischem Alkali durch Aldolkondensation und anschließende intramolekulare Michael-Addition, 41.2% Ausbeute [12].

$C_{26}H_{24}O_2Fe_2$ (Tabelle **15**, Nr. **40** und **41**) bilden sich aus dem Keton VIII in Petroläther an Al_2O_3, von dem sie nach 24 h mit Äther/Petroläther eluiert und an SiO_2 mit $C_6H_6/CHCl_3$ (1:8) voneinander getrennt werden [19]. Zur Reduktion s. Nr. 28 und 29.

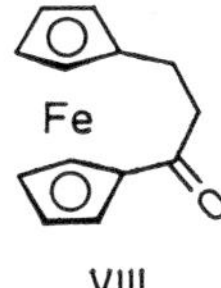

VIII

$C_{25}H_{20}O_2Fe_2$ (Tabelle **15**, Nr. **42**). Die Verbindung wird durch doppelten Ringschluß von fc-$CH_2C(COOH)_2CH_2$-fc mit $(CF_3CO)_2O$ in CH_2Cl_2 unter Rückfluß/3 h mit 12% Ausbeute neben Nr. 36 erhalten [16, 21]; längeres Erhitzen erhöht die Ausbeute nicht wesentlich [35]. Bei der Reaktion tritt in starkem Maße Verharzung ein [16], bei Zimmertemperatur wird dagegen nach [35] nur ein Ring geschlossen.

Eine partielle Trennung der Enantiomeren, vgl. Formel V, gelingt bei der Chromatographie an partiell acetylierter Cellulose in Benzollösung; man erhält Fraktionen mit bis zu 10% optischer Reinheit ($[\alpha]_D = +96°$ bis $-110°$). Durch Oxidation des (−)-cis, cis-Diols Nr. 30, vgl. Formel VI, von bekannter optischer Reinheit (p = 27%) mit einem Überschuß MnO_2 in Benzol unter Rückfluß wird mit 40% Ausbeute ein rechtsdrehendes Diketon gebildet, aus dessen Drehwert sich $[\alpha]_D = 1070°$ für p = 100% berechnet. Aus der bekannten Absolutkonfiguration des eingesetzten Diol-Enantiomeren ergibt sich für das linksdrehende Diketon die in Va gezeigte Konfiguration (−)-(7S) [35].

Die Substanz löst sich wenig in CH_2Cl_2 und ist in Äther unlöslich [16]. Einige Fragmente des Massenspektrums sind bei [35] angegeben. Zur Reduktion mit $LiAlH_4$ s. Verbindungen Nr. 30 und 31.

$C_{25}H_{22}O_2Fe_2$ (Tabelle **15**, Nr. **43** und **44**). Beide Verbindungen entstehen im Mengenverhältnis von etwa 1:1 bei der Oxidation des Diols Nr. 31 mit MnO_2 in Benzol unter Rückfluß/30 min; sie lassen sich durch mehrfache präparative Dünnschichtchromatographie trennen, da Nr. 44 mit Benzol rascher wandert. Die gleiche Oxidation des Diols Nr. 30 ergibt mit 42.5% Ausbeute nur das Isomere Nr. 43. — Die Verbindungen haben identische IR-Spektren; die beiden in der Tabelle angegebenen OH-Banden beziehen sich auf assoziiertes bzw. freies OH [35].

Literatur:

[1] J. Boichard, J. Tirouflet (Compt. Rend. **251** [1960] 1394/6). — [2] P. L. Pauson, W. E. Watts (J. Chem. Soc. **1962** 3880/6). — [3] K. L. Rinehart, R. J. Curby, D. H. Gustafson, K. G. Harrison, R. E. Bozak, D. E. Bublitz (J. Am. Chem. Soc. **84** [1962] 3263/9). — [4] J. Boichard, J.-P. Monin, J. Tirouflet (Bull. Soc. Chim. France **1963** 851/6). — [5] H. Hennig (Diss. Karl-Marx-Universität Leipzig 1963).

[6] M. Rosenblum, A. K. Banerjee, N. Danieli, R. W. Fish, V. Schlatter (J. Am. Chem. Soc. **85** [1963] 316/24). — [7] K. Schlögl, H. Egger (Monatsh. Chem. **94** [1963] 376/92). — [8] L. Wolf, H. Hennig (Z. Chem. [Leipzig] **3** [1963] 469/70). — [9] J. Décombe, A. Dormond, J.-P. Ravoux (Compt. Rend. **259** [1964] 4289/92). — [10] H. Egger, K. Schlögl (J. Organometal. Chem. **2** [1964] 398/409).

[11] H. Egger, K. Schlögl (Monatsh. Chem. **95** [1964] 1750/8). — [12] M. Furdik, M. Dzurilla, S. Toma, J. Suchy (Acta Fac. Rerum Nat. Univ. Comenianae Chimia **8** [1964] 569/79). — [13] J. Komenda (Chem. Zvesti **18** [1964] 378/84). — [14] J. Décombe, J.-P. Ravoux, A. Dormond (Bull. Soc. Chim. France **1965** 1261). — [15] K. Schlögl, W. Steyrer (Monatsh. Chem. **96** [1965] 1520/35).

[16] A. Dormond, J.-P. Ravoux, J. Décombe (Compt. Rend. C **262** [1966] 940/2). — [17] M. Furdik, S. Toma (Chem. Zvesti **20** [1966] 326/35). — [18] J. Tirouflet, C. Moise (Compt. Rend. C **262** [1966] 1889/90). — [19] Colgate-Palmolive Co., R. A. Schnettler, J. T. Suh (U.S.P. 3420863 [1966/69]). — [20] A. Dormond, J. Décombe (Compt. Rend. C **267** [1968] 693/6).

[21] A. Dormond, J. Décombe (Bull. Soc. Chim. France **1968** 3673/8). — [22] H. Hennig, O. Gürtler (J. Organometal. Chem. **11** [1968] 307/16). — [23] K. Sakai, M. Ishige, H. Kono, I. Motoyama, K. Watanabe, K. Hata (Bull. Chem. Soc. Japan **41** [1968] 1902/8). — [24] S. Toma, M. Furdik (Acta Fac. Rerum Nat. Univ. Comenianae Chimia **13** [1968] 37/43). — [25] H. Kono, M. Shiga, I. Motoyama, K. Hata (Bull. Chem. Soc. Japan **42** [1969] 3267/9).

[26] C. Moise, J. Tirouflet, H. Singer (Bull. Soc. Chim. France **1969** 1182/7). — [27] A. Perjessy, S. Toma (Chem. Zvesti **23** [1969] 533/9). — [28] J.-P. Ravoux, J. Décombe (Bull. Soc. Chim. France **1969** 146/53). — [29] S. Toma (Collection Czech. Chem. Commun. **34** [1969] 2235/48). — [30] M. J. A. Habib, J. Park, W. E. Watts (J. Chem. Soc. C **1970** 2556/63).

[31] H. Kono, M. Ishige, K. Sakai, M. Shiga, I. Motoyama, K. Hata (Bull. Chem. Soc. Japan **43** [1970] 867/72). — [32] H. Patin, L. Roullier, R. Dabard (Compt. Rend. C **271** [1970] 1103/6). — [33] M. Sato, M. Koga, I. Motoyama, K. Hata (Bull. Chem. Soc. Japan **43** [1970] 1142/7). — [34] H. Falk, W. Fröstl (Monatsh. Chem. **102** [1971] 1259/69). — [35] H. Falk, W. Fröstl, K. Schlögl (Monatsh. Chem. **102** [1971] 1270/8).

[36] A. N. Nesmeyanov, V. N. Postnov, I. F. Leshcheva, B. A. Surkov, V. A. Sazonova (Dokl. Akad. Nauk SSSR **200** [1971] 858/61; Dokl. Chem. Proc. Acad. Nauk USSR **196/201** [1971] 818/20). — [37] F. H. Hon, T. T. Tidwell (J. Org. Chem. **37** [1972] 1782/6). — [38] R. Dabard, H. Patin (Bull. Soc. Chim. France **1973** 2158/64). — [39] N. D. Kozlov, E. A. Kalennikov, I. P. Stremok, L. I. Moiseenok (Dokl. Akad. Nauk Belorussk. SSR **17** [1973] 640/3). — [40] H. Patin, R. Dabard (Bull. Soc. Chim. France **1973** 2764/8).

[41] Y. Sasaki, C. U. Pittman (J. Org. Chem. **38** [1973] 3723/6). — [42] V. Vessely, S. Toma, J. Gursky, E. Patzelt (Ropa Uhlie **15** [1973] 194/7). — [43] T. S. Abram, W. E. Watts (J. Organometal. Chem. **87** [1975] C39/C41). — [44] D. Langheim, M. Wenzel, E. Nipper (Chem. Ber. **108** [1975] 146/54). — [45] T. S. Abram, W. E. Watts (Syn. Reactiv. Inorg. Metal-Org. Chem. **6** [1976] 31/53).

[46] E. E. Vittal, A. V. Dombrovskii (Zh. Obshch. Khim. **46** [1976] 623/6).

Carboxylic Acids,Esters, and Sulfide Substituents

6.3.1.3.2.2 Carbonsäuren, Ester und Alkylthio-Substituenten

Zu den in Tabelle 16 auftretenden Verbindungen vgl. auch Vorbemerkungen zu 6.3.1.3.2.1. Die Verbindungen mit S-Funktionen (Nr. 27 bis 32) werden bei Versuchen isoliert, die Keto-Gruppe in Nr. 26 durch Thioacetalbildung zu schützen.

Tabelle 16. Carbonsäuren, Carbonsäureester und Alkylthio-Substituenten.
Für laufende Nummern mit Sternchen folgen am Ende der Tabelle weitere Angaben.
Zu Abkürzungen und Dimensionen s. S. 1.

Nr.	Verbindung	Schmelzpunkt und Erscheinungsform, Spektren; weitere Bemerkungen	Lit.
	Verbindungen mit unsubstituierten fc-Kernen:		
*1	$(fc)_2C{=}C$–C(=O)–OH (fc, fc, C(=O)–OH)	164, 166; hellgelbe Nadeln (aus C_6H_6), fällt aus C_2H_5OH/H_2O als Dihydrat an, das bei etwa 140 bis 145°C unter H_2O-Verlust schmilzt und bei 170°C völlig entwässert werden kann	[4, 7, 8]

Tabelle 16 [Fortsetzung].

Nr.	Verbindung	Schmelzpunkt und Erscheinungsform, Spektren; weitere Bemerkungen	Lit.
*2	$(fc{-}CH_2)_2CH{-}C(=O){-}OC_2H_5$	95; feine gelbe Kristalle (aus C_2H_5OH/H_2O); Darst. aus Nr. 1 durch Veresterung (77%) oder durch Pyrolyse von Nr. 5 unter N_2 bei 150°C/3 h (43%)	[7, 8]
*3	$(fc{-}CH_2)_2C(C(=O){-}OH)_2$	234; feine hellgelbe Nadeln (aus Äther/Petroläther), kristallisiert mit 2 mol H_2O, die bei 110°C abgegeben werden. — Darst. durch alkalische Verseifung von Nr. 5 (84 bis 94%)	[4, 7]
*4	$(fc{-}CH_2)_2C(C(=O){-}OC_2H_5)(C(=O){-}OH)$	157 bis 159 (aus C_6H_6), ^{1}H-NMR ($CDCl_3$): −0.5 (1 H), 5.9 (22 H), 6.98 (2 H), 8.73 (3 H)	[10]
5	$(fc{-}CH_2)_2C(C(=O){-}OC_2H_5)_2$	138; lebhaft gelbe Kristalle (aus Petroläther), Nadeln; Darst. aus fc-$CH_2C(COOC_2H_5)_2Na$ und fc-$CH_2N(CH_3)_3J$ in Toluol/Dimethylformamid unter Rückfluß (75%); zur Pyrolyse s. Nr. 2	[4, 7]
6	$(fc{-}CH_2)_2C(C(=O){-}OH){-}CH_2{-}C(=O){-}OH$	160; gelbe Kristalle; Darst. durch Verseifung von Nr. 7 (85%). — Zur Cyclisierung s. Verb. Nr. 45 in Tabelle 15	[6]
7	$(fc{-}CH_2)_2C(C(=O){-}OC_2H_5){-}CH_2{-}C(=O){-}OC_2H_5$	gelbes, viskoses Öl; Darst. durch Clemmensen-Reduktion von Nr. 14 (94%)	[6]
8	$fc{-}CH(CH_2{-}C(=O){-}OH){-}CH(C(=O){-}OH){-}CH_2{-}fc$	114; gelbe Kristalle (aus Äther); Darst. durch katalytische Hydrierung von Nr. 9 (86%); zur Cyclisierung s. Nr. 39 in Tabelle 15	[6]
9	$fc{-}C(=CH{-}C(=O){-}OH){-}CH(C(=O){-}OH){-}CH_2{-}fc$	116; rote Kristalle (aus Äther/Hexan); Darst. durch Verseifung von Nr. 10 (34%)	[6]

Literatur s. S. 126

Tabelle 16 [Fortsetzung].

Nr.	Verbindung	Schmelzpunkt und Erscheinungsform, Spektren; weitere Bemerkungen	Lit.
10	O H ‖ fc— C—OC_2H_5 C—OC_2H_5 fc— ‖ O	orangerotes Öl; Bildung durch Reformatsky-Reaktion zwischen fc-$COCH(COOC_2H_5)CH_2$-fc und $BrCH_2COOC_2H_5$ und spontane Dehydratisierung des intermediären Alkohols (60%)	[6]
11	O ‖ fc— C—OC_2H_5 fc— C—CH_3 ‖ O	93; hellbraune, kugelige Aggregate (aus Hexan); Darst. aus fc-$CH_2CH(COCH_3)COOC_2H_5$ über dessen Na-Verbindung mit fc-$CH_2N(CH_3)_3J$ in Dimethylformamid (78%). Bei der Verseifung entsteht hauptsächlich die Säure Nr. 1	[7]
*12	O ‖ fc— C—OC_2H_5 fc— C—C—OC_2H_5 ‖ ‖ O O	95; feine gelbe Kristalle (aus Alkohol); Darst. aus der Na-Verbindung von $CH_2(COOC_2H_5)$-CO-$COOC_2H_5$ und fc-$CH_2N(CH_3)_3J$ wie bei Nr. 5 (35%)	[1, 8]
13	O fc— ‖ C—OC_2H_5 fc— O	124; hell orangefarbene Kristalle (aus Äther); Darst. aus der Na-Verbindung von fc-$COCH_2$-$COOC_2H_5$ und fc-$CH_2N(CH_3)_3J$ wie bei Nr. 5 (24%). — Wird bei der Verseifung decarboxyliert, vgl. Nr. 8, Tabelle 15	[6]
14	O ‖ fc— C—OC_2H_5 fc— CH_2—C—OC_2H_5 O ‖ O	95; rote Körnchen (aus Hexan); Darst. aus der Na-Verbindung von Nr. 13 mit $BrCH_2COOC_2H_5$ (60%)	[6]
15	O ‖ C_6H_5—C—H_2C O ‖ fc— C—OC_2H_5 fc— C—OC_2H_5 C_6H_5—C—H_2C ‖ ‖ O O	122 bis 125 (aus Äther); Darst. durch Michael-Addition von $CH_2(COOC_2H_5)_2$ an fc-CH=$CHCOC_6H_5$ mit CH_3ONa/CH_3OH bei Zimmertemperatur/2 d (41% neben dem Monoaddukt)	[5]
Verbindungen mit substituierten fc-Kernen:			
*16	fc-$CH_2CH(COOH)CH_2$-$C_5H_4FeC_5H_4COOH$	>350; ockergelbe Kristalle (aus Benzol) IR (KBr): 1700 (C=O), 2600 (COOH, breit)	[10]
17	fc-$CH_2CH(COOCH_3)CH_2$-$C_5H_4FeC_5H_4COOCH_3$	102, IR (CCl_4): 1193 (Ester), 1740 (C=O); Darst. aus der Säure Nr. 16 mit Diazomethan	[10]

Literatur s. S. 126

Tabelle 16 [Fortsetzung].

Nr.	Verbindung	Schmelzpunkt und Erscheinungsform, Spektren; weitere Bemerkungen	Lit.
	Verbindungen mit Substitution unter Ringschluß:		
18	Fe; C(=O)–OH; CH_2–fc	350 (Zers., aus Benzol). — Bildung durch Verseifung von Nr. 19 (38.2%), vgl. auch Nr. 26. — Ist als Ketosäure ungewöhnlich stabil und zeigt keinerlei Tendenz zur Decarboxylierung	[10]
19	Fe; C(=O)–OC_2H_5; CH_2–fc	rote Kristalle (aus Benzol); das Gemisch aus endo- und exo-Form ist durch Dünnschichtchromatographie nicht zu trennen, ^{1}H-NMR ($CDCl_3$): 5.73, 5.83, 5.92, 7.00, 8.58 Zur Bildung s. Nr. 26	[10]
20	Fe; OH; C(=O)–OH; CH_2–fc	hellgelbe Kristalle. — Darstellung als Isomerengemisch aus Nr. 21/22 durch Verseifung mit KOH/n-C_4H_9OH bei 90°C (97%). — Sehr oxidationsempfindlich, beim Umkristallisieren oder bei der Chromatographie rasche Umwandlung in die Ketosäure Nr. 25	[10]
*21	Fe; HO; H; C(=O)–OC_2H_5; CH_2–fc cis	195 bis 196; hellgelbe Kristalle (aus Benzol), IR (CCl_4): 1230, 1695 (Ester), 3520, 3687 (OH, assoziiert bzw. frei)	[10]
*22	trans	68 bis 69, das IR ist identisch mit dem von Nr. 21	[10]
23	Fe; OH; CH_2–C(=O)–OH; CH_2–fc	255; hellgelbe Blättchen (aus Benzol/Hexan); Darst. durch Verseifung von Nr. 24 mit C_2H_5OK/C_2H_5OH unter Rückfluß (57%). — Läßt sich nicht cyclisieren oder zum Olefin dehydratisieren	[3, 9]
*24	Fe; OH; CH_2–C(=O)–OC_2H_5; CH_2–fc	210; gelbe Kristalle (aus Äther/Hexan); zur Verseifung s. Nr. 23	[3, 9]
25	Fe; O; C(=O)–OH; CH_2–fc	167 bis 170; rot, IR (CCl_4): 1683 (C=O), 1783 (COOH); Darst. durch einfache Cyclisierung von Nr. 3 mit $(CF_3CO)_2O$ in CH_2Cl_2 bei Zimmertemperatur (35%); zur Bildung durch Oxidation s. Nr. 20	[10]

Literatur s. S. 126

Tabelle 16 [Fortsetzung].

Nr.	Verbindung	Schmelzpunkt und Erscheinungsform, Spektren; weitere Bemerkungen	Lit.
*26	Fe; C(=O)-C(COOC₂H₅)(CH₂-fc) (Strukturformel)	90 (aus Benzol), ^{1}H-NMR ($CDCl_3$): 5.71, 5.88, 6.83, 6.96, 8.68 IR (CCl_4): 1678 (C=O), 1748 (Ester), 2955 und 3095 (fc)	[10]
27	RS SR, R=$CH_2C_6H_5$; Fe; CH_2-fc	hellgelbes Öl, IR (CCl_4): 1452, 1480, 3020 (C_6H_6); 3085 (fc) zur Bildung s. Nr. 28	[10]
*28	RS SR, R=$CH_2C_6H_5$; C(=O)-OH; Fe; CH_2-fc	52; hellgelbe Kristalle, IR (KBr): 1720 (CO)	[10]
*29	RS SR, R=$CH_2C_6H_5$; C(=O)-OC_2H_5; Fe; CH_2-fc	Öl, ^{1}H-NMR ($CDCl_3$): 2.64, 5.88, 6.48, 8.64 IR (CCl_4): 1735 (CO)	[10]
30	RS SR, R=$CH_2C_6H_5$; C(=O)-$SCH_2C_6H_5$; Fe; CH_2-fc	Öl, ^{1}H-NMR ($CDCl_3$): 2.70, 5.90, 6.32, 6.60 IR (CCl_4): 1692 (Thiolester); Darst. s. Nr. 29; zur Verseifung s. Nr. 28	[10]
*31	RS SR, R=CH_2CH_2SH; C(=O)-OC_2H_5; Fe; CH_2-fc	^{1}H-NMR ($CDCl_3$): 5.80, 6.10, 6.72, 7.34, 8.76 IR (CCl_4): 1740 (CO)	[10]
32	S S (Dithiolan); C(=O)-OC_2H_5; Fe; CH_2-fc	gelbes Öl, ^{1}H-NMR ($CDCl_3$): 5.86, 6.69, 6.73, 8.76 IR (CCl_4): 1718 (CO); Darst. s. Nr. 31	[10]

* Weitere Angaben:

fc-CH_2CH(COOH)CH_2-fc (Tabelle **16**, Nr. **1**) wird durch Decarboxylierung des Malonsäure-Derivates Nr. 3 bei 190°C Badtemperatur unter N_2 dargestellt, 88% Ausbeute [4, 7]. Entsteht ferner als Produkt der Hydrolyse und Decarboxylierung bei der Behandlung von Nr. 12 oder von (fc-CH_2)$_2$C(CN)$COOC_2H_5$ (s. Tabelle 17) mit KOH/C_2H_5OH bzw. KOH/i-$C_5H_{11}OH$ unter Rückfluß [8]. Zur Bildung s. auch Nr. 11.

Kristallisiert nach [7] aus Petroläther in kleinen gelbbraunen Kristallen mit honigartigem Geruch. — Die Verbindung wird anfangs [1] als Di-(ferrocenylmethyl)brenztraubensäure, (fc-CH_2)$_2$CH-COCOOH, angesehen.

Literatur s. S. 126

fc-$CH_2CH(COOC_2H_5)CH_2$-fc (Tabelle **16**, Nr. **2**). Darstellung auch durch Clemmensen-Reduktion von fc-$COCH(COOC_2H_5)CH_2$-fc (Nr. 13) [6]. Bildet sich zuweilen bei der Darstellung von Nr. 12 infolge Spaltung des Oxalessigsäureester-Derivates und aus gleichem Grunde auch bei der Umsetzung der Na-Verbindung von OHC-CH_2-$COOC_2H_5$ mit fc-$CH_2N(CH_3)_3J$ in Toluol/Dimethylformamid unter Rückfluß [8]. — Wird von Al_2O_3 mit Äther eluiert und ist als „oursins brun-roux" beschrieben [7].

fc-$CH_2C(COOH)_2CH_2$-fc (Tabelle **16**, Nr. **3**). Das bei der Verseifung in C_2H_5OH mit 50%igem wäßrigem KOH nach Abziehen des Alkohols erhaltene (fc-$CH_2)_2C(COOK)_2$ kristallisiert beim Kühlen seiner wäßrigen Lösung in feinen fuchsroten Blättchen [7].

Zur Decarboxylierung s. Nr. 1. Cyclisiert unter dem Einfluß von $(CF_3CO)_2O$ bei Zimmertemperatur zu Nr. 25 und bei höherer Temperatur zum Spiro-diketon Nr. 42 in Tabelle 15.

fc-$CH_2C(COOH)(COOC_2H_5)CH_2$-fc (Tabelle **16**, Nr. **4**) wird durch partielle Verseifung von Nr. 5 mit KOH/C_2H_5OH unter Rückfluß/5 h und Ansäuern mit H_3PO_4 hergestellt. Bei der Chromatographie des Benzolextraktes an Al_2O_3 wird mit CH_3OH/CH_3COOH die Verbindung im Gemisch mit der Dicarbonsäure Nr. 3 eluiert, die sich durch Kristallisation aus Benzol abtrennen läßt; 57.8% Ausbeute neben 10.5% an Nr. 3 [10]. Zur Cyclisierung s. Nr. 26.

fc-$CH_2C(CO\text{-}COOC_2H_5)(COOC_2H_5)CH_2$-fc (Tabelle **16**, Nr. **12**) gibt bei der alkalischen Verseifung nicht fc-$CH_2CH(CO\text{-}COOH)CH_2$-fc, wie zuerst angenommen [1, 2], sondern fc-$CH_2CH(COOH)CH_2$-fc [8]; daher ist auch die Formulierung des Cyclisierungsproduktes bei [1, 2] nicht richtig.

fc-$CH_2CH(COOH)CH_2$-$C_5H_4FeC_5H_4COOH$ (Tabelle **16**, Nr. **16**) entsteht bei der Umsetzung der Verbindungen Nr. 21/22 mit NaH in $(CH_3)_2SO$ in Gegenwart von etwas H_2O bei Zimmertemperatur infolge Oxidation zur Ketosäure Nr. 25 und deren Spaltung im Alkalischen unter Öffnung der heteroanularen Brücke [10].

$C_{27}H_{28}O_3Fe_2$ (Tabelle **16**, Nr. **21** und **22**). Zur Darstellung wird der Ketoester Nr. 26 in C_2H_5OH mit $NaBH_4$ in Gegenwart von etwas H_2O unter Rückfluß umgesetzt. Die Isomeren entstehen im Verhältnis 1:1 und lassen sich durch wiederholte Dünnschichtchromatographie an SiO_2 (Benzol) trennen; die cis-Form Nr. 21 wird stärker adsorbiert [10]. — Die Hydroxyester sind schwer verseifbar, zur alkalischen Verseifung mit NaH und den Folgereaktionen s. oben Nr. 16.

$C_{28}H_{30}O_3Fe_2$ (Tabelle **16**, Nr. **24**) wird durch Reformatsky-Reaktion des Ketons I mit $BrCH_2COOC_2H_5$ in großem Überschuß in siedendem Toluol dargestellt, 40% Ausbeute [3, 9]. Wird auch aus Äther/Hexan kristallisiert [9]. — Die Verbindung kann nicht dehydratisiert werden [3].

O
Fe $-CH_2-$fc

I

$C_{27}H_{26}O_3Fe_2$ (Tabelle **16**, Nr. **26**). Zur Darstellung wird der Halbester Nr. 4 in CH_2Cl_2 bei 20°C/14 h mit $(CF_3CO)_2O$ behandelt, 47.4% Ausbeute neben Verbindung Nr. 19 (29% Ausbeute), die durch Chromatographie an Al_2O_3 mit Benzol abgetrennt werden kann. — Das Massenspektrum ist angegeben [10].

$C_{39}H_{36}O_2S_2Fe_2$ (Tabelle **16**, Nr. **28**) wird durch Verseifung eines Gemisches von Nr. 29 und 30 mit 10%igem KOH in n-C_4H_9OH bei 100°C erhalten. Daneben entsteht durch Decarboxylierung Verbindung Nr. 27, die nach Verdünnen des Reaktionsgemisches mit H_2O vor dem Ansäuern mit Benzol ausgeschüttelt wird [10].

Literatur s. S. 126

$C_{41}H_{40}O_2S_2Fe_2$ (Tabelle **16**, Nr. **29**). Darstellung aus dem Ketoester Nr. 26 mit $C_6H_5CH_2SH$ in Gegenwart von BF_3-Ätherat bei Zimmertemperatur/16 h, 23% Ausbeute. Gleichzeitig entsteht Verbindung Nr. 30 (10% Ausbeute), die durch Dünnschichtchromatographie (Benzol/Hexan, 1:1 an SiO_2) abgetrennt wird [10]. Zur Verseifung s. Nr. 28.

$C_{31}H_{36}O_2S_2Fe_2$ (Tabelle **16**, Nr. **31**) wird zusammen mit Verbindung Nr. 32 bei der Reaktion des Ketoesters Nr. 26 mit $HSCH_2CH_2SH/BF_3$-Ätherat wie bei Nr. 29 gebildet und getrennt; Ausbeuten von 14.7 bzw. 25.6% [10].

Literatur:

[1] J. Décombe, A. Dormond, J.-P. Ravoux (Compt. Rend. **259** [1964] 4289/92). — [2] J. Décombe, J.-P. Ravoux, A. Dormond (Bull. Soc. Chim. France **1965** 1261). — [3] A. Dormond, J. Décombe (Compt. Rend. C **263** [1966] 149/52). — [4] A. Dormond, J.-P. Ravoux, J. Décombe (Compt. Rend. C **262** [1966] 940/2). — [5] M. Furdik, S. Toma (Chem. Zvesti **20** [1966] 326/35).

[6] A. Dormond, J. Décombe (Compt. Rend. C **267** [1968] 693/6). — [7] A. Dormond, J. Décombe (Bull. Soc. Chim. France **1968** 3673/8). — [8] J.-P. Ravoux, J. Décombe (Bull. Soc. Chim. France **1969** 146/53). — [9] A. Dormond (Bull. Soc. Chim. France **1970** 3962/71). — [10] H. Falk, W. Fröstl (Monatsh. Chem. **102** [1971] 1259/69).

Compounds with N-Bonded Substituents

6.3.1.3.2.3 Verbindungen mit N-haltigen Substituenten

Zusammenfassung s. in Tabelle 17.

Tabelle 17. Verbindungen mit N-funktionellen Gruppen.
Für laufende Nummern mit Sternchen folgen am Ende der Tabelle weitere Angaben.
Zu Abkürzungen und Dimensionen s. S. 1.

Nr.	Verbindung	Schmelzpunkt und Erscheinungsform, Spektren; weitere Angaben	Lit.
1	fc—CH=CH—C(fc)(C_6H_5)($C_6H_4N(CH_3)_2$-p)	173 bis 174; Kristalle aus Hexan, ^{1}H-NMR (gegen $(CH_3)_3SiOSi(CH_3)_3$): 2.60 (C_6H_5), 3.37 (=CH und C_6H_4); quantitative Bildung beim Auflösen von [fc-CH=CH-C(C_6H_5)-fc]BF_4 in $C_6H_5N(CH_3)_2$ s. 6.3.1.3.1	[10]
*2	fc—C(CN)=C(NH_2)—CH_2—fc	144 bis 147, ^{1}H-NMR ($CDCl_3$): 5.25 (breites s, NH_2), 5.68 (t), 5.82 (t, fc-C=C), 6.44 (s, CH_2) IR (CCl_4): 1635 (C=C), 2185 (CN), 3395, 3490 (NH) UV (C_2H_5OH, ε): 203, 252, 290, 335 (S), 442	[7, 11]
3	fc—C(CN)($CH_2C_6H_5$)—C(=NH)—CH_2—fc	226 bis 227; gelb, mikrokristallin (aus Äther); Nebenprodukt (5%) bei der Darst. von fc-C(CN)$(CH_2C_6H_5)_2$ aus fc-CH_2CN/n-C_4H_9Li/ $C_6H_5CH_2Cl$ in Äther	[12]
*4	3,5-Diferrocenylpyrazol (fc, fc; HN—N)	Zers. bis 300; ockerfarben, feinkristallin, UV (CH_3CN, ε): 311 (1714), 440 (441); Darst. aus fc-$COCH_2CO$-fc und $N_2H_4 \cdot H_2O$ in C_2H_5OH unter Rückfluß/einige Stunden (70 bis 80%)	[2, 3, 8]

Tabelle 17 [Fortsetzung].

Nr.	Verbindung	Schmelzpunkt und Erscheinungsform, Spektren; weitere Angaben	Lit.
5	$(fc)_2C(CN)C(=O)-O-C_2H_5$	132; feine gelbe Kristalle (aus C_2H_5OH); Darst. aus der Na-Verbindung von $CH_2(CN)COOC_2H_5$ und fc-$CH_2N(CH_3)_3J$ in Toluol unter Rückfluß (52%); hydrolysiert nicht in der Kälte	[4, 5, 9]
6	$(fc)_2C(C(=O)-NH_2)C(=O)-OH$	240; feine goldgelbe Nadeln (aus wäßr. C_2H_5OH); Darst. aus Nr. 5 mit KOH/C_2H_5OH unter Rückfluß (90%); bei 190°C beginnt Zersetzung	[4, 9]
7	fc-CO-CH_2-CH(fc)-CH(CN)-C(=O)-OC_2H_5	179 bis 181; Darst. durch Michael-Addition von $CH_2(CN)COOC_2H_5$ an fc-COCH=CH-fc (10%)	[6]
8	CH_3-CO-CH(fc)-C(=NH)-C(fc)(NC)-CO-CH_3	275 (Zers.); gelbe Kristalle (aus Benzol), IR (Nujol): 1003, 1109, 1636, 1692, 1716, 2257, 3400; Bildung durch Thorpe-Kondensation bei der Chromatographie von fc-CH($COCH_3$)CH=NH an Al_2O_3 in Benzol; sehr wenig löslich	[13]
9	fc-C(=NOH)-CH=CH-fc	170; Kristalle aus C_2H_5OH; Darst. aus fc-COCH=CH-fc und $NH_2OH \cdot HCl$	[1]

* Weitere Angaben:

fc-C(CN)=C(NH_2)CH_2-fc (Tabelle **17**, Nr. **2**) entsteht mit 51% Ausbeute bei der Reaktion von fc-CH_2CN mit CH_3MgCl in Äther und anschließender Solvolyse mit CH_3OH. Die Substanz wird zunächst als monomeres Ferrocenylketenimin, fc-CH=C=NH, angesehen [7], muß aber dimer formuliert werden, was auch durch das Massenspektrum bewiesen wird [11].

$fc_2C_3H_2N_2$ (Tabelle **17**, Nr. **4**) zeigt bei der Polarographie an Pt in CH_3CN einen Zweielektronen-Oxidationsschritt bei $E_{1/2} = 0.38$ V (SCE); Zusammenhänge zwischen dem Halbwellenpotential und der Lage der UV-Banden werden diskutiert [8].

Literatur:

[1] K. Boichard, J.-P. Monin, J. Tirouflet (Bull. Soc. Chim. France **1963** 851/6). — [2] H. Hennig (Diss. Karl-Marx-Universität Leipzig 1963). — [3] L. Wolf, H. Hennig (Z. Chem. [Leipzig] **3** [1963] 469/70). — [4] J. Décombe, J.-P. Ravoux, A. Dormond (Compt. Rend. **258** [1964] 2348/9). — [5] J. Décombe, J.-P. Ravoux, A. Dormond (Bull. Soc. Chim. France **1965** 1261).

[6] M. Furdik, S. Toma (Chem. Zvesti **20** [1966] 3/17). — [7] F. M. Dewey (Tetrahedron Letters **1968** 4207/8). — [8] H. Hennig, O. Gürtler (J. Organometal. Chem. **11** [1968] 307/16). — [9] J.-P. Ravoux, J. Décombe (Bull. Soc. Chim. France **1969** 146/53). — [10] A. N. Nesmeyanov, V. N. Postnov, I. F. Leshcheva, B. A. Surkov, V. A. Sazonova (Dokl. Akad. Nauk SSSR **200** [1971] 858/61; Dokl. Chem. Proc. Acad. Sci. USSR **196/201** [1971] 818/20).

[11] P. L. Pauson, S. Toma (Tetrahedron Letters **1971** 3367/8). — [12] G. Marr, J. Ronayne (J. Organometal. Chem. **47** [1973] 417/22). — [13] S. Toma, M. Salisova (J. Organometal. Chem. **55** [1973] 371/4).

Compounds with Bridges Comprising Four C Atoms

6.3.1.4 Verbindungen mit Brücken aus vier C-Atomen

Diferrocenylverbindungen mit C_4-Brücken sind in nur begrenzter Anzahl bekannt und daher in einer Tabelle zusammengefaßt. Die meisten Verbindungen vom Kohlenwasserstofftyp (Tabelle 18, Nr. 1 bis 11) oder mit funktionellen Gruppen an den Brückenatomen (Nr. 12 bis 23) enthalten unsubstituierte fc-Kerne. Vier Kern-substituierte Derivate (Nr. 24 bis 28) sind an das Ende der Tabelle gesetzt.

* Weitere Angaben:

fc-$(CH_2)_4$-fc (Tabelle **18**, Nr. **1**) wird zuerst aus dem entsprechenden Butadien-Derivat Nr. 3 durch Hydrierung an Pd/C in Cyclohexan mit fast quantitativer Ausbeute dargestellt [1] und dann auch aus Nr. 6 und 8 durch Hydrierung erhalten [3, 7], vgl. Verbindung Nr. 5. Darstellung ferner aus dem Diketon Nr. 15 durch Clemmensen-Reduktion in Toluol/Salzsäure unter Rückfluß/24 h [18]. Bildet sich bei der Hydrogenolyse von 2,5-Diferrocenylfuran an PtO_2 oder an Raney-Ni in C_2H_5OH bei 110 bis 120°C und 130 at H_2-Anfangsdruck [18]. — Kristallisiert nach [18] in gelben Nadeln (aus Benzol?). Zu R_f-Werten der Dünnschichtchromatographie s. [2].

fc-CH=CHCH=CH-fc (Tabelle **18**, Nr. **3**) wird aus dem Butin-1,4-diol Nr. 14 als Suspension in Äther und $LiAlH_4$ unter Rückfluß/4 h mit 90% Ausbeute erhalten [1]. Bei der Wittig-Synthese aus fc-CH=CHCHO und $[fc\text{-}CH_2\text{-}P(C_6H_5)_3]^+/C_6H_5Li$ in Tetrahydrofuran bei 50 bis 60°C erhält man 25% Ausbeute [9].

Zur UV-Absorption in Tetrahydrofuranlösung s. auch [13]. Die Verbindung ist das erste Glied der Reihe von α,ω-Diferrocenylpolyenen, fc-$(CH=CH)_n$-fc mit n = 2 bis 5, deren UV-Spektren bei [6, 10] genauer untersucht werden, s. **Fig. 16**, und mit den Spektren von Verbindungen des Typs fc-$(CH=CH)_n$-R (R = Aryl, Thienyl) verglichen werden. Mit steigendem n zeigt die Ferrocen-Bande bei geringer langwelliger Verschiebung eine starke Intensitätszunahme; die Intensität des $\pi\rightarrow\pi^*$-Überganges nimmt linear mit n zu, zur Diskussion der Spektren im einzelnen s. [10].

fc-$C(C_6H_5)$=CHCH=$C(C_6H_5)$-fc (Tabelle **18**, Nr. **4**) ist ein Produkt der oxidativen Dimerisierung von fc-$C(CH_3)(C_6H_5)OH$ in Hexan mit O_2 in Gegenwart von SiO_2 oder saurem Al_2O_3, 23% maximale Ausbeute neben fc-$C(C_6H_5)$=CH (um 50%) und etwas 2,5-Diphenyl-2,5-diferrocenyltetrahydrofuran [27]. — Zur Hydrierung s. Nr. 2.

fc-CH=C=C=CH-fc (Tabelle **18**, Nr. **5**) wird aus dem Butin-1,4-diol Nr. 14 in Tetrahydrofuran unter Zugabe von $SnCl_2 \cdot 2H_2O$ und konzentrierter Salzsäure bei −30 bis −40°C/18 h gebildet, bei gleicher Temperatur filtriert und nahe 0°C gewaschen; das Produkt kann nach dem Trocknen durch Lösen in Benzol und Abdampfen im Vakuum weiter gereinigt werden [12, 13]. Zu Darstellungsversuchen bei Zimmertemperatur s. [3]. Die sonst für ein Butatrien-System typische IR-Bande bei 2032 cm^{-1} tritt nicht auf [12]. — Im gereinigten Zustand ist die Substanz an der Luft bei Zimmertemperatur bis zu einem Monat stabil. Die Hydrierung an Raney-Ni in Tetrahydrofuran gibt quantitativ Nr. 1 [13].

fc-$CH_2C\equiv CCH_2$-fc (Tabelle **18**, Nr. **6**) wird aus dem Diol Nr. 14 oder dem Diketon Nr. 18 mit $LiAlH_4/AlCl_3$ in Äther bei Zimmertemperatur gewonnen und wegen Oxidationsempfindlichkeit weitgehend unter Luftausschluß aufgearbeitet, 42% Ausbeute. R_f-Werte der Dünnschichtchromatographie an SiO_2 sind angegeben [3].

Literatur s. S. 135

Tabelle 18. Verbindungen mit Brücken aus vier C-Atomen.
Für laufende Nummern mit Sternchen folgen am Ende der Tabelle weitere Angaben. Zu Abkürzungen und Dimensionen s. S. 1.

Nr.	Verbindung	Schmelzpunkt und Erscheinungsform, Spektren; weitere Bemerkungen	Lit.
*1	fc-$(CH_2)_4$-fc	106 bis 108; gelbe Blättchen (aus Petroläther), ^{1}H-NMR ($CDCl_3$): 5.89, 5.92 (fc), 7.65 (CH_2-1,4), 8.42 (CH_2-2,3)	[7, 13, 18]
2	(fc-CH$(C_6H_5)CH_2$-$)_2$	224 bis 225; das Signal der CH-Gruppen im ^{1}H-NMR liegt bei 6.47 (m); Darst. aus Nr. 4 mit H_2 an Rh/C bei 80°C/100 at und Spaltung von 2,5-Diphenyl-2,5-diferrocenyltetrahydrofuran mit $LiAlH_4/AlCl_3$	[27]
*3	fc-CH=CH-CH=CH-fc all-trans	230 Zers.; rote Kristalle (aus Benzol/Petroläther), färben sich bis 230°C allmählich dunkel, UV ($CHCl_3$, ε): 335 (27800), 468 (3000)	[1, 8, 10]
*4	(fc-C(C_6H_5)=CH-$)_2$	244 bis 246; das Signal der =CH-Gruppen im ^{1}H-NMR liegt bei 3.49 (s) Raman-Spektrum: ν(C=C) bei 1599	[27]
*5	fc-CH=C=C=CH-fc	ab 200 Zers. an Luft; purpurrotes Pulver, UV (Tetrahydrofuran, ε): 370 (27100), 510 (5300)	[12, 13]
*6	fc-$CH_2C{\equiv}CCH_2$-fc	105 bis 108 (aus C_2H_5OH)	[3]
*7	fc-CH=CHC≡C-fc	227 bis 229 (aus CH_2Cl_2 und Petroläther), ^{1}H-NMR ($CDCl_3$): 5.60 bis 5.86 (fc), 3.29 und 4.17 (2d's, J = 16, =CH, trans-Olefinkopplung)	[28]
*8	fc-C≡CC≡C-fc	200 bis 202; orangefarbene Stäbchen (aus Petroläther), 198 bis 199 (Zers.), ^{1}H-NMR ($CDCl_3$): 5.50 und 5.78 (2t's, J = 1.8, H-2 bzw. H-3 in C_5H_4), 5.76 (s, C_5H_5) UV (C_2H_5OH, ε): 224 (45000), 285 (21400), 453 (1660)	[7, 16, 29]

Literatur s. S. 135

Tabelle 18 [Fortsetzung].

Nr.	Verbindung	Schmelzpunkt und Erscheinungsform, Spektren; weitere Bemerkungen	Lit.
*9	fc-C_6H_4-fc-p	tiefrote Kristalle (aus $CHCl_3$), ^{1}H-NMR ($CDCl_3$): 2.6 (s, C_6H_4), 5.36, 5.69 (2t's, J = 1.7, C_5H_4), 5.94 (s, C_5H_5) UV ($CHCl_3$, ε): 258 (18400), 313 (16620), 445 (1200)	[24]
*10	fc fc (Strukturformel; Positionen 1, 2, 3, 4)	172.5 bis 174 (aus Hexan), ^{1}H-NMR ($CDCl_3$): 2.1 bis 2.4 (m, H-2), 2.6 bis 3.2 (m, H-3, H-4), 5.99 (scheinbares s, fc)	[23]
11	fc-C_6F_4-fc-p	177 bis 180; orangefarbener Festkörper; Darst. aus fc-Li und C_6F_6 in Tetrahydrofuran unterhalb 24°C und Reinigung durch Sublimation bei 30°C im Vakuum	[15]
*12	(fc-CH(OH)CH_2-)$_2$	136 bis 137; gelbe Nadeln (aus C_2H_5OH), ^{1}H-NMR ($CDCl_3$): 5.85 (s, fc), 7.81 (CH), 8.22 (CH_2) IR ($CHCl_3$): ν(OH) bei 3400 und 3480	[1, 4, 18]
13	(fc-C(C_6H_5)(OH)CH_2-)$_2$	190 bis 192, ^{1}H-NMR: 6.6 (s, OH) IR: ν(OH) bei 3370 und 3520; Bildung in geringer Menge aus fc-C(CH_3)(C_6H_5)OH oder fc-C(C_6H_5)=CH_2 an SiO_2 oder saurem Al_2O_3, vgl. weitere Angaben zu Nr. 4	[27]
*14	fc-CH(OH)C≡CCH(OH)-fc	150 bis 154 (aus Benzol/Äther)	[1]
*15	fc-$COCH_2CH_2CO$-fc	186 bis 187; orangefarbene Nadeln (aus $CH_3COOC_2H_5$), ^{1}H-NMR ($CDCl_3$): 5.47, 5.52 (2t's, J = 3, H-2 bzw. H-3 in C_5H_4), 5.70 (s, C_5H_5), 6.81 (s, CH_2) IR (KBr): ν(CO) bei 1674 UV (C_2H_5OH): fc-Bande bei 460 (ε = 910)	[4, 5, 18]

Literatur s. S. 135

Tabelle 18 [Fortsetzung].

Nr.	Verbindung	Schmelzpunkt und Erscheinungsform, Spektren; weitere Bemerkungen	Lit.
16	fc-COCH(CH_3)CH_2CO-fc	Darst. aus fc-H und ClOC-C(CH_3)=CH-COCl/$AlCl_3$, vgl. Verbindung Nr. 15. Wird nur als Hydrazon Nr. 21 charakterisiert	[5]
*17	fc-COCH=CHCO-fc trans	220 (Zers.); braune Nadeln (aus $CH_3COOC_2H_5$)	[19, 26]
*18	fc-COC≡CCO-fc	158 bis 161 (aus Benzol/Petroläther); violett	[3]
19	(fc-CH_2CH(COOH)-$)_2$	167; Darst. aus Nr. 23 durch Verseifung mit alkoholischem KOH; die Verbindung kann nicht umkristallisiert werden, bildet in Lösung und selbst im festen Zustand schnell schwarze Produkte	[20]
20	fc-C(=NOH)CH_2CH_2C(=NOH)-fc	156 bis 166 (Zers.); Nadeln aus CH_3OH; Darst. aus Nr. 15 mit NH_2OH in siedendem CH_3OH	[4]
21	$C_{31}H_{28}O_5N_4Fe_2$ Mono-2,4-dinitrophenylhydrazon von Nr. 16	234; purpurfarbene Kristalle, IR (KBr): 1320, 1500, 1518 (NO_2), 1615 (C=N), 1665 (C=O)	[5]
22	N–N, fc, fc	266 (Zers.); braune Nadeln, Dihydropyridazin-Derivat von Nr. 15	[5]
23	fc-CH_2CH(CN)CH(CN)CH_2-fc	84; goldgelbe Blättchen (aus Petroläther); Darst. aus der Na-Verbindung von Bernsteinsäurenitril und fc-$CH_2N(CH_3)_3J$ unter Rückfluß in Benzol (21%), s. auch Nr. 19	[20]
24	H_3C, CH_3, C≡C–C≡C, Fe, Fe, CH_3, H_3C	104 bis 106; tiefroter Festkörper (aus CH_2Cl_2/Petroläther), ^{1}H-NMR ($CDCl_3$): 5.57 bis 6.11 (m, fc), 8.07 und 8.10 (2s's, CH_3) IR (CCl_4): ν(C≡C) bei 2150; Darst. durch oxidative Kupplung aus $CH_3C_5H_4FeC_5H_3(CH_3\text{-}3)C{\equiv}CH$ wie bei Nr. 8	[29]

Literatur s. S. 135

Tabelle 18 [Fortsetzung].

Nr.	Verbindung	Schmelzpunkt und Erscheinungsform, Spektren; weitere Bemerkungen	Lit.
*25	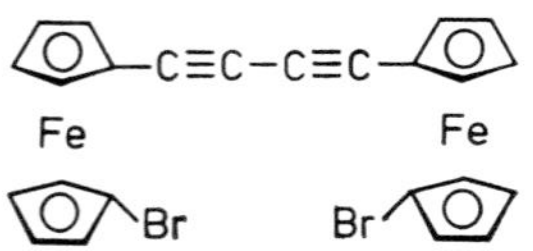 $C{\equiv}C{-}C{\equiv}C$, Fe, Fe, Br, Br	186 bis 188; tiefrote Prismen (aus Benzol)	[21]
26	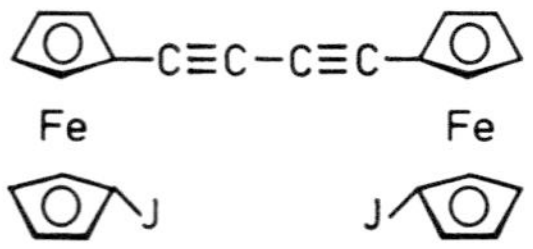 $C{\equiv}C{-}C{\equiv}C$, Fe, Fe, J, J	149 bis 150 (aus Äther), ^{1}H-NMR ($CDCl_3$): 5.55 (t, H-2), 5.79 (t, H-3) IR: ν(C≡C) bei 2150; Bildung als Nebenprodukt aus $JC_5H_4FeC_5H_4C{\equiv}CH$, s. Nr. 25	[21]
27	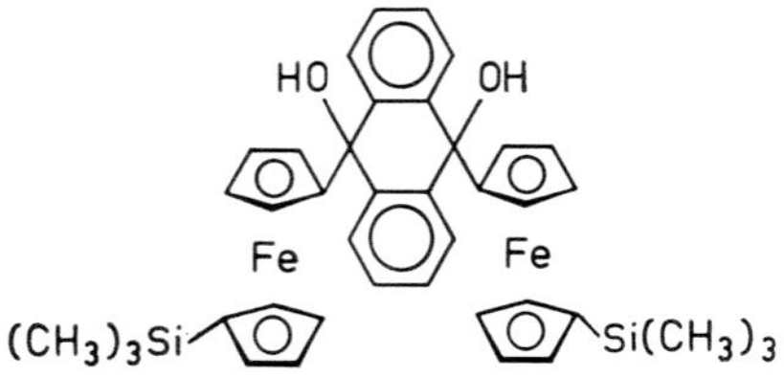 HO, OH, Fe, Fe, $(CH_3)_3Si$, $Si(CH_3)_3$	165.5 bis 167; gelbe Körnchen (aus Äther/Petroläther); Darst. aus $(CH_3)_3SiC_5H_4FeC_5H_4Li$ in Äther und Anthrachinon in Benzol bei Zimmertemperatur/20 h (25%)	[22]
*28	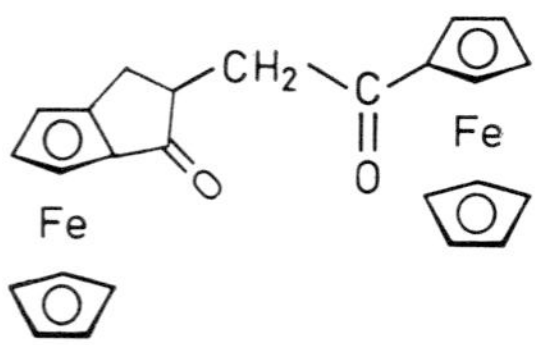 CH_2, C, O, O, Fe, Fe	164 bis 165; orangefarbener Festkörper, ^{1}H-NMR ($CDCl_3$): 5.05 bis 5.2, 5.3 bis 5.5 (2 m's, C_5H_3 und C_5H_4), 5.72, 5.74 (2 s's, C_5H_5), 7.1 bis 7.5 (m, CH, CH_2); IR (KBr): 1000, 1105 (fc), ν(C=O) bei 1645 und 1668	[31]

Literatur s. S. 135

Fig. 16

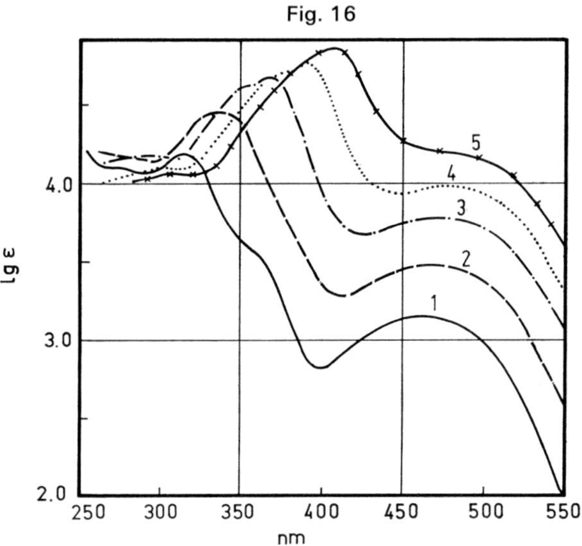

UV-Spektren der Polyene fc-(CH=CH)$_n$-fc (n = 1 bis 5) in $CHCl_3$ nach [10].

fc-CH=CHC≡C-fc (Tabelle **18**, Nr. **7**) entsteht aus fc-C≡CH durch katalytische Oligomerisierung an $(CO)_2Ni(P(C_6H_5)_3)_2$ in Benzol unter Rückfluß/24 h, etwa 10% Ausbeute neben linearen Trimeren und 1,2,4-Triferrocenylbenzol. Andere Katalysatoren ergeben geringere Ausbeuten. — Das IR-Spektrum ist angegeben, die ν(C≡C)-Bande liegt bei 2170 cm^{-1} (in KBr). Das Massenspektrum bestätigt das Molekulargewicht [28].

fc-C≡CC≡C-fc (Tabelle **18**, Nr. **8**) wird mit Hilfe der üblichen Acetylen-Kupplungsreaktionen dargestellt: Aus fc-C≡CH in Äther/CH_3OH/Pyridin mit $Cu(CH_3COO)_2$ unter Rückfluß/3 h (90% Ausbeute) [7, 29] oder aus fc-C≡CCOOH unter ähnlichen Bedingungen (95% Ausbeute) [14]. Entsteht auch bei der gemischten Kupplung zwischen fc-C≡CH und $C_6H_5C≡CH$ und kann durch Dünnschichtchromatographie glatt von den anderen beiden Diinen getrennt werden [7]. Es bildet sich als Nebenprodukt bei der Darstellung von fc-C≡CCu aus fc-C≡CH in C_2H_5OH und CuJ in wäßrigem NH_3 [16] und bei der Darstellung von fc-C≡CH aus fc-CH=CHCl/$NaNH_2$ in flüssigem NH_3 bei längerer Reaktionszeit [7].

Die Substanz ist auch als tiefroter Festkörper beschrieben [29]. Weitere Schmelzpunktsangaben liegen zwischen 196 und 199°C [7, 29]. Im IR-Spektrum tritt die ν(C≡C)-Bande bei 2150 cm^{-1} auf [7, 17, 29]. Das UV-Spektrum (in $CHCl_3$) wird im Zusammenhang mit den Spektren der homologen höheren Diferrocenylpolyine, s. **Fig. 17**, angegeben: λ_{max} (ε) = 287 (17900), 330 (S, 9800), 355 (S, 1400) und 450 (1700) [17], s. auch [11].

Bei der elektrochemischen Oxidation an Pt in CH_2Cl_2 lassen sich gerade noch zwei Einelektronen-Oxidationsschritte bei $E_{1/2} \approx 0.58$ und 0.68 V (SCE) unterscheiden; nach der Oxidation mit 1 F/mol liegt daher ein Gleichgewicht $M^+ \rightleftharpoons M + M^{2+}$ mit etwa 70% [fc-(C≡C)$_2$-fc]$^+$ (= M^+) vor. Die Ionen zeigen folgende Absorptionen: für M^+ λ_{max} (ε) = 510 (2220), 760 (670), 1180 (570) und für M^{2+} λ_{max} (ε) = 580 (S) und 760 (1260) nm. Aus der Lage und Intensität der Bande von M^+ im nahen IR (1180) nm kann entnommen werden, daß die für den Elektronenaustausch notwendige Umordnungsenergie gegenüber [fc-C≡C-fc]$^+$ weiterhin zugenommen hat [30], vgl. dazu 6.1.2. — Zur Hydrierung s. Nr. 1.

fc-C_6H_4-fc-p (Tabelle **18**, Nr. **9**) wird aus [fc-H]$^+$ bei 0°C unter Zugabe von [$N_2C_6H_4N_2$-p]-[BF_4]$_2$ mit anschließender Reduktion mit $NaHSO_3$ erhalten und durch Chromatographie an Al_2O_3 mit Benzol/Petroläther (3:2) von fc-H getrennt, 7.64% Ausbeute. Das IR-Spektrum (in CS_2) und das Massenspektrum sind vollständig angegeben.

Literatur s. S. 135

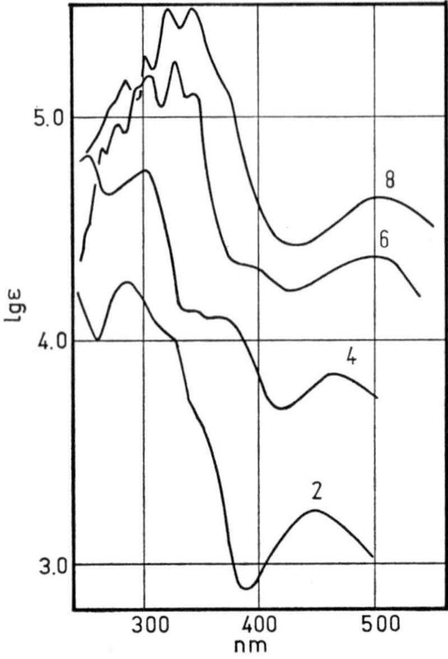

Fig. 17

UV-Spektren der Polyine fc-(C≡C)$_n$-fc in $CHCl_3$ nach [17]. Die Spektren für n = 6 und 8 sind um 0.2 bzw. 0.4 Einheiten nach oben verschoben.

fc-C_6H_4-C_6H_4-fc (Tabelle **18**, Nr. **10**) kann durch Kupplung von 1-Ferrocenyl-2-jodbenzol mit aktiviertem Cu bei etwa 150°C/22 h erhalten werden; bei der Reinigung an Al_2O_3 wird die Verbindung mit Hexan/Benzol (1:1) nach dem Ausgangsmaterial und fc-C_6H_5 eluiert und aus Hexan kristallisiert, 11% Ausbeute [23].

fc-CH(OH)CH_2CH_2CH(OH)-fc (Tabelle **18**, Nr. **12**) wird durch Hydrierung des Butindiols Nr. 14 an Pd/C in C_2H_5OH gewonnen (80% Ausbeute) [1] oder aus dem Diketon Nr. 15 mit $LiAlH_4$ in Tetrahydrofuran bei Zimmertemperatur mit 95% Ausbeute dargestellt [4, 18]. Die Hydrierung ergibt ein Isomerengemisch, das nach mehrfachem Umkristallisieren aus Äther/Petroläther bei 125 bis 135°C schmilzt [1]. — Die fc-Bande im UV-Spektrum liegt bei 443 (ε = 205) nm [4]. — Unter der Einwirkung von Säuren cyclisiert die Verbindung zu 2,5-Diferrocenyltetrahydrofuran [18], vgl. 6.3.2.2.1.

fc-CH(OH)C≡CCH(OH)-fc (Tabelle **18**, Nr. **14**). Zur Darstellung setzt man fc-CHO mit LiC≡CLi in Äther unter Rückfluß/2.5 h um oder läßt fc-CHO auf fc-CH(OH)C≡CLi in einem Gemisch von flüssigem NH_3 und Äther einwirken (38% Ausbeute). Das Rohprodukt besteht aus der Mesoform und dem Racemat (Schmelzpunkt 96 bis 120°C). Die höher schmelzende Form (s. Tabelle), durch mehrfaches Umkristallisieren aus Benzol/Äther und Auskochen mit Äther isoliert, wird als Racemat angesehen [1]. Zum Verhalten bei der Dünnschichtchromatographie s. [2]. — Zum chemischen Verhalten s. Verbindungen Nr. 5, 6 und 12.

fc-$COCH_2CH_2$CO-fc (Tabelle **18**, Nr. **15**) wird aus der Friedel-Crafts-Reaktion von fc-H mit ClOC-CH_2CH_2-COCl (2:1 mol) in CH_2Cl_2 unter Rückfluß/2 h neben β-Ferrocenylpropionsäure und einem Diferrocenoyl-Lacton (vgl. 6.3.1.1.3.2) gewonnen [4], 34% Ausbeute nach [18]. Entsteht auch bei der gleichen Friedel-Crafts-Reaktion mit ClOC-CH=CH-COCl als Ausgangsmaterial [5]; dabei bildet sich zunächst das ungesättigte Diketon Nr. 17, das durch Ferrocen in Gegenwart von HCl oder $AlCl_3$ quantitativ zu fc-$COCH_2CH_2$CO-fc reduziert wird [25]. Wird von Al_2O_3 mit $CH_3COOC_2H_5$ eluiert [4].

Das Diketon cyclisiert in Gegenwart geringer Mengen HCl zu 2,5-Diferrocenyltetrahydrofuran; mit Polyphosphorsäure oder konzentriertem H_2SO_4 schließt es sich dagegen zu 2,5-Diferrocenylfuran [18], vgl. 6.3.2.2. Zur Reduktion s. Verbindungen Nr. 1 und 12.

Literatur s. S. 135

fc-COCH=CHCO-fc (Tabelle **18**, Nr. **17**) kann aus der Friedel-Crafts-Reaktion von Ferrocen mit ClOC-CH=CH-COCl, vgl. Nr. 15, nur isoliert werden, wenn in Gegenwart eines Überschusses an NaCl gearbeitet wird (Bindung von $AlCl_3$?), 18.5% Ausbeute [25, 26]. Entsteht bei der Photooxidation von 2,5-Diferrocenylfuran in Aceton unter Durchleiten von Luft bei etwa −65°C; das aus dem intermediären Ozonid zu erwartende cis-Isomere wird nicht gefunden, da es wahrscheinlich thermisch leicht zur trans-Verbindung isomerisiert [26].

fc-COC≡CCO-fc (Tabelle **18**, Nr. **18**) wird aus dem Alkohol Nr. 14 durch Oxidation mit MnO_2 in $CHCl_3$ bei Zimmertemperatur mit Ausbeuten von mindestens 70% dargestellt; in gleicher Weise auch aus dem Kohlenwasserstoff Nr. 6. Wird von Al_2O_3 mit Benzol eluiert [3]. — Zur Reaktion mit $LiAlH_4$ s. Verbindung Nr. 6.

$BrC_5H_4FeC_5H_4$-(C≡C)$_2$-$C_5H_4FeC_5H_4Br$ (Tabelle **18**, Nr. **25**) wird bei der Darstellung der Cu^I-Verbindung von $BrC_5H_4FeC_5H_4C≡CH$ mit CuJ in wäßrigem NH_3 als Nebenprodukt isoliert und bildet sich bei dem Versuch, diese Cu-Verbindung in Benzol/Pyridin bei hoher Verdünnung unter Rückfluß in [2.2]-Ferrocenophan-1,13-diin umzuwandeln [21].

$C_{25}H_{22}O_2Fe_2$ (Tabelle **18**, Nr. **28**) befindet sich unter mehreren Produkten der Reaktion von fc-H mit Itaconoylchlorid in CH_2Cl_2 in Gegenwart von $AlCl_3$ bei −78°C, 2% Ausbeute [31].

Literatur:

[1] K. Schlögl, A. Mohar (Monatsh. Chem. **92** [1961] 219/35). — [2] K. Schlögl, H. Pelousek, A. Mohar (Monatsh. Chem. **92** [1961] 533/41). — [3] K. Schlögl, A. Mohar (Monatsh. Chem. **93** [1962] 861/76]. — [4) N. Sugiyama, H. Suzuki, Y. Shioura, T. Teitei (Bull. Chem. Soc. Japan **35** [1962] 767/9). — [5] N. Sugiyama, T. Teitei (Bull. Chem. Soc. Japan **35** [1962] 1423).

[6] K. Schlögl, H. Egger (Angew. Chem. **75** [1963] 1123). — [7] K. Schlögl, H. Egger (Monatsh. Chem. **94** [1963] 376/92). — [8] K. Sonogashira, N. Hagihara (Kogyo Kagaku Zasshi **66** [1963] 1090/9). — [9] K. Schlögl, H. Egger (Liebigs Ann. Chem. **676** [1964] 76/87). — [10] K. Schlögl, H. Egger (Liebigs Ann. Chem. **676** [1964] 88/97).

[11] H. Egger, K. Schlögl (Monatsh. Chem. **95** [1964] 1750/8). — [12] N. Hagihara (Ann. N.Y. Acad. Sci. **125** [1965] 98/106). — [13] A. Nakamura, P.-J. Kim, N. Hagihara (J. Organometal. Chem. **3** [1965] 355/63). — [14] K. Schlögl, W. Steyrer (Monatsh. Chem. **96** [1965] 1520/35). — [15] U.S. Dept. Air Force, H. Rosenberg (U.S.P. 3422130 [1966/69]).

[16] M. Rosenblum, N. Brawn, J. Papenmeier, M. Applebaum (J. Organometal. Chem. **6** [1966] 173/80). — [17] K. Schlögl, W. Steyrer (J. Organometal. Chem. **6** [1966] 399/411). — [18] K. Yamakawa, M. Moroe (Tetrahedron **24** [1968] 3615/23). — [19] K. Yamakawa, M. Moroe (2nd Symp. Chem. Non-benzenoid Aromatic Compounds, Kyoto 1968, Symp. Papers, S. 68/70). — [20] J.-P. Ravoux, J. Décombe (Bull. Soc. Chim. France **1969** 146/53).

[21] M. Rosenblum, N. M. Brawn, D. Ciappenelli, J. Tancrede (J. Organometal. Chem. **24** [1970] 469/77). — [22] G. Marr, T. M. White (J. Organometal. Chem. **30** [1971] 97/101). — [23] P. V. Roling, M. D. Rausch (J. Org. Chem. **37** [1972] 729/32). — [24] L. B. Therrell (Diss. Florida State Univ., Tallahassee 1972; Diss. Abstr. Intern. B **32** [1972] 6897). — [25] K. Yamakawa, M. Moroe (J. Organometal. Chem. **50** [1973] C43/C45).

[26] K. Yamakawa, M. Moroe (Chem. Pharm. Bull. [Tokyo] **22** [1974] 709/11). — [27] M. Hisatome, S. Koshikawa, K. Yamakawa (Chem. Letters **1975** 789/92). — [28] C. U. Pittmann, L. R. Smith (J. Organometal. Chem. **90** [1975] 203/10). — [29] T. S. Abram, W. E. Watts (Syn. Reactiv. Inorg. Metal-Org. Chem. **6** [1976] 31/53). — [30] C. Levanda, K. Bechgaard, D. O. Cowan (J. Org. Chem. **41** [1976] 2700/4).

[31] W. Crawford, T. D. Turbitt, W. E. Watts (J. Organometal. Chem. **105** [1976] 341/8).

6.3.1.5 Verbindungen mit Brücken aus fünf C-Atomen

Compounds with Bridges Comprising Five C Atoms

Die Substanzen sind in Tabelle 19 zusammengestellt. Alle gut definierten Verbindungen dieser Gruppe bestehen aus Ketonen sowie zwei N-Derivaten des Diketons Nr. 4.

Tabelle 19. Verbindungen mit Brücken aus fünf C-Atomen.
Für laufende Nummern mit Sternchen folgen am Ende der Tabelle weitere Angaben.
Zu Abkürzungen und Dimensionen s. S. 1.

Nr.	Verbindung	Schmelzpunkt und Erscheinungsform, Spektren; weitere Bemerkungen	Lit.
1	fc-C(CH_3)=$CHCH_2CH_2$C(CH_3)(OH)-fc	wird als Produkt der Reaktion von Nr. 4 mit $CH_3MgBr/CoCl_2$ im Gemisch mit dem Cyclopentenol Nr. 10/Tabelle 13 erhalten. Das IR-Spektrum ist angegeben	[4]
2	fc-CH=CHCH(OH)C≡C-fc	bildet sich als oxidationsempfindliche Verbindung aus fc-C≡CLi und fc-CH=CHCHO und wird mit MnO_2 zum Keton Nr. 9 oxidiert	[1]
*3	fc-$CH_2CH_2COCH_2CH_2$-fc	110 bis 111; grünlichgelbe Nadeln (aus n-Hexan), ^{1}H-NMR ($CDCl_3$): 5.89 (C_5H_5), 5.94 (C_5H_4), 7.39 (CH_2)	[3]
*4	fc-$COCH_2CH_2CH_2CO$-fc	132 bis 133; rote Kristalle (aus Cyclohexan), ^{1}H-NMR (CCl_4): 5.15, 5.50 (2t's, J = 2, H-2 bzw. H-3), 5.80 (s, C_5H_5), 7.15 (scheinbares t, C_5H_4, J = 6, CH_2CO), 7.90 (m, CH_2)	[4]
5	fc-CH_2CH_2COCH=CH-fc trans	113 bis 114; rötlich orangefarbene Blättchen (aus Benzol), ^{1}H-NMR($CDCl_3$): 2.49, 3.65 (2d's, J = 16, α- bzw. β-Vinyl), 5.52, 5.88 (s bzw. m, C_5H_4), 5.85 (s, C_5H_5), 7.25 (s, CH_2); zur Darst. s. Nr. 3	[3]
*6	fc-CH=CHCOCH=CH-fc trans, trans	203 bis 204; rötlich orangefarbene Blättchen (aus Benzol/Hexan), ^{1}H-NMR ($CDCl_3$): 2.38, 3.43 (2d's, J = 15.5, α- bzw. β-Vinyl), 5.45, 5.55 (2t's, C_5H_4), 5.85 (s, C_5H_5) UV (C_2H_5OH, ε): 207 (35940), 340 (17870), 402 (4140), 527 (5080)	[3]
7	fc−HC=(Cyclopentanon, 2,5-)=CH−fc; O	schmilzt nicht bis 350, UV (C_2H_5OH, lg ε): 365 (4.93), 555 (3.94); Darst. durch Kondensation von Cyclopentanon mit fc-CHO in KOH/C_2H_5OH bei etwa 80°C (72%)	[5]

Tabelle 19 [Fortsetzung].

Nr.	Verbindung	Schmelzpunkt und Erscheinungsform, Spektren; weitere Bemerkungen	Lit.
*8	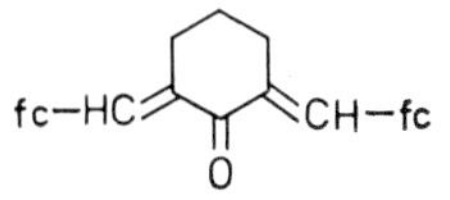 fc–HC=(2,6-Cyclohexanon)=CH–fc	163 bis 165 (aus Benzol/Petroläther), 173 bis 174, tiefrote Nadeln, ^{1}H-NMR ($CDCl_3$): 2.33, 2.59 (2s's, =CH cis bzw. trans), 5.45, 5.56 (2t's, C_5H_4), 5.82 (s, C_5H_5), 7.26, 8.17 (breit, CH_2), UV (C_2H_5OH, lg ε): 345 (4.38), 530 (3.85)	[3, 5]
9	fc-CH=CHCOC≡C-fc	92 bis 95 (aus Benzol/Cyclohexan) UV ($CHCl_3$, ε): 330 (19000), 391 (4100), 508 (4300); zur Darst. s. Nr. 2	[1]
10	fc-C(=NOH)$CH_2CH_2CH_3$C(=NOH)-fc	181.5 bis 182; gelb (aus C_2H_5OH) IR (KBr): 945 (NO), 1625 (C=N), 3250 (OH); Darst. aus Nr. 4 nach Standardmethode	[6]
11	fc-C($=NNHC_6H_3(NO_2)_2$-2,4)$CH_2CH_2CH_2$CO-fc	187 bis 188; bräunlichrote Kristalle (aus Benzol), IR (KBr): 1340, 1515 (NO), 1675 (CO), 3460 (NH); Darst. aus Nr. 4 nach Standardmethode	[6]

* Weitere Angaben:

fc-$CH_2CH_2COCH_2CH_2$-fc (Tabelle **19**, Nr. **3**) wird durch Hydrierung aus Verbindung Nr. 6 an einem Ni-Katalysator („Urushibara Nickel A") in Dioxan bei Zimmertemperatur zusammen mit dem nur teilweise hydrierten Produkt Nr. 5 dargestellt und bei der Trennung an Al_2O_3 mit Benzol/Hexan (1:1) vor Nr. 5 eluiert. — Das IR-Spektrum (in CCl_4) ist für beide Verbindungen von 1000 bis 3100 cm^{-1} angegeben [3].

fc-$COCH_2CH_2CH_2CO$-fc (Tabelle **19**, Nr. **4**). Bei der Darstellung aus fc-H und $ClOCCH_2CH_2CH_2COCl/AlCl_3$ in CH_2Cl_2 bei 0°C bis Zimmertemperatur erhält man 37.5% [4] bzw. 42% [6] Ausbeute. Entsteht bei der Umsetzung von fc-$COCH_2COCOOH$ in C_2H_5OH mit Formaldehyd in Gegenwart von $(C_2H_5)_2NH$ bei Zimmertemperatur/2 d und anschließender Behandlung mit konzentriertem wäßrigem Alkali, das wahrscheinlich die intermediäre Di-ketocarbonsäure spaltet, 64.5% Ausbeute [6]. Wird von Al_2O_3 mit Benzol/Äther (7:3) eluiert [4] und auch aus 75%igem C_2H_5OH kristallisiert [6]. Bräunlichgelbe Kristalle nach [6]. Einige IR-Banden (in CH_2Cl_2) sind angegeben, die ν(CO) liegt bei 1665 cm^{-1} [4]. — Zur Charakterisierung des Ketons s. auch Verbindungen Nr. 10 und 11.

fc-CH=CHCOCH=CH-fc (Tabelle **19**, Nr. **6**). Darstellung durch Kondensation von fc-CHO mit CH_3COCH_3 in alkoholisch-wäßrigem NaOH bei 20 bis 50°C, 91% Ausbeute [2]; in Methanol/Piperidin bei Zimmertemperatur erhält man nur etwa 5% Ausbeute neben fc-CH=$CHCOCH_3$ als Hauptprodukt [3].

Bildet nach [2] aus Petroläther violette Kristalle vom Schmelzpunkt 205°C. Das IR-Spektrum (in CCl_4) ist von 995 bis 3100 cm^{-1} angegeben [3] und im Bereich von 400 bis 1800 cm^{-1} abgebildet [2]. — Zur Hydrierung s. Verbindungen Nr. 3 und 5.

fc-(C_8H_8O)-fc (Tabelle **19**, Nr. **8**) wird wie Nr. 7 aus fc-CHO und Cyclohexanon in C_2H_5OH/KOH bei 80°C mit 68% Ausbeute dargestellt [5] und bei der Kondensation in Methanol/Pyridin mit 12% Ausbeute isoliert [3]. Im letzten Falle wird ein Isomerengemisch erhalten, dessen ^{1}H-NMR-Spektrum abgebildet ist. Das IR-Spektrum wird von 991 bis 3100 cm^{-1} angegeben [3].

Literatur:

[1] H. Egger, K. Schlögl (Monatsh. Chem. **95** [1964] 1750/8). — [2] M. Furdik, M. Dzurilla, S. Toma, J. Suchy (Acta Fac. Rerum Nat. Univ. Comenianae Chimia **8** [1964] 569/79). — [3] H. Kono, M. Shiga, I. Motoyama, K. Hata (Bull. Chem. Soc. Japan **42** [1969] 3273/7). — [4] S. I. Goldberg, J. G. Breland (J. Org. Chem. **36** [1971] 1499/503). — [5] N. S. Kozlov, E. A. Kalennikov, I. P. Stremok, L. I. Moiseenok (Dokl. Akad. Nauk Belorussk. SSR **17** [1973] 640/3).

[6] M. Lacan, V. Rapic (Croat. Chem. Acta **46** [1974] 51/5).

Compounds with Bridges Comprising Six C Atoms

6.3.1.6 Verbindungen mit Brücken aus sechs C-Atomen

Der größte Teil der in Tabelle 20 zusammengefaßten Verbindungen enthält unsubstituierte fc-Kerne; drei substituierte Verbindungen sind am Ende der Tabelle unter Nr. 28 bis 30 aufgenommen.

Neben den in Tabelle 20 genannten Kohlenwasserstoffen Nr. 1 bis 11 wurde auch die Darstellung eines fc-CH=C=C=C=C=CH-fc versucht, vgl. chemisches Verhalten von Verbindung Nr. 16. Die Bildung stabiler Dicarbonium-Ionen des Typs [fc-CR-C_6H_4-CR-fc-p]$^{2+}$ (mit R = H und C_6H_5) aus fc-CR(OH)-C_6H_4-CR(OH)-fc-p oder dem Diketon Nr. 24 ist bei [10, 14] erwähnt, s. auch [15], wird jedoch später nicht genauer beschrieben.

Ein Alkohol der Zusammensetzung fc-C(CH_3)(OH)(CH=CH)$_2$C(CH_3)(OH)-fc ist bei [20] als Stabilisator von Polyäthylenfilmen genannt.

* Weitere Angaben:

fc-CH=CH(CH_2)$_2$CH=CH-fc (Tabelle **20**, Nr. **3**) wird nach der Methode von Wittig aus fc-CHO mit 10% Ausbeute dargestellt [5] sowie durch Dehydratisierung von Nr. 14 an saurem Al_2O_3 in siedendem Benzol intermediär erhalten und zu Nr. 1 hydriert [1]. Ist auch als gelbes viskoses Öl beschrieben [1, 2].

fc-CH=CHCH=CHCH=CH-fc (Tabelle **20**, Nr. **4**). Bei der Wittig-Reaktion von fc-CH=CHCH=CHCHO mit [fc-$CH_2P(C_6H_5)_3$]X/C_2H_5OLi bei 50 bis 60°C erhält man 17% Ausbeute [7]. Darstellung auch aus fc-CHO nach dem bei Nr. 5 genannten Verfahren mit 25% Ausbeute [5]. Das durch Hydrierung von Nr. 7 an Pd (Lindlar-Katalysator) in Cyclohexan erhaltene Produkt wird durch kurzes Erwärmen mit etwas p-$CH_3C_6H_4SO_3H$ in Benzol in das all-trans-Isomere umgewandelt [7]. Zur Bildung aus Nr. 16 s. auch [3].

UV-Absorptionsbanden für Tetrahydrofuranlösungen sind bei [5] angegeben. Zum Vergleich mit den Spektren anderer Diferrocenylpolyene nach [4, 8] s. Fig. 16 in 6.3.1.4. — Die Löslichkeit ist beträchtlich geringer als bei der entsprechenden Diphenylverbindung: es lösen sich 54.0 mg in 100 cm^3 $CHCl_3$ bei 25°C [7].

fc-C(CH_3)=CHCH=CHCH=C(CH_3)-fc (Tabelle **20**, Nr. **5**) wird aus $(C_2H_5O)_2P(O)CH_2CH$=$CHCH_2(O)P(OC_2H_5)_2$ und fc-$COCH_3$ in Gegenwart von t-C_4H_9OK in Toluol bei 120°C/8 h dargestellt. In gleicher Weise erhält man Nr. 6 unter Verwendung von fc-COC_6H_5 [5].

fc-CH=CHC≡CCH=CH-fc (Tabelle **20**, Nr. **7**) läßt sich mit 51% Ausbeute aus $[(C_6H_5)_3PCH_2C{\equiv}CCH_2P(C_6H_5)_3]X_2$ ($X = Br^-$) in Tetrahydrofuran mit n-C_4H_9Li und anschließender Umsetzung mit fc-CHO bei 50 bis 60°C darstellen; drei Isomere können durch Dünnschichtchromatographie getrennt werden, die nur in Spuren gebildete cis,cis-Form wandert am schnellsten [7]. — Zur Hydrierung vgl. auch Nr. 1.

Literatur s. S. 143

Tabelle 20. Verbindungen mit Brücken aus sechs C-Atomen.
Für laufende Nummern mit Sternchen folgen am Ende der Tabelle weitere Angaben.
Zu Abkürzungen und Dimensionen s. S. 1.

Nr.	Verbindung	Schmelzpunkt und Erscheinungsform, Spektren; weitere Bemerkungen	Lit.
1	fc-$(CH_2)_6$-fc	112 bis 117 (aus Petroläther); Darst. durch Hydrierung von Nr. 4, 7 oder 8 an Pd/C (bis zu 80%). Das zuerst aus Nr. 3 erhaltene, als sehr viskoses Öl beschriebene Produkt destilliert bei 190 bis 200/0.3 Torr und kristallisiert	[1, 2, 3, 7]
2	fc-$CH(CH_3)(CH_2)_4CH(CH_3)$-fc	viskoses Öl, destilliert bei 180 bis 200/0.5 Torr; Darst. durch Hydrierung und Hydrogenolyse von Nr. 17 an Pd/C in C_2H_5OH (61%)	[1]
*3	fc-$CH{=}CH(CH_2)_2CH{=}CH$-fc trans, trans	200 (Zers.); gelbe Nadeln (aus Alkohol), UV (Tetrahydrofuran, ε): 278 (20900), 443 (1620)	[1, 2, 5]
*4	fc-CH=CHCH=CHCH=CH-fc all-trans	235 (Zers.), verkohlt beim Erhitzen; dunkelrote Blättchen (aus Benzol), UV ($CHCl_3$, ε): 368 (45000), 474 (6000)	[5, 7, 8]
*5	fc-$C(CH_3){=}CHCH{=}CHCH{=}C(CH_3)$-fc all-trans	235 (Zers.); rote Blättchen, UV (Tetrahydrofuran, ε): 296 (107000), 373 (43000), 457 (5600)	[5]
6	fc-$C(C_6H_5){=}CHCH{=}CHCH{=}C(C_6H_5)$-fc	205 bis 220 (Zers.); dunkelrote Prismen (aus Benzol), UV (Tetrahydrofuran, ε): 384 (22200), 475 (6100); zur Darst. vgl. Nr. 5	[5]
*7	fc-CH=CHC≡CCH=CH-fc trans, trans	verkohlt um 250; rot, kristallin	[7]
8	fc-$CH_2(C{\equiv}C)_2CH_2$-fc	wird nur unrein aus Nr. 16 oder 20 mit $LiAlH_4/AlCl_3$ erhalten und katalytisch zu Verbindung Nr. 1 hydriert	[3]
*9	fc-$(C{\equiv}C)_3$-fc	Zers. bei etwa 200, IR (CCl_4): ν(C≡C) bei 2185	[13]
10	fc—CH_2—C_6H_4—CH_2—fc (p-Phenylen)	202 bis 204, ^{1}H-NMR ($CDCl_3$): etwa 3.0 (C_6H_4), etwa 5.9 (fc), 6.38 (CH_2); Darst. aus Nr. 23 mit $LiAlH_4/AlCl_3$ in Äther (83%) oder mit Zn/Hg in Benzol/Äthanol unter Rückfluß	[12]

Literatur s. S. 143

Tabelle 20 [Fortsetzung].

Nr.	Verbindung	Schmelzpunkt und Erscheinungsform, Spektren; weitere Bemerkungen	Lit.
11	fc fc	238 bis 239; Darst. aus fc-C_6H_4Br-m unter der Einwirkung von Mg in $CH_3OCH_2CH_2OCH_3$ bei 100°C (58%); Bildung in geringer Menge bei der Herstellung von fc-C_6H_4MgBr-m in Tetrahydrofuran	[6]
*12	fc-(CCl=CH)$_3$-fc cis, trans-Isomere (?)	zerfließt ab 40; hellrotes amorphes Pulver, IR (CCl_4): ν(C=C) bei 1618 UV ($CHCl_3$, ε): 314 (15000)	[13]
13	fc-(CBr=CH)$_3$-fc	um 135 (Zers.); rote Substanz, IR (CCl_4): ν(C=C) bei 1612 UV ($CHCl_3$, ε): 296 (17000); Darst. s. Nr. 12; zur HBr-Eliminierung s. Nr. 9	[13]
14	fc-CH(OH)$(CH_2)_4$CH(OH)-fc	145 bis 149 (aus Benzol/Petroläther); Darst. durch Hydrierung von Nr. 16 an Pd/C in C_2H_5OH (fast quantitativ)	[1, 2]
15	fc-CH(OH)(CH=CH)$_2$CH(OH)-fc	ist wahrscheinlich das in Äther schwer lösliche Produkt, das bei der Reaktion von Nr. 16 mit $LiAlH_4$ neben Verbindung Nr. 4 isoliert wird	[3]
*16	fc-CH(OH)(C≡C)$_2$CH(OH)-fc	196 bis 200 (Zers.); goldgelbe Kristalle (aus Hexan/Alkohol), IR: 830, 1000, 1100 (fc), 2130 (C≡C), 3400 (OH)	[1, 18]
*17	fc-C(CH_3)(OH)(C≡C)$_2$C(CH_3)(OH)-fc	96 bis 98; gelbe Kristalle (aus Hexan/Alkohol)	[18]
18	fc-C(C_6H_5)(OH)(C≡C)$_2$C(C_6H_5)(OH)-fc	144 bis 148; gelbe Kristalle (aus Hexan/Alkohol); Darst. aus Na(C≡C)$_2$Na und fc-COC_6H_5 (48%), vgl. Nr. 17	[18]
19	fc-$COCH_2COCOCH_2CO$-fc	216 bis 217.5; tiefviolette Kristalle (aus Cyclohexanon), IR: 923 (OH, Enol), 1580 (CO, Enol); Darst. aus $(COOC_2H_5)_2$ und fc-$COCH_3$ (1:2 mol) mit einem Überschuß C_2H_5ONa in Äther/C_2H_5OH bei Zimmertemperatur/24 h (78.3%); s. auch Nr. 26 und 27	[22]

Literatur s. S. 143

Tabelle 20 [Fortsetzung].

Nr.	Verbindung	Schmelzpunkt und Erscheinungsform, Spektren; weitere Bemerkungen	Lit.
20	fc-CO(C≡C)$_2$CO-fc	161 bis 164; violett, kristallin (aus Benzol/Petroläther); Darst. durch Oxidation von Nr. 8 oder 16 mit MnO_2 in $CHCl_3$ bei Zimmertemperatur (über 70%)	[3]
*21	fc-CH=CHCOC$_6$H$_4$-fc-m	126 bis 128 (aus Petroläther); Darst. durch alkalische Kondensation von fc-CHO mit fc-C$_6$H$_4$COCH$_3$-m in C_2H_5OH bei 60°C (53%)	[17]
*22	fc-COCH=CHC$_6$H$_4$-fc-m	170 bis 173 (aus Petroläther); Darst. aus fc-COCH$_3$ und fc-C$_6$H$_4$CHO-m wie bei Nr. 21 (43%)	[17]
*23	fc-CH$_2$C$_6$H$_4$CO-fc-p	180 bis 182; orangerote Nadeln (aus Heptan/Benzol), ^{1}H-NMR ($CDCl_3$): 2.44 (scheinbares A_2X_2-System, C_6H_4), 6.22 (s, CH_2) IR (KBr): 1603 (C_6H_4), 1629 (CO); weitere starke CO-Banden (?) bei 1282, 1449	[12]
24	fc-COC$_6$H$_4$CO-fc-p	242 bis 244; karmesinrote Nadeln (aus Heptan/Benzol), ^{1}H-NMR ($CDCl_3$): 2.00 (C_6H_4), 5.05, 5.34 (C_5H_4, H-2 bzw. H-3), 5.7 bis 5.8 (C_5H_5) IR (KBr): 1618 (CO); weitere CO-Banden (?) bei 1282, 1443; Bildung s. Nr. 23	[12]
25	fc-CH=C(CN)CH=CHC(CN)=CH-fc all-trans	245 bis 250 (Zers.); rotviolette Nadeln (aus Benzol), UV (C_2H_5OH, ε): 382 (38700), 520 (8390); Darst. aus fc-CHO und $NCCH_2CH{=}CHCH_2CN$ in C_2H_5OH/C_2H_5ONa unter Rückfluß (65%)	[5]
26	O ‖ fc−C, fc−C ‖ O, N, N	220 bis 222; rote Kristalle (aus Cyclohexanon/Acetanhydrid); Darst. aus Nr. 19 mit o-Phenylendiamin in C_2H_5OH unter Rückfluß	[22]

Literatur s. S. 143

Tabelle 20 [Fortsetzung].

Nr.	Verbindung	Schmelzpunkt und Erscheinungsform, Spektren; weitere Bemerkungen	Lit.
27	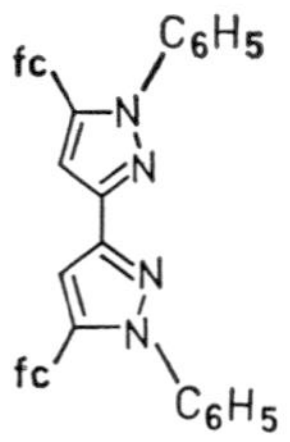 fc, C_6H_5, N, N, N, N, fc, C_6H_5	kein Schmelzen bis 305 (Zers.); hellgelbe Kristalle (aus Dimethylformamid), IR: 1450; 1570 (Pyrazol-Banden), 1600 (C=C); Darst. aus Nr. 19 und $C_6H_5NHNH_2$ in CH_3COOH unter Erihtzen (39%). — Andere Strukturen, gebildet aus anderen Enolformen von Nr. 19, sind möglich	[22]
28	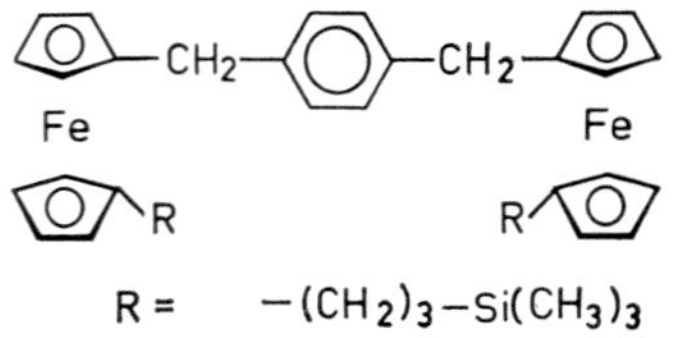 CH_2, CH_2, Fe, Fe, R, R R = $-(CH_2)_3-Si(CH_3)_3$	rotes Öl; Darst. durch Reduktion von Nr. 30 mit $LiAlH_4/AlCl_3$ in Äther unter Rückfluß	[9]
29	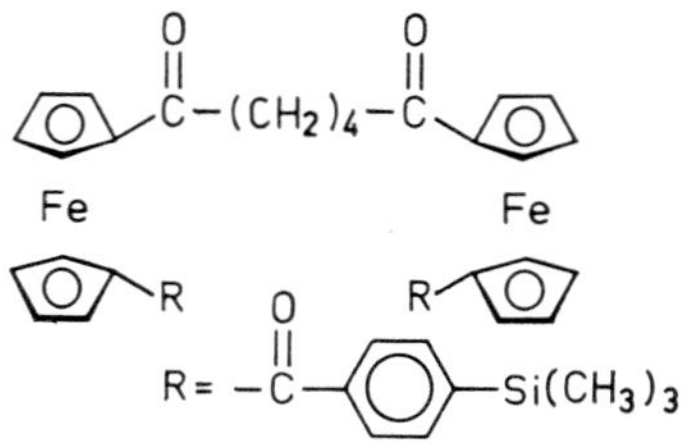 O, O, C, $(CH_2)_4$, C, Fe, Fe, R, R R = $-C(=O)-C_6H_4-Si(CH_3)_3$	tiefrotes Öl; Darst. aus fc-$COC_6H_4Si(CH_3)_3$-p und $ClOC(CH_2)_4COCl/AlCl_3$ in CH_2Cl_2 bei Zimmertemperatur. — Im IR sind die CO-Banden des aliphatischen und aromatischen Teils überlagert	[9]
30	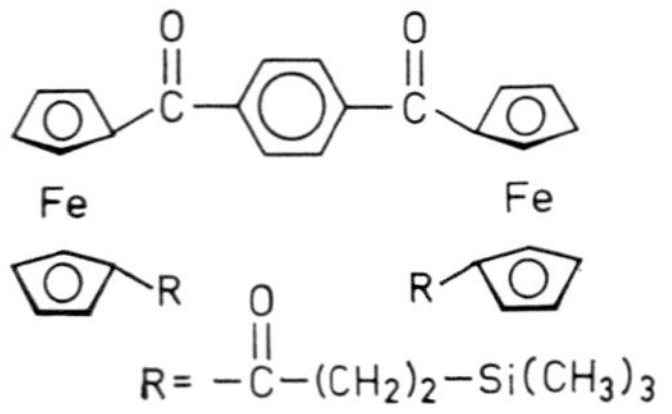 O, O, C, C, Fe, Fe, R, R R = $-C(=O)-(CH_2)_2-Si(CH_3)_3$	147 (Zers.); rotorangefarbene Kristalle; Darst. aus fc-$CO(CH_2)_2Si(CH_3)_3$ und $ClOCC_6H_4COCl$-p/$AlCl_3$ wie bei Nr. 29 (22%); wird von Al_2O_3 mit CH_2Cl_2 eluiert. — Die heteroanulare Substituiton wird aus dem IR abgeleitet, das zwei CO-Banden zeigt	[9, 11]

fc-(C≡C)$_3$-fc (Tabelle **20**, Nr. **9**) konnte in nur sehr geringer Menge bei der HBr-Abspaltung aus Nr. 13 mit KOH/C_2H_5OH unter Rückfluß isoliert werden; die Substanz war auch nach Dünnschichtchromatographie noch nicht völlig einheitlich [13].

fc-(CCl=CH)$_3$-fc (Tabelle **20**, Nr. **12**) wird bei der Umsetzung von Nr. 16 in Tetrahydrofuran mit HCl in Gegenwart von Al_2O_3 bei −60 bis −70°C gebildet und durch Chromatographie an Al_2O_3 isoliert, 80% Ausbeute. Mit trocknem HBr erhält man in gleicher Weise die Bromverbindung Nr. 13 [13].

fc-CH(OH)(C≡C)$_2$CH(OH)-fc (Tabelle **20**, Nr. **16**) entsteht bei der oxidativen Kupplung von fc-CH(OH)C≡CH mit Cu(CH_3COO)$_2$ in Äther/Methanol/Pyridin unter Erhitzen (75% Ausbeute) [1] oder wird aus fc-CHO und Na(C≡C)$_2$Na in flüssigem Ammoniak/Tetrahydrofuran dargestellt (56% Ausbeute) [18].

Die Verbindung wird bei [1] als braunes Pulver beschrieben (erhalten aus 80%igem Äthanol), das sich bei 200°C ohne Schmelzen allmählich zersetzt. Zur Reaktion mit HX (X = Cl, Br) vgl. Nr. 12. Die Umsetzung mit $SnCl_2 \cdot 2H_2O$ in HCl-gesättigtem Tetrahydrofuran liefert ein Produkt, aus dem durch Chromatographie an Al_2O_3 mit Benzol eine rote amorphe Substanz gewonnen wird; sie war nicht eindeutig als Diferrocenyl-hexapentaen zu identifizieren und ergab bei der katalytischen Hydrierung nur 50% 1,6-Diferrocenylhexan (Nr. 1) [3].

fc-C(CH$_3$)(OH)(C≡C)$_2$C(CH$_3$)(OH)-fc (Tabelle **20**, Nr. **17**) wird aus fc-$COCH_3$ und Na(C≡C)$_2$Na wie bei Nr. 16 dargestellt (51%) [18]. Bei der oxidativen Kupplung von fc-C(CH_3)(OH)C≡CH wie bei Nr. 16 erhält man nach [1] ein Isomerengemisch als gelbes Öl, das nach dem Kristallisieren aus Cyclohexan bei 90 bis 125°C schmilzt. Zur Hydrierung s. Nr. 2.

fc-CH=CHCOC$_6$H$_4$-fc-m und **fc-COCH=CHC$_6$H$_4$-fc-m** (Tabelle **20**, Nr. **21** und **22**). Bei diesen Chalkonen wird IR-spektroskopisch die Bildung einer Wasserstoffbindung mit Phenol untersucht. Aus der Verschiebung der ν(OH)-Bande im Vergleich zu anderen aromatisch substituierten Chalconen ergibt sich für Nr. 21 und 22 die höchste Basizität. Die Bildungsenthalpien für die Wasserstoffbindung betragen $\Delta H = 4.6$ bzw. 5.0 kcal · mol^{-1} [17]. Die polarographischen Halbwellenpotentiale zeigen an, daß der Chalcon-Typ Nr. 22 etwas schwerer zu reduzieren ist als Nr. 21: $E_{1/2} = -0.731$ bzw. −0.711 V bei pH 2.48 in 50%igem Isopropanol (gegen die „SKE-Elektrode"). Werte der Hammettschen und Taftschen Konstanten werden für die fc-Gruppe berechnet [19]. Zur Berechnung von Reaktivitätsindizes nach der HMO-Methode vgl. [21].

fc-CH$_2$C$_6$H$_4$CO-fc-p (Tabelle **20**, Nr. **23**) entsteht als Nebenprodukt (0.5%) bei der Polyacylierung von Ferrocen mit $ClOCC_6H_4COCl$-p in Sulfolan in Gegenwart von $ZnCl_2$ bei 50 bis 100°C neben Polymeren, die mit Hexan gefällt werden. Bei der chromatographischen Aufarbeitung der Hexanextrakte isoliert man als letzte Fraktion (mit Hexan/Äther) auch Nr. 24 (1.7%). — Zur Reduktion s. Nr. 10. Die Oxidation mit MnO_2 in siedendem $CHCl_3$ während 24 h liefert Nr. 24 mit 35% Ausbeute [12].

Literatur:

[1] K. Schlögl, A. Mohar (Monatsh. Chem. **92** [1961] 219/35). — [2] K. Schlögl, A. Mohar (Naturwissenschaften **48** [1961] 376/7). — [3] K. Schlögl, A. Mohar (Monatsh. Chem. **93** [1962] 861/76). — [4] K. Schlögl, H. Egger (Angew. Chem. **75** [1963] 1123). — [5] K. Sonogashira, N. Hagihara (Kogyo Kagaku Zasshi **66** [1963] 1090/9).

[6] W. F. Little, A. K. Clark, G. S. Benner, C. Noe (J. Org. Chem. **29** [1964] 713/4). — [7] K. Schlögl, H. Egger (Liebigs Ann. Chem. **676** [1964] 76/87). — [8] K. Schlögl, H. Egger (Liebigs Ann. Chem. **676** [1964] 88/97). — [9] Comp. Française Thomson-Houston, E. V. Wilkus, A. Berger (F.P. 1398255 [1964/65]). — [10] M. Cais, A. Eisenstadt (2nd Intern. Symp. Organometal. Chem., Madison, Wisc., 1965, Abstr. S. 37).

[11] E. V. Wilkus, W. H. Rauscher (J. Org. Chem. **30** [1965] 2889/96). — [12] E. W. Neuse, K. Koda (J. Macromol. Chem. **1** [1966] 595/609). — [13] K. Schlögl, W. Steyrer (J. Organometal. Chem. **6** [1966] 399/411). — [14] A. Eisenstadt (Thesis Technion Israel 1967) nach [16]. — [15] C. Pittman (Tetrahedron Letters **1967** 3619).

[16] R. E. Hesters, M. Cais (J. Organometal. Chem. **16** [1969] 283/8). — [17] S. Toma, A. Perjessy (Chem. Zvesti **23** [1969] 343/51). — [18] V. G. Shershun, T. P. Vishnyakova, Ya. M. Paushkin (Zh. Org. Khim. **6** [1970] 630/1; J. Org. Chem. [USSR] **6** [1970] 629). — [19] S. Stankoviansky, A. Beno, S. Toma, E. Gono (Chem. Zvesti **24** [1970] 19/27). — [20] A. N. Sokolov, T. P. Vishnyakova, A. A. Koridze, Ya. M. Paushkin, A. I. Zelenskii (Dokl. Akad. Nauk Belorussk. SSR **15** [1971] 1010/2).

[21] P. Zahradnik, J. Leska (Collection Czech. Chem. Commun. **36** [1971] 44/53). — [22] M. Lacan, V. Rapic (Croat. Chem. Acta **42** [1972] 411/6).

6.3.1.7 Verbindungen mit Brücken aus sieben und mehr C-Atomen

Compounds with Bridges Comprising Seven or More C Atoms

Der folgende Abschnitt faßt in Tabelle 21 alle weiteren Verbindungen mit C_n-Brücken (n = 7, 8, 10, 12 und 16) zusammen. Mit Ausnahme der Substanzen aus der C_7-Gruppe (Nr. 1 bis 5), die aus Kondensations- und Additionsreaktionen mit fc-CHO und fc-COR hervorgegangen sind, handelt es sich ausschließlich um Kohlenwasserstoffe, die zum großen Teil bei Versuchen zur Darstellung von α,ω-Diferrocenyl-polyenen und -polyinen isoliert werden.

* Weitere Angaben:

fc-CH=CHCOC$_6$H$_4$-fc-p und **fc-COCH=CHC$_6$H$_4$-fc-p** (Tabelle **21**, Nr. **4** und **5**). Es werden die gleichen Untersuchungen zur Wasserstoffbindung mit Phenol durchgeführt wie bei Nr. 21 und 22 in Tabelle 20 (6.3.1.6), vgl. dort. Die Bildungsenthalpien für die H-Bindung betragen $\Delta H = 4.8$ bzw. 5.2 kcal · mol^{-1} [13]. Als Halbwellenpotentiale der Reduktion werden gemessen $E_{1/2} = 0.722$ bzw. 0.739 V („SKE-Elektrode") [14]. Zur Berechnung von Reaktivitäten der Chalcone s. [15].

fc-(CH=CH)$_4$-fc (Tabelle **21**, Nr. **7**) wird durch Wittig-Synthese aus [fc-CH$_2$P(C$_6$H$_5$)$_3$]X/C$_6$H$_5$Li und OHC-(CH=CH)$_2$-CHO in Tetrahydrofuran bei 50 bis 60°C mit 42% Ausbeute dargestellt [7]. — Zum UV-Spektrum s. auch Verbindung Nr. 3 in Tabelle 18 (6.3.1.4). — Löslichkeit in $CHCl_3$ bei 25°C: 2.8 mg/100 cm^3 [7].

fc-(C≡C)$_4$-fc (Tabelle **21**, Nr. **9**). Darstellung aus fc-(C≡C)$_2$-H durch oxidative Kupplung mit Cu(CH$_3$COO)$_2$ in Äther/Methanol/Pyridin bei 25°C bis Rückflußtemperatur und Reinigung durch Chromatographie an Al_2O_3, 86% Ausbeute. Die Verbindung kann auch durch decarboxylierende oxidative Kupplung von fc-(C≡C)$_2$-COOH erhalten werden, ist dann jedoch schwerer zu reinigen [10]. — Zu den UV-Spektren s. auch Verbindung Nr. 8 in Tabelle 18 (6.3.1.4). — Die Löslichkeit in $CHCl_3$ ist bei Zimmertemperatur viel größer als bei dem entsprechenden Tetraen Nr. 7: 5.3 g/100 cm^3 [10]. Die Hydrierung an Pd/C in $CH_3COOC_2H_5$ ergibt quantitativ das Octan Nr. 6 [10].

fc-CH=CHC$_6$H$_4$CH=CH-fc (Tabelle **21**, Nr. **10** bis **12**) wird bei der Wittig-Reaktion von [(C$_6$H$_5$)$_3$PCH$_2$C$_6$H$_4$CH$_2$P(C$_6$H$_5$)$_3$]$^{2+}$/C$_2$H$_5$OLi mit fc-CHO in Äthanol mit 31% Ausbeute als Isomerengemisch vom Schmelzpunkt 141 bis 142°C erhalten [1], s. auch [4], das aus Äthanol in dunkelroten Nadeln kristallisiert [1]. Die Isomeren lassen sich durch Säulenchromatographie und Umkristallisieren trennen [4]. — Das Isomerengemisch löst sich mäßig in Benzol und Dioxan, fast gar nicht in Hexan, Methanol oder Äther [1]. An der rotierenden Pt-Elektrode in CH_3CN beobachtet man nur einen irreversiblen Zweielektronen-Oxidationsschritt bei $E_{1/2} = 0.40$ V (SCE) [17].

p-fc-C$_6$H$_4$C$_6$H$_4$-fc-p (Tabelle **21**, Nr. **13**) entsteht mit 15% Ausbeute bei der Einwirkung von Mg auf fc-C$_6$H$_4$Br-p in CH$_3$OCH$_2$CH$_2$OCH$_3$ bei 100°C/7 h und Chromatographie an Al_2O_3 mit Benzol/Methanol, Bildung von 57% fc-C$_6$H$_5$ [6]. Es läßt sich ferner durch Arylierung von fc-H mit [p-N$_2$C$_6$H$_4$C$_6$H$_4$N$_2$-p][BF$_4$]$_2$ neben fc-C$_6$H$_4$C$_6$H$_5$ mit 7% Ausbeute darstellen [5].

fc-(CH=CH)$_5$-fc (Tabelle **21**, Nr. **14**) wird wie Nr. 7 durch Wittig-Reaktion mit fc-(CH=CH)$_4$CHO dargestellt, etwa 5% Ausbeute [7]. — Zum UV-Spektrum nach [3, 8] vgl. Verbindung Nr. 3 in Tabelle 18 (6.3.1.4). — Die sehr schnell abnehmende Löslichkeit mit zunehmender Kettenlänge des Polyens, hier 0.34 mg/100 cm^3 $CHCl_3$ bei 25°C, setzt der Darstellung und Trennung noch höherer Diferrocenylpolyene eine Grenze [7].

Tabelle 21. Verbindungen mit Brücken aus sieben und mehr C-Atomen.
Für laufende Nummern mit Sternchen folgen am Ende der Tabelle weitere Angaben.
Zu Abkürzungen und Dimensionen s. S. 1.

Nr.	Verbindung	Schmelzpunkt und Erscheinungsform, Spektren; weitere Bemerkungen	Lit.
C_7-Brücken:			
1	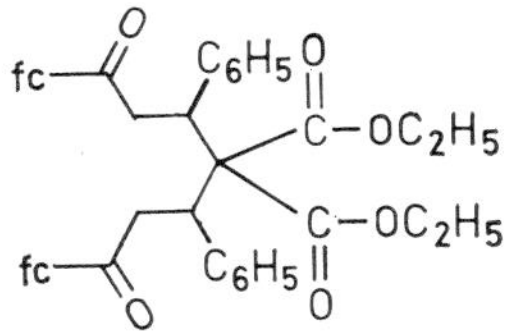	135 (aus Äther); Darst. durch Michael-Addition von $CH_2(COOC_2H_5)_2$ an fc-COCH=CHC$_6$H$_5$ in CH_3OH/CH_3ONa bei Zimmertemperatur/2 d (40% neben dem Monoaddukt); wird von SiO_2 mit Benzol eluiert	[9]
2	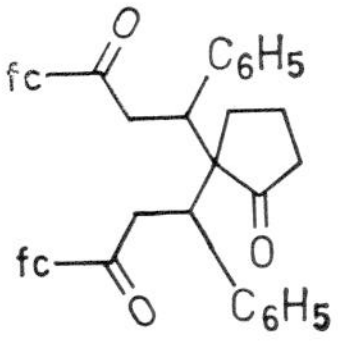	155 bis 160 (aus Aceton/Petroläther); Darst. wie Nr. 1 mit Cyclopentanon als Reaktionspartner (50% neben dem Monoaddukt)	[9]
3	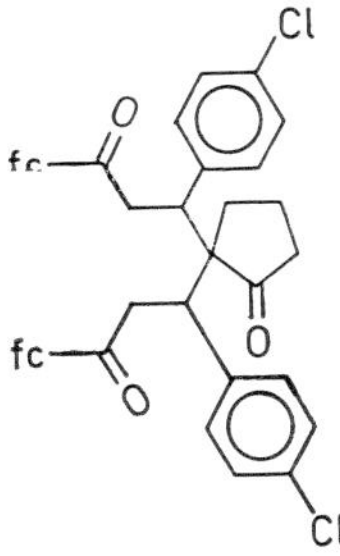	77 bis 79 (aus Aceton/Petroläther); Darst. aus Cyclopentanon und fc-COCH=CHC$_6$H$_4$Cl-p wie bei Nr. 1 (40% neben dem Monoaddukt)	[9]
*4	fc-CH=CHCOC$_6$H$_4$-fc-p	208 bis 209; Darst. durch Kondensation von fc-CHO mit fc-C$_6$H$_4$COCH$_3$-p in alkalischem C_2H_5OH bei 60°C (75%)	[13]
*5	fc-COCH=CHC$_6$H$_4$-fc-p	174 bis 176; Darst. aus fc-COCH$_3$ und fc-C$_6$H$_4$CHO-p wie bei Nr. 4 (70%)	[13]

Tabelle 21 [Fortsetzung].

Nr.	Verbindung	Schmelzpunkt und Erscheinungsform, Spektren; weitere Bemerkungen	Lit.
C_8-Brücken:			
6	fc-$(CH_2)_8$-fc	etwa 40; klebriger Festkörper; 95 bis 100 (aus Petroläther); sublimiert langsam bei 180/0.1 Torr; Darst. durch Hydrierung, s. Nr. 8 und 9	[2, 10]
*7	fc-$(CH{=}CH)_4$-fc all-trans	verkohlt beim Erhitzen; rote metallisch glänzende Blättchen, UV ($CHCl_3$, ε): etwa 372 (S), 389 (57000), 478 (9500)	[3, 7, 8]
8	fc-CH=CH$(C{\equiv}C)_2$CH=CH-fc	216 bis 218 (bei Vorheizen); orangerotes Pulver (aus Benzol/Ligroin), IR (KCl): ν(C=C) bei 1587, ν(C≡C) bei 2128; Darst. durch oxidative Kupplung aus fc-CH=CHC≡CH wie bei Nr. 9 (43%). — Reduktion mit Na/C_2H_5OH ergibt Nr. 6 mit 79% Ausbeute	[2]
*9	fc-$(C{\equiv}C)_4$-fc	etwa 200 (Zers.); rote Verbindung, IR (CCl_4): ν(C≡C) bei 2200 UV ($CHCl_3$, ε): 254 (66000), 306 (56200), 345 (13500), 375 (S, 12500), 470 (7140)	[10]
*10	fc-CH=CHC_6H_4CH=CH-fc-p cis, cis	178 bis 179; gelbe Kristalle, IR: 758 (C=C) UV (Tetrahydrofuran, ε): 315 (20000), 440 (1650)	[1, 4]
*11	fc-CH=CHC_6H_4CH=CH-fc-p cis, trans	190 (Zers.); orangefarbene Kristalle, IR: 950, 958 (trans C=C) UV (Tetrahydrofuran, ε): 334 (23250), 450 (3000)	[4]
*12	fc-CH=CHC_6H_4CH=CH-fc-p trans, trans	220 (Zers.); rotorangefarbene Kristalle, IR: 958 (trans C=C) UV (Tetrahydrofuran, ε): 353 (626000), 455 (4260)	[4]
*13	fc–C_6H_4–C_6H_4–fc	Zers. bei etwa 300; orangefarbene Kristalle (aus Heptan)	[5, 6]

Tabelle 21 [Fortsetzung].

Nr.	Verbindung	Schmelzpunkt und Erscheinungsform, Spektren; weitere Bemerkungen	Lit.
C_{10}-Brücken:			
*14	fc-$(CH{=}CH)_5$-fc all-trans	verkohlt beim Erhitzen; rote, metallisch glänzende Blättchen, UV ($CHCl_3$, ε): 390 (S), 406 (etwa 72000), etwa 480 (S)	[3, 7, 8]
15	fc$-CH_2-C_6H_4-C_6H_4-CH_2-$fc	201 bis 202 (aus Benzol/Petroläther); Bildung als Nebenprodukt bei der Reaktion von fc-$CH_2C_6H_4Br$-p mit Li in siedendem Äther (8%)	[12]
*16	fc-$C_6H_4CH(CH_3)CH(CH_3)C_6H_4$-fc-p	225 bis 228, ^{1}H-NMR (C_6H_6): 5.73, 6.13 (2t's, C_5H_4), 6.30 (s, C_5H_5), 8.87, 8.96 (2d's, CH_3)	[11]
C_{12}-Brücken:			
17	fc-$(CH_2)_{12}$-fc	86 bis 90 (aus Äther); Darst. aus Nr. 18 durch Hydrierung an Pd/C	[10]
*18	fc-$(C{\equiv}C)_6$-fc	Zers. bei 160 bis 170; tiefviolette Kristalle, IR (CCl_4): ν(C≡C) bei 2150 (stark), 2170 (mittel) UV ($CHCl_3$, ε): 283 (57000), 301 (84000), 312 (92500), 333 (106000), 398 (135000), etwa 506 (14500)	[10]
*19	fc-$(CH{=}CH)_2C_6H_4(CH{=}CH)_2$-fc	239 bis 240 (Zers.); rote Kristalle (aus Toluol/Hexan)	[16]
C_{16}-Brücken:			
20	fc-$(CH_2)_{16}$-fc	nicht kristallin; Darst. durch Hydrierung von Nr. 21 an Pd/C	[10]
*21	fc-$(C{\equiv}C)_8$-fc	Zers. um 160; tiefviolettes, fast schwarzes Pulver, IR (CCl_4): ν(C≡C) bei 2100 (stark), 2123 (stark), 2150 (mittel), 2182 (stark) UV ($CHCl_3$, ε): 290 (53800), 307 (67500), 327 (110000), 347 (112000), 385 (S, 48000), etwa 508 (15800)	[10]

p-fc-$C_6H_4CH(CH_3)CH(CH_3)C_6H_4$-fc-p (Tabelle **21**, Nr. **16**) entsteht durch Dimerisierung des Carbonium-Ions [fc-$C_6H_4CH(CH_3)$-p]$^+$, das aus fc-$C_6H_4CH(CH_3)Cl$ in $H_2SO_4/CHCl_3$ bei 0°C bis Zimmertemperatur erzeugt wird; nach Zugabe von H_2O und Reduktion mit $SnCl_2$ wird die Substanz aus dem Benzolextrakt durch Chromatographie isoliert. Sie löst sich sehr wenig, so daß selbst Lösungen in $CHCl_3$, $(CH_3)_2SO$, CH_3NO_2 oder $HCON(CH_3)_2$ nur ein schlecht aufgelöstes ^{1}H-NMR-Spektrum liefern [11].

fc-$(C{\equiv}C)_6$-fc (Tabelle **21**, Nr. **18**) wird wie Nr. 9 durch oxidative Kupplung aus fc-$(C{\equiv}C)_3$-H mit 88% Ausbeute dargestellt. Die Zersetzlichkeit der Substanz erlaubt keine Analyse, sie wurde daher durch Hydrierung zu Nr. 17 charakterisiert [10]. — Zum UV-Spektrum vgl. Verbindung Nr. 8 in Tabelle 18 (6.3.1.4).

fc-$(CH{=}CH)_2C_6H_4(CH{=}CH)_2$-fc-p (Tabelle **21**, Nr. **19**) wird aus fc-CH=CHCHO und $(C_2H_5O)_2P(O)CH_2C_6H_4CH_2(O)P(OC_2H_5)_2$ in Methanol/Dimethylformamid in Gegenwart von CH_3ONa bei 40°C dargestellt, 46% Ausbeute [16]. Die Herstellung dieser Substanz wird jedoch neuerdings bezweifelt [18], da sich die Darstellung des Ausgangsproduktes fc-CH=CHCHO nicht reproduzieren ließ und bei [16] wahrscheinlich nicht Ferrocenylacrolein, sondern einfach fc-CHO zur Reaktion gebracht wurde. In diesem Falle wäre die Verbindung mit Nr. 12 identisch.

fc-$(C{\equiv}C)_8$-fc (Tabelle **21**, Nr. **21**) bildet sich bei der oxidativen Kupplung von fc-$(C{\equiv}C)_4$-H wie bei Nr. 9 mit 84% Ausbeute. Wird durch Hydrierung zu Nr. 20 charakterisiert [10]. — Zum UV-Spektrum vgl. Verbindung Nr. 8 in Tabelle 18 (6.3.1.4).

Literatur:

[1] G. Drefahl, G. Plötner, I. Winnefeld (Chem. Ber. **95** [1962] 2788/91). — [2] P. L. Pauson, W. E. Watts (J. Chem. Soc. **1963** 2990/6). — [3] K. Schlögl, H. Egger (Angew. Chem. **75** [1963] 1123). — [4] K. Sonogashira, N. Hagihara (Kogyo Kagaku Zasshi **66** [1963] 1090/9). — [5] W. F. Little, B. Nielsen, R. Williams (Chem. Ind. [London] **1964** 195/7).

[6] W. F. Little, A. K. Clark, G. S. Benner, C. Noe (J. Org. Chem. **29** [1964] 713/4). — [7] K. Schlögl, H. Egger (Liebigs Ann. Chem. **676** [1964] 76/87). — [8] K. Schlögl, H. Egger (Liebigs Ann. Chem. **676** [1964] 88/97). — [9] M. Furdik, S. Toma (Chem. Zvesti **20** [1966] 3/17). — [10] K. Schlögl, W. Steyrer (J. Organometal. Chem. **6** [1966] 399/411).

[11] T. G. Traylor, J. C. Ware (J. Am. Chem. Soc. **89** [1967] 2304/16). — [12] V. D. Tyurin, N. S. Nametkin, S. P. Gubin (Izv. Akad. Nauk SSSR Ser. Khim. **1968** 1868/70; Bull. Acad. Sci. USSR Div. Chem. Sci. **1968** 1770/2). — [13] S. Toma, A. Perjessy (Chem. Zvesti **23** [1969] 343/51). — [14] S. Stankoviansky, A. Beno, S. Toma, E. Gono (Chem. Zvesti **24** [1970] 19/27). — [15] P. Zahradnik, J. Leska (Collection Czech. Chem. Commun. **36** [1971] 44/53).

[16] E. E. Vittal, A. V. Dombrovskii (Zh. Obshch. Khim. **43** [1973] 590/3; J. Gen. Chem. USSR **43** [1973] 592/3). — [17] W. H. Morrison, S. Krogsrud, D. N. Hendrickson (Inorg. Chem. **12** [1973] 1998/2004). — [18] S. Toma, M. Salisova (Acta Fac. Rerum Nat. Univ. Comenianae Chimia **21** [1975] 59/70).

Compounds with Two Carbon-Bridges

6.3.1.8 Verbindungen mit zwei Kohlenstoff-Brücken

Die folgenden Verbindungen mit überwiegend gleichen Brückengruppen zwischen den Positionen 1 und 1' der beiden Ferrocenkerne sind nach der steigenden Anzahl der C-Atome in den Brücken (C_1 bis C_4) angeordnet.

Ebenfalls in diesen Abschnitt aufgenommen ist „Bis(indacenyleisen)", s. Formel XIV, S. 153, das man formal als zweikerniges, überbrücktes Ferrocen-Derivat auffassen kann. Eine ähnliche Substanz mit kondensierten Ringsystemen als Liganden, Formel II, befindet sich möglicherweise unter den Produkten der Polymerisation von „Dilithiodicyclopentanaphthalanid"(I) unter der Einwirkung von $FeCl_2$ [19]. Die Struktur des mit fünf CH_2CH_2-Brücken formulierten „Pentaäthanodiferrocens" [2, 4] stellt sich später als nicht richtig heraus [5], vgl. Verbindung Nr. 12 in Tabelle 11 (6.3.1.2.1).

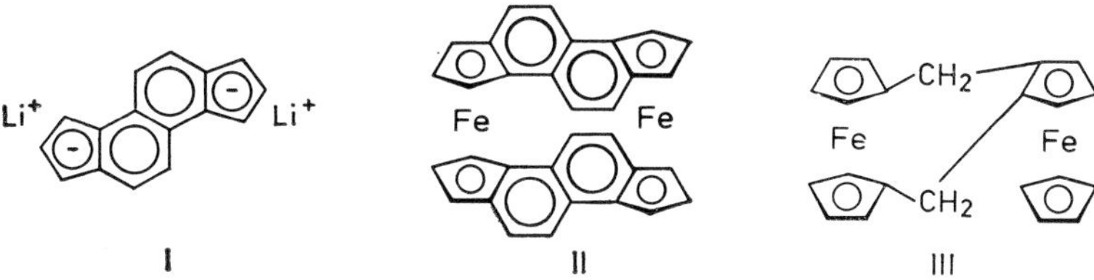

$C_{22}H_{20}Fe_2$ (Formel III, nicht gesichert) entsteht bei der Reaktion von Ferrocen mit $AlCl_3$ in CH_2Cl_2 bei 0 bis 25°C/23 h neben verschiedenen anderen Produkten und [1.1]Ferrocenophan-Isomeren, von denen es durch Chromatographie und fraktionierte Kristallisation aus Hexan als am wenigsten lösliche Verbindung getrennt wird. Schmelzpunkt: 265 bis 268°C. ^{1}H-NMR-Spektrum ($CDCl_3$): $\tau = 5.8$ bis 6.1 (m, komplex, 14H), 6.41 (scheinbares s, 2H), 6.73 (q, AB-Typ, J = 15 Hz, zwei Paare von CH_2-Protonen). Das Massenspektrum zeigt die Molekelionen $[M]^+$ und $[M]^{2+}$ [13].

$C_{22}H_{20}Fe_2$ (Formel IV, [1.1]Ferrocenophan) wird aus dem entsprechenden Diketon, s. unten Formel XI, mit $LiAlH_4/AlCl_3$ in Äther erhalten [11, 15], 87% Ausbeute nach [15]. Entsteht bei der Synthese der höheren Ferrocenophane (s. Teil 7) aus dem Dianion von Dicyclopentadienylmethan in Tetrahydrofuran mit $FeCl_2$ und macht bei einer Gesamtausbeute von 18% etwa 10% des Produktgemisches aus [16], Ausbeuten von 3 bis 5% sind bei [15, 23] angegeben. Man erhält eine etwas bessere Ausbeute, wenn man als Eisensalz $Fe(NH_3)_6(SCN)_2$ einsetzt und in Tetrahydrofuran bei 0°C bis Zimmertemperatur 1 h reagieren läßt [23]. Die Trennung der oligomeren Ferrocenophane erfolgt an einer trocknen Kolonne von SiO_2 mit CS_2 als Entwickler [16].

Die Verbindung wird aus Aceton [16] oder Ligroin/Äther [15] umkristallisiert. Der aus dem Diketon gewonnene gelbe Festkörper schmilzt bei 254 bis 256°C [11, 15]; Produkte aus der direkten Synthese zeigen niedere Schmelzpunkte, 245 bis 248°C (Vakuum) [16, 23]. ^{1}H-NMR-Spektrum ($CDCl_3$): $\tau = 5.61$, 5.82 (2t's, C_5H_4), 6.45 (s, CH_2) [15]; in CS_2-Lösung liegen die entsprechenden Signale bei $\tau = 5.77$, 5.96 und 6.53 [16, 23]; die Kopplungskonstante der Tripletts beträgt etwa 2 Hz [11]. Auf Grund des Singuletts der in der Konformation IV nicht äquivalenten CH_2-Protonen (endo und exo) nimmt man eine gegenseitige Rotation der Ferrocenkerne um die Bindungen zu den CH_2-Gruppen an, durch welche die Molekel über die Zwischenstufe V in ihr Spiegelbild übergeht und die H-Atome die endo- und exo-Positionen tauschen. Die Konformation VI wäre sehr viel weniger flexibel [11], s. auch [15]. Das IR-Spektrum (KBr) ist bei [23] angegeben. UV-Spektrum (Cyclohexan): λ_{max} (ε) = 247 (9040) und 439 (177.5) nm [23]; in absolutem C_2H_5OH wird von [15] noch eine Schulter bei 320 (245) nm beobachtet.

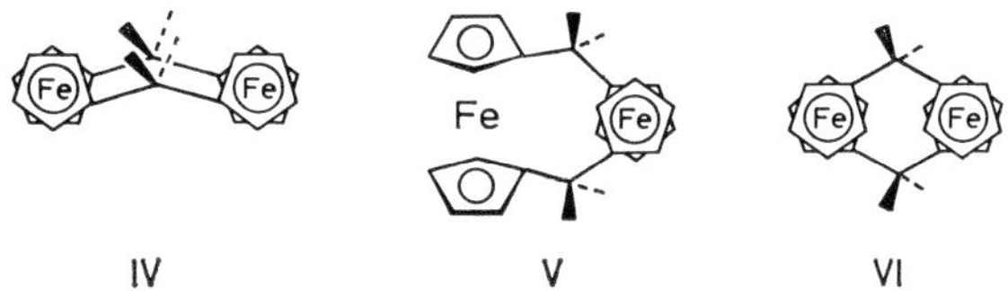

Das Massenspektrum (75 eV) zeigt neben den Molekelionen $[M]^+$ und $[M]^{2+}$ zahlreiche Fragmente mittlerer Intensität [23]. Die polarographischen Halbwellenpotentiale entsprechen mit $E_{1/2}$ = 0.25 und 0.44 V (in 90%igem Äthanol, SCE) zwei aufeinanderfolgenden Einelektronen-Oxidationsschritten. Die Erhöhung des zweiten Oxidationspotentials um 0.10 V gegenüber Ferrocen scheint zu einem beträchtlichen Teil auf einem elektrostatischen Effekt des ersten Ferroceniumkerns zu beruhen [20]. Zur chemischen Oxidation s. die folgenden Salze sowie die Ketone $C_{22}H_{18}OFe_2$ und $C_{22}H_{16}O_2Fe_2$. Bei Versuchen zur Protonierung in $BF_3 \cdot H_2O$ beobachtet man eine augenblickliche Oxidation unter Entwicklung von 1 mol H_2 und Bildung von $[C_{22}H_{20}Fe_2]^{2+}$, das durch $SnCl_2$ ohne Zersetzung wieder zum [1.1]Ferrocenophan reduziert werden kann. Wahrscheinlich tritt primär ein an beiden Fe-Atomen protoniertes Produkt auf, dessen veränderte Konformation die Protonen auf Bindungsabstand bringt und eine leichte Eliminierung von H_2 unter Zurücklassen von zwei Fe^{III} erlaubt. Gleiches Verhalten zeigen die 1,12-Methyl-substituierten Derivate [27].

Literatur s. S. 155

$[C_{22}H_{20}Fe_2]^+J_4^-$ wird aus [1.1]Ferrocenophan durch Oxidation mit J_2 gebildet und durch C, H-Elementaranalyse charakterisiert; weitere Einzelheiten sind nicht mitgeteilt.

Das ^{57}Fe-Mössbauer-Spektrum scheint sich aus drei Dubletts zusammenzusetzen, deren Intensitäten temperaturabhängig sind (Isomerieverschiebung δ gegen Fe, Quadrupolaufspaltung Δ in $mm \cdot s^{-1}$):

4.2 K	δ	0.528	0.532	0.531
	Δ	2.362	1.839	0.201
300 K	δ	0.422	0.451	0.418
	Δ	2.204	1.763	0.182

Bei 300 K dominiert offenbar die Fe^{II}/Fe^{III}-Form, während beim Kühlen der Anteil einer Form mit Valenzaustausch zunimmt („average valence species"); dies hängt möglicherweise mit einem Phasenübergang zusammen, der durch einen veränderten Fe-Fe-Abstand eine größere Wechselwirkung zwischen Fe^{III} und Fe^{II} erlaubt [25]. Im UV-Spektrum (CH_3CN) findet man die für den Valenzaustausch typische Bande im nahen IR nicht: λ_{max} (ε) = 245 (15100) und 750 (13300) nm und weitere Absorptionen des J_4^--Ions bei 291 (50200) und 361 (27700) nm [25].

$[C_{22}H_{20}Fe_2]^+[C_6H_3O_7N_3]^-$ (Pikrat-Anion) kann durch Oxidation von [1.1]Ferrocenophan mit Benzochinon in Gegenwart von Pikrinsäure erhalten werden. Es hat eine starke Absorptionsbande bei 780 nm [22]; weitere Angaben liegen nicht vor.

$C_{24}H_{24}Fe_2$ (Formel VII, R = CH_3, R' = H; 1,12-Dimethyl[1.1]ferrocenophan). Die Synthese geht vom Bisfulvenylferrocen VIII (R = CH_3) aus, das mit $LiAlH_4$ (2:5 mol) in Tetrahydrofuran bei Zimmertemperatur/20 h in ein gelbes Bis-cyclopentadienidsalz IX umgewandelt und dann mit $FeCl_2$ (2 mol) weitere 16 h umgesetzt wird. Bei der Aufarbeitung des Produktgemisches durch Chromatographie an Al_2O_3 wird die Verbindung [9, 15] mit Ligroin eluiert, 14 bis 27% Ausbeute. Bei der Reduktion des Alkohols $C_{24}H_{24}O_2Fe_2$ (Formel VII, R = CH_3, R' = OH) mit $LiAlH_4/AlCl_3$ erhält man 90% Ausbeute [15].

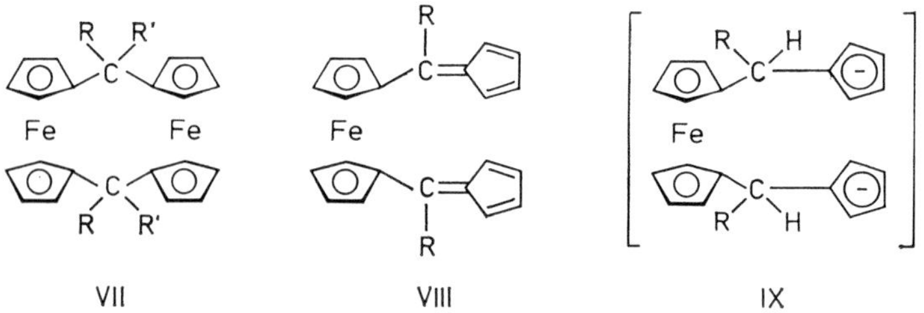

VII VIII IX

Die Verbindung kristallisiert aus Ligroin in orangefarbenen Blättchen [9] oder orangegelben Stäbchen [15], nach [10, 24] Prismen, verlängert in Richtung der b-Achse mit gut ausgebildeten Flächen (001) und (100). Schmelzpunkt: 185 bis 186°C [15]. Im ^{1}H-NMR-Spektrum deuten zwei Gruppen von Ringprotonen eine Verdrehung der Molekel an, derart, daß vier Ringprotonen weiter von den Fe-Atomen entfernt sind als die übrigen [9]; in $CDCl_3$ werden gemessen: τ = 5.3 bis 5.5 (m, 4H von C_5H_4), 5.6 bis 5.9 (m, 12H von C_5H_4), 6.22 (q, CH), 8.84 (d, CH_3) [15]; in CS_2-Lösung liegen die τ-Werte etwas höher [9]. Das IR-Spektrum ist dem von fc-CH(CH_3)-fc sehr ähnlich, abgesehen vom Fehlen der Banden um 1000 und 1100 cm^{-1} [9, 15]. UV-Spektrum (C_2H_5OH): λ_{max} (ε) = 320 (S, 210), 440 (205) nm [15].

Die Verbindung kristallisiert in der monoklinen Raumgruppe P2/c-C_{2h}^4 mit den Parametern a = 18.14(3), b = 6.10(2), c = 18.67(3) Å und β = 119°40'(10'), vier Molekeln in der Elementarzelle; die gemessenen und berechneten Dichten sind D = 1.51 bzw. 1.57 $g \cdot cm^{-3}$. Es liegen zwei kristallographisch unabhängige Molekeln mit C_2-Symmetrie und sehr ähnlicher geometrischer Anordnung vor; die in **Fig. 18** angegebenen Werte beziehen sich nur auf eine dieser Molekeln. Die Molekel besitzt die verdeckte Konfiguration (vgl. IV gegenüber VI) mit exo-Methyl-Gruppen. Innerhalb jeder

Ferroceneinheit sind die fast parallelen Ringe (Abweichung: 2° bis 3°) um 21.5° bzw. 23.9° gegeneinander verdreht, also etwa in der Mitte zwischen voll verdeckter und voll gestaffelter Anordnung. Die Ebenen der miteinander verbundenen Ringe bilden Diederwinkel von 30°10′ bzw. 31°28′. Bemerkenswert ist der Winkel C(1)/C(6)/C(1″), der die Größe eines Tetraederwinkels weit überschreitet. Offensichtlich wird die Konformation sowohl innerhalb eines Ferrocenkerns als auch zwischen den Ferrocenkernen durch die intramolekulare Wechselwirkung der in Fig. 18 eingezeichneten H-Atome bestimmt [10, 24]. Die Molekellagen in der Elementarzelle sind bei [24] als Figur angegeben.

Fig. 18

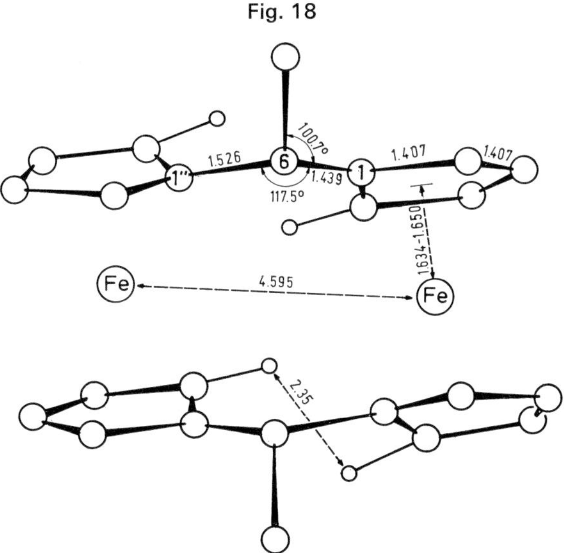

Molekelstruktur von 1,12-Dimethyl[1.1]ferrocenophan, gesehen in Richtung der b-Achse [10, 24].

Im Massenspektrum tritt das Molekelion $[M]^+$ mit der höchsten Intensität auf, ferner $[M]^{2+}$, $[M-15]^+$ und $[M-30]^+$ (Abspaltung von CH_3-Gruppen) und die entsprechenden doppelt geladenen Ionen [9]. Ein Fragmentierungsschema ist bei [14] nach Mitteilungen von E. W. Watts veröffentlicht. Die polarographischen Halbwellenpotentiale sind mit $E_{1/2}$ = +0.23 und +0.43 V (SCE) [20] praktisch die gleichen wie bei [1.1]Ferrocenophan, zur Diskussion vgl. dort. Zur Oxidation s. die folgende Verbindung.

$[C_{24}H_{24}Fe_2]^+J_3^-$ kann aus $C_{24}H_{24}Fe_2$ durch Oxidation mit J_2 als kristalline Substanz erhalten werden. — Nach dem ^{57}Fe-Mössbauer-Spektrum (Diskussion s. bei [1.1]Ferrocenophan) liegt bei 300 K nur die Fe^{II}/Fe^{III}-Form vor, der sich bei tiefer Temperatur eine Form mit Valenzaustausch überlagert (δ und Δ in $mm \cdot s^{-1}$):

4.2 K	δ	0.552	0.546	0.549
	Δ	2.427	1.944	0.250
300 K	δ	0.444		0.406
	Δ	2.376		0.187

[25], s. auch [29].

$C_{26}H_{28}Fe_2$ (Formel VII, R = R′ = CH_3). Zur Darstellung wird das Bis-fulvenyl-Derivat VIII (R = CH_3) in Äther mit $LiCH_3$ zum Bis-cyclopentadienid umgewandelt (18 h bei Zimmertemperatur und unter Rückfluß) und nach Verdünnen mit Tetrahydrofuran mit $FeCl_2$ bei 40°C/6 h zur Reaktion gebracht. Der Ätherextrakt von größeren Mengen an polymerem Material wird chromatographiert, 2.5% Ausbeute.

Literatur s. S. 155

Die Substanz kristallisiert aus Ligroin/Äther als roter Festkörper vom Schmelzpunkt 141 bis 142°C. ^{1}H-NMR-Spektrum ($CDCl_3$): $\tau = 5.66$ (t, 8H von C_5H_4), 5.80 (t, 8H von C_5H_4), 8.62 (s, CH_3). UV-Spektrum (C_2H_5OH): λ_{max} (ε) = 325 (S, 215), 464 (285) nm. Die magnetische Äquivalenz der CH_3-Gruppen legt schnelle konformationelle Änderungen in der Molekel nahe, deren Art nicht geklärt ist [15]. Eine Rotation, wie sie bei [1.1]Ferrocenophan selbst zur Deutung herangezogen wurde, ist wegen der starken sterischen Wechselwirkung von endo-CH_3-Gruppen sehr unwahrscheinlich [11].

Die Verbindung ist elektrochemisch im ersten Schritt deutlich leichter zu oxidieren als Ferrocen und die vorangegangenen [1.1]Ferrocenophane: $E_{1/2} = 0.16$ und 0.46 V (SCE) [20], zu den Bedingungen s. [1.1]Ferrocenophan.

$C_{34}H_{28}Fe_2$ (Formel VII, R = C_6H_5, R' = H) wird wie das Methyl-Derivat aus dem Ausgangsprodukt VIII (R = C_6H_5), $LiAlH_4$ und $FeCl_2$ dargestellt und aus den polymeren Produkten mit Äther ausgezogen, 9% Ausbeute.

Der gelbe Festkörper (aus Ligroin/Äther) schmilzt bei 279 bis 282°C. ^{1}H-NMR-Spektrum ($CDCl_3$): $\tau = 2.96$ (s, C_6H_5), 4.97 (s, CH), 5.05 bis 5.25 (m, 4H von C_5H_4), 5.7 bis 6.0 (m, 12H von C_5H_4) [15].

$C_{24}H_{24}O_2Fe_2$ (Formel VII, R = CH_3, R' = OH) wird aus dem Diketon (Formel XI) mit CH_3MgJ in Äther/Tetrahydrofuran unter Rückfluß/24 h erhalten und an Al_2O_3 gereinigt (mit Äther/Methanol, 99:1), 50% Ausbeute.

Die Substanz zersetzt sich scharf bei 189 bis 191°C. ^{1}H-NMR-Spektrum ($CDCl_3$): $\tau = 4.92$ (breites s, OH), 5.50 (t, 8H von C_5H_4), 5.75 (t, 8H von C_5H_4), 8.60 (s, CH_3). Die OH-Bande im IR-Spektrum (KBr) liegt bei 3450 cm^{-1}. — Die Verbindung ist in Lösung nicht stabil. Sie wird mit $LiAlH_4/AlCl_3$ zu 1,12-Dimethyl[1.1]ferrocenophan (90% Ausbeute) reduziert [15].

$C_{22}H_{18}OFe_2$ (Formel X) wird durch partielle Oxidation von [1.1]Ferrocenophan mit MnO_2 in $CHCl_3$ bei Zimmertemperatur/8 h gewonnen; 86% Ausbeute nach Chromatographie an Al_2O_3 mit Ligroin/$CHCl_3$ (1:2). Bildet aus diesen Lösungsmitteln rote Nadeln, Schmelzpunkt: 284 bis 286°C. ^{1}H-NMR-Spektrum ($CDCl_3$): $\tau = 4.97$, 5.43 (2t's), 5.5 bis 5.7 (m), 5.83 (t) der C_5H_4-Ringe (je 4 H), 6.96 (breites s, CH_2). Im IR-Spektrum liegt die ν(CO)-Bande bei 1626 cm^{-1} [15].

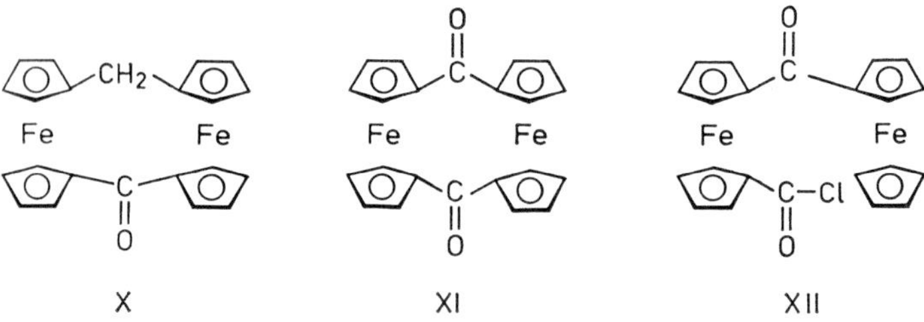

$C_{22}H_{16}O_2Fe_2$ (Formel XI) entsteht bei der Friedel-Crafts-Reaktion von Ferrocen mit $ClOCC_5H_4FeC_5H_4COCl$ (etwa 7:6 mol) in CH_2Cl_2 bei 0°C bis Zimmertemperatur während mehrerer Stunden und wird von Al_2O_3 nach Ferrocen und verschiedenen anderen, nicht untersuchten Produkten mit $CH_2Cl_2/CH_3COOC_2H_5$ (9:1) eluiert, 3.5% Ausbeute [15], s. auch [11]; in $CHCl_3$-Lösung ergibt die gleiche Reaktion 7% Ausbeute [15]. Bildet sich unter gleichen Bedingungen auch bei der Einwirkung von $AlCl_3$ auf fc-COCl (1.2% Ausbeute neben viel polymerem Material) oder auf Verbindung XII (3% Ausbeute) [11, 25]. Die Darstellung aus [1.1]Ferrocenophan mit MnO_2 in $CHCl_3$ [23] oder Benzol [15] unter Rückfluß gibt Ausbeuten von 55 bzw. 89%. Bildet sich auch bei der Carbonylierung von $ClHgC_5H_4FeC_5H_4HgCl$ mit $LiPdCl_4$ und CO (50 at) in CH_3OH bei 70°C, 29% Ausbeute neben $H_3COOCC_5H_4FeC_5H_4COOCH_3$ als Hauptprodukt [21].

[1.1]Ferrocenophan-1,12-dion kristallisiert aus heißem $CHCl_3$ in feinen dunkelroten Nadeln [11, 15, 23], die bis 350°C nicht schmelzen [11, 15]. Wegen der geringen Löslichkeit der Substanz wird das ^{1}H-NMR-Spektrum in $C_6D_5NO_2$ bei 130°C aufgenommen: $\tau = 4.58$ und 5.39 (2t's, J = 2 Hz) [23], s. auch [21]. Das IR-Spektrum (KBr) ist bei [23] vollständig angegeben, die ν(CO) liegt bei 1613 cm^{-1}. — Zur Reaktion mit CH_3MgJ s. $C_{24}H_{24}O_2Fe_2$.

$C_{24}H_{16}Fe_2$ (Formel XIII, [2.2]Ferrocenophan-1,13-diin). Zur Darstellung wird eine Suspension von $JC_5H_4FeC_5H_4C{\equiv}CCu$ in Benzol bei Rückflußtemperatur langsam mit Pyridin versetzt und 3 h unter Abdestillieren des Benzols erhitzt (bis 110°C). Nach Entfernen des Pyridins wird die Substanz aus Benzollösung beim Konzentrieren in mäßiger Ausbeute erhalten. Orangefarben, Schmelzpunkt: >380°C (Zersetzung).

Das ^{1}H-NMR-Spektrum wird wegen geringer Löslichkeit in Pyridin bei 100°C aufgenommen: $\tau = 4.91$ und 5.98 (2t's, 2,4- bzw. 3,4-Protonen). UV-Spektrum (Cyclohexan): λ_{max} (ε) = 274 (1100) nm. — Das Massenspektrum ist ungewöhnlich einfach: Vorherrschend sind das Molekelion $[M]^+$ (auch $[M]^{2+}$) und $[C_5H_4C_2C_5H_4]^+$ [18], s. auch [28].

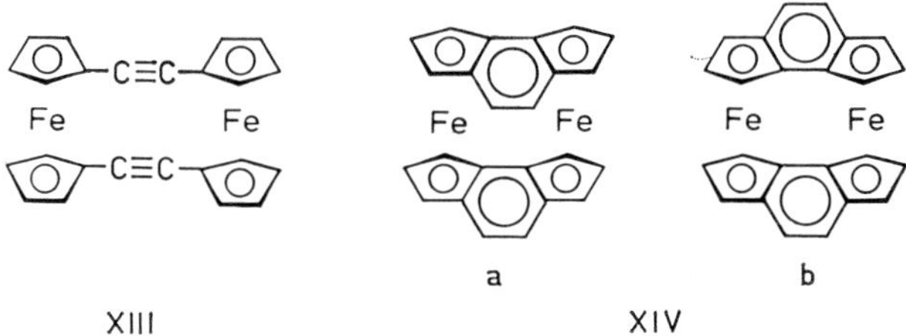

XIII XIV

Bei der elektrochemischen Oxidation an Pt in CH_2Cl_2 werden zwei reversible Einelektronenschritte bei $E_{1/2} = 0.620$ und 0.975 V (SCE) beobachtet; der Abstand der Potentiale ist der gleiche wie bei Biferrocen. Das Dikation löst sich wenig in CH_2Cl_2 und zersetzt sich bei Zusatz von CH_3CN zum Monokation, so daß keine spektralen Untersuchungen durchgeführt werden können. Das Elektronenspektrum des Monokations, λ_{max} (ε) = 670 (960), 840 (S), 1760 (3100) nm zeigt die für den intramolekularen Valenzaustausch typische Absorption im nahen IR mit hoher Intensität und ist dem des Monokations von Biferrocenylen ähnlich, vgl. 6.2.2. Die Ähnlichkeit kommt auch im ESR-Spektrum zum Ausdruck (eingefrorene CH_2Cl_2-Lösung bei 77 K mit BF_4^--Gegenion): rhombischer g-Tensor mit $g_1 = 1.88$, $g_2 = 1.98$ und $g_3 = 2.57$. Demnach ist das Monokation in Analogie zum Biferrocenylen-Kation als delokalisiertes System anzusehen, was gleichzeitig darauf hindeutet, daß das π-Elektronensystem der Liganden für den Valenzaustausch eine größere Rolle spielt als der Abstand der Fe-Atome [30].

$C_{24}H_{16}Fe_2$ (Formel XIV, Bis-indacenyleisen) entsteht bei der Reaktion von Dilithium-as-indacenid mit $FeCl_2$ [6, 8, 12]; die Dilithiumverbindung wird aus Dihydro-as-indacen und n-C_4H_9Li in Tetrahydrofuran erhalten und mit $FeCl_2$ umgesetzt, Ausbeuten bis zu 87% [12]. Das Produkt wird durch Chromatographie an SiO_2 und Kristallisation aus CH_2Cl_2/C_2H_5OH gereinigt [6], Kristallisation auch aus Benzol [12].

Die rostfarbenen Kristalle [6], aus Toluol dunkelrote Prismen [17], werden bei 250 bis 300°C dunkel [6] und schmelzen nicht bis 350°C; sie können bei 150°C/10^{-6} Torr langsam sublimiert werden [12]. Das ^{1}H-NMR-Spektrum (in $C_6D_5CD_3$ bei 100°C) zeigt, daß die beiden Formen XIVa und XIVb („cis“ und „trans“) in vergleichbaren Mengen vorliegen müssen (zur Bezifferung s. XV): $\tau = 2.37/2.43$ (s, H in 4 und 5), 3.92/4.67 (d, H in 3 und 6), 6.00 (überlagerte d's, H in 1 und 8), 6.84/6.35 (t, H in 2 und 7). Die Zuordnung läßt sich treffen, weil in manchen Proben ein Isomeres vorherrscht; die jeweils zweiten Signale gehören wahrscheinlich zum trans-Isomeren XIVb. Ein Spektrum der CS_2-Lösung, in der die beiden Singuletts zu einem Signal bei 2.39 zusammenfallen, ist als Figur gezeigt [17]. UV-Spektrum (CH_2Cl_2): λ_{max} (ε) = 393.5 (940), 504 (382) nm [6, 12]. Die Extinktionskoeffizienten hängen vom Lösungsmittel ab; so tritt in CS_2-Lösung die Absorption bei 500 nm als Schulter mit $\varepsilon = 690$ auf, s. Figuren bei [12]. Das IR-Spektrum ist von 500 bis 3500 cm^{-1} als Figur angegeben [12].

Literatur s. S. 155

XV XVI

Die Verbindung kristallisiert monoklin mit a = 7.568(7), b = 11.337(12), c = 9.923(8) Å und β = 106°35'(5'), Raumgruppe $P2_1/c$-C^5_{2h}, zwei Molekeln in der Elementarzelle; als Dichten werden gemessen und berechnet D = 1.71 bzw. 1.69 g · cm^{-3}. Zu den Bindungslängen im Liganden s. XVI. Der mittlere Fe-C-Abstand ist mit 2.045 Å ähnlich wie bei Ferrocen, jedoch sind die Fe-Atome deutlich gegen C(3) bzw. C(6) verschoben; der Fe-Fe-Abstand beträgt 3.887(1) Å. Die Raumgruppe erfordert C_i-Molekelsymmetrie (XIVb); die Differenzsynthese zeigt aber, daß auch die cis-Form XIVa anwesend ist, und zwar in den untersuchten Kristallen zu etwa 50% in zwei gleich besetzten Orientierungen [17].

Das Massenspektrum ist selbst bei 75 eV Anregungsenergie recht einfach und zeigt das Molekelion $[M]^+$ mit höchster Intensität (100), daneben $[C_{12}H_8]^+$ (49) und ein m/e = 208 (39), das $[M]^{2+}$ oder $[C_{12}H_8Fe]^+$ zuzuordnen ist; Massen bei m/e=300 (11) und 301 (9) entsprechen $[M-2\,Fe-n\,H]^+$ (n = 3 oder 4) und könnten Fragmente darstellen, die durch eine Bindung von zwei Liganden entstanden sind, vgl. $[C_5H_4C_5H_4]^+$ (Bisfulven) im Spektrum von Ferrocen.

Die Substanz ist nur in CS_2, CH_2Cl_2, C_6H_6, Toluol und Tetrahydrofuran etwas löslich: ca. 0.7 bis 2.0 mg/ml, in Dimethylsulfoxid und Dimethylformamid weniger als 0.1 mg/ml. Benzollösungen zersetzen sich langsam unter Abscheidung eines braunen Produktes, Tetrahydrofuranlösungen zersetzen sich schnell [12].

$C_{28}H_{28}Fe_2$ (Formel XVII, Struktur nicht gesichert) ist möglicherweise das Nebenprodukt, das bei der Dehydratisierung von $CH_3(HO)CHC_5H_4FeC_5H_4CH(OH)CH_3$ mit p-Toluolsulfonsäure in siedendem Benzol zu 1,1'-Divinylferrocen anfällt. — Rote Prismen (aus Benzol), Schmelzpunkt: 201 bis 203°C. UV-Spektrum (C_2H_5OH): λ_{max} (lg ε) = 213 (4.44), 273 (3.88) nm [7].

XVII XVIII

$C_{26}H_{20}O_2Fe_2$ (Formel XVIII) wird als Nebenprodukt bei der intramolekularen Cyclisierung von $CH_3COC_5H_4FeC_5H_4CH{=}CHCOC_6H_5$ mit KOH/C_2H_5OH unter Rückfluß isoliert und entsteht wahrscheinlich aus $CH_3COC_5H_4FeC_5H_4CHO$, das sich unter diesen Bedingungen bilden kann. — Violette Substanz (aus Dimethylformamid, Schmelzpunkt: >360°C). Ist für die Aufnahme eines ^1H-NMR-Spektrums zu wenig löslich. IR-Spektrum (Nujol): ν(C=C) bei 1590 und ν(CO) bei 1648 cm^{-1} [26].

$C_{38}H_{32}Fe_2$ (Formel XIX) wird neben kettenpolymeren Verbindungen bei der Reaktion von $NaC_5H_4(CH_2)_4C_5H_4Na$ mit $FeCl_2/FeCl_3$ in Tetrahydrofuran bei 0°C in Spuren gebildet und aus den Endlösungen der fraktionierten Fällung der Polymeren (Benzol/Methanol) isoliert (etwa 0.05% Ausbeute). — Die aus Benzol oder viel Äther erhaltenen feinen gelben Kristalle schmelzen bei 232 bis 234°C und sublimieren im Vakuum bei 200°C [1, 3].

Literatur s. S. 155

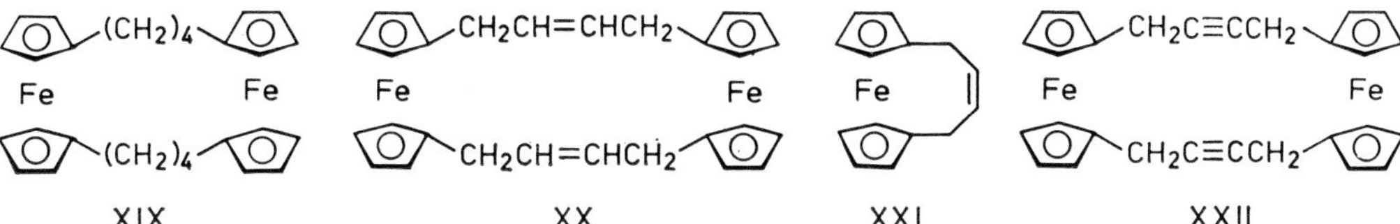

$C_{28}H_{28}Fe_2$ (Formel XX) entsteht zusammen mit XXI bei der Umsetzung von $LiC_5H_4CH_2CH$=$CHCH_2C_5H_4Li$ in Äther/Hexan mit $FeCl_2$ in Tetrahydrofuran bei Zimmertemperatur. Die beiden Verbindungen lassen sich durch Chromatographie an SiO_2 nur teilweise trennen, Reste von XXI können mit Pentan aus dem unlöslichen zweikernigen Produkt extrahiert werden, 6% Ausbeute.

Bildet aus Toluol orangefarbene Blättchen, Schmelzpunkt: 219 bis 223°C (im Vakuum). ^{1}H-NMR-Spektrum ($C_6D_5CD_3$ bei 80°C): τ = 4.22 (m, 4H), 6.00 (s, 16H), 6.91 (m, 8H). Das IR-Spektrum (KBr) und das 75-eV-Massenspektrum sind angegeben. — Die Substanz löst sich wenig in organischen Lösungsmitteln [23].

$C_{28}H_{24}Fe_2$ (Formel XXII) wird entsprechend der vorangegangenen Verbindung aus $LiC_5H_4CH_2C{\equiv}CCH_2C_5H_4Li$ und $FeCl_2$ mit 3.2% Ausbeute erhalten. — Große goldbraune Prismen aus Toluol, Schmelzpunkt: 246 bis 249°C. ^{1}H-NMR-Spektrum ($C_6D_5CD_3$ bei 100°C): τ = 5.78 (t, J = 1.6 Hz, 8H), 6.03 (t, J = 1.6 Hz, 8H), 6.65 (s, 8H). Das IR-Spektrum (KBr) und 75-eV-Massenspektrum sind angegeben. Umlagerungsversuche zum Butadien-Derivat mit t-C_4H_9OK gelingen unter verschiedenen Bedingungen nicht [23].

Literatur:

[1] A. Lüttringhaus, W. Kullick (Angew. Chem. **70** [1958] 438). — [2] A. N. Nesmeyanov, N. S. Kochetkova (Dokl. Akad. Nauk SSSR **126** [1959] 307/9; Proc. Acad. Sci. USSR Div. Chem. Sci. **124/129** [1959] 359/61). — [3] A. Lüttringhaus, W. Kullick (Makromol. Chem. **44/46** [1961] 669/81). — [4] A. N. Nesmeyanov, N. S. Kochetkova, R. B. Materikova (Dokl. Akad. Nauk SSSR **136** [1961] 1096/8; Proc. Acad. Sci. USSR Div. Chem. Sci. **136/141** [1961] 193/5). — [5] S. I. Goldberg (J. Am. Chem. Soc. **84** [1962] 3022).

[6] T. J. Katz, J. Schulman (J. Am. Chem. Soc. **86** [1964] 3169/70). — [7] P. L. Pauson, M. A. Sandhu, W. E. Watts (J. Chem. Soc. C **1966** 251/5). — [8] J. M. Schulman (Diss. Columbia Univ. 1964 nach Diss. Abstr. **26** [1966] 4248). — [9] W. E. Watts (J. Am. Chem. Soc. **88** [1966] 855/6). — [10] J. S. McKechnie, B. Bersted, I. C. Paul, W. E. Watts (J. Organometal. Chem. **8** [1967] P29/P31).

[11] W. E. Watts (J. Organometal. Chem. **10** [1967] 191/2). — [12] T. J. Katz, V. Balogh, J. Schulman (J. Am. Chem. Soc. **90** [1968] 734/9). — [13] E. W. Neuse (J. Org. Chem. **33** [1968] 3312/6). — [14] M. I. Bruce (Advan. Organometal. Chem. **6** [1968] 273/333, 305). — [15] T. H. Barr, H. L. Lentzner, W. E. Watts (Tetrahedron **25** [1969] 6001/13).

[16] T. J. Katz, N. Acton, G. Martin (J. Am. Chem. Soc. **91** [1969] 2804/5). — [17] R. Gitany, I. C. Paul, N. Acton, T. J. Katz (Tetrahedron Letters **1970** 2723/6). — [18] M. Rosenblum, N. M. Brawn, D. Ciappenelli, J. Tancrede (J. Organometal. Chem. **24** [1970] 469/77). — [19] R. S. Schneider (J. Polymer Sci. Polymer Symp. Nr. 29 [1970] 27/36). — [20] J. E. Gorton, H. L. Lentzner, W. E. Watts (Tetrahedron **27** [1971] 4353/60).

[21] A. Kasahara, T. Izumi, S. Ohnishi (Bull. Chem. Soc. Japan **45** [1972] 951/2). — [22] U. T. Müller-Westerhoff, P. Eilbracht (J. Am. Chem. Soc. **94** [1972] 9272/4). — [23] T. J. Katz, N. Acton, G. Martin (J. Am. Chem. Soc. **95** [1973] 2934/9). — [24] J. S. McKechnie, C. A. Maier, B. Bersted, I. C. Paul (J. Chem. Soc. Perkin Trans. II **1973** 138/43). — [25] W. H. Morrison, D. N. Hendrickson (Chem. Phys. Letters **22** [1973] 119/23).

[26] S. Toma, M. Salisova (J. Organometal. Chem. **57** [1973] 191/8). — [27] T. E. Bitterwolf, A. C. Ling (J. Organometal. Chem. **57** [1973] C15/C18). — [28] M. Rosenblum (AD-774324 [1974] 14S.). — [29] R. Greatrex (Spectrosc. Prop. Inorg. Organometal. Compounds **7** [1974] 522/656, 584/6). — [30] C. Levanda, K. Beechgard, D. O. Cowan (J. Org. Chem. **41** [1976] 2700/4).

Compounds with Bridges Comprising Carbon and Hetero-atoms

6.3.2 Verbindungen mit Brücken aus Kohlenstoff- und Heteroatomen

Die in den Brückengruppen auftretenden Heteroatome bestehen überwiegend aus Sauerstoff und Stickstoff, seltener aus Schwefel und Phosphor. In den Abschnitten über Verbindungen mit Brücken aus fünf und mehr Atomen (6.3.2.4 und 6.3.2.5) treten auch Elemente der vierten Hauptgruppen des Periodensystems sowie Arsen und Quecksilber als Brückenglieder auf. Am Ende des Abschnittes 6.3.2.5 sind einige π-Komplexe des Pd mit fc-haltigen Olefin- und π-Allyl-Liganden eingeordnet (s. Tabelle 26). Weitere Übergangsmetall-Komplexe mit zwei fc-haltigen Liganden vom Typ ^{2}D oder ^{2}D-X (chelatisierend), die man als zweikernig auffassen kann, werden nicht in diesem Kapitel, sondern bei den betreffenden Liganden-Molekeln behandelt, beispielsweise bei fc-CH_2NR_2, fc-$COCH_2COR$ und fc-CONHOH. Ein Komplex des Titans der Formel (fc-$COCH_2COCF_3)_2Ti(C_5H_5)Cl$ ist bei Titan-organischen Verbindungen (in Vorbereitung) zu finden.

Für Verbindungen mit doppelten Brückengruppen zwischen zwei Ferrocenkernen gibt es nur wenige Beispiele, s. 6.3.2.6.

Compounds Comprising Two Bridging Atoms

6.3.2.1 Verbindungen mit zwei Brückenatomen

fc-CH_2-SO_2-fc entsteht aus fc-SO_2Na und [fc-$CH_2N(CH_3)_3$]J in H_2O bei 80 bis 100°C/5 h mit 92% Ausbeute; der gelbe Niederschlag wird aus Benzol mit n-Heptan umgefällt. Das Produkt zersetzt sich bei 175 bis 180°C [2].

fc-CH=N-fc bildet sich mit 90% Ausbeute aus fc-NH_2 und fc-CHO in Methanol bei Zimmertemperatur/12 h; der Niederschlag ergibt beim Umkristallisieren aus Benzol/Cyclohexan violettrote, glänzende Kristalle, Schmelzpunkt: 238°C. IR-Spektrum (KBr): 819, 928, 960, 1004, 1024, 1040, 1108, 1210, 1236, 1254, 1417, 1445, 1486, 1616, 3110 cm^{-1} [1].

fc-CO-NH-fc wird durch Umsetzung von fc-NH_2 in Pyridin mit fc-COCl in Benzol unter langsamer Zugabe bei Zimmertemperatur und kurzem Erhitzen dargestellt, 22% Ausbeute. Kristallisation aus Benzol und Methanol. Die Verbindung schmilzt nicht bis 300°C. IR-Banden liegen bei 1563, 1639 (Amid) und 3300 (NH) [1].

fc-(C_3H_3ON)-fc (Formel I) entsteht unter den Bedingungen der Reformatsky-Reaktion aus fc-CH=N-fc und $BrCH_2COOC_2H_5$/Zn in Tetrahydrofuran unter Rückfluß/30 min; es wird in $CH_3COOC_2H_5$-Lösung an Al_2O_3 gereinigt und aus Essigester/Cyclohexan umkristallisiert, 62% Ausbeute. Feine orangegelbe Nadeln vom Schmelzpunkt 208°C. IR-Spektrum (KBr): 712, 813, 829, 878, 1003, 1038, 1074, 1108, 1168, 1190, 1272, 1340, 1388, 1415, 1518, 1745, 3100 cm^{-1} [3].

I

Literatur:

[1] E. M. Acton, R. M. Silverstein (J. Org. Chem. **24** [1959] 1487/90). — [2] E. G. Perevalova, O. A. Nesmeyanova, I. G. Luk'yanova (Dokl. Akad. Nauk SSSR **132** [1960] 853/6; Proc. Acad. Sci. USSR Chem. Sect. **130/135** [1960] 633/5). — [3] E. Cuingnet, D. Poulain, M. Tarterat-Adalberon (Bull. Soc. Chim. France **1969** 514/20).

Compounds Comprising Three Bridging Atoms

6.3.2.2 Verbindungen mit drei Brückenatomen

Oxygen and Sulfur as Hetero-atoms

6.3.2.2.1 Sauerstoff und Schwefel als Heteroatome

Die Verbindungen sind in Tabelle 22 zusammengestellt. Einige Kern-substituierte Derivate von Nr. 1, 19 und 22 sind hinter den Stammsubstanzen eingeordnet.

Tabelle 22. Verbindungen mit Sauerstoff und Schwefel als Heteroatome.
Für laufende Nummern mit Sternchen folgen am Ende der Tabelle weitere Angaben.
Zu Abkürzungen und Dimensionen s. S. 1.

Nr.	Verbindung	Schmelzpunkt und Erscheinungsform, Spektren; weitere Bemerkungen	Lit.
*1	fc-CH_2OCH_2-fc	134 bis 136; gelbe bis orangefarbene Kristalle, orangefarbene Prismen, IR: 995, 1106 (fc), 1081 (COC), 2833, 2924 (CH_2), 3086 (fc) UV (Hexan, ε): 325 (149), 440 (227)	[1, 2, 4, 19]
2	C–OH (=O) HO–C (=O) CH_2–O–CH_2 Fe Fe	die Säure wird als Nebenprodukt der Darstellung von $C_5H_5FeC_5H_3(CH_3\text{-}2)COOH$ aus $C_5H_5FeC_5H_3(Li\text{-}2)CH_2N(CH_3)_2$ erwähnt und nach Veresterung mit CH_2N_2 durch das IR des Dimethylesters charakterisiert	[29]
3	$(C_6H_5)_2COH$ $HOC(C_6H_5)_2$ CH_2–O–CH_2 Fe Fe	192 bis 193; feine gelbe Nadeln (aus Benzol/Petroläther), erweichen ab 155, IR (KBr): 874, 904, 938, 1003, 1103, 3400; Bildung aus $C_5H_5FeC_5H_3(C(C_6H_5)_2OH\text{-}2)CH_2N(CH_3)_3J$ und KSCN in H_2O unter Rückfluß/100 h (8%). Wird von Al_2O_3 mit Benzol eluiert	[31]
4	CH_2–O–CH_2 Fe Fe	115 bis 127; Bildung aus dem entsprechenden (+)-Alkohol mit MnO_2 in Äthylenchlorid, 45% Ausbeute neben dem Aldehyd, IR (CCl_4): ν(COC) bei 1060 $[\alpha]_D = +204°$ bei 20°C	[35]
*5	O Fe Fe	229 bis 230 (aus CH_2Cl_2/Petroläther)	[24]

Literatur s. S. 162

Tabelle 22 [Fortsetzung].

Nr.	Verbindung	Schmelzpunkt und Erscheinungsform, Spektren; weitere Bemerkungen	Lit.
*6	fc-CH(CH_3)OCH(CH_3)-fc	157; orangefarbene Nadeln (aus Hexan), ^{1}H-NMR (CCl_4): 5.68 (m, CH), 5.93, 6.01 (2s's, fc), 8.56, 8.62 (2d's, überlappend, CH_3)	[13, 14, 19, 37, 38]
7	fc-CH(C_2H_5)OCH(C_2H_5)-fc	171 bis 171.5; bildet sich bei dem Versuch der Darst. eines sekundären Alkohols aus fc-CHO und C_2H_5MgX (X = Br, J), 48% Ausbeute, IR (als Figur): ν(COC) bei 1054	[13]
8	fc-CH(C_4H_9-n)OCH(C_4H_9-n)-fc	170 bis 171; Bildung wie bei Nr. 7 mit n-C_4H_9MgBr (42%), das IR-Spektrum ist als Figur angegeben	[13]
*9	fc-CH(C_6H_5)OCH(C_6H_5)-fc	52 bis 56; IR: 1097 (COC), 1104 (fc), 1492, 1588, 1610 (C_6H_5)	[3]
10	fc-CH(CH_2Cl)OCH(CH_2Cl)-fc	45 bis 47; orangegelb (aus CH_3OH/H_2O); Nebenprodukt der Reduktion von fc-$COCH_2Cl$ mit $LiAlH_4/AlCl_3$ in Äther (10%). — Bildet mit $NaNH_2$ das fc-C≡CH und mit H_2/Pd in Äthanol fc-C_2H_5	[25]
*11	fc–(Tetrahydrofuran-2,5-diyl)–fc (fc, O, fc) cis	126 bis 127; orangerote Prismen (aus Benzol), ^{1}H-NMR ($CDCl_3$): 5.10 (t, J = 5, CH), 5.81 (s, fc), 7.85 (m, CH_2), IR (KBr): ν(COC) bei 1076	[18, 34]
*12	trans	146 bis 147; gelbe Blättchen (aus Äthanol), ^{1}H-NMR ($CDCl_3$): 5.20 (t, J = 5, CH), 5.81 (s, fc), etwa 7.80 (m, CH_2), IR (KBr): ν(COC) bei 1023	[18, 34]
*13	C_6H_5, fc / O / C_6H_5, fc (2,5-Diphenyl-2,5-di-fc-tetrahydrofuran) A	224 bis 226, ^{1}H-NMR: die CH_2-Gruppen bilden ein AA'XX'-System bei τ = 7.1 bis 7.8	[45]
*14	B	168 bis 168.5, ^{1}H-NMR: die CH_2-Gruppen bilden ein AA'BB'-System bei τ = 7.35 bis 7.5	[45]

Tabelle 22 [Fortsetzung].

Nr.	Verbindung	Schmelzpunkt und Erscheinungsform, Spektren; weitere Bemerkungen	Lit.
*15		188 bis 189; rote Blättchen (aus Benzol), ^{1}H-NMR ($CDCl_3$): 3.81 (s, Furan), 5.35, 5.72 (2t's, J = 2, H-2 bzw. H-3 von C_5H_4), 5.87 (s, C_5H_5), IR (KBr): Banden des Furan-Systems bei 776, 1013, 1584 UV (C_2H_5OH, lg ε): 226 (2.34), 281 (3.98), 323 (4.81), 449 (4.59)	[34]
16		>150 Zers.; dunkelgrüne Kristalle (aus CH_3COOH und Aceton mit Äther ausgefällt), IR: 833, 1108, 1490, 1625; Darst. aus fc-$COCH_3$ und Orthoameisensäureester/$HClO_4$ (82%); zum Verhalten s. Nr. 8 in Tabelle 23	[40]
17		222 bis 224; braunrote Kristalle (aus C_2H_5OH); Bildung aus fc-CONHNHCO-fc beim Erhitzen in $POCl_3$ auf 130°C/10 min bei Versuchen zur Herstellung von Polymeren mit fc- und Oxadiazol-Einheiten	[32]
18	fc-CH_2OOC-fc	176 bis 178 (aus $CH_3COOC_2H_5$/Petroläther), IR (KBr): COO-Bande bei 1704; Darst. aus fc-COCl und fc-CH_2OH/Pyridin bei 0°C bis Zimmertemperatur (74.8%)	[30]
*19	fc-CO-O-CO-fc	141 bis 142; gelber Festkörper, IR: 907, 1001, 1044, 1064, 1109, 1242, 1451, CO-Banden bei 1724 und 1779	[7, 30, 33]
*20		142 bis 145; kristallin (aus Petroläther), IR: 1045, CO-Banden bei 1717 und 1765	[29]

Tabelle 22 [Fortsetzung].

Nr.	Verbindung	Schmelzpunkt und Erscheinungsform, Spektren; weitere Bemerkungen	Lit.
*21	H_3C-fc-C(=O)-O-C(=O)-fc-CH_3 (both Cp rings Fe-bound to second Cp)	ölige Substanz, IR: CO-Doppelbande im Abstand von 50 cm^{-1}	[33]
22	fc-CH_2SCH_2-fc	107 bis 108 (aus Petroläther), IR: fc-Banden bei 1000 und 1104; Darst. aus fc-$CH_2N(CH_3)_3J$ und Na_2S in H_2O unter Rückfluß/1 h (54%); wird von Al_2O_3 mit Petroläther eluiert	[15]
23	$(C_6H_5)_2COH$-fc-CH_2-S-CH_2-fc-$HOC(C_6H_5)_2$	163.5 bis 165; hellgelbe Körnchen (aus Cyclohexan), IR (KBr): 884, 904, 932, 1000, 1109, 3370, 3520; Darst. entsprechend Nr. 3 mit Na_2S in H_2O (58%)	[31]
24	2,5-fc₂-Thiophen (fc–C_4H_2S–fc)	208 bis 210 (Zers., aus Cyclohexan), IR (KBr): Thiophen-Bande bei 810 UV ($CHCl_3$, ε): 329 (15900), etwa 455 (1700); Darst. aus fc-C≡CC≡C-fc und H_2S-gesättigtem C_4H_9OH/C_4H_9OK unter Erhitzen/2 h (80%)	[26]

* Weitere Angaben:

fc-CH_2OCH_2-fc (Tabelle **22**, Nr. **1**). Die Verbindung bildet sich aus dem Alkohol fc-CH_2OH unter verschiedenen Bedingungen: beim Erhitzen in H_2O/C_2H_5OH in Gegenwart von CH_3COOH (88% Rohausbeute) [4], beim Schütteln einer Ätherlösung mit 10%iger Salzsäure und nach Neutralisation Chromatographie der organischen Phase an Al_2O_3 (75% Ausbeute) [22], bei der Einwirkung von saurem Al_2O_3 auf den Alkohol bei Zimmertemperatur (gute Ausbeuten) [12], beim Erhitzen mit $ZnCl_2$ als kristalline Masse (um 90% Ausbeute), die bei weiterem Erhitzen in ein Polykondensationsprodukt übergeht [14, 19], bei Versuchen zur Halogenierung von fc-CH_2OH mit PX_3 (X = Cl, Br), beispielsweise in Benzollösung beim Zutropfen von PBr_3/Benzol in Gegenwart von etwas Pyridin bei Zimmertemperatur (67% Rohausbeute) [2] oder bei Versuchen der Aminierung von fc-CH_2OH mit Piperidin in H_2O/CH_3OH bei Zimmertemperatur, wenn bei pH = 0.6 gearbeitet wird (67% Ausbeute) [44], beim Versuch der Oxidation des Alkohols mit 5%igem $KMnO_4$ in H_2O/C_2H_5OH bei Zimmertemperatur (87% Ausbeute) [4].

Die Bildung des Äthers in wechselnden Mengen ist bei folgenden Reaktionen beobachtet worden: katalytische Hydrierung von fc-CHO an Raney-Nickel bei 50°C/135 at [1], reduktive Spaltung von [fc-$CH_2N(CH_3)_2R$]X mit Na/Hg in H_2O unter Erhitzen [5, 21], alkalische Hydrolyse von [fc-$CH_2N(CH_3)_2CH_2$-fc]Br [20], bei Umsetzungen von [fc-$CH_2N(CH_3)_3$]J mit t-C_4H_9OH im alkalischen Medium unter Erwärmen (neben fc-$CH_2OC_4H_9$-t) [8] und bei Umsetzungen der gleichen Verbindung mit Phosphinen [41], bei der Verätherung eines Glucopyranosylbromids mit fc-CH_2OH [9].

fc-CH_2OCH_2-fc kann aus Kohlenwasserstoffen, z. B. n-Hexan oder Benzol/Petroläther kristallisiert werden [2, 4, 12]. Weitere Schmelzpunktsangaben liegen zwischen 129 und 134°C. — Durch potentiometrische Titration mit $K_2Cr_2O_7$ in $CH_3COOH/HClO_4$ werden als Redoxpotentiale E = −0.226 und −0.325 V (gegen Normal-Kalomelelektrode) ermittelt; die Oxidation des ersten fc-Kernes hat einen schwachen, aber noch merkbaren Einfluß auf den zweiten Oxidationsschritt [16], s. auch [28]. Die eindeutig stöchiometrisch verlaufende Oxidation mit $K_2Cr_2O_7$ kann zur Molekulargewichtsbestimmung herangezogen werden [23]. Zum Verhalten bei der Dünnschichtchromatographie s. [11].

Die Wittig-Umlagerung mit C_4H_9Li in Tetrahydrofuran zu fc-$CH_2CH(OH)$-fc verläuft weniger leicht als bei fc-$CH_2OCH_2C_6H_5$, da der fc-Kern das intermediäre Carbanionzentrum weniger stabilisiert als die Phenyl-Gruppe [27].

$C_{26}H_{26}OFe_2$ (Tabelle **22**, Nr. **5**). Der zugrunde liegende Alkohol III ist schwer zu dehydratisieren, so daß man bei seiner Behandlung mit saurem Al_2O_3 in trocknem Benzol nur 7 bis 10% Ausbeute des Äthers erhält [17]. Der Äther wird auch nach der katalytischen Reduktion des Ketons I an Pt-Oxid neben dem Alkohol III isoliert, und er bildet sich bei der Pyrolyse von II (R = CH_3, C_2H_5) [24]. — Die Verbindung schmilzt nach [17] bei 220 bis 223°C unter Zersetzung.

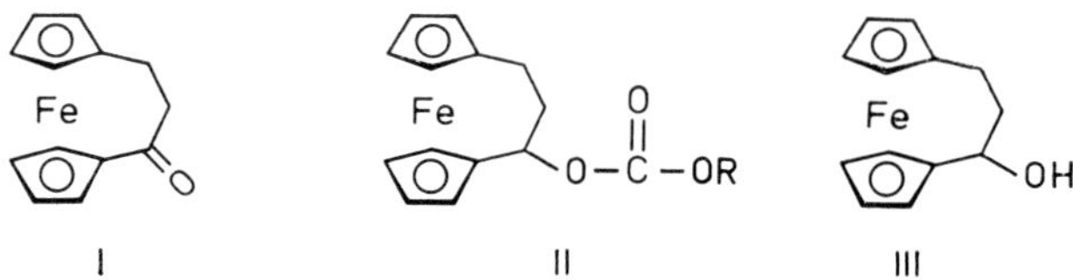

fc-$CH(CH_3)OCH(CH_3)$-fc (Tabelle **22**, Nr. **6**) wird durch Dehydratisierung von fc-$CH(CH_3)OH$ an Al_2O_3 bei 200°C/36 Torr oder mit $KHSO_4$ bei 150°C mit 11% Ausbeute erhalten [13] und bildet sich bei der Reduktion von fc-$COCH_3$ mit $(C_6H_5)_3SnH$ bei 85°C/5 d mit 14% Ausbeute neben fc-$CH(CH_3)OH$ als Hauptprodukt [36, 42]. Der Äther ist Zwischenprodukt bei der Polykondensation von fc-$CH(CH_3)OH$ unter der Einwirkung von HCl, $ZnCl_2$ oder $AlCl_3$ bei 100 bis 140°C und wird aus einem Experiment in offenbar unreiner Form (Schmelzpunkt: 82 bis 83°C) isoliert [14, 19]. Ein bei der thermischen Zersetzung von fc-$C(CH_3)=NNH_2$ in Gegenwart von HgO in Cyclohexan bei 80°C anfallendes Nebenprodukt (braunes Öl) [37] besteht nach [38] aus dem Äther; die ^1H-NMR-Angaben in der Tabelle beziehen sich auf dieses unreine Produkt.

 Literatur s. S. 162

fc-CH(C_6H_5)OCH(C_6H_5)-fc (Tabelle **22**, Nr. **9**) kann aus fc-CH(C_6H_5)OH unter der Einwirkung von $CH_3C_6H_4SO_3H$-p erhalten werden [3] und entsteht mit 45% Ausbeute bei der Reduktion von fc-COC_6H_5 mit $(C_6H_5)_3SnH$ (1:3 mol) bei 95°C/4 d neben dem Alkohol und Benzylferrocen [36, 42]. Wird in geringer Menge bei dem Versuch isoliert, fc-CH(C_6H_5)OH mit PBr_3 in Pyridin zu halogenieren [3, 10], und wird als Nebenprodukt bei der Reaktion des Alkohols mit $CH_2(N(CH_3)_2)_2$ in CH_3COOH nachgewiesen [39].

$C_{24}H_{24}OFe_2$ (Tabelle **22**, Nr. **11** und **12**) entsteht quantitativ beim Schütteln von fc-CH(OH)CH_2CH_2CH(OH)-fc in Tetrahydrofuran mit 10%igem H_2SO_4 [18]; bei der gleichen Cyclisierung in Benzollösung bei Zimmertemperatur/2 h erhält man nach [34] ein Gemisch der cis-, trans-Isomeren (Schmelzpunkt: 110 bis 120°C). Nach Chromatographie an Al_2O_3 mit Benzol kristallisiert aus C_2H_5OH zuerst das trans-Isomere und nach einigen Tagen die cis-Form (im Verhältnis 1:8) [34]. Wird auch erhalten durch Cyclisierung des Diols in Acetanhydrid unter Rückfluß [18] oder bei der Reduktion von fc-$COCH_2CH_2CO$-fc mit $LiAlH_4$ in Gegenwart einer geringen Menge Salzsäure [34].

Das bei [18] dargestellte Produkt (Isomerengemisch?) wird als gelbe Nadeln vom Schmelzpunkt 124.5 bis 125°C (aus Äthanol) beschrieben. Es zeigt die fc-Bande bei λ_{max} (ε) = 443 (192) nm (in Äthanol) [18]. Die IR-Spektren beider Isomeren sind als Figur angegeben. Die Konformationen sowie die Stereochemie der Bildung durch intramolekulare Cyclisierung werden diskutiert [34].

$C_{36}H_{32}OFe_2$ (Tabelle **22**, Nr. **13** und **14**). Die Isomeren A und B werden bei der oxidativen Dimerisierung von fc-C(C_6H_5)(CH_3)OH mit O_2 an SiO_2 in Hexan gebildet, 5.5 bzw. 6.8% Ausbeute neben fc-COC_6H_5 und fc-C(C_6H_5)=CH_2 als Hauptprodukt [45].

$C_{24}H_{20}OFe_2$ (Tabelle **22**, Nr. **15**) entsteht bei der Einwirkung von Polyphosphorsäure auf fc-$COCH_2CH_2CO$-fc bei etwa 45°C/7 h; nach Verdünnen mit H_2O, Reduktion mit Ascorbinsäure und Chromatographie an Al_2O_3 (mit Benzol) 24% Ausbeute. Mit konzentriertem H_2SO_4 werden bei Zimmertemperatur nur 15% Ausbeute erhalten.

Die Verbindung geht bei der Hydrierung an Rh/C in C_2H_5OH bei Zimmertemperatur in Nr. 11 über. Unter höherem H_2-Druck wird an Raney-Nickel oder PtO_2 in C_2H_5OH bei 110 bis 120°C fc-$(CH_2)_4$-fc gebildet [34]. Bildet bei der Photooxidation trans-fc-COCH=CHCO-fc [43].

fc-CO-O-CO-fc (Tabelle **22**, Nr. **19**) wird zuerst aus fc-COCl und einem Überschuß an Natriumperoxid in Äther mit wenig H_2O dargestellt [7]. Die Darstellung aus fc-COCl und fc-COONa in $CHCl_3$ unter Rückfluß/24 h gibt 60% Ausbeute [30, 33]. Bildet sich auch bei der Reaktion von fc-COCl mit $(C_6H_5)_3SnH$ in warmem C_2H_5OH mit Ausbeuten bis zu 70% neben $(C_6H_5)_3SnCl$ [30], bei der langsamen Hydrolyse von fc-COCl in Benzol in Gegenwart von Pyridin bei anfangs 5 bis 10°C und bei der Einwirkung von $C_6H_{11}N$=C=NC_6H_{11} auf fc-COOH [6]. Wird aus Pentan, Ligroin [6, 7] oder $CH_3COOC_2H_5$ [30] umkristallisiert. Ein Schmelzpunkt von 143 bis 145°C ist bei [6] angegeben.

$C_5H_5FeC_5H_3(CH_3)$-CO-O-CO-$(CH_3)C_5H_3FeC_5H_5$ (Tabelle **22**, Nr. **20** und **21**) werden durch Umsetzungen der entsprechenden Säurechloride mit den K-Salzen der gleichen Säuren in Benzol unter Rückfluß dargestellt, 86% [29], 40 bis 60% [33] Ausbeute. — Die Anhydride werden eingesetzt, um durch kinetische Racematspaltung mit (−)α-Phenyläthylamin oder (−)Menthol in Pyridin optisch aktive Proben der Säuren (+)$C_5H_5FeC_5H_3(CH_3)$COOH herzustellen [29, 33].

Literatur:

[1] P. J. Graham, R. V. Lindsey, G. W. Parshall, M. L. Peterson, G. M. Whitman (J. Am. Chem. Soc. **79** [1957] 3416/20). — [2] K. Schlögl (Monatsh. Chem. **88** [1957] 601/21). — [3] N. Weliky, E. S. Gould (J. Am. Chem. Soc. **79** [1957] 2742/6). — [4] C. R. Hauser, C. E. Cain (J. Org. Chem. **23** [1958] 2007/8). — [5] A. N. Nesmeyanov, E. G. Perevalova, L. S. Shilovtseva, Z. A. Beinoravichute (Dokl. Akad. Nauk SSSR **121** [1958] 117/8; Proc. Acad. Sci. USSR Chem. Sect. **118/123** [1958] 521/2).

[6] E. M. Acton, R. M. Silverstein (J. Org. Chem. **24** [1959] 1487/90). — [7] H. H. Lau, H. Hart (J. Org. Chem. **24** [1959] 280/1). — [8] A. N. Nesmeyanov, E. G. Perevalova, Yu. A. Ustynyuk, L. S. Shilovtseva (Izv. Akad. Nauk SSSR Otd. Khim. Nauk **1960** 554/5; Bull. Acad. Sci. USSR Div. Chem. Sci. **1960** 523/5). — [9] A. N. de Belder, E. J. Bourne, J. P. Pridham (J. Chem. Soc. **1961** 4464/7). — [10] D. E. Bublitz (Diss. Univ. of Kansas 1961 nach Diss. Abstr. **22** [1961/62] 2189/90).

[11] K. Schlögl, H. Pelousek, A. Mohar (Monatsh. Chem. **92** [1961] 533/41). — [12] K. Schlögl, A. Mohar (Naturwissenschaften **48** [1961] 376/7). — [13] W. Kuan-li, E. B. Sokolova, L. A. Leites, A. D. Petrov (Izv. Akad. Nauk SSSR Otd. Khim. Nauk **1962** 887/92; Bull. Acad. Sci. USSR Div. Chem. Sci. **1962** 826/30). — [14] Douglas Aircraft Co., E. W. Neuse (U.S.P. 3238185 [1962/66]). — [15] A. N. Nesmeyanov, E. G. Perevalova, L. S. Shilovtseva, V. D. Tyurin (Izv. Akad. Nauk SSSR Otd. Khim. Nauk **1962** 1997/2001; Bull. Acad. Sci. USSR Div. Chem. Sci. **1962** 1908/12).

[16] E. G. Perevalova, S. P. Gubin, S. A. Smirnova, A. N. Nesmeyanov (Dokl. Akad. Nauk SSSR **147** [1962] 384/7; Proc. Acad. Sci. USSR Chem. Sect. **142/147** [1962] 994/7). — [17] K. L. Rinehart, R. J. Curby, D. H. Gustafson, K. G. Harrison, R. E. Bozak, D. E. Bublitz (J. Am. Chem. Soc. **84** [1962] 3263/9). — [18] N. Sugiyama, H. Suzuki, Y. Shioura, T. Teitei (Bull. Chem. Soc. Japan **35** [1962] 767/9). — [19] E. W. Neuse, D. S. Trifan (J. Am. Chem. Soc. **85** [1963] 1952/8). — [20] E. G. Perevalova, Yu. A. Ustynyuk, A. N. Nesmeyanov (Izv. Akad. Nauk SSSR Otd. Khim. Nauk **1963** 1036/45; Bull. Acad. Sci. USSR Div. Chem. Sci. **1963** 942/9).

[21] E. G. Perevalova, Yu. A. Ustynyuk, A. N. Nesmeyanov (Izv. Akad. Nauk SSSR Otd. Khim. Nauk **1963** 1045/9; Bull. Acad. Sci. USSR Div. Chem. Sci. **1963** 950/3). — [22] E. G. Perevalova, Yu. A. Ustynyuk, A. N. Nesmeyanov (Izv. Akad. Nauk SSSR Otd. Khim. Nauk **1963** 1972/7; Bull. Acad. Sci. USSR Div. Chem. Sci. **1963** 1818/21). — [23] M. Peterlik, K. Schlögl (Z. Anal. Chem. **195** [1963] 113/7). — [24] M. Rosenblum, A. K. Banerjee, N. Danieli, R. W. Fish, V. Schlatter (J. Am. Chem. Soc. **85** [1963] 316/24). — [25] K. Schlögl, H. Egger (Monatsh. Chem. **94** [1963] 376/92).

[26] H. Egger, K. Schlögl (Monatsh. Chem. **95** [1964] 1750/8). — [27] Yu. A. Ustynyuk, E. G. Perevalova, A. N. Nesmeyanov (Izv. Akad. Nauk SSSR Ser. Khim. **1964** 70/3; Bull. Acad. Sci. USSR Div. Chem. Sci. **1964** 59/61). — [28] S. P. Gubin, K. I. Grandberg nach A. N. Nesmeyanov, E. G. Perevalova (Ann. N.Y. Acad. Sci. **125** [1965] 67/88). — [29] H. Falk, K. Schlögl, W. Steyrer (Monatsh. Chem. **97** [1966] 1029/44). — [30] E. J. Kupchik, R. J. Kiesel (J. Org. Chem. **31** [1966] 456/61).

[31] M. Hadlington, B. W. Rockett, A. Nelhaus (J. Chem. Soc. C **1967** 1436/40). — [32] H.-J. Lorkowski, R. Pannier, A. Wende (J. Prakt. Chem. [4] **35** [1967] 149/58). — [33] H. Falk, K. Schlögl (Monatsh. Chem. **99** [1968] 578/87). — [34] K. Yamakawa, M. Moroe (Tetrahedron **24** [1968] 3615/23). — [35] H. Falk, O. Hofer, K. Schlögl (Monatsh. Chem. **100** [1969] 624/48).

[36] H. Patin, L. Roullier, R. Dabard (Compt. Rend. C **271** [1970] 1103/6). — [37] A. Sonoda, I. Moritani, S. Yasuda, T. Wada (Tetrahedron **26** [1970] 3075/81). — [38] C. Baker, W. M. Horspool (Chem. Commun. **1971** 615/6). — [39] P. Dixneuf, R. Dabard (Bull. Soc. Chim. France **1972** 2838/47). — [40] G. N. Dorofeenko, V. V. Krasnikov (Zh. Org. Khim. **8** [1972] 2620; J. Org. Chem. [USSR] **8** [1972] 2674).

[41] G. Marr, T. M. White (J. Chem. Soc. Perkin Trans. I **1973** 1955/8). — [42] H. Patin, R. Dabard (Bull. Soc. Chim. France **1973** 2764/8). — [43] K. Yamakawa, M. Moroe (Chem. Pharm. Bull. [Tokyo] **22** [1974] 709/11). — [44] A. L. J. Athelstan, G. G. Vickery (J. Chem. Soc. Perkin Trans. I **1975** 1818/21). — [45] M. Hisatome, S. Koshikawa, K. Yamakawa (Chem. Letters **1975** 786/92).

Nitrogen and Phosphorus as Heteroatoms

6.3.2.2.2 Stickstoff und Phosphor als Heteroatome

Zusammenstellung der Verbindungen s. in Tabelle 23. Kern-substituierte Derivate sind hier nicht bekannt.

Tabelle 23. Verbindungen mit Stickstoff und Phosphor als Heteroatome.
Für laufende Nummern mit Sternchen folgen am Ende der Tabelle weitere Angaben.
Zu Abkürzungen und Dimensionen s. S. 1.

Nr.	Verbindung	Schmelzpunkt und Erscheinungsform, Spektren; weitere Bemerkungen	Lit.
1	fc-CH_2NHCH_2-fc	117.0 bis 118.5; orangefarbener Festkörper sublimiert bei 140 bis 145/0.1 Torr; Bildung bei der Zersetzung von fc-CH_2N_3 mit konz. H_2SO_4 in $CHCl_3$ bei Zimmertemperatur; vgl. auch Nr. 12	[13]
*2	[fc-$CH_2N(CH_3)_2CH_2$-fc]Br	Zers. bei 214 bis 215.5 (aus CH_3CN)	[4, 5]
*3	[fc-$CH_2N(CH_3)_2CH_2$-fc]PF_6	216 bis 218 (aus Methanol/Wasser), ^{1}H-NMR (CD_3COCD_3): 5.37 (t, H-2, H-5 in C_5H_4), 5.43 (CH_2), 5.55 (t, H-3, H-4 in C_5H_4, J(2,3) = 2), 5.71 (C_5H_5), 7.11 (CH_3)	[15]
4	fc-$CH(CH_3)N(CH_3)CH(CH_3)$-fc	75 bis 80 (aus Pentan), ^{1}H-NMR ($CDCl_3$): 5.93 (m, fc), 6.18 (q, J = 6.5, CH), 8.03 (N-CH_3), 8.64 (C-CH_3) IR (CCl_4): NH-Bande bei 3333; Bildung als Gemisch von Diastereomeren aus fc-$CH(CH_3)OH$ und $CH_3NH_2/AlCl_3$, vgl. Nr. 2	[15]
*5	fc-$CH_2N(C_6H_5)CH_2$-fc	165 bis 166; gelbe Kristalle (aus Äthanol), ^{1}H-NMR (CS_2): 3.25 (m, C_6H_5), 5.94 (s), 6.06 (s, C_5H_4 und C_5H_5) IR: NC-Bande bei 1335	[8, 12]
6	fc-$CH_2N(C_6H_4Cl$-p)CH_2-fc	173 bis 175 (aus C_2H_5OH); Bildung aus fc-CH_2OH, fc-$CH_2NHC_6H_4Cl$-p, C_6H_5NCO in Toluol bei 100°C, vgl. Nr. 4	[8]
7	fc-$CH_2N(C_6H_4OCH_3$-p)CH_2-fc	123 bis 124; gelbe Nädelchen (aus C_2H_5OH), ^{1}H-NMR (CS_2): 3.44 (s, C_6H_4), 6.06 (s, CH_2), 6.06 (s, fc), 6.38 (s, OCH_3); Darst. aus fc-CH_2OH und p-$CH_3OC_6H_4NCO$ (2:3 mol) in Tetrahydrofuran bei Zimmertemperatur/60 h (48%)	[10, 12]
*8	fc-$CH_2N(C_6H_4NO_2$-p)CH_2-fc	217 bis 219; rote Nadeln (aus Toluol); Darst. aus fc-CH_2OH und p-$NO_2C_6H_4NCO$ (etwa 5:8 mol) in Toluol bei etwa 90°C/45 min (61%)	[10]
*9	fc-N=C=N-fc	140 bis 145 (Zers.); kristallin, IR: scharfe Bande bei 2120	[11]

Tabelle 23 [Fortsetzung].

Nr.	Verbindung	Schmelzpunkt und Erscheinungsform, Spektren; weitere Bemerkungen	Lit.
*10	2,6-Di-fc-pyridin (fc–C_5H_3N–fc)	149 bis 151; orangefarbene Kristalle, ^{1}H-NMR: 2.80 bis 2.96 (m, C_5H_3N), 5.20, 5.80 (2t's C_5H_4), 6.11 (s, C_5H_5) IR: 812, 1000, 1026, 1087, 1108, 1160, 1292, 1568, 1583	[16]
11	fc-NHC(OC_2H_5)=N-fc	147 bis 150; Darst. aus Nr. 9 mit C_2H_5OH/C_2H_5ONa	[11]
12	fc-CH_2NHCO-fc	208 bis 210; Darst. aus fc-CH_2NH_2 und fc-COCl ohne nähere Angaben; mit $LiAlH_4$ entsteht Nr. 1	[13]
*13	fc-NHCONH-fc	250 (Zers.) (aus C_6H_6/$CHCl_3$ und CH_3OH), IR: 1575, 1656 (Amid), 3279 (NH)	[1, 2, 11, 14]
14	fc-$CH_2P(C_6H_5)CH_2$-fc	123 bis 124; Bildung aus fc-$CH_2N(CH_3)_3$J und $C_6H_5PH_2$ (12%) neben [(fc-$CH_2)_3$-PC_6H_5]J als Hauptprodukt, vgl. Nr. 15	[19]
*15	[fc-$CH_2P(C_6H_5)_2CH_2$-fc]J	251 bis 253; Nadeln aus CH_3OH, ^{1}H-NMR (CD_3COCD_3): 2.20 (C_6H_5), 5.22, 5.42 (2d's CH_2), 5.70, 5.87 (2s's fc)	[19]

* Weitere Angaben:

[fc-$CH_2N(CH_3)_2CH_2$-fc]Br (Tabelle **23**, Nr. **2**) entsteht bei der Umsetzung von fc-$CH_2N(CH_3)_2$ mit i-C_3H_7Br in CH_3CN unter Rückfluß/4 h, 83% Ausbeute; es wird angenommen, daß das primär gebildete, quaternäre Salz instabil ist, heterolytisch in $(CH_3)_2NC_3H_7$-i und das Carbonium-Ion fcCH_2^+ spaltet und letzteres fc-$CH_2N(CH_3)_2$ alkyliert [5, 7].

Die potentiometrische Oxidation mit $K_2Cr_2O_7$ in $CH_3COOH/HClO_4$ ergibt zwei getrennte Oxidationsschritte der fc-Kerne bei E = −0.447 und −0.511 V (gegen die Normal-Kalomelelektrode) [4, 9]. Es wird die Hydrolyse in wäßriger Lösung und in wäßrigem 50%igem Dioxan (neutral und alkalisch) bei 100°C untersucht und mit der Hydrolyse anderer Verbindungen vom Typ [fc-$CH_2N(CH_3)_2CH_2R]^+$ verglichen; sie verläuft unter Bildung von fc-CH_2OH nach S_N1 über fc-CH_2^+, in neutraler Lösung bildet sich wegen der entstehenden Azidität auch fc-CH_2OCH_2-fc [5]. Die Einwirkung von radikalerzeugenden Reagenzien wie $C_2H_5MgBr/CoCl_2$ in Äther/Tetrahydrofuran unter Rückfluß ist gering, man findet nur Spuren an fc-CH_3 [6].

[fc-$CH_2N(CH_3)_2CH_2$-fc]PF_6 (Tabelle **23**, Nr. **3**). Das Kation bildet sich in Gegenwart von $AlCl_3$ aus fc-CH_2OH in Dichloräthan und $(CH_3)_2NH$ neben fc-$CH_2N(CH_3)_2$ und wird nach Behandlung mit wäßrigem $NaPF_6$ aus Dichloräthan mit Äther als Salz ausgefällt, 72% Ausbeute. Geringere Ausbeuten von 65 bzw. 38% erhält man bei entsprechenden Umsetzungen des Alkohols mit fc-$CH_2N(CH_3)_2$ bzw. $(CH_3)_2NCH_2N(CH_3)_2$ [15].

fc-$CH_2N(C_6H_5)CH_2$-fc (Tabelle **23**, Nr. **5**) entsteht bei dem Versuch der Quaternisierung von fc-$CH_2NHC_6H_5$ mit CH_3J in CH_3CN bei 0°C/12 h oder auch in absolutem CH_3OH bei Zimmertemperatur, 39% Ausbeute neben fc-$CH_2N(CH_3)C_6H_5$ [7], vgl. auch Verbindung Nr. 2. Bildet sich auch aus fc-CH_2OH mit einem Überschuß Anilin in CH_3COOH bei 130°C (34% Ausbeute) [17] oder aus fc-CH_2OH und C_6H_5NCO in Toluol bei 100°C [8], s. auch [18].

Aus Ätherlösung wird die Substanz mit Salzsäure nur unvollständig extrahiert. Beim Erhitzen mit CH_3J in Benzol/Methanol spaltet das sich primär bildende quaternäre Salz in fc-$CH_2N(C_6H_5)CH_3$ und fcCH_2^+, so daß auch fc-CH_2OCH_3 auftritt [7].

fc-$CH_2N(C_6H_4NO_2$-p)CH_2-fc (Tabelle **23**, Nr. **8**) kann auch mit 66% Ausbeute aus fc-CH_2OH und fc-$CH_2NHC_6H_4NO_2$-p in siedendem Benzol unter Abdestillieren des gebildeten H_2O dargestellt werden [10].

fc-N=C=N-fc (Tabelle **23**, Nr. **9**) wird mit 85% Ausbeute aus fc-NCO nach einer bekannten Methode der Carbodiimidbildung an einem Phospholen-1-oxid-Katalysator [3] dargestellt [11].

Die Verbindung liegt als Racemat vor, aus dem sich an partiell acetylierter Cellulose eine schwach rechtsdrehende Probe isolieren läßt. Auch durch kinetische Racematspaltung mit 6,6'-Dinitrodiphensäure wird eine optisch aktive Fraktion erhalten [11]. Zum chemischen Verhalten s. auch Nr. 11 und 13.

fc-(C_5H_3N)-fc (Tabelle **23**, Nr. **10**) wird aus dem Pyryliumperchlorat Nr. 16 in Tabelle 22 durch Umsetzung mit Ammoniumacetat in siedendem CH_3COOH mit 31% Ausbeute dargestellt und an Al_2O_3 mit $CHCl_3$ gereinigt [16].

fc-NHCONH-fc (Tabelle **23**, Nr. **13**). Die Darstellung erfolgt durch Anlagerung von H_2O an Nr. 9 [11] oder durch Umsetzung von fc-NH_2 mit $COCl_2$ (2:1 mol) in Benzol/Pyridin bei Zimmertemperatur/1 h, 24% Ausbeute [2]. Bildet sich auch in Ausbeuten bis zu 50% bei der Thermolyse von fc-NCO in Cyclohexan, Benzol oder Dimethylsulfoxid bei 80°C [14].

[fc-$CH_2P(C_6H_5)_2CH_2$-fc]J (Tabelle **23**, Nr. **15**) entsteht bei der Umsetzung von fc-$CH_2N(CH_3)_3J$ mit $(C_6H_5)_2PH$ in H_2O unter Rückfluß/18 h infolge eines nucleophilen Angriffs des ebenfalls gebildeten fc-$CH_2P(C_6H_5)_2$ an fc-$CH_2N(CH_3)_3J$, 23% Ausbeute; es kann daher auch aus diesen beiden Komponenten unter gleichen Bedingungen mit 66% Ausbeute dargestellt werden.

Wäßriges Alkali unter Rückfluß spaltet die Verbindung in fc-CH_3 und fc-$CH_2P(O)(C_6H_5)_2$ [19].

Literatur:

[1] K. Schlögl, H. Seiler (Naturwissenschaften **45** [1958] 337). — [2] E. M. Acton, R. M. Silverstein (J. Org. Chem. **24** [1959] 1487/90). — [3] T. W. Campbell, J. J. Monagle, V. S. Foldi (J. Am. Chem. Soc. **84** [1962] 3673/7). — [4] E. G. Perevalova, S. P. Gubin, S. A. Smirnova, A. N. Nesmeyanov (Dokl. Akad. Nauk SSSR **147** [1962] 384/7; Proc. Acad. Sci. USSR Chem. Sect. **142/147** [1962] 994/7). — [5] E. G. Perevalova, Yu. A. Ustynyuk, A. N. Nesmeyanov (Izv. Akad. Nauk SSSR Otd. Khim. Nauk **1963** 1036/45; Bull. Acad. Sci. USSR Div. Chem. Sci. **1963** 942/9).

[6] E. G. Perevalova, Yu. A. Ustynyuk (Izv. Akad. Nauk SSSR Otd. Khim. Nauk **1963** 1776/82; Bull. Acad. Sci. USSR Chem. Sect. **1963** 1631/5). — [7] E. G. Perevalova, Yu. A. Ustynyuk, L. A. Ustynyuk, A. N. Nesmeyanov (Izv. Akad. Nauk SSSR Otd. Khim. Nauk **1963** 1977/85; Bull. Acad. Sci. USSR Chem. Sect. **1963** 1822/8). — [8] H. J. Lorkowski (J. Prakt. Chem. [4] **23** [1964] 98/103). — [9] S. P. Gubin, K. I. Grandberg nach A. N. Nesmeyanov, E. G. Perevalova (Ann. N.Y. Acad. Sci. **125** [1965] 67/88). — [10] H.-J. Lorkowski, P. Kieselack (Chem. Ber. **99** [1966] 3619/27).

[11] K. Schlögl, H. Mechtler (Angew. Chem. **78** [1966] 606/7). — [12] H.-J. Lorkowski, G. Engelhardt, P. Kieselack, H. Jancke (J. Organometal. Chem. **7** [1967] 525/8). — [13] D. E. Bublitz (J. Organometal. Chem. **23** [1970] 225/8). — [14] R. A. Abramovitch, R. G. Sutherland, A. K. V. Unni (Tetrahedron Letters **1972** 1065/8). — [15] P. Dixneuf, R. Dabard (Bull. Soc. Chim. France **1972** 2847/54).

[16] G. N. Dorofeenko, V. V. Krasnikov (Zh. Org. Khim. **8** [1972] 2620; J. Org. Chem. [USSR] **8** [1972] 2674). — [17] J. T. Pennie, T. I. Bieber (Tetrahedron Letters **1972** 3535/8). — [18] H. J. Lorkowski (Polymer Sci. [USSR] **15** [1973] 358/73). — [19] G. Marr, T. M. White (J. Chem. Soc. Perkin Trans. I **1973** 1955/8).

Compounds Comprising Four Bridging Atoms

6.3.2.3 Verbindungen mit vier Brückenatomen

Neben den in Tabelle 24 zusammengestellten Verbindungen wird ein fc-CH=NN($SO_2C_6H_4CH_3$-p)-fc als Zersetzungsprodukt der Na- oder Li-Salze von fc-CH=NNH-$SO_2C_6H_4CH_3$-p bei [15] erwähnt, vgl. Verbindung Nr. 7.

Tabelle 24. Verbindungen mit vier Brückenatomen.

Für laufende Nummern mit Sternchen folgen am Ende der Tabelle weitere Angaben.

Zu Abkürzungen und Dimensionen s. S. 1.

Nr.	Verbindung	Schmelzpunkt und Erscheinungsform, Spektren; weitere Bemerkungen	Lit.
1	fc-CH_2SSCH_2-fc	125 bis 127 (Zers.) (aus Äther/Petroläther); Darst. aus fc-$CH_2N(CH_3)_3J$ und NaHS in H_2O unter Erhitzen (33%)	[3]
2	$(C_6H_5)_2COH$ HOC$(C_6H_5)_2$ CH_2–S–S–CH_2 Fe Fe	111 bis 113; tief orangefarbene, dicke Nadeln (aus Petroläther), IR (KBr): 888, 910, 936, 1012, 1112, 3540 Bildung aus dem einkernigen Thiol durch Luftoxidation der Petrolätherlösung unter Erwärmen	[5]
*3	fc-C(S)SSC(S)-fc	155 bis 157, IR (KBr): 650 (C-S), 1278 (C=S) UV ($CHCl_3$, ε): 264 (13700), 320 (23600), 395 (S, 3480), 559 (5440)	[14]
*4	fc-CH=NN=CH-fc	276 bis 277; feine orangerote Nadeln (aus Äther/Benzol), UV ($CHCl_3$, ε): 314 (18400), 482 (3200)	[4, 7]
*5	fc-C(CH_3)=NN=C(CH_3)-fc	218 bis 220 (Zers.); rötlich-gelbe Blättchen (aus Propanol), ^{13}C-NMR ($CHCl_3$): δ = 15.7 (CH_3), 67.4 (C-2), 69.2 (C-1'), 69.9 (C-3), 83.8 (C-1), 158.8 (C=N) UV (C_2H_5OH, lg ε): 240.6 (3.71), 286 (3.61)	[2, 11, 13]
6	CH_3 CH_3 C=N–N=C Fe Fe CH_3 C–CH_3 (=O) C=N–NH_2	149 bis 152; orangefarbenes Pulver, IR: 1600 (C=N, NH), 1670 (CO), 3000 bis 3100 (fc), 3400 bis 3500 (NH_2); Bildung aus $CH_3COC_5H_4FeC_5H_4COCH_3$ und $N_2H_4 \cdot H_2O$ in C_2H_5OH (26%); in siedendem Benzol löslich	[12]
7	fc-C(C_6H_5)=NN=C(C_6H_5)-fc	157; Bildung bei der thermischen Zers. von fc-C(C_6H_5)=NN(Na)-$SO_2C_6H_4CH_3$-p in Pyridin/Cyclohexan bei 80°C (36%)	[9]
*8	fc-CONHNHCO-fc	275 bis 276; gelbe Kristalle (aus $C_6H_5NO_2$), ab 245 Zersetzung unter Dunkelfärbung, IR (KBr): 1005, 1110, 1280, 1500, 1600, 1615, 3200, 3400	[6, 10]

* Weitere Angaben:

fc-C(S)SSC(S)-fc (Tabelle **24**, Nr. **3**) entsteht bei der Behandlung des Piperidiniumsalzes von fc-C(S)SH in Äthanolsuspension mit $C_6H_5SO_2Cl$ bei Zimmertemperatur oder auch mit J_2. Die ausgefallenen Kristalle werden mit H_2O und C_2H_5OH gewaschen, 84% Ausbeute [14].

fc-CH=NN=CH-fc (Tabelle **24**, Nr. **4**) wird aus fc-CHO und $N_2H_4 \cdot H_2O$ in Methanol oder Äthanol bei Zimmertemperatur erhalten, 47 bis 100% Ausbeute, und auch aus Dimethylformamid kristallisiert [1, 7]. Bildet sich aus Verbindung I und N_2H_4 in CH_3CN [8].

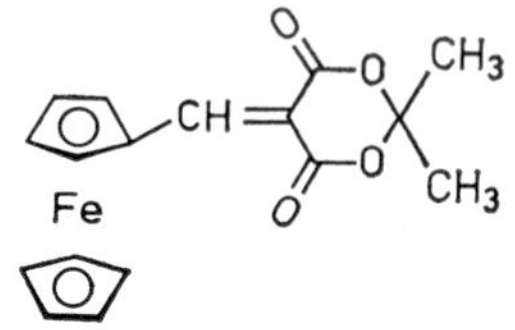

I

Rotbraune Kristalle nach [1], orangefarbenes Pulver nach [12]; weitere Schmelzpunktsangaben liegen wesentlich tiefer: 245°C [1], 248 bis 250°C [12]. Das UV-Spektrum (in Benzol) ist als Figur angegeben, die fc-Absorption liegt danach bei etwa 475 nm [2]. Die $\pi\rightarrow\pi^*$-Bande ist gegenüber fc-CH=CHCH=CH-fc mit stark erniedrigter Extinktion zu kürzeren Wellen verschoben [4].

Die Substanz zersetzt sich an der Luft oberhalb 220°C [2]. Beim Erhitzen in Paraffinöl bis zur lebhaften Gasentwicklung (Temperatur nicht genannt) erhält man fc-CH=CH-fc mit 20% Ausbeute [7]; bei längerem Erhitzen mit Cu-Pulver in Dekalin auf 180°C wird nach [2] kein fc-CH=CH-fc gebildet. Ist nach [12] nicht löslich (?) in siedendem Heptan, Benzol, Äther, Alkohol oder Aceton.

fc-C(CH$_3$)=NN=C(CH$_3$)-fc (Tabelle **24**, Nr. **5**) wird aus fc-$COCH_3$ und 80%igem N_2H_4 in siedendem Äthanol dargestellt (Ausbeute unter 20%) [2], 80% nach [12]. Zur Bildung bei der thermischen Zersetzung von Tosylhydrazonen, vgl. Nr. 7, s. [9, 11].

Zu weiteren Schmelzpunktsangaben zwischen 205 und 213°C s. [11, 12]. Die Verbindung geht beim Erhitzen in Dekalin unter Rückfluß in eine andere Form über, die aus Propanol in roten Nadeln vom Schmelzpunkt 217 bis 221°C kristallisiert und bei mehrstündigem Erhitzen in siedendem Propanol in das blättchenförmige Produkt zurückverwandelt wird.

Im IR-Spektrum (Nujol) liegt die C=N-Bande bei 1602 cm^{-1}, weitere Banden von 818 bis 1409 sind angegeben [11]. Nach einer Abbildung des UV-Spektrums (in Benzol) liegt die fc-Absorption bei etwa 450 nm [2].

fc-CONHNHCO-fc (Tabelle **24**, Nr. **8**) entsteht aus fc-COCl und N_2H_4 in $P(N(CH_3)_2)_3O$ bei 0°C bis Zimmertemperatur/etwa 16 h und wird durch Eingießen in H_2O und Filtrieren isoliert, 87.8% Rohausbeute. Zur Bildung als Nebenprodukt bei Versuchen zur Darstellung von Heterocyclen mit fc-Gruppen s. [10].

Literatur:

[1] P. J. Graham, R. V. Lindsey, G. W. Parshall, M. L. Peterson, G. M. Whitman (J. Am. Chem. Soc. **79** [1957] 3416/20). — [2] R. Riemenschneider, D. Helm (Liebigs Ann. Chem. **646** [1961] 10/7). — [3] A. N. Nesmeyanov, E. G. Perevalova, L. S. Shilovtseva, V. D. Tyurin (Izv. Akad. Nauk SSSR Otd. Khim. Nauk **1962** 1997/2001; Bull. Acad. Sci. USSR Div. Chem. Sci. **1962** 1908/12). — [4] K. Schlögl, H. Egger (Liebigs Ann. Chem. **676** [1964] 88/97). — [5] M. Hadlington, B. W. Rockett, A. Nelhaus (J. Chem. Soc. C **1967** 1436/40).

[6] H.-J. Lorkowski, R. Pannier, A. Wende (J. Prakt. Chem. [4] **35** [1967] 149/58). — [7] N. P. Buu-Hoi, G. Saint-Ruf (Bull. Soc. Chim. France **1968** 2489/92). — [8] P. Margaretha, O. E. Polansky (Monatsh. Chem. **100** [1969] 584/6). — [9] A. Sonoda, I. Moritani, T. Saraie, T. Wada (Tetrahedron Letters **1969** 2943/6). — [10] F. D. Popp, E. B. Moynahan (J. Heterocycl. Chem. **7** [1970] 739/41).

[11] A. Sonoda, I. Moritani, S. Yasuda, T. Wada (Tetrahedron **26** [1970] 3075/81). — [12] G. S. Gol'din, T. A. Balabina, T. V. Trynkina, A. N. Ushakova (Zh. Obshch. Khim. **43** [1973] 1271/4; J. Gen. Chem. USSR **43** [1973] 1262/4). — [13] A. N. Nesmeyanov, P. V. Petrovskii, L. A. Federov, V. I. Robas, E. I. Fedin (Zh. Strukt. Khim. **14** [1973] 49/57; J. Struct. Chem. USSR **14** [1973] 42/9). — [14] S. Kato, M. Wakamatsu, M. Mizuta (J. Organometal. Chem. **78** [1974] 405/14). — [15] E. R. Matjeka (Diss. Iowa State Univ. 1974 nach Diss. Abstr. Intern. B **35** [1975] 5339).

6.3.2.4 Verbindungen mit fünf Brückenatomen

Compounds Comprising Five Bridging Atoms

Außer den in Tabelle 25 zusammengefaßten Verbindungen ist aus der Polykondensation von fc-$COCH_3$ mit Ammoniumbicarbonat/$ZnCl_2$ bei 200°C eine lösliche Fraktion isoliert worden, deren analytische Daten befriedigend der Formel fc-C(CH_3)=N-C(OH)=CHCO-fc entsprechen. Das Produkt schmilzt bei 140 bis 150°C, sein IR-Spektrum ist von 800 bis 3500 cm^{-1} als Figur angegeben [2].

Die Darstellung der Si- und Ge-Derivate Nr. 5 bis 7, 9 und 10 erfolgt aus fc-C≡CLi und den entsprechenden R_2SiCl_2 bzw. R_2GeCl_2 in Tetrahydrofuran bei −5 bis +35°C und übliche Aufarbeitung durch Chromatographie. Die gesättigten Verbindungen Nr. 2, 3 und 8 werden aus den Alkinen durch Hydrierung an Pd/$CaCO_3$ gewonnen; die Hydrierung von Nr. 7 zu Nr. 4 geht selbst an Raney-Nickel langsam [5, 7, 8]. Die IR-Spektren der Alkine Nr. 5 bis 7 zeigen die ν(C≡C) bei 2165 cm^{-1}, Si-C-Banden bei 735 bis 780, 1120, 1240 bis 1255 cm^{-1} und ν(C-H) bei 3110 [5, 7].

Tabelle 25. Verbindungen mit fünf Brückenatomen.
Für laufende Nummern mit Sternchen folgen am Ende der Tabelle weitere Angaben.
Zu Abkürzungen und Dimensionen s. S. 1.

Nr.	Verbindung	Schmelzpunkt und Erscheinungsform, Spektren; weitere Bemerkungen	Lit.
1	(fc-CH_2O)$_2$AsCH_3	118; gelbe Kristalle (Sublimation bei 130/10^{-2} Torr), ^{1}H-NMR (C_6H_6): 5.5 (CH_2), 6.0 (3 Signale von fc), 8.9 (CH_3) IR (Festkörper): 590, 820, 1000, 1100, 1240; Darst. aus fc-CH_2OH und $CH_3As(N(CH_3)_2)_2$ (2:1 mol) in Benzol bei 80°C/12 h (40%); wenig luftempfindlich	[6]
2	(fc-CH_2CH_2)$_2$Si(CH_3)$_2$	103 bis 105 (aus Octan)	[7]
3	(fc-CH_2CH_2)$_2$Si(C_2H_5)$_2$	59 bis 60 (aus C_2H_5OH)	[7]
4	(fc-CH_2CH_2)$_2$Si(C_6H_5)$_2$	97 bis 98 (aus Hexan)	[5, 7]
5	(fc-C≡C)$_2$Si(CH_3)$_2$	143 bis 144; orangefarbene Kristalle (aus Nonan)	[7]
6	(fc-C≡C)$_2$Si(C_2H_5)$_2$	113 bis 114 (aus Hexan)	[5]
7	(fc-C≡C)$_2$Si(C_6H_5)$_2$	164 bis 166; dunkel orangefarben (aus Octan)	[7]
8	(fc-CH_2CH_2)$_2$Ge(CH_3)$_2$	99 bis 100 (aus Hexan)	[8]
9	(fc-C≡C)$_2$Ge(CH_3)$_2$	148 bis 149 (aus Hexan)	[8]
10	(fc-C≡C)$_2$Ge(C_6H_5)$_2$	168 bis 170 (aus Hexan)	[8]

Tabelle 25 [Fortsetzung].

Nr.	Verbindung	Schmelzpunkt und Erscheinungsform, Spektren; weitere Bemerkungen	Lit.
*11	$(fc\text{-}COO)_2Sn(C_4H_9)_2$	187 bis 189; orangefarbene Nadeln (aus Benzol/Petroläther), ^{1}H-NMR $[(CD_3)_2SO]$: 4.15, 5.60 (2t's C_5H_4), 5.78 (s, C_5H_5), 8.25 bis 9.2 (m, C_4H_9)	[3]
*12	$(fc\text{-}COO)_2Sn(C_6H_5)_2$	241 bis 243; orangefarbener Festkörper (aus Benzol/Petroläther), IR (KBr): COO-Banden bei 1471, 1486, 1517	[1]
*13	$(fc\text{-}CSS)_2Sn(C_6H_5)_2$	155 bis 157; dunkel purpurfarben, IR (KBr): 652 (C-S), 998 (C=S) UV ($CHCl_3$): 260, 338, 587	[9]
*14	$(fc\text{-}CH{=}CH)_2Hg$	164 bis 170, IR: 730, 925, 990, 1153, 1580	[4]

* Weitere Angaben:

$(fc\text{-}COO)_2Sn(C_4H_9)_2$ (Tabelle **25**, Nr. **11**) wird bei der Reaktion von fc-COOH mit $(C_4H_9)_2SnO$ (2:1 mol) in siedendem Benzol unter azeotropem Abdestillieren von H_2O mit 67% Ausbeute erhalten. — Die Lagen der COO-Banden im IR-Spektrum (in $CHCl_3$) bei 1315 (symmetrisch) und 1585 (asymmetrisch) cm^{-1} zeigen an, daß die Carboxylgruppen als zweizähnige, chelatisierende Liganden wirken [3].

$(fc\text{-}COO)_2Sn(C_6H_5)_2$ (Tabelle **25**, Nr. **12**) läßt sich auf folgenden drei Wegen darstellen: a) aus fc-COONa und $(C_6H_5)_2SnCl_2$ in 95%igem Äthanol unter Rückfluß, b) aus $fc\text{-}COOSn(C_6H_5)_3$ und fc-COOH unter gleichen Bedingungen (68.5% Ausbeute) und c) aus $fc\text{-}COOSn(C_6H_5)_3$ an SiO_2 beim Entwickeln und Eluieren mit CH_2Cl_2 [1].

$(fc\text{-}CSS)_2Sn(C_6H_5)_2$ (Tabelle **25**, Nr. **13**) wird aus dem Piperidiniumsalz von fc-CSSH und $(C_6H_5)_2SnCl_2$ (2:1 mol) in CH_2Cl_2 bei Zimmertemperatur/10 h mit 64% Ausbeute dargestellt. — Die Substanz löst sich nur wenig in $CHCl_3$ [9].

$(fc\text{-}CH{=}CH)_2Hg$ (Tabelle **25**, Nr. **14**) entsteht bei der „Symmetrisierung" von fc-CH=CH-HgCl in Tetrahydrofuran/Aceton unter der Einwirkung von KJ bei Zimmertemperatur; der gebildete Niederschlag wird mit Wasser gewaschen, 74% Ausbeute.

Die Verbindung löst sich leicht in Chloroform und Tetrahydrofuran. Die Reaktion einer Suspension in Äther mit $HgCl_2$ führt mit 68% Ausbeute zu fc-CH=CH-HgCl zurück [4].

Literatur:

[1] E. J. Kupchik, R. J. Kiesel (J. Org. Chem. **31** [1966] 456/61). — [2] Ya. M. Paushkin, T. P. Vishnyakova, F. F. Machus, F. A. Sokolinskaya, I. A. Golubeva (J. Polymer Sci. Polymer Symp. Nr. 16 [1967/69] 4297/310). — [3] D. R. Morris, B. W. Rockett (J. Organometal. Chem. **35** [1972] 179/84). — [4] A. N. Nesmeyanov, A. E. Borisov, N. V. Novikova (Izv. Akad. Nauk SSSR Ser. Khim. **1972** 1372/5; Bull. Acad. Sci. USSR Div. Chem. Sci. **1972** 1321/3). — [5] I. M. Cverdtsiteli, L. P. Asatiani, D. S. Zurabishvili (Zh. Obshch. Khim. **43** [1973] 944/5; J. Gen. Chem. USSR **43** [1973] 940).

[6] F. Kober (Z. Naturforsch. **29b** [1974] 358/9). — [7] I. M. Gverdtsiteli, L. P. Asatiani, D. S. Zurabishvili (Zh. Obshch. Khim. **45** [1975] 577/9; J. Gen. Chem. USSR **45** [1975] 567/9). — [8] I. M. Gverdtsiteli, L. P. Asatiani, D. S. Zurabishvili (Soobshch. Akad. Nauk Gruz. SSR **79** [1975] 357/9). — [9] S. Kato, M. Wakamatsu, M. Mizuta (J. Organometal. Chem. **78** [1974] 405/14).

6.3.2.5 Verbindungen mit sechs und mehr Brückenatomen

Compounds Comprising Six and More Bridging Atoms

Die Verbindungen des folgenden Abschnitts enthalten bis zu 18 Atome zwischen den beiden fc-Kernen. Die sehr verschiedenartigen Typen der hier vorkommenden organischen Molekeln legen es nahe, nicht in erster Linie nach der Länge der Brücke zu ordnen. Für Tabelle 26 wurde daher folgende Unterteilung getroffen: aliphatische Brückengruppen, Brücken mit aromatischen und heterocyclischen Systemen, Brücken mit Si und Sn in der Kette und π-Komplexe des Pd mit zwei ungesättigten, fc-haltigen Liganden.

Die Synthese von Verbindungen mit Siloxan- und Dicarbaboraneinheiten, wie beispielsweise I, wird bei Versuchen zur Darstellung von Polymeren diskutiert [32], Daten liegen nicht vor. Ein Cobaltocen-Derivat mit fc-Substituenten, $[Co(C_5H_4CH(C_6H_5)\text{-fc})_2]X$, ist in „Kobalt-Organische Verbindungen" 1, Erg.-Werk, Bd. 5, S. 386/90, schon behandelt worden.

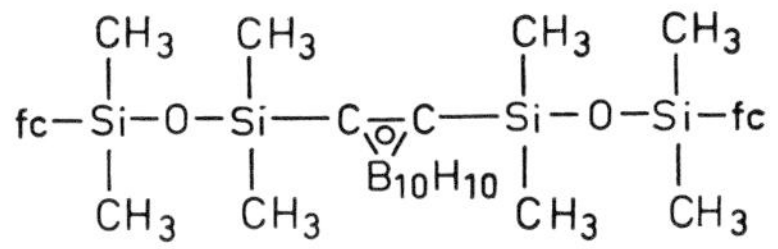

I

Tabelle 26 enthält nur Verbindungen mit unsubstituierten fc-Kernen; als Kern-substituierte Verbindungen sind die Typen II, III und IV dargestellt worden, ferner eine Reihe von Derivaten des Typs V mit verschiedenen Brückengruppen R, deren unsubstituierte Stammsubstanzen in Tabelle 26 als Nr. 8, 9, 14, 24 und 25 auftreten.

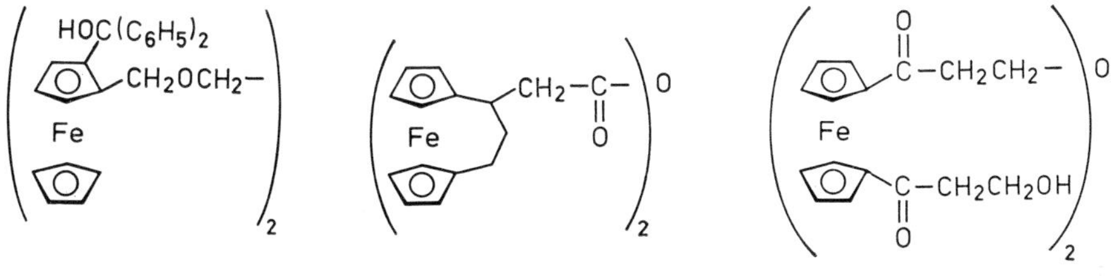

II III IV

$C_{38}H_{36}O_4Fe_2$ (Formel II) entsteht bei der nucleophilen Verdrängung der Amino-Gruppe aus $C_5H_5FeC_5H_3(C(OH)(C_6H_5)_2\text{-}2)CH_2N(CH_3)_3J$ durch Äthylenglykol (1:3 mol) in Gegenwart von wäßrigem Alkali unter Rückfluß/65 h; 23% Ausbeute neben dem entsprechenden Ferrocenylmethylalkohol und β-Ferrocenylmethoxy-äthylalkohol.

Die feinen gelben Blättchen (aus Cyclohexan) schmelzen bei 193 bis 195°C. IR-Spektrum (KBr): 874, 902, 929, 1009 (Schulter), 1103, 3340, 3410, 3440 cm^{-1} [15].

$C_{30}H_{30}O_3Fe_2$ (Formel III) wird als Anhydrid aus der entsprechenden Carbonsäure hergestellt; Näheres ist nicht mitgeteilt. Schmelzpunkt: 119°C [13].

$C_{32}H_{34}O_6Fe_2$ (Formel IV) ist die Zusammensetzung eines Produktes, das bei der Kondensation von 1,1'-Diacetylferrocen mit Paraformaldehyd in KOH/C_2H_5OH bei 70°C anfällt. Die geringe Löslichkeit der olivbraunen Substanz läßt aber vermuten, daß ein vernetztes Polymeres vorlag [2].

$C_{38}H_{40}O_6N_2Fe_2$ (Formel V, $R = \text{-}CH_2CH_2\text{-}$) wird durch Kondensation des 1,1'-substituierten Ferrocens VI und Äthylendiamin (2:1 mol) in CH_3OH unter Rückfluß/30 min gebildet und nach längerem Stehen bei Zimmertemperatur durch Filtrieren und Waschen mit CH_3OH isoliert (47% Ausbeute). In gleicher Weise erhält man mit den entsprechenden Diaminen $H_2N\text{-}R\text{-}NH_2$ die folgenden Substanzen vom Typ V.

Dunkelbraune Verbindung vom Schmelzpunkt 233°C. Im IR-Spektrum liegt die C=N-Bande in der Gegend von 1520 cm^{-1}. Die Stabilität wird thermogravimetrisch untersucht. Die Verbindungen vom Typ V lösen sich nur in $CHCl_3$ und Dimethylformamid [24].

V VI

$C_{39}H_{42}O_6N_2Fe_2$ (Formel V, R = -CH(CH_3)CH_2-), 19.1% Ausbeute; dunkelbraun, schmilzt nicht [24].

$C_{42}H_{48}O_6N_2Fe_2$ (Formel V, R = -(CH_2)$_6$-), 50.6% Ausbeute; bordeauxrot, Schmelzpunkt: 100°C [24].

$C_{42}H_{40}O_6N_2Fe_2$ (Formel V, R = m-Phenylen), 88.1% Ausbeute; dunkelbraun, schmilzt nicht [24].

$C_{48}H_{44}O_6N_2Fe_2$ (Formel V, R = p-Biphenylen), 74.0% Ausbeute; bordeauxrot, schmilzt nicht [24].

* Weitere Angaben:

(fc-$CH_2CH_2N(CH_3)$-)$_2CH_2$ (Tabelle **26**, Nr. **2**) cyclisiert in CH_3COOH mit zwei Tropfen H_3PO_4 bei 18stündigem Erhitzen zu Verbindung VII (s. S. 179) [4].

(fc-CH=CHCH=N-)$_2$ (Tabelle **26**, Nr. **4**) wird aus fc-CH=CHCHO und Hydrazinhydrat hergestellt. Die Verbindung ist bereits bei dieser Kettenlänge schwer löslich [9]. — Im Vergleich zu dem Polyen (fc-CH=CHCH=CH-)$_2$ (vgl. 6.3.1.7) ist im UV-Spektrum die $\pi\rightarrow\pi^*$-Bande mit stark erniedrigter Extinktion zu kürzeren Wellen verschoben [10].

(fc-$COCH_2C(CH_3)$=N-)$_2CH_2CH_2$ (Tabelle **26**, Nr. **8**). Die Darstellung erfolgt aus fc-$COCH_2$-$COCH_3$ und Äthylendiamin (2:1 mol), wie vor der Tabelle bei dem Kern-substituierten Derivat $C_{38}H_{40}O_6N_2Fe_2$ beschrieben ist, 49.2% Ausbeute. In gleicher Weise werden die Verbindungen Nr. 9, 14, 24 und 25 mit den entsprechenden Diaminen erhalten. Im IR-Spektrum liegt bei diesen Verbindungen die C=N-Bande bei 1510 bis 1520 cm^{-1}. — Die Verbindungen sind thermisch bis zu 250 bis 300°C stabil; sie lösen sich in den meisten organischen Lösungsmitteln [24].

(fc-CH=NNHCSNHCH_2-)$_2$ (Tabelle **26**, Nr. **11**) wird aus (H_2NNH-CS-NHCH_2-)$_2$ in Dimethylformamid unter Zugabe von fc-CHO (1:2 mol) in C_2H_5OH unter kurzem Erhitzen gebildet und mit Wasser gefällt. Das IR-Spektrum ist von 750 bis 3000 cm^{-1} angegeben [20].

(fc-CH=NNHCOCH_2CH_2-)$_2$CH_2 (Tabelle **26**, Nr. **12**). Darstellung aus dem entsprechenden Dicarbonsäuredihydrazid und fc-CHO in absolutem C_2H_5OH unter Rückfluß und Kristallisation aus wäßrigem C_2H_5OH, 62% Ausbeute. — Für das IR- und UV-Spektrum sind für mehrere verwandte Verbindungen Absorptionsbereiche angegeben [6].

(fc-CH_2OOCNHCOCH_2CH_2-)$_2$ (Tabelle **26**, Nr. **15**). Zur Darstellung wird zunächst ClOC(CH_2)$_4$COCl mit AgNCO in Äther bei Zimmertemperatur umgesetzt und anschließend mit fc-CH_2OH in Tetrahydrofuran zur Reaktion gebracht; die Substanz kristallisiert aus dem Reaktionsgemisch, 64% Ausbeute [25]. — Zum chemischen Verhalten s. Nr. 7.

Literatur s. S. 180

Tabelle 26. Verbindungen mit sechs und mehr Brückenatomen.
Für laufende Nummern mit Sternchen folgen am Ende der Tabelle weitere Angaben.
Zu Abkürzungen und Dimensionen s. S. 1.

Nr.	Verbindung	Schmelzpunkt und Erscheinungsform, Spektren; weitere Bemerkungen	Lit.
Mit aliphatischen Brücken:			
1	fc-$COOCH_2CH_2NHCO$-fc	202 bis 204 (aus CH_3OH), IR: 1531, 1631, 1706 (CO und COO); Darst. aus fc-COCl und $H_2NCH_2CH_2OH$ in Pyridin bei Zimmertemperatur/40 h (10%)	[3]
*2	(fc-$CH_2CH_2N(CH_3)$-$)_2CH_2$	gelbbraunes Öl; Darst. aus fc-$CH_2CH_2NHCH_3$ und wäßrigem HCHO in Äthanol unter Rückfluß/18 h; vgl. Nr. 3	[1, 4]
3	$[(\text{fc-}CH_2CH_2\overset{+}{N}H(CH_3)\text{-})_2CH_2][C_6H_3O_7N_3]_2$	181; orangefarbene Stäbchen (aus wäßrigem C_2H_5OH); Pikrat von Nr. 2	[4]
*4	(fc-CH=CHCH=N-$)_2$	Zers. oberhalb 240; dunkelrote Kristalle (aus CH_2Cl_2), UV ($CHCl_3$, ε): 358 (29200), 498 (8000)	[9, 10]
5	(fc-CONHNHCO-$)_2$	Zers. oberhalb 420; feine gelbe Nadeln (aus $C_6H_5NO_2$ oder HCON-$(CH_3)_2$); Darst. aus fc-COCl und $H_2NNHCOCONHNH_2$ in $P(N(CH_3)_2)_3O$ bei 0°C bis Zimmertemperatur/16 h (72%)	[16]
6	(fc-CH=NCH(COOH)CH_2S-$)_2$	260 bis 261 (aus C_2H_5OH mit Äther); Darst. aus fc-CHO und l-Cystin in C_2H_5OH/Na_2CO_3 (88%)	[33]
7	(fc-$CH_2NHCOCH_2CH_2$-$)_2$	204 bis 212; orangefarbene Nädelchen (aus n-C_3H_7OH), IR: 1625 (CO), 3240 (NH); Bildung durch Decarboxylierung von Nr. 15 bei 122°C	[25]
*8	(fc-$COCH_2C(CH_3)$=N-$)_2$(-CH_2CH_2-)	178 bis 179 (Zers.); hellgelb	[24]
9	(fc-$COCH_2C(CH_3)$=N-$)_2$(-$CH(CH_3)CH_2$-)	158 bis 159 (Zers.); gelb; zur Darst. s. Nr. 8	[24]
10	(fc-$CONHNHCOCH_2CH_2$-$)_2$	237 bis 240 (Zers.); feine gelbe Kristalle (aus $C_6H_5NO_2$); Darst. aus fc-COCl und Adipinsäuredihydrazid in $P(N(CH_3)_2)_3O$ (67%), vgl. Nr. 5	[16]

Tabelle 26 [Fortsetzung].

Nr.	Verbindung	Schmelzpunkt und Erscheinungsform, Spektren; weitere Bemerkungen	Lit.
*11	(fc-CH=NNHCSNHCH$_2$-)$_2$	223 (aus HCON(CH$_3$)$_2$/H$_2$O), UV (Dioxan, ε): 253 (22100), 313 (35000), 440 (1100)	[20]
*12	(fc-CH=NNHCOCH$_2$CH$_2$-)$_2$CH$_2$	143 bis 145; Kristalle (aus wäßrigem C$_2$H$_5$OH)	[6]
13	(fc-CH$_2$NHCOCH$_2$CH$_2$CH$_2$CH$_2$-)$_2$	123; gelbe Kristalle (aus Benzol), IR: 1665 (CO), 3340 (NH); Bildung durch Decarboxylierung von Nr. 16 bei 120°C (83%)	[25]
14	(fc-COCH$_2$C(CH$_3$)=NCH$_2$CH$_2$CH$_2$-)$_2$	172 bis 173 (Zers.); gelb; zur Darst. s. Nr. 8	[24]
*15	(fc-CH$_2$OOCNHCOCH$_2$CH$_2$-)$_2$	122 bis 123; gelbe Nädelchen (aus Tetrahydrofuran/n-Hexan), IR: 1700 (CO, Amid), 1760 (CO, Urethan), 3350 (NH)	[25]
16	(fc-CH$_2$OOCNHCOCH$_2$CH$_2$CH$_2$CH$_2$-)$_2$	115 bis 119; gelbe Nädelchen (aus Benzol), IR: 1710 (CO, Amid), 1795 (CO, Urethan); Darst. aus Sebacoylchlorid/AgNCO und fc-CH$_2$OH (81%), s. Nr. 15	[25]
Mit aromatischen und heterocyclischen Brücken:			
*17	fc−CH=N−C$_6$H$_4$−N=CH−fc	252 bis 254 (Zers.); braune Blättchen (aus Benzol), UV (CHCl$_3$, ε): 350 (28200), 455 (3280)	[7, 19]
18	fc−C(CH$_3$)=N−C$_6$H$_4$−N=C(CH$_3$)−fc	310 (aus Heptan); zum IR s. Nr. 20; Darst. aus fc-COCH$_3$ und H$_2$NC$_6$H$_4$NH$_2$-p in Toluol unter Rückfluß/3 h in Gegenwart von Al$_2$O$_3$ (50%)	[21, 23]
19	fc−CH=N−C$_6$H$_4$−C$_6$H$_4$−N=CH−fc	245 bis 250 (Zers.); rotbraune Kristalle (aus C$_6$H$_6$), UV (CHCl$_3$, ε): 350 (22200), 460 (3620); Darst. aus fc-CHO und Benzidin wie bei Nr. 17	[7]
20	fc−C(CH$_3$)=N−C$_6$H$_4$−C$_6$H$_4$−N=C(CH$_3$)−fc	235 (Zers.), IR: starke C=N-Bande bei 1620 bis 1630; Darst. aus fc-COCH$_3$ und Benzidin wie bei Nr. 18 (26%)	[21, 23]

Tabelle 26 [Fortsetzung].

Nr.	Verbindung	Schmelzpunkt und Erscheinungsform, Spektren; weitere Bemerkungen	Lit.
21	$[fc{-}CH_2N(CH_3)_2CH_2{-}C_6H_4{-}CH{=}CH{-}C_6H_4{-}CH_2N(CH_3)_2CH_2{-}fc]^{2+}$ $[Br^-]_2$	73 bis 75; gelblich, kristallin; Darst. aus $BrCH_2C_6H_4CH{=}CHC_6H_4CH_2Br$ und fc-$CH_2N(CH_3)_2$ in Benzol (97%); löst sich schlecht in kaltem H_2O und C_2H_5OH	[27]
22	$[fc{-}CH_2N(CH_3)_2CH_2{-}C_6H_4{-}CH{=}CCl{-}C_6H_4{-}CH_2N(CH_3)_2CH_2{-}fc]^{2+}$ $[Br^-]_2$	98 bis 99; Darst. wie Nr. 21 aus dem entsprechenden Monochlorstilben-Derivat (65%)	[27]
23	$[fc{-}CH_2N(CH_3)_2CH_2{-}C_6H_4{-}C{\equiv}C{-}C_6H_4{-}CH_2N(CH_3)_2CH_2{-}fc]^{2+}$ $[Br^-]_2$	156 bis 158 (Zers.); Darst. wie bei Nr. 21 aus dem entsprechenden Diphenylacetylen-Derivat (84%)	[27]
24	$fc{-}C(=O){-}CH_2C(CH_3){=}N{-}C_6H_4{-}N{=}C(CH_3)CH_2{-}C(=O){-}fc$ (m-)	schmilzt nicht; dunkelbraun; Darst. aus fc-$COCH_2COCH_3$ und m-Phenylendiamin, vgl. Nr. 8	[24]

Tabelle 26 [Fortsetzung].

Nr.	Verbindung	Schmelzpunkt und Erscheinungsform, Spektren; weitere Bemerkungen	Lit.
25	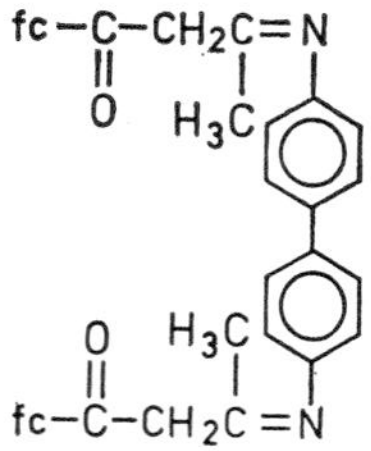 fc−C(=O)−CH₂C(CH₃)=N−C₆H₄−C₆H₄−N=C(CH₃)−CH₂−C(=O)−fc	210 bis 211 (Zers.); hellgelb; Darst. wie Nr. 24 mit Benzidin	[24]
26	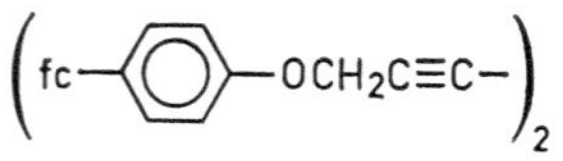 $(fc-C_6H_4-OCH_2C\equiv C-)_2$	erwähnt als Produkt der oxidativen Kupplung von fc-$C_6H_4OCH_2C\equiv CH$-p mit $Cu(CH_3COO)_2$ in Methanol/Äther/Pyridin; vgl. Nr. 27	[18, 30]
Mit heterocyclischen Brücken:			
27	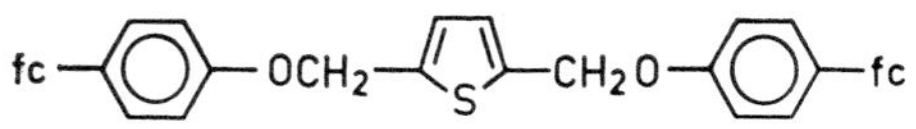 fc−C_6H_4−OCH_2−C_4H_2S−CH_2O−C_6H_4−fc	99 bis 100 (aus Cyclohexan), IR: 810 bis 820 (Thiophen), 1010, 1104 (fc), 1245 (COC); Darst. aus Nr. 26 mit H_2S in C_2H_5OH/C_2H_5ONa unter Erhitzen (58%)	[26]
*28	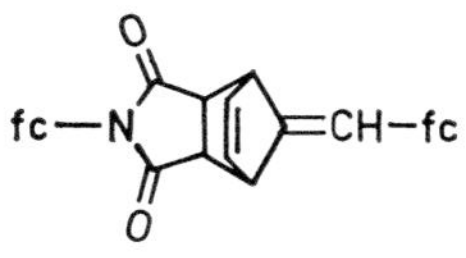 fc−N(Imid, O, O)…=CH−fc	192; gelbe Kristalle (aus Aceton/Petroläther)	[5]
*29	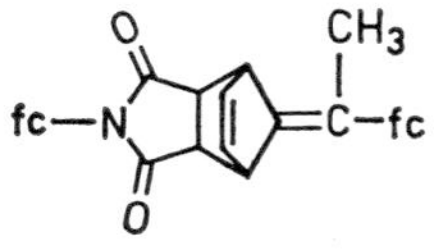 fc−N(Imid, O, O)…=C(CH_3)−fc	169 bis 170; gelbe Kristalle (aus Aceton/Petroläther), IR ist als Figur von 400 bis 2000 angegeben	[5]

Literatur s. S. 180

Tabelle 26 [Fortsetzung].

Nr.	Verbindung	Schmelzpunkt und Erscheinungsform, Spektren; weitere Bemerkungen	Lit.
30		261; tiefrote Nadeln (aus n-C_4H_9OH); Darst. durch Cyclisierung von Nr. 5 unter der Einwirkung von $POCl_3$ im Überschuß bei 130°C (59%)	[16]
31		215 bis 216.5; gelbe Kristalle (aus n-C_3H_7OH); Darst. durch Cyclisierung von Nr. 10 unter den bei Nr. 30 angegebenen Bedingungen (91.5%)	[16]
*32		318 bis 320; braungelbe Kristalle (aus Dimethylformamid)	[16]
*33		Br^--Salz: ab 257 langsame Zers.; dunkelgrüne, glänzende Kristalle	[8]
34		J^--Salz: 265 (Zers.); glänzende Kristalle mit bronzefarbenem Schimmer (aus Alkohol), UV: 608; Darst. wie Nr. 33 durch Fällung mit KJ (66%)	[8]
35		Br^--Salz: bei 245 langsame Zers.; feine bronzefarbene Kristalle; Darst. wie bei Nr. 33 aus dem entsprechenden 6-Ferrocenyl-2-methylthiazol (49%), s. XI	[8]
36		J^--Salz: 252 (Zers.); große, glänzende grüne Kristalle (aus Nitromethan), UV: 592; Darst. wie Nr. 35 durch Fällung mit KJ (55%)	[8]
Mit Si und Sn in der Brücke:			
37	$(fc\text{-}CH_2CH_2Si(CH_3)_2\text{-})_2O$	entsteht aus fc-$CH_2CH_2Si(CH_3)_3$ bei der Abspaltung einer CH_3-Gruppe mit konz. H_2SO_4	[17]
38	$(fc\text{-}CH_2CH_2CH_2Si(CH_3)_2\text{-})_2O$	104 bis 105; gelbe Kristalle; Darst. durch Reduktion der CO-Gruppe von Nr. 39 (82%); zu den Bedingungen vgl. Nr. 40	[11, 12]

Literatur s. S. 180

Tabelle 26 [Fortsetzung].

Nr.	Verbindung	Schmelzpunkt und Erscheinungsform, Spektren; weitere Bemerkungen	Lit.
39	(fc-$COCH_2CH_2Si(CH_3)_2$-)$_2$O	136 bis 137; orangefarbene Kristalle; Darst. aus fc-$COCH_2CH_2Si(CH_3)_3$ mit konz. H_2SO_4 (76%), vgl. Nr. 37	[11, 12, 22]
*40	(fc-$CH_2CH_2CH_2CH_2Si(CH_3)_2$-)$_2$O	34 bis 35; gelbe Kristalle	[12]
*41	(fc-$COCH_2CH_2CH_2Si(CH_3)_2$-)$_2$O	74 bis 75; orangefarbene Kristalle	[12]
*42	(fc-$CONHCH_2CH_2CH_2Si(CH_3)_2$-)$_2$O	156 bis 158; gelber Festkörper	[22]
*43	(fc-$COOSn(C_6H_5)_2$-)$_2$	180 bis 182; bronzefarbene Kristalle (aus Benzol), IR (KBr): 1475, 1506 (COO-Banden)	[14]
*44	(fc-$CH_2SCH_2COO)_2Sn(C_4H_9)_2$	72.5 bis 73; goldfarbene Blättchen (aus Benzol/Petroläther), ^{1}H-NMR: 5.9 (s, m, fc), 6.38 (s, CH_2), 6.8 (s, CH_2), 8.2 bis 9.2 (m, C_4H_9)	[29, 34]
π-Komplexe des Pd:			
*45	(fc-$CH{=}CH_2PdCl_2)_2$	Zers. über 145, IR: ν(C=C) bei 1530	[31]
*46	(fc-$CH_2CHCHCH_2PdCl)_2$	145 bis 147 (Zers.); gelbe Kristalle (aus Benzol/Cyclohexan), ^{1}H-NMR ($CDCl_3$): 4.68 (m, H_c), 5.91 (s, fc), 6.20 (dt, J = 11.0 und 6.0, H_b), 6.35 (dd, J = 7.0 und 0.3, H_d), 7.30 (dd, J = 11.0 und 0.3, H_e), 7.33 (d, J = 6.0, H_a), s. Formel XII	[28]
47	(fc-$CH_2CHC(CH_3)CH_2PdCl)_2$	157 bis 159 (Zers.), ^{1}H-NMR ($CDCl_3$): 5.92 (s, fc), 6.07 (t, J = 5.5, H_b), 6.20 (d, J = 0.5, H_d), 7.28 (d, J = 5.5, H_a), 7.33 (d, J = 0.5, H_e), 7.89 (s, CH_3) s. weitere Angaben zu Nr. 46 und Formel XII	[28]
48	(fc-$CH_2C(CH_3)C(CH_3)CH_2PdCl)_2$	127 bis 129, ^{1}H-NMR ($CDCl_3$): 5.92 (s, fc), 6.22 (d, J = 0.5, H_d), 7.30 (s, H_a), 7.35 (d, J = 0.5, H_e), 7.82 (s, CH_3 in c), 7.87 (s, CH_3 in b) s. weitere Angaben zu Nr. 46 und Formel XII	[28]

* Weitere Angaben:

(fc-$CH_2CH_2N(CH_3)$-)$_2$$CH_2$ (Tabelle **26**, Nr. **2**) cyclisiert in CH_3COOH mit zwei Tropfen H_3PO_4 bei 18stündigem Erhitzen zu Verbindung VII [4].

(fc-CH=CHCH=N-)$_2$ (Tabelle **26**, Nr. **4**) wird aus fc-CH=CHCHO und Hydrazinhydrat hergestellt. Die Verbindung ist bereits bei dieser Kettenlänge schwer löslich [9]. — Im Vergleich zu dem Polyen (fc-CH=CHCH=CH-)$_2$ (vgl. 6.3.1.7) ist im UV-Spektrum die $\pi\rightarrow\pi^*$-Bande mit stark erniedrigter Extinktion zu kürzeren Wellen verschoben [10].

(fc-$COCH_2C(CH_3)$=N-)$_2$$CH_2CH_2$ (Tabelle **26**, Nr. **8**). Die Darstellung erfolgt aus fc-$COCH_2COCH_3$ und Äthylendiamin (2:1 mol), wie vor der Tabelle bei dem Kern-substituierten Derivat $C_{38}H_{40}O_6N_2Fe_2$ beschrieben ist, 49.2% Ausbeute. In gleicher Weise werden die Verbindungen Nr. 9, 14, 24 und 25 mit den entsprechenden Diaminen erhalten. Im IR-Spektrum liegt bei diesen Verbindungen die C=N-Bande bei 1510 bis 1520 cm^{-1}. — Die Verbindungen sind thermisch bis zu 250 bis 300°C stabil; sie lösen sich in den meisten organischen Lösungsmitteln [24].

(fc-CH=NNHCSNHCH_2-)$_2$ (Tabelle **26**, Nr. **11**) wird aus (H_2NNH-CS-NHCH_2-)$_2$ in Dimethylformamid unter Zugabe von fc-CHO (1:2 mol) in C_2H_5OH mit kurzem Erhitzen gebildet und mit Wasser gefällt. Das IR-Spektrum ist von 750 bis 3000 cm^{-1} angegeben [20].

(fc-CH=NNHCOCH_2CH_2-)$_2$$CH_2$ (Tabelle **26**, Nr. **12**). Darstellung aus dem entsprechenden Dicarbonsäuredihydrazid und fc-CHO in absolutem C_2H_5OH unter Rückfluß und Kristallisation aus wäßrigem C_2H_5OH, 62% Ausbeute. — Für das IR- und UV-Spektrum sind für mehrere verwandte Verbindungen Absorptionsbereiche angegeben [6].

(fc-CH_2OOCNHCOCH_2CH_2-)$_2$ (Tabelle **26**, Nr. **15**). Zur Darstellung wird zunächst ClOC-(CH_2)$_4$-COCl mit AgNCO in Äther bei Zimmertemperatur umgesetzt und anschließend mit fc-CH_2OH in Tetrahydrofuran zur Reaktion gebracht; die Substanz kristallisiert aus dem Reaktionsgemisch, 64% Ausbeute [25]. — Zum chemischen Verhalten s. Nr. 7.

fc-CH=N-C_6H_4-N=CH-fc-p (Tabelle **26**, Nr. **17**) wird aus fc-CHO und p-Phenylendiamin (2.2:1 mol) in absolutem CH_3OH unter Rückfluß/1 h und bei Lichtausschluß dargestellt; die Substanz kristallisiert aus der gekühlten Lösung. — Das UV-Spektrum ist auch für Lösungen in m-Kresol angegeben [19].

$C_{30}H_{25}O_2NFe_2$ und **$C_{31}H_{27}O_2NFe_2$** (Tabelle **26**, Nr. **28** und **29**) werden durch Diels-Alder-Reaktion zwischen dem Fumarsäure-Derivat VIII und den Ferrocenylfulvenen IX (R = H oder CH_3) in Aceton unter Rückfluß/2.5 h dargestellt, Ausbeuten: 66.3 bzw. 76.4% [5].

N—CH_3 Fe fc—N O O fc C R

VII VIII IX

$C_{30}H_{22}O_2N_4Fe_2$ (Tabelle **26**, Nr. **32**) bildet sich unter N_2-Entwicklung bei der Einwirkung von fc-COCl auf 1,4-Bis-[tetrazolyl-(5)]benzol (X) in Diäthylanilin beim Erhitzen von 100 auf 160°C/20 min, 13.8% Ausbeute. — Der Schmelzpunkt wird im geschlossenen Rohr gemessen [16].

N N NH N N HN 5 6 N S CH_3 fc—CH_2—CH CH C H^d H^e a b c Pd Cl 2

X XI XII

Literatur s. S. 180

$C_{41}H_{37}BrN_2S_2Fe_2$ (Tabelle **26**, Nr. **33**). Zur Darstellung wird das Benzothiazol XI mit fc in 5-Stellung durch p-Toluolsulfonsäureäthylester bei etwa 150°C quaternisiert (3 h) und dann in absolutem Pyridin mit $HC(OC_2H_5)_3$ unter Sieden/20 min zur Reaktion gebracht. Beim Eingießen in eine heiße wäßrige Lösung von KBr und Abkühlen fällt das Br^--Salz aus, 53% Ausbeute [8].

(fc-$CH_2CH_2CH_2CH_2Si(CH_3)_2$-)$_2$O (Tabelle **26**, Nr. **40**) wird aus dem Keton Nr. 41 durch Reduktion mit Zn/Hg in Benzol mit konzentrierter Salzsäure unter Rückfluß/76 h mit 67% Ausbeute dargestellt. Entsteht auch unter CH_4-Entwicklung bei der Abspaltung einer Methyl-Gruppe aus fc-$CH_2CH_2CH_2CH_2Si(CH_3)_3$ mit konzentriertem H_2SO_4 (65% Ausbeute) [12].

(fc-$COCH_2CH_2CH_2Si(CH_3)_2$-)$_2$O (Tabelle **26**, Nr. **41**) wird aus Ferrocen und $ClOCCH_2CH_2CH_2Si(CH_3)_2Cl$ in Gegenwart von $AlCl_3$ in CH_2Cl_2 mit 75% Ausbeute synthetisiert oder aus fc-$COCH_2CH_2CH_2Si(CH_3)_3$ durch CH_3-Abspaltung (vgl. Nr. 40) gewonnen (77% Ausbeute) [12].

(fc-$CONHCH_2CH_2CH_2Si(CH_3)_2$-)$_2$O (Tabelle **26**, Nr. **42**) entsteht bei der Einwirkung von $OCNCH_2CH_2CH_2Si(CH_3)_2Cl$ auf Ferrocen in Äthylenchlorid/$AlCl_3$ unter Rückfluß/48 h und anschließender Hydrolyse; Reinigung durch Chromatographie und Kristallisation aus Äther/Benzol, 82% Ausbeute. Wenn vor der Hydrolyse $(CH_3)_2SiCl_2$ zugegeben wird, erhält man ein Polysiloxan mit zwei fc-haltigen Endgruppen. Die Verbindung erhöht als Additiv zu Polysiloxanölen deren Gelzeit beim Erhitzen auf 290°C [22].

(fc-$COOSn(C_6H_5)_2$-)$_2$ (Tabelle **26**, Nr. **43**) wird aus fc-COOH und $(C_6H_5)_2SnH_2$ in Äther bei Zimmertemperatur/24 h mit 40% Ausbeute dargestellt; es bildet sich auch beim Erhitzen von fc-COOH mit $(C_6H_5)_3SnH$ (1:2 mol) in n-Heptan während 24 h, 58% Ausbeute [14].

(fc-$CH_2SCH_2COO)_2Sn(C_4H_9)_2$ (Tabelle **26**, Nr. **44**). Die bei [29] als „Dibutylzinn-S,S'-bis-(ferrocenylthioglykolat)" bezeichnete Verbindung muß die hier angegebene Formel haben, da nach [34] das verwendete Ausgangsprodukt nicht aus „Ferrocenylthioglykolat", sondern aus fc-CH_2SCH_2COOH bestand. Diese Säure wird mit $(C_4H_9)_2SnO$ in Benzol unter Erhitzen und azeotropes Abdestillieren des gebildeten Wassers umgesetzt, 64% Ausbeute [29]. — Das IR-Spektrum (KBr) zeigt die asymmetrische COO-Schwingung bei 1608 mit einer Schulter bei 1594 cm^{-1} und die symmetrische CO-Schwingung bei 1370 cm^{-1} [29].

(fc-$CH{=}CH_2PdCl_2)_2$ (Tabelle **26**, Nr. **45**) wird durch Umsetzung von fc-$CH{=}CH_2$ mit $(C_6H_5CN)_2PdCl_2$ in Benzol bei etwa Zimmertemperatur erhalten, 90% Ausbeute. — Für das ^{57}Fe-Mössbauer-Spektrum (bei 80 K) sind angegeben: Isomerieverschiebung $\delta = 0.72 \pm 0.07$ mm · s^{-1} (gegen Nitroprussidnatrium) und Quadrupolsplitting $\Delta = 2.12 \pm 0.07$ mm · s^{-1} [31].

(fc-$CH_2CHCHCH_2PdCl)_2$ (Tabelle **26**, Nr. **46**). Darstellung bei Zimmertemperatur aus Li_2PdCl_4 in CH_3CN, zu dem fc-HgCl zugegeben und Butadien unter Normaldruck eingeleitet wird, 35% Ausbeute. Für die Darstellung der anderen π-Allyl-Komplexe Nr. 47 und 48 verwendet man die entsprechenden Diolefine in vierfachem Überschuß. Die Verbindungen werden bei der chromatographischen Reinigung an Al_2O_3 mit CH_2Cl_2 eluiert. Ausbeuten für Nr. 47 und 48: 24 bzw. 29%.

Die IR-Banden der PdCl-Brückenbindungen liegen bei 237 und 255 cm^{-1}. — Umsetzungen mit Pyridin, $P(C_6H_5)_3$ oder Tl-Acetylacetonat führen zu entsprechenden einkernigen π-Allyl-Komplexen [28].

Literatur:

[1] J. M. Osgerby, P. L. Pauson (Chem. Ind. [London] **1958** 1144/5). — [2] W. Göller (Diss. Stuttgart T.H. 1958). — [3] E. M. Acton, R. M. Silverstein (J. Org. Chem. **24** [1959] 1487/90). — [4] J. M. Osgerby, P. L. Pauson (J. Chem. Soc. **1961** 4600/4). — [5] M. Furdik, S. Toma, J. Suchy (Chem. Zvesti **17** [1963] 21/30).

[6] F. D. Popp, J. A. Kirby (J. Chem. Eng. Data **8** [1963] 604). — [7] K. Sonogashira, N. Hagihara (Kogyo Kagaku Zasshi **66** [1963] 1090/9). — [8] I. K. Ushenko, K. D. Zhikhareva, F. Z. Rodova

(Zh. Obshch. Khim. **33** [1963] 798/804; J. Gen. Chem. USSR **33** [1963] 785/90). — [9] K. Schlögl, H. Egger (Liebigs Ann. Chem. **676** [1964] 76/87). — [10] K. Schlögl, H. Egger (Liebigs Ann. Chem. **676** [1964] 88/97).

[11] Compagnie Française Thomson-Houston, E. V. Wilkus, A. Berger (F.P. 1396274 [1964/65]). — [12] E. V. Wilkus, W. H. Rauscher (J. Org. Chem. **30** [1965] 2889/96). — [13] A. Dormond, J.-P. Ravoux, J. Décombe (Bull. Soc. Chim. France **1966** 1152/3). — [14] E. J. Kupchik, R. J. Kiesel (J. Org. Chem. **31** [1966] 456/61). — [15] M. Hadlington, B. W. Rockett, A. Nelhans (J. Chem. Soc. C **1967** 1436/40).

[16] H.-J. Lorkowski, R. Pannier, A. Wende (J. Prakt. Chem. [4] **35** [1967] 149/58). — [17] R. E. Coldwell (Diss. Rensselaer Polytech. Inst. 1968 nach Diss. Abstr. B **29** [1968] 1300/1). — [18] Institute of the Petroleum-Refining Industry Central Asian Research, A. G. Makhsumov, A. Safaev, T. Yu. Nariddinov (UdSSR P. 311924 [1968/71] nach C.A. **75** [1971] Nr. 140989). — [19] E. W. Neuse, H. Rosenberg, R. R. Carlen (Macromolecules **1** [1968] 424/30). — [20] D. M. Whiles, T. Suprunchuk (Can. J. Chem. **46** [1968] 1865/71).

[21] B. Hetnarski, Z. Grabowski (Bull. Acad. Pol. Sci. Ser. Sci. Chim. **17** [1969] 391/5). — [22] E. D. Brown, A. Berger (U.S.P. 3649660 [1970/72]). — [23] B. Hetnarski, Z. Grabowski (Roczniki Chem. **44** [1970] 1053/8). — [24] T. P. Vishnyakova, I. D. Vlasova, I. A. Eremina (Zh. Org. Khim. **6** [1970] 1837/40; J. Org. Chem. [USSR] **6** [1970] 1847/9). — [25] P. Kieslack, H.-J. Lorkowski (J. Prakt. Chem. **312** [1970] 989/97).

[26] A. G. Makhsumov, T. Yu. Nasriddinov, A. M. Sladkov (Zh. Org. Khim. **7** [1971] 1764/5; J. Org. Chem. [USSR] **7** [1971] 1833/4). — [27] K. G. Tashchuk, E. E. Vittal (Izv. Vyssikh Uchebn. Zavedenii Khim. i Khim. Tekhnol. **14** [1971] 1527/9). — [28] A. Kasahara, T. Izumi (Bull. Chem. Soc. Japan **45** [1972] 1256/7). — [29] D. R. Morris, B. W. Rockett (J. Organometal. Chem. **35** [1972] 179/84). — [30] A. G. Makhsumov, I. R. Askarov (Uzbeksk. Khim. Zh. **18** [1974] 54/6).

[31] N. S. Nametkin, S. P. Gubin, I. K. Dobrov, V. D. Tyurin, A. V. Nefedev, R. A. Stukan (Izv. Akad. Nauk SSSR Ser. Khim. **1974** 1439; Bull. Acad. Sci. USSR Div. Chem. Sci. **1974** 1366). — [32] S. P. Brown (AD-A-000 753/4 GA [1974]). — [33] A. M. Osman, M. A. El-Maghsraby, Kh. M. Hassan (Bull. Chem. Soc. Japan **48** [1975] 2226). — [34] A. Ratajczak, B. Misterkiewicz (J. Organometal. Chem. **91** [1975] 73/9).

6.3.2.6 Verbindungen mit doppelten Brücken

Compounds with Double Bridges

Nur die folgenden Verbindungen I bis III sind erwähnt worden. Ein aus Kondensationsreaktionen von 1,1'-Diacetylferrocen mit Benzaldehyd isoliertes gelbes Produkt enthält möglicherweise doppelte Brücken mit einer Ätherbindung [2].

I: O O || || C–O–C Fe Fe C–O–C || || O O

II: H_3C O O CH$_3$ O–C–C$_6$H$_4$–C–O Fe Fe O–C–C$_6$H$_4$–C–O H_3C O O CH$_3$

III: CH$_3$ CH$_3$ C=N–N=C Fe Fe C=N–N=C CH$_3$ CH$_3$

$C_{24}H_{16}O_6Fe_2$ (Formel I) bildet sich aus $ClOCC_5H_4FeC_5H_4COCl$ in $CHCl_3$ bei langsamer Zugabe von Pyridin (1:5 mol) und weiterer Zugabe von Wasser, 12 h Reaktionszeit. Das aus Nitrobenzol erhaltene gelbe Pulver zersetzt sich bei 230 bis 240°C; es ist nur durch C, H, Fe-Elementaranalyse charakterisiert [1]. Ein IR-Spektrum zwischen 800 und 1800 cm^{-1} ist bei [4] angegeben. Als Hinweis für die dimere Struktur werden die Produkte der Reaktion mit wäßrigem NH_3 gewertet: $Fe(C_5H_4CONH_2)_2$, $Fe(C_5H_4COONH_4)_2$ und $HOOCC_5H_4FeC_5H_4CONH_2$ etwa im Molverhältnis 1:1:2 [1]. Zur Bildung eines Homopolymeren unter der Einwirkung von $BF_3 \cdot O(C_2H_5)_2$ auf die Verbindung und zu Copolymerisation s. [4].

$C_{40}H_{32}O_8Fe_2$ (Formel II) wird aus dem Na-Dialkoholat von 1,1'-Dihydroxy-3,3'-dimethylferrocen und Terephthalylchlorid gebildet. Der durch Chromatographie an Al_2O_3 mit $CHCl_3$ erhaltene rote Festkörper liefert nach mehrmaligem Umkristallisieren aus Pyridin orangefarbene Nadeln, die sich bei 268.5 bis 271°C zersetzen. Im IR-Spektrum (als Figur angegeben) liegt die CO-Bande bei 1732 cm^{-1}. Die Substanz löst sich nur wenig in $CHCl_3$, Pyridin, CH_3COOH und CF_3COOH [3].

$C_{28}H_{28}N_4Fe_2$ (Formel III) ist wahrscheinlich das niedermolekulare Produkt, das bei Darstellungsversuchen von Polyazinen aus 1,1'-Diacetylferrocen und Hydrazin gebildet und durch Extraktion des Reaktionsproduktes mit Chlorbenzol isoliert wird. Die dunkelrote, kristalline Substanz zeigt massenspektroskopisch das erwartete Molekulargewicht [5].

Literatur:

[1] A. N. Nesmeyanov, O. A. Reutov (Dokl. Akad. Nauk SSSR **120** [1958] 1267/70; Proc. Acad. Sci. USSR Chem. Sect. **118/123** [1958] 503/6). — [2] T. A. Mashburn, C. E. Cain, C. R. Hauser (J. Org. Chem. **25** [1960] 1982/6). — [3] C. D. Mitchell (Diss. Univ. Illinois, Urbana 1963; Diss. Abstr. **24** [1964] 3545). — [4] K. Ban, T. Saegusa, J. Furukawa (Kogyo Kagaku Zasshi **69** [1966] 148/61). — [5] R. G. Gamper, P. T. Funke, A. A. Volpe (AD-717648 [1970]; C.A. **75** [1971] Nr. 64382).

Binuclear Ferrocene Derivatives with Heteroatomic Bridges

6.4 Zweikernige Ferrocen-Derivate mit heteroatomaren Brücken

Der folgende Abschnitt faßt Verbindungen zusammen, die als Brücken zwischen zwei Ferrocenkernen nur Hetereoatome, d.h. alle Elemente außer Kohlenstoff, enthalten; eine Ausnahme bildet die letzte Gruppe von Verbindungen mit zweifachen Brücken, 6.4.7, bei denen in einer der Brücken auch C-Atome auftreten. Die Reihenfolge der Behandlung richtet sich nach der Art des Hetereoatoms gemäß dem Gmelin-System der Elemente, s. Innenseite der Einbanddecke. Sie beginnt, da ein Diferrocenyläther nicht bekannt ist, mit Diferrocenylaminen und anderen Verbindungen mit mehreren N-Atomen in der Brücke. Weitere Substituenten an den Brückenatomen können organische Gruppen sein.

Compounds with Nitrogen Bridges

6.4.1 Verbindungen mit Stickstoff-Brücken

fc-NH-fc (Diferrocenylamin) wird mit 70% Ausbeute durch Reduktion von fc-N($COCH_3$)-fc mit $LiAlH_4$ in siedendem Äther (6 h) dargestellt; die Trennung von gleichzeitig gebildetem fc-N(C_2H_5)-fc (8.3% Ausbeute) erfolgt durch Fällung als [fc-NH_2-fc]Cl mit HCl in absolutem Äther; kann aus Hexan oder wäßrigem Alkohol umkristallisiert werden. Die gelben Kristalle schmelzen bei 152 bis 153°C (unter N_2). Sie lösen sich leicht in Benzol, Äther und Alkohol, schwer in Hexan. Das Amin löst sich in konzentrierter Salzsäure, läßt sich aber mit verdünnten Säuren aus seiner Benzollösung nicht extrahieren [8]. Zur Reaktion mit $[(C_2H_5)_3O]BF_4$ s. fc-N(C_2H_5)-fc.

fc-N(C_2H_5)-fc läßt sich aus fc-NH-fc in trocknem CH_2Cl_2 und $[(C_2H_5)_3O]BF_4$ während 5 bis 10 min bei Zimmertemperatur mit 56% Ausbeute darstellen. Wird von Al_2O_3 mit Hexan eluiert und aus Hexan umkristallisiert, Schmelzpunkt 149 bis 149.5°C (unter N_2). Zur Bildung aus fc-N($COCH_3$)-fc neben fc-NH-fc s. dort; in dieser Reaktion werden die beiden Produkte in etwa gleichen Mengen gebildet, wenn man einen großen Überschuß an $LiAlH_4$ verwendet. Die weniger leichte Bildung eines Hydrochlorids erlaubt die Trennung der beiden Amine. fc-N(C_2H_5)-fc löst sich leicht in organischen Lösungsmitteln [8].

fc-N($COCH_3$)-fc. Die Darstellung erfolgt durch Metallierung von fc-$NHCOCH_3$ mit C_2H_5ONa bei etwa 150°C/40 min und weitere Umsetzung des fc-N(Na)$COCH_3$ mit fc-Br/Cu_2Br_2 bei 110 bis 120°C/1 h. Aus dem Ätherextrakt des Reaktionsproduktes isoliert man die Verbindung durch Chromatographie an Al_2O_3 (mit Petroläther/Äther) neben etwas weniger Ferrocen sowie geringen Mengen Biferrocen und fc-N=N-fc. Die gelbe kristalline Substanz (aus Heptan) schmilzt bei 176°C (unter N_2). Sie löst sich in Äther und Benzol [8].

fc-N=N-fc („Azoferrocen") kann auf einigen der für Azobenzolverbindungen bekannten Wegen nicht erhalten werden, vgl. [1, 3]. Man setzt daher fc-Li in Äther [1] oder Äther/Tetrahydrofuran [3] mit einem Überschuß N_2O bei etwa −20°C bis Zimmertemperatur um und isoliert die Substanz nach Hydrolyse durch Chromatographie an Al_2O_3, 25 bis 30% Ausbeute (bezogen auf umgesetztes fc-H) [1, 3]. Es entsteht mit praktisch quantitativer Ausbeute bei vierstündiger Oxidation von fc-NH_2 in Benzol mit Luft in Gegenwart von Cu_2Br_2 [7]. Bei der Thermolyse von fc-N_3 erhält man die Verbindung in Ausbeuten bis zu 44% (besonders in Cyclohexan) neben fc-NH_2 [9]. Es wird nach [2] auch bei der Reduktion von fc-NO_2 mit $LiAlH_4$ neben fc-NH_2 erhalten. Zur Bildung als Nebenprodukt aus fc-N($COCH_3$)-fc s. dort.

Die tiefvioletten Kristalle (aus Benzol) schmelzen unter Zersetzung bei 256 bis 258°C (geschlossenes Rohr) [1, 3]. Im ^{13}C-NMR-Spektrum (in $CHCl_3$, δ-Werte gegen $Si(CH_3)_4$) ist kein großer Einfluß der Azogruppe auf die Abschirmung der C-Atome in 2- und 3-Stellung festzustellen: δ = 64.11 (C-2), 69.44 (C-3) und 69.70 (C-1') ppm; das Fehlen eines Wertes für das 1-C-Atom wird nicht kommentiert [10]. Absorptionsbanden im Elektronenspektrum (iso-Octan) liegen bei λ_{max} (lg ε) = 315 (2.55), 375 (1.88) und 510 (1.91) nm [1, 3].

Azoferrocen ist an der Luft stabil und löst sich in Petroläther, Benzol, Äther und Äthanol. Es wird an Pt in Eisessig zu fc-NH_2 hydriert [1]. Die Reduktion mit Zn-Staub in Alkohol/Benzol unter Zugabe von 20%igem NaOH [3] oder konzentriertem HCl [6] und Erhitzen ergibt bis zu 100% Ausbeute an fc-NH_2 [6]. Auch $N_2H_4 \cdot H_2O$ reduziert zu fc-NH_2; die Verbindung reagiert aber nicht mit $LiAlH_4$, Li in Tetrahydrofuran oder C_6H_5MgBr. Die Einwirkung starker Säuren, z. B. konzentrierte Salzsäure, in dem sich die Verbindung löst, oder konzentrierte Schwefelsäure/Benzylalkohol, führt neben Zersetzung zu fc-NH_2; Produkte einer Umlagerung vom Benzidin-Typ werden nicht gefunden [3].

$ClC_5H_4FeC_5H_4$-N=N-$C_5H_4FeC_5H_4Cl$ (1',1'''-Dichlorazoferrocen) wird durch fünfstündige Luftoxidation von $ClC_5H_4FeC_5H_4NH_2$ in Benzol in Gegenwart von Cu_2Br_2 dargestellt, 50.5% Ausbeute. Die aus Benzol/Heptan umkristallisierte Substanz schmilzt unter N_2 bei 166°C [7].

fc-N=N-NH-fc (Diazoaminoferrocen) wird aus fc-Li in Äther/Tetrahydrofuran und fc-N_3 unter Eiskühlung dargestellt. Bräunlichrote Kristalle aus Benzol/Hexan, die sich unter Vakuum bei 150 bis 152°C zersetzen [5]. In konzentrierter Salzsäure bildet die Verbindung bei −40 bis −20°C eine violette Lösung von [fc-N_2]Cl und fc-NH_2; das Diazoniumsalz zerfällt ab −15°C in fc-Cl und N_2 [4].

Literatur:

[1] A. N. Nesmeyanov, E. G. Perevalova, T. V. Nikitina (Tetrahedron Letters **1960** 1/2). — [2] J. F. Helling (Diss. Ohio State Univ. 1960 nach Diss. Abstr. **21** [1961] 2109). — [3] A. N. Nesmeyanov, E. G. Perevalova, T. V. Nikitina (Dokl. Akad. Nauk SSSR **138** [1961] 1118/21; Proc. Acad. Sci. USSR Chem. Sect. **138** [1961] 584/7). — [4] A. N. Nesmeyanov, V. D. Drozd, V. A. Sazonova (Dokl. Akad. Nauk SSSR **150** [1963] 102/4; Dokl. Chem. Proc. Acad. Sci. USSR **150** [1963] 393/5). — [5] A. N. Nesmeyanov, V. N. Drozd, V. A. Sazonova (Dokl. Akad. Nauk SSSR **150** [1963] 321/4; Dokl. Chem. Proc. Acad. Sci. USSR **150** [1963] 416/9).

[6] A. N. Nesmeyanov, T. V. Nikitina, E. G. Perevalova (Izv. Akad. Nauk SSSR Ser. Khim. **1964** 197/9; Bull. Acad. Sci. USSR Div. Chem. Sci. **1964** 184/5). — [7] A. N. Nesmeyanov, V. A. Sazonova, V. I. Romanenko (Dokl. Akad. Nauk SSSR **157** [1964] 922/5; Dokl. Chem. Proc. Acad. Sci. USSR **157** [1964] 765/8). — [8] A. N. Nesmeyanov, V. A. Sazonova, V. I. Romanenko (Dokl. Akad. Nauk SSSR **161** [1965] 1085/8; Dokl. Chem. Proc. Acad. Sci. USSR **161** [1965] 343/6). — [9] R. A. Abramovitch, C. I. Azogu, R. G. Sutherland (Proc. 4th Intern. Conf. Organometal. Chem., Bristol 1969, S. G4). — [10] A. N. Nesmeyanov, P. V. Petrovskii, L. A. Fedorov, V. I. Robas, E. I. Fedin (Zh. Strukt. Khim. **14** [1973] 49/57; J. Struct. Chem. USSR **14** [1973] 42/9).

6.4.2 Verbindungen mit Schwefel- und Selen-Brücken

Compounds with Sulfur and Selenium Bridges

fc-S-fc wird von [4] aus fc-SNa und fc-J in Gegenwart von Cu-Bronze bei 150°C Badtemperatur (8 h) neben etwas fc-H und fc-S-S-fc mit 60% Ausbeute erhalten; die Nebenprodukte lassen sich durch Dampfdestillation in Gegenwart von Zn-Pulver abtrennen. fc-S-fc wird aus dem

Rückstand mit Benzol extrahiert, durch Chromatographie an Al_2O_3 gereinigt und aus n-Heptan umkristallisiert. Eine Darstellung aus fc-Hg-fc und Schwefel gelingt nicht [4].

Die orangefarbenen Nadeln schmelzen bei 161.5 bis 162°C. Das IR-Spektrum (KBr) hat charakteristische Banden der fc-Gruppen bei 820, 1003, 1105, 1415 und 3100 cm^{-1} sowie weitere Banden bei 883 und 1025 cm^{-1} [4].

fc-S-S-fc entsteht mit 96% Ausbeute durch Luftoxidation von fc-SH in ammoniakalischer Lösung von H_2O/C_2H_5OH [1], s. auch [3]. 92% Ausbeute werden erhalten, wenn man fc-SCN in CH_3OH mit 2N NaOH unter Rückfluß erhitzt [7]; oder man setzt fc-Hg-fc in Alkohol mit $(SCN)_2$ um und reduziert das wahrscheinlich intermediäre fc-SCN mit $Na_2S_2O_3$, 15% Ausbeute [2, 5]. Nach [7] bleibt aber $Na_2S_2O_3$ ohne Einwirkung auf fc-SCN, so daß die Umwandlung in das Disulfid bei der Chromatographie infolge Hydrolyse an Al_2O_3 eingetreten sein muß, vgl. auch unten. Bei der Reaktion von fc-J mit CuSCN in Pyridin unter Rückfluß erhält man das Disulfid mit 47.9% Ausbeute und erklärt seine Bildung durch Reduktion von fc-SCN mit CuCNS [12]; da chromatographisch an Al_2O_3 aufgearbeitet wurde, ist auch hier Hydrolyse des fc-SCN nicht auszuschließen. Weitere Bildungsweisen: bei der Hydrierung von fc-SO_2Cl an Pd/Kohle in schwankenden und allgemein geringen Ausbeuten [1], bei der Reduktion von fc-SO_2Cl mit $LiAlH_4$ über fc-SH [3], bei dem Versuch einer Friedel-Crafts-Reaktion zwischen fc-SO_2Cl und fc-H [1], in geringen Mengen bei der Reaktion von fc-Hg-fc mit Schwefel bei 160 bis 180°C [4] und bei der Umsetzung von fc-S-AuP$(C_6H_5)_3$ mit HBF_4 in Äther [9] oder mit Br_2 in CH_2Cl_2 [10], hohe Ausbeuten in beiden Reaktionen. Bei der Reinigung durch Chromatographie an Al_2O_3 wird fc-S-S-fc mit Petroläther/Benzol (1:1) eluiert [7].

fc-S-S-fc kristallisiert aus Benzol in goldgelben Blättchen [1], Schmelzpunkt: 192°C [1, 7], 185 bis 187°C (kristallisiert aus Alkoholen) [2, 4]. Das IR-Spektrum (KBr) zeigt folgende Banden: 807, 821, 834, 890, 1005, 1030, 1054, 1111, 1171 und 1411 cm^{-1} [1].

Die Verbindung löst sich gut in Benzol, weniger gut in Petroläther und Äther [2]. Sie geht bei der Reduktion mit $LiAlH_4$ in Äther [3] oder Tetrahydrofuran [1] unter Rückfluß in fc-SH über.

Substitutionsprodukte von fc-S-S-fc der Formeln I bis III werden im folgenden als $Fe_2C_{20}H_{16}S_2R_2$ abgekürzt. Eine gemeinsame Darstellungsmethode dieser Substanzen besteht in der alkalischen Hydrolyse von entsprechend substituierten Ferrocenylthiocyanaten; diese Hydrolyse der Ferrocenylthiocyanate unter Bildung von Diferrocenyldisulfiden tritt auch bei längerem Kontakt mit Al_2O_3 ein [7].

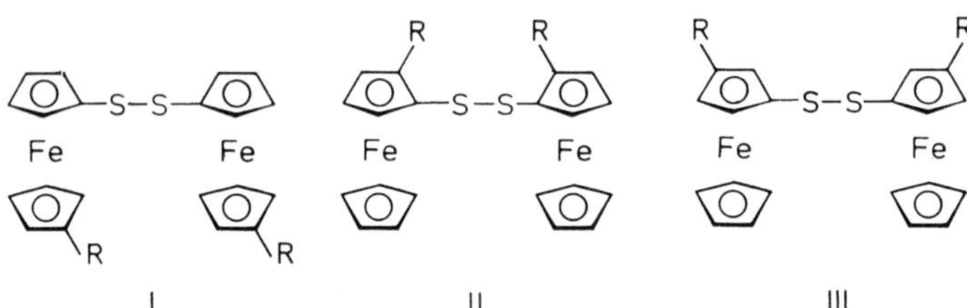

$Fe_2C_{20}H_{16}S_2(CH_3)_2$-1′,1‴ (Formel I, $R = CH_3$, „Di-(1′-methylferrocenyl)disulfid"). Zur Darstellung wird $CH_3C_5H_4FeC_5H_4SCN$ in Methanol mit 2NaOH unter Rückfluß (4 h) erhitzt und aus dem Ätherextrakt die Verbindung durch Chromatographie an Al_2O_3 isoliert, 97% Ausbeute. Entsteht auch mit 53% Ausbeute bei der Behandlung von $ClOCC_5H_4FeC_5H_4SO_2Cl$ mit $LiAlH_4$ in Äther unter Rückfluß (18 h) und der Oxidation des intermediären $CH_3C_5H_4FeC_5H_4SH$ mit Luft in ammoniakalischem H_2O/C_2H_5OH. Kristallisation aus Petroläther gibt goldgelbe Blättchen vom Schmelzpunkt 101.5 bis 102.5°C [7].

$Fe_2C_{20}H_{16}S_2(CH_3)_2$-2,2″ (Formel II, $R = CH_3$, „Di-(2-methylferrocenyl)disulfid") wird durch Hydrolyse wie oben mit 67% Ausbeute aus $C_5H_5FeC_5H_3(CH_3\text{-}2)SCN$ erhalten. 16stündige Adsorption des gleichen Produktes in Petroläther/Benzol an Al_2O_3 führt ebenfalls zur Bildung des Disulfids (69% Ausbeute), das aus Petroläther in braunen Blättchen kristallisiert, Schmelzpunkt: 151 bis 153°C; Sublimation bei 140°C/0.02 Torr [7].

$Fe_2C_{20}H_{16}S_2(CH_3)_2$-3,3″ (Formel III, R = CH_3, „Di-(3-methylferrocenyl)disulfid"). Darstellung wie die vorangegangene Substanz durch Hydrolyse in CH_3OH (74% Ausbeute) oder an Al_2O_3 (24 h, 97% Ausbeute). Die Substanz wird als viskoses braunes Öl isoliert, das im Hochvakuum destilliert werden kann [7].

$Fe_2C_{20}H_{16}S_2(Si(CH_3)_3)_2$-1′,1‴ (Formel I, R = $Si(CH_3)_3$) wird durch alkalische Hydrolyse von $(CH_3)_3SiC_5H_4FeC_5H_4SCN$ wie oben mit 58% Ausbeute hergestellt. Bildet sich auch bei der Behandlung des gleichen Thiocyanats mit CH_3MgJ neben fc-SCH_3. Wird von Al_2O_3 mit Petroläther eluiert und kristallisiert in orangefarbenen Nadeln vom Schmelzpunkt 115 bis 116°C [8].

fc-SO_2-fc bildet sich in geringer Ausbeute bei der Umsetzung von fc-Hg-fc mit fc-SO_2Cl in siedendem Benzol (18 h) neben fc-H und fc-HgCl [2]; bei Verwendung von fc-SO_2J steigt die Ausbeute auf 27% bei verminderter Bildung von fc-H [5]. Zur Darstellung wird fc-Br mit $(fc\text{-}SO_2)_2Cu$ in Dimethylformamid bei Zimmertemperatur/2 d zur Reaktion gebracht, 85% Ausbeute [6]; Kristallisation aus Butylalkohol [2] oder Benzol [6]. Schmelzpunkt: 270 bis 273°C unter Zersetzung [2, 6]. — Im ^{57}Fe-γ-Resonanzspektrum werden für die Isomerieverschiebung δ und die Quadrupolaufspaltung Δ folgende Werte gemessen (^{57}Co-Quelle in Stahl): bei 80 K $\delta = 0.49$ und $\Delta = 2.40$ mm · s^{-1}, bei 300 K $\delta = 0.43$ und $\Delta = 2.27$ mm · s^{-1} [11].

fc-SO_2S-fc („Ferrocenyl-ferrocenthiolsulfonat") tritt bei der thermischen Zersetzung von fc-SO_2NHNH_2 bei 150 bis 160°C Badtemperatur auf. Es kristallisiert aus Benzol/Petroläther in goldgelben Blättchen, Schmelzpunkt 194 bis 195°C unter Zersetzung und nach Dunkelfärbung ab 180°C.

^1H-NMR-Spektrum ($CDCl_3$): $\tau = 5.60$ (m) und 5.68 (m), 5.79 (s) und 5.82 (m). Aus dem IR-Spektrum (KBr) sind zwei Banden bei 1120 und 1320 cm^{-1} angegeben [13].

fc-Se-fc entsteht bei der Einwirkung von $SeBr_4$ auf eine Suspension von fc-Hg-fc in siedendem $CHCl_3$, wobei das Se^{IV} durch fc-Gruppen oder bei der anschließenden Behandlung des Reaktionsproduktes mit wäßrigem $Na_2S_2O_3$ reduziert wird, 21% Ausbeute [2]. Als bessere Darstellungsmethoden werden neuerdings mitgeteilt die Reaktion von fc-HgCl mit fc-SeCN in CH_3CN unter Rückfluß/2 h (100% Ausbeute) oder die Umsetzung von fc-HgCl mit $Cu(SeCN)_2$ (4:1 mol) unter gleichen Bedingungen (45% Ausbeute) [14]. Die Verbindung wird von Al_2O_3 mit CH_2Cl_2/C_7H_{16} eluiert und aus Heptan kristallisiert [14], Kristallisation auch aus Alkoholen [2].

Schmelzpunktsangaben: 151 bis 153°C [2], 161 bis 162°C [14]. ^1H-NMR-Spektrum ($CDCl_3$): $\tau = 5.78$ (m), 5.9 (s) und 5.95 (m). Das IR-Spektrum (KBr) ist von 490 bis 3100 cm^{-1} angegeben. UV-Banden (CH_3CN) liegen bei λ_{max} (ε) = 224 (18000), 227 (18500), 262 (10000) und 440 (400) nm [14].

Aus der Cyclovoltammetrie ermittelte Halbwellenpotentiale (in CH_3CN, gegen SCE) liegen bei $E_{1/2} = 0.46$ und 0.68 V. Ausreichend stabile Lösungen der Kationen $[fc\text{-}Se\text{-}fc]^{n+}$ können durch Coulometrie in CH_3CN (für n = 1) und in CH_2Cl_2 (für n = 2 mit genau 2 F/mol) erhalten werden. Der Abstand der Oxidationspotentiale deutet darauf hin, daß das Se-Atom die fc-Reste weniger „isoliert" als die Methylen-Gruppe in fc-CH_2-fc, was wahrscheinlich auf induktive Effekte über das stärker polarisierbare Se zurückzuführen ist. Im Spektrum der Kationen ist die $[fc\text{-}Se\text{-}fc]^+$-Absorption ($^2E_{2g} \rightarrow {}^2E_{2u}$ bei etwa 617 nm) stark verschoben: für n = 1 zu 860 ($\varepsilon = 1350$) nm und für n = 2 zu 810 ($\varepsilon = 1000$) nm [14].

fc-Se-Se-fc wird wie oben aus fc-HgCl und $Cu(SeCN)_2$ (jedoch 2:1 mol) in siedendem CH_3CN dargestellt, 38% Ausbeute neben 54% fc-SeCN.

Schmelzpunkt: 181 bis 183°C. ^1H-NMR-Spektrum ($CDCl_3$): $\tau = 5.67$ und 5.72 (A_2B_2-System mit J = 1.8 Hz), 5.8 (s). Das IR-Spektrum in KBr ist von 500 bis 3080 cm^{-1} angegeben.

Die Oxidationspotentiale (zu den Bedingungen s. fc-Se-fc) liegen bei $E_{1/2} = 0.53$ und 0.67 V. Lösungen der Kationen $[fc\text{-}Se\text{-}Se\text{-}fc]^{n+}$ können wie oben dargestellt werden. Für die $[fc\text{-}Se\text{-}Se\text{-}fc]^+$-Absorptionsbanden sind angegeben 840 ($\varepsilon = 550$) und 780 ($\varepsilon = 1000$) nm bei n = 1 bzw. 2 [14].

Literatur:

[1] G. R. Knox, P. L. Pauson (J. Chem. Soc. **1958** 692/6). — [2] A. N. Nesmeyanov, E. G. Perevalova (Dokl. Akad. Nauk SSSR **119** [1958] 288/91; Proc. Acad. Sci. USSR Chem. Sect. **119** [1958] 215/7). — [3] A. N. Nesmeyanov, E. G. Perevalova, S. S. Churanov, O. A. Nesmeyanova (Dokl. Akad. Nauk SSSR **119** [1958] 949/52; Proc. Acad. Sci. USSR Chem. Sect. **119** [1958] 281/4). — [4] M. D. Rausch (J. Org. Chem. **26** [1961] 3579/80). — [5] A. N. Nesmeyanov, E. G. Perevalova, O. A. Nesmeyanova (Izv. Akad. Nauk SSSR Otd. Khim. Nauk **1962** 47/52; Bull. Acad. Sci. USSR Div. Chem. Sci. **1962** 40/4).

[6] V. N. Drozd, V. A. Sazonova, A. N. Nesmeyanov (Dokl. Akad. Nauk SSSR **159** [1964] 591/4; Dokl. Chem. Proc. Acad. Sci. USSR **159** [1964] 1213/6). — [7] G. R. Knox, I. G. Morrison, P. L. Pauson (J. Chem. Soc. C **1967** 1842/7). — [8] G. Marr, T. M. White (J. Chem. Soc. C **1970** 1789/92). — [9] E. G. Perevalova, D. A. Lemenovskii, K. I. Grandberg, A. N. Nesmeyanov (Dokl. Akad. Nauk SSSR **203** [1972] 1320/3; Dokl. Chem. Proc. Acad. Sci. USSR **203** [1972] 375/8). — [10] A. N. Nesmeyanov, K. I. Grandberg, D. A. Lemenovskii, O. B. Afanasova, E. G. Perevalova (Izv. Akad. Nauk SSSR Ser. Khim. **1973** 887/90; Bull. Acad. Sci. USSR Div. Chem. Sci. **1973** 856/9).

[11] R. A. Stukan, S. P. Gubin, A. N. Nesmeyanov, V. I. Gol'danskii, E. F. Makarov (Teor. i Eksperim. Khim. **2** [1966] 905/11; Theor. Exptl. Chem. [USSR] **2** [1966] 581/4). — [12] M. Sato, I. Motoyama, K. Hata (Bull. Chem. Soc. Japan **43** [1970] 2213/7). — [13] R. A. Abramovitch, W. D. Holcomb (J. Org. Chem. **41** [1976] 491/7). — [14] P. Shu, K. Bechgaard, D. O. Cowan (J. Org. Chem. **41** [1976] 1849/52).

Compounds with Boron and Silicon Bridges

6.4.3 Verbindungen mit Bor- und Silicium-Brücken

fc-B(C_6H_5)-fc ist bei [5] als Produkt der Reaktion von $C_6H_5BCl_2$ mit einem Überschuß fc-Li neben $B(fc)_3$ erwähnt, aber nicht näher charakterisiert.

fc-B(OH)-fc („diferrocenylborinic acid") entsteht neben Bfc_3 und fc_2BOBfc_2 bei der Umsetzung von fc-Li in Hexan/Äther mit $BF_3 \cdot O(C_2H_5)_2$ bei Zimmertemperatur in etwa 5 h und Hydrolyse des Reaktionsproduktes; bei der chromatographischen Trennung an Al_2O_3 wird die Verbindung als letzte mit Äther eluiert [12]. Als Ausgangsprodukt kann nach [5] auch $B(OC_4H_9\text{-n})_3$ mit fc-Li in Tetrahydrofuran umgesetzt werden. Bildet sich beim Erhitzen von Bfc_3 (an der Luft?) nicht durch primäre Oxidation zu fc_2BOfc [3], sondern infolge Hydrolyse [14].

fc-B(OH)-fc ist ein orangefarbener [3], orangeroter [12] kristalliner Festkörper [3], Schmelzpunkt (unter Zersetzung): 172 bis 173°C bei schnellem Erhitzen in einem Bad von 170°C [3], 159 bis 161°C nach [12]. Die Verbindung existiert im kristallinen Zustand in zwei Formen, über die keine näheren Angaben vorliegen [14]. Das ^1H-NMR-Spektrum ($CDCl_3$) hat chemische Verschiebungen bei $\tau = 5.47$ (s, OH), 5.81 (breites s, C_5H_4) und 5.86 (s, C_5H_5). Als Hauptbanden des IR-Spektrums (in Nujol) werden genannt: 462, 473, 485, 537, 569, 595, 642, 689, 700, 752, 761, 817, 924, 998, 1014, 1043, 1067, 1081, 1100, 1150, 1283 und 3590 (OH) cm^{-1}. Intramolekulare Wechselwirkung der OH-Gruppe mit dem fc-System, vgl. fc-CH_2OH, liegt hier nicht vor; bei der Diskussion dieser Frage wird für die Valenzschwingung des freien OH ein anderer Wert von 3641 cm^{-1} angegeben, eine leichte Asymmetrie dieser Bande kann durch verschiedene rotationsisomere Konfigurationen verursacht sein [12], s. auch [11].

Im Massenspektrum treten neben dem Molekelion als häufigste Fragmente $[fc\text{-}H]^+$ und $[fc\text{-}BO]^+$ auf, deren Bildung durch eine Vierzentrenumlagerung im Molekelion erklärt und durch Einführung von Deuterium erhärtet werden kann; ein Schema der weiteren Fragmentierung ist angegeben [12]. — In Lösung liegen zwei Formen der Verbindung vor, von denen eine auf Grund der Abweichungen vom Beerschen Gesetz und nach Molgewichtsbestimmungen offenbar aus einem intermolekularen Assoziat besteht [14]. Beim Erhitzen auf 100 bis 110°C/1 h bildet sich fc_2BOBfc_2 [3].

$\mathbf{C_{20}H_{16}Fe_2Si}$ (Bis(1,1'-ferrocendiyl)silan, Formel I) wird bei der Umsetzung von $SiCl_4$ mit einer Suspension von 1,1'-Dilithioferrocen (als Tetramethylendiamin-Komplex) in Hexan in 7%iger Ausbeute als roter, luftstabiler Festkörper erhalten.

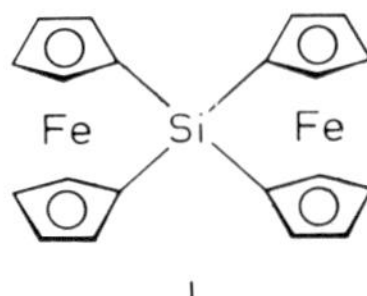

I

^{1}H-NMR-Spektrum ($CDCl_3$): $\tau = 5.35$ (t) und 5.50 (t); das Spektrum ist vom Lösungsmittel abhängig, für C_6D_6-Lösungen wird nur ein Singulett bei $\tau = 5.53$ angegeben. Im UV-Spektrum (Cyclohexan) liegt die Ferrocen-Bande bei 483 nm mit $\varepsilon = 54\ m^2 \cdot mol^{-1}$. Die spektralen Eigenschaften sind für eine Neigung der C_5H_4-Ringe charakteristisch; der Diederwinkel könnte hier bis zu 40° betragen [14].

fc-Si(CH$_3$)$_2$-fc wird aus fc-Li in Tetrahydrofuran/Hexan und $(CH_3)_2SiCl_2$ bei Zimmertemperatur dargestellt; das nach Hydrolyse und Chromatographie an Al_2O_3 erhaltene Produkt (67% Ausbeute) ist nur durch Schmelzpunkt, 101 bis 101.5°C, und Elementaranalyse charakterisiert [2].

[C$_5$H$_5$FeC$_5$H$_3$(CH$_2$N(CH$_3$)$_2$-2]$_2$Si(CH$_3$)$_2$ wird durch Umsetzung von $C_5H_5FeC_5H_3(CH_2N(CH_3)_2$-2)Li mit $(CH_3)_2SiCl_2$ in Äther/Hexan unter Rückfluß/20 h dargestellt und nach Hydrolyse durch Destillation isoliert, 55% Ausbeute. Die als rotes Öl anfallende Substanz siedet bei 120 bis 122°C/0.5 Torr.

Das ^{1}H-NMR-Spektrum (CCl_4) zeigt chemische Verschiebungen bei $\tau = 5.94$ (C_5H_3), 5.97 (C_5H_5), 6.43 und 7.27 (d, CH_2, J = 12 Hz), 7.93 (CH_3-N) und 9.74 (CH_3-Si). IR-Banden (als Film aufgenommen) der Ferrocenyl-Gruppen liegen bei 885, 930, 1000 und 1100 cm^{-1}. — Die Verbindung zersetzt sich langsam bei Zimmertemperatur und kann in das folgende Methojodid übergeführt werden [4].

[C$_5$H$_5$FeC$_5$H$_3$(CH$_2$N(CH$_3$)$_3$J-2)]$_2$Si(CH$_3$)$_2$, erhalten aus dem vorstehenden Amin mit einem Überschuß CH_3J in CH_3CN, kristallisiert aus CH_3CN/Äther in rotgelben Blättchen vom Schmelzpunkt 218 bis 220°C unter Zersetzung [4].

fc-Si(C$_6$H$_5$)$_2$-fc wird analog dem Dimethyl-Derivat, s. oben, mit 42% Ausbeute dargestellt [2]. Es entsteht auch in geringer Menge neben fc-$Si(C_6H_5)_2OH$ bei der direkten Silylierung von fc-H mit $(C_6H_5)_2Si(Cl)N(C_2H_5)_2$ in Gegenwart von $AlCl_3$ in siedendem n-Octan [6].

Die gelborangefarbenen Blättchen (aus n-Heptan) schmelzen bei 181 bis 182°C [6], nach [2] bei 185.5 bis 186°C. ^{1}H-NMR-Spektrum ($CDCl_3$): $\tau = 2.37$ und 2.61 (m's, C_6H_5), 5.53 und 5.66 (t's, C_5H_4), 6.08 (s, C_5H_5) [2], als δ-Werte angegeben, aber mit τ bezeichnet. — Zur Bildung von explosiven Addukten mit $Hg(NO_3)_2$ s. [10].

fc-Si(CH$_3$)(Si(CH$_3$)$_3$)-fc (1,1-Diferrocenyltetramethyldisilan) entsteht aus fc-Li und $(CH_3)_3Si\text{-}Si(CH_3)Cl_2$ in Äther bei langer Reaktion bei Zimmertemperatur und unter Rückfluß mit 17.8% Ausbeute. Das aus Petroläther kristallisierte Produkt schmilzt bei 121 bis 122°C. — ^{1}H-NMR-Spektrum (CCl_4): $\tau = 5.87$ (C_5H_4), 5.98 (C_5H_5), 9.45 (CH_3 am Brücken-Si), 9.83 ($Si(CH_3)_3$) [13].

fc-(Si(CH$_3$)$_2$)$_3$-fc (1,3-Diferrocenylhexamethyltrisilan) wird entsprechend der vorangegangenen Verbindung mit $Cl(\text{-}Si(CH_3)_2\text{-})_3Cl$ und fc-Li in 5.4% Ausbeute erhalten. Die kristalline Verbindung schmilzt bei 136 bis 137°C. — ^{1}H-NMR-Spektrum (CCl_4): $\tau = 5.94$ (C_5H_4), 5.97 (C_5H_5), 9.77 (CH_3 neben fc) und 10.05 (mittlere CH_3) [13].

fc-Si(OH)$_2$-fc bildet sich neben fc$_3$SiOH bei der Reaktion von fc-H mit $Cl_2Si(N(CH_3)_2)_2$ in Gegenwart von $AlCl_3$ in siedendem n-Octan/20 h und wird nach Hydrolyse durch Chromatographie an SiO_2 isoliert. — Fällt aus n-Heptan als gelborangefarbenes Pulver vom Schmelzpunkt 167 bis 168.5°C an [7], s. auch [8].

fc-Si(CH$_3$)$_2$-O-Si(CH$_3$)$_2$-fc wird durch Hydrolyse von fc-Si$(CH_3)_2$Cl mit H_2O und $N(C_2H_5)_3$ in äquimolaren Mengen in Äther dargestellt, 71% Ausbeute [9]. Zur Bildung aus $(CH_3)_2Si(Cl)N(C_2H_5)_2$ und fc-H unter Friedel-Crafts-Bedingungen und anschließender Hydrolyse (16 bis 27% Ausbeute) s. auch [6].

Das Disiloxan bildet aus Hexan orangefarbene Blättchen [9], aus Methanol gelborangefarbene Nadeln [6], Schmelzpunkt: 76 bis 77°C [6, 9]. ^{1}H-NMR-Spektrum ($CDCl_3$): $\tau = 5.69$ und 5.90 (fc-Gruppen), 9.71 (CH_3). Charakteristische Banden im IR-Spektrum (in $CHCl_3$) liegen bei 1005, 1110 und 3100 für C_5H_5, 1050 (SiOSi), 1260 und 2960 ($SiCH_3$) cm^{-1} [9].

Weitere Diferrocenylsiloxane der allgemeinen Formel II mit n = 1 und 2 sowie Si-haltigen Substituenten R werden in einem Patent [1] beansprucht. Als Ausgangsmaterial für die Darstellung der Verbindungen dient das Siloxan III, das mit LiR an der Siloxanbindung zu IV gespalten wird [1], s. auch [15].

$(Si(CH_3)_2-O)_n-Si(CH_3)_2$ Fe Fe R R — II

$Si(CH_3)_2$ O $Si(CH_3)_2$ Fe — III $\xrightarrow{LiR}$ Fe $Si(CH_3)_2R$ $Si(CH_3)_2OLi$ — IV

C$_{44}$H$_{62}$O$_3$Si$_6$Fe$_2$ (Formel II, n = 1, R = $C_6H_5(CH_3)_2$Si-O-Si$(CH_3)_2$-). Zur Darstellung wird die Spaltung von III mit Piperidyl-Lithium zu IV (R = $-NC_5H_{10}$) durchgeführt; durch weitere Reaktion mit $C_6H_5(CH_3)_2SiCl$ an der Li-Silanolatgruppe bildet man den 3-Phenyltetramethylsiloxanyl-Rest. Die hydrolytische Abspaltung des Piperidylrestes in siedendem Dioxan führt mit etwa 80% Ausbeute zum Disiloxan, Siedepunkt: 283 bis 290°C/0.025 Torr, $n_D = 1.5572$ (25°C) [1].

C$_{32}$H$_{52}$O$_2$Si$_5$Fe$_2$ (Formel II, n = 2, R = $(CH_3)_3$Si-) wird durch Spaltung von III mit CH_3Li zu IV (R = CH_3) und weitere Umsetzung des Silanolats mit $(CH_3)_2SiCl_2$ erhalten, Siedepunkt: 210 bis 218°C/0.09 Torr [1].

C$_{42}$H$_{56}$O$_2$Si$_5$Fe$_2$ (Formel II, n = 2, R = $C_6H_5(CH_3)_2$Si-). Man verwendet zur Spaltung von III C_6H_5Li unter Bildung von IV (R = C_6H_5); die weitere Reaktion mit $(CH_3)_2SiCl_2$ führt zum Trisiloxan, 55% Ausbeute; Siedepunkt: 283 bis 285°C/0.03 Torr, $n_D = 1.5791$ (25°C) [1].

Die drei genannten Siloxan-Derivate sind durch Elementaranalyse (C, H und Fe) charakterisiert. Man untersucht ihre thermische Stabilität und ihre dielektrischen Eigenschaften [1].

Literatur:

[1] Wyandotte Chemicals Corporation, R. L. Schaaf (U.S.P. 3036105 [1960/62]). — [2] U.S. Secretary Air Force, H. Rosenberg (U.S.P. 3426053 [1966/69]). — [3] G. P. Sollot, W. R. Peterson, J. L. Snead (AD-634641 [1966]). — [4] G. Marr (J. Organometal. Chem. **9** [1967] 147/52). — [5] H. Rosenberg, F. L. Hedberg (3rd Intern. Symp. Organometal. Chem., München 1967, S. 108).

[6] G. P. Sollott, W. R. Peterson (J. Am. Chem. Soc. **89** [1967] 5054/6). — [7] G. P. Sollott, W. R. Peterson (J. Am. Chem. Soc. **89** [1967] 6783/4). — [8] U.S. Dept. Army, G. P. Solott, W. R. Peterson (U.S.P. 3759967 [1968/73]). — [9] M. D. Rausch, G. C. Schloemer (Org. Prep. Proced. **1** [1969] 131/6). — [10] U.S. Dept. Army, G. P. Solott, W. R. Peterson (U.S.P. 3673015 [1969/72]).

[11] E. W. Post (Diss. Kansas State Univ. 1969 nach Diss. Abstr. Intern. B **30** [1970] 5414). — [12] E. W. Post, R. G. Cooks, J. C. Kotz (Inorg. Chem. **9** [1970] 1670/7). — [13] M. Kumada, T. Kondo, K. Mimura, M. Ishikawa, K. Yamamoto, S. Ikeda, M. Kondo (J. Organometal. Chem. **43** [1972] 293/305). — [14] G. P. Solott, J. L. Snead (6th Intern. Conf. Organometal. Chem., Amherst, Mass., 1973, Abstr. Nr. 207). — [14] A. G. Osborne, R. H. Whiteley (J. Organometal. Chem. **101** [1975] C27/C28). — [15] Wu Kuan-Li (Hua Hsueh Tung Pao **1963** Nr. 5, S. 293/301; C.A. **59** [1963] 10116; englische Übersetzung in: AD-618007 [1965] 17 S.).

6.4.4 Verbindungen mit Phosphor und Arsen-Brücken

Compounds with Phosphorus and Arsenic Bridges

Während an das Phosphoratom zwei (und drei) fc-Kerne direkt gebunden sein können, gelang beim Arsen bisher nur die Verknüpfung mit einem fc-Kern, s. fc-$AsCl_2$. Zweikernige Ferrocenylarsenverbindungen, s. 6.4.4.5, sind daher von anderem Typ als die Phosphorverbindungen, s. 6.4.4.1 bis 6.4.4.4; sie entstehen durch Verknüpfung von zwei fc-As-Gruppen über Sauerstoffatome.

Übergangsmetallkomplexe mit Ferrocenylphosphinen als ^{2}D-Liganden werden als Derivate bei dem betreffenden Ferrocenylphosphin behandelt; so findet man beispielsweise (fc-$(C_6H_5)_2P)_2$-$Mo(CO)_4$ bei fc-$P(C_6H_5)_2$ und nicht als zweikernige Verbindung in diesem Kapitel.

Zur Herstellung von fc-P- und fc-As-Bindungen wurde bisher ausschließlich die Friedel-Crafts-Reaktion von P- und As-Chloriden mit fc-H in Gegenwart von $AlCl_3$ angewandt [2, 12, 16]; nähere Angaben s. bei $fc_2PC_6H_5$, 6.4.4.1, und bei fc_2PCl, 6.4.4.4.

Die Literatur ist für die Abschnitte 6.4.4.1 bis 6.4.4.4 auf S. 202 zusammengefaßt.

fc_2PH ist ohne Angaben über die Darstellung bei Untersuchungen der ^{13}C-NMR-Spektren von verschiedenen Ferrocen-Derivaten erwähnt. Es zeigt folgende chemische Verschiebungen (in $CHCl_3$, relativ zu $Si(CH_3)_4$): $\delta = 68.7$ und 70.6 (C-3 bzw. -2 in C_5H_4), 68.9 (C-Atome von C_5H_5) ppm [17].

6.4.4.1 $fc_2PC_6H_5$ und Derivate

$fc_2PC_6H_5$ and Derivatives

$fc_2PC_6H_5$, einige Derivate vom Typ $fc_2PC_6H_4X$ und quaternäre Salze dieser Verbindungen sind in Tabelle 27 zusammengestellt; auch ein Ylid, Nr. 11, wurde aufgenommen. Die Darstellung der Phenyl-substituierten Derivate erfolgt in gleicher Weise, wie für $fc_2PC_6H_5$ unter weiteren Angaben beschrieben. Die quaternären Jodide werden auf üblichem Wege aus dem Phosphin und RJ in Benzollösung dargestellt. Zur Darstellung von Nr. 3 und 11 s. weitere Angaben.

In einem Patent [18] werden neuerdings folgende in den fc-Kernen substituierte Verbindungen beschrieben:

$(CH_3COC_5H_4FeC_5H_4)_2PC_6H_5$ als Produkt der Friedel-Crafts-Reaktion von $fc_2PC_6H_5$ mit $CH_3COCl/AlCl_3$ in CH_2Cl_2 bei Zimmertemperatur, 50% Ausbeute. Schmelzpunkt 133°C. ^1H-NMR-Spektrum: $\tau = 2.4$ bis 2.6 (C_6H_5), 5.2 bis 5.8 (fc), 7.65 (CH_3). — Zur Reaktion mit Schwefel s. 6.4.4.3.

$[(CH_3COC_5H_4FeC_5H_4)_2P(C_6H_5)CH_2C_6H_5]Br$, Schmelzpunkt 176°C, wird aus der vorstehenden Substanz mit $C_6H_5CH_2Br$ dargestellt, 70% Ausbeute.

$(HOCH_2C_5H_4FeC_5H_4)_2PC_6H_5$ entsteht mit 10% Ausbeute neben dem entsprechenden Phosphinoxid bei der Reduktion der Ester-Gruppe in $(CH_3OOCC_5H_4FeC_5H_4)_2(C_6H_5)PO$ mit $LiAlH_4$ in Benzol/Äther. Schmelzpunkt 125°C. Für die ^1H-NMR-Signale der verschiedenen Protonen sind Bereiche angegeben [18].

Tabelle 27. $fc_2PC_6H_5$, seine quaternären Salze und substituierten Derivate.
Für laufende Nummern mit Sternchen folgen am Ende der Tabelle weitere Angaben.
Zu Abkürzungen und Dimensionen s. S. 1.

Nr.	Verbindung	Eigenschaften und weitere Bemerkungen	Lit.
*1	$fc_2PC_6H_5$	goldene Nadeln aus C_2H_5OH, gelbe Blättchen aus Benzol/Heptan. Schmp. 193 bis 195 unter Zers. ^{1}H-NMR ($CDCl_3$): τ = 2.77 (C_6H_5), 5.72, 5.80, 6.00 (m's, C_5H_4), 5.92 (s, C_5H_5)	[2, 14, 16]
*2	$[fc_2P(C_6H_5)CH_3]J$	dunkel orangefarbenes Pulver aus C_2H_5OH. Schmp. 263 bis 265 mit Dunkelfärbung ab 150. ^{1}N-NMR ($(CD_3)_2SO$): 2.2 (C_6H_5), 5.17, 5.28 (m's, C_5H_4), 5.75 (s, C_5H_5), 7.03, (d, CH_3)	[2, 16]
*3	$[fc_2P(C_6H_5)CH_2COOCH_3]Br$	Schmp. 146 bis 148 unter Zers. IR: 1010 und 1117 (C_5H_4-Banden) und 1748 (CO-Bande)	[15]
*4	$[fc_2P(C_6H_5)CH_2C_6H_5]J$	orangefarbenes Pulver aus C_2H_5OH. Schmp. 258 bis 260 unter Zers. (im geschlossenen Rohr)	[15]
5	$fc_2P(C_6H_4CH_3\text{-p})$	gelbes Pulver aus C_2H_5OH. Schmp. 165 bis 167 (Zers.)	[5]
6	$[fc_2P(C_6H_4CH_3\text{-p})CH_3]J$	dunkel orangefarbene Kristalle aus Isopropylalkohol. Schmp. 121 bis 122	[5]
7	$fc_2PC_6H_4Cl\text{-p}$	gelbes Pulver aus C_2H_5OH. Schmp. 166 bis 168 (Zers.)	[5]
8	$[fc_2P(C_6H_4Cl\text{-p})CH_3]J$	Reaktionsprodukt wird mit Benzol gewaschen. Schmp. 173 bis 175	[5]
9	$fc_2PC_6H_4OCH_3\text{-p}$	orangefarbenes Pulver aus C_2H_5OH. Schmp. 158 bis 160 (Zers.)	[5]
10	$[fc_2P(C_6H_4OCH_3\text{-p})CH_3]J$	Reaktionsprodukt wird mit Benzol gewaschen. Schmp. 87 bis 89	[5]
*11	$fc_2P(C_6H_5)\text{=}CHCOOCH_3$	orangefarbener, kristalliner Festkörper aus Benzol/Heptan. Schmp. 171 bis 175 unter Zers. ^{1}H-NMR: 1.95 bis 2.68 (C_6H_5), 5.50 bis 5.70 (m's, C_5H_4), 5.77 (s, C_5H_5), 6.37 (s, CH_3). IR-Spektrum: 1009 und 1114 (C_5H_4-Banden), 1618 (CO-Bande)	[15]

* Weitere Angaben:

$fc_2PC_6H_5$ (Tabelle **27**, Nr. **1**) wird aus Ferrocen und $C_6H_5PCl_2$ (2:1 mol) in n-Heptan in Gegenwart von $AlCl_3$ (1 mol) unter Rückfluß/20 h dargestellt. Nach verschiedenen Extraktionen des Reaktionsproduktes mit Heptan und H_2O zur Entfernung des Ausgangsmaterials wird die Verbindung

Literatur s. S. 202

mit heißem n-Heptan gelöst und beim Kühlen mit 67.1% Ausbeute isoliert [2, 3]. Das Reaktionsprodukt wird am Ende auch mit Benzol extrahiert und an Al_2O_3 chromatographiert; das Phosphin eluiert mit Benzol, 40% Ausbeute [14], s. auch [16], Kristallisation aus Benzol/Heptan (2:3) [14] oder $CHCl_3/C_2H_5OH$ [16], da die Löslichkeit in reinem C_2H_5OH nicht ausreichend ist [14]. Als Nebenprodukt fällt stets $fc_2(C_6H_5)PO$ an, zu seiner Isolierung s. 6.4.4.3.

Das Auftreten von zwei ^1H-NMR-Signalen der 2,5-Protonen von C_5H_4 (bei $\tau = 5.80$ und 6.00) läßt sich durch Behinderung der fc-Rotation erklären [16]. Bei [19] wird für die C_5H_4-Ringe nur ein verbreitertes Signal mit dem Zentrum bei $\tau = 5.76$ angegeben. Die Kontaktverschiebung aller Protonen in Gegenwart verschiedener Konzentrationen an $Ni(acac)_2$ (acac = Acetylacetonat) in $CDCl_3$ zeigt, daß die Wechselwirkung gemäß $Ni(acac)_2 + 2D \rightleftharpoons D_2Ni(acac)_2$ in der Richtung $D = P(C_6H_5)_3 > fcP(C_6H_5)_2 > fc_2PC_6H_5 > fc_3P$ abnimmt, was ein Ergebnis sterischer Hinderung sein muß. Die C_5H_5-Protonen werden praktisch nicht beeinflußt; Verschiebungen zu höheren Feldern zeigen die Protonen in den Positionen p-, o-C_6H_5 und 2,5-C_5H_4, Verschiebungen zu niederen Feldern die Protonen in m-C_6H_5 und 3,4-C_5H_4. Die Spin-Delokalisierung, stärker nach C_6H_5 als nach fc, wird diskutiert [16].

Als charakteristische Schwingungen des IR-Spektrums in Nujol sind für $fc_2PC_6H_5$ und sein Methojodid folgende angegeben: fc-P bei 1015 bis 1045 und 1305 bis 1320 cm^{-1}; C_6H_5-P bei 1440 cm^{-1}; Banden der fc-Gruppe bei 1005 und 1110 und weitere C-C- und C-H-Banden [2, 12].

Zur cyclischen Voltammetrie s. $fc_2(C_6H_5)PBH_3$ in 6.4.4.2.

$fc_2PC_6H_5$ ist gegen Luftoxidation stabil [2]. Bei der cyclischen Voltammetrie (in CH_2Cl_2) treten gut definierte Oxidationsschritte bei +0.75 und +0.91 V (SCE) auf; sie ändern sich nicht wesentlich, wenn das Phosphin als ^2D-Ligand an Metallcarbonyl-Gruppen gebunden wird [20], vgl. unten.

[fc$_2$P(C$_6$H$_5$)CH$_3$]J (Tabelle **27**, Nr. **2**). ^1H-NMR-Spektrum: Die Kopplungskonstanten betragen für die C_5H_4-Multipletts J = 2 Hz und für das CH_3-Dublett J = 14 Hz [20]. Zum IR-Spektrum s. Nr. 1.

Die Verbindung löst sich in heißem H_2O [2]. Die Oxidationspotentiale bei der cyclischen Voltammetrie liegen mit +0.96 und +1.06 V deutlich höher als bei $fc_2PC_6H_5$, s. oben; der Reduktionsschritt bei +0.86 V findet anscheinend als Zweielektronenübergang statt [20].

[fc$_2$P(C$_6$H$_5$)CH$_2$COOCH$_3$]Br (Tabelle **27**, Nr. **3**) wird aus $fc_2PC_6H_5$ in Äther und CH_2Br-$COOCH_3$ (1:1 mol) bei Zimmertemperatur erhalten, 84% Ausbeute, und als Ausgangsprodukt für das Ylid Nr. 11 verwendet [15].

[fc$_2$P(C$_6$H$_5$)CH$_2$C$_6$H$_5$]J (Tabelle **27**, Nr. **4**). Die Geschwindigkeit der Zersetzung des Phosphoniumhydroxides (alkalisches Medium von $H_2O/CH_3OCH_2CH_2OCH_3$) ist um den Faktor 6.14×10^{-3} kleiner als die von $[P(C_6H_5)_3CH_2C_6H_5]J$; bei 62.2°C beträgt $k = 1.57 \pm 0.05$ $l^2 \cdot mol^{-2} \cdot m^{-1}$. Die elektrophile Reaktivität des kationischen P-Atoms wird durch die fc-Gruppen herabgesetzt. Längeres Erhitzen unter Rückfluß ergab als Zersetzungsprodukte $C_6H_5CH_3$ (58.5%), fc-H (29%) und C_6H_6 (1.1%) [10, 15].

fc$_2$P(C$_6$H$_5$)=CHCOOCH$_3$ (Tabelle **27**, Nr. **11**) wird aus Verbindung Nr. 3 als Suspension in H_2O/C_6H_6 unter Zugabe von 10%igem wäßrigem NaOH bis zum Phenolphthaleinendpunkt dargestellt und aus der Benzolschicht mit Heptan gefällt, 70% Ausbeute [15]. Die Basenstärke der Verbindung ($pK_a = 10.0$ in CH_3OH bei 25°C) ist nicht wesentlich größer als die der entsprechenden Phenylverbindung [13, 15]. Zur Geschwindigkeit der Reaktion mit C_6H_5CHO im Vergleich zu anderen Phosphoranen s. auch [13].

6.4.4.2 Verbindungen mit fc$_2$PC$_6$H$_5$ als Lewis-Base

Compounds with $fc_2PC_6H_5$ as a Lewis Base

Neben den in Tabelle 28 genannten Übergangsmetallkomplexen, in denen $fc_2PC_6H_5$ als ^2D-Ligand auftritt, wird folgendes Addukt erwähnt:

$fc_2(C_6H_5)PBH_3$. Angaben über die Darstellung liegen nicht vor. Die Verbindung zeigt bei der cyclischen Voltammetrie zwei getrennte Oxidationsschritte der beiden fc-Gruppen bei den gleichen Potentialen wie freies $fc_2PC_6H_5$: E = +0.75 und +0.93 V (in CH_2Cl_2, SCE) [20].

Die Darstellung der Übergangsmetallkomplexe ist unter weiteren Angaben zu Tabelle 28 beschrieben. Analoge Komplexe existieren auch mit fc-P$(C_6H_5)_2$ und fc_3P, s. 7.1.2.1.2.1.2. Die σ-Donorfähigkeit des Phosphins steigt mit der Anzahl der fc-Gruppen [16]. Bei der Komplexierung von $fc_2PC_6H_5$ an Metallcarbonyl-Gruppen ändern sich die Oxidationspotentiale der beiden fc-Reste nur wenig. Die hell gelborangefarbenen CH_2Cl_2-Lösungen der Komplexe Nr. 1 bis 3 gehen bei der elektrochemischen Oxidation in Blaugrün über, die Gegenwart von Ferrocenium damit anzeigend. Nur geringfügige Verschiebungen der CO-Valenzschwingungen zu kürzeren Wellen deuten darauf hin, daß die Koordinationsfähigkeit des $fc_2PC_6H_5$ bei der fc-Oxidation wenig geändert wird [20].

Die Oxidationspotentiale in Tabelle 28 wurden durch cyclische Voltammetrie in CH_2Cl_2 bestimmt; sie sind Anodenpotentiale gegen die gesättigte Kalomelelektrode. Die Werte über 1.3 V beziehen sich auf die Oxidation des Carbonylmetalls.

Tabelle 28. Metallkomplexe mit $fc_2PC_6H_5$ als ^{2}D-Liganden.
Für laufende Nummern mit Sternchen folgen am Ende der Tabelle weitere Angaben.
Zu Abkürzungen und Dimensionen s. S. 1.

Nr.	Verbindung	Schmelzpunkt	^{1}H-NMR ($CDCl_3$) IR ν(CO) (Hexan); Oxidationspotentiale E in V	Lit.
*1	$fc_2(C_6H_5)PMo(CO)_5$	180 bis 185 Zersetzung	^{1}H-NMR; 2.70 (m, C_6H_5), 5.56 und 5.76 (m's, C_5H_4), 5.80 (s, C_5H_5); IR: 1943.0, 1948.0, 1982.5, 2073.0; E = +0.69, +0.88, +1.35	[16, 20]
*2	$fc_2(C_6H_5)PW(CO)_5$	213 bis 216 Zersetzung	IR: 1936.0, 1943.0, 1974.5, 2071.0; E = +0.78, +0.96, +1.52	[16, 20]
*3	$(fc_2(C_6H_5)P)_2W(CO)_4$	300	IR: 1850; E = +0.76, +0.91, +1.32	[20]
*4	$fc_2(C_6H_5)PCo(CH_3)(C_4H_7N_2O_2)_2$ ($C_4H_7N_2O_2$ = Dimethylglyoximat)	218 bis 220 Zersetzung	^{1}H-NMR: 2.66 (m, C_6H_5), 5.40, 5.55, 5.70 (m's, C_5H_4), 5.90 (s, C_5H_5), 6.21 (m, C_5H_4), 8.16 (d, CH_3), 8.98 (d, Co-CH_3)	[16]

* Weitere Angaben:

$fc_2(C_6H_5)PM(CO)_5$ (M = Mo, W, Tabelle **28**, Nr. **1** und **2**) werden aus den entsprechenden Carbonylen $M(CO)_6$ und $fc_2PC_6H_5$ (5:2 mol) in trocknem Diäthylenglykoldimethyläther unter Rückfluß während 2 bis 4 h dargestellt und nach Abziehen des Lösungsmittels und des Überschusses $M(CO)_6$ im Vakuum mehrmals aus $CHCl_3/C_2H_5OH$ kristallisiert [16].

$(fc_2(C_6H_5)P)_2W(CO)_4$ (Tabelle **28**, Nr. **3**). Die Darstellung erfolgt aus $W(CO)_6$ und $fc_2PC_6H_5$ (1:2 mol) in Gegenwart von 2 mol $NaBH_4$ in Äthanol/Tetrahydrofuran unter Rückfluß über Nacht. Der beim Abziehen der Lösungsmittel erhaltene gelborangefarbene Niederschlag wird aus CH_2Cl_2/Petroläther kristallisiert [20].

$fc_2(C_6H_5)PCo(CH_3)(C_4H_7N_2O_2)_2$ (Tabelle **28**, Nr. **4**, Formel I). Zur Darstellung wird $(CH_3)_2SCo(CH_3)(C_4H_7N_2O_2)_2$ (s. „Kobalt-Organische Verbindungen" 1, Erg.-Werk, Bd. 5, S. 10, Tabelle 2, Nr. 26) in 95%igem C_2H_5OH mit einem kleinen Überschuß $fc_2PC_6H_5$ in CS_2 30 min erwärmt und der bei Zugabe von C_2H_5OH erhaltene Niederschlag aus $CHCl_3/C_2H_5OH$ umkristallisiert. Das Gleichgewicht der Bildung des Komplexes aus $C_5H_5NCo(CH_3)(C_4H_7N_2O_2)_2$ (s. „Kobalt-Organische Verbindungen" 1, Erg.-Werk, Bd. 5, S. 28) und einem etwa zweifach molaren Überschuß an $fc_2PC_6H_5$ in $CDCl_3$ bei 35°C liegt weitgehend auf der Seite des Pyridin-Komplexes. — Im ^{1}H-NMR-Spektrum, auch als Figur angegeben, spricht das Auftreten von vier Signalen der C_5H_4-Protonen für eine Rotationsbehinderung des $fc_2PC_6H_5$ durch die in einer Ebene liegenden der Glyoximat-Liganden [16].

I

6.4.4.3 $fc_2(C_6H_5)PO$ und Derivate

$fc_2(C_6H_5)PO$ and Derivatives

Neben den Phenyl-substituierten Derivaten, s. Tabelle 29, Nr. 2 bis 5, sind neuerdings auch in beiden fc-Kernen substituierte Verbindungen, Nr. 6 bis 14 und 15 bis 19, bekannt geworden. Die Phosphinoxide vom Typ $fc_2(p\text{-}XC_6H_4)PO$ fallen als Nebenprodukte bei der Darstellung der entsprechenden Phosphine durch Friedel-Crafts-Reaktion an, vgl. 6.4.4.1; ein Beispiel für ihre Isolierung wird unter weiteren Angaben zu $fc_2(C_6H_5)PO$ gegeben.

Zur Darstellung des Verbindungstyps $(C_5H_5FeC_5H_3X\text{-}2)_2(C_6H_5)PO$ läßt man $fc_2(C_6H_5)PO$, teilweise in Tetrahydrofuran gelöst, mit $n\text{-}C_4H_9Li$ in Hexan (Molverhältnis etwa 1:2.2) bei Zimmertemperatur während 1.5 h reagieren und setzt dann mit folgenden Reaktionspartnern, gelöst in Tetrahydrofuran oder CH_2Cl_2, bei Zimmertemperatur/2 bis 3 h um: mit C_6H_5CHO (Nr. 6 und 7), $C_6H_5CH{=}NC_6H_5$ (Nr. 8), CO_2 (Nr. 9 und 10), Br_2 (Nr. 11 und 12) und mit $(CH_3)_3SiCl$ (Nr. 13 und 14). Nach Abziehen der Lösungsmittel werden die mit $CHCl_3$ aus dem Rückstand extrahierten Produkte an SiO_2 chromatographiert oder durch Kristallisation getrennt und gereinigt [19].

Die Möglichkeit, mit geeigneten Reaktionspartnern auch cyclische Verbindungen herzustellen (s. 6.4.7), und die Ergebnisse der ^{1}H-NMR-Spektroskopie beweisen, daß die Metallierung im ersten Schritt der Darstellung an den C-Atomen 2 und 2'' stattfindet, s. Formeln I. Die ^{1}H-NMR-Spektren

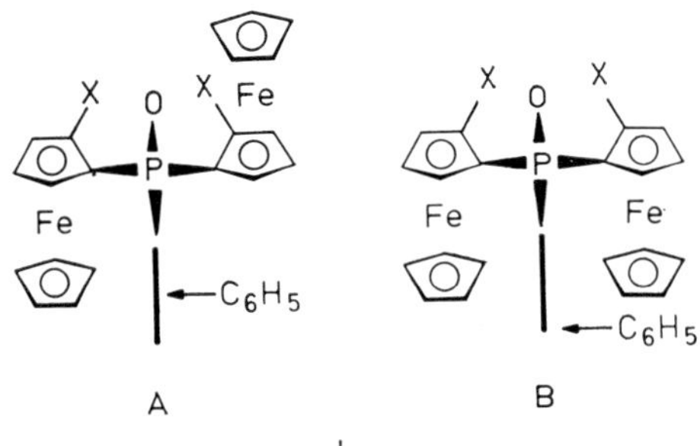

I

zeigen ferner die Existenz von Isomeren, welchen auf Grund von Abschirmungseffekten zwischen der C_6H_5-Gruppe und den C_5H_5-Ringen und der Lage der Signale vom ortho-Wasserstoff in C_6H_5 die Konfigurationen I A und I B zugeordnet werden können. Ein weiterer möglicher Isomerentyp, nämlich wie I B, aber mit ausgetauschten Positionen von Phenyl und Sauerstoff, wird nicht gefunden; man erklärt dies als Abstoßung zwischen den C_5H_5-Ringen, die in I B selbst durch die C_6H_5-Gruppe abgeschirmt sind. Infolge der Nichtäquivalenz der C_5H_5-Ringe zeigt I A zwei scharfe ^{1}H-NMR-Signale von je fünf Protonen. Eine stärkere Rotationsbehinderung der C_6H_5-Gruppe in I B kommt darin zum Ausdruck, daß die chemischen Verschiebungen der ortho-Protonen bei beträchtlich niedrigeren τ-Werten liegen als beim Isomerentyp I A.

Es ist anzunehmen, daß die Größe der Substituenten X und möglicherweise auch ihre Wechselwirkung mit P=O (z. B. H-Brückenbildung oder Si-O-Wechselwirkung) in beiden Isomeren starke Rotationsbehinderung um die Bindung P-Ferrocenyl hervorruft, so daß eine bestimmte Konformation bevorzugt ist. Dagegen lassen sich zwei Brom-Derivate vom Typ I A (Nr. 11 und 12) isolieren, die als Rotamere gedeutet werden [19], s. auch weitere Angaben.

Die Darstellung der nur in einem Patent [18] erwähnten Verbindungen Nr. 15 bis 19 wird in der Tabelle kurz angedeutet. Die chemischen Verschiebungen der ^{1}H-NMR-Spektren liegen in den normalen Bereichen und sind in die Tabelle aufgenommen worden. Ein Nr. 16 entsprechendes Sulfid wird im gleichen Patent genannt:

$(CH_3COC_5H_4FeC_5H_4)_2(C_6H_5)PS$ wird aus dem entsprechenden Phosphin und Schwefel in siedendem Benzol mit 80% Ausbeute dargestellt; es schmilzt bei 174°C [18].

Die Schmelzpunktsangaben zu Nr. 6 bis 14 stellen nur Näherungswerte dar [19]. Die in Tabelle 29 in Gruppen geordneten τ-Werte beziehen sich in folgender Reihe auf C_5H_5 (ein oder zwei scharfe Signale), C_5H_3 (im allgemeinen breiter Bereich von mehreren Signalen), C_6H_5 (erst ortho-, dann meta/para-H) und Substituenten X.

* Weitere Angaben:

$fc_2(C_6H_5)PO$ (Tabelle **29**, Nr. **1**) bleibt bei der Darstellung von $fc_2PC_6H_5$ durch Friedel-Crafts-Reaktion in den in Heptan unlöslichen Produkten; es wird daraus mit C_2H_5OH ausgezogen und durch Zugabe von H_2O gefällt [2]. Bei der chromatographischen Aufarbeitung der Reaktionsprodukte an Al_2O_3 in Benzol läßt sich das Phosphinoxid mit $CHCl_3$ eluieren [16].

Zum IR-Spektrum s. auch $fc_2PC_6H_5$. Das Lösungsspektrum der Verbindung hat fünf Banden zwischen 1157 und 1213 cm^{-1}, eine Bande bei 1180 cm^{-1} wird der P-O-Valenzschwingung zugeordnet; eine P-C_6H_5-Schwingung liegt bei etwa 720 cm^{-1} [2], s. auch [1]. Das UV-Spektrum (in Cyclohexan) zeigt Absorptionen (molare Extinktionskoeffizienten) bei λ_{max} = 205 (89000), 254 (9600), 333 (460) und 440 (330) nm und ändert sich bezüglich der Bandenlage kaum beim Übergang zu polaren Lösungsmitteln wie $CHCl_3$ und C_2H_5OH. Die gegenüber fc-H nur geringen langwelligen Bandenverschiebungen sprechen gegen eine merkbare d_π-p_π-Wechselwirkung zwischen dem P-Atom und den fc-Kernen [9].

Vor dem Schmelzen färbt sich die Substanz ab 190°C dunkel [2].

$(C_5H_5FeC_5H_3CH(C_6H_5)OH)_2(C_6H_5)PO$ (Tabelle **29**, Nr. **6** und **7**). Die Angaben zur Löslichkeit sind widersprüchlich: An anderer Stelle bei [19] wird das Isomere B (Nr. 7) als unlöslich bezeichnet, aber dennoch das ^{1}H-NMR-Spektrum gemessen.

$(C_5H_5FeC_5H_3COOH)_2(C_6H_5)PO$ (Tabelle **29**, Nr. **9** und **10**) wird nach der Metallierung durch Einleiten von CO_2 (2 h) und Hydrolyse mit verdünnter Salzsäure erhalten; Trennung der Isomeren A und B durch fraktionierte Kristallisation aus $CHCl_3$. Die ^{1}H-NMR-Spektren sind in $(CH_3)_2SO$ aufgenommen [19].

Literatur s. S. 202

Tabelle 29. $fc_2(C_6H_5)PO$ und substituierte Derivate.
Für laufende Nummern mit Sternchen folgen am Ende der Tabelle weitere Angaben.
Zu Abkürzungen und Dimensionen s. S. 1.

Nr.	Substituent X	Isomertyp (Ausbeute in %)		Schmelzpunkt unter Zersetzung	Weitere Bemerkungen; ^1H-NMR-Spektren ($CDCl_3$); Erläuterungen s. Text	Lit.
Typ $fc_2(p\text{-}XC_6H_4)PO$:						
*1	H	—	(8.2)	239 bis 241	orangefarbene, pulvrige Büschel aus Benzol; ^1H-NMR: 5.80 (C_5H_5), 5.58 (C_5H_4)	[2, 19]
2	CH_3	—	(14)	151 bis 153	gelbes Pulver aus Benzol/Heptan	[5]
3	Cl	—	(21)	162 bis 164	orangefarbene, kristalline Büschel aus Benzol	[5]
4	OCH_3	—	(17)	111 bis 113	orangefarbene Nadeln aus Isopropanol, schmilzt ohne Zersetzung	[5]
5	CN mit 0.5 H_2O	—	(15)	207 bis 208	orangefarbenes Pulver aus n-Heptan	[5]
Typ $(C_5H_5FeC_5H_3X\text{-}2)_2(C_6H_5)PO$:						
*6	$CH(C_6H_5)OH$	A	(5)	290	Elution mit $CH_3COOC_2H_5$; für die Aufnahme eines ^1H-NMR-Spektrums nicht ausreichend löslich	[19]
*7	$CH(C_6H_5)OH$	B	(25)	290	Umkristallisieren aus Dimethylformamid; ^1H-NMR: 5.77; 5.77 bis 6.30; 1.69; 3.23 (CHC_6H_5)	[19]
8	$CH(C_6H_5)NHC_6H_5$	B	(15)	250	Elution mit CH_2Cl_2; ^1H-NMR: 6.08; 5.87 bis 6.08; 1.73; 4.88 (NH)	[19]
*9	COOH	A	(17)	290	stärker löslich in $CHCl_3$ als Isomer B; ^1H-NMR: 5.56, 5.85; 4.75 bis 6.02; 2.13, 2.33	[19]
*10	COOH	B	(55)	260	^1H-NMR: 5.89; 4.74 bis 5.58; 1.61, 2.21; 3.3 (COOH)	[19]

Tabelle 29 [Fortsetzung].

Nr.	Substituent X	Isomertyp (Ausbeute in %)	Schmelzpunkt unter Zersetzung	Weitere Bemerkungen; ^1H-NMR-Spektren ($CDCl_3$); Erläuterungen s. Text	Lit.
*11	Br	A (6.5)	205	Elution mit Äther; ^1H-NMR: 5.52, 5.77; 5.10 bis 6.04; 2.07, 2.39	[19]
*12	Br	A' (12)	235	Elution mit Äther nach dem Isomeren A; ^1H-NMR: 5.51, 5.71; 5.24 bis 6.25; 2.08, 2.40	[19]
13	$Si(CH_3)_3$	A (18)	176	Elution mit CH_2Cl_2; ^1H-NMR: 5.78, 6.39; 5.84; 2.14, 2.54; 9.46 und 10.0 ($Si(CH_3)_3$)	[19]
14	$Si(CH_3)_3$	B (25)	220	Elution mit CH_2Cl_2 nach dem Isomeren A; ^1H-NMR: 6.08; 5.65; 1.69, 2.36; 9.78 ($Si(CH_3)_3$)	[19]
Typ $(XC_5H_4FeC_5H_4)_2(C_6H_5)PO$:					
15	CH_2OH	— (50)	145	Darst. aus dem Ester Nr. 19 mit $LiAlH_4$ in Benzol/Äther bei Zimmertemperatur (50%)	[18]
16	$COCH_3$	— (85)	185	Darst. aus $fc_2(C_6H_5)PO$ und $CH_3COCl/AlCl_3$ bei Zimmertemperatur und übliche Aufarbeitung	[18]
17	COC_6H_5	— (50)	160	Darst. wie Nr. 16 mit C_6H_5COCl	[18]
18	COOH	— (83)	etwa 250	Darst. durch Oxidation der CH_3CO-Gruppe von Nr. 16 mit NaOBr in H_2O/Dioxan bei 0 bis 5°C	[18]
19	$COOCH_3$	— (90)	150	Darst. durch saure Veresterung von Nr. 18; Kristallisation aus $CHCl_3$	[18]

Literatur s. S. 202

$(C_5H_5FeC_5H_3Br)_2(C_6H_5)PO$ (Tabelle **29**, Nr. **11** und **12**). Das Isomere vom Typ I B wird nicht isoliert. Es ist anzunehmen, daß in den Formen A und A' Rotationsisomere vorliegen, da Br als kleiner Substituent und ohne Wechselwirkung mit P=O die Rotation um die Bindung P-Ferrocenyl am wenigsten behindert. Dementsprechend unterscheiden sich die chemischen Verschiebungen der C_5H_5-Protonen hier weniger als bei den anderen Vertretern des Isomerentyps I A [19].

6.4.4.4 Verbindungen des Typs fc_2PX, $fc_2P(O)X$ und $fc_2P(S)X$

Compounds of the fc_2PX, $fc_2P(O)X$, and $fc_2P(S)X$ Types

Unter den in Tabelle 30 zusammengestellten Substanzen befindet sich nur eine Verbindung mit substituierten Ferrocenylkernen, die am Ende der Tabelle (Nr. 28) aufgeführt ist. Erwähnt wird ferner ein Sulfonierungsprodukt der Zusammensetzung $C_{20}H_{19}O_5SPFe_2 \cdot 1.5\,H_2O$, fc-$(HO_3SC_5H_4FeC_5H_4)P(O)OH$ (?), das bei der Einwirkung von überschüssigem konzentriertem H_2SO_4 auf fc_3PO in geringer Menge entsteht und aus CH_3OH kristallisiert [6]; nach späteren Angaben [23] könnte es aus dem als Verunreinigung vorhandenen $fc_2P(O)H$ entstanden sein.

Der Ausgangspunkt der Darstellung aller Verbindungen von Tabelle 30 ist auch hier die Friedel-Crafts-Reaktion zwischen Ferrocen (1 bis 3 mol) und PCl_3 oder $P(NR_2)_nCl_{3-n}$ (1 mol) in Gegenwart von $AlCl_3$ (1 mol) in siedendem Heptan während 20 h [1, 4, 12]. Im allgemeinen isoliert man aus einem Reaktionsansatz mehrere Produkte, etwa nach dem Schema:

$$\text{fc-H} + PCl_3 \xrightarrow[CH_2Cl_2]{AlCl_3} [fcPCl_2 + fc_2PCl + fc_3P] \xrightarrow[O_2]{H_2O}$$

$$\text{fc-}P(OH)_2 + fc_2P(O)H + fc_2P(O)OH + fc_3P + fc_3PO \quad [23].$$

Die Reaktivität der Phosphinausgangsstoffe folgt der Reihe $PCl_3 \ll P(NR_2)Cl_2 > P(NR_2)_2Cl > P(NR_2)_3$ (mit $R = CH_3$, C_2H_5, C_6H_5); Mechanismen werden diskutiert, bei denen aktive Intermediäre durch Koordination von $AlCl_3$ an N-Atome der Phosphoramidchloride auftreten [12]. Hauptprodukt der Reaktion ist häufig fc_3P bzw. fc_3PO [12, 23]; eine tabellarische Zusammenstellung der Produktausbeuten in Abhängigkeit von den Ausgangsprodukten und Molverhältnissen, auch unter dem Einfluß von zugesetztem $N(C_2H_5)_3$, bei sonst gleichen Reaktionsbedingungen findet sich in [12].

Ausgangsprodukt für die Darstellung der Verbindungen vom Typ $fc_2P(O)X$ und $fc_2P(S)X$ ist vor allem $fc_2P(O)H$. Die Methoden der Umwandlung sind teils in der Tabelle kurz angedeutet, teils unter weiteren Angaben beschrieben. Zur Darstellung von Diferrocenylthiophosphinsäure und deren Salzen aus $fc_2P(O)H$ s. auch [11].

In den IR-Spektren der Ferrocenylphosphorverbindungen werden die charakteristischen fc-Absorptionen in folgenden Bereichen beobachtet: 810 bis 830 und 1000 bis 1010 (C-H-Deformationsschwingung), 1015 bis 1045 (fc-P), 1105 bis 1112 (asymmetrische Dehnschwingung), 1305 bis 1320 (fc-P), ν(C-C) bei 1410 bis 1430 und ν(C-H) bei 3060 bis 3120 cm^{-1} [1, 2, 12]. Für $fc_2P(O)H$ werden angegeben: 814, 1005, 1105, 1408 und 3100 cm^{-1} [21]. Alle Verbindungen mit P=O-Gruppen haben im Bereich von 1150 bis 1240 cm^{-1} drei oder vier Banden, die sich auf eine oder seltener zwei Banden reduzieren, wenn diese Gruppe fehlt, beispielsweise in den Verbindungen des Typs $fc_2P(S)X$; die P=S-Bande erscheint zwischen 660 und 680 cm^{-1} [21].

* Weitere Angaben:

fc_2PCl (Tabelle **30**, Nr. **1**). Darstellung aus $P(N(CH_3)_2)Cl_2$; bleibt in der Heptanphase der Reaktion und fällt nach Konzentrieren und längerem Stehen der Lösung aus, 15% Ausbeute [7, 12]. Auch $P(N(C_2H_5)_2)Cl_2$ wird verwendet (9%) [4]. Zur primären Bildung aus PCl_3, jedoch Isolierung als $fc_2P(O)OH$, s. auch [1].

Die Behandlung mit heißem H_2O [12] führt quantitativ zu $fc_2P(O)H$ [4]; bei alkalischer Hydrolyse wird auch etwas $fc_2P(O)OH$ gebildet. Die Verbindung scheint in Gegenwart von $AlCl_3$ unter den oben genannten Friedel-Crafts-Bedingungen zu disproportionieren [12]. Die Reaktion mit C_6H_5MgBr ergibt $fc_2PC_6H_5$ [4, 10]. Die Verbindung ist Ausgangsprodukt für die folgende Substanz.

$fc_2PN(CH_3)_2$ (Tabelle **30**, Nr. **2**) entsteht mit 94% Ausbeute, wenn eine Benzollösung von fc_2PCl und trockenm $(CH_3)_2NH$ im Überschuß zur Trockne eingedampft wird; Isolierung durch Extraktion des Festkörpers mit Petroläther [12].

Literatur s. S. 202

Tabelle 30. Verbindungen des Typs fc_2PX, $fc_2P(O)X$ und $fc_2P(S)X$.
Für laufende Nummern mit Sternchen folgen am Ende der Tabelle weitere Angaben.
Zu Abkürzungen und Dimensionen s. S. 1.

Nr.	Verbindung	Aussehen, Schmelzpunkt; IR-Spektrum und weitere Bemerkungen	Lit.
*1	fc_2PCl	gelbe Kristalle, aus n-Heptan manchmal orangefarbene Nadeln; 183 bis 184 (geschlossene Kapillare); IR (Nujol): 1162, 1192, 1198	[4, 12]
*2	$fc_2PN(CH_3)_2$	goldfarbene Nadeln aus Petroläther, 120 bis 121; IR (Nujol): 662, 983, 1159, 1192, 1203	[12]
*3	$fc_2PN(C_6H_5)_2$	gelbes Pulver aus n-Heptan, 205 bis 208 (Zersetzung) beim Erhitzen mit 10°C/min, unschmelzbar unter normalen Schmelzbedingungen; IR (Nujol): 638, 699, 747, 1161, 1184, 1193, 1330, 1506, 1526, 1600, 3420 (?)	[12]
*4	$fc_2P(O)H$	orangefarbene Nadeln aus Benzol/Heptan, 190 bis 193; IR (Nujol): 953, 965, 1189, 1200, 1222, 2350, vgl. dazu weitere Angaben	[4, 12]
*5	$fc_2P(O)Cl$	gelbes Pulver aus Benzol/Heptan, 173 bis 175; IR: 540 (P-Cl), 1165, 1190, 1240	[21]
*6	$fc_2P(O)OH \cdot H_2O$	blaßgelbes, nicht schmelzbares Pulver, bei 100°C/1 h im Vakuum Bildung der wasserfreien Säure ohne sichtbare Veränderungen; diese schmilzt nicht bis 360°C; IR (Nujol): 812, 818, 839, 974, 1000, 1019, 1034, 1105, 1186, 1312, 1410 bis 1430, 3060 bis 3100	[1, 12, 21]
7	$fc_2P(O)OCH_2CH_2SC_2H_5$	—, 98 bis 98.5. — Darstellung aus $fc_2P(O)ONa$ und $ClCH_2CH_2SC_2H_5$ in Alkohol unter Rückfluß, 60% Ausbeute	[22]
*8	Methojodid zu Nr. 7	—, 121 bis 122.5	[22]
9	$fc_2P(O)OCH_2CH_2N(CH_3)C_6H_5$	—, 102.5 bis 103. — Darstellung wie bei Nr. 7 mit $C_6H_5N(CH_3)CH_2CH_2Cl$, 41% Ausbeute. Gelbes Öl, das langsam kristallisiert	[22]

Literatur s. S. 202

Tabelle 30 [Fortsetzung].

Nr.	Verbindung	Aussehen, Schmelzpunkt; IR-Spektrum und weitere Bemerkungen	Lit.
10	Methojodid zu Nr. 9	—, 166 bis 167	[22]
*11	$fc_2P(O)SC_2H_5$	—, 128.5 bis 129; im IR-Spektrum P=O-Banden bei 1155, 1180, 1210. — Darstellung aus $fc_2P(S)ONa$ in Alkohol mit C_2H_5Br unter Rückfluß, 62% Ausbeute	[21]
12	$fc_2P(O)SC_4H_9$-n	—, 107 bis 109. — Darstellung wie bei Nr. 11 mit n-C_4H_9Br, 38% Ausbeute	[21]
13	$fc_2P(O)SCH_2CH_2SC_2H_5$	—, 114 bis 115.5. — Darstellung wie bei Nr. 11 mit $ClCH_2CH_2SC_2H_5$, 65% Ausbeute	[22]
14	Methojodid zu Nr. 13	—, 133 bis 134	[22]
15	$fc_2P(O)SCH_2CH_2N(CH_3)C_6H_5$	—, 130 bis 131.5. — Darstellung wie bei Nr. 11 mit $C_6H_5N(CH_3)CH_2CH_2Cl$, 48% Ausbeute	[22]
16	Methojodid zu Nr. 15	feines gelbes Pulver, 142.5 bis 143.5	[22]
*17	$fc_2P(O)N(CH_3)_2$	blaß gelborangefarbene Kristalle aus n-Heptan, 195 bis 196 (Zersetzung) in einem Bad von 193°C; IR (Nujol): 706, 981, 1160, 1177, 1200, 1218	[12]
18	$fc_2P(O)N(C_2H_5)_3 \cdot H_2O$	orangefarbene, rhombische Kristalle aus n-Heptan. Im Vakuum bei 100°C/1 h Bildung der wasserfreien Verbindung Nr. 19; IR (Nujol): 690, 942, 1153, 1162, 1178, 1187, 1205, 1220	[4, 12]
*19	$fc_2P(O)N(C_2H_5)_2$	—, 134 bis 136.5; IR (Nujol): 693, 944, 1160, 1198, 1220, 1277	[4, 12]
*20	$fc_2P(O)N(C_6H_5)_2$	orangefarbene Kristalle aus Benzol, 255 bis 256 (Zersetzung) in einem Bad von 253°C; IR (Nujol): 683, 701, 757, 1145, 1177, 1188, 1194, 1198, 1506, 1545, 1596, 3170, 3260	[12]

Literatur s. S. 202

Tabelle 30 [Fortsetzung].

Nr.	Verbindung	Aussehen, Schmelzpunkt; IR-Spektrum und weitere Bemerkungen	Lit.
*21	$fc_2P(S)Cl$	orangefarbene Kristalle, 164 bis 164.5; IR: 550 (P-Cl), 670 (P=S). — Zum chemischen Verhalten vgl. Nr. 22 und 23	[21]
*22	$fc_2P(S)OH$	orangerote Kristalle aus Benzol, 169 bis 170; IR: 670 (P=S), 920 (P-OH) und 1185	[21]
*23	$fc_2P(S)OC_2H_5$	—, 120 bis 121; IR: 670 (P=S)	[21]
24	$fc_2P(S)OC_4H_9$-n	—, 79.5 bis 80. — Darstellung aus Nr. 21 und n-C_4H_9OH mit 57% Ausbeute, vgl. auch Nr. 23	[21]
*25	$fc_2P(S)OCOCH_3$	—, 166 bis 168; IR: 680 (P=S)	[21]
26	$fc_2P(S)OCOC_6H_4COOC_2H_5$-o	—, 161 bis 162. — Darstellung aus $fc_2P(S)OK$ und $ClCOC_6H_4COOC_2H_5$-o im Überschuß bei 70°C, 55% Ausbeute; Kristallisation aus Benzol/Hexan	[21]
*27	$fc_2P(S)NH_2$	—, 231 bis 232; IR: Banden um 660 (P=S), δ(NH) bei 1550 und ν(NH_2) bei 3280, 3380. — Zur Bildung s. Nr. 23	[21]
*28	$(C_6H_5C_5H_4FeC_5H_4)_2P(O)OH \cdot 2H_2O$	gelbe Substanz, 91 (unter Zersetzung)	[8]

Literatur s. S. 202

Wird durch $AlCl_3$ unter Friedel-Crafts-Bedingungen an der P-N-Bindung gespalten, fc_2PCl läßt sich jedoch nicht isolieren, s. oben. Zur Reaktion mit MnO_2 s. $fc_2P(O)N(CH_3)_2$. Gibt mit CH_3J in Benzol sofort eine Fällung des quaternären Salzes, das aber nicht charakterisiert wird. Bei der Friedel-Crafts-Reaktion mit fc-H erhält man fc_3P (27%) und fc_3PO (4%) [12].

$fc_2PN(C_6H_5)_2$ (Tabelle **30**, Nr. **3**). Zur Bildung in geringer Menge s. $fc_2P(O)N(C_6H_5)_2$. Wird vor dieser Verbindung von Al_2O_3 mit $CHCl_3$ eluiert und durch Extraktion des erhaltenen Öls mit Äther isoliert [12].

$fc_2P(O)H$ (Tabelle **30**, Nr. **4**) wird aus Friedel-Crafts-Reaktionen von Ferrocen mit $P(NR_2)Cl_2$ ($R = CH_3$, C_2H_5) oder mit $P(N(C_2H_5)_2)_2Cl$ in Ausbeuten von 2 bis 7% erhalten [12], s. auch [7]. Man trennt von fc_3PO durch Extraktion mit siedendem Heptan, in dem sich fc_3PO nicht löst [12]. Befindet sich auch unter den Produkten der Reaktion von Ferrocen mit PCl_3 [23], vgl. Vorbemerkungen. Zur Bildung aus fc_2PCl s. dort.

Das ^{31}P-NMR-Spektrum (gegen 85%iges H_3PO_4) zeigt bei Zimmertemperatur ein breites Signal bei $\delta = 20.64$ ppm; bei $-36°C$ erscheint ein Dublett mit $J(P,H) = 490$ Hz [21]. Weitere Angaben zum IR-Spektrum (in Nujol): Banden bei 953/965 und 2350 cm^{-1} werden P-H-Schwingungen (δ bzw. ν) zugeordnet [12, 21]; die $\nu(P{=}O)$-Bande liegt bei 1189 cm^{-1} [12], nach [21] erscheinen in diesem Gebiet von 1150 bis 1240 cm^{-1} jedoch vier Banden, so daß eine exakte Zuordnung noch nicht möglich ist.

Im Gegensatz zu $(C_6H_5)_2P(O)H$ ist das Ferrocen-Derivat gegen Luftsauerstoff sehr stabil [21]. Zur Oxidation s. auch Bildung von $fc_2P(O)OH$ (Nr. 6); vgl. ferner die folgende Verbindung.

$fc_2P(O)Cl$ (Tabelle **30**, Nr. **5**). Zur Darstellung wird $fc_2P(O)H$ in CCl_4 mit PCl_5 auf 40 bis 50°C/2 h erhitzt; aus dem in wäßrigem Alkali unlöslichen Teil des Reaktionsproduktes wird die Verbindung mit heißem Benzol extrahiert und aus Benzol/Heptan umkristallisiert, 24% Ausbeute. Aus der alkalisch-wäßrigen Lösung fällt mit Salzsäure $fc_2P(O)OH$ (10%) aus. Entsteht auch aus dieser Säure in C_6H_6 oder CCl_4 mit PCl_5 in Gegenwart eines Überschusses PCl_3 bei 50°C/1 h, 30% Ausbeute; ohne PCl_3 tritt starke Verharzung ein [21].

Die gegen wäßriges Alkali ziemlich stabile Substanz wird an Al_2O_3 leicht in $fc_2P(O)OH$ überführt [21].

$fc_2P(O)OH$ (Tabelle **30**, Nr. **6**) wird zum ersten Mal aus den Produkten der Ferrocen/PCl_3-Reaktion durch oxidative Hydrolyse mit etwa 4% Ausbeute erhalten. Isolierung aus dem H_2O-unlöslichen Teil durch Aufnehmen in wäßrigem KOH und Fällung mit konzentrierter Salzsäure [1]. Bei der chromatographischen Aufarbeitung der Produkte der Ferrocen/$P(N(CH_3)_2)Cl_2$-Reaktion wird die Säure mit alkalischem CH_3OH/H_2O eluiert und mit konzentrierter Salzsäure gefällt, 22% Ausbeute [12], s. auch [4]. Darstellung auch aus $fc_2P(O)H$ durch Oxidation: in CH_2Cl_2 unter Zusatz von $KMnO_4$/Aceton bei 20°C/2 h, 39% Ausbeute oder in C_6H_6 in einer Kolonne mit Al_2O_3 bei Zimmertemperatur/3 d; das Ausgangsprodukt wird mit C_2H_5OH, die Säure mit wäßrigem KOH (5%ig) eluiert, Kristallisation aus Benzol, 24% Ausbeute [21]. Bessere Ausbeuten (58%) erhält man auf dem Wege über $fc_2P(O)Cl$ und dessen Umwandlung in $fc_2P(O)OH$ an Al_2O_3 [22]. Zur Bildung aus fc_2PCl vgl. dort. Die Säure entsteht nicht aus fc_3PO und H_2SO_4, wie bei [6] mitgeteilt, sondern aus dem als Verunreinigung vorhandenen $fc_2P(O)H$ [23].

Alkalische Lösungen der Säure zersetzen sich unter Verfärbung und Abscheidung eines braunen Festkörpers [1].

$[fc_2P(O)OCH_2CH_2S(C_2H_5)CH_3]J$ (Tabelle **30**, Nr. **8**). Dieses und die übrigen Methojodide in Tabelle 30 (Nr. 10, 14 und 16) werden nach den üblichen Verfahren dargestellt [22].

$fc_2P(O)SC_2H_5$ (Tabelle **30**, Nr. **11**). Die Bildung eines Esters vom Thiol-Typ aus $fc_2P(S)ONa$ wird aus dem IR-Spektrum abgeleitet, in dem Banden der P=O-Gruppe auftreten, die charakteristische P=S-Bande um 670 cm^{-1} aber fehlt [21]. Gleiches gilt für die anderen Thioester in Tabelle 30 (Nr. 12 bis 16).

$fc_2P(O)N(CH_3)_2$ (Tabelle **30**, Nr. **17**) erhält man mit 30% Ausbeute aus dem Heptanextrakt des Reaktionsproduktes von $P(N(CH_3)_2)Cl_2$. Es entsteht quantitativ durch Oxidation von $fc_2PN(CH_3)_2$ mit aktiviertem MnO_2 in n-Heptan unter Rückfluß/16 h [12].

Literatur s. S. 202

$fc_2P(O)N(C_2H_5)_2$ (Tabelle **30**, Nr. **19**) wird entsprechend Nr. 6 aus $P(N(C_2H_5)_2)Cl_2$ gebildet und isoliert, 13 bis 18% Ausbeute [4, 12]; fällt zunächst als Monohydrat an, s. Nr. 18.

$fc_2P(O)N(C_6H_5)_2$ (Tabelle **30**, Nr. **20**). Bildung mit etwa 20% Ausbeute aus $P(N(C_6H_5)_2)Cl_2$ neben wenig $fc_2PN(C_6H_5)_2$, das chromatographisch oder durch Extraktion mit siedendem n-Heptan abgetrennt werden kann [12].

$fc_2P(S)Cl$ (Tabelle **30**, Nr. **21**) wird analog zu Nr. 5 aus $fc_2P(S)OH$ in Benzol und PCl_5 bei 30°C/2.5 h dargestellt; nach Reinigung an Al_2O_3 (Elution mit Äther) 25% Ausbeute [21]; vgl. Nr. 22.

$fc_2P(S)OH$ (Tabelle **30**, Nr. **22**) bildet sich aus $fc_2P(O)H$ und Schwefelpulver in Benzol unter Rückfluß/6 h. Die übliche Aufarbeitung des nach Abdampfen erhaltenen Rückstandes mit 5%igem wäßrigem KOH und Fällung mit konzentrierter Salzsäure ergibt 86% Ausbeute. Bildung auch aus $fc_2P(S)Cl$ (Nr. 21) in Aceton mit wäßrigem KOH unter Rückfluß/7 h (40% Ausbeute); das Ausgangsprodukt ist ziemlich stabil, so daß 43% zurückgewonnen werden.

Die angegebene Formel als Thiophosphinsäure mit Thionstruktur stützt sich auf das IR-Spektrum.

Mit einer etwa 0.1 molaren Lösung von NaOH erhält man beim Eindampfen quantitativ $fc_2P(S)ONa \cdot 1.5H_2O$, das aus H_2O umkristallisiert wird [21]. Das Na-Salz dient als Ausgangsprodukt für die Darstellung der Ester Nr. 23 bis 26. Zur Reaktion mit PCl_5 s. oben Nr. 21.

$fc_2P(S)OC_2H_5$ (Tabelle **30**, Nr. **23**) wird aus $fc_2P(S)Cl$ in C_2H_5OH unter Rückfluß/3.5 h dargestellt, Kristallisation aus Heptan, 74% Ausbeute [21]; vgl. auch Nr. 27.

$fc_2P(S)OCOCH_3$ (Tabelle **30**, Nr. **25**) wird aus $fc_2P(S)OK$ und CH_3COCl als Lösungsmittel im Überschuß unter Rückfluß/30 min erhalten. Kristallisation aus Benzol/Hexan, 81% Ausbeute [21].

$fc_2P(S)NH_2$ (Tabelle **30**, Nr. **27**) entsteht bei der Umsetzung von $fc_2P(S)Cl$ in C_2H_5OH mit 25%igem wäßrigem NH_3 bei 100°C/2 h. Der nach etwas Einengen im Vakuum erhaltene Niederschlag wird an Al_2O_3 chromatographiert; nach $fc_2P(S)OC_2H_5$ (12%) wird das Amid mit C_6H_6/CH_3OH (6:1) eluiert, 56% Ausbeute [21].

$(C_6H_5C_5H_4FeC_5H_4)_2P(O)OH \cdot 2H_2O$ (Tabelle **30**, Nr. **28**) wird aus PCl_3 und fc-C_6H_5 in CH_2Cl_2 dargestellt. Die Trennung von $(C_6H_5C_5H_4FeC_5H_4)_3PO$ erfolgt an Al_2O_3, von dem die Säure mit 5%igem wäßrigem KOH ausgewaschen wird, 8% Ausbeute. — Die Substituentenstellung ist nicht gesichert, doch zeigen analog hergestellte substituierte Triferrocenylphosphinoxide im IR-Spektrum nicht die 1100 cm^{-1}-Bande eines C_5H_5-Ringes. Die Säure löst sich leicht in H_2O und KOH [8].

Literatur:

[1] G. P. Sollott, E. Howard (J. Org. Chem. **27** [1962] 4034/40). — [2] G. P. Solott, H. E. Mertway, S. Portnoy, J. L. Snead (J. Org. Chem. **28** [1963] 1090/2). — [3] U.S. Dept. Army, G. P. Solott (U.S.P. 3310577 [1963/67]). — [4] G. P. Sollott, W. R. Peterson (J. Organometal. Chem. **4** [1965] 491/3). — [5] G. P. Sollott, J. L. Snead, S. Portnoy, W. R. Peterson, H. E. Mertway (AD-611869 (Vol. 2) [1965] 441/52).

[6] A. N. Nesmeyanov, D. N. Kursanov, V. D. Vil'chevskaya, N. S. Kochetkova, V. S. Setkina, Yu. N. Novokov (Dokl. Akad. Nauk SSSR **160** [1965] 1090/2; Dokl. Chem. Proc. Acad. Sci. USSR **160** [1965] 170/2). — [7] U.S. Dept. Army, G. P. Sollott, W. R. Peterson (U.S.P. 3418350 [1966/68]). — [8] A. N. Nesmeyanov, V. D. Vil'chevskaya, A. I. Makarova (Dokl. Akad. Nauk SSSR **169** [1966] 351/4; Dokl. Chem. Proc. Acad. Sci. USSR **169** [1966] 695/8). — [9] E. W. Neuse (J. Organometal. Chem. **7** [1967] 349/52). — [10] A. W. Smalley, C. E. Sullivan, W. E. McEwen (Chem. Commun. **1967** 5/7.)

[11] Institute Heteroorganic Compounds, Academy Science USSR, A. N. Nesmeyanov, V. D. Vil'chevskaya, N. S. Kochetkova, A. I. Makarova (UdSSR P. 456525 [1967/75] nach C.A. **83** [1975] Nr. 193513). — [12] G. P. Sollott, W. R. Peterson (J. Organometal. Chem. **19** [1969]

143/59). — [13] C. E. Sullivan (Diss. Univ. of Massachusetts 1969 nach Diss. Abstr. Intern. B **30** [1970] 4066). — [14] C. E. Sullivan, W. E. McEwen (Org. Prep. Proced. **2** [1970] 157/9). — [15] W. E. McEwen, A. W. Smalley, C. E. Sullivan (Phosphorus **1** [1972] 259/62).

[16] J. C. Kotz, C. L. Nivert (J. Organometal. Chem. **52** [1973] 387/406). — [17] A. N. Nesmeyanov, P. V. Petrovskii, L. A. Federov, V. I. Robas, E. I. Fedin (Zh. Strukt. Khim. **14** [1973] 49/57; J. Struct. Chem. [USSR] **14** [1973] 42/9). — [18] Institut National Recherche Chimique Appliquée, L. Eberhard, F. Mathey, J.-P. Lampin (F.P. 2233331 [1973/75]). — [19] L. Eberhard, J.-P. Lampin, F. Mathey (J. Organometal. Chem. **80** [1974] 109/18). — [20] J. C. Kotz, C. L. Nivert, J. M. Lieber (J. Organometal. Chem. **91** [1975] 87/95).

[21] A. N. Nesmeyanov, V. D. Vil'chevskaya, A. I. Krylova, V. S. Tolkunova (Izv. Akad. Nauk SSSR Ser. Khim. **1975** 1829/33; Bull. Acad. Sci. USSR Div. Chem. Sci. **1975** 1710/4). — [22] N. N. Godovikov, V. D. Vil'chevskaya, V. Kh. Syundyukova, A. I. Krylova (Izv. Akad. Nauk SSSR Ser. Khim. **1975** 1862/3; Bull. Acad. Sci. USSR Div. Chem. Sci. **1975** 1743/4). — [23] A. N. Nesmeyanov, V. D. Vil'chevskaya, A. I. Krylova, Yu. S. Nekrasov, V. S. Tolkunova (Izv. Akad. Nauk SSSR Ser. Khim. **1975** 706/8; Bull. Acad. Sci. USSR Div. Chem. Sci. **1975** 635/6).

6.4.4.5 Ferrocenylarsenverbindungen

Ferrocenyl Compounds Containing Arsenic Bridges

Die Darstellung von „Di- und Triferrocenylarsen-Derivaten" durch Reaktion von fc-H mit Chlor- und Aminoarsen in Gegenwart von Donor-komplexiertem $AlCl_3$ ist in [4] kurz mitgeteilt; eine ausführliche Publikation darüber erschien später nicht.

Die Bildungsbedingungen der beiden bekannten zweikernigen As-Verbindungen aus dem durch Friedel-Crafts-Reaktion erhaltenen fc-$AsCl_2$ und ihre Umwandlungen ergeben sich aus dem folgenden Schema nach [3]; s. auch [1]:

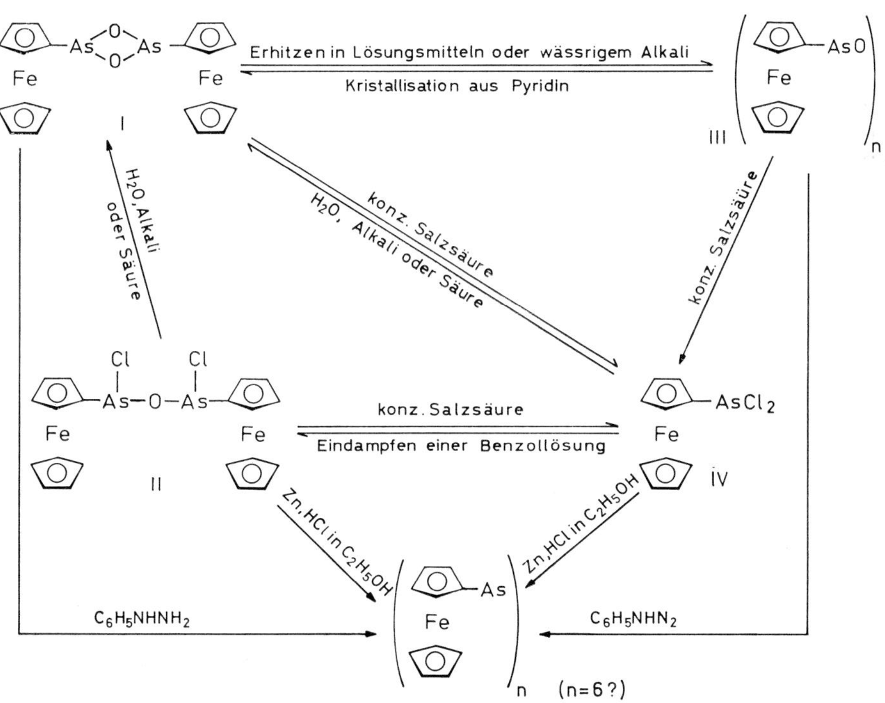

Das polymere Oxid (III) wird in [2] als zweikerniges fc-As(OH)-O-(OH)As-fc formuliert, das aber offensichtlich nicht existiert.

Die IR-Spektren, für alle Verbindungen des Schemas zusammenfassend diskutiert, zeigen typische Ferrocenyl-Banden bei 810 bis 840, 1005 und 1110 (monosubstituiertes Ferrocen), 1410 bis 1420 und 3060 bis 3100 cm^{-1}. Banden im Gebiet von 1015 bis 1045 und 1305 bis 1320 cm^{-1} sind wahrscheinlich der fc-As-Gruppe zuzuordnen; starke Banden bei 725 (I) oder 720 (II) cm^{-1} gehören zu As-O-As-Schwingungen. Die auch bei Ferrocenylphosphinen auftretenden Banden in der Nähe von 1155 und 1195 cm^{-1} werden wahrscheinlich durch C-H-Beugungsschwingungen in der Ebene hervorgerufen [3].

fc-AsO_2As-fc (I) erhält man durch Friedel-Crafts-Reaktion mit fc-H/$AsCl_3$/$AlCl_3$ in siedendem n-Heptan während 20 h und direkte Hydrolyse des festen blauschwarzen Reaktionsproduktes. Die optimale Ausbeute von 22% bei einem Molverhältnis der Komponenten von 3:1:1 steigert sich auf 32%, wenn $AlBr_3$ als Katalysator verwendet wird. Die Reinigung geschieht über 2 N wäßrige Alkalilösungen, aus denen die Verbindung mit konzentrierter Salzsäure bei 5°C vorsichtig ausgefällt wird; Umkristallisieren aus Pyridin bei −10°C.

Die hellgelben Kristalle werden ab 250°C dunkler und schmelzen bei 261 bis 262°C. In siedendem $CHCl_3$, C_2H_5OH oder C_6H_6 (wasserfrei) geht die Verbindung quantitativ in das unlösliche Polymere III über. Beim Zerreiben mit konzentrierter Salzsäure wird fc-$AsCl_2$ mit 95% Ausbeute gebildet. Die Verbindung löst sich unter Erwärmen in C_2H_5ONa/C_2H_5OH oder in 2 N wäßrigem NaOH und kann mit konzentrierter Salzsäure wieder ausgefällt werden; sie löst sich anscheinend nicht in 0.1 N wäßrigem NaOH, wird aber in wenigen Minuten vollständig in das Polymere III übergeführt [3]; zu weiteren Angaben vgl. das Reaktionsschema.

fc-As(Cl)O(Cl)As-fc bildet sich aus fc-$AsCl_2$ in heißem C_6H_6 beim Verdampfen des Lösungsmittels im Luftstrom; aus dem öligen roten Rückstand erhält man mit einem Minimum an Petroläther einen gelben Festkörper, Ausbeute 34%, jedoch können die Ausbeuten sehr schwanken. Wird aus trocknem Heptan umkristallisiert.

Das gelbe Pulver schmilzt bei 118.5 bis 120°C. Die feuchtigkeitsempfindliche Verbindung ist unter N_2 längere Zeit stabil [3]. Zum chemischen Verhalten s. das Reaktionsschema.

Literatur:

[1] G. P. Sollott, W. R. Peterson (Abstr. Papers 148th Meeting Am. Chem. Soc., Chicago 1964, Abstr. 4S, Nr. 7). — [2] G. P. Solott, J. L. Snead, S. Portnoy, W. R. Peterson, H. E. Mertway (AD-611869 (Vol. 2) [1965] 441/52). — [3] G. P. Sollott, W. R. Paterson (J. Org. Chem. **30** [1965] 389/93). — [4] G. P. Sollott, W. R. Peterson (3. Intern. Symp. Metallorg. Chem., München 1967, Kurzreferate, S. 174).

Diferrocenyl Mercury and Substitution Products

6.4.5 Diferrocenylquecksilber und Substitutionsprodukte

Diferrocenyl Mercury

6.4.5.1 Diferrocenylquecksilber, fc_2Hg

Die Verbindung wird zum ersten Mal aus der Reaktion von fc-HgCl mit gesättigtem wäßrigem $Na_2S_2O_3$ isoliert [1]. Bei Versuchen der Darstellung von fc-COOH durch Transmetallierung von fc-HgCl mit einer Na-Dispersion in n-Nonan/Benzol, Carbonylierung mit Trockeneis/Äther und Hydrolyse fällt fc_2Hg mit 70% Ausbeute an. Ähnliche Ergebnisse werden erhalten, wenn man nach der Reaktion von fc-HgCl mit Na (25°C) nur bei Trockeneistemperatur hydrolysiert. Auch andere bekannte Methoden für die Umwandlung $RHgX \rightarrow R_2Hg$ liefern fc_2Hg: die Umsetzung von fc-HgCl als Suspension in C_2H_5OH/H_2O mit „Natriumstannit" (aus $SnCl_2 \cdot 2H_2O$ und wäßrigem NaOH) bei Zimmertemperatur (70% Ausbeute) und die Reaktion von fc-HgCl mit NaJ in C_2H_5OH unter Rückfluß (quantitative Ausbeute) [3]. Weitere Bildungsweisen aus fc-HgCl: bei der Reaktion mit $[Re(CO)_5]^-$ in Tetrahydrofuran bei Zimmertemperatur mit 95% Ausbeute neben $Re(CO)_5Cl$ und Hg [21] und bei der Reaktion mit N-Bromsuccinimid in CH_2Cl_2 mit 18% Ausbeute neben fc-Br als Hauptprodukt [18].

fc_2Hg entsteht ferner aus folgenden Verbindungen unter der Einwirkung von gesättigtem wäßrigem $Na_2S_2O_3$: aus einem graugrünen Produkt der Reaktion von fc-HgCl mit J_2, das Jod enthält [2], aus dem Produkt der Oxidation von fc-HgCl mit Br_2, das als $[fc\text{-}HgCl]^+Br_3^-$ formuliert wird (79% Ausbeute) [29] und aus $[fc\text{-}HgCl]^+HgCl_3^-$ (50% Ausbeute) [28]. Zur Bildung in Spuren bei der thermischen Zersetzung von $(fc\text{-}Hg)_n$ in Gegenwart von Ag s. [15].

fc_2Hg wird zur Reinigung meistens aus Xylol umkristallisiert [1, 3], aus dem es in schönen orangefarbenen Kristallen anfällt [1], Schmelzpunkt: 235 bis 236°C unter Zersetzung [3]. Eine „zweite Form" der Verbindung wird bei der Darstellung aus fc-HgCl/NaJ und aus $[fc\text{-}HgCl]^+HgCl_3^-$ (s. oben) isoliert; sie schmilzt nach Kristallisation aus Xylol bei 248 bis 249°C [3, 28] und hat ein völlig gleiches IR-Spektrum [3]. Die Ursachen für das Auftreten von zwei Formen sind nicht weiter untersucht worden. fc_2Hg läßt sich bei 160°C/0.1 Torr sublimieren [21].

Das ^1H-NMR-Spektrum wird in Lösungen von o-$C_6H_4Cl_2$, $C_6H_5NO_2$ und $(C_6H_5)_2O$ bei 94°C gemessen; die in $C_6H_5NO_2$ erhaltenen chemischen Verschiebungen betragen $\tau = 5.73$ und 6.03 (scheinbare Tripletts von C_5H_4), 5.90 (s, C_5H_5) [15]. Um etwa 0.2 ppm tiefere Werte bei [21] sind wahrscheinlich auf die Verwendung von $Si(CH_3)_4$ als innerem Standard zurückzuführen [21]. Eine Spin-Spin-Kopplung zwischen ^{199}Hg und den H-Atomen in 2,5-Stellung von C_5H_4 konnte nicht beobachtet werden [15]. Im Festkörperspektrum bleiben die Linienbreite und das zweite Moment bis hinunter zu 78 K im wesentlichen konstant; das gegenüber fc-H größere zweite Moment zwischen 78 und 298 K spricht für eine Behinderung der C_5H_5-Rotation um die fünfzählige Achse. Eine Abschätzung der Aktivierungsenergien der Rotation ergibt für fc_2Hg 3.1 $kcal \cdot mol^{-1}$ (bei 75 K) und für fc-H 2.3 $kcal \cdot mol^{-1}$ (bei 68 K) [14]. Chemische Verschiebungen des ^{13}C-NMR-Spektrums ($CHCl_3$, bezogen auf $Si(CH_3)_4$) liegen bei $\delta = 67.6$ (C_5H_5), 70.6 und 74.5 (C-3 bzw. -2 in C_5H_4) ppm; für das an Hg gebundene C-Atom ist kein Wert angegeben [32].

Die Mössbauer-Parameter sind denen von fc-H und fc-fc sehr ähnlich. Die Isomerieverschiebungen (relativ zu $^{57}Co/Cr$) betragen $\delta = 0.7$ (20 K), 0.69 (78 K) und 0.61 (298 K) $mm \cdot s^{-1}$; die Quadrupolaufspaltung bleibt praktisch konstant bei $\Delta = 2.28$ $mm \cdot s^{-1}$. Die Debye-Temperatur liegt dagegen bei fc_2Hg merkbar tiefer [17].

Im IR-Spektrum in CS_2 treten die typischen Banden der nicht substituierten C_5H_5-Ringe bei 1002 und 1108 cm^{-1} auf [13]. Zusammenhänge zwischen den Intensitäten der C-H-Valenzschwingungen bei 3100 cm^{-1} und Substituenten am Ferrocen scheinen anzudeuten, daß die Gruppe fc-Hg Elektronendonoreigenschaften besitzt [12]. — Das Röntgenstrahlenbeugungsbild und entsprechende Gitterebenenabstände sind bei [5] angegeben und können zur Identifizierung der Verbindung dienen.

In einem Massenspektrometer mit Funken-Ionenquelle können weder das Molekelion noch $FeC_{10}H_9^+$ oder $FeC_{10}H_8^+$ beobachtet werden. Da diese Fragmente anscheinend leicht hydriert werden, findet man mit mäßiger Intensität $FeC_{10}H_{10}^+$, ferner $FeC_5H_5^+$, Fe^+, Hg^+ und Kohlenwasserstoffbruchstücke [15].

Die Verbindung wird bei der Polarographie bei einem Halbwellenpotential $E_{1/2} > -2.80$ V reduziert (für $(C_6H_5)_2Hg$ ist $E_{1/2} = -2.60$ V) [23]. Die Oxidation mit $K_2Cr_2O_7$ in $CH_3COOH/HClO_4$ läßt sich potentiometrisch messen und ergibt zwei weit auseiander liegende Redoxschritte bei $E_1 = -0.283$ und $E_2 = -0.655$ V. Während E_1 bei einem Vergleich mit Biferrocen andeutet, daß die Elektronendonoreigenschaften eines fc-Kernes nicht auf den anderen übertragen werden, zeigt E_2, daß sich die Elektronenakzeptoreigenschaften des schon oxidierten fc^+-Kernes über das Hg-Atom stark auf den anderen fc-Kern auswirken [10], s. auch [19]. Dies kommt jedoch bei der elektrochemischen Oxidation nicht zum Ausdruck; man findet polarographisch an der rotierenden Pt-Elektrode in CH_3CN nur ein Halbwellenpotential bei 0.28 V (gegen SCE bei 27°C), bei dem beide fc-Kerne oxidiert werden [38].

fc_2Hg löst sich gut in heißem Xylol und Dichloräthan, weniger gut in Benzol und Isobutylalkohol, es ist unlöslich in Äthylalkohol [1]. Bei 20stündigem Erhitzen in trocknem Benzol verändert es sich nicht [9]. Sechsstündiges Erhitzen in CCl_4 ergibt eine dunkle Lösung, aus der fc-HgCl (57%), fc-H (22%) und nicht näher definierte feste Produkte isoliert werden; in Gegenwart von Hydrochinon oder Benzoylperoxid unter sonst gleichen Bedingungen wird diese Zersetzung zurückgedrängt, man isoliert etwas fc-H und gewinnt etwa 85% fc_2Hg zurück [9]. Bei längerem Erhitzen in Lösungen von $C_6H_5NO_2$, o-$C_6H_4Cl_2$ und $C_6H_5OC_6H_5$ auf 160 bis 180°C scheint nach den Veränderungen des ^{1}H-NMR-Spektrums Reaktion mit den Lösungsmitteln einzutreten [15].

Beim Erhitzen ohne Lösungsmittel auf 265°C/17 h erhält man fc-H und fc-fc mit 68 bzw. 13% Ausbeute. In Gegenwart eines achtfach molaren Überschusses an Ag unter sonst gleichen Bedingungen bilden sich die gleichen Verbindungen mit Ausbeuten von 29 bzw. 54% [11]. In Gegenwart etwa gleicher g-Mengen Pd ist bei Temperaturen von etwa 150 bis 300°C fc-H stets das Hauptprodukt neben höchstens etwa 6% fc-fc [6].

Versuche zur Metallierung mit Na in Benzol unter längerem Erhitzen ergeben nach Reaktion mit CO_2 und Hydrolyse keine Carbonsäuren, sondern nur etwas fc-H. Aus der Umsetzung mit Br_2 in CH_2Cl_2/CCl_4 zwischen −35°C und Zimmertemperatur erhält man fc-Br (47%) und fc-HgBr (9%) [29], s. auch [2]; zur Bildung eines intermediären Oxidationsproduktes s. 6.4.5.2. Beim Erhitzen mit Schwefel auf 160 bis 180°C entsteht in geringer Menge fc-S-S-fc [8].

Die Kinetik der Protolyse („Protodemercurierung") durch HCl [20, 25] oder $HClO_4$ [25] in wäßrigem Dioxan (7.5 bis 20 Vol.-% H_2O) wird bei 10 bis 30°C untersucht. Die Reaktion, fc_2Hg + HX → fc-H + fc-HgX, verläuft nach zweiter Ordnung und ist etwa sechsmal schneller als mit $(p\text{-}CH_3OC_6H_4)_2Hg$ [20]. Typische Parameter bei 20°C in Dioxan/H_2O (10%) mit Konzentrationen an fc_2Hg und Säure von etwa 10^{-3}molar sind für HCl: $k = 44.0\ l \cdot mol^{-1} \cdot min^{-1}$ [20, 25], $\Delta H^{\neq} = 18.7\ kcal \cdot mol^{-1}$, $\Delta S^{\neq} = +2.7\ cal \cdot mol^{-1} \cdot K^{-1}$ [25], s. auch [20], und für $HClO_4$: $k = 22.46\ l \cdot mol^{-1} \cdot min^{-1}$, $\Delta H^{\neq} = 17.7\ kcal \cdot mol^{-1}$, $\Delta S^{\neq} = -2.3\ cal \cdot mol^{-1} \cdot K^{-1}$ [25]. Die Zunahme der Reaktionsgeschwindigkeit bei Zusatz von KCl und ihre Abnahme mit steigendem H_2O-Gehalt sind ähnlich wie bei $(C_6H_5)_2Hg$ und zeigen, daß sich die Mechanismen in beiden Fällen im Prinzip nicht unterscheiden [25]. Zur Ermittlung des σ^+-Wertes aus diesen Ergebnissen s. [22]. Vgl. auch Messungen an Derivaten von fc_2Hg in 6.4.5.2.

Bei der Reaktion mit $Hg(NO_3)_2$ in CH_3OH bei Zimmertemperatur wird ein blaugrünes, schlagempfindliches Addukt nicht genau definierter Zusammensetzung ausgefällt [31]. Nach Erhitzen mit $SnCl_2$ in Petroläther ließ sich neben unverändertem fc_2Hg nur fc-H (15.5%) isolieren [9]; zu den Bedingungen der Bildung von fc_2SnCl_2 s. dort, 6.4.6. Erhitzen mit $CuCl_2 \cdot 2H_2O$ in Dioxan während 1 h ergibt fc-H, fc-Cl und fc-HgCl (41%) [9].

Mit n-C_4H_9Li in Äther/Benzol bei 25°C findet keine Metallierung, sondern Hg/Li-Austausch statt, wie nach Carbonylierung an der ausschließlichen Bildung von fc-COOH zu erkennen ist [11]. Beim Erhitzen mit einer äquimolaren Menge $(C_6H_5)_2Hg$ auf 200 bis 300°C in Gegenwart von Ag wird fc-C_6H_5 mit 45% Ausbeute neben geringen Mengen fc-H und fc-fc gebildet [7, 11, 16]; auch die Bildung von Biphenylylferrocen auf diesem Wege ist mitgeteilt [11, 16]. In der Reaktion von fc_2Hg mit $HCCo_3(CO)_9$ entsteht fc-$CCo_3(CO)_9$ [27], s. auch „Kobalt-Organische Verbindungen" 2, Erg.-Werk, Bd. 6, S. 158, Tabelle 29, Nr. 76. Die Umsetzung mit $C_5H_5Fe(CO)_2J$, mit oder ohne Bestrahlung, führt zu $C_5H_5FeC_5H_4Fe(CO)_2C_5H_5$ [30]. Zur Reaktion mit fc-SO_2X (X = Cl, J) nach [4, 9] vgl. Darstellung von fc-SO_2-fc, 6.4.2. Umsetzungen mit $CH_3AuP(C_6H_5)_3/HBF_4$ in Äther/$CHCl_3$ [33 bis 36] oder mit $ClAuP(C_6H_5)_3/AgBF_4$ in Aceton/Benzol [33, 36] ergeben mit 73 bis 78% Ausbeute $[fc(AuP(C_6H_5)_3)_2]BF_4$. Aus $[p\text{-}CH_3C_6H_4(AuP(C_6H_5)_3)_2]BF_4$ in $CHCl_3$ wird mit fc_2Hg praktisch quantitativ $(p\text{-}CH_3C_6H_4)_2Hg$ gebildet [33, 36].

Bei Umsetzungen von fc_2Hg mit organischen, elektrophilen Reaktionspartnern RX (R = CH_3CO, $(C_6H_5)_3C$, $C_6H_5SO_2$; X = Cl, J) erhält man entsprechende Substitutionsprodukte fc-R nur in mäßigen Ausbeuten neben fc-H [4, 9]. Beim Erhitzen mit C_3F_7J in Benzol im geschlossenen Rohr (100 bis 150°C) entstehen Perfluorpropylferrocen und 1,1'-Bisperfluorpropylferrocen [37]. Weitere Reaktionen mit $(SCN)_2$ und $SeBr_4$ s. bei fc-S-S-fc bzw. fc-Se-fc in 6.4.2.

Literatur:

[1] A. N. Nesmeyanov, E. G. Perevalova, K. V. Golovnya, O. A. Nesmeyanova (Dokl. Akad. Nauk SSSR [2] **97** [1954] 459/61). — [2] A. N. Nesmeyanov, E. G. Perevalova, O. A. Nesmeyanova (Dokl. Akad. Nauk SSSR **100** [1955] 1099/101). — [3] M. D. Rausch, M. Vogel, H. Rosenberg (J. Org. Chem. **22** [1957] 900/3). — [4] A. N. Nesmeyanov, E. G. Perevalova (Dokl. Akad. Nauk SSSR **119** [1958] 288/91; Proc. Acad. Sci. USSR Chem. Sect. **119** [1958] 215/7). — [5] W. L. Baun (Anal. Chem. **31** [1959] 1308/11).

[6] O. A. Nesmeyanova, E. G. Perevalova (Dokl. Akad. Nauk SSSR **126** [1959] 1007/8; Proc. Acad. Sci. USSR Chem. Sect. **126** [1959] 441/2). — [7] M. D. Rausch (J. Am. Chem. Soc. **82** [1960] 2080/1). — [8] M. D. Rausch (J. Org. Chem. **26** [1961] 3579/80). — [9] A. N. Nesmeyanov, E. G. Perevalova, O. A. Nesmeyanova (Izv. Akad. Nauk SSSR **1962** 47/52; Bull. Acad. Sci. USSR Div. Chem. Sci. **1962** 40/4). — [10] E. G. Perevalova, S. P. Gubin, S. A. Smirnova, A. N. Nesmeyanov (Dokl. Akad. Nauk SSSR **147** [1962] 384/7; Proc. Acad. Sci. USSR Chem. Sect. **147** [1962] 994/7).

[11] M. D. Rausch (Inorg. Chem. **1** [1962] 414/7). — [12] G. G. Dvoryantseva, M. I. Struchkova, Yu. N. Sheinker (Dokl. Akad. Nauk SSSR **152** [1963] 617/20; Dokl. Chem. Proc. Acad. Sci. USSR **152** [1963] 740/3). — [13] S. I. Goldberg, D. W. Mayo, J. A. Alford (J. Org. Chem. **28** [1963] 1708/10). — [14] L. N. Mulay, A. Attalla (J. Am. Chem. Soc. **85** [1963] 702/6). — [15] M. D. Rausch (J. Org. Chem. **28** [1963] 3337/41).

[16] Monsanto Chemicals Co., M. D. Rausch (U.S.P. 3098864 [1961/63]). — [17] G. K. Wertheim, R. H. Herber (J. Chem. Phys. **38** [1963] 2106/11). — [18] R. W. Fish, M. Rodenblum (J. Org. Chem. **30** [1965] 1253/4). — [19] S. P. Gubin, K. I. Grandberg, unveröffentlicht, nach A. N. Nesmeyanov, E. G. Perevalova (Ann. N.Y. Acad. Sci. **125** [1965] 67/88, 70). — [20] A. N. Nesmeyanov, A. G. Kozlovskii, S. P. Gubin, E. G. Perevalova (Izv. Akad. Nauk SSSR Ser. Khim. **1965** 580; Bull. Acad. Sci. USSR Div. Chem. Sci. **1965** 569).

[21] M. I. Bruce, P. W. Jolly, F. G. A. Stone (J. Chem. Soc. A **1966** 1602/6). — [22] A. N. Nesmeyanov, E. G. Perevalova, S. P. Gubin, K. I. Grandberg, A. G. Kozlovsky (Tetrahedron Letters **1966** 2381/7). — [23] L. I. Zakharkin, V. I. Bregadze, O. Yu. Okhlobystin (J. Organometal. Chem. **6** [1966] 228/34). — [24] A. N. Nesmeyanov, A. G. Kozlovskii, S. P. Gubin, I. G. Chernov, E. G. Perevalova (Izv. Akad. Nauk SSSR Ser. Khim. **1967** 1139/40; Bull. Acad. Sci. USSR Div. Chem. Sci. **1967** 1099/100). — [25] A. N. Nesmeyanov, E. G. Perevalova, S. P. Gubin, A. G. Kozlovskii (J. Organometal. Chem. **11** [1968] 577/86).

[26] A. N. Nesmeyanov, E. G. Perevalova, S. P. Gubin, A. G. Kozlovskii (Dokl. Akad. Nauk SSSR **178** [1968] 616/9; Dokl. Chem. Proc. Acad. Sci. USSR **178** [1968] 84/7). — [27] D. Seyferth, J. E. Hallgren, R. J. Spohn (J. Organometal. Chem. **23** [1970] C55). — [28] A. N. Nesmeyanov, V. A. Sazonova, V. A. Blinova (Dokl. Akad. Nauk SSSR **198** [1971] 848/50; Dokl. Chem. Proc. Acad. Sci. USSR **198** [1971] 467/9). — [29] A. N. Nesmeyanov, E. G. Perevalova, D. A. Lemenovskii, V. P. Alekseev, K. I. Grandberg (Dokl. Akad. Nauk SSSR **198** [1971] 1099/101; Dokl. Chem. Proc. Acad. Sci. USSR **198** [1971] 505/7). — [30] A. N. Nesmeyanov, L. G. Makarova, V. N. Vinogradova (Izv. Akad. Nauk SSSR Ser. Khim. **1972** 1600/4; Bull. Acad. Sci. USSR Div. Chem. Sci. **1972** 1541/4).

[31] U.S.A. Secretary Army, G. P. Sollott, W. R. Peterson (U.S.P. 3673015 [1969/72]). — [32] A. N. Nesmeyanov, P. V. Petrovskii, L. A. Fedorov, V. I. Robas, E. I. Fedin (Zh. Strukt. Khim. **14** [1973] 49/57; J. Struct. Chem. [USSR] **14** [1973] 42/9). — [33] A. N. Nesmeyanov, E. G. Perevalova, K. I. Grandberg, D. A. Lemenovskii, T. V. Baukova, O. B. Afanasova (Vestn. Mosk. Univ. Khim. Nr. 4 **28** [1973] 387/99; Moscow Univ. Chem. Bull. **28** Nr. 4 [1973] 1/9). — [34] A. N. Nesmeyanov, E. G. Perevalova, O. B. Afanasova, K. I. Grandberg (Izv. Akad. Nauk SSSR Ser. Khim. **1974** 484; Bull. Acad. Sci. USSR Div. Chem. Sci. **1974** 456). — [35] A. N. Nesmeyanov, E. G. Perevalova, K. I. Grandberg, D. A. Lemenovskii (Izv. Akad. Nauk SSSR Ser. Khim. **1974** 1124/37; Bull. Acad. Sci. USSR Div. Chem. Sci. **1974** 1068/78).

[36] A. N. Nesmeyanov, E. G. Perevalova, K. I. Grandberg, D. A. Lemenovskii, T. V. Baukova, O. B. Afanasova (J. Organometal. Chem. **65** [1974] 131/44). — [37] U.S.A. Secretary Air Force, H. Rosenberg (U.S.P. 3432533 [1966/69]). — [38] W. H. Morrison, S. Krogsrud, D. N. Hendrickson (Inorg. Chem. **12** [1973] 1998/2004).

6.4.5.2 Derivate von fc_2Hg

Derivatives of fc_2Hg

Bei der Reaktion von fc_2Hg mit Br_2 in CH_2Cl_2 bei −30°C entsteht eine blaue Lösung, die wahrscheinlich eine Ferroceniumverbindung mit einem Radikalanion enthält:

$[fc_2Hg]^+Br_2^{\overline{\cdot}}$. Das UV-Spektrum der Lösung zeigt mit λ_{max} (lg ε) = 456 (2.7) und 630 (2.3) nm charakteristische Absorptionen des Ferrocens und Ferroceniumkations. Der Verlauf der Zersetzung des Komplexes gemäß dem Reaktionsschema wird durch die Beobachtung unterstützt, daß bei Zusatz von fc-HgCl nach der Herstellung der blauen Lösung quantitativ $[fc\text{-}HgCl]^{+}Br_{2}^{\div}$ und fc_2Hg isoliert werden können [11].

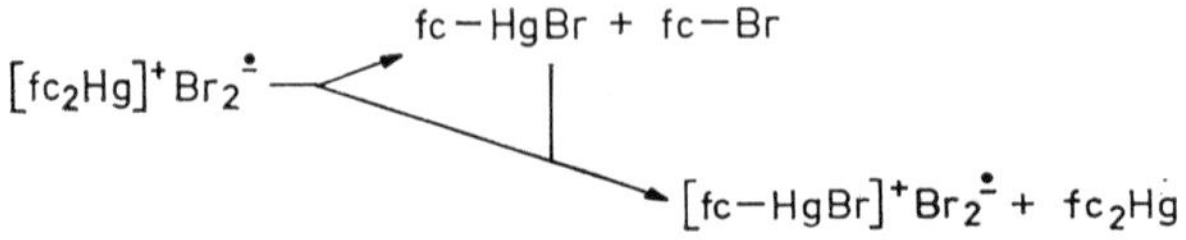

$$[fc_2Hg]^{+}Br_2^{\dot{-}} \longrightarrow \begin{cases} fc{-}HgBr + fc{-}Br \\ [fc{-}HgBr]^{+}Br_2^{\dot{-}} + fc_2Hg \end{cases}$$

Substitutionsprodukte von fc_2Hg gehören zu den in den Formeln I bis III wiedergegebenen Verbindungstypen und sind in dieser Reihenfolge in Tabelle 31 zusammengestellt. Da sie stets gleiche Substituenten in beiden Ferrocenylkernen tragen, werden sie wie in folgenden Beispielen bezeichnet: Bis(1'-chlorferrocenyl)quecksilber, (Typ I), Bis(2-chlorferrocenyl)quecksilber (Typ II) oder Bis-(2,1'-dichlorferrocenyl)quecksilber. Drei Verbindungen der Zusammensetzung $(C_5H_5FeC_5H_3X\text{-})_2Hg$ mit X = Cl, Br, J werden bei [3] als Bis(3-halogenferrocenyl)quecksilber-Derivate angesehen. Nach neueren Untersuchungen [13] ist diese Zuordnung jedoch nicht korrekt, die Substanzen gehören zum Verbindungstyp II [12, 13], s. auch weitere Angaben zu Verbindung Nr. 10.

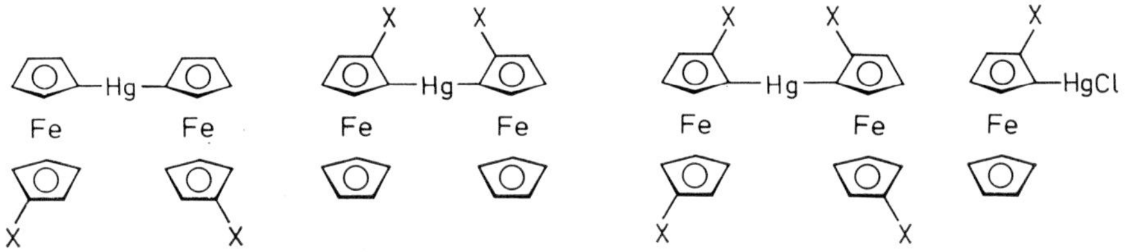

I II III IV

Die Darstellung der meisten Verbindungen von Tabelle 31 erfolgte durch die bekannte „Symmetrisierung", $RHgX \rightarrow R_2Hg$.

Methode A: Symmetrisierung von Verbindungen des Typs $XC_5H_4FeC_5H_4HgCl$ nach Anfeuchten mit etwas Aceton durch Schütteln mit gesättigtem wäßrigem $Na_2S_2O_3$ [1, 2, 5, 7]; Isolierung durch Filtrieren, Waschen und Trocknen [1, 2] oder durch Extraktion mit Äther und Chromatographie an Al_2O_3 [7].

Methode B: Darstellung von stellungsisomeren Chlormercuriferrocenen, $XC_5H_4FeC_5H_4HgCl$ und $C_5H_5FeC_5H_3(X)HgCl$, durch Umsetzung von fc-X mit $Hg(CH_3COO)_2$ in CH_3OH bei Zimmertemperatur und anschließende Behandlung mit $CaCl_2$ in CH_3OH [3] oder auch mit LiCl in 50%igem wäßrigem C_2H_5OH [8]. Die Produkte lassen sich dann an deaktiviertem Al_2O_3 symmetrisieren [3]. Nach [13] wird jedoch selektiv nur der Isomerentyp $C_5H_5FeC_5H_3(X\text{-}2)HgCl$ (Formel IV) in $(C_5H_5FeC_5H_3X\text{-}2)_2Hg$ umgewandelt. Sehr gute Ausbeuten erhält man nach Vorbehandlung des Al_2O_3 mit NaCN [16].

Methode C: Cl-substituierte Ferrocene werden mit $n\text{-}C_4H_9Li$ in der 2-Stellung lithiiert und dann mit $HgBr_2$ umgesetzt [9].

Am Substitutionstyp I, Verbindungen Nr. 1 bis 5, wird die schon bei fc_2Hg erörterte „Protodemercurierung" mit HCl in wäßrigem Dioxan unter Bildung von $XC_5H_4FeC_5H_4HgCl$ und fc-H untersucht [4, 6]. Die Geschwindigkeitskonstanten dieser Reaktion bei 20°C sind im folgenden nach [6] zusammengestellt (Nr. entspricht den Verbindungen in Tabelle 31):

Substituent X (Nr.)		k_2 $l \cdot mol^{-1} \cdot min^{-1}$	$\Delta H^{\neq}$ $kcal \cdot mol^{-1}$	$\Delta S^{\neq}$ $cal \cdot mol^{-1} \cdot K^{-1}$
Cl	(1)	3.13	25.8	21.9
Br	(2)	2.43	23.1	12.0
OCH_3	(3)	83.1	24.4	23.2
CH_3COO	(4)	12.7	22.0	11.5
H_3COOC	(5)	1.44	22.9	10.2

Die CH_3O-Gruppe beschleunigt die Protolyse, alle anderen Substituenten haben einen retardierenden Effekt. Zur Diskussion im einzelnen, auch im Vergleich zu entsprechend substituierten Diarylquecksilberverbindungen, s. [4] und besonders [6]. Durch Umsetzung von Verbindungen Nr. 1, 2, 3 und 5 mit $CH_3AuP(C_6H_5)_3/HBF_4$ erhält man Organogold-Komplexe des Typs $[XC_5H_4FeC_5H_4(AuP(C_6H_5)_3)_2]BF_4$ [14, 15, 17].

* Weitere Angaben:

$(H_3COOCC_5H_4FeC_5H_4)_2Hg$ (Tabelle **31**, Nr. **5**) wird nur im Zusammenhang mit der Protodemercurierung, s. Einleitung, bei [6] erwähnt. Angaben über Darstellung und sonstige Eigenschaften liegen nicht vor.

$(OHC\text{-}CH{=}CCl\text{-}C_5H_4FeC_5H_4)_2Hg$ (Tabelle **31**, Nr. **6** und **12**). Bei der zweifachen Chromatographie (Al_2O_3) des Rohproduktes aus Reaktion B (rotes Öl), aus dem $OHC\text{-}CH{=}CCl\text{-}C_5H_4\text{-}FeC_5H_4HgCl$ isoliert wird, erhält man beim Eluieren mit Benzol in geringen Mengen zunächst Nr. 12 und dann Nr. 6.

Verbindung Nr. 6 kann mit N-Jodsuccinimid in CH_2Cl_2 unter Rückfluß in $OHC\text{-}CH{=}CCl\text{-}C_5H_4FeC_5H_4J$ übergeführt werden.

Für Verbindung Nr. 12 ist offengelassen, ob die 2-Formyl-1-chlorvinyl-Gruppe die 2- oder 3-Stellung besetzt. Das ^1H-NMR-Spektrum in $CDCl_3$ (?) zeigt ein Singulettsignal der C_5H_5-Protonen bei $\tau = 5.67$. Entsprechend treten im IR-Spektrum in KBr (?) die charakteristischen Banden der unsubstituierten C_5H_5-Ringe bei 1000 und 1100 cm^{-1} auf, weitere Banden liegen bei 1565 und 1642 cm^{-1} [8].

$[(CH_3)_3SiC_5H_4FeC_5H_4]_2Hg$ (Tabelle **31**, Nr. **7**) bildet sich auch als Nebenprodukt bei der Umsetzung von $(CH_3)_3SiC_5H_4FeC_5H_4HgCl$ mit $n\text{-}C_4H_9Li$ und Anthrachinon [10].

$(C_5H_5FeC_5H_3Cl\text{-}2)_2Hg$ und **$(C_5H_5FeC_5H_3Br\text{-}2)_2Hg$** (Tabelle **31**, Nr. **8** und **9**) werden entgegen der ursprünglichen Annahme bei [3] hier als Substitutionsprodukte II formuliert, obwohl der Beweis für diese Substituentenstellung nur für die folgende Jodverbindung erbracht worden ist [12, 13].

Verbindung Nr. 8 wird durch eine warme Lösung von $HgCl_2$ in CH_3OH in $C_5H_5FeC_5H_3(Cl)HgCl$ übergeführt, das bei der Chromatographie an Al_2O_3 bei langsamem Eluieren mit Petroläther/Benzol (1:1) wieder quantitativ $(C_5H_5FeC_5H_3Cl)_2Hg$ bildet [3]. Versuche, durch Erhitzen mit Tetraphenylcyclopentadienon ein „Ferrocyne" abzufangen, ergaben nur fc-H [9].

Beide Verbindungen reagieren mit den entsprechenden Cu-Halogeniden ($CuCl_2 \cdot 2H_2O$ in siedendem Aceton bzw. $CuBr_2$) unter Bildung von Dichlor-bzw. Dibromferrocen [3].

Tabelle 31. Substitutionsprodukte von fc_2Hg, vgl. Formeln I bis III.
Für laufende Nummern mit Sternchen siehe weitere Angaben.
Zu Abkürzungen und Dimensionen s. S. 1.

Nr.	Substituent X	Darstellungs-methode (Ausbeute in %)	Schmelzpunkt	Bemerkungen	Lit.
Substitutionstyp I:					
1	Cl	A (95)	151 bis 152	Kristallisation aus Xylol/Hexan unter schnellem Kühlen; zersetzt sich teilweise	[1, 2]
2	Br	A (94)	135 bis 136	Kristallisation aus CH_3NO_2, teilweise Zersetzung. Nach Erhitzen in Xylol wird fc-Br isoliert	[1, 2]
3	CH_3O	A (100)	96 bis 97	Kristallisation aus CH_3OH	[5]
4	CH_3COO	A (100)	134.5 bis 135.5	Kristallisation aus CH_3OH	[5]
*5	H_3COOC	— (—)	—	s. weitere Angaben	[6]
*6	OHC-CH=CCl	B (—)	—	das ^{1}H-NMR- und IR-Spektrum zeigt, daß unsubstituierte C_5H_5-Ringe nicht vorliegen; Daten sind nicht angegeben	[8]
*7	$(CH_3)_3Si$	A (99)	98 bis 99	orangefarbene Nadeln aus Petroläther	[7]
Substitutionstyp II:					
*8	Cl	B (10) C (38)	190 219 bis 220	IR-Spektrum: 877, 916, 1142, 1181, ^{1}H-NMR-Spektrum (CCl_4): 5.73 (C_5H_5), 5.46, 5.97, 6.27 (C_5H_3)	[3] [9]
*9	Br	B (—)	179 bis 180	IR-Spektrum: 869, 902, 1137, 1170	[3]
*10	J	B (—) B (8)	175 175 bis 177	IR-Spektrum: 862, 892, 1135, 1160, gelbe Kristalle aus Skellysolve B/Benzol	[3] [13]

Tabelle 31 [Fortsetzung].

Nr.	Substituent X	Darstellungs-methode (Ausbeute in %)	Schmelzpunkt	Bemerkungen	Lit.
*11	CH_3CO	B (81)	178 bis 181 185 bis 187	es liegen zwei Stereoisomere vor, die durch Chromatographie getrennt werden, vgl. weitere Angaben	[16]
*12	OCH-CH=CCl	B (—)	—	s. weitere Angaben bei Nr. 6	[8]
Substitutionstyp III:					
13	Cl	C (29)	161 bis 162	Darstellung nach Methode C aus $ClC_5H_4FeC_5H_4Cl$	[9]

$(C_5H_5FeC_5H_3J\text{-}2)_2Hg$ (Tabelle **31**, Nr. **10**). Bei der Mercurierung von fc-J nach Methode B entstehen alle drei isomeren Chlormercurijodferrocene (Substitution in 1,1'-, 1,3- und 1,2-), von denen aber nur das letztere, $C_5H_5FeC_5H_3(HgCl\text{-}1)J\text{-}2$, an Al_2O_3 selektiv zu $(C_5H_5FeC_5H_3J\text{-}2)_2Hg$ symmetrisiert wird. Die anderen passieren die Kolonne unverändert und werden nach Reaktion mit J_2 als 1,1'- und 1,3-Dijodferrocen identifiziert [13].

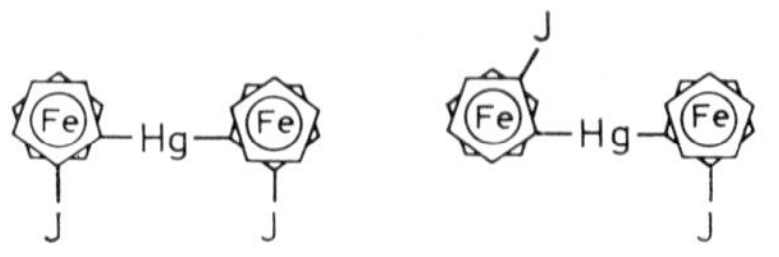

V VI

Das ^{1}H-NMR-Spektrum zeigt folgende chemischen Verschiebungen (in o-$C_6H_4Cl_2$): $\tau = 5.40$ (dd, H-5 in C_5H_3), 5.70 und 5.74 (s's, C_5H_5), 5.77 (t, H-4 in C_5H_3) und 6.03 (dd, H-3 in C_5H_3). Dem Auftreten von zwei Signalen der C_5H_5-Protonen ist zu entnehmen, daß ein Gemisch von Stereoisomeren vorliegt, d,l-Form V und meso-Form VI, deren Trennung nicht versucht wurde [13].

Die Reaktion mit J_2 in siedendem $ClCH_2CH_2Cl$ führt praktisch quantitativ zu $C_5H_5FeC_5H_3J_2$ [3, 13], bei dem die 1,2-Stellung der J-Atome durch das ^{1}H-NMR-Spektrum gestützt wird [13]. Mit D_2O in Dioxan in Gegenwart von $AlCl_3$ erhält man $C_5H_5FeC_5H_3(D)J\text{-}2$, dessen ^{1}H-NMR-Spektrum die Protonenzuordnung in $C_5H_5FeC_5H_3J_2\text{-}1,2$ und damit auch die J-Position in $(C_5H_5FeC_5H_3J\text{-}2)_2Hg$ bestätigt [13]. Einen weiteren chemischen Beweis für die Substituentenstellung erbringt die Reaktion von $(C_5H_5FeC_5H_3J\text{-}2)_2Hg$ mit n-C_4H_9Li zu $C_5H_5FeC_5H_3Li_2$, das nach Carbonylierung und Hydrolyse $C_5H_5FeC_5H_3(COOH)_2\text{-}1,2$ und nach Dehydratisierung deren Anhydrid liefert [12, 13].

$(C_5H_5FeC_5H_3COCH_3\text{-}2)_2Hg$ (Tabelle **31**, Nr. **11**). Die den Formeln V und VI entsprechenden Stereoisomeren trennen sich an Al_2O_3 beim Eluieren mit Benzol. Sie werden aus Benzol/Hexan umkristallisiert: 46% Ausbeute an A, 15% Ausbeute an B und 20% Gemisch. Die nur wenig verschiedenen ^{1}H-NMR-Spektren erlauben noch keine Zuordnung von A und B zur d,l- (V) oder meso-Form (VI).

Die ^{1}H-NMR-Spektren ($CDCl_3$) zeigen folgende chemische Verschiebungen, angegeben als A/B: $\tau = 5.09/5.11$ (dd, H-3 in C_5H_3), 5.30/5.30 (t, H-4 in C_5H_3), 5.45/5.42 (dd, H-5 in C_5H_3), 5.63/5.71 (s, C_5H_5) und 7.55/7.57 (s, CH_3); Kopplungskonstanten: $J_{3,4} = J_{4,5} = 2.5$ Hz, $J_{3,5} = 1.0$ Hz. In den IR-Spektren liegen die CO-Valenzschwingungen bei 1642 (A) und 1645 (B) cm^{-1} [16].

Literatur:

[1] A. N. Nesmeyanov, W. A. Sazonova, V. N. Drozd (Chem. Ber. **93** [1960] 2717/29). — [2] A. N. Nesmeyanov, V. A. Sazonova, V. N. Drozd, L. A. Nikonova (Dokl. Akad. Nauk SSSR **131** [1960] 1088/91; Proc. Acad. Sci. USSR Chem. Sect. **131** [1960] 369/71). — [3] V. A. Nefedov (Zh. Obshch. Khim. **36** [1966] 1954/7; J. Gen. Chem. USSR **36** [1966] 1947/9). — [4] A. N. Nesmeyanov, A. G. Kozlovskii, S. P. Gubin, I. G. Chernov, E. G. Perevalova (Izv. Akad. Nauk SSSR Ser. Khim. **1967** 1139/40; Bull. Acad. Sci. USSR Div. Chem. Sci. **1967** 1099/100). — [5] A. N. Nesmeyanov, A. G. Kozlovskii (Izv. Akad. Nauk SSSR Ser. Khim. **1967** 2574/5; Bull. Acad. Sci. USSR Div. Chem. Sci. **1967** 2456/7).

[6] A. N. Nesmeyanov, E. G. Perevalova, S. P. Gubin, A. G. Kozlovskii (Dokl. Akad. Nauk SSSR **178** [1968] 616/9; Dokl. Chem. Proc. Acad. Sci. USSR **178** [1968] 84/7). — [7] G. Marr, T. M. White (J. Chem. Soc. C **1970** 1789/92). — [8] M. Rosenblum, N. M. Brawn, D. Ciappenelli, J. Tancrede (J. Organometal. Chem. **24** [1970] 469/77). — [9] A. Sonoda, I. Moritani (Nippon Kagaku Zasshi **91** [1970] 566/71). — [10] G. Marr, T. M. White (J. Organometal. Chem. **30** [1971] 97/101).

[11] A. N. Nesmeyanov, E. G. Perevalova, D. A. Lemenovskii, V. P. Alekseev, K. I. Grandberg (Dokl. Akad. Nauk SSSR Ser. Khim. **198** [1971] 1099/101; Dokl. Chem. Proc. Acad. Sci. USSR **198** [1971] 505/7). — [12] M. D. Rausch (Pure Appl. Chem. **30** [1972] 523/38). — [13] P. V. Roling,

M. D. Rausch (J. Org. Chem. **39** [1974] 1420/4). — [14] A. N. Nesmeyanov, E. G. Perevalova, O. B. Afanasova, K. I. Grandberg (Izv. Akad. Nauk SSSR Ser. Khim. **1974** 484; Bull. Acad. Sci. USSR Div. Chem. Sci. **1974** 456). — [15] A. N. Nesmeyanov, E. G. Perevalova, K. I. Grandberg, D. A. Lemenovskii (Izv. Akad. Nauk SSSR Ser. Khim. **1974** 1124/37; Bull. Acad. Sci. USSR Div. Chem. Sci. **1974** 1068/78).

[16] P. V. Roling, S. B. Roling, M. D. Rausch (Syn. Inorg. Metal-Org. Chem. **1** [1971] 97/102). — [17] A. N. Nesmeyanov, E. G. Perevalova, O. B. Afanasova, M. N. Elinson, K. I. Grandberg (Izv. Akad. Nauk SSSR Ser. Khim. **1975** 477/8; Bull. Acad. Sci. USSR Div. Chem. Sci. **1975** 408/9).

6.4.6 Verbindungen mit weiteren Heteroatomen

Compounds with Further Heteroatom Bridges

(fc-(C_4H_9)Tl)$_2$O bildet sich bei der Darstellung von fc_3Tl aus fc-Li und TlCl in Äther/Hexan bei −70 bis 20°C, da die Lösung von der Herstellung des fc-Li her noch C_4H_9J enthält. Bei der Hydrolyse der Mutterlauge fällt die Verbindung als Niederschlag aus, der mit Wasser, Alkohol, Pyridin und Äther gewaschen und bei 80°C im Vakuum getrocknet wird, 37% Ausbeute. Die Substanz zersetzt sich oberhalb 250°C; sie ist nur charakterisiert durch C, H-Elementaranalyse und die häufigsten Fragment-Ionen im Massenspektrum [13].

$fc_2Ti(N(C_2H_5)_2)_2$ wird aus fc-Li und $Ti(N(C_2H_5)_2)_2Br_2$ (1:2 mol) in Äther bei einer Temperatur von höchstens 20°C dargestellt; nach Abziehen des Äthers bei höchstens 0°C wird mit Petroläther aufgenommen und die Verbindung bei −30°C kristallisiert, 73% Ausbeute.

Die kirschrote Substanz schmilzt bei 72°C unter Zersetzung. Das ^{1}H-NMR-Spektrum (C_6H_6) zeigt chemische Verschiebungen bei τ = 5.45 und 5.58 (H-2,5 bzw. H-3,4 in C_5H_5, AA'BB'-System), 5.70 (s, C_5H_5), 5.84 (CH_2) und 8.67 (CH_3). Chemische Verschiebungen des ^{13}C-NMR-Spektrums (C_6H_6 bei 30°C) sind gegen C_6H_6 gemessen: δ = 54.0 und 58.8 (d's, C-2,5 bzw. -3,4 in C_5H_5), 60.0 (d, C_5H_5), 85.5 (t, CH_2), 113.6 (q, CH_3) ppm. Das IR-Spektrum (Nujol) ist von 310 bis 3090 cm^{-1} vollständig angegeben.

Die Substanz läßt sich bei Zimmertemperatur handhaben und unter N_2 aufbewahren. Sie löst sich in unpolaren organischen Lösungsmitteln und wird von H_2O, auch im Sauren oder Alkalischen, zu fc-H und $Ti(OH)_4$ zersetzt. Oberhalb der Zersetzungstemperatur von etwa 70°C wird fc-H in Freiheit gesetzt [7].

(fc-Ge(CH_3)$_2$)$_2$O entsteht langsam bei der Alkoholyse von fc-Ge$(CH_3)_2$-Si$(CH_3)_3$ oder fc-Ge$(CH_3)_2$-Ge$(CH_3)_3$ in Gegenwart von Salzsäure bei Zimmertemperatur [5]. Bessere Ausbeuten von 78 bis 80% erzielt man bei der oxidativen Alkoholyse in CH_3OH in Gegenwart einer zweifachen Molmenge $FeCl_3$ oder bis etwa 93% in Gegenwart von O_2 und katalytischen Mengen [fc-H][$FeCl_4$]. Der Bildungsmechanismus wird diskutiert [6].

Schmelzpunkt: 117.5 bis 118.5°C. ^{1}H-NMR-Spektrum (CCl_4): τ = 5.95 (m, C_5H_4), teilweise überlappend mit τ = 6.03 (s, C_5H_5), 9.58 (CH_3) [5].

fc_2SnCl_2 wird aus fc_2Hg und wasserfreiem $SnCl_2$ (2:3 mol) in Aceton [2] oder in Dimethoxyäthan [11] unter Rückfluß dargestellt und aus dem gelben Filtrat des Reaktionsgemisches durch Kühlen isoliert [2, 11]; Ausbeuten: 62.5% [2], 69% [11]. Wird aus n-Heptan umkristallisiert [11].

Schmelzpunkt des kristallinen [2] Produktes: 148 bis 149°C [11], 157 bis 158°C [2]. Nach einer jüngsten Bestimmung der Molekelstruktur sind die Sn-C-Bindungen um 6.8° aus der C_5H_4-Ebene heraus gegen die Fe-Atome gebogen [12].

Die Verbindung ist an Luft stabil und ändert sich über Wochen nicht. Bei langsamem Erhitzen unter Argon auf 150°C bildet sich etwas fc-H. Nach längerer Einwirkung von konzentrierter Salzsäure auf eine Benzollösung der Substanz werden 88% fc-H isoliert [11]. Zur Reaktion mit $LiC_5H_4Mn(CO)_3$ s. unten.

$fc_2Sn(C_6H_5)_2$ erhält man aus fc_2SnCl_2 in Tetrahydrofuran durch Reaktion mit C_6H_5Li in Benzol/Äther bei 0°C bis Zimmertemperatur und Extraktion des zur Trockne gebrachten Reaktionsgemisches mit CH_2Cl_2, 43% Ausbeute [2]. Die entsprechende Umsetzung mit C_6H_5MgBr in Äther ergibt nach [14] 90% Ausbeute. Wird auch umgekehrt aus $(C_6H_5)_2SnCl_2$ und fc-Li in Tetrahydrofuran bei Zimmertemperatur mit 60% Ausbeute dargestellt [2]. Die Verbindung wird von Al_2O_3 mit Benzol eluiert [2, 14]; Kristallisation aus Alkohol/Benzol oder Heptan [14].

Schmelzpunkt: 188 bis 189°C [2], 186 bis 187°C unter Zersetzung [14]. Das ^{1}H-NMR-Spektrum zeigt Signale bei $\tau = 2.1$ bis 2.8 (m, C_6H_5), 5.5 und 5.7 (H-2,5 bzw. H-3,4 in C_5H_4), 6.0 (s, C_5H_5) [2]; etwas höhere τ-Werte für Lösungen in CCl_4 s. bei [14]. Das IR-Spektrum ist im Bereich von 700 bis 1300 cm^{-1} als Figur angegeben [14].

In warmen Benzol/Alkohollösungen wird die Verbindung durch $HgCl_2$ unter Bildung von fc-HgCl (84% Ausbeute) schnell gespalten [14], vgl. auch $fc_2Sn(C_5H_4Mn(CO)_3)_2$.

$fc_2Sn(C_5H_4Mn(CO)_3)_2$ kann sowohl aus fc_2SnCl_2, s. oben, als auch aus $[(CO)_3MnC_5H_4]_2SnCl_2$ dargestellt werden. Im ersten Falle wird mit $(CO)_3MnC_5H_4Li$ in Tetrahydrofuran/Äther bei −45°C bis Zimmertemperatur umgesetzt, im zweiten Falle mit fc-Li in Äther unter ähnlichen Bedingungen; Ausbeuten: 60 bzw. 44%. Die Reinigung erfolgt durch Chromatographie an SiO_2 mit Benzol/Petroläther (1:2), Kristallisation aus Heptan.

Die kristalline Verbindung schmilzt unter Zersetzung bei 168 bis 169°C. ^{1}H-NMR-Spektrum (CCl_4): $\tau = 5.04$ (H in C_5H_4Mn), 5.57 und 5.75 (Pseudotripletts von C_5H_4Fe) und 5.97 (s, C_5H_5Fe). Das IR-Spektrum ist als Figur von etwa 700 bis 1300 cm^{-1} angegeben; die ν(CO)-Bande liegt bei 1940 bis 1945 cm^{-1} (in $CHCl_3$).

Wie $fc_2Sn(C_6H_5)_2$ ist die Verbindung an der Luft stabil, leicht löslich in Benzol, weniger in $CHCl_3$. Wie dort tritt mit $HgCl_2$ in warmen Lösungen von Benzol/Alkohol Spaltung unter praktisch quantitativer Bildung von fc-HgCl und $(CO)_3MnC_5H_4HgCl$ ein [14].

$(C_5H_5FeC_5H_3CH_2N(CH_3)_2)_2Sn(CH_3)_2$ (vgl. I, R = CH_3) wird aus $C_5H_5FeC_5H_3(CH_2N(CH_3)_2Li$ und $(CH_3)_2SnCl_2$ in Äther dargestellt und in einer racemischen (Ib) und meso-Form (Ia) isoliert. Die CH_3-Gruppen in Ia sind nach dem ^{1}H-NMR-Spektrum nicht äquivalent, wobei der Abstand der Signale von der Temperatur und stark vom Lösungsmittel (C_6H_6, $C_6H_5CH_3$, $CHCl_3$ und andere) abhängt. Die CH_2-Protonen sind in Ia und Ib nicht äquivalent und zeigen ebenfalls Temperatur- und Lösungsmittelabhängigkeit. Einzelwerte der chemischen Verschiebungen und weitere Daten sind nicht angegeben.

$CH_2N(CH_3)_2$ — Fe — SnR_2 — Fe — $CH_2N(CH_3)_2$ (a)

$(CH_3)_2NCH_2$ — Fe — SnR_2 — Fe — $CH_2N(CH_3)_2$ (b)

I

Die Zuordnung der Verbindungen zu den beiden Formen ergibt sich aus der Umwandlung in cyclische Produkte mit (+)$C_6H_5CH(CH_3)NH_2$, vgl. 6.4.7, die bei Ib zu Diastereomeren führt [4].

$(C_5H_5FeC_5H_3CH_2N(CH_3)_2)_2Sn(C_4H_9)_2$ (vgl. I, R = C_4H_9) bildet sich entsprechend der vorangegangenen Verbindung mit $(C_4H_9)_2SnBr_2$ und wird von Al_2O_3 mit C_6H_6 eluiert; 8% Ausbeute neben fc-$Sn(C_4H_9)_2Br$, das nach Reaktion mit n-C_4H_9Li als fc-$Sn(C_4H_9)_3$ isoliert wird. Die Substanz wird in das folgende Methojodid übergeführt und charakterisiert:

$(C_5H_5FeC_5H_3CH_2N(CH_3)_3J)_2Sn(C_4H_9)_2$ wird aus dem Amin mit einem Überschuß CH_3J in CH_3CN dargestellt und mit Äther ausgefällt. Der orangefarbene Festkörper zersetzt sich bei 180°C, ohne zu schmelzen. ^1H-NMR-Spektrum $((CD_3)_2SO)$: $\tau = 5.18$ (m, C_5H_3), 5.88 (s, C_5H_5), 6.05 (m, C_5H_3), 6.35 (d, CH_2, J = 13.2 Hz), 7.07 (s, CH_3), 8.2 bis 9.2 (m, C_4H_9) [3].

$(fc\text{-}S)_2Sn$ entsteht beim Erhitzen aus einem hellgelben Produkt, das aus fc-SO_2Na (als Suspension in Alkohol) und $SnCl_2$ erhalten wird, 74% Ausbeute. Die in Benzol gut lösliche, in n-Heptan unlösliche Verbindung geht mit Salzsäure in fc-SH über [1].

$fc_2Au(Cl)P(C_6H_5)_3$ wird durch langsame Zugabe von fc-Li zu $AuCl_3 \cdot P(C_6H_5)_3$ (2:1 mol) in Äther/Tetrahydrofuran bei −70 bis −20°C dargestellt. Aus dem nach Hydrolyse erhaltenen Produkt läßt sich fc-H durch Extraktion mit Pentan entfernen. Es bleibt mit 52% Ausbeute eine braune Substanz zurück, die bei 120 bis 125°C unter Zersetzung schmilzt.

^1H-NMR-Spektrum (CCl_4, chemische Verschiebungen relativ zu Hexamethyldisiloxan): $\delta = 3.91$ und 4.06 (C_5H_4), 4.17 (C_5H_5) und 7.49 (C_6H_5) ppm. Die an der Luft für einige Tage stabile Verbindung zersetzt sich in Lösungen rasch [10], s. auch [9].

$(C_5H_5FeC_5H_3(C(C_4H_9\text{-}t){=}S)PdCl)_2$ (s. Formel II) wird aus fc-$C(C_4H_9\text{-}t){=}S$ und $Na_2[PdCl_4]$ in CH_3OH mit 62% Ausbeute dargestellt. Die tiefgrüne Substanz schmilzt bei 220°C unter Zersetzung.

II

III

Das ^1H-NMR-Spektrum ($CDCl_3$) zeigt chemische Verschiebungen bei $\tau = 4.23$ (H-5), 4.87 (H-3), 5.27 (H-4), 5.55 (C_5H_5) und 8.57 (t-C_4H_9). Im IR-Spektrum liegt die C=S-Valenzschwingung bei 1222 cm^{-1} [8].

$(C_5H_5FeC_5H_3(CH_2N(CH_3)_2)PdCl)_2$ (s. Formel III) bildet sich als Niederschlag bei Zugabe von fc-$CH_2N(CH_3)_2/CH_3OH$ zu $Na_2PdCl_4/CH_3COONa \cdot 3H_2O$ (1:1 mol) in CH_3OH und zweistündiger Reaktion bei Zimmertemperatur, 84% Ausbeute. Umkristallisieren aus CH_3OH ergibt ein orangefarbenes Produkt, das sich bei 172 bis 175°C ohne Schmelzen zersetzt. — Im ^1H-NMR-Spektrum ($CDCl_3$ bei etwa 34°C) liegen die Singuletts der CH_3-Gruppen bei $\tau = 6.95$ und 7.11. Das IR-Spektrum zeigt ν(Pd-Cl)-Banden bei 225, 284 und 318 cm^{-1}. — Unter der Einwirkung von Donormolekeln (Phosphine, Phosphite, Arsine) und von Tl(I)acetylacetonat entstehen entsprechende einkernige Komplexe vom Typ $C_5H_5FeC_5H_3(CH_2N(CH_3)_2)Pd(^2D)Cl$ bzw. $C_5H_5FeC_5H_3(CH_2N(CH_3)_2)acac$ [15].

$(C_5H_5FeC_5H_3(CH_2N(CH_3)_2)PdJ)_2$ kann aus der vorangegangenen Substanz als Suspension in Aceton und NaJ durch kurzes Erhitzen unter Rückfluß dargestellt werden. Eigenschaften der Verbindung sind nicht mitgeteilt [15].

Literatur:

[1] E. G. Perevalova, O. A. Nesmeyanova, I. G. Luk'yanova (Dokl. Akad. Nauk SSSR **132** [1960] 853/6; Dokl. Chem. Proc. Acad. Sci. USSR **132** [1960] 633/5). — [2] U.S.A. Secretary Air Force, H. Rosenberg (U.S.P. 3426053 [1966/69]). — [3] D. R. Morris, B. W. Rockett (J. Organometal. Chem. **35** [1972] 179/84). — [4] D. R. Morris, B.W. Rockett (J. Organometal. Chem. **40** [1972] C21/C22). — [5] M. Kumada, T. Kondo, K. Mimura, K. Yamamoto, M. Ishikawa (J. Organometal. Chem. **43** [1972] 307/14).

[6] T. Kondo, K. Yamamoto, M. Kumada (J. Organometal. Chem. **43** [1972] 315/21). — [7] H. Bürger, C. Kluess (J. Organometal. Chem. **56** [1973] 269/77). — [8] H. Alper (J. Organometal. Chem. **80** [1974] C29/C30). — [9] A. N. Nesmeyanov, E. G. Perevalova, K. I. Grandberg, D. A. Lemenovskii (Izv. Akad. Nauk SSSR Ser. Khim. **1974** 1124/37; Bull. Acad. Sci. USSR Div. Chem. Sci. **1974** 1068/78). — [10] E. G. Perevalova, K. I. Grandberg, D. A. Lemenovskii, T. V. Baukova (Izv. Akad. Nauk SSSR **1971** 2077/8; Bull. Acad. Sci. USSR Div. Chem. Sci. **1971** 1967/9).

[11] A. N. Nesmeyanov, T. P. Tolstaya, V. V. Korol'kov (Dokl. Akad. Nauk SSSR **209** [1973] 1113/6; Dokl. Chem. Proc. Acad. Sci. USSR **209** [1973] 305/8). — [12] N. G. Bokii, Yu. T. Struchkov, V. V. Korol'kov, T. P. Tolstaya (Koord. Khim. **1** [1975] 1144/6 nach C.A. **83** [1975] Nr. 193484). — [13] A. N. Nesmeyanov, D. A. Lemenovskii, E. G. Perevalova (Izv. Akad. Nauk SSSR Ser. Khim. **1975** 1667/8; Bull. Acad. Sci. USSR Div. Chem. Sci. **1975** 1558/9). — [14] A. N. Nesmeyanov, T. P. Tolstaya, V. V. Korol'kov, A. N. Yarkevich (Dokl. Akad. Nauk SSSR **221** [1975] 1337/40; Dokl. Chem. Proc. Acad. Sci. USSR **221** [1975] 267/70). — [15] J. C. Gaunt, B. L. Shaw (J. Organometal. Chem. **102** [1975] 511/6).

Compounds with Double Bridges

6.4.7 Verbindungen mit zweifachen Brücken

Die in diesem Abschnitt zu behandelnden Verbindungen sind schematisch durch die Formeln I bis III wiedergegeben. X und Y bedeuten Heteroatome oder heteroatomare Gruppen, die im Verbindungstyp III auch Kohlenstoffatome enthalten können. Von den Typen I und II sind nur je ein gut definierter Vertreter bekannt, während vom Typ III mehrere, in Tabelle 32 zusammengefaßte Verbindungen mit verschiedenen Heteroatomen dargestellt worden sind. Zu drei weiteren Verbindungen des Typs I, jedoch mit X-Brücken aus C- und Heteroatomen, s. 6.1.3.2.2, Tabelle 4, S. 30.

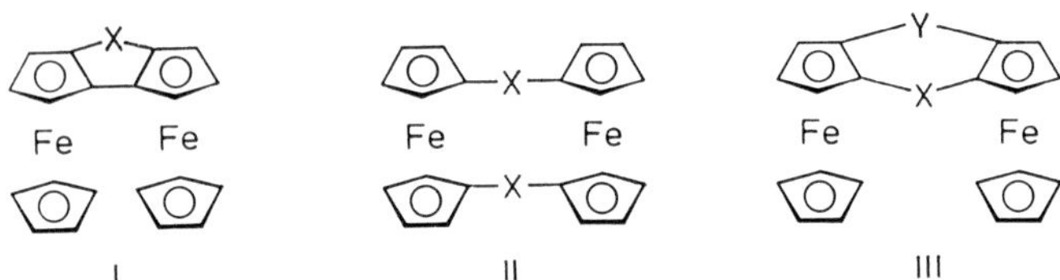

Compounds of Type I and II

Verbindungen vom Typ I und II

$C_6H_5(C_5H_5FeC_5H_3)_2PO$ (Formel I mit $X = C_6H_5PO$) erhält man in Form von zwei Isomeren A und B durch Umsetzung vom $fc_2(C_6H_5)PO$ in Tetrahydrofuran mit $n\text{-}C_4H_9Li$ in Hexan und anschließendem Ringschluß durch Zugabe von $CoCl_2$. Nach Hydrolyse mit wäßrigem NH_4Cl werden die Isomeren im $CHCl_3$-Extrakt durch Chromatographie an SiO_2 isoliert: Mit $CH_3COOC_2H_5$ wird B (15% Ausbeute) vor A (10%) eluiert.

Schmelzpunkte (unter Zersetzung): für A 235°C, für B 265°C. Die Isomeren unterscheiden sich durch verschiedene Orientierung eines Ferrocenkernes gegenüber der C_6H_5-Gruppe, s. dazu Formelbilder in 6.4.4.3, S. 193. Das ^1H-NMR-Spektrum ($CDCl_3$) zeigt, daß im Isomeren A nichtäquivalente C_5H_5-Ringe vorliegen: $\tau = 2.03$ und 2.42 (C_6H_5), 5.36 bis 5.76 (C_5H_3), 5.69 und 6.47 (C_5H_5). Das Isomere B zeigt dagegen nur ein C_5H_5-Signal: $\tau = 2.67$ (C_5H_5), 5.33 bis 5.71 (C_5H_3), 5.33 (C_5H_5) [5].

$(C_5H_4FeC_5H_4)_2Si_4(CH_3)_4O_4$ (Formel IV) wird durch saure Hydrolyse aus dem Äthoxysilan V oder Äthoxydisiloxan VI in Dioxan/Äthanol bei 80°C/4 h dargestellt und kristallisiert aus dem Reaktionsgemisch beim Kühlen, 60 bis 70% Ausbeute. Schmelzpunkt nach Umkristallisieren aus $CH_3COC_2H_5$: 276°C. Im IR-Spektrum liegen die Banden der Siloxan-Gruppen bei 1015 und 1090 cm^{-1} [2].

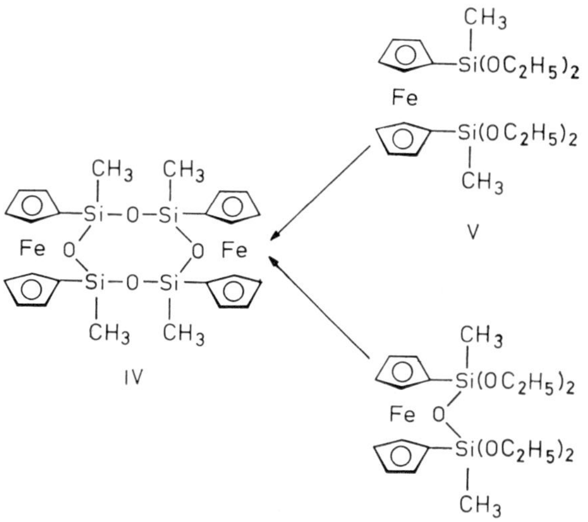

Eine weitere Siloxanverbindung der Zusammensetzung $C_{32}H_{52}O_4Si_6Fe_2$ wird in nicht reiner Form aus $C_5H_5(CH_3)_2Si\text{-}O\text{-}Si(CH_3)_2\text{-}O\text{-}Si(CH_3)_2C_5H_5$ durch Lithiieren der C_5H_5-Gruppen mit $n\text{-}C_4H_9Li$ und Umsetzung mit $FeCl_2$ in siedendem Tetrahydrofuran erhalten und muß der Formel II mit X = $\text{-}Si(CH_3)_2\text{-}O\text{-}Si(CH_3)_2\text{-}O\text{-}Si(CH_3)_2\text{-}$ entsprechen [2]. Ein bei [3] erwähntes „1,3-Bis(1,1′-ferrocenylen)tetramethyldisiloxan" ist offensichtlich nicht korrekt benannt; gemeint ist wahrscheinlich eine Verbindung vom Typ VI mit zwei CH_3-Gruppen an den Si-Atomen. Unter den Produkten der Reaktion von lithiiertem Ferrocen mit CH_3SiCl_3 wird ferner ein Silan vom Typ II mit X = $\text{-}Si(CH_3)Cl\text{-}$ vermutet [1], nähere Angaben fehlen.

Verbindungen vom Typ III

Compounds of Type III

Neben den in Tabelle 32 erfaßten Verbindungen der Formeln III und VII mit X = C_6H_5PO oder $Sn(CH_3)_2$ und verschiedenen Brückengruppen Y wurde in jüngster Zeit die Struktur des folgenden Produktes mit X = Y = Al aufgeklärt:

$[C_5H_5FeC_5H_3Al_2(CH_3)_3Cl]_2$. Es bildet sich mit niedriger Ausbeute bei der Reaktion von $ClHgC_5H_4FeC_5H_4HgCl$ mit $Al_2(CH_3)_6$ in Toluol bei 80°C und ist extrem luftempfindlich. Kristalle der in aromatischen Kohlenwasserstoffen recht gut löslichen Verbindung werden durch langsames Verdampfen einer Toluollösung gewonnen.

Die Verbindung gehört in die trikline Raumgruppe $P\bar{1}\text{-}C_i^1$ mit den Parametern a = 8.44(1), b = 9.07(1), c = 11.38(1) Å, α = 78.61(6)°, β = 68.92(6)°, γ = 62.44(6)°. Es befindet sich eine Molekel im Inversionszentrum der Elementarzelle; die berechnete Dichte beträgt D = 1.50 $g \cdot cm^{-3}$. Die Molekelstruktur, s. **Fig. 19**, zeigt normale Ferroceneinheiten mit praktisch parallelen Ringen in verdeckter (eclipsed) Konfiguration; der Mittelwert der Fe-C-Distanzen ist in der Figur angegeben. Eine Wechselwirkung zwischen den äußeren Al-Atomen der Gruppe $(CH_3)_2Al$ und den Fe-Atomen kann bei einem Abstand von 3.15(1) Å ausgeschlossen werden [6].

Fig. 19

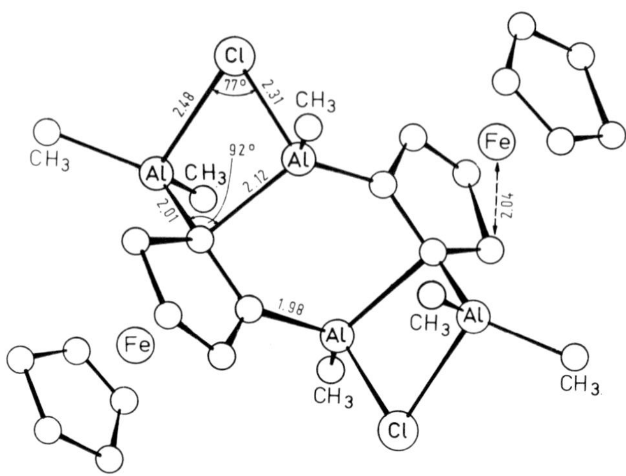

Molekelstruktur von
$[C_5H_5FeC_5H_3Al_2(CH_3)_3Cl]_2$ nach [6].

Die Darstellung der Phosphinoxid-Derivate Nr. 1 bis 4 (Tabelle 32) erfolgt analog zu der von $C_6H_5(C_5H_5FeC_5H_3)_2PO$, s. oben, wobei für die Ringschlußreaktion folgende Reaktionspartner verwendet werden: R_2SiCl_2 (Nr. 1 und 2), $(n\text{-}C_4H_9)_2SnCl_2$ (Nr. 3) und $C_6H_5COOC_2H_5$ (Nr. 4). Auch hier entstehen Isomere A und B, s. Formelbild I in 6.4.4.3, die teilweise durch Chromatographie an SiO_2 getrennt werden können; in allen Fällen wird mit $CH_3COOC_2H_5$ erst B und dann A eluiert [5].

Die Isomeren A der Verbindungen Nr. 1 bis 4 zeigen im ^{1}H-NMR-Spektrum zwei chemische Verschiebungen der C_5H_5-Protonen, deren τ-Werte in der Tabelle an erster Stelle erscheinen; es folgen Werte für C_5H_3 und C_6H_5 am P-Atom, bei weiteren Werten wird die Zuordnung angegeben. Näheres zur Isomerie s. in der Einleitung zu 6.4.4.3 [5].

Zur Darstellung der Verbindungen Nr. 5 bis 7 läßt man die Methojodide von $(C_5H_5FeC_5H_3CH_2N(CH_3)_2)_2Sn(CH_3)_2$, vgl. Formel I in 6.4.6, S. 214, mit den entsprechenden Aminen reagieren [4], nähere Angaben liegen nicht vor. Verbindung Nr. 8 wird wahrscheinlich aus dem Methojodid durch alkalische Hydrolyse erhalten.

Da das Ausgansprodukt für die Verbindungen Nr. 5 bis 8 in einer meso-Form und einer racemischen Form auftritt, bilden sich bei der Cyclisierung zwei Reihen von Stereoisomeren der Formeln VIIa und VIIb. Bei der Darstellung von Nr. 7 mit $(+)\alpha$-Methylbenzylamin erhält man die Isomerenform VIIb in zwei Diastereomeren mit verschiedener optischer Drehung. Einzelne Daten sind für keine der Verbindungen Nr. 5 bis 8 angegeben. Bei der Isomerenreihe VIIa beobachtet man im ^{1}H-NMR-Spektrum unterschiedliche chemische Verschiebungen der CH_3-Gruppen am Zinn; die Differenz ist lösungsmittel- und temperaturabhängig und liegt für $CHCl_3$ bei 20°C zwischen 0.42 und 0.58 ppm [4].

CH_2—Y—CH_2 (Fe)—$Sn(CH_3)_2$—(Fe)

a

CH_2—Y—CH_2 (Fe)—$Sn(CH_3)_2$—(Fe)

b

VII

Tabelle 32. Verbindungen mit zweifachen Brücken vom Typ III und VII.
Zu Abkürzungen und Dimensionen s. S. 1.

Nr.	Gruppe Y	Ausbeute in %	Schmelzpunkt; ^{1}H-NMR-Spektrum ($CDCl_3$); weitere Bemerkungen	Lit.
Mit X = C_6H_5PO, Typ III:				
1	$(CH_3)_2Si$			
	Isomeres A	10	230; das Isomere B wird nicht isoliert, τ = 5.91 und 6.37; 4.80 bis 5.51; 2.15 und 2.51; 9.42 ($Si(CH_3)_2$)	[5]
2	$(C_6H_5)_2Si$			
	Isomeres A	10	260; τ = 6.09 und 6.92; 4.83 bis 5.30; 2.46 (C_6H_5 an P und Si)	[5]
	Isomeres B	15	290; τ = 5.51; 5.30; 1.65, 2.37, 2.81 (C_6H_5 an P und Si)	[5]
3	$(n\text{-}C_4H_9)_2Sn$			
	Isomeres B	10	160; das Isomere A wird nicht isoliert, τ = 5.40; 5.33 bis 5.65; 2.71; 8.22 bis 9.20 (C_4H_9)	[5]
4	$C_6H_5(HO)C$			
	Isomeres A	10	170; τ = 5.62 und 7.02; 5.01 bis 5.47; 2.03 und 2.50; 2.62 (C_6H_5), 6.76 (OH)	[5]
	Isomeres B	40	260; in Benzol weniger löslich als A, τ = 5.29; 5.56 bis 5.78; 2.42 und 2.61; 2.89 (C_6H_5), 6.43 (OH)	[5]
Mit X = $(CH_3)_2Sn$, Typ VII:				
5	NC_6H_5	—	—	[4]
6	$NCH_2C_6H_5$	—	—	[4]
7	$NCH(CH_3)C_6H_5$	—	—	[4]
8	O	—	—	[4]

Literatur:

[1] General Electric Co., R. A. Benkeser (U.S.P. 2831880 [1955/58]). — [2] R. L. Schaaf, P. T. Kan, C. T. Lenk (J. Org. Chem. **26** [1961] 1790/5). — [3] All-Union Scientific Research Institute of Petroleum Refining, G. S. Tubyanskaya, R. I. Kobzova, E. M. Oparina, V. A. Zaitsev, A. A. Egorova, B. K. Kabanov (UdSSR P. 189579 [1965/66]). — [4] D. R. Morris, B. W. Rockett (J. Organometal. Chem. **40** [1972] C21/C22). — [5] L. Eberhard, J.-P. Lampin, F. Mathey (J. Organometal. Chem. **80** [1974] 109/18).

[6] J. L. Atwood, A. L. Shoemaker (J. Chem. Soc. Chem. Commun. **1976** 536/7).

Compounds with Three to Six Ferrocene Nuclei

7 Verbindungen mit drei bis sechs Ferrocenkernen

Zur allgemeinen Literatur s. S. 1 und [5, 6]; vgl. auch Einleitung zu Kapitel 6.

Das im vorangegangenen Kapitel über zweikernige Ferrocenverbindungen angewandte Prinzip der Ordnung nach der Länge der Brücken-Gruppe zwischen den beiden Ferrocenkernen ist im folgenden Kapitel nicht mehr brauchbar. Bei den vorliegenden Verbindungen ist eine Einteilung eher durch die unterschiedlichen Verknüpfungsarten mehrerer Ferrocenkerne innerhalb einer Molekel vorgegeben. Es wird daher an erster Stelle zwischen Verbindungen mit „kettenverknüpften" (Formeln I) und solchen mit „lateralen" (Formeln II) Ferrocenkernen unterschieden.

In Verbindungen mit kettenverknüpften Ferrocenkernen ist jede Ferroceneinheit (außer am Kettenende) über zwei C-Atome der C_5H_5-Ringe im Kettengerüst gebunden. Außer reinen Ferrocenketten (Typ Ia) gibt es solche mit verschiedenartigen Brücken-Gruppen A (Typ Ib). Die Vielfalt der kettenverknüpften Verbindungen ergibt sich durch Substitutionen und die Isomeriemöglichkeiten der doppelt gebundenen Ferrocenkerne. In „Eisen-Organische Verbindungen" A (Ferrocen 1), Erg.-Werk, Bd. 14, Abschnitt 1.4 und 1.5 wird auf die Isomerie durch homo- und heteroanulare 1,2-, 1,3- bzw. 1,1'-Verknüpfung, durch gehinderte Torsion der C_5H_5-Ringe gegeneinander und durch spezielle Formen der Asymmetrie am einzelnen Ferrocenkern hingewiesen. Bei den mehrkernigen Verbindungen entstehen weitere Isomere durch die unterschiedliche Anordnung der Ferrocenkerne gegeneinander. In den Ferrocenophanen sind die Ketten ringförmig geschlossen.

In Verbindungen mit lateralen (seitlichen) Ferrocenkernen treten die Ferroceneinheiten als Substituenten an einem Atom (Typ IIa) oder an verschiedenen Stellen einer Molekel (Typ IIb) auf. Jeder Ferrocenkern ist nur über ein C-Atom mit dem Rest der Molekel verbunden. In der englischsprachigen Literatur wird diese Stellung der Ferrocenkerne als „pendent" bezeichnet.

Viele der kettenverknüpften mehrkernigen Verbindungen können als niedermolekulare Fraktion aus dem Produktgemisch von Oligo- und Polymerisationen abgetrennt werden. Im folgenden Abschnitt sind solche Beispiele erwähnt, die als reine Trimere identifiziert wurden. Als einfachste Vertreter der Ferrocen-Kettenmolekeln für Modellbetrachtungen wichtig, werden sie auch in der allgemeinen Literatur zu polymeren Ferrocenverbindungen berücksichtigt, z. B. in [5, 6]. Zur Charakterisierung und Strukturermittlung aller mehrkernigen Ferrocen-Kettenverbindungen stellt sich die Frage nach dem Anteil homo- und heteroanularer Verknüpfung. Neuse und Trifan führten den Begriff der „Homoanularität" bzw. des „Homoanularitätsgrades" ein, definiert als Prozentanteil der unsubstituierten C_5H_5-Ringe, bezogen auf die Gesamtzahl vorhandener Ferrocenkerne [2]. Bei rein heteroanularer Verknüpfung sind alle Cyclopentadienylringe substituiert.

Zur experimentellen Bestimmung des Homoanularitätsgrades dienen die quantitative Auswertung von Protonensignalen im ^{1}H-NMR-Spektrum, z. B. [3, 4, 7], und die Ermittlung relativer Intensitäten der charakteristischen IR-Banden für unsubstituierte C_5H_5-Ringe im Bereich um 1000 und 1110 cm^{-1} („9,10-µm-Regel") [1], s. auch „Eisen-Organische Verbindungen" A (Ferrocen 1), Erg.-Werk, Bd. 14, Abschnitt 1.6. Die letzte Methode ist jedoch bei mehrkernigen Verbindungen unzuverlässig, weil Banden in diesem Bereich auch bei ausschließlich substituierten C_5H_5-Ringen auftreten, s. [4] und dort zitierte Literatur.

Literatur:

[1] S. I. Goldberg, D. W. Mayo (Abstr. Papers 135th Meeting Am. Chem. Soc., Boston, Mass., 1959, S. 86-0). — [2] E. W. Neuse, D. S. Trifan (J. Am. Chem. Soc. **85** [1963] 1952/8). — [3] J. W. Huffman, L. M. Keith, R. L. Asbury (J. Org. Chem. **30** [1965] 1600/4). — [4] H. Watanabe, I. Motoyama, K. Hata (Bull. Chem. Soc. Japan **39** [1966] 790/801). — [5] E. W. Neuse (Advan. Macromol. Chem. **1** [1968] 1/138).

[6] E. W. Neuse, H. Rosenberg (J. Macromol. Sci. Rev. Macromol.-Chem. C **4** [1970] 1/145). — [7] P. V. Roling, M. D. Rausch (J. Org. Chem. **37** [1972] 729/32).

7.1 Dreikernige Verbindungen

Trinuclear Compounds

7.1.1 Verbindungen mit kettenverknüpften Ferrocenkernen

Compounds with Chain-linked Ferrocene Nuclei

7.1.1.1 Terferrocene, Diferrocenylferrocene

Terferrocenes. Diferrocenyl Ferrocenes

Diferrocenylferrocene existieren auf Grund der Stellungsisomerie am mittleren Ferrocenkern in drei isomeren Formen:

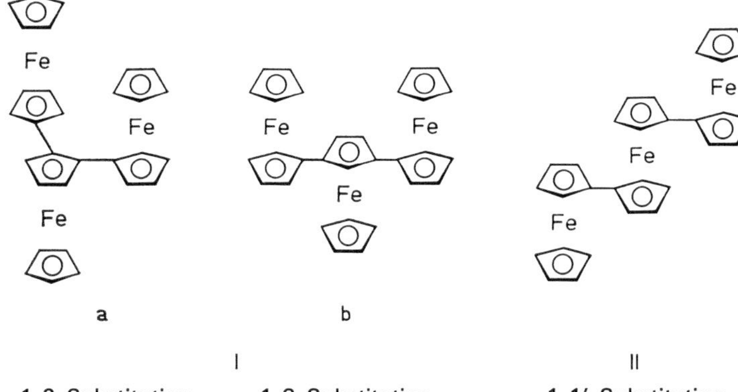

mit homoanularer (I) und heteroanularer Substitution (II) an der mittleren Ferrocen-Gruppe, auf die sich die Bezeichnung der drei Isomeren bezieht. Das meistdargestellte und -untersuchte 1,1'-Terferrocen wird von einigen Autoren [2, 4, 5, 8] vereinfachend als „Terferrocenyl" oder „Terferrocen" schlechthin bezeichnet. Mit hoher Wahrscheinlichkeit stellt die transoide Konfiguration der jeweils benachbarten Ferrocenkerne den bevorzugten Aufbau der Molekel dar. Untersuchungen zum Energieinhalt bei verschiedenen Bindungswinkeln zwischen den äußeren Ferrocenkernen und zur möglichen Störung der Ferrocensymmetrie in einzelnen Isomeren existieren nicht. Ergebnisse der UV- und ^{1}H-NMR-Spektroskopie lassen sich aber zwanglos erklären, wenn die äußeren Ferrocenkerne in 1,2- und 1,3-Terferrocen wie in III gespreizt sind [10, 11].

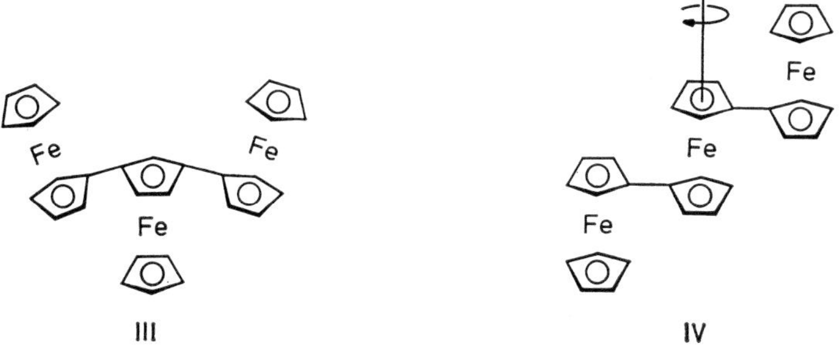

Für 1,1'-Terferrocen und seine Derivate besteht die Möglichkeit der Torsionsisomerie um die in IV eingezeichnete Achse, s. „Eisen-Organische Verbindungen" A (Ferrocen 1), Erg.-Werk, Bd. 14, S. 7/9, mit drei verschiedenen Anordnungsmöglichkeiten, von denen zwei optisch aktive Antipoden bilden können. Es wurde nicht untersucht, ob es sich bei der für 1,1'-Terferrocen beobachteten Polymorphie [5, 12] um das Auftreten stabiler antiperiplanarer und clinaler Formen handelt oder um Unterschiede im Kristallaufbau.

Wie beim Biferrocen wurden auch beim Terferrocen und seinen Homologen nach teilweiser Oxidation $Fe^{II} \rightarrow Fe^{III}$ verschiedene Oxidationsstufen des Eisens beobachtet. Innerhalb der Molekel finden in diesen „mixed-valence"-Verbindungen Elektronenübergänge zwischen Ferrocen- und Ferroceniumzuständen statt, die durch eine Bande im nahen IR-Bereich charakterisiert sind [15, 16].

1,1'-Terferrocen wurde zuerst von Nesmeyanov aus einem Oligomerengemisch isoliert und charakterisiert [1]. Die erste Kristallstrukturuntersuchung ist schon 1962 beschrieben worden [14]. Auch bei dem später [2 bis 5] aus Ferrocenyllithium und -dilithium mit $CoCl_2$ erhaltenen „Terferrocen" handelt es sich um 1,1'-Terferrocen. Ein Gemisch aller drei Isomeren wurde zum ersten Mal 1966 von Rosenberg und Neuse [6] aus dem Gemisch der Polyrekombinationsprodukte von Ferrocen gewonnen und durch Säulenchromatographie in einzelne Komponenten zerlegt. Nur 1,3-Terferrocen wurde dabei identifiziert. Die Darstellung von 1,2-Terferrocen gelang Goldberg und Breland 1967 [7, 9]. Bis heute gibt es noch keine andere Methode zur Darstellung aller drei Isomeren als die Polyrekombinationsreaktion (s. 7.1.1.1.1), in deren niedermolekularen Produkten die Terferrocene in Mengen von wenigen Prozenten auftreten.

Alle Terferrocene verhalten sich physikalisch und chemisch ähnlich wie Biferrocen. Die Abtrennung von Biferrocen und höheren Oligomeren sowie die Isolierung der einzelnen Isomeren aus ihrem Gemisch gelingt durch Säulenchromatographie an Al_2O_3 [6, 10] und ist im Abschnitt 7.1.1.1.1 näher beschrieben. Sämtliche Spektren gleichen sich weitgehend und sind nur geringfügig von denen des Biferrocens unterschieden [6, 10]. Die Löslichkeit ist gegenüber Biferrocen herabgesetzt [2, 5].

Literatur:

[1] A. N. Nesmeyanov, V. N. Drozd, V. A. Sazonova, V. I. Romanenko, A. K. Prokofiev u.a. (Izv. Akad. Nauk SSSR Otd. Khim. Nauk **4** [1953] 667/73; Bull. Acad. Sci. USSR Div. Chem. Sci. **1963** 597/603). — [2] K. Hata, I. Motoyama, H. Watanabe (Bull. Chem. Soc. Japan **37** [1964] 1719/20). — [3] I. J. Spilners, J. P. Pellegrini (Abstr. Papers 148th Meeting Am. Chem. Soc., Chicago 1964, S. 9). — [4] I. J. Spilners, J. P. Pellegrini (J. Org. Chem. **30** [1965] 3800/4). — [5] H. Watanabe, I. Motoyama, K. Hata (Bull. Chem. Soc. Japan **39** [1966] 790/801).

[6] H. Rosenberg, E. W. Neuse (J. Organometal. Chem. **6** [1966] 76/85). — [7] J. G. Breland (Diss. Univ. of South Carolina 1967). — [8] M. D. Rausch, P. V. Roling, A. Siegel (Chem. Commun. **1970** 502/3). — [9] S. I. Goldberg, J. G. Breland (J. Org. Chem. **36** [1971] 1499/503). — [10] E. W. Neuse (J. Organometal. Chem. **40** [1972] 387/92).

[11] E. W. Neuse, R. K. Crossland (J. Organometal. Chem. **43** [1972] 385/92). — [12] P. V. Roling, M. D. Rausch (J. Org. Chem. **37** [1972] 729/32). — [13] E. W. Neuse (J. Organometal. Chem. **56** [1973] 323/6). — [14] Z. L. Kaluskii, R. L. Avoyan, Yu. T. Struchkov (Zh. Strukt. Khim. **3** [1962] 599/602; J. Struct. Chem. [USSR] **3** [1962] 573/6). — [15] M. D. Rausch, F. Kaufman, D. W. Cowan, J. Park, unveröffentlicht, nach D. W. Cowan, C. le Vanda, J. Park, F. Kaufman (Accounts Chem. Res. **6** [1973] 1/7).

[16] G. M. Brown, T. J. Meyer, D. O. Cowan, C. le Vanda, F. Kaufman, P. V. Roling, M. D. Rausch (Inorg. Chem. **14** [1975] 506/11).

7.1.1.1.1 1,1'-Terferrocen (Formel II, S. 221)

1,1'-Terferrocene

Bildung und Darstellung

Bei der Polyrekombination von Ferrocen: 1,1'-Terferrocen ist in kleinen Mengen (0.4 bis 0.5% Ausbeute) im Gemisch von Terferrocenen und anderen niedermolekularen Produkten enthalten, die neben Polyferrocenen entstehen, wenn Ferrocen mit t-Butylperoxid erhitzt wird [12, 25]. Um die Sekundärreaktionen von Methyl- und t-Butyloxyradikalen mit Ferrocen einzuschränken und Explosionen zu vermeiden, wird das Ferrocen in N_2 auf 200 bis 205°C erhitzt, das Peroxid (insgesamt ca. 1 mol Peroxid auf 0.4 mol Ferrocen) langsam zugetropft und die Temperatur der Mischung 7 bis 11 h konstant gehalten. Eine ausführliche Diskussion der Reaktion und ihres Mechanismus findet sich in [23, S. 30 ff].

Bei der Ullmann-Reaktion von Halogenferrocenen: 1,1'-Terferrocen wird neben Biferrocen und homologen Oligomeren bei der „gemischten Ullmann-Reaktion" von Dihalogenferrocen und Monohalogenferrocen in Gegenwart von aktiviertem Cu-Pulver gefunden [4, 22, 24, 26, 30]. 7% Ausbeute an 1,1'-Terferrocen erhält man, wenn 1,1'-Dibromferrocen allein mit Cu-Pulver auf 120°C erhitzt wird. Durch Zusatz von 2 Moläquivalent Monobromferrocen wird die Ausbeute auf 16.5% erhöht [4]. Noch günstiger verläuft die Reaktion, wenn 1,1'-Dijodferrocen mit Monohalogenferrocen umgesetzt wird nach:

Fe(X) + Fe(J)(J) —Cu, 145°C, 23 h→ Fe–(Fe)$_n$–Fe

(X=Cl,Br) n=0 bis 4

Die Mischung der Reaktionspartner wird mit einer größeren Menge Cu-Pulver mit N_2 langsam auf 145°C gebracht und 23 h auf dieser Temperatur gehalten. Ausgehend von Bromferrocen und Dijodferrocen im Molverhältnis 1:2 wird die höchste Ausbeute an 1,1'-Terferrocen mit 29% erreicht [22, 26]. Mit Chlor- oder Jodferrocen anstelle von Bromferrocen wird mehr Biferrocen, aber weniger 1,1'-Terferrocen gefunden. Die Qualität des verwendeten Cu-Pulvers wirkt sich ungeachtet der aktivierenden Vorbehandlung ebenfalls auf die Ausbeute aus [22, 24, 26].

Aus einer Mischung von fc-HgCl und $C_{10}H_8Fe(HgCl)_2$-1,1': In Gegenwart von überschüssigem Li_2PdCl_4 und C_2H_5OH oder CH_3CN als Lösungsmittel entstehen aus dem Gemisch der Hg-Verbindungen im Molverhältnis 1:2 bei 25°C/48 h unter N_2 sämtliche Oligoferrocene von Biferrocen bis 1,1'-Sexiferrocen. 1,1'-Terferrocen wird mit Ausbeuten bis zu 24% durch kombinierte Kristallisationen und Chromatographie an Al_2O_3 aus dem Reaktionsgemisch abgetrennt. Intermediäre Komplexverbindungen wie fc-Pd-Cl oder $C_{10}H_8Fe(PdCl)_2$-1,1' werden als mögliche Zwischenstufen der Reaktion formuliert [31].

Aus Poly(ferrocenylquecksilber): Beim Zerfall von Poly(ferrocenylquecksilber) nach [3] in Gegenwart von Ferrocen bei 245 bis 265°C wird neben Biferrocen, höheren Oligomeren und Polymeren stets 1,1'-Terferrocen in kleiner Menge gefunden [16]. Das zugesetzte Ferrocen soll als Wasserstoffdonator an der Reaktion beteiligt sein. — In Gegenwart von Ag [3] entstehen keine Polyferrocenylene, sondern Biferrocenylen neben Ferrocen und Biferrocen [21].

Aus Ferrocenyllithium in Gegenwart von $CoCl_2$: Unter Mitwirkung von wasserfreiem $CoCl_2$ entsteht ein Gemisch von Oligoferrocenen nach der Gleichung [5, 6, 8, 13]:

Fe(Li) —$CoCl_2$, n-C_4H_9Li→ Fe–(Fe)$_n$–Fe + butylierte Produkte

n=0 bis 4 und höhere

Literatur s. S. 229

Ferrocenyllithium wird aus n-Butyllithium in Äther und Ferrocen in Tetrahydrofuran bei Zimmertemperatur gewonnen und $CoCl_2$ unter N_2 in situ zugegeben. Durch Kühlung ist die Mischung trotz exothermer Reaktion auf maximal 35°C zu halten. Voraussetzung für die Bildung von Oligoferrocenen ist die Anwesenheit überschüssigen n-Butyllithiums zur intermediären Umwandlung in zweifach metalliertes Ferrocen [8]. Ausgehend von Ferrocenyldilithium selbst, erhält man vorwiegend höhermolekulare lineare Polyferrocene [9, 17]. Die höchste Produktausbeute an Oligomeren (74.6%, davon mindestens 8% 1,1'-Terferrocen) wurde bei einem Molverhältnis Ferrocen : n-C_4H_9Li : $CoCl_2$ = 1:10:2 erzielt [8]. Bei einem Molverhältnis 1:2:0.23 setzen andere Autoren nach 72 h nur 4.8% Ferrocen um und erhalten im Produktgemisch 5.9% 1,1'-Terferrocen (≈0.2%, bezogen auf die Ausgangsmenge Ferrocen) [13]. Erheblich gesteigert wird der Gesamtumsatz (auf 36.2%) und der Anteil an 1,1'-Terferrocen (auf 11.9% entsprechend 5.7% Ausbeute, bezogen auf eingesetztes Ferrocen), wenn außer $CoCl_2$ später noch 1 Moläquivalent (bezogen auf Ferrocen) Alkylhalogenid, z. B. Butylbromid, zugesetzt wird [6, 13]. Damit soll die Bildung von Ferrocenylradikalen erleichtert werden; zugleich nimmt der Anteil an alkylsubstituierten Nebenprodukten zu. Dieses Verhalten stimmt mit der Annahme überein, daß $CoCl_2$ zwischenzeitlich Ferrocenylkobaltchlorid-Komplexe aufbaut, die dann beim Zerfall kupplungsfähige Ferrocenylradikale bilden [5, 8, 13].

Aus Ferrocenylnatriumcyclopentadienid und $FeCl_2$: Über die gezielte Synthese von 1,1'-Terferrocen ist nur das Reaktionsschema publiziert [7, 20], dessen letzte Stufe lautet:

Fe —(Na,$FeCl_2$)→ Fe Fe Fe

Bei der Behandlung von C_5H_5Na mit n-C_4H_9Li und $FeCl_2$ bildet sich 1,1'-Terferrocen als Nebenprodukt der Synthese von Biferrocenylen. Das Dilithiumsalz des Fulvalens tritt als Zwischenprodukt neben C_5H_5Na auf [27].

Aus Lithiumferrocen und organischen Halogeniden RX: Mit Benzylchlorid beispielsweise bilden sich Bi- und Oligoferrocene, zum Teil unter Einbau des Benzylrestes [5, 8]. Die Reaktion verläuft über Ferrocenylradikale, die nur in Gegenwart der Halogenide entstehen sollen [8]. Obwohl die erhaltenen „Polyferrocene" nicht aufgetrennt worden sind, lassen die hohe Intensität für m/e = 554 im 8-eV-Massenspektrum und ein Durchschnittsmolekulargewicht $\overline{M}$ = 561 des Produkts darauf schließen, daß vorwiegend Terferrocen gebildet wird [8].

Ob es sich bei einem Nebenprodukt (<1%) der Butylferrocen- und Biferrocensynthese aus fc-Cl und n-H_9C_4Li um chlorfreies 1,1'-Terferrocen handelt, wurde nicht entschieden [10].

Abtrennung und Reinigung: Aus den Reaktionsgemischen der Darstellung wird 1,1'-Terferrocen gemeinsam mit Ferrocen, Biferrocen und Oligomeren mittels Diäthyläther [10, 13], n-Pentan [12], n-Hexan [16, 25], Benzol [4, 8, 13, 26] oder Toluol [26] extrahiert. Die Auftrennung des Gemischs und Isolierung von 1,1'-Terferrocen gelingt chromatographisch an Al_2O_3-Säulen [30] mit n-Hexan [12, 25], Benzol [13] und Gemischen von Benzol mit aliphatischen Kohlenwasserstoffen [8, 10, 13, 26]. Ferrocen kann durch Sublimation im Vakuum aus dem Oligomerengemisch entfernt werden [8, 13]. Auch zur Trennung von den 1,2- und 1,3-Terferrocenen ist die Säulenchromatographie an Al_2O_3 am erfolgreichsten [12, 25]. Die Isomeren eluieren in der Reihenfolge: 1,2-Terferrocen, 1,1'-Terferrocen, 1,3-Terferrocen. — Rohes 1,1'-Terferrocen wird durch wiederholte Chromatographie [12,25,26], durch Umkristallisieren aus n-Heptan [4,25], Äthylalkohol [4] und aus Mischungen von Benzol mit aliphatischen Kohlenwasserstoffen [8, 13, 26] oder durch Sublimation bei 240°C/7 Torr gereinigt [4]. — Das Adsorptionsverhalten bei der Säulenchromatographie an aktiviertem Al_2O_3 [4, 8, 10, 12, 13, 22, 25, 26] und bei der Dünnschichtchromatographie an Silicagel (R_f-Werte bei [26]) und an Al_2O_3 (R_f-Wert [10]) wird auch zur Identifizierung genutzt.

Literatur s. S. 229

Physikalische Eigenschaften und Struktur

1,1'-Terferrocen bildet gelbe [4, 26, 31], orange [8, 10, 13] bis rotorange [12] gefärbte, auch als gelbbraun oder hellbraun [1, 11, 15] beschriebene Kristalle von nadel- (aus Hexan) [12] oder plättchenförmiger (aus Xylol) [1, 11, 15] Tracht. Kristalle, die aus verschiedenen Lösungsmitteln gewonnen wurden, unterscheiden sich hinsichtlich ihrer IR-Spektren und Röntgenbeugungsdiagramme. Identische Spektren und Röntgenbeugungsaufnahmen werden für Proben gefunden, die aus Benzol, Äthanol und Äthylacetat auskristallisiert werden. Charakteristisch verändert sind diese Ergebnisse für 1,1'-Terferrocen aus verdünnter Petrolätherlösung, wie für solches aus Benzol/Petroläther (s. IR-Spektren). Die Erscheinung wird mit der Existenz polymorpher Formen erklärt, begründet entweder durch unterschiedlichen Aufbau des Kristallgitters oder durch die vom Molekülbau bedingte Rotationsisomerie der C_5H_4-Ringe des zentralen Ferrocenkerns (s. Formel IV, S. 221). Die polymorphen Formen von 1,1'-Terferrocen entstehen auch nebeneinander bei rascher Kristallisation aus ein und demselben Lösungsmittel [13]. Die Polymorphie von 1,1'-Terferrocen wird auch von anderen Autoren [26] gefunden.

Schmelzpunktsangaben (unter Zersetzung) schwanken von 207 bis 212°C [10] bis zum Wert von 229 bis 230°C [25], meistens in verschlossener Kapillare unter Luftausschluß gemessen. Die Unterschiede werden auf Abhängigkeit des Meßwertes vom Verfahren und auf die außergewöhnlichen Schwierigkeiten der Reinigung zurückgeführt [25]. Polymorphe Proben sollen beide um 226°C schmelzen [13]. 1,1'-Terferrocen kann unter N_2 bei 240°C/7 Torr sublimiert werden [4].

Die Dichte tafelförmiger Kristalle wurde pyknometrisch zu $D = 1.61\ g \cdot cm^{-3}$ gemessen [1, 15], aus Röntgendaten berechnet: $D = 1.66\ g \cdot cm^{-3}$ [1, 15].

Der spezifische elektrische Widerstand von Preßlingen, die bei mehr als 7000 $kg \cdot cm^{-2}$ hergestellt werden, beträgt bei Raumtemperatur im Vakuum $\rho_{spez} = 10^8\ \Omega \cdot cm$. Im Hinblick auf die niedrigere Leitfähigkeit von Ferrocen ($10^{12}\ \Omega \cdot cm$) und den geringen Konjugationsgrad der Oligoferrocene erscheint dieser Wert hoch [14], [23, S. 37]; er ist möglicherweise durch Verunreinigungen wie Ferrocenium-Ionen verursacht. Die Temperaturabhängigkeit des spezifischen elektrischen Widerstands ρ gehorcht dem Gesetz $\rho = \rho_0 \exp \Delta E/2kT$ und ist für den Bereich um und oberhalb der Zimmertemperatur graphisch dargestellt, $\Delta E_g = 0.8$ eV [14]. Zur Problematik der Definition von E_g für die Polyferrocene s. [23, S. 38]. In dieser Arbeit wird eine „innere Aktivierungsenergie" $E_A = E_g/2$ angegeben.

Hochreine Proben der durch Ullmann-Reaktion [4] hergestellten Oligoferrocene wurden auf ihre magnetischen Eigenschaften untersucht [2]. Für die magnetische Suszeptibilität des Oligomerengemisches wurde bei 25°C $\chi_g = -(0.5 \pm 0.2) \times 10^{-6}\ cm^3 \cdot g^{-1}$ gemessen. Die Autoren stellten fest, daß die Oligomeren oberhalb 4.2 K stets diamagnetisch sind, durch Oxid- und Ferroceniumspuren jedoch leicht Para- oder Ferromagnetismus vortäuschen. Ähnliche Ergebnisse [18, S. 39], [23, S. 40] wurden mit oligomeren Proben nach [8] und [16] erhalten.

Dem Aufbau aus zwei unsubstituierten und vier einfach substituierten, fast gleichwertigen Cyclopentadienringen entsprechend ist das ^1H-NMR-Spektrum von 1,1'-Terferrocen einfacher als das der 1,2- und 1,3-Isomeren, s. **Fig. 20**, und fast identisch mit dem Spektrum von Biferrocen [10, 13]. Folgende chemische Verschiebungen (in $CDCl_3$) werden genannt:

$\tau = 5.7$ bis 5.95 (m, H-2 und H-3 in C_5H_4), 6.04 (s, C_5H_5) [26], fast identische Angaben in [31]; das Zentrum des Multipletts liegt nach [13] bei 5.84, aufgelöst in zwei Signalgruppen um 5.79 und 5.88 (je 8 H). Ähnliche Spektren werden für das heteroanulare niedermolekulare Gemisch (M = 985) erhalten, aus dem 1,1'-Terferrocen nicht isoliert wurde [8]. Das charakteristische ^1H-NMR-Spektrum dient als Identitätsnachweis für 1,1'-Terferrocen [16, 25].

IR-Spektren (KBr und Nujol) wurden in [4, 8, 13, 31] vermessen, charakteristische Banden beispielsweise bei 815, 1000, 1020, 1100, 1105 cm^{-1} (KBr) [31]. Abbildungen (Bereich von 700 bis 1800 cm^{-1}) s. bei [4] und [13]. Die Spektren von Biferrocen, 1,1'-Terferrocen und höheren Oligomeren bis Sexiferrocen sind gegenübergestellt. Bis auf Differenzen im Bereich von 800 bis 900 cm^{-1} und bei 1000 bis 1100 cm^{-1} stimmen sie weitgehend überein [13]. Die Banden bei 1000, 1025, 1050,

 Literatur s. S. 229

Fig. 20

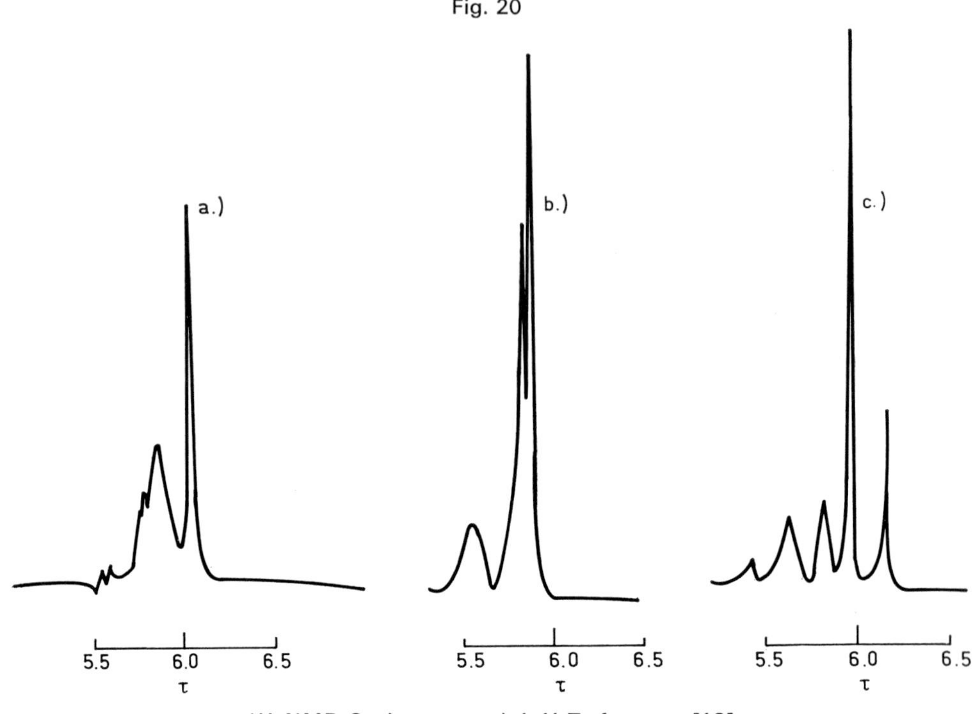

^{1}H-NMR-Spektren von a) 1,1'-Terferrocen [13], b) 1,2-Terferrocen [25], c) 1,3-Terferrocen [25].

1100 und 1410 cm^{-1} erscheinen mit deutlich geringerer Intensität als bei homoanular substituiertem 1,2- und 1,3-Terferrocen [25]. — Die bei homoanular disubstituierten Ferrocenen bewährte 9,10-Regel ist bei mehrkernigen Verbindungen nicht immer anwendbar, weil im kritischen Bereich zusätzliche Banden auftreten können ([13, 25] und dort genannte Literatur). Qualitativ ist jedoch zu erkennen, daß 1,1'-Terferrocen neben der Bande bei 1105 cm^{-1} eine zweite bei 1100 cm^{-1} aufweist. Eine dieser Banden wird der Ringatmungsschwingung unsubstituierter Cyclopentadienringe zugeschrieben [13].

Wegen der Bildung polymorpher Formen, s. oben, ist das IR-Spektrum im festen Zustand, vor allem im Bereich der Banden um 800 cm^{-1}, vom Lösungsmittel bei der Kristallisation und von der Abkühlungsgeschwindigkeit abhängig. Spektren von drei unterschiedlichen Proben sind zusammen mit den Röntgenbeugungsdiagrammen bei [13] einander gegenübergestellt.

Auch das UV-Spektrum von 1,1'-Terferrocen gleicht weitgehend dem von Biferrocen [8, 12, 16, 25, 31]. Die nur geringfügigen batho- und hyperchromen Verschiebungen deuten an, daß trotz wachsender Konjugationsmöglichkeit die Elektronendelokalisation eingeschränkt bleibt, was mit dem Fehlen interanularer Resonanz bei vielen 1,1'-disubstituierten Ferrocen-Derivaten übereinstimmt [13, 16, 18, 23]. Nach [25] unterscheiden sich jedoch die Absorptionsmaxima der beiden anderen Terferrocene noch weniger von denen für Biferrocen (gemessen in absolutem Äthanol):

	λ_{max} in nm (ε)	(S = Schulter)
Biferrocen	295 (8470)	345 (950) (S), 450 (600)
1,2-Terferrocen	295 (9050)	345 (1660) (S), 449 (780)
1,3-Terferrocen	301 (12500)	349 (2200) (S), 455 (1120)
1,1'-Terferrocen	302 (15700)	350 (2500) (S), 454 (1290)

Literatur s. S. 229

Die mittlere Bande bei 350 nm ist nur als Schulter zu erkennen. Eine weitere Schulter liegt bei 264 nm [10], gefolgt von der K-Bande bei 225 nm (in Cyclohexan) [13]. Mit ε-Werten von 60000 für die Absorptionsbande bei 225, 15000 bei 300 und 1200 bei 453 nm (in Cyclohexan) erhöhen sich die Intensitäten der beiden letzten Banden gegenüber den entsprechenden von Ferrocen auf das 3000- bzw. 13fache [31]. Zu einer Abbildung des Spektrums von 1,1'-Terferrocen im Vergleich zu Ferrocen und Biferrocen s. [13, 51].

Die aus Xylol auskristallisierten Tafeln des 1,1'-Terferrocens sind in Richtung der b-Achse verlängert [1, 11, 15]. — Bei der Kristallisation aus Toluol, Xylol und anderen organischen Lösungsmitteln entstehen Zwillingskristalle, die die Röntgenstrukturuntersuchung erschweren [11]. Röntgenbeugungsaufnahmen und Untersuchungen zur Kristallstruktur wurden mehrfach durchgeführt, aber keine Einzelheiten genannt [4, 10, 12, 25, 26]. Von Watanabe u.a. [13] wurden Beugungsaufnahmen polymorpher Materialien nach der Pulvermethode hergestellt [13].

Die Abmessungen der Elementarzelle der monoklinen, aus Xylol erhaltenen Kristalle betragen $a = 13.23 \pm 0.05$, $b = 6.16 \pm 0.02$, $c = 27.38 \pm 0.04$ Å, $\beta = 98.0° \pm 0.3°$, Z = 4, D = 1.61 (gemessen), D = 1.66 (berechnet) $g \cdot cm^{-3}$. Von zwei möglichen Raumgruppen wird die zentrosymmetrische $C2/c\text{-}C^6_{2h}$ angenommen [1, 11, 15]. Die Projektion der Elektronendichteverteilung auf h0l und die tabellierten Koordinaten der Fe- und C-Atome ergeben eine Struktur gemäß Formel IV, S. 221, jedoch mit einer antiprismatischen Konformation der mittleren Ferroceneinheit und einer nahezu prismatischen Konformation in den beiden äußeren Ferrocenkernen. Die Molekeln besetzen Positionen auf Symmetriezentren der Elementarzelle.

Chemisches Verhalten und Kationen des 1,1'-Terferrocens

Die Verbindung wird bei [11, 15] als chemisch hochstabile Substanz bezeichnet. Sie ist weniger löslich als Biferrocen [6, 12, 13, 25], aber besser löslich als 1,1'-Quaterferrocen [13]: leicht löslich in Benzol, Toluol und $CHCl_3$ [4], weniger in Heptan, CCl_4, Äthanol [4] oder Äthylacetat [13].

Im Massenspektrum tritt bei einer Anregungsenergie von 8 eV nur das Molekelion $[M]^+$ auf [5, 8, 30]; unter diesen Bedingungen wird ein Oligomerengemisch, das auch 1,1'-Terferrocen enthält, analysiert [8]. Bei 70 eV beobachtet man neben $[M]^+$ auch $[M]^{2+}$ im Intensitätsverhältnis 10:3 [26], s. auch [22]. Die Intensitäten der isotopen Molekelionen (m/e = 550 bis 558) stimmen gut mit den Werten überein, die sich aus der natürlichen Isotopenverteilung von Fe und C berechnen lassen. Als häufigstes Fragment mit etwa der halben Intensität von $[M]^+$ findet man das sehr stabile $[\text{Biferrocenylen}]^+$ (I) [26], das offensichtlich nach Eliminierung eines fc-Kerns über ein „heteroanulares Ion" (II) durch Substitution am benachbarten fc-Kern, wie in II angedeutet, entsteht [25]; weniger häufig sind daher $[\text{Biferrocenyl}]^+$ und $[\text{Biferrocen}]^+$ mit nur 14 bzw. 7% der Intensität von $[M]^+$ [26].

Fe Fe ← Fe Fe Fe

I II III

I wird auch schon im 8-eV-Spektrum unter den Fragmenten mit m/e = 366 und 368 vermutet [8]. Hervorgehoben ist das Fragment mit m/e = 310, für das Struktur III vorgeschlagen wird; es tritt nicht bei Biferrocen, aber bei allen höheren Oligomeren mit fast gleicher relativer Häufigkeit auf und ist möglicherweise indikativ für die 1,1'-Substitution [26]. Zu weiteren Fragmenten einschließlich eines metastabilen Ions s. [8] und [26].

Durch elektrochemische Oxidation können aus 1,1'-Terferrocen, im folgenden als Fc-Fc-Fc abgekürzt, die drei Kationen A, B und C erzeugt werden:

$$\text{Fc-Fc-Fc} \underset{0.22\,V}{\overset{(1)}{\rightleftharpoons}} \underset{A}{(\text{Fc-Fc-Fc})^+} \underset{0.44\,V}{\overset{(2)}{\rightleftharpoons}} \underset{B}{(\text{Fc-Fc-Fc})^{2+}} \underset{0.82\,V}{\overset{(3)}{\longrightarrow}} \underset{C}{(\text{Fc-Fc-Fc})^{3+}}$$

Die angegebenen Halbwellenpotentiale (gemessen gegen SCE) werden durch cyclische Voltammetrie in CH_2Cl_2/CH_3CN-Lösung bei $24 \pm 2°C$ bei den Reduktionsschritten ermittelt; der Wert für Schritt (3) ist wegen Adsorption nur als Schätzung anzusehen. Die Schritte (1) und (2) sind reversibel. Durchgreifende Elektrolyse bei einem zur Erzeugung von C ausreichenden Potential führt zur Zersetzung [29].

Die Kationen A und B sind in Lösung ausreichend lange stabil, so daß Elektronenspektren bis in den nahen IR-Bereich aufgenommen werden können, s. **Fig. 21**. Die gegenüber $[fc\text{-}H]^+$ zu höheren Energien verschobenen Ferrocenium-Banden um 550 nm (Ligand $(e_{1u}) \rightarrow$ Metall (3d, e_{2g})-Übergang) haben langwellige Schultern; beide Banden sind entgegen früheren Deutungen bei $[fc\text{-}fc]^+$ als getrennte Übergänge von den verschiedenen Liganden C_5H_5 und C_5H_4-C_5H_4 zum Fe anzusehen. Die von $[fc\text{-}fc]^+$ her bekannten Valenzübergangsbanden („intervalence transfer", IT) im nahen IR treten mit höherer Intensität auf, da beispielsweise für B zwei äquivalente Übergänge stattfinden können:

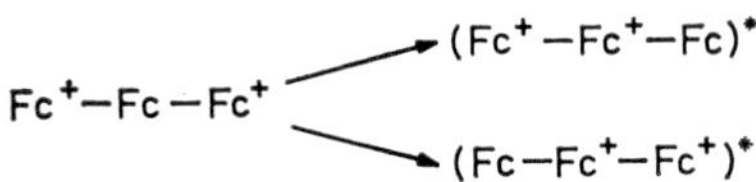

Fig. 21

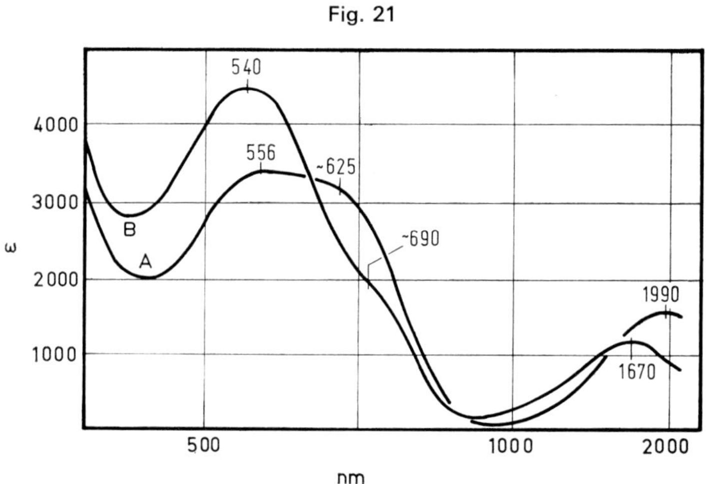

Elektronenspektren von $(Fc\text{-}Fc\text{-}Fc)^+$ (A) und $(Fc\text{-}Fc\text{-}Fc)^{2+}$ (B) in CH_2Cl_2/CH_3CN nach [29], vgl. Text.

Die beträchtliche Verschiebung der IT-Bande von B zu kürzeren Wellenlängen läßt sich durch den Übergang in ein energetisch ungünstiges Oxidationsisomeres, $Fc^+\text{-}Fc\text{-}Fc^+ + h\nu \rightarrow (Fc^+\text{-}Fc^+\text{-}Fc)^*$, erklären und auch rechnerisch recht gut abschätzen, wenn man für den Übergang zwischen den Oxidationsisomeren $Fc^+\text{-}Fc\text{-}Fc^+ \rightarrow Fc^+\text{-}Fc^+\text{-}Fc$ ein $\Delta G = 2.8$ kcal/mol zugrunde legt, das seinerseits aus Redoxpotentialen und bekannten fc-Substituenteneffekten annähernd ermittelt werden kann. Im einfach geladenen A sind die Oxidationsisomeren $Fc\text{-}Fc^+\text{-}Fc$ und $Fc^+\text{-}Fc\text{-}Fc$ infolge Kompensation der geringen Energiedifferenz durch den statistischen Faktor energetisch nahezu gleichwertig, so daß die IT-Bande nahe der von $[fc\text{-}fc]^+$ (1900 cm^{-1}) auftritt. Die experimentellen Ergebnisse und ihre Interpretation zeigen, daß die Elektronendelokalisation zwischen den fc-Kernen nur gering sein kann und daß in den 1,1'-Terferrocen-Kationen weitere Beispiele für „Oxidationsisomerie" vorliegen [28, 29].

Literatur s. S. 229

Literatur:

[1] Z. L. Kaluskii, R. L. Avoyan, Yu. T. Struchkov (Zh. Strukt. Khim. **3** [1962] 599/602; J. Struct. Chem. [USSR] **3** [1962] 573/6). — [2] Yu. S. Karimov, I. F. Shchegolev (Dokl. Akad. Nauk SSSR **146** [1962] 1370/1). — [3] M. D. Rausch (J. Org. Chem. **28** [1963] 3337/41). — [4] A. N. Nesmeyanov, V. N. Drozd, V. A. Sazonova, V. I. Romanenko, A. K. Prokof'ev, L. A. Nikonova (Izv. Akad. Nauk SSSR Otd. Khim. Nauk **4** [1963] 667/73; Bull. Acad. Sci. USSR Div. Chem. Sci. **1963** 597/603). — [5] I. J. Spilners, J. P. Pellegrini (Abstr. Papers 148th Meeting Am. Chem. Soc., Chicago 1964, S. 9).

[6] K. Hata, I. Motoyama, H. Watanabe (Bull. Chem. Soc. Japan **37** [1964] 1719/20). — [7] K. L. Rinehart, D. G. Ries, C. H. Park, P. A. Kittle (Abstr. Papers 146th Meeting Am. Chem. Soc., Denver 1964, S. 23C). — [8] I. J. Spilners, J. P. Pellegrini (J. Org. Chem. **30** [1965] 3800/4). — [9] H. Rosenberg, J. M. Barton, M. M. Hollander (2nd Intern. Symp. Organometal. Chem., Madison, Wisc., 1965, Abstr. S. 42). — [10] J. W. Huffman, L. H. Keith, R. L. Asbury (J. Org. Chem. **30** [1965] 1600/4).

[11] Z. L. Kaluskii, Yu. T. Struchkov (Zh. Strukt. Khim. **6** [1965] 316/7; J. Struct. Chem. [USSR] **6** [1965] 296/8). — [12] H. Rosenberg, E. W. Neuse (J. Organometal. Chem. **6** [1966] 76/85). — [13] H. Watanabe, I. Motoyama, K. Hata (Bull. Chem. Soc. Japan **39** [1966] 790/801). — [14] H. Watanabe, I. Motoyama, K. Hata (Bull. Chem. Soc. Japan **39** [1966] 850/1). — [15] Z. L. Kaluskii, Yu. T. Struchkov (Bull. Acad. Polon. Sci. Ser. Sci. Chim. **14** [1966] 607/9).

[16] E. W. Neuse, R. K. Crossland (J. Organometal. Chem. **7** [1967] 344/7). — [17] H. Rosenberg (U.S. Air Force Materials Lab., Wright-Patterson Air Force Base, Ohio, USA, unveröffentlicht, laut [18, S. 35]). — [18] E. W. Neuse (Advan. Macromol. Chem. **1** [1968] 1/138). — [19] Z. L. Kaluskii, Yu. T. Struchkov (Bull. Acad. Polon. Sci. Ser. Sci. Chim. **16** [1968] 557/65). — [20] D. E. Bublitz, K. L. Rinehart (Org. Reactions **17** [1969] 1/154, 39).

[21] M. D. Rausch, R. F. Kovar, C. S. Kraihanzel (J. Am. Chem. Soc. **91** [1969] 1259/61). — [22] M. D. Rausch, P. V. Roling, A. Siegel (Chem. Commun. **1970** 502/3). — [23] E. W. Neuse, H. Rosenberg (J. Macromol. Sci. Rev. Macromol. Chem. C **4** [1970] 1/145). — [24] P. V. Roling (Diss. Univ. of Massachusetts, Amherst, Mass., 1971 nach Diss. Abstr. Intern. B **31** [1971] 6520). — [25] E. W. Neuse (J. Organometal. Chem. **40** [1972] 387/92).

[26] P. V. Roling, M. D. Rausch (J. Org. Chem. **37** [1972] 729/32). — [27] U. T. Mueller-Westerhoff, P. Eilbracht (J. Am. Chem. Soc. **94** [1972] 9272/4). — [28] G. M. Brown, R. W. Callahan, E. C. Johnson, T. J. Meyer (Abstr. Papers 167th Meeting Am. Chem. Soc., Los Angeles 1974, INOR Nr. 169). — [29] G. M. Brown, T. J. Meyer, D. O. Cowan, C. Le Vanda, F. Kaufman, P. P. Roling, M. D. Rausch (Inorg. Chem. **14** [1975] 506/11). — [30] M. D. Rausch (Pure Appl. Chem. **30** [1972] 523/38; Zh. Vses. Obshchestva im. D. I. Mendeleeva **18** [1972] 413/9).

[31] B. M. Yavorskii, E. I. Afrina, N. S. Kochetkova, A. N. Nesmeyanov (Dokl. Akad. Nauk SSSR **192** [1970] 350/2; Dokl. Chem. Proc. Acad. Sci. URSS **192** [1970] 357/9). — [32] I. Izumi, A. Kasahara (Bull. Chem. Soc. Japan **48** [1975] 1955/6).

7.1.1.1.2 1,2-Terferrocen (Formel I a, S. 221)

1,2-Terferrocene

Bildung und Darstellung

1,2-Terferrocen entsteht in kleiner Menge (0.12% Rohausbeute) im Gemisch mit seinen Isomeren bei der Polyrekombination von Ferrocen in Gegenwart von t-Butylperoxid oberhalb 200°C [1, 5] (s. 7.1.1.1.1, Bildung von 1,1'-Terferrocen). Gleichzeitig entstandenes 1,2-Diferrocenyläthylen ist durch fraktionierte Kristallisation oder Chromatographie von 1,2-Terferrocen nicht zu trennen. Darum wurde 1,2-Diferrocenyläthylen ursprünglich für 1,2-Terferrocen gehalten [1]; erst später gelang es, aus dem Gemisch das 1,2-Diferrocenyläthylen durch Vakuumsublimation zu entfernen [7].

In einer gezielten Synthese, s. Reaktionsschema, wird 2,3-Diferrocenylcyclopenta-1,3-dien (I) in Äther mit n-C_4H_9Li in Hexan bei Zimmertemperatur/1 h in sein Lithiumsalz (II) umgewandelt. Anschließend wird der Lösung Cyclopentadien in großem Überschuß und weiteres n-C_4H_9Li zugefügt und nach drei weiteren Stunden mit $FeCl_2$ über Nacht bei Zimmertemperatur umgesetzt. Nach Hydrolyse mit NH_4OH-Lösung enthält die Ätherphase neben unsubstituiertem Ferrocen als Hauptprodukt und kleinen Anteilen an Polymeren 1,2-Terferrocen mit 10% Rohausbeute [2, 3]. —

I (fc, fc) $\xrightarrow{n\text{-}C_4H_9Li}$ II (Li^+) $\xrightarrow[FeCl_2]{C_5H_6,\, n\text{-}C_4H_9Li}$ III + (Fe) + unlösliche Polymere

1,2-Terferrocen bildet sich auch, wenn 1,2-Dijodferrocen unter den Bedingungen der Ullmann-Reaktion mit fc-X (X = Halogen) umgesetzt wird. Dabei entsteht ein Oligomerengemisch von Biferrocen bis 1,2-Quinqueferrocen [4, 8].

Die Abtrennung von höheren Polyferrocenen erfolgt durch Extraktion mit Pentan [1] oder Hexan [5], von den gleichfalls löslichen isomeren Terferrocenen, Ferrocen und oligomeren Nebenprodukten durch wiederholte Chromatographie an Al_2O_3: 1,2-Terferrocen wird aus einer breiten, gelben Zone als erstes der drei Isomeren mit Hexan eluiert [1, 5]. Abtrennung vom ätherlöslichen bzw. vom CH_2Cl_2-löslichen Produkt der Synthese nach [2, 3] durch Chromatographie an Al_2O_3 mit einem Hexan-Benzol-Gemisch als Eluierungsmittel [2, 3]. Der R_f-Wert ist angegeben [3]. — Reinigung des Rohprodukts durch mehrfaches Umkristallisieren aus Heptan [5] oder Hexan-Benzol [3]. Das „Reinprodukt" von Goldberg und Breland enthält noch Verunreinigungen mit aliphatischen Gruppen, wie Spektren erweisen [2, 5].

Physikalische Eigenschaften

Das hell orangefarbene [2] bis orangefarbene [3, 5] Produkt kristallisiert in Nadeln [5] und schmilzt im Vakuum bei 191 bis 193°C [2, 3] (nach [5] nicht völlig rein), 198 bis 200°C [5], 202 bis 204°C [6]. Es kann bei 100°C im Vakuum sublimiert werden [5].

Das ^1H-NMR-Spektrum (in $CDCl_3$) zeigt ein schwaches, breites Signal um $\tau = 5.55$ und zwei scharfe Singuletts um $\tau = 5.85$ und 5.90 [2, 5], s. Fig. 20, S. 226. Ein bei [3] abgebildetes Spektrum enthält sehr viel mehr Komponenten in diesem Bereich, was auf Verunreinigungen mit aliphatischen Komponenten, möglicherweise auch etwas 1,3-Terferrocen (Signal bei $\tau = 6.2$), zurückzuführen ist [5], dieses Spektrum ist nach [2, 3] temperaturabhängig (Messungen bis 70°C [2]) und zeigt schon bei 45°C deutlich veränderte Struktur.

Die IR-Spektren gleichen weitgehend denen der Isomeren, von Ferrocen [2] und von Biferrocen [3]. Wichtige Banden bei 1000, 1100, 3050, 3100 cm^{-1} (in CH_2Cl_2) werden genannt [2, 3]. Die schwachen Banden bei 1140 und 1240 cm^{-1} treten in den isomeren 1,3- und 1,1'-Terferrocenen nicht auf [5]. Banden bei 1440 und 2860 bis 2960 cm^{-1} sind auf aliphatische Verunreinigungen zurückzuführen [2, 5]. In [5] werden Banden bei 1025, 1050, 1110 (Dublett), 1140, 1242, 1410 cm^{-1}, deren Frequenz oder Intensität gegenüber Ferrocen, Biferrocen oder den Isomeren charakteristisch verändert sind, diskutiert und zugeordnet (vgl. auch 1,3-Terferrocen).

Die UV-Absorptionen von Biferrocen und 1,2-Terferrocen stimmen fast überein, s. S. 226. Die Maxima sind gegenüber 1,1'- und 1,3-Terferrocen leicht hypso- und hypochrom verschoben [5]. Nach [3] liegen Maxima bei 215 ($\varepsilon = 24000$) und 290 nm (Schulter, $\varepsilon = 5000$) (in C_2H_5OH). Das UV-Spektrum von 200 bis 360 nm ist für eine Lösung in C_2H_5OH/CH_2Cl_2 abgebildet [2].

Chemisches Verhalten

Die Löslichkeit von 1,2-Terferrocen ist der von 1,1'-Terferrocen sehr ähnlich [1, 5] (s. auch Bildung und Darstellung). — Im Massenspektrum (70 eV) wird das Molekelion $[M]^+$ in der erwarteten Isotopenverteilung gefunden [2, 3, 5], ferner $[M]^{2+}$ mit 18.4% der Intensität von $[M]^+$, $[M - FeC_5H_5]^+$ (6%), $[fc\text{-}fc]^+$ und $[C_5H_5Fe]^+$ (19%) [5].

Literatur:

[1] H. Rosenberg, E. W. Neuse (J. Organometal. Chem. **6** [1966] 76/85). — [2] J. G. Breland (Diss. Univ. of South Carolina, Columbia, S. C., 1967, 105 S.). — [3] S. I. Goldberg, J. G. Breland

(J. Org. Chem. **36** [1971] 1499/503). — [4] P. V. Roling (Diss. Univ. of Massachusetts, Amherst, Mass., 1971 nach Diss. Abstr. Intern. B **31** [1971] 6520). — [5] E. W. Neuse (J. Organometal. Chem. **40** [1972] 387/92).

[6] M. D. Rausch (persönliche Mitteilung an E. W. Neuse nach [5]). — [7] E. W. Neuse (J. Organometal. Chem. **56** [1973] 323/6). — [8] M. D. Rausch (Pure Appl. Chem. **30** [1972] 523/38; Zh. Vses. Khim. Obshchestva im. D. I. Mendeleeva **17** [1972] 413/9).

7.1.1.1.3 1,3-Terferrocen (Formel Ib, S. 221)

1,3-Terferrocene

In kleinsten Mengen (0.09 bis 0.13%) bildet sich 1,2-Terferrocen mit seinen Isomeren als Nebenprodukt der Polyrekombination von Ferrocen in Gegenwart von t-Butylperoxid oberhalb 200°C [1, 2] (s. 7.1.1.1.1, Darstellung). — Die Darstellung durch gezielte Synthese analog der des 1,2-Isomeren geht vom 1,4-Diferrocenylcyclopentadien aus, das in einer Natriumsuspension in sein Anion übergeführt wird [3]. Dieses setzt man in Gegenwart eines großen Überschusses an C_5H_5Na mit $FeCl_2$ in Tetrahydrofuran, zunächst bei 0°C, dann unter Rückfluß um (2.5 h). Nach Entfernung der Lösungsmittel und längerer Extraktion des Produktes mit Hexan wird die Verbindung durch zweifache Chromatographie an Al_2O_3 von fc-H und fc-fc, die als erste mit Hexan eluiert werden, getrennt, 23.5% Ausbeute; Reinigung durch wiederholtes Umkristallisieren aus Heptan [3]. Bei Terferrocenylgemischen aus der Polyrekombinationsreaktion wird 1,3-Terferrocen mit Hexan als letztes der Isomeren eluiert [1, 2], s. auch 7.1.1.1.1, S. 224.

fc fc —Na→ fc fc —C_5H_5Na / $FeCl_2$→ Fe Fe Fe

I

1,3-Terferrocen kristallisiert in orangegelben Nadeln [3], Proben aus der Polyrekombinationsreaktion sind sehr schwer zu reinigen und zeigen tiefere Schmelzbereiche [3], z. B. 196 bis 197°C [1], 198 bis 200°C [3], 198 bis 202°C [2] und im ^{1}H-NMR-Spektrum breite, nicht aufgelöste Signale bei $\tau = 5.45$ (1 H, H-2 im C_5H_3-Ring), 5.64 (6 H), 5.84 (4 H) und scharfe Singuletts bei $\tau = 5.98$ (10 H) und 6.18 (5 H), die den beiden äußeren C_5H_5-Ringen bzw. dem C_5H_5 am mittleren Ferrocenkern zugeordnet werden. Die geringe Auflösung der anderen Signale erlaubt keine eindeutige Zuordnung und keine Entscheidung, ob die verbundenen Ringe coplanar oder gegeneinander geneigt vorliegen, vgl. I und III, S. 221, [3], s. Fig. 20, S. 226.

Im IR-Spektrum zeigt der KBr-Preßling neben den typischen Ferrocen-Banden Absorptionen bei 1025 und 1050 cm^{-1}, die für homoanulare Substitution charakteristisch sind. Die Banden bei 1000, 1110 und 1410 cm^{-1} sind von einer für homoanulare Verknüpfung bezeichnend hohen Intensität [2, 3]. — Die Maxima der UV-Absorption von 1,3-Terferrocen in absolutem Äthanol sind mit λ_{max} (ε) = 268 (Schulter, 13500), 301 (12500), 349 (2200) und 455 (1120) angegeben [2, 3]. Erwartungsgemäß sind sie gegenüber 1,2-Terferrocen geringfügig batho- und hyperchrom verschoben [2], s. S. 226.

Im Massenspektrum (70 eV, 150°C Einlaßtemperatur) finden sich die Molekelionen $[M]^+$ und $[M]^{2+}$ im Intensitätsverhältnis 100:41.4 und der korrekten Isotopenverteilung. Im Gegensatz zum Verhalten von 1,1'- und 1,2-Terferrocen dominieren Fragmente, bei welchen zwei C_5H_5- oder zwei C_5H_5Fe-Gruppen abgespalten werden (je etwa 20% Intensität von $[M]^+$). Durch Verlust eines Ferrocenkerns entstehen Fragmente mit m/e = 366 und 368 (und m/2e = 184), von denen das letztere wahrscheinlich aus [Biferrocenylen]$^+$ (s. I auf S. 227) besteht; seine Bildung erfordert eine der Cyclisierung vorausgehende H-Wanderung, es tritt daher nur mit 13% Intensität von $[M]^+$ auf [3], vgl. dagegen 1,1'-Terferrocen.

Literatur:

[1] H. Rosenberg, E. W. Neuse (J. Organometal. Chem. **6** [1966] 76/85). — [2] E. W. Neuse (J. Organometal. Chem. **40** [1972] 387/92). — [3] E. W. Neuse, R. K. Crossland (J. Organometal. Chem. **43** [1972] 385/92).

Substituted 1,1'-Terferrocenes

7.1.1.2 Substituierte 1,1'-Terferrocene

Fast alle Verbindungen dieses Abschnitts wurden nur in äußerst geringen Mengen als Nebenprodukte isoliert. Eine gezielte Synthese liegt nur für das Diphenyl-Derivat vor.

1,1'-$Fe_3C_{30}H_{25}$-C_4H_9-n, substituiert an einem endständigen freien C_5H_5-Ring, entsteht mit 0.8% Ausbeute zusammen mit anderen butylierten Nebenprodukten bei der Oligomerisierung von lithiiertem Ferrocen in Gegenwart von $CoCl_2$ und n-Butyllithium (vgl. 1,1'-Terferrocen, Darstellung) [4]. Abtrennung von weiteren ätherlöslichen Produkten durch Säulenchromatographie an Al_2O_3. Monobutyl-1,1'-Terferrocen wird mit Petroläther/Benzol vor dem 1,1'-Terferrocen eluiert. Reinigung durch wiederholte Chromatographie. Die orangerote Verbindung schmilzt bei 113.0 bis 115.0°C (in geschlossener Kapillare) [4].

Das ^{1}H-NMR-Spektrum ($CDCl_3$) ist abgebildet. Chemische Verschiebungen bei $\tau = 5.86$ (m, H-2 und H-3 der aneinander gebundenen Cyclopentadienylringe), 6.06 (C_5H_5), 6.18 (butylsubstituierter Ring), 7.95, 8.75, 9.18 (n-C_4H_9).

Die Verteilung der Intensitäten erweist die heteroanulare Struktur von Monobutylterferrocen und die Endstellung von n-C_4H_9 an einem freien Ring [4]. — Das IR-Spektrum (KBr) ist für den Bereich von 650 bis 4000 cm^{-1} zusammen mit den Spektren von butylierten Biferrocenen und Quaterferrocenen abgebildet. Monobutylferrocen ist in den üblichen organischen Lösungsmitteln löslich [4].

1,1'-$Fe_3C_{30}H_{25}$-$CH_2C_6H_5$. Die Bildung als Nebenprodukt bei der Darstellung von Oligoferrocenen aus Ferrocenyllithium in Gegenwart von 2 mol Benzylchlorid wird nur aus dem Niedervolt-Massenspektrum (8 eV) abgeleitet, in dem unter anderem das Molekelion von $[Fe_3C_{37}H_{32}]^+$ auftritt [3].

1,1'-$Fe_3C_{30}H_{24}(C_6H_5)_2$-3,3' (Formel II). Zur Darstellung wird 1-Ferrocenyl-3-phenylcyclopentadien (Formel I) 2 h mit $NaNH_2$ in flüssigem NH_3 gerührt, der Mischung bei −78°C dann wasserfreies $FeCl_2$ und Xylol zugefügt und über Nacht unter N_2 stehengelassen. Nach Filtrieren wird die Lösung an Al_2O_3 chromatographisch aufgearbeitet: Ein Gemisch von Heptan/Benzol (7:3) eluiert 1,1'-Diferrocenyl-3,3'-diphenylferrocen mit 22% Ausbeute [1].

Fe C_6H_5 —$NaNH_2$→ Fe Na^+ C_6H_5 —$FeCl_2$→ Fe C_6H_5 Fe C_6H_5 Fe

I II

Wird dem Ausgangsprodukt noch Cyclopentadien zugesetzt und im übrigen gleich verfahren, so erhält man außer Ferrocen als Hauptprodukt nur 16.5% (berechnet auf Ausgangsprodukt) 1,1'-Diferrocenyl-3,3'-diphenyl-ferrocen, aber auch 15% 1-Ferrocenyl-3-Phenylferrocen [1].

Das aus Benzol/Heptan kristallisierbare Produkt schmilzt bei 232 bis 233°C (N_2). Der Versuch einer chromatographischen Auftrennung in die racemische Form II und eine ebenfalls erwartete meso-Form mit jeweils übereinanderliegenden Phenyl- und Ferrocenyl-Gruppen ist nicht gelungen. Bei längerer Chromatographie an Al_2O_3 ist II nicht beständig [1].

Halogenterferrocene, $Fe_3C_{30}H_{26-n}X_n$ mit X = Cl, Br

Einzelne Vertreter dieser Gruppe werden nicht in reiner Form isoliert oder nicht eindeutig identifiziert.

1,1'-$Fe_3C_{30}H_{25}Cl$ ist möglicherweise eines der beiden Nebenprodukte aus einer Reaktion zwischen fc-Cl und n-C_4H_9Li, bei der hauptsächlich fc-H, fc-C_4H_9-n und Biferrocen entstehen. Während die spektralen Daten (^{1}H-NMR, IR und UV) der orangefarbenen, bei 207 bis 212°C unter Zersetzung schmelzenden Substanz denen von 1,1'-Terferrocen sehr ähnlich sind, sprechen das Molekulargewicht (590), ein verschiedenes Röntgen-Pulverdiagramm und ein unterschiedlicher R_f-Wert bei der Dünnschichtchromatographie an Al_2O_3 eher für ein 1,1'-Chlorterferrocen [2].

1,1'-$Fe_3C_{30}H_{24}Cl_2$ ist nach massenspektroskopischer Analyse die Hauptkomponente eines Gemisches von chlorierten Terferrocenen, die mit 6% Ausbeute als Nebenprodukt bei der Darstellung von 1,1'-Dichlorferrocen aus 1,1'-Dilithioferrocen und p-$CH_3C_6H_4SO_2Cl$ anfallen. Das Gemisch wird bei der chromatographischen Aufarbeitung an Al_2O_3 am Ende mit Hexan/Benzol eluiert und bildet orangefarbene Kristalle vom Schmelzpunkt 149 bis 150°C. Es enthält geringere Mengen an Mono- und Trichlorferrocenen [5].

1,1'-$Fe_3C_{30}H_{24}Br_2$ wird in entsprechender Weise aus der Reaktion von 1,1'-Dilithioferrocen und p-$CH_3C_6H_4SO_2Br$ im Gemisch mit anderen polybromierten Terferrocenen isoliert (8% Ausbeute neben 1,1'-Dibromferrocen) und massenspektroskopisch als Hauptkomponente nachgewiesen. Das Gemisch, orangefarbene Kristalle, schmilzt bei 143 bis 144°C [5].

Literatur:

[1] A. N. Nesmeyanov, V. N. Drozd, V. A. Sazonova, V. I. Romanenko, A. K. Prokof'ev, L. A. Nikonova (Izv. Akad. Nauk SSSR Otd. Khim. Nauk **1963** 667/703; Bull. Acad. Sci. USSR Div. Chem. Sci. **1963** 597/603). — [2] J. W. Huffman, L. H. Keith, R. L. Asbury (J. Org. Chem. **30** [1965] 1600/4). — [3] I. J. Spilners, J. P. Pellegrini (J. Org. Chem. **30** [1965] 3800/4). — [4] H. Watanabe, I. Motoyama, K. Hata (Bull. Chem. Soc. Japan **39** [1966] 790/801). — [5] R. F. Kovar, M. D. Rausch, H. Rosenberg (Organometal. Chem. Syn. **1** [1970/71] 173/81).

7.1.1.3 Lineare Verbindungen mit Brückengruppen

Linear Compounds with Bridging Groups

Je nach der Verknüpfungsstelle an den Ferroceneinheiten sind jeweils drei Stellungsisomere zu erwarten:

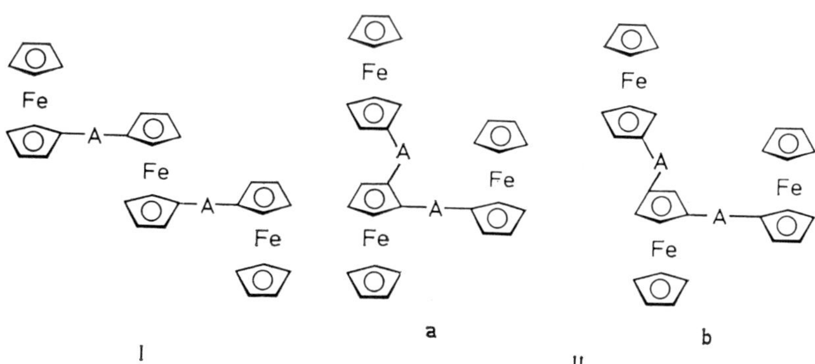

In den Formelbildern I für 1,1'-substituierte, IIa für 1,2- und IIb für 1,3-verknüpfte Molekeln steht A für die jeweilige Brückengruppe.

Di(ferrocenylmethyl)ferrocenes

7.1.1.3.1 Di(ferrocenylmethyl)ferrocene (Formeln I und II, A = CH_2)

Außer den definiert dreikernigen Produkten wurde beim Erhitzen von fc-CH_2OH mit Al_2O_3 oligomeres Ferrocenylmethylen, $(\text{-}C_5H_4\text{-Fe-}C_5H_4\text{-}CH_2\text{-})_n$, gefunden [1, 2], dessen viskoser Charakter auf ein niedriges Molekulargewicht im Bereich von 500 bis 800 hindeutet [11], so daß auch dreikernige Produkte darunter zu erwarten sind. Die orangegelbe, benzollösliche Substanz ist teilweise unterhalb 200°C/0.2 Torr destillierbar und weist im IR-Spektrum Ferrocen-Gruppen und aliphatische Bindungen auf [1, 2].

Darstellung

Eine länger bekannte Methode zur Polykondensation von Ferrocen mit höheren Aldehyden [6] kann auf Formaldehyd angewandt werden, wenn die Reaktion im geschlossenen System stattfindet [5, 10]. Wird Ferrocen mit $HCH(OCH_3)_2$ im Molverhältnis 1:1.2 in Gegenwart von wasserfreiem $ZnCl_2$ auf 155 bis 170°C erhitzt, so erhält man neben 40% Polymerem nach chromatographischer Trennung (Al_2O_3/Hexan) ungefähr 2% des rohen Isomerengemisches [10].

Ein Gemisch von I, IIa und IIb bildet sich auch, wenn fc-$CH_2N(CH_3)_2$ mit Ferrocen kondensiert wird [8, 9]. Mannichbase, Ferrocen, $ZnCl_2$ und konzentriertes HCl im optimalen molaren Verhältnis 1:2:0.5:1 reagieren bei 155 bis 170°C zu einem überwiegend oligomeren (bis 66%) Kondensationsprodukt, aus dem durch Säulenchromatographie an Al_2O_3 die Fraktion dreikerniger Verbindungen abgetrennt wird [8, 9]. Ein Mechanismus über ein intermediär gebildetes $[\text{fc-}CH_2]^+$ wird bei [7, 9] diskutiert. Die 1,3-Disubstitution an der mittleren Ferroceneinheit ist stark bevorzugt, wie sich aus dem Überwiegen des Isomeren IIb mit 50% im Gemisch ergibt [8]. Jeweils eines der Isomeren I, IIa oder IIb entsteht mit guten Ausbeuten durch Clemmensen-Reduktion der entsprechend substituierten Ferrocenoylferrocenylmethylferrocene (s. III) nach [8]. Die Reaktion wird mit amalgamiertem Zink nach den üblichen Regeln 3 h lang in siedenem Äthanol/Benzol durchgeführt [8].

Im Fall des 1,1'-Isomeren I ist auch vom 1,1'-Di(ferrocenoyl)ferrocen (s. IV) ausgegangen worden, das mit $LiAlH_4/AlCl_3$ in Äther mit 92% Ausbeute zu I reduziert wird [12].

O C Fe Fe —CH_2— Fe

drei Isomere

III

Fe O C Fe O C Fe

IV

Nach dem Kondensationsverfahren gewonnene Gemische mit niedrigem Molekulargewicht werden durch fraktionierte Kristallisation und Säulenchromatographie an Al_2O_3 (Hexan als Eluent) zerlegt [8, 9, 10]. Ferrocen wird häufig durch Sublimation entfernt [10]. Das so erhaltene rohe Gemisch der Di(ferrocenylmethyl)ferrocene kristallisiert aus Hexan mit orangegelber Farbe und schmilzt im Bereich von 95 bis 145°C [8 bis 10]. Aus dem Homoanularitätsgrad des Gemisches von 86.5% (bestimmt durch Anwendung der „9,10-Regel" für IR-Spektren) ergibt sich ein Anteil von 59.6% an IIa und IIb [9]. Nach vergeblichen Trennversuchen mittels Säulen- oder Gaschromatographie bis 250°C gelang eine Auftrennung in die drei Isomeren nur durch aufwendige fraktionierte Kristallisation aus Hexan mit mehreren hundert Fraktionen, da das 1,2-Isomere in Hexan am wenigsten und das 1,3-Isomere am leichtesten löslich ist. Danach besteht der dreikernige Anteil der Produkte aus der fc-H/fc-$CH_2N(CH_3)_2$-Kondensation ungefähr aus 40% I, 10% IIa und 50% IIb [8]. Röntgenbeugungsdiagramme sind zur Identifizierung von Kristallfraktionen nicht immer geeignet, weil kleine Beimengungen eines Isomeren die Tendenz haben, mit der Hauptkomponente isomorph zu kristallisieren [8].

Die Isomeren I, IIa und IIb treten in einer stabilen (st.) und instabilen (inst.) Modifikation auf. Die den fünf intensivsten Linien im Röntgenbeugungsdiagramm entsprechenden Gitterebenenabstände d sind für alle Modifikationen im folgenden zusammengestellt, geordnet nach abnehmenden Linienintensitäten [8]:

Isomeres	Modifikation	d in Å				
I	st.	5.44 bis 5.53 (Dublett)	5.25	5.05	4.37	4.72
	inst.	4.90	5.62	5.88	4.13	3.96
IIa	st.	5.84	4.99	4.82	3.79	4.32
	inst.	5.74	4.99	6.28	3.64	4.26
IIb	st.	5.78	5.30	4.55	3.88	3.46
	inst.	5.75	5.05	6.28	3.62	4.26

I ist in n-Hexan leichter löslich als IIa, aber weniger leicht als IIb.

1,1′-Di(ferrocenylmethyl)ferrocen (Formel I). In einer gezielten Synthese für dieses Isomere wird α-Ferrocenylfulven (V) mit $LiAlH_4$ in Äther bei Zimmertemperatur/6 h in das Anion VI übergeführt, das mit $FeCl_2$ in Tetrahydrofuran bei Zimmertemperatur/36 h 1,1′-Di(ferrocenylmethyl)ferrocen mit 53% Ausbeute liefert. Die Ausbeute beträgt nur 12%, wenn das Anion VI aus [fc-$CH_2N(CH_3)_3$]J und C_5H_5Na in Gegenwart überschüssigen Natriums in siedendem Tetrahydrofuran hergestellt und unter gleichen Bedingungen mit $FeCl_2$ während 12 h umgesetzt wird. Versuche, die Verbindung auch aus fc-$CH_2C_5H_5$ (VII), Na und $FeCl_2$ über das gleiche Anion VI darzustellen, gelangen nicht [3]. I wird durch Umkristallisieren aus Isopropanol/Benzol gereinigt [8].

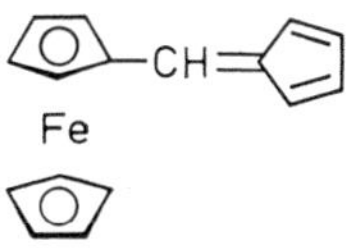

V 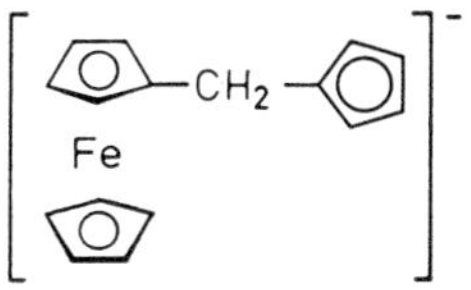 VI 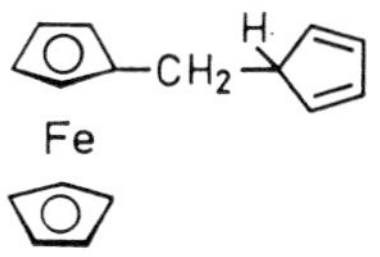 VII

Das Produkt kristallisiert aus Benzol in gelben [12], lockeren Nadeln [8] bzw. in pulvrigen Klümpchen [3], für die Schmelzpunkte zwischen 164 und 166°C [8] und 167 bis 169°C [3], s. auch [12], angegeben sind. Es werden zwei Modifikationen mit dem gleichen Schmelzpunkt von 164 bis 166°C, aber Unterschieden im IR-Spektrum und Röntgenbeugungsdiagramm, s. oben, beobachtet: neben einer stabilen eine zweite, die durch langsames Auskristallisieren aus Isopropanol/Benzol in die stabilere umgewandelt werden kann [8].

Im ^{1}H-NMR-Spektrum (in $CDCl_3$) wurden chemische Verschiebungen von $\tau = 5.9$ bis 6.1 (Ferrocen-Multiplett) und 6.67 (CH_2-Singulett) im erwarteten Intensitätsverhältnis gemessen. Die IR-Spektren (KBr) beider Modifikationen sind denen von Diferrocenylmethan und oligomeren Ferrocenylmethylenen ähnlich. Kennzeichnend ist eine Bande bei 1282 cm^{-1} (verschieden intensiv in beiden Modifikationen), ein Dublett bei 1020 bis 1036 cm^{-1} (intensiver als bei den Isomeren IIa und IIb) und ein Dublett bei 913 bis 926 cm^{-1} (die langwellige Bande in einer der beiden Modifikationen sehr schwach) [8].

1,2-Di(ferrocenylmethyl)ferrocen (Formel IIa). Die beiden Modifikationen dieses Isomeren bilden aus Hexan oder Äthanol/Benzol kleine gelbe Kristalle und schmelzen bei 203 bis 205°C. Die weniger stabile Modifikation entsteht bei rascher Abkühlung aus konzentrierter Lösung oder durch Abschrecken der Schmelze und überwiegt häufig bei der Kristallisation von Isomerengemischen mit I oder IIb. Sie kann durch langsames Auskristallisieren aus der Lösung in die stabilere Form umgewandelt werden.

Im ^{1}H-NMR-Spektrum (in $CDCl_3$) liegt das CH_2-Singulett mit $\tau = 6.60$ bei niedrigerem Feld als bei I und IIb, da die π-Systeme der räumlich zusammengedrängten Ringe offenbar ein stärkeres Feld an den CH_2-Gruppen induzieren. Aus den IR-Spektren beider Modifikationen ist angegeben: das Dublett bei 1020 bis 1036 cm^{-1} (vgl. Isomeres I) und eine etwas breitere Bande bei 917 cm^{-1} [8]. Zum Röntgenbeugungsdiagramm beider Modifikationen s. oben.

Die 1,2-substituierte Verbindung IIa ist von allen drei Isomeren in n-Hexan am wenigsten löslich [8].

1,3-Di(ferrocenylmethyl)ferrocen (Formel IIb). Die Verbindung kristallisiert mit orangegelber Farbe in zwei Modifikationen. Die Kristalle der ersten, vorherrschenden Form (aus Hexan oder Äthanol) schmelzen bei 146 bis 147°C. Diese Modifikation wird durch Abschrecken der Schmelze oder durch rasches Abkühlen konzentrierter Isopropanol/Benzollösungen in die zweite Modifikation umgewandelt, Schmelzpunkt 145 bis 147°C, gelegentlich schmilzt sie bereits bei 90 bis 94°C, wird bei Temperatursteigerung wieder fest, um dann im Bereich von 140 bis 145°C endgültig zu schmelzen. — Im ^{1}H-NMR-Spektrum (in $CDCl_3$) liegt das CH_2-Singulett an gleicher Stelle wie für I: $\tau = 6.67$. Aus dem IR-Spektrum (KBr) beider Modifikationen ist eine schwache Absorption bei 944 cm^{-1} angegeben, außerdem ein Multiplett bei 909 bis 935 cm^{-1} (im typischen Bereich für 1,3-alkylierte Ferrocene), dessen Form etwas von der Art der Modifikation abhängt [8]. Zum Röntgenbeugungsdiagramm beider Modifikationen s. oben.

Die 1,3-substituierte Verbindung IIb ist von allen Isomeren in n-Hexan am besten löslich [8].

Literatur:

[1] K. Schlögl, A. Mohar (Naturwissenschaften **48** [1961] 376/7). — [2] K. Schlögl, A. Mohar (Monatsh. Chem. **92** [1961] 219/35). — [3] P. L. Pauson, W. E. Watts (J. Chem. Soc. **1962** 3880/6), D. E. Bublitz, K. L. Rinehart (Org. Reactions **17** [1969] 1/154, 21/2). — [4] E. W. Neuse, D. S. Trifan (J. Am. Chem. Soc. **85** [1963] 1952/8). — [5] E. W. Neuse (Nature **204** [1964] 179/80).

[6] E. W. Neuse, D. S. Trifan (Abstr. Papers 148th Meeting Am. Chem. Soc., Chicago 1964, S. 5S). — [7] E. W. Neuse, E. Quo (Nature **205** [1965] 494). — [8] E. W. Neuse, E. Quo, W. Howells (J. Org. Chem. **30** [1965] 4071/4). — [9] E. W. Neuse, K. Koda (Bull. Chem. Soc. Japan **39** [1966] 1502/7). — [10] E. W. Neuse, E. Quo (Bull. Chem. Soc. Japan **39** [1966] 1508/14).

[11] E. W. Neuse (Advan. Macromol. Chem. **1** [1968] 1/138, 43). — [12] T. H. Barr, H. L. Leutzner, W. E. Watts (Tetrahedron **25** [1969] 6001/13).

Compounds with Other Bridging Groups

7.1.1.3.2 Verbindungen mit weiteren Brückengruppen

Bridges of One C Atom

7.1.1.3.2.1 Brücken aus einem C-Atom

1,1′-Di(α-ferrocenylbenzyl)ferrocen (Formel I). Zur Darstellung wird die Ätherlösung von α-Ferrocenylfulven, s. V, S. 235, tropfenweise zur Lösung von C_6H_5Li in Äther gegeben und das Produkt nach 1.5 h mit $FeCl_2$ in Tetrahydrofuran 66 h zur Reaktion gebracht. Nach Hydrolyse wird der ölige Rückstand aus dem Ätherextrakt durch Chromatographie (Al_2O_3) gereinigt und die Verbindung mit Petroläther/Benzol (4:1) eluiert. Man erhält aus Petroläther bei 0°C mit 21% Ausbeute ein feines gelbes Pulver vom Schmelzpunkt 194 bis 196°C [1].

C_6H_5 | fc—CH— Fe C_6H_5 | —CH—fc

I

2-$H_3COH_4C_6$ | fc—CH— Fe $C_6H_4OCH_3$-2 | —CH—fc

II

Im ^{1}H-NMR-Spektrum (CCl_4) von weiterem Material (Schmelzpunkt 190 bis 193°C, geschlossene Kapillare) erscheinen Signale bei $\tau = 2.80$ (C_6H_5) und 5.49 (CH). Das Röntgenbeugungsspektrum ergibt Gitterabstände von 3.95, 4.22, 4.98, 5.37, 5.57 bis 5.65, 6.79 Å [6].

1,1'-Di(α-ferrocenyl-2-methoxybenzyl)ferrocen (Formel II). Die Verbindung bildet sich als niedermolekulares Nebenprodukt bei der Polykondensation von Ferrocen mit 2-Methoxybenzaldehyd (1.1:1 mol) in Gegenwart von $ZnCl_2$ bei 135°C/etwa 1.5 h.

Aus der niedermolekularen Polymerfraktion kann man das Gemisch von II mit seinen Isomeren durch Chromatographie an Al_2O_3 rein gewinnen. Fraktionierte Kristallisation aus n-Hexan liefert das 1,1'-Isomere als Hauptkomponente mit etwa 1% Ausbeute.

Das 1,1'-Isomere bildet gelborangefarbene Kristalle, die bei 167 bis 169°C schmelzen. Das IR-Spektrum wird diskutiert, ist aber im einzelnen nicht angegeben. Die aus dem Röntgen-Pulverdiagramm erhaltenen Netzebenenabstände betragen in der Reihenfolge abnehmender Intensität 7.88, 5.40, 5.27, 12.85, 4.99 und 4.30 Å [3].

Ferrocenoyl-ferrocenylmethyl-ferrocene (Formeln III bis V) sind in allen drei isomeren Formen bekannt [4].

fc—C(=O)— / Fe / —CH_2—fc

III

C(=O)—fc / —CH_2—fc / Fe

IV

fc—C(=O) / —CH_2—fc / Fe

V

Zu ihrer gemeinsamen Darstellung werden fc-COCl und $AlCl_3$ in CH_2Cl_2 tropfenweise zur eisgekühlten Lösung von fc-CH_2-fc (in geringem Überschuß in CH_2Cl_2) gegeben. Nach kurzem Erhitzen wird mit wäßrigem $NaHSO_3$ hydrolysiert und der Rückstand aus der organischen Phase an Al_2O_3 chromatographisch getrennt. Mit Äther werden nacheinander das 1-Ferrocenoyl-2-ferrocenylmethylferrocen (IV) und, schwerer voneinander zu trennen, das 1,1'-Isomere (III) sowie das 1,3-Isomere (V) aus Kopf- und Schwanzfraktion der folgenden Zone eluiert. Durch Umkristallisieren und fraktionierte Kristallisation werden die Komponenten weiter gereinigt; Ausbeuten an Reinprodukten: 6% IV, 5.9% III und 4.6% V [4]. — Das 1-Ferrocenoyl-1'-ferrocenylmethylferrocen entsteht als Nebenprodukt mit 1% Ausbeute bei der Polykondensation von Ferrocen mit $Fe(C_5H_4COCl)_2$ in Gegenwart von $BF_3 \cdot O(C_2H_5)_2$ (1.5:1.25:2.2 mol) und von Sulfolan. Der methanollösliche Teil des Reaktionsproduktes wird an Al_2O_3 getrennt und mit einem Äther/Tetrahydrofuran-Gemisch das 1,1'-Isomere eluiert. Die Bildung wird durch reduzierende Eigenschaften von Ferrocen auf Acyliumkationen erklärt, die aus dem Säurechlorid intermediär entstehen. Auch für das Hauptprodukt der Reaktion, das Poly(ferrocenylketon), weist das ^{1}H-NMR-Spektrum CH_2-Protonen aus [5].

Die Substanzen werden aus Cyclohexan kristallisiert [4]. Zu ihren Eigenschaften s. Tabelle 33.

In den ^{1}H-NMR-Spektren ist der Feldeffekt der CO-Gruppe deutlich erkennbar, indem die Protonenresonanzen der benachbarten Ringe zu niedrigem Feld verschoben sind, besonders die der Protonen in 2-Stellung. Beim 1,1'-Isomeren (III) erscheint die Signalgruppe der weiteren Protonen aufgelöst in ein Singulett bei $\tau = 5.79$ (5 Protonen C_5H_5 im fc-CO-Teil) und ein Multiplett um $\tau = 5.92$ (restliche 13 Protonen). Bei den homoanular substituierten 1,2- und 1,3-Isomeren liegen die CH_2-Protonen im negativen Abschirmgebiet der CO-Gruppe und zeigen daher Resonanzen bei niedrigem Feld, vgl. fc-CH_2-fc; dies ist erwartungsgemäß beim 1,2-Isomeren besonders ausgeprägt, bei dem die Breite des CH_2-Signals außerdem eine Rotationsverzögerung dieser Gruppe anzeigt.

Die IR-Spektren sind mit der Strukturzuordnung der Substanzen in Übereinstimmung: So hat das 1,1'-Isomere nur eine Bande bei 926 cm^{-1}, während die Banden der beiden anderen Isomeren im charakteristischen Gebiet von 910 und 1000 cm^{-1} den Bandenlagen von 1,2- bzw. 1,3-Acetylalkylferrocenen entsprechen [4].

Tabelle 33. Eigenschaften der isomeren Ferrocenyl-ferrocenylmethyl-ferrocene III, IV und V. Zu Abkürzungen und Dimensionen s. S. 1.

Isomeres (Formel)	Aussehen, Schmelzpunkt	^{1}H-NMR-Spektrum ($CDCl_3$) C_5H_4-Ringe, H-2, H-3		weitere H in C_5H_4 und C_5H_5	CH_2	IR-Spektrum ($CHCl_3$) um 900 und 1000 cm^{-1}	Lit.
1,1- (III)	orangerote Nadeln, 157 bis 159 152 bis 155	5.01	5.47	5.70 bis 6.03	6.72	917 (S) 926	[4, 5]
1,2- (IV)	lachsrote Kristalle, 176 bis 178	5.03	5.49	5.65 bis 6.05	6.17	Dublett bei 926 bis 930	[4]
1,3- (V)	— 212 bis 214	5.04	5.51	5.72 bis 6.10	6.50	909, 923, 943, 975 (sehr schwach)	[4]

Alle Isomeren dienen als Ausgangsmaterial zur Darstellung der Di(ferrocenylmethyl)ferrocene durch Clemmensen-Reduktion [4], s. S. 234.

1,1'-Diferrocenoylferrocen (Formel VI) wurde bisher nur als Nebenprodukt bei der Kondensation von Ferrocen mit $Fe(C_5H_4COCl)_2$ in Gegenwart von Lewis-Säuren gefunden [2, 5]. Bei der Reaktion in Gegenwart von $BF_3 \cdot O(C_2H_5)_2$ in Sulfolan entsteht es mit 11.3% Rohausbeute neben Polymeren und dem Keton III, wie bei dessen Darstellung beschrieben, s. oben. 1,1'-Diferrocenoylferrocen wird nach III von der Säule eluiert und aus Tetrahydrofuran wiederholt umkristallisiert [5]. Bei der Kondensation durch $AlCl_3$ bildet sich ein komplexes Produktgemisch, wenn die Komponenten bei Zimmertemperatur über Nacht umgesetzt werden. Der in Benzol lösliche Anteil des nach Hydrolyse erhaltenen Rohproduktes gibt bei der Chromatographie an Al_2O_3 beim Eluieren mit $CHCl_3$ die Verbindung VI mit 3% Ausbeute [2].

VI

1,1'-Diferrocenoylferrocen scheidet sich aus Petroläther/$CHCl_3$ als orangefarbene Festsubstanz [2], aus Tetrahydrofuran in orangeroten feinen Kristallen [5] ab. Schmelzpunkt: 245 bis 246°C [2], 253 bis 257°C [5]. Im ^{1}H-NMR-Spektrum (in $CDCl_3$) werden chemische Verschiebungen von $\tau = 4.9$ bis 5.1, 5.35 bis 5.55 (2 Multipletts der CO-substituierten Ringe) und 5.80 (Singulett von C_5H_5) gefunden.

Die Bande der C=O-Gruppe im IR-Spektrum ($CHCl_3$) liegt bei 1600 cm^{-1} [2]. Nach [5] hat die Verbindung starke, für fc-CO-typische Banden bei 1052, 1290, 1374, 1458 und 1610 und solche nahe bei 816 bis 833 cm^{-1}. Durch $LiAlH_4$ in Gegenwart von $AlCl_3$ in Äther wird das Diketon mit 92% Ausbeute zu 1,1'-Di(ferrocenylmethyl)ferrocen reduziert [2].

1,1'-Di(1-ferrocenyl-1-methyl-3-carbomethoxypropyl)ferrocen (Formel VII) wird aus fc-H und $H_3CCOCH_2CH_2CO_2CH_3$ (1:1) in einer Mischung von Polyphosphorsäure, Methanol und Cyclohexan bei 80 bis 82°C/16 h dargestellt. Nach der Aufarbeitung und Umkristallisation aus Hexan erhält man neben 4,4-Diferrocenylpentanoat als Hauptprodukt den Diester VII mit 2% Ausbeute in orangefarbenen, flachen, hexagonalen Prismen, Schmelzpunkt 140 bis 142°C.

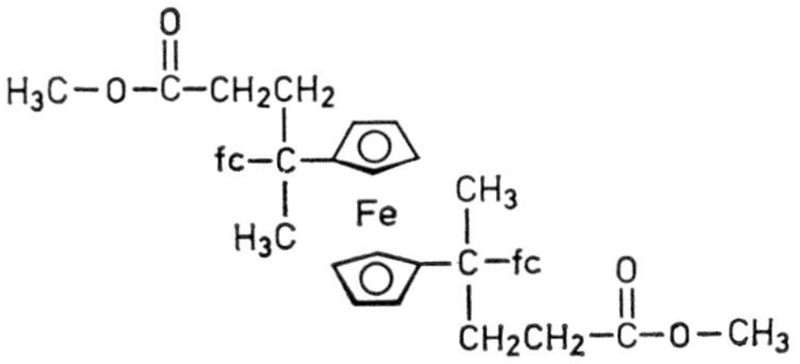

VII

Chemische Verschiebungen im ^1H-NMR-Spektrum ($CDCl_3$): $\delta = 1.53$ (C-CH_3), 2.14 (-CH_2-CH_2-), 3.60 (OCH_3), 3.8 bis 4.2 (Hauptsignal bei $\delta = 4.04$, Ferrocen) ppm; ^{13}C-NMR-Spektrum ($CDCl_3$): $\delta = 24.1$ (Pentanoyl-C-5, CH_3), 30.1 (Pentanoyl-C-3, CH_2), 36.0 (Pentanoyl-C-4, quartär), 38.7 (Pentanoyl-C-2, CH_2), 51.5 (OCH_3), 66.4 (innere Ferrocen-Gruppe, C-3, C-4), 66.8 (?) (äußere Ferrocen-Gruppen, C-3, C-4), 66.8 (?), 67.1 (innere Ferrocen-Gruppe, C-2, C-5), 67.6, 68.0 (äußere Ferrocen-Gruppen, C-2, C-5), 68.6 (C_5H_5), 99.3, 99.7 (C_5H_4, C-1), 174.7 (C=O) ppm. Die Aufspaltung (0.3 bis 0.4 ppm) des ^{13}C-NMR-Signals in je eines für C-2 und C-5 in substituierten Cyclopentadienringen ist durch die chiralen Substituenten bedingt. Die CO-Bande im IR-Spektrum (KBr) liegt bei 1730 cm^{-1} [7].

Literatur:

[1] G. R. Knox, J. D. Munro, P. L. Pauson, G. H. Smith, W. E. Watts (J. Chem. Soc. **1961** 4619/24). — [2] T. H. Barr, H. L. Lentzner, W. E. Watts (Tetrahedron **25** [1969] 6001/13). — [3] E. W. Neuse, K. Koda (J. Organometal. Chem. **4** [1965] 475/83). — [4] E. W. Neuse, E. Quo, W. G. Howells (J. Org. Chem. **30** [1965] 4071/4). — [5] E. W. Neuse, R. M. Trahe (J. Macromol. Chem. **1** [1966] 611/22).

[6] E. W. Neuse, E. Quo (Bull. Chem. Soc. Japan **38** [1965] 931/5). — [7] A. T. Nielsen, W. P. Norris (J. Org. Chem. **41** [1976] 655/9).

7.1.1.3.2.2 Brücken aus zwei und mehr C-Atomen

Bridges Comprising Two and More C Atoms

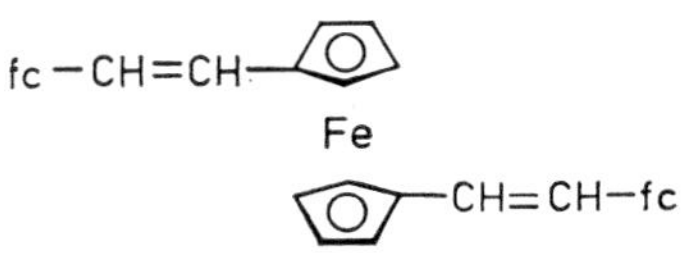

I 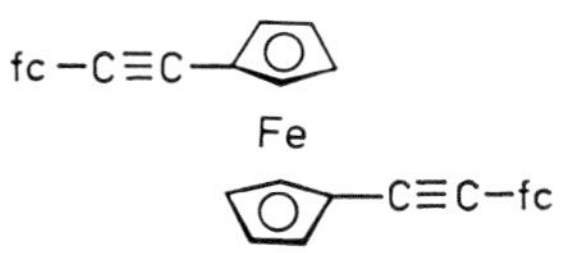 II

1,1'-Di(2-ferrocenylvinyl)ferrocen (Formel I) entsteht durch Wittig-Reaktion von $Fe(C_5H_4CHO)_2$ mit fc-CH=P$(C_6H_5)_3$ (dargestellt aus [fc-CH_2-P$(C_6H_5)_3$]X und RLi, R = n-C_4H_9 oder C_6H_5) in Tetrahydrofuran bei 50 bis 60°C/2 bis 3 h. Das nach H_2O-Zusatz im CH_2Cl_2-Extrakt erhaltene Produkt gibt bei der präparativen Dünnschichtchromatographie (Benzol/Hexan, 1:1) die Verbindung mit 26% Ausbeute: orangefarbene Kristalle, die bis 250°C nicht schmelzen. Im UV-Spektrum (in $CHCl_3$) werden Absorptionsmaxima bei 320 und 470 nm gefunden [4].

1,1'-Di(ferrocenyläthinyl)ferrocen (Formel II). Zur Darstellung werden $Fe(C_5H_4J)_2$ und fc-C≡CCu (1:2.2 mol) 30 min lang in N_2-gesättigtem Pyridin zur Reaktion gebracht. Nach Hydrolyse und Extraktion des filtrierten Rohproduktes mit Benzol wird die Verbindung durch Chromatographie der konzentrierten Benzollösung über basisches Al_2O_3 mit 55% Ausbeute gewonnen. Nach wiederholter Kristallisation aus $CHCl_3$/Cyclohexan schmilzt das Produkt bei 260 bis 263°C.

Das ^{1}H-NMR-Spektrum (in $CDCl_3$) zeigt folgende chemische Verschiebungen: $\tau = 5.53$ (m, H-2 von C_5H_4) und 5.76 (m, H-3 von C_5H_4), J = 1.8 Hz; im letzten Multiplett erscheint das C_5H_5-Singulett bei $\tau = 5.76$. Das erste Multiplett ist eine Überlagerung der Signale der äußeren und des mittleren Ferrocenkerns. In Cyclohexan gemessene UV-Absorptionsmaxima (ε) liegen bei 264 (18650), 303 (16470) und 447 (1290) nm [5].

1,1'-Di(2-ferrocenoylvinyl)ferrocen (Formel III) entsteht durch Kondensation von $Fe(C_5H_4CHO)_2$ mit fc-$COCH_3$ (1:2 mol) in Äthanol unter Zusatz von 30%igem wäßrigem Na_2CO_3 bei Zimmertemperatur.

fc–C(=O)–CH=CH–C_5H_4–Fe–C_5H_4–CH=CH–C(=O)–fc

III

Der mit angesäuertem Eiswasser gebildete Niederschlag wird an SiO_2 chromatographiert: Man erhält die Verbindung mit $CHCl_3/(C_2H_5)_2O$ (10/1). Die aus Äthanol kristallisierte Substanz schmilzt bei 236°C [6, 7].

Weitere, nicht rein isolierte Produkte

Eine dreikernige Verbindung mit Capryloylbrücken (Formel IV) liegt wahrscheinlich in einem Produkt vor, das bei Versuchen zur intramolekularen Ringbildung aus fc-$(CH_2)_5COOH$ mit Polyphosphorsäure bei Zimmertemperatur bis 56°C entsteht. Man isoliert einen rotbraunen bis orangefarbenen Festkörper (11% Ausbeute), dessen n-Wert (Formel IV) nach der Elementaranalyse bei 3 bis 4 liegen muß. Die Substanz schmilzt nicht bis 200°C, oberhalb davon zersetzt sie sich allmählich. Im IR-Spektrum werden eine starke Keto-Bande bei 1660 cm^{-1} und schwache Carboxyl-Banden bei 1725, 2620 und 2700 cm^{-1} gefunden [1, 8, 9].

H–[C_5H_4–$(CH_2)_5$–C(=O)–Fe–C_5H_4]$_n$–OH

n=3 bis 4

IV

[$(C_5H_4)_3$FeC_5H_5]$_3$

V

Eine Substanz der Zusammensetzung „$Fe_3C_{60}H_{70}$", als V formuliert (cyclisch?), befindet sich unter den Produkten der Reaktion von Ferrocen mit $ClCH_2CH_2Cl/AlCl_3$ bei 0°C bis Zimmertemperatur [2, 3] (s. „Eisen-Organische Verbindungen" A (Ferrocen 1), Erg.-Werk, Bd. 14, S. 114/6). Nach Hydrolyse isoliert man die Substanz aus dem weniger löslichen Anteil des Reaktionsproduktes durch vielfache Umfällungen aus Tetrahydrofuran mit CH_3OH bis zum konstanten Erweichungspunkt von 178 bis 180°C [2, 3].

Osmometrische Molgewichtsbestimmungen der gelbbraunen Substanz in Benzol und die Elementaranalyse stimmen mit der Summenformel überein [2, 3]. Die ^{1}H-NMR- und IR-Spektren (ohne nähere Angaben) sollen die Struktur von Formel V mit drei Ferrocen- und sechs Cyclopentaneinheiten bestätigen [3].

Literatur:

[1] K. L. Rinehart, R. J. Curby, D. H. Gustafson, K. G. Harrison, R. E. Bozak, D. E. Bublitz (J. Am. Chem. Soc. **84** [1962] 3263/9). — [2] Secretary of the Air Force, U.S.A., H. Rosenberg, S. G. Cottis (U.S.P. 3350369 [1964/67]). — [3] S. G. Cottis, H. Rosenberg (J. Polymer. Sci. B **2** [1964] 295/9). — [4] K. Schlögl, H. Egger (Liebigs Ann. Chem. **676** [1964] 76/87). — [5] M. Rosenblum, N. Brawn, J. Papenmeier, N. Applebaum (J. Organometal. Chem. **6** [1966] 173/80).

[6] J. Tirouflet, C. Moïse (Compt. Rend. C **262** [1966] 1889/90). — [7] C. Moïse, J. Tirouflet (Bull. Soc. Chim. France **1969** 1182/7). — [8] K. L. Rinehart, R. J. Curby (J. Am. Chem. Soc. **79** [1957] 3290/301). — [9] K. L. Rinehart, R. J. Curby, P. E. Sokol (J. Am. Chem. Soc. **79** [1957] 3420/4).

7.1.1.3.2.3 Verbindungen mit Si-O-Si-Brücken

Compounds with Si-O-Si Bridges

1,1'-Bis[3-(1'-phenyldimethylsilylferrocenyl)-1,1,3,3-tetramethyldisiloxanyl]-ferrocen (Formel I)

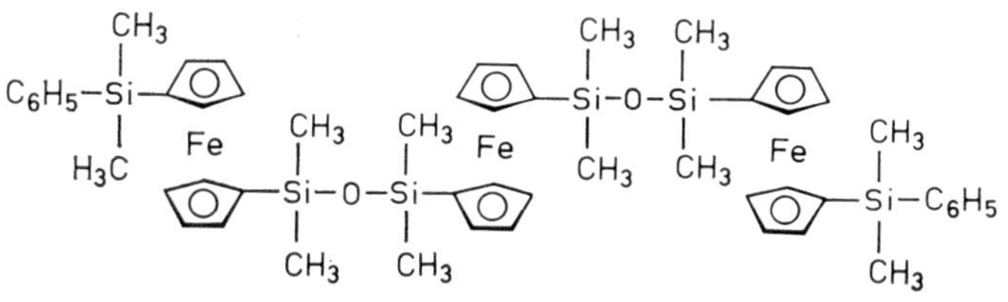

I

Zur Darstellung wird eine Lösung des Disiloxans II in Äther mit C_6H_5Li über Nacht erwärmt, dann mit

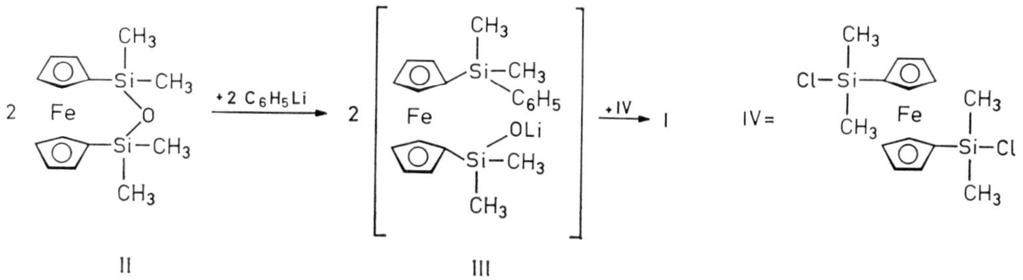

II III

einer Lösung von 0.5 Moläquivalent 1,1'-Bis(dimethylchlorsilyl)ferrocen (Formel IV) versetzt und über Nacht bei Zimmertemperatur gerührt. Nach Abtrennung des Äthers und nicht umgesetzten Disiloxans (II) durch Destillation im Vakuum wird der Rückstand in Petroläther an Al_2O_3 chromatographiert. Man erhält mit Petroläther/Benzol ein rotbraunes Öl, das bei der Destillation (296 bis 306°C/0.09 Torr) 41% Ausbeute an Rohprodukt liefert. Die Analysenwerte einer bei wiederholter Destillation erhaltenen Fraktion, die bei 310 bis 320°C/0.08 Torr übergeht, entsprechen recht gut der theoretischen Zusammensetzung [1, 2]; Siedepunkt bei 760 Torr: etwa 455°C unter Zersetzung [2].

Banden im IR-Spektrum bei 1000 und 1114 cm^{-1} (Schulter) werden durch Phenylsilyl-Gruppen hervorgerufen [1]. Während zehnstündigen Erhitzens auf 366°C verliert die Substanz nur 0.14% ihres Gewichts; sie wird als Grundkomponente für hochtemperaturbeständige hydraulische Flüssigkeiten und Schmiermittel empfohlen [2].

Literatur:

[1] P. T. Kan, C. T. Lenk, R. L. Schaaf (J. Org. Chem. **26** [1961] 4038/43). — [2] Wyandotte Chem. Corp., R. L. Schaaf (U.S.P. 3036105 [1960/62]).

Cyclic Compounds with Bridging Groups

7.1.1.4 Cyclische Verbindungen mit Brückengruppen

Der folgende Abschnitt behandelt zwei Vertreter der [n^3]-Ferrocenophane (zur Nomenklatur s. 7.1, S. 220) sowie eine Verbindung, in der drei Ferrocenkerne über Ni-Komplexliganden cyclisch aneinander gebunden sind. In den trimeren Ferrocenophanen liegen die Ferrocenkerne 1,1'-substituiert vor, vgl. Formel I bis III.

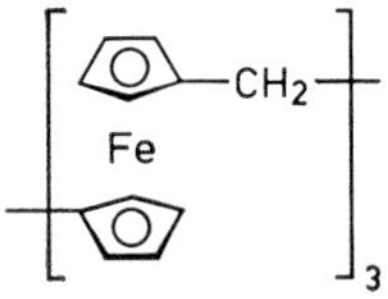

I 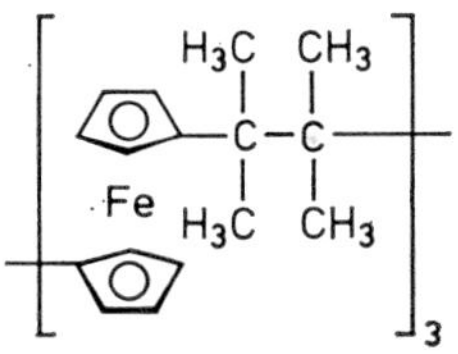 II 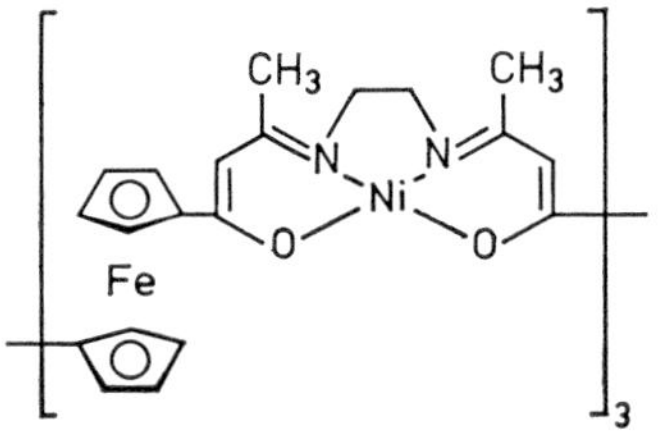 III

[1.1.1]-Ferrocenophan (Formel I), auch „Terferrocenophan" genannt, entsteht immer im Gemisch mit anderen [1^n]-(1,1')-Ferrocenophanen (n = 2 bis 5 beschrieben) aus dem $C_5H_5CH_2$-C_5H_5-Anion und Fe^{II}-Salzen („polygemination") [3, 6]. Bei dem Verfahren mit $FeCl_2$ als Eisensalz wird $C_5H_5CH_2C_5H_5$ in einer Lösung von n-C_4H_9Li/n-Hexan/Tetrahydrofuran bei 0°C zweifach metalliert, zu $FeCl_2$ gegeben und 20 min bei Zimmertemperatur umgesetzt [6]. Nach der Aufarbeitung wird das CS_2-lösliche Reaktionsprodukt auf trocknes SiO_2 gegeben, mit CS_2 entwickelt und die entstandenen Zonen jeweils mit CH_2Cl_2 [6] oder CS_2 bzw. Toluol [3] extrahiert. Eine Gesamtausbeute von 14% enthält 3.5% [1^2]-Ferrocenophan, 4.6% [1^3]-, 3.9% [1^4]- und 1.6% [1^5]-Verbindung [6]; zu älteren Angaben (18% Ausbeute) mit größerem Anteil an höheren Verbindungen s. [3].

In einem zweiten Verfahren wird $[Fe(NH_3)_6][SCN]_2$ in Tetrahydrofuran mit der Dilithiumsalzlösung von $[C_5H_5CH_2C_5H_5]^{2-}$ behandelt und weiter wie oben verfahren; man erzielt damit eine höhere Ausbeute, bestehend aus 5.6% [1^2]-, 12.1% [1^3]-, 9.2% [1^4]- und 7% [1^5]-Ferrocenophan. Mit $Fe(NC_5H_5)_4(SCN)_2$ als Eisensalz entstehen dagegen nur undefinierte dunkle Produkte; beim Versuch, das Butyllithium durch $NaN(Si(CH_3)_3)_2$ zu ersetzen, gewinnt man die Cyclopentadienylverbindung unverändert zurück [6].

[1.1.1]-(1,1')-Ferrocenophan bildet aus CS_2 gelbe [3] bzw. orangefarbene [4] Kristalle, die im Vakuum bei 278.5 bis 280.5°C schmelzen [3, 6]. Aus dem ^1H-NMR-Spektrum (in CS_2) sind folgende chemische Verschiebungen angegeben: τ = 5.99 und 6.06 (beides verzerrte t's, C_5H_4), 6.42 (s, CH_2) [3, 6]. Im IR-Spektrum (KBr) werden Banden mit folgenden Wellenzahlen gemessen: 804, 8.35, 8.66, 928, 1030, 1043, 1214, 1289, 1385, 1423, 1463, 1512, 2901, 3060 cm^{-1}. Das UV-Spektrum (in Methylcyclohexan) hat Absorptionsmaxima bei λ_{max} (ε) = 250 (S, 11480), 323 (S, 232), 441 (312) nm [6].

Da verschiedene Konformationsisomere der methylenverbrückten Ferrocen-Gruppen denkbar sind, wurde die Struktur von nach [3] dargestellten und aus CS_2 ausgeschiedenen Kristallen eingehend untersucht [4]. [1^3]-Ferrocenophan kristallisiert im monoklinen System, Raumgruppe $P2_1/c$-C_{2h}^5, mit a = 6.008 (3), b = 18.906 (9), c = 22.53 (1) Å, β = 108.52 (1)°. Die daraus berechnete Dichte für vier Molekeln in der Elementarzelle mit D = 1.62 g · cm^{-3} stimmt mit dem pyknometrisch gemessenen Wert von D = 1.63 (3) $g \cdot cm^{-3}$ überein. Das Kristallgitter (in [4] abgebildet) ist aus Schichten von relativ flachen Ferrocenophan-Ringen zusammengesetzt, die ungefähr entlang der a-Achse geschichtet sind; senkrecht zu dieser Richtung werden die Kristalle leicht gespalten. Wie **Fig. 22** zeigt, sind die Fe-Atome einer Molekel nahezu in den Ecken eines gleichseitigen Dreiecks angeordnet, dessen Seiten von den drei Dicyclopentadienylmethan-Liganden besetzt sind.

Fig. 22

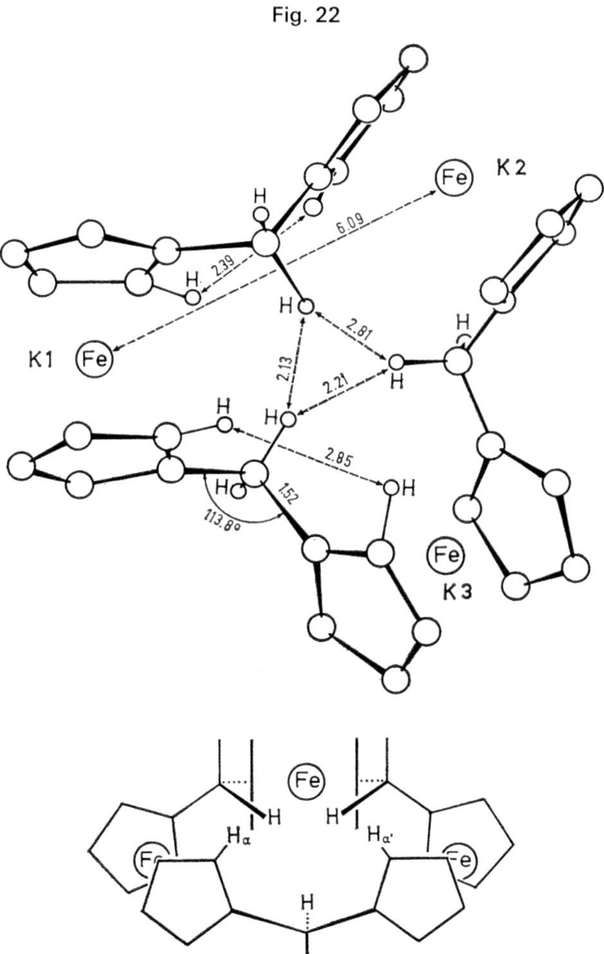

Molekelstruktur von [1^3]-Ferrocenophan in Richtung von a und idealisierte Konformation mit C_s-Symmetrie nach [4].

H-Atome in Fig. 22 sind nur eingezeichnet, soweit starke intramolekulare Wechselwirkung vorliegt. Die Hauptachsen der Ferrocenkerne liegen nicht in der Ebene des gleichseitigen Fe-Dreiecks, sie bilden mit dieser Ebene Winkel von 24.6° (K1), 17.6° (K2) und 28.2° (K3), so daß die gesamte Molekel als gewellter Ring vorliegt. Drei idealisierte Konformationen mit C_{3v}-, C_3- und C_s-Punktgruppensymmetrie werden diskutiert; der Wirklichkeit am nächsten kommt C_s (Fig. 22) mit einer durch ein Fe-Atom und eine CH_2-Gruppe gehenden Spiegelebene m. In allen anderen Konformationen ist die H-H-Abstoßung größer als in C_s; selbst in dieser bleiben noch zwei H-H-Abstände mit 2.1 ± 0.1 und 2.2 ± 0.2 Å unter dem Van der Waals-Wert von 2.4 Å. Das Singulett für alle Methylenprotonen im ^1H-NMR-Spektrum deutet auf sich rasch einstellende konformationelle Gleichgewichte hin [4].

Bei einer Ionisationsenergie von 75 eV ergibt das Massenspektrum folgende m/e-Werte (relative Intensitäten): 76 (14), 121 (12), 198 (25), 297 (14), 316 (10), 318 (24), 395 (15), 396 (24), 450 (12), 592 (21), 594 (100), 595 (43), 596 (10) [6].

Tris-(1,1,2,2)tetramethyl-[2.2.2]-ferrocenophan (Formel II). Die wenig gesicherte Verbindung entsteht in kleiner Menge als Nebenprodukt bei der reduktiven Kupplung von 6,6-Dimethylfulven mit Na und Umsetzung des gebildeten $[C_5H_5C(CH_3)_2C(CH_3)_2C_5H_5]^{2-}$ mit $FeCl_2$ [5]. Die hellgelbe Substanz wird mit Petroläther/Äther (1:1) von der Al_2O_3-Trennsäule eluiert und kristallisiert aus Petroläther in Blättchen vom Schmelzpunkt 179 bis 180°C. Im ^{1}H-NMR-Spektrum werden Cyclopentadienyl- und Methylresonanzen im Intensitätsverhältnis 2:3 gefunden. Molgewicht und Elementaranalyse ergeben die Zusammensetzung $C_{48}H_{60}Fe_3$, für die Struktur II vorgeschlagen wird [5].

$(C_{20}H_{20}N_2O_2FeNi)_3$ (Formel III)

Wird durch Kondensation von $Fe(C_5H_4\text{-}COCH_2COCH_3)_2$ mit den Äthylendiamin-Liganden („en") von $[(en)_2NiCl]_2$ in der Koordinationssphäre des Ni^{II} („template synthesis") dargestellt [2], s. auch [1]: 48stündiges Erhitzen der Komponenten in Gegenwart von C_5H_5N in CH_3OH-Lösung führt direkt zum reinen Produkt III, 60% Ausbeute. Andere Versuche zur Darstellung aus dem β-Diketon mit Ni-Acetat, Na-Acetat und Äthylendiamin blieben ohne Erfolg [2].

Die dunkelroten Kristalle schmelzen oberhalb 360°C. Die analytische Zusammensetzung und das Molekulargewicht stützen Formel III. Die im IR-Spektrum (Nujol) beobachtete Gruppe von Banden bei 1513, 1524, 1572 und 1639 cm^{-1} ist charakteristisch für β-Ketimino-Metallverbindungen. Dagegen fehlen jegliche Banden für freie C=O-Gruppen im Bereich von 1695 bis 1754 cm^{-1} [2].

Literatur:

[1] E. J. Olszewski, D. F. Martin (J. Inorg. Nucl. Chem. **26** [1964] 1577/87). — [2] E. J. Olszewski, D. F. Martin (J. Organometal. Chem. **5** [1966] 203/4). — [3] T. J. Katz, N. Acton, G. Martin (J. Am. Chem. Soc. **91** [1969] 2804/5). — [4] S. J. Lippard, G. Martin (J. Am. Chem. Soc. **92** [1970] 7291/6). — [5] H. L. Lentzner, W. E. Watts (Tetrahedron **27** [1971] 4343/51).

[6] T. J. Katz, N. Acton, G. Martin (J. Am. Chem. Soc. **95** [1973] 2934/9).

7.1.2 Verbindungen mit lateralen Ferrocenkernen

Compounds with Pendent Ferrocene Nuclei

7.1.2.1 Verbindungen mit drei Ferrocenkernen am gleichen Atom

Compounds with Three Ferrocene Nuclei at the Same Atom

Die Substanzen dieses Kapitels sind gekennzeichnet durch die Bindung von drei fc-Gruppen an ein C-Atom (7.1.2.1.1) und ein P-Atom (7.1.2.1.2) sowie wenigen Beispielen für die Bindung an ein B-, Si-, Tl- und Bi-Atom (7.1.2.1.3). Den weitaus größten Raum nehmen die Phosphorverbindungen ein, da fc_3P quaternäre Salze, Addukte und als Lewis-Base Metallcarbonyl-Komplexe bildet; ferner sind Verbindungen des Typs fc_3PX bekannt.

7.1.2.1.1 Verbindungen des Typs fc_3C-R und fc_3C-X

Compounds of the fc_3C-R and fc_3C-X Types

Die Verbindungen beider Typen sind in Tabelle 34 zusammengestellt. Außerdem wird die Synthese von Triferrocenyl-halogenmethanen, fc_3C-X mit X = Cl und Br, bei [4] mitgeteilt, sie finden jedoch später keine Erwähnung mehr. Zur Bildung des $fc_3C^{\cdot}$-Radikals s. chemisches Verhalten von $[fc_3C]ClO_4$.

Vor der Tabelle werden das Triferrocenylmethylcarbonium-Ion und seine Salze behandelt, über die weit weniger Untersuchungen vorliegen als über andere Ferrocenylcarbonium-Ionen, vgl. 6.3.1.1.5 und [18].

$[fc_3C]^+$ wird verschiedentlich in Reaktionsgleichungen formuliert, s. [6, 9, 15, 18], jedoch erst neuerdings durch folgende Angaben etwas näher charakterisiert: Das Carbonium-Ion liegt im Gleichgewicht $fc_3C\text{-}OH + H^+ \rightleftharpoons [fc_3C]^+ + H_2O$ in viel geringerer Konzentration vor als $[(C_6H_5)_3C]^+$

($pK_R^+ = -6.6$) im entsprechenden Gleichgewicht. UV-spektroskopische Messungen bei verschiedenen Aziditäten ergeben folgende Werte: $pK_R^+ = +4.67$ (mit H_2SO_4 in H_2O/Dimethylformamid, 1:1) bzw. +5.77, wenn bezogen auf wäßriges Milieu durch Vergleich mit dem Tropylium-Ion. Die zur Messung herangezogenen, charakteristischen Absorptionsbanden liegen bei λ_{max} (lg ε) = 392 (5.35) und 755 (4.99) nm [17]. Für das Gleichgewicht in wasserfreiem Medium, in Benzol mit Cl_3CCOOH, wird $K = 384 \pm 44$ (25°C) angegeben [19]. Das Halbwellenpotential der polarographischen Reduktion in H_2O/Dimethylformamid/$HClO_4$ in der Nähe von pH = 0 (bei 30°C) liegt bei $E_{1/2} = -0.7$ V (gegen die gesättigte $HgSO_4$-Elektrode) und ist vom pH-Wert unabhängig [17].

[fc$_3$C]HCl$_2$ (Formel VI im folgenden Schema) wird mit 97% Ausbeute aus fc_3COH erhalten, wenn dessen Lösung in absolutem Äther bei 0°C unter Ausschluß von O_2 und Feuchtigkeit mit HCl-Gas gesättigt wird. Der entstandene Niederschlag fällt bereits (nach Waschen und Trocknen) analysenrein an [6], s. auch [4]. Die Verbindung, die zumeist als $fc_3CCl \cdot HCl$ [6, 7], aber auch als $fc_3C^+HCl_2^-$ [9, 15, 21] formuliert wird, ist dunkelgrün gefärbt und im festen Zustand einige Tage im Vakuum oder unter N_2 beständig [6]. Sie ist unlöslich in Äther und Tetrahydrofuran, soll jedoch nach [6] leicht in Methylenchlorid, Methanol, Aceton, Dimethylformamid und Wasser löslich sein, wobei der allmählich auftretende Farbwechsel der anfangs grünen Lösungen zu Rot [6] auf Instabilität hinweist. In heißem Benzol oder Chloroform zersetzt sich $[fc_3C]HCl_2$ dagegen sofort [6]. Im Schema auf S. 246 sind die untersuchten Reaktionen der Verbindung zusammengestellt. Die Zersetzung in polaren Lösungsmitteln und verdünnter Salzsäure führt über das Triferrocenylmethylkation zum Fulven VII [6]. Das Auftreten des Fulvenrestes deutet darauf hin, daß im fc_3C^+-Kation zumindest eine Bindung zwischen Eisen und fünfgliedrigem Ring nicht mehr stabil ist [15]. Die Fähigkeit von $[fc_3C]HCl_2$ bzw. seines Kations, zu elektrophilen Reaktionen, ist eingehend untersucht [7, 9, 15, 21]. Danach verhält sich die Ferrocenverbindung analog dem $(C_6H_5)_3CCl$ [7], s. im Schema die Umsetzungen mit $LiAlH_4$, n-C_4H_9Li, C_5H_5Na, $CH_2{=}CH{-}CH_2MgCl$, CH_3ONa, C_2H_5ONa und mit NaCN [7, 15, 21]. Umsetzungen mit C_6H_5Li oder C_6H_5MgBr sollen anders verlaufen (ohne weitere Angaben) [15]. Die Reaktion mit Diazomethan ergibt unter Wanderung eines fc-Kerns $fc_2C{=}CHfc$ [9, 15].

[fc$_3$C]ClO$_4$ (Formel V) wird mit 96% Ausbeute erhalten, wenn fc_3COH in Benzol/Äther bei Raumtemperatur mit wenig 71%iger $HClO_4$-Lösung versetzt wird. Der ausfallende grüne Niederschlag hat nach polarographischer Bestimmung bereits einen ausreichend genauen Fe-Gehalt [6]. $[fc_3C]ClO_4$ bildet sich vermutlich zwischenzeitlich in dissoziiertem Zustand, wenn fc_3CH in Methylenchloridlösung mit $(C_6H_5)_3CClO_4$ behandelt wird. Beim Eindampfen des Lösungsmittels dürfte es im tiefblauen Rückstand [2] vorliegen, dessen Hydrolyse mit Na_2CO_3 das Carbinol fc_3COH freisetzt. Aus den Mössbauer-Spektren sind die Werte für die Isomerieverschiebung δ (gegen Stahl [8] und gegen Nitroprussidnatrium [11]) und die Quadrupolaufspaltung Δ angegeben:

	bei 80 K		bei 300 K	
Lit.	[8]	[11]	[8]	[11]
δ in mm · s^{-1}	0.57	0.74	0.50	0.67
Δ in mm · s^{-1}	2.05	2.05	2.0	2.0

Der Δ-Wert liegt nahe denen anderer Ferrocen-Derivate; die positive Ladung muß daher weitgehend am zentralen C-Atom lokalisiert sein. Ein Ferrocenium-Ion würde nur geringe Quadrupolaufspaltung zeigen [8], s. auch [16]. Das grüngefärbte Perchlorat ist nach [6] lagerstabil, explosiv beim Erhitzen, leicht löslich in Methylenchlorid, weniger in Methanol und Chloroform, unlöslich in Äther, Tetrachlorkohlenstoff und Wasser [6]. In Lösungen wird $[fc_3C]ClO_4$ bei Gegenwart von verdünnter Salzsäure zersetzt, durch Zink wird es zu $fc_3C^{\cdot}$ reduziert, das nicht mit Wasser reagiert, an Luft jedoch fc_3C^+ bildet [15]. Zu Umsetzungen mit RMgX, RLi und RONa [18] s. das Reaktionsschema. Die Anwendung der Substanz als Brennstoffzusatz ist patentiert [20].

Wie aus dem Reaktionsschema hervorgeht, ist fc_3C-OH bzw. $[fc_3C]^+$ in fast allen Fällen das Ausgangsprodukt für die Darstellung der in Tabelle 34 zusammengefaßten Verbindungen:

Literatur s. S. 250

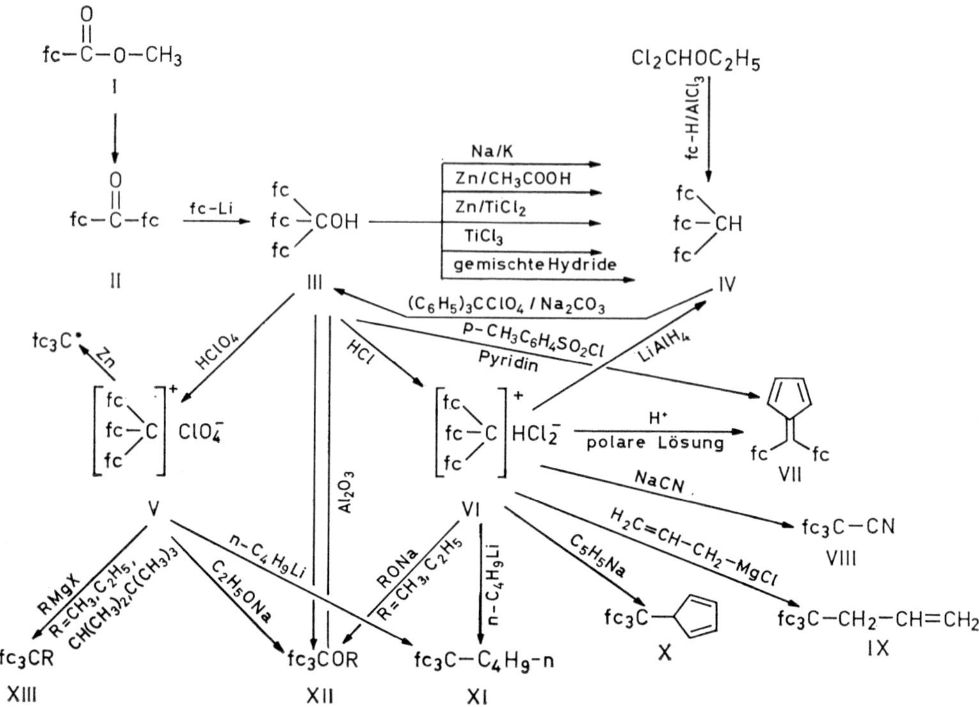

Die Darstellungsbedingungen für die meisten Verbindungen der Tabelle 34 lassen sich folgendermaßen zusammenfassen:

Methode I: Umsetzung der Grignardverbindungen CH_3MgJ, C_2H_5MgBr, $(CH_3)_2CHMgCl$, $(CH_3)_3CMgCl$ oder CH_2=CH-CH_2-MgCl in Diäthyläther bei 20 bis 25°C/20 min

a) mit $[fc_3C]ClO_4$

b) mit $[fc_3C]HCl_2$

Abtrennung des gewünschten Produkts aus der Reaktionsmischung durch Chromatographie des Benzolextrakts an Al_2O_3. fc_3COH fällt in kleinen Mengen als Nebenprodukt an [18].

Methode II: Umsetzung von n-C_4H_9Li mit $[fc_3C]ClO_4$ oder $[fc_3C]HCl_2$ unter gleichen Bedingungen [18] bzw. von C_5H_5Na in Diäthyläther oder Dimethylformamid bei −60 bis −70°C/1 h. Aufarbeitung s. Methode I oder durch Dünnschichtchromatographie an Al_2O_3, Benzol/Petroläther als Elutionsmittel [7].

Methode III: Zugabe von NaCN oder CH_3ONa in CH_3OH [7] bzw. C_2H_5ONa/C_2H_5OH zu $[fc_3C]HCl_2$. $[fc_3C]ClO_4$ als Ausgangsprodukt für $fc_3COC_2H_5$ ergibt niedrigere Ausbeuten [18]. Umkristallisation aus Benzol oder Benzol/Petroläther [7].

In Tabelle 34 bezieht sich der zuerst genannte τ-Wert der ^1H-NMR-Spektren stets auf die 15 Protonen der unsubstituierten C_5H_5-Ringe, die als enges Singulett auftreten. Die 12 Protonen der C_5H_4-Gruppen bilden mit Ausnahme von fc_3CH (Singulett) jeweils Multipletts vom Typ AA'BB', deren τ-Werte nachfolgend aufgeführt werden. Alle weiteren Signale sind mit ihrer Zuordnung angegeben.

Literatur s. S. 250

Tabelle 34. Verbindungen des Typs fc_3C-R und fc_3C-X.

Für laufende Nummern mit Sternchen folgen am Ende der Tabelle weitere Angaben.
Zu Abkürzungen und Dimensionen s. S. 1.

Nr.	Verbindung	Darstellungsmethode (Ausbeute in %)	Schmelzpunkt und Erscheinungsform, ^1H-NMR-Spektrum (in $CDCl_3$)	Lit.
*1	fc_3CH	s. weitere Angaben	294 bis 296 (unter N_2); 313 bis 314; gelbe kristalline (pulvrige) Substanz, τ = 6.10 und 5.97; 6.34 (Methin-CH)	[2, 3, 7, 18]
2	fc_3CCH_3	Ia (37)	308 bis 310 (Zers.), τ = 6.06 und 6.00, 6.08; 7.92 (CH_3)	[18]
3	$fc_3CC_2H_5$	Ia (85)	211 bis 212.5, τ = 6.06 und 5.88, 5.93; 7.68 (CH_2), 8.90 (CH_3)	[18]
4	$fc_3CCH(CH_3)_2$	Ia (94)	191.5 bis 192.5, τ = 6.05 und 5.66, 5.90; 7.49 (CH), 8.85 (CH_3)	[18]
5	$fc_3CC_4H_9$-n	II (85, 82)	231.5 bis 233 (Zers.), τ = 6.06 und 5.82, 5.93; 7.7 bis 8.8 (CH_2), 9.03 (CH_3)	[18]
6	$fc_3CC(CH_3)_3 \cdot 0.5\,C_6H_6$	Ia (92)	200 bis 202 (Zers.), τ = 6.00 und 5.56, 5.89; 8.75 (CH_3)	[18]
*7	$fc_3CCH_2CH{=}CH_2$	Ib (83)	213 bis 214.5, τ = 6.07 und 5.87, 5.94; 6.75 (CH_2), 4.7 bis 5.5 ($CH{=}CH_2$)	[7, 8]
8	$fc_3CC_5H_5$	II (66)	201.5 bis 203; gelbe Kristalle	[7]
*9	$fc_3CC_4H_7O$	—	rotbraune Kristalle	[12, 13]

Tabelle 34 [Fortsetzung].

Nr.	Verbindung	Darstellungs-methode (Ausbeute in %)	Schmelzpunkt und Erscheinungsform, ^{1}H-NMR-Spektrum (in $CDCl_3$)	Lit.
*10	fc_3COH	s. weitere Angaben	160 bis 162, 204 bis 205 (unter N_2, Zers.); gelbe, kristalline Substanz, $\tau = 5.93$ und 5.91, 6.01; 7.20 (OH)	[3, 18]
*11	fc_3COCH_3	III (78)	221 bis 223 (unter N_2, Zers.), $\tau = 6.04$ und 5.64, 5.89; 6.71 (CH_3)	[7, 18]
*12	$fc_3COC_2H_5$	III (72)	190 bis 191.5; gelb, $\tau = 6.04$ und 5.65, 5.89; 6.45 (CH_2), 8.86 (CH_3)	[18]
13	fc_3CCN	III (74)	230 (Zers.), $\tau = 5.85$ und 5.89, 6.02	[18]

* Weitere Angaben:

fc_3CH (Tabelle **34**, Nr. **1**) wird dargestellt durch Erhitzen von fc_3COH mit Zn-Staub in Eisessig bei Siedetemperatur/4 h. Nach Neutralisation der Reaktionsmischung, Extraktion mit Benzol und Chromatographie des löslichen Anteils an Al_2O_3 wird fc_3CH mit 59% Ausbeute erhalten [3]. Gleiche Reduktion in siedendem C_2H_5OH unter Zusatz von $TiCl_3$ in kleiner Menge und 0.1N HCl erhöht die Ausbeute (64%) kaum [2]. Ausgehend von $[fc_3C]HCl_2$ erhält man fc_3CH durch Reduktion mit $LiAlH_4$ in Diäthyläther bei Zimmertemperatur mit 67% Ausbeute. Nach der Hydrolyse wird das Endprodukt teils durch Eindampfen der Ätherschicht, teils durch Benzolextraktion der wäßrigen Phase und des Rückstandes gewonnen [7], s. auch [5]. Nach weiteren Untersuchungen kann fc_3CH durch Reduktion mit $TiCl_3$ gewonnen werden [1]. Mit Na/K-Legierung entsteht es aus dem Äther $fc_3C\text{-}O\text{-}CH_3$ [5]. Bei der Darstellung von Ferrocencarboxaldehyd aus $Cl_2HCOC_2H_5$ und Ferrocen (5:1.35) in CH_2Cl_2 bei Gegenwart von $AlCl_3$ und anschließender Behandlung des ausgefallenen Produkts mit Zn-Staub bildet sich fc_3CH als Nebenprodukt mit 2% Ausbeute [2]. Eine Darstellung von fc_3CH wird auch im Zusammenhang mit anderen Tri- und Tetraferrocenylverbindungen von Elementen der Gruppe IV erwähnt [4]. — Reinigung durch Umkristallisieren aus Benzol [2, 3, 7] oder Cyclohexan [2].

Ältere Angaben, nach denen fc_3CH oberhalb 200°C zersetzt wird, ohne zu schmelzen [3], sind durch die Ergebnisse in Tabelle 34 [2, 7] überholt. Die Verbindung kann durch Hydridabstraktion mit $[(C_6H_5)_3C]ClO_4$ in CH_2Cl_2 und anschließende Hydrolyse mit Na_2CO_3 in fc_3COH zurückverwandelt werden [2]. Daraus folgt, daß die aliphatische C-H-Bindung in fc_3CH schwächer ist als die entsprechende in $(C_6H_5)_3CH$. Die Hydridabstraktion allein ergibt beim Eindampfen des Lösungsmittels ein tiefblaues Öl, in dem das fc_3C-Kation vorzuliegen scheint [2].

$fc_3C\text{-}CH_2\text{-}CH{=}CH_2$ (Tabelle **34**, Nr. **7**) erfordert zur Darstellung in Diäthyläther/CH_2Cl_2 eine Reaktionszeit von 45 min. Nach Hydrolyse und Ätherextraktion wird das aus dem Äther erhaltene Produkt durch Dünnschichtchromatographie an Al_2O_3 (Benzol/Petroläther) und Umkristallisieren aus den gleichen Lösungsmitteln gereinigt [7].

$2\text{-}(fc_3C)\text{-}C_4H_7O$ (Tabelle **34**, Nr. **9**) mit der Struktur der Formel XIV wurde auf nicht beschriebene Weise dargestellt [14]. Eine Substanz mit 2.9% Abweichung des C-Gehalts von der berechneten Zusammensetzung [13] wurde auf ihre Kristallstruktur untersucht: Triklines System, Raumgruppe $P\bar{1}\text{-}C_i^1$. Abmessungen der Elementarzelle: $a = 10.943 \pm 0.005$, $b = 14.434 \pm 0.008$, $c = 17.237 \pm 0.009$ Å, $\alpha = 98.7° \pm 0.5°$, $\beta = 95.0° \pm 0.5°$, $\gamma = 96.3° \pm 0.5°$. Aus der gemessenen Dichte $D = 1.60 \pm 0.02\ g \cdot cm^{-3}$ (berechnet $1.59\ g \cdot cm^{-3}$) ergibt sich die Anzahl von vier Molekeln pro Elementarzelle [12, 13]. Die Struktur der Molekel, s. **Fig. 23**, zeigt nahezu tetraedrische Anordnung der Bindungen am zentralen C-Atom (1), jedoch sind diese Bindungen aufgeweitet, übereinstimmend mit niedriger Elektronendichte im gleichen Bereich. Auch die Ferrocenkerne sind verzerrt. Die Neigungswinkel zwischen den jeweiligen beiden Ringebenen betragen 2.9° bis 8.9°. Wegen der gedrängten Lage der Ferrocen-Gruppen sind die Ringebenen der Bindungs-C-Atome gegenüber deren Bindungslinie zum zentralen C-Atom (1) zusätzlich abgeknickt. Es ergeben sich Neigungswinkel bis 14.7° [13].

fc_3C O

XIV

fc_3COH (Tabelle **34**, Nr. **10**) wird meistens aus fc-CO-fc und fc-Li synthetisiert [2, 3, 5, 6]. Dazu wird das Keton mit einer frisch bereiteten Lösung von fc-Li in Diäthyläther [2] oder Diäthyläther/Tetrahydrofuran [3, 6] bei Raumtemperatur 1 bis 3 h gerührt. Übliche Aufarbeitung durch Hydrolyse und Chromatographie der aus der organischen Phase erhaltenen Produkte an Al_2O_3 ergibt mit Benzol als Elutionsmittel das fc_3COH mit 53% [2] oder 60 bis 70% Ausbeute [3, 7]. Bei [5] wird die Darstellung aus $fc\text{-}COOCH_3$ und fcLi genannt. Man erhält das Carbinol auch mit 57% Ausbeute, wenn man fc_3CH und $(C_6H_5)_3CClO_4$ (1:1.5 mol) in CH_2Cl_2 2 h bei Rückflußtemperatur reagieren läßt und nach Verdampfen des Lösungsmittels den tiefblauen Rückstand mit wäßrigem Äthanol und mit wäßrigem Na_2CO_3 hydrolysiert. Aus der entstehenden roten Lösung wird fc_3COH mit Äther extrahiert und wie oben chromatographisch isoliert [2]. Bei der Darstellung von fc_3CCH_3

und $fc_3CC_4H_9$-n aus $[fc_3C]ClO_4$ bzw. $[fc_3C]HCl_2$ und CH_3MgJ bzw. n-C_4H_9Li und nachfolgende Chromatographie an Al_2O_3 fällt fc_3COH in beachtlicher Menge an [18]. Es bildet sich auch durch partielle Hydrolyse, wenn fc_3COCH_3 an Al_2O_3 chromatographiert wird [7] oder bei der Darstellung von $fc_3COC_2H_5$ [18]. — Weitere Reinigung erfolgt durch Umkristallisieren aus Benzol [6] oder mehrfach aus Cyclohexan [2]. Aus Cyclohexan kristallisiertes fc_3COH schmilzt bereits bei 160 bis 162°C [2], der höhere Schmelzpunkt in Tabelle 34 gilt für Kristalle aus Benzol, erhitzt in N_2 [3]. Die Verbindung ist in Äther schwer löslich.

Fig. 23

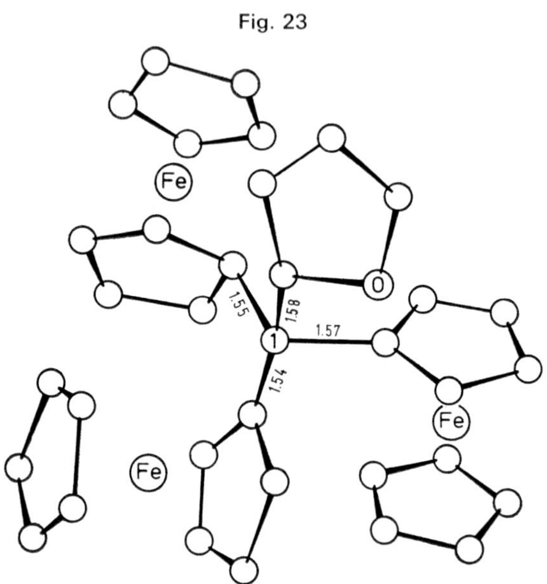

Atomanordnung in 2-Triferrocenylmethyl-tetrahydrofuran (XIV) [13].

Beim Schmelzen, Erhitzen in Lösung oder längerem Verweilen auf der Chromatographiesäule wird Farbwechsel von Gelb zu Hellkarminrot beobachtet [3]. Zum chemischen Verhalten von fc_3COH vgl. das Reaktionsschema auf S. 246. Bei der Einwirkung von p-$CH_3C_6H_4SO_2Cl$ und Pyridin auf fc_3COH in Benzol bei Zimmertemperatur/4 h wird Diferrocenylfulven gebildet und als Addukt mit $CH_3OOCC{\equiv}CCOOCH_3$ isoliert (53% Ausbeute). Die Reaktion von fc_2CHOH mit p-$CH_3C_6H_4SO_2Cl$ und Pyridin zum N-Pyridiniumsalz $[fc_2CHNC_5H_5][SO_3C_6H_4\text{-}CH_3\text{-}p]$ läßt sich auf fc_3COH nicht übertragen, weil der Bruch einer der Ferrocenkerne in diesem Fall leichter eintritt [10].

fc_3COCH_3 (Tabelle **34**, Nr. **11**) wird auch durch Verätherung des Carbinols erhalten [5]. Umgekehrt hydrolysiert der Äther bei der Chromatographie an Al_2O_3 teilweise zum Carbinol [7], die Spaltung mit Na/K-Legierung führt zum fc_3CH [5].

$fc_3COC_2H_5$ (Tabelle **34**, Nr. **12**) fällt als Niederschlag an, wenn die Mischung der Ausgangsprodukte etwa 30 min bei Zimmertemperatur gerührt wird [18].

Literatur:

[1] M. Rosenblum (Diss. Harvard Univ. 1953). — [2] P. L. Pauson, W. E. Watts (J. Chem. Soc. **1962** 3880/6). — [3] A. N. Nesmeyanov, E. G. Perevalova, L. P. Yur'eva, L. I. Denisovich (Izv. Akad. Nauk SSSR Ser. Khim. **1962** 2241/3; Bull. Acad. Sci. USSR Div. Chem. Sci. **1962** 2142/4). — [4] H. Rosenberg, K. U. Schenk (Abstr. Papers 145th Meeting Am. Chem. Soc., New York 1963, S. 76 Q, Nr. 139). — [5] W. P. Fitzgerald (Diss. Purdue Univ., Lafayette, Ind., 1963 nach Diss. Abstr. **24** [1964] 2687).

[6] A. N. Nesmeyanov, E. G. Perevalova, L. I. Leont'eva, Yu. A. Ustynyuk (Izv. Akad. Nauk SSSR Ser. Khim. **1966** 556/8; Bull. Acad. Sci. USSR Div. Chem. Sci. **1966** 525/7). — [7] A. N. Nesmeyanov, E. G. Perevalova, L. I. Leont'eva, Yu. A. Ustynyuk (Izv. Akad. Nauk SSSR Ser. Khim. **1966** 558/9; Bull. Acad. Sci. USSR Div. Chem. Sci. **1966** 528/9). — [8] R. A. Stukan, S. P. Gubin, A. N. Nesmeyanov, V. I. Gol'danskii, E. F. Makarov (Teor. i Eksperim. Khim. **2** [1966] 805/11; Theor. Exptl. Chem. [USSR] **2** [1966] 581/4). — [9] A. N. Nesmeyanov, E. G. Perevalova, L. I. Leont'eva, Yu. A. Ustynyuk (Izv. Akad. Nauk SSSR Ser. Khim. **1967** 681/2; Bull. Acad. Sci. USSR Div. Chem. Sci. **1967** 657/8). — [10] E. G. Perevalova, L. I. Leont'eva, M. B. Reshetova (Izv. Akad. Nauk SSSR Ser. Khim. **1967** 1617/8; Bull. Acad. Sci. USSR Div. Chem. Sci. **1967** 1559/60).

[11] E. Fluck (in: V. I. Gol'danskii, R. H. Herber, Chemical Applications of Mössbauer Spectroscopy, New York – London 1968, S. 295), R. H. Herber (in: L. May, An Introduction to Mössbauer Spectroscopy, London 1971, S. 138/54). — [12] F. Hanic, J. Ševčik (Proc. 2nd Conf. Coord. Chem., Smolenice – Bratislava 1969, S. 101/4). — [13] F. Hanic, J. Ševčik, E. L. McGandy (Chem. Zvesti **24** [1970] 81/106; Proc. 13th Intern. Conf. Coord. Chem., Cracow – Zakopane 1970, Bd. 2, S. 69/70). — [14] Benkeser, Cunico, unveröffentlicht, laut [13]. — [15] I. Leont'eva (5th Intern. Conf. Organometal. Chem., Moscow 1971, Bd. 2, Abstr. Nr. 236, S. 16/7 [russisch], S. 18/9 [englisch]).

[16] R. H. Herber (Inorg. Chem. **8** [1969] 174/6). — [17] J. Tirouflet, E. Laviron, C. Moïse, Y. Mugnier (J. Organometal. Chem. **50** [1973] 241/6). — [18] A. N. Nesmeyanov, E. G. Perevalova, L. I. Leont'eva (Izv. Akad. Nauk SSSR Ser. Khim. **22** [1973] 142/4; Bull. Acad. Sci. USSR Div. Chem. Sci. **22** [1973] 141/2). — [19] G. Cerichelli, B. Floris, G. Illuminati, G. Ortaggi (Ann. Chim. [Rome] **64** [1974] 119/23). — [20] United States Dept. of the Army, D. G. Sayles (U.S.P. 3860463 [1968/75]).

[21] „Eisen-Organische Verbindungen" A (Ferrocen 1), Erg.-Werk, Bd. 14, S. 348/63.

7.1.2.1.2 Verbindungen mit drei Ferrocenylkernen am P-Atom

Compounds with Three Ferrocenyl Nuclei at the P Atom

7.1.2.1.2.1 Triferrocenylphosphin und seine Derivate

Triferrocenylphosphine and Its Derivatives

Als Derivate von fc_3P werden in diesem Abschnitt auch Komplexe von Metallcarbonylen behandelt, in denen fc_3P als ^{2}D-Ligand auftritt, darunter ein formal 6kerniger Komplex mit zwei fc_3P-Donorliganden am Rh-Atom, s. 7.1.2.1.2.2. Entsprechende Komplexverbindungen sind mit den Phosphinen fc-PR_2 und fc_2PR (vgl. 6.4.4.2) bekannt.

Derivate mit substituierten Ferrocenylkernen sind nicht bekannt. Der Typ $(RC_5H_4FeC_5H_4)_3P$ wird bei der Darstellung der entsprechenden Phosphinoxide erwähnt, s. 7.1.2.1.2.2, aber nicht isoliert.

7.1.2.1.2.1.1 fc_3P, seine quaternären Salze und Addukte

fc_3P, Its Quaternary Salts and Adducts

fc_3P wird zumeist durch Friedel-Crafts-Reaktion aus Ferrocen und $(C_2H_5)_2NPCl_2$ mit nachfolgender Hydrolyse des Reaktionsproduktes dargestellt [5, 7, 9, 10, 15]. Dabei können je nach den Bedingungen Gemische aus folgenden Stoffen in unterschiedlichen Verhältnissen entstehen [10]:

$$(C_2H_5)_2NPCl_2 + \text{fc-H} \xrightarrow{AlCl_3} \begin{cases} fc_3P \quad fc_2PCl \quad fc_2PN(C_2H_5)_2 \quad \text{fc-}PCl_2 \\ fc_3PO \quad fc_2P(O)H \quad fc_2P(O)N(C_2H_5)_2 \quad \text{fc-}P(O)(OH)H \end{cases}$$

Um maximale Ausbeuten an fc_3P zu erhalten, wird $(C_2H_5)_2NPCl_2$ (1 mol) in n-Heptan unter N_2 zu Ferrocen und $AlCl_3$ (je 3 mol) in n-Heptan tropfenweise hinzugefügt und 20 h zum Sieden erhitzt. Dabei entsteht eine rötliche, unlösliche zähe Masse, die anschließend durch Rühren in Wasser zu einer hellgelben Festsubstanz hydrolysiert und dann mehrfach mit siedendem Benzol extrahiert wird. Bei der Chromatographie der getrockneten, eingeengten Extrakte an Al_2O_3 wird fc_3P mit Benzol eluiert [5, 7, 9]. Durch Oxidation bei der Aufarbeitung können beträchtliche Mengen fc_3PO (23% Ausbeute) entstehen, das nach fc_3P (47%) am besten mit $CHCl_3$ eluiert werden kann [5, 7, 9]; deshalb sollten auch die Hydrolyse des Rohproduktes unter N_2 und seine Trocknung im

Vakuum ausgeführt werden [7, 9, 10]. Bei anderen Untersuchungen der Friedel-Crafts-Reaktion mit fc-H/PCl_3/$AlCl_3$ wurde stets nur fc_3PO isoliert [1, 2, 4 bis 6], neuerdings auch das Gemisch fc_3P/fc_3PO [22].

Bei Verwendung von $(CH_3)_2NPCl_2$ als Ausgangsmaterial scheinen die Ausbeuten etwas tiefer zu liegen [7, 9, 10]. Eine Übersicht über die Verteilung der oben genannten Reaktionsprodukte in Abhängigkeit vom Ausgangsmaterial (auch $PCl_3/N(C_2H_5)_3$ und $(C_6H_5)_2NPCl_2$) und vom Molverhältnis der Komponenten findet sich bei [10], s. auch 6.4.4.4. $AlBr_3$ als Katalysator erhöht den Anteil an fc_3P im Produktgemisch geringfügig, $ZnCl_2$ ist weniger effektiv als $AlCl_3$; andere Lösungsmittel wie Oktan oder CH_2Cl_2 sind weniger geeignet als Heptan [7, 9].

fc_3P entsteht auch durch Disproportionierung von fc_2PCl in Gegenwart von $AlCl_3$, $2fc_2PCl \rightarrow fc\text{-}PCl_2 + fc_3P$, unter den Bedingungen der Friedel-Crafts-Reaktion, was zusammen mit dem nukleophilen Charakter des Ferrocens den relativ hohen Anteil an fc_3P/fc_3PO in den Produktgemischen erklärt. fc_2PCl kann dabei intermediär aus $fc_2PN(CH_3)_2$ durch P-N-Spaltung mit $AlCl_3$ erzeugt werden. Ausgehend von fc_2PCl unter Zusatz von Ferrocen erhält man die höchste Ausbeute an fc_3P mit 33% neben 15% fc_3PO und anderen Produkten [10]. Zu weiteren Versuchen mit $P(OC_6H_5)_3$ und $(C_6H_5O)_2P(O)H$ als Ausgangsmaterial der Friedel-Crafts-Reaktion s. [7].

Die Darstellung durch Reduktion von fc_3PO mit Na oder $LiAlH_4$ gelingt nicht; auch Substitutionsreaktionen an PCl_3 mit fc-Li oder fc-Grignard-Verbindungen sind nicht erfolgreich [1, 9].

fc_3P kristallisiert in hellgelben, haarfeinen Kristallen [10] bzw. feinen gelben Nadeln aus n-Heptan oder Äthylalkohol [5, 9] (auch aus Äthylalkohol/$CHCl_3$ [15]) oder tritt als gelbes pulvriges Produkt auf [14]. Der Zersetzungspunkt wurde zu 271 bis 273°C bestimmt [5, 9, 22] bei einer Eintauchtemperatur der geschlossenen Kapillare von 270°C. Bei allmählichem Aufheizen in Luft zersetzt sich die unschmelzbare Verbindung allmählich [5, 9]. Weitere Angaben: 270 bis 271°C [14] bzw. 270 bis 280°C unter Zersetzung [15]. Chemische Verschiebungen im ^1H-NMR-Spektren (in $CDCl_3$) sind nach Messungen zweier Autoren um mehr als 0.5 ppm verschieden: Multipletts um $\tau = 5.16$ und 5.26 sowie ein Singulett bei $\tau = 5.39$ [14]; Tripletts um $\tau = 5.72$ und 5.82 (C_5H_4), J(H, H) = 2 Hz, und ein Singulett bei 5.93 (C_5H_5). Die Tripletts werden durch je ein Paar gleichwertiger Protonen in 2,5- bzw. 3,4-Stellung erzeugt [15]. IR-Spektren von fc_3P in Nujol weisen neben üblichen Banden für Ferrocen-Phosphor-Verbindungen (s. 6.4.4.4) weitere Absorptionsmaxima bei 1162, 1195 und 1202 cm^{-1} (sämtlich C-H-Beugeschwingungen in der Ringebene) auf [10]. Im Spektrum des sichtbaren Bereichs tritt das Absorptionsmaximum von fc_3P bei 443 nm auf (in $CHCl_3$), gegenüber Ferrocen nur leicht bathochrom verschoben [14].

Aus dem Massenspektrum (bis zu 70 eV) ist nur das Molekelion angegeben [14, 22]. — Das elektrochemische Verhalten von fc_3P ist eingehend untersucht [18]. Bei der cyclischen Voltammetrie unter N_2 in CH_2Cl_2-Lösung werden mehrere jeweils reversible Oxidationsstufen beobachtet. Die Potentiale für den anodischen (E_A) und kathodischen (E_K) Prozeß betragen (gegen SCE) $E_A = +0.70$, $+0.84$, $+0.91$ V und $E_K = +0.59$ und $+0.72$ V. Während das erste Fe-Atom bei nahezu gleichem Potential wie dem des $fc\text{-}P(C_6H_5)_2$ oder $fc_2PC_6H_5$ oxidiert wird, ist das Potential des zweiten Schrittes bei fc_3P gegenüber dem des $fc_2PC_6H_5$ erniedrigt, und der dritte Schritt folgt in unerwartet geringem Abstand. Im Reduktionszyklus erscheinen die beiden ersten Reduktionsschritte anscheinend bei dem gleichen Potential von $E_K = 0.72$ V, während sie in Lösung von CH_3CN getrennt zu beobachten sind. Infolge starker Elektrodenadsorption nach dem ersten Oxidationsschritt mißt man durch Coulometrie bei +1.0 V für die beiden folgenden Schritte nur einen Übergang von 1.40 Elektronen [18]. fc_3P reagiert nach älteren Untersuchungen so leicht mit Luftsauerstoff, daß die Verbindung stets mit dem Phosphinoxid vermischt entsteht, wenn bei der Darstellung nicht sauerstofffrei gearbeitet wird [5, 6, 7, 9, 10, 12]. Nach [3] ist fc_3P weniger stabil gegen O_2 als $fc_2PC_6H_5$ und $fc\text{-}P(C_6H_5)_2$, die ähnlich beständig sind wie $(C_6H_5)_3P$ selbst, s. auch [5]; doch erscheinen die Angaben widersprüchlich, indem keine Oxidation eintreten soll, wenn Lösungen von fc_3P bei Raumtemperatur im Luftstrom eingeengt werden oder wenn fc_3P eine Stunde lang auf 175°C erhitzt wird [5]. In neueren Angaben wird die Stabilität von fc_3P gegen Luftoxidation sogar mit der sterischen Hinderung in der Phosphinmolekel begründet. Oxidationen werden durch Reaktion mit MnO_2 oder $KMnO_4$ durchgeführt. Geringe Mengen von fc_3PO (15% Ausbeute) werden auch erhalten, wenn die Lösung von fc_3P in C_6H_6 auf einer Säule von Al_2O_3 sechs Tage lang der Luft ausgesetzt wird [22]. Benzollösungen von fc_3P reagieren leicht mit Schwefel [5] oder P_2S_5 [4] zum Sulfid oder mit Selen [5] zum Selenid. Mit Salzsäure oder CH_3J bilden sich die Salze $[fc_3PH]Cl$ [9]

bzw. [fc_3PCH_3]J [1, 2, 10, 15]. Dagegen wurde kein Addukt zwischen fc_3B und fc_3P gefunden, wie analog zu $P(C_6H_5)_3$ erwartet [7]. fc_3P kann als ^{2}D-Ligand in Übergangsmetall-Komplexen auftreten, s. dazu den folgenden Abschnitt. Durch elektrochemische Oxidation der fc-Kerne wird die Koordinationsfähigkeit von fc_3P wenig verändert [18]. Komplexverbindungen zwischen fc_3P und Halogeniden von Co, Ni, Pd, Pt und Cu ließen sich nach [12] darstellen, waren aber schwer zu charakterisieren. Im Gegensatz zu fc-$P(C_6H_5)_2$ und $fc_2PC_6H_5$ findet mit fc_3P kein Ligandenaustausch gegen Pyridin in [$CH_3(DH)_2CoNC_5H_5$] (DH = Dimethylglyoximato) und keine Komplexbildung mit $Ni(acac)_2$ (acac = Acetylacetonato) statt [15], s. auch 6.4.4.1.

Aus einem Vergleich der Reaktivitäten der Phosphine $fc_nP(C_6H_5)_{3-n}$ (n = 0 bis 3) und der Eigenschaften ihrer Metall-Komplexe werden Aussagen über den Einfluß der fc-Gruppen auf die elektronischen und sterischen Eigenschaften von fc_3P gewonnen [11, 12, 14, 15], vgl. auch folgenden Abschnitt.

Zur Bestimmung des Fe-Gehaltes in fc_3P durch Röntgenfluoreszenzanalyse s. [16].

[fc_3PH]Cl, das Hydrochlorid des fc_3P, fällt in geringen Mengen an, wenn fc_3PO mit Zn/HCl reduziert wird [9]. Die Verbindung ist nicht näher beschrieben.

[fc_3PCH_3]J scheidet sich sofort ab, wenn die Lösung von fc_3P in Benzol mit CH_3J im Überschuß versetzt wird [15]; es wird auch aus dem Benzolextrakt des Hydrolyseproduktes der Friedel-Crafts-Darstellung von fc_3P mit CH_3J gefällt [1, 2]. Nach Umkristallisation aus Äthanol erhält man das analysenreine Phosphoniumsalz in orangefarbenen Kristallen [2, 15]. Sie sind unschmelzbar und löslich in heißem Wasser [2].

Lösungen in $(CD_3)_2SO$ ergeben im ^{1}H-NMR-Spektrum folgende chemische Verschiebungen: τ = 5.20 (s, C_5H_4), 5.83 (s, C_5H_5) und 7.20 (d, CH_3, J = 13.5 Hz) [15]. In der Reihe [$(C_6H_5)_3PCH_3$]J, [$fc(C_6H_5)_2PCH_3$]J, [$C_6H_5fc_2PCH_3$]J, [fc_3PCH_3]J nehmen die τ-Werte der CH_3-Gruppe ständig zu, da die P-CH_3-Gruppe durch den fc-Donoreffekt zunehmend abgeschirmt wird. Die Verschiebungen sind aber durch Anisotropieeffekte der fc-Kerne stark beeinflußt, so daß sich die Substituentenparameter σ_I daraus nicht ableiten lassen [15]. Aus dem IR-Spektrum (Nujol) sind folgende Banden angegeben: 828, 1007, 1035, 1111, 1182, 1188, 1201 und 1313 cm^{-1} [2]; zur Zuordnung vgl. 6.4.4.4. Wegen des charakteristischen IR-Spektrums und seiner Stabilität diente [fc_3PCH_3]J zur Identifizierung des instabileren fc_3P [1, 2, 10]. Bei der cyclischen Voltammetrie (in CH_2Cl_2) werden nur zwei reversible Redoxreaktionen gefunden (bezogen auf SCE), deren Potentiale wesentlich höher liegen als bei fc_3P: E_A = +0.93 und +1.07 V für die anodischen und E_K = +0.82 und +0.92 V für die kathodischen Prozesse. Die zweite Redoxstufe ist wahrscheinlich ein Zweielektronenübergang [18].

[$fc_3PCH_2C_6H_5$]J ist ohne nähere Charakterisierung in einer Untersuchung über die Zersetzung von Ferrocenylphosphoniumjodiden erwähnt. Es ist das stabilste unter den Homologen [$fc_nP(CH_2C_6H_5)(C_6H_5)_{3-n}$]J (n = 0 bis 3) und zerfällt selbst bei 15tägigem Erhitzen mit wäßrigem NaOH nur zum Teil unter ausschließlicher Bildung von Toluol (43%). Der Zerfall verläuft nach der dritten Ordnung; für den geschwindigkeitsbestimmenden Schritt $[fc_3(R)PO]^- \rightarrow fc_3PO + R^-$ wird eine Geschwindigkeitskonstante von $k = 0.922 \pm 0.032\ l^2 \cdot mol^{-2} \cdot min^{-1}$ gemessen (bei 62.2°C in $CH_3OCH_2CH_2OCH_3/H_2O$). Die elektrophile Reaktivität des P-Atoms wird wahrscheinlich durch Überlappung von nichtbindenden Orbitalen der fc-Gruppe mit 3d-Orbitalen des P-Atoms herabgesetzt [19].

$fc_3P \cdot BH_3$ wird bei elektrochemischen Untersuchungen genannt; Angaben zur Darstellung und Charakterisierung liegen nicht vor. Die cyclische Voltammetrie unter gleichen Bedingungen wie bei [fc_3PCH_3]J ergibt praktisch die gleichen Redoxpotentiale wie fc_3P: E_A = 0.72, 0.87, 0.93 V und E_K = 0.59 und 0.74 V [18].

fc_3P as D Ligand in Transition Metal Complexes

7.1.2.1.2.1.2 fc_3P als D-Ligand in Übergangsmetall-Komplexen

Die bisher dargestellten Komplexe des fc_3P mit Metallverbindungen sind in der Tabelle 35, S. 256, zusammengefaßt. Die Substanzen der Gruppe Nr. 1 bis 4 entstehen durch Anlagerung von fc_3P an Metallsalze, die der Nr. 5 bis 14 durch Substitution einer CO-Gruppe in Metallcarbonylen oder Carbonyl-Aromaten-Komplexen. Die Vertreter der Nr. 5, 8 bis 12 und 14 sind durch spektroskopische Daten genauer charakterisiert, die unter den gleichen Nummern in Tabelle 36, S. 258, aufgeführt werden.

Die Verbindungen werden auf folgende Weise erhalten:

Methode I: Die Lösungen von fc_3P in Benzol werden unter Rühren mit Lösungen des anorganischen Salzes in Methyl- oder Äthylalkohol vereinigt und die Mischung bei Raumtemperatur gerührt. Das Produkt fällt aus, notfalls nach Einengen der Lösung im Vakuum, und wird mit Alkohol und Benzol gewaschen. Das Molverhältnis Metallsalz zu Phosphin variiert zwischen 1:1 und 20:1 [11, 13].

Methode II: fc_3P und der Carbonyl-Komplex im molaren Verhältnis von ca. 1:1 bis 1:2 werden in Benzol [17] oder einer O_2-freien Mischung von Benzol:Hexan (2.5:1) [11] gelöst und mit einer UV-Lampe so lange bestrahlt, bis 1 Moläquivalent CO (bezogen auf fc_3P) freigesetzt ist. Der fc_3P-Komplex scheidet sich ab oder wird durch Säulenchromatographie von den Lösungspartnern getrennt [11, 17].

Methode III: Die Lösung von Metallcarbonyl im Überschuß und fc_3P in Diglykoldimethyläther wird 1 bis 4 h zum Sieden erhitzt, während ein N_2-Strom freiwerdendes CO austreibt und im Kühler sublimierendes Carbonyl-Ausgangsprodukt gelegentlich in die Lösung zurückgeführt wird. Nach Entfernung des Lösungsmittels und Überschusses Metallcarbonyl im Vakuum wird das Produkt mehrfach aus $CHCl_3/C_2H_5OH$ kristallisiert [15]. Man verwendet auch niedere Reaktionstemperaturen für die Darstellung von Nr. 9 (135 bis 145°C) und von Nr. 12 und 14 (125°C/6 bis 17 h) [14].

Von den Verbindungen Nr. 5 bis 7 und 11 heißt es allgemein, sie seien gefärbte, kristalline und hochschmelzende Substanzen mit Fichtennadelgeruch, die sich schwer in organischen Lösungsmitteln lösen [11].

Die chemischen Verschiebungen der ^1H-NMR-Spektren (s. Tabelle 36, S. 258) sind bei Nr. 5 und 11 auf Hexamethyldisiloxan bezogen. Die Signale der fc-Gruppe in den Komplexen Nr. 8 bis 10 [3] sind gegenüber dem fc_3P selbst zu niedrigerem Feld verschoben, entsprechend einem σ-Elektronenübergang vom Phosphin zum Metall [14, 15].

Die IR-Spektren werden in $CHCl_3$ gemessen, bei Nr. 9 und 10 auch in einem Gemisch von $CHCl_3$/Hexan (1:1); bei Nr. 5 und 11 ist kein Lösungsmittel genannt. Die CO-Valenzschwingungen der Verbindungen Nr. 8 bis 10 gehören zu den Schwingungstypen E, B_1 und A_1^2, die A_1^1-Schwingung wird durch den E-Typ verdeckt [15]. Axiale (k_1) und äquatoriale (k_2) Kraftkonstanten (in mdyn/Å) und die genannten Schwingungen sind nach Cotton-Kraihanzel bei [14] berechnet; alle Werte sind deutlich niedriger als bei den entsprechenden $P(C_6H_5)_3$-Komplexen und zeigen somit bei den fc_3P-Verbindungen eine stärkere Ladungslokalisation in den antibindenden CO-Orbitalen [14], s. auch [15]. Auch die σ-Donor- und π-Akzeptorfähigkeit des Liganden werden nach einer Methode von Graham berechnet und mit Berechnungen an $P(C_6H_5)_3$-Komplexen verglichen [14]. Die stärkere Ladungsübertragung vom fc_3P zur Metallcarbonyl-Gruppe macht sich bemerkbar durch die Verschiebung der CO-Banden in $fc_3PM(CO)_2Ar$ (Nr. 5 und 11) gegenüber den Tricarbonyl-Komplexen $M(CO)_3Ar$ zu kleineren Wellenzahlen bis zu 100 cm^{-1}, durch Abnahme von $\nu(CO)$ mit wachsender Anzahl von fc-Substituenten in Komplexen des Typs $(fc_x(C_6H_5)_{3-x}P)M(CO)_5$ mit M = Mo, W (Nr. 8, 9 und 10) und im Elektronenspektrum durch eine bathochrome Verschiebung der Ferrocenabsorption bei 440 nm um bis zu 19 nm [14].

Die Oxidationspotentiale der fc-Kerne sind in den Verbindungen Nr. 9 und 10 gegenüber freiem fc_3P kaum verändert; die Komplexbildung beeinflußt also die in dieser Weise meßbare Elektronendichte an den Fe-Atomen nicht. Durch cyclische Voltammetrie (in CH_2Cl_2) ermittelt man im Oxi-

Literatur s. S. 260

dations- und Reduktionszyklus (E_A bzw. E_K) sowie für die irreversible Oxidation des Carbonylmetalls (E_M) folgende Werte (in V, gemessen gegen SCE):

	E_A	E_M	E_K
$fc_3PMo(CO)_5$	0.68, 0.86, 0.92	2.05	0.54, (0.72, 0.76)
$fc_3PW(CO)_5$	0.70, 0.87, 0.96	1.92	0.58, 0.77, 0.84

Die eingeklammerten Werte sind Schätzungen, da die beiden Kathodenwellen sehr nahe beieinander liegen. Infolge Elektrodenadsorption wird die Anzahl der jeweils übergehenden Elektronen bei der Coulometrie unter konstantem Potential stets beträchtlich zu tief erhalten, vgl. fc_3P. Die Koordinationsfähigkeit des fc_3P ändert sich bei der Oxidation nur wenig, wie die nur geringen Verschiebungen der CO-Bande vom Typ E/A_1 (um etwa 5 cm^{-1} zu höheren Frequenzen für jede oxidierte fc-Gruppe) anzeigen. Gegenüber analogen Komplexen mit Phenyl-ferrocenyl-phosphinen, $fc_nP(C_6H_5)_{3-n}$ mit n = 1 bis 3, zeigen die Vertreter mit fc_3P das höchste Oxidationspotential des Carbonylmetallatoms [18].

* Weitere Angaben:

$fc_3P \cdot HgCl_2$ (Tabelle **35**, Nr. **1**). Bei der Darstellung nach Methode I mit einem leichten Überschuß an $HgCl_2$ wird die Lösung 2 h zum Sieden erhitzt [11].

$fc_3P \cdot xHgNO_3$ (Tabelle **35**, Nr. **2**) ist schlag-, funken- und hitzeempfindlich, explodiert aber nicht auf Schlag wie der analoge Komplex von Hg^{II} [13].

$fc_3P \cdot xHg(NO_3)_2$ (Tabelle **35**, Nr. **3**) wurde in verschiedenen Mengenverhältnissen x dargestellt und auf seine pyrotechnischen Eigenschaften hin untersucht [13].

$fc_3P \cdot xCe(NO_3)_4$ (Tabelle **35**, Nr. **4**) wird aus $[NH_4]_2[Ce(NO_3)_6]$ dargestellt. Die blaue Farbe des explosiven Komplexes weist auf mögliche Oxidation von Ferrocen-Gruppen zum Ferrocenium hin [13].

$fc_3PCr(CO)_2C_6H_6$ (Tabelle **35** und **36**, Nr. **5**) weist im IR-Spektrum weitere Absorptionsbanden bei 1007, 1110 und 3105 cm^{-1} auf, die den Ferrocen-Gruppen zugeordnet sind und eine für das komplex gebundene Benzol charakteristische Absorption um 3090 cm^{-1} [11].

$fc_3PCr(CO)_5$ (Tabelle **35** und **36**, Nr. **8**). Man erhält gut ausgebildete Kristalle aus konzentrierter $CHCl_3$-Lösung bei Zugabe von wenig Toluol und langsamem Einengen im N_2-Strom. — Die ^1H-NMR-Signale der C_5H_4-Protonen sind gegenüber freiem fc_3P stärker nach niederem Feld verschoben als das C_5H_5-Singulett, was auf einen Elektronenabzug aus diesen Ringen hinweist. Im Massenspektrum (70 eV) wird das Molekelion von fc_3P mit m/e von 586 gefunden.

Bei dem Versuch, mit einem Molverhältnis $Cr(CO)_6 : fc_3P = 1:2$ zwei Carbonyl-Gruppen der Metallverbindung durch fc_3P zu ersetzen, wurden nur Zersetzungsprodukte erhalten [14].

$fc_3PMo(CO)_5$ (Tabelle **35** und **36**, Nr. **9**). Wie bei der vorangegangenen Verbindung erscheinen die ^1H-NMR-Signale der C_5H_4-Protonen bei niedrigerem Feld als im freien fc_3P, bedingt durch den Elektronenübergang vom Phosphin auf das Metall. Durch die Rückbindung vom Metallcarbonyl zum Phosphor ist diese Verschiebung jedoch geringer als bei $[fc_3PCH_3]J$ [15].

$fc_3PMn(CO)_2C_5H_5$ (Tabelle **35** und **36**, Nr. **11**) kann von desaktiviertem Al_2O_3 durch Benzol/CCl_4 im Verhältnis 2:1 eluiert und so von Lösungspartnern der Darstellung abgetrennt werden. Der Komplex wird durch Umkristallisieren aus Benzol/Petroläther (1:2) gereinigt [11]. Im IR-Spektrum wurden weitere Banden bei 1007, 1110 und 3100 cm^{-1} gefunden, die für die Cyclopentadienylringe der Ferrocen-Gruppen typisch sind [11].

Die relativen Mengen der beiden Metalle lassen sich nach Zersetzung der Verbindung mit H_2SO_4/H_2O_2 (30%ig) durch Polarographie aus den dI/dE-Kurven bestimmen [21].

Literatur s. S. 260

Tabelle 35. Komplexverbindungen von Übergangsmetallen mit einer fc_3P-Gruppe als ^2D-Ligand.

Für laufende Nummern mit Sternchen folgen am Ende der Tabelle weitere Angaben, für solche mit zwei Sternchen spektroskopische Angaben in Tabelle 36, S. 258.
Zu Abkürzungen und Dimensionen s. S. 1.

Nr.	Verbindung	Darstellungsmethode (Ausbeute in %)	Farbe, Habitus Schmelzpunkt	Bemerkungen	Lit.
*1	$fc_3P \cdot HgCl_2$	I (97)	— unschmelzbar bis 360	wenig löslich in den üblichen organischen Lösungsmitteln	[11]
*2	$fc_3P \cdot xHgNO_3$	I (—)	gelborange —	die Zusammensetzung ist unbekannt	[13]
*3	$fc_3P \cdot xHg(NO_3)_2$	I (—)	braungelb —	Addukte mit verschiedenen x-Werten sind angegeben	[13]
*4	$fc_3P \cdot xCe(NO_3)_4$	I (—)	blau —	die Zusammensetzung ist unbekannt	[13]
**5	$fc_3PCr(CO)_2C_6H_6$	II (38)	dunkelrot, Kristalle 273 bis 275 (Zers.)	—	[11]
6	$fc_3PCr(CO)_2C_6H_5CH_3$	II } Die Darstellung mit sehr geringen Ausbeuten wird nur erwähnt	—	—	[11]
7	$fc_3PCr(CO)_2C_6H_5OCH_3$	II } Die Darstellung mit sehr geringen Ausbeuten wird nur erwähnt	—	—	[11]
**8	$fc_3PCr(CO)_5$	III (82)	orange, gut geformte Kristalle 185 bis 193 (Zers.)	} Kristalle luftstabil, allmähliche Zersetzung beim Erhitzen, in $CHCl_3$-Lösung stabil unter N_2, wenig löslich in anderen organischen Lösungsmitteln und in Kohlenwasserstoffen	[14]
**9	$fc_3PMo(CO)_5$	III (84 bzw. 30 bis 50)	orange, Kristalle 190 bis 195 (Zers.) bzw. 260 (Zers.)	} Kristalle luftstabil, allmähliche Zersetzung beim Erhitzen, in $CHCl_3$-Lösung stabil unter N_2, wenig löslich in anderen organischen Lösungsmitteln und in Kohlenwasserstoffen	[14, 15]
**10	$fc_3PW(CO)_5$	III (78, 30 bis 50)	orange, Kristalle 210 bis 217 (Zers.) bzw. 260 (Zers.)	} Kristalle luftstabil, allmähliche Zersetzung beim Erhitzen, in $CHCl_3$-Lösung stabil unter N_2, wenig löslich in anderen organischen Lösungsmitteln und in Kohlenwasserstoffen	[14, 15]

Literatur s. S. 260

Tabelle 35 [Fortsetzung].

Nr.	Verbindung	Darstellungsmethode (Ausbeute in %)	Farbe, Habitus Schmelzpunkt	Bemerkungen	Lit.
**11	$fc_3PMn(CO)_2C_5H_5$	II (—)	orangerot, Kristalle 301 bis 302 (Zers.)	—	[11]
**12	$fc_3PMn_2(CO)_9$	III (52)	orange, Kristalle 235 bis 240 (allmähliche Zers.)	Kristalle luftstabil, allmähliche Zersetzung beim Erhitzen, wenig stabil in polaren Lösungsmitteln unter N_2, Zersetzung in $CHCl_3$	[14]
*13	$fc_3PFe(CO)(C_6H_4F\text{-}p\text{-}\sigma)C_5H_5$	II (38.6)	gelb, 140 (Zers.)	—	[17]
**14	$fc_3PFe(CO)_4$	III (23)	orange, Stäbchenkristalle 225 bis 230 (allmähliche Zers.)	Kristalle luftstabil, allmähliche Zersetzung beim Erhitzen, wenig stabil in polaren Lösungsmitteln unter N_2	[14]
*15	$(fc_3P)_2Rh(CO)Cl$	s. weitere Angaben	orange, Kristalle 227 (Zers.)	—	[20]

Tabelle 36. Spektroskopische Daten der Metall-Komplexverbindungen von fc_3P.

Die Substanzen tragen die gleichen laufenden Nummern wie in der Tabelle 35, S. 256.
Zu Abkürzungen und Dimensionen s. S. 1.

Nr.	Verbindung	^1H-NMR-Spektrum	IR-Spektrum ν(CO)	Kraftkonstanten	Elektronen-spektrum	Lit.
5	$fc_3PCr(CO)_2C_6H_6$	4.83 (s, C_6H_6) 5.59 (m, C_5H_4) 6.00 (s, C_5H_5)	1839 1888	—	—	[11]
8	$fc_3PCr(CO)_5$	4.91 (m, C_5H_4) 4.93 (m, C_5H_4) 5.36 (s, C_5H_5)	($CHCl_3$) 1935 1977 2058	k_1: 15.31 ± 0.06 k_2: 15.74 ± 0.03	459	[14, 15]
9	$fc_3PMo(CO)_5$	5.47 (m, C_5H_4) 5.55 (m, C_5H_4) 6.00 (s, C_5H_5) J(H, H) = 2	($CHCl_3$) (Hexan: $CHCl_3$ = 1:1) 1943, 1947.0 1982, 1988.5 2068, 2077.0	k_1: 15.44 ± 0.009 k_2: 15.85 ± 0.005	449	[14, 15]
10	$fc_3PW(CO)_5$	—	($CHCl_3$) (Hexan: $CHCl_3$ = 1:1) 1934, 1939.0 1974, 1981.0 2067, 2076.0	k_1: 15.32 ± 0.012 k_2: 15.74 ± 0.007	453	[14, 15]
11	$fc_3PMn(CO)_2C_5H_5$	5.23 (d, C_5H_5 an Mn) 5.44 (m, C_5H_4) 5.64 (m, C_5H_4) 6.11 (s, C_5H_5 von fc) J(C_5H_5Mn, P) = 1.3	1874 1938	—	—	[11]

Literatur s. S. 260

Tabelle 36 [Fortsetzung].

Nr.	Verbindung	^{1}H-NMR-Spektrum	IR-Spektrum ν(CO)	Kraftkonstanten	Elektronen-spektrum	Lit.
12	$fc_3PMn_2(CO)_9$	—	1931 ($CHCl_3$) 1956 1991 2005 2090	—	—	[14]
14	$fc_3PFe(CO)_4$	—	1929 ($CHCl_3$) 1938 (d) 1969 2047	—	450 450	[14] [14]

$fc_3PMn_2(CO)_9$ (Tabelle **35** und **36**, Nr. **12**) fällt beim Kühlen der Reaktionsmischung zusammen mit überschüssigem $Mn_2(CO)_{10}$ aus, das durch Waschen des Niederschlags mit Petroläther entfernt wird. Wegen der zweikernigen $Mn_2(CO)_9$-Gruppe sind die Frequenzverschiebungen der $\nu(CO)$ gegenüber denen von $(C_6H_5)_3PMn_2(CO)_9$ nicht so ausgeprägt wie bei den vorstehenden einkernigen Komplexen. Analog zu Verbindungen von $P(C_6H_5)_3$ wird angenommen, daß die Substitution durch fc_3P axial erfolgt. $fc_3PMn_2(CO)_9$ zersetzt sich leicht in $CHCl_3$ und wird vermutlich an der Metall-Metall-Bindung angegriffen, wie von $Mn_2(CO)_{10}$ bekannt ist [14].

$fc_3PFe(CO)(C_6H_4F\text{-}p\text{-}\sigma)C_5H_5$ (Tabelle **35**, Nr. **13**) weist im IR-Spektrum eine Carbonyl-Bande bei 1921 cm^{-1} auf [17].

$fc_3PFe(CO)_4$ (Tabelle **35** und **36**, Nr. **14**). Nach der Darstellung gemäß Methode III wird überschüssiges $Fe(CO)_5$ im Vakuum entfernt und der unlösliche Komplex durch manuelles Auslesen gut ausgebildeter orangefarbener Kristalle von festen Zersetzungsprodukten abgetrennt [14].

$(fc_3P)_2Rh(CO)Cl$ (Tabelle **35**, Nr. **15**) wird aus $(Rh(CO)_2Cl)_2$ und fc_3P (1:4 mol) in warmem Benzol dargestellt, 90% Ausbeute. — Im IR-Spektrum (Nujol) liegt die $\nu(CO)$-Bande bei 1958 cm^{-1}, die Rh-Cl-Bande in der Gegend von 300 cm^{-1} wird nicht beobachtet [20].

Literatur:

[1] G. P. Sollott (Diss. Temple Univ. 1962 nach Diss. Abstr. **23** [1962] 447). — [2] G. P. Sollott, E. Howard (J. Org. Chem. **27** [1962] 4034/40). — [3] G. P. Sollott, H. E. Mertwoy, S. Portnoy, J. L. Snead (J. Org. Chem. **28** [1963] 1090/2). — [4] A. N. Nesmeyanov, V. D. Vil'chevskaya, N. S. Kochetkova, N. P. Palitsyn (Izv. Akad. Nauk SSSR Ser. Khim. **1963** 2051/2; Bull. Acad. Sci. USSR Div. Chem. Sci. **1963** 1892). — [5] G. P. Sollott, W. R. Peterson (J. Organometal. Chem. **4** [1965] 491/3).

[6] A. N. Nesmeyanov, V. D. Vil'chevskaya, A. I. Makavova (Dokl. Akad. Nauk SSSR **169** [1966] 351/4; Dokl. Chem. Proc. Acad. Sci. USSR **169** [1966] 695/8). — [7] G. P. Sollott, W. R. Peterson, J. L. Snead (AD-634641 [1966] 16S). — [8] G. P. Sollott, J. L. Snead, S. Portnoy, W. R. Peterson, H. E. Mertwoy (Proc. Army Sci. Conf. U.S. Military Acad., West Point 1964, Bd. 2, S. 441/52; AD-611869 [1964]; N.S.A. **20** [1966] Nr. 20353). — [9] G. P. Sollott, U.S. Secretary of the Army, W. R. Peterson (U.S.P. 3418350 [1966/68]). — [10] G. P. Sollott, W. R. Peterson (J. Organometal. Chem. **19** [1969] 143/59).

[11] A. N. Nesmeyanov, D. N. Kursanov, V. N. Setkina, V. D. Vil'chevskaya, N. K. Baranetskaya, A. I. Krylova, L. A. Glushchenko (Dokl. Akad. Nauk SSSR **199** [1971] 1336/8; Dokl. Chem. Proc. Acad. Sci. USSR **199** [1971] 719/21). — [12] J. C. Kotz, C. L. Nivert (Abstr. Papers 163rd Natl. Meeting Am. Chem. Soc., Boston 1972, S. INOR 126). — [13] U.S. Secretary of the Army, G. P. Sollott, W. R. Peterson (U.S.P. 3673015 [1969/72]). — [14] C. U. Pittman, C. O. Evans (J. Organometal. Chem. **43** [1972] 361/7). — [15] J. C. Kotz, C. L. Nivert (J. Organometal. Chem. **52** [1973] 387/406).

[16] N. E. Gel'man, O. L. Lependina, E. A. Bozhevol'nov, K. I. Nikolaeva (Zh. Analit. Khim. **28** [1973] 1231/3; J. Anal. Chem. USSR **28** [1973] 1099/101). — [17] A. N. Nesmeyanov, L. G. Makarova, I. V. Polovyanyuk (J. Organometal. Chem. **22** [1970] 707/12). — [18] J. C. Kotz, C. L. Nivert, J. M. Lieber, R. C. Reed (J. Organometal. Chem. **91** [1975] 87/95). — [19] A. W. Smalley, C. E. Sullivan, W. E. McEwen (Chem. Commun. **1967** 5/6). — [20] J. T. Mague, J. P. Mitchener (Inorg. Chem. **8** [1969] 119/25).

[21] E. A. Terent'eva, N. N. Smirnova, I. M. Pruslina (Zavodsk. Lab. **40** [1974] 143/5; Ind. Lab. [USSR] **40** [1974] 175/7). — [22] A. N. Nesmeyanov, V. D. Vil'chevskaya, A. I. Krylova, Yu. S. Nekrasov, V. S. Tolkunova (Izv. Akad. Nauk SSSR Ser. Khim. **1975** 706/7; Bull. Acad. Sci. USSR Div. Chem. Sci. **1975** 635/6).

7.1.2.1.2.2 Triferrocenylphosphinoxid und seine Derivate

Triferrocenylphosphine Oxide and Its Derivatives

Die Literatur zu diesem Abschnitt befindet sich unter 7.1.2.1.2.3 auf S. 265.

Einige Substanzen der folgenden Abschnitte bilden nach einer Patentschrift [9] Addukte mit Übergangsmetallnitraten, deren Zusammensetzung nicht genau definiert ist, bespielsweise $fc_3PO \cdot xHg(NO_3)_2$, $fc_3PO \cdot xCu(NO_3)_2$, $fc_3PS \cdot xHg(NO_3)_2$ und andere. Die aus den Lösungen der Komponenten erhaltenen Niederschläge werden auf ihre pyrotechnischen Eigenschaften hin untersucht [9], vgl. auch 7.1.2.1.2.1.1

fc_3PO entsteht durch Einwirkung von Oxidationsmitteln auf Lösungen von fc_3P: Beim Erhitzen von fc_3P in Xylol mit frisch bereitetem MnO_2 (1:8.5 mol) während 3 h unter Rückfluß und Stehen der Mischung über Nacht erhält man fc_3PO mit 83% Ausbeute, auf Zusatz von $KMnO_4$ in Aceton zur Lösung von fc_3P (Molverhältnis 1:5) in CH_2Cl_2 und chromatographischer Trennung (Al_2O_3) des benzollöslichen Produkts mit 64% Ausbeute. Aus einer Benzollösung von fc_3P, die sechs Tage lang auf einer Säule von Al_2O_3 an der Luft gestanden hatte, wurden neben 80% zurückgewonnenem fc_3P nur 15% fc_3PO isoliert [10]. Nach älteren Angaben entsteht fc_3PO dagegen so leicht durch Oxidation von fc_3P in Lösung, daß dieses Phosphin selbst nicht isoliert werden konnte [1, 2, 3, 5]. Es wurde daher stets bei den zur Darstellung von fc_3P angewandten Friedel-Crafts-Reaktionen erhalten, s. 7.2.1.2.1.1, und zwar in wechselnden Mengen je nach den Bedingungen der Umsetzungen und Aufarbeitung [2, 4, 6, 8]. Eine Übersicht über die Produktausbeuten bei Umsetzungen von PCl_3 und Phosphoramidchloriden mit fc-H und $AlCl_3$ in n-Heptan und über die Mengenverhältnisse fc_3P/fc_3PO ist bei [8] zu finden. Eine Darstellung mit 78% Ausbeute aus PCl_3/fc-H/$AlCl_3$ (4:1:1 mol) in CH_2Cl_2 mit anschließender Hydrolyse und Oxidation nach [3] kann auch bei mehrfachen Versuchen nicht reproduziert werden [4]; dem widersprechen die Autoren [3] und zeigen, daß diese Methode auf substituierte Ferrocene anwendbar ist [5]. Bei Friedel-Crafts-Reaktionen mit $P(OC_6H_5)_3$ oder $C_6H_5OPCl_2$ in siedendem n-Octan erhält man ausschließlich sauerstoffhaltige Verbindungen, darunter fc_3PO mit bis zu 12% Ausbeute [6].

fc_3PO wird von anderen Produkten der Darstellung meistens durch Chromatographie an Al_2O_3 in C_6H_6 getrennt. Mit Benzol werden zuerst fc_3P, dann fc_3PO und später seine Hydrate eluiert [6]. Das günstigste Elutionsmittel für fc_3PO scheint $CHCl_3$ zu sein [4, 7, 8, 6]. Auch CH_3OH wird verwendet [3]; fc_3PO kann aus Benzol/Heptan (10:1), CH_2Cl_2 [8] oder Xylol [10] umkristallisiert werden. Benzol bleibt stets komplexartig gebunden [10].

Wasserfreies fc_3PO fällt nach [2] als hellgelbes hydrophobes Pulver von wattiger Beschaffenheit, nach [8] in kurzen gelben Nadeln an. Die stabile Verbindung ist bis 350°C [10] unschmelzbar [2, 8]. Das IR-Spektrum von fc_3PO in Nujol ist, ebenso wie das seiner Hydrate und des Hydrochlorids, für den Bereich von 650 bis 5000 cm^{-1} abgebildet [2]. Charakteristische Banden sind nach [2] der folgenden Tabelle 37 zu entnehmen. Nach [1] ist am UV-Spektrum der Verbindung erkennbar, daß die elektronische Wechselwirkung des P-Atoms mit den Ferrocenresten gering ist.

Die Verbindung ist unlöslich in Wasser und wäßriger KOH-Lösung, ebenso in n-Heptan. In Aceton ist fc_3PO, im Gegensatz zu seinen Hydraten, löslich [2]. Im Massenspektrum (70 eV, Einlaßtemperatur 200°C) werden außer dem Molekelion $[fc_3PO]^+$ mit m/e = 602 kaum Zersetzungsprodukte sichtbar [10]. Bei der Darstellung von fc_3PO entstehen während des Hydrolysevorgangs die Hydrate $fc_3PO \cdot 0.5H_2O$ [2] und $fc_3PO \cdot 2H_2O$ [2, 7]. Wenn eine Lösung von fc_3PO in 95%igem Äthylalkohol zur Trockne eingedampft wird, bleibt $fc_3PO \cdot 2H_2O$ zurück [2]. Festes fc_3PO wird über eine Dauer von zwei Jahren nicht durch Luftfeuchtigkeit angegriffen [2]. Wird der wasserunlösliche Teil des Hydrolyseproduktes von der Darstellung des fc_3PO mit siedendem $CHCl_3$ behandelt, so entsteht eine Lösung von $fc_3PO \cdot HCl$ [1, 2]. Auch mit Benzol, $HgCl_2$ und anderen Stoffen entstehen komplexartige Addukte. Im Gegensatz zum Verhalten von $(C_6H_5)_3PO$ wird fc_3PO von siedender konzentrierter Alkalilösung nicht zersetzt. H_2SO_4 zerstört fc_3PO bis zur Freisetzung von Fe-Ionen, während $(C_5H_6)_3PO$ nur sulfoniert wird [10]. Der Sauerstoff des fc_3PO läßt sich durch Schwefel oder Selen substituieren [3, 4]. Zur Bildung von Addukten s. die folgenden Abschnitte.

$fc_3PO \cdot nH_2O$ (n = 0.5, 1, 2). Zur Bildung der einzelnen Hydrate s. unten.

Die Art der Bindung des H_2O (und HCl, s. $fc_3PO \cdot HCl$) ist nicht bekannt. Das Fehlen von Banden bei 1152 und 1220 cm^{-1} in den Spektren (Nujol) aller Hydrate (s. Tabelle 37) wird mit dem Wegfall der Wechselwirkung gedeutet, die zwischen dem Phosphoryl-Sauerstoff und den Ferrocen-Gruppen im fc_3PO bestehen soll. Da sich die ν(PO) bei der Hydratisierung kaum verändert, scheint keine Bindung an den Phosphoryl-Sauerstoff vorzuliegen. Dagegen spricht das Auftreten einer zusätzlichen Ringschwingung nahe 1130 cm^{-1} für eine Bindungsbeziehung zwischen den Ferrocenringen und H_2O; ihre Intensität steigt mit dem Ausmaß der Hydratation [1, 2]. Die IR-Spektren sind bei [2] abgebildet.

Alle Hydrate sind wasserunlöslich und hydrophob. Durch Behandlung mit heißem Aceton oder Erhitzen im Vakuum auf 100°C/1 h können sie in das fc_3PO zurückverwandelt werden [2].

$fc_3PO \cdot 0.5H_2O$ wird direkt aus den festen Produkten der Friedel-Crafts-Darstellung von fc_3P bzw. fc_3PO nach Extraktion mit Benzol und H_2O isoliert. Es geht bei weiterer Extraktion mit $CHCl_3$ zusammen mit fc_3PO in Lösung; aus dem Gemisch kann fc_3PO mit Benzol bei Zimmertemperatur herausgelöst werden, das Hemihydrat wird dann mit siedendem Benzol extrahiert. Es fällt aus Benzol als unschmelzbares gelbes Pulver an. An einem Präparat, das lange der Luftfeuchtigkeit ausgesetzt war, wurde die Bildung des Dihydrats beobachtet; fc_3PO hydratisiert unter gleichen Bedingungen nicht [2].

$fc_3PO \cdot H_2O$ erhält man durch Verreiben von $fc_3PO \cdot HCl$ mit H_2O als gelben unschmelzbaren Festkörper. Auch die aus einer Lösung von fc_3PO in Äthanol bei Zugabe eines Überschusses an H_2O ausfallende gelbe Substanz besteht nach dem IR-Spektrum aus dem Monohydrat. Bei einem Versuch, das Monohydrat aus Benzol umzukristallisieren, entstand fc_3PO [2].

$fc_3PO \cdot 2H_2O$ wird dargestellt, indem eine Lösung von fc_3PO in 95%igem Äthylalkohol im Luftstrom zur Trockne eingedampft und der Rückstand aus Benzol umkristallisiert wird [2]. Im Gegensatz zum Monohydrat ist das Dihydrat anscheinend in Benzol beständig. $fc_3PO \cdot 2H_2O$ bildet sich so leicht aus fc_3PO in Lösung bei Zutritt von Wasser, daß es das wasserfreie Oxid bei dessen Darstellung in fast allen Lösungsmitteln begleitet. Durch Extraktion mit kalter Benzollösung wird es vom unlöslichen Hemihydrat, durch Lösen in Aceton vom darin unlöslichen fc_3PO abgetrennt und durch Umkristallisieren aus Benzol/Petroläther rein erhalten [2, 6]. Zur Bildung aus dem Hemihydrat s. dort. Das Dihydrat bildet ein gelbes, unschmelzbares Pulver [2].

$fc_3PO \cdot HCl$ tritt als Nebenprodukt der Friedel-Crafts-Reaktion von Ferrocen mit $PCl_3/AlCl_3$ auf. Der in Benzol unlösliche Hydrolyserückstand wird mit siedendem $CHCl_3$ extrahiert und aus dem extrahierten Produkt das Hydrochlorid mit siedendem Benzol herausgelöst. Beim Abkühlen der konzentrierten Lösung fällt die Verbindung als graugrünes kristallines Produkt aus. Das Hydrochlorid ließ sich nicht aus Lösungen von fc_3PO in Benzol oder Benzol/Alkohol mit HCl-Gas darstellen.

Das in [2] abgebildete IR-Spektrum ist dem der Hydrate sehr ähnlich. Die dort erwähnten Argumente für eine Wechselwirkung zwischen H_2O und den Ferrocenringen gelten auch für die Bindung des HCl an fc_3PO.

Die Substanz ist unschmelzbar und in Wasser unlöslich. Beim Aufbewahren wird sie auch nach sechs Monaten nicht von Luftfeuchtigkeit angegriffen, während beim Verreiben mit Wasser $fc_3PO \cdot H_2O$ entsteht [2].

fc_3PO mit 0.5 bis 1.5 mol C_6H_6 entsteht aus fc_3PO im Kontakt mit Benzol, z.B. beim Umkristallisieren aus Gemischen mit C_6H_6 [3, 10]. Mangelnde Reproduzierbarkeit nach [4]. Das Lösungsmittel wird bei längerem Erhitzen auf 180°C/2 Torr [3], beim Umkristallisieren mit Xylol [10] oder mit CH_3OH und anschließendem Trocknen bei 105°C/2 Torr [3] entfernt.

$fc_3PO \cdot C_6H_5OH$ wird aus fc_3PO und Phenol in Benzollösung erhalten und als Nebenprodukt der Reaktion von Ferrocen mit $P(OC_6H_5)_3$ in Gegenwart von $AlCl_3$ isoliert. Aus dem Benzolextrakt des wasserunlöslichen Hydrolysegemisches wird die Verbindung chromatographisch abgetrennt und mit Methylalkohol eluiert: orangefarbene Kristalle aus Benzol/Heptan, die bei 201 bis 202°C teilweise schmelzen, wahrscheinlich durch Verflüchtigung von Phenol [6].

Tabelle 37. IR-Spektren von fc_3PO und seiner Derivate; Banden in cm^{-1} nach [2].

Verbindung	fc_3P	fc_3PO	$fc_3PO \cdot {}^1/_2 H_2O$	$fc_3PO \cdot H_2O$	$fc_3PO \cdot 2H_2O$	$fc_3PO \cdot HCl$
C-H-Beugeschwingung ⊥	— 828 —	817s 822 —	812 823 —	— 825 833	814 825 840	— 823 —
C-H-Beugeschwingung ‖	1007	1002	1003	1006	1007	1005
fc-P-Gruppe	— 1035	1021d 1038	1030d 1043	1029d 1037	1027s 1035	— 1030
Asymmetrische Ring-Atmungsschwingung	1111	1108	1109	1110	1109	1110
Ringkomplexierung	—	—	—	1130s	1139	1123d, 1130
P-O-Streckschwingung	—	1180	1177	1177	1177	1178
fc-P-Gruppe	1313	1316	1315	1311	1313	1310
O-H-Streckschwingung (H_2O)	—	—	3370	3410	3450	—
Weitere Schwingungen (wahrscheinlich C-H-Beugeschwingung ‖)	1182d 1188 1202	1152 1200 1220	1183s — 1202	1183s — 1198s	1182s — 1199	1185s — 1198s

s = Singulett, d = Dublett

$fc_3PO \cdot HgCl_2$ entsteht beim Erhitzen von $HgCl_2$ in absolutem C_2H_5OH mit fc_3PO (Überschuß) in Benzol unter Rückfluß während 30 min. Beim Einengen des Lösungsmittels im Vakuum fällt der Komplex mit 75% Ausbeute an. Rötliche Nadeln, bis 360°C nicht schmelzbar, stabil an der Luft. Durch längeres Erhitzen in siedendem Alkohol kann fc_3PO mit 71% Ausbeute aus dem Komplex zurückgewonnen werden [10].

Derivate des Typs $(RC_5H_4FeC_5H_4)_3PO$ sind in Tabelle 38 zusammengestellt. Sie werden aus dem entsprechenden Ferrocen-Derivat fc-R und $PCl_3/AlCl_3$ in CH_2Cl_2 dargestellt [5], obwohl die Darstellung des Grundkörpers fc_3PO nach dieser Methode [3] als nicht reproduzierbar angegeben ist [4]. Ferrocen-Derivate mit starken Elektronenakzeptor-Substituenten oder mit mehreren raumbeanspruchenden Gruppen ließ sich mit PCl_3 nicht zur Reaktion bringen [5]. Die bekannte Zersetzung und Alkylierung von Ferrocen in $CH_2Cl_2/AlCl_3$, vgl. „Ferrocen" 1, Erg.-Werk, Bd. 14, S. 114, wird bei [5] nicht erwähnt.

Zur Darstellung von Nr. 1 bis 3, s. Tabelle 38, werden das Ferrocen-Derivat, PCl_3 und $AlCl_3$ (Molverhältnis 1:4:1) in Methylenchlorid 3 h erhitzt, anschließend mit H_2O hydrolysiert und der benzollösliche Anteil des Niederschlags durch Dünnschichtchromatographie an Al_2O_3 aufgetrennt. Die nach Eluieren der Ausgangsprodukte (Heptan oder Benzol) verwendeten Elutionsmittel sind in Tabelle 38 angegeben.

Verbindung Nr. 4 wird durch Sulfonierung von Nr. 1 mit konzentriertem H_2SO_4 in geringem Überschuß in Acetanhydrid bei Zimmertemperatur während mehrerer Stunden erhalten. Das Acetanhydrid wird anschließend unter Vakuum verdampft und das zurückbleibende Öl mit Äther zum Kristallisieren gebracht [5].

Die Strukturformeln nach [5] beruhen auf der Annahme bevorzugter Bindung des Phosphors an den unsubstituierten Ring, die durch das Fehlen der IR-Banden bei 1100 cm^{-1} unterstützt wird. — Alle Phosphinoxide lagern leicht Wasser und Lösungsmittelmolekeln an [5].

Tabelle 38. Verbindungen des Typs $(RC_5H_4FeC_5H_4)_3PO$ und ihrer Addukte nach [5].
Für laufende Nummern mit Sternchen folgen am Ende der Tabelle weitere Angaben.

Nr.	Substituent R	Solvatmolekel	Elutionsmittel	Ausbeute in %	Schmelzpunkt in °C, IR-Spektrum in cm^{-1}
1	C_4H_9-t	0.5 C_6H_6	Benzol	53 (Benzol, Äther, Methanol)	46 (Zersetzung) 1003, 1008 ($-C_{10}H_8Fe-$), 1175 bis 1350 (P-O)
		2.5 H_2O	Äther		
		2.0 H_2O	Methanol		
*2	C_6H_5	2.0 H_2O	Äther	9.5	87
		4.0 H_2O	„Alkohol"	5.14	—
3	$CH_2C_6H_4COOCH_3$-o	—	CH_3OH	14	75 (hellbraun), 1175 bis 1350 (P-O) 2950 bis 2975 ($-CH_3$) 3070 bis 3100 ($-C_{10}H_8Fe-$)
*4	C_4H_9-t, SO_3H	15 H_2O —	—	—	1175 bis 1350 (P-O) 1150 bis 1250 (SO_3H)

* Weitere Angaben:

$(C_6H_5C_5H_4FeC_5H_4)_3PO$ (Tabelle **38**, Nr. **2**). Die von Al_2O_3 mit Äther eluierende Fraktion besteht nach der bei der Elementaranalyse angegebenen Summenformel aus einem Dihydrat, was bei der Diskussion in [5] nicht ausdrücklich erwähnt wird. Als weiteres Produkt fällt $(C_6H_5C_5H_4FeC_5H_4)_2P(O)OH$ an, vgl. 6.4.4.4.

$(HO_3S(t\text{-}C_4H_9)C_5H_3FeC_5H_4)_3PO$ (Tabelle **38**, Nr. **4**). Die Stellung der SO_3H-Gruppe in den Ferrocenkernen ist unbekannt. Die Substanz ist sehr hygroskopisch; sie enthält selbst nach längerem Aufbewahren im Vakuumexsikkator 15 H_2O je Molekel [5].

7.1.2.1.2.3 Weitere Verbindungen des Typs fc_3PX

Other Compounds of the fc_3PX Type

fc_3PS wird durch Reaktion von fc_3PO mit P_2S_2 [3] erhalten; die nicht näher erläuterte Darstellung nach [3] konnte von anderen Bearbeitern [4] nicht reproduziert werden. Nach [4] entsteht es aus fc_3PO und S in Benzol in nahezu quantitativer Ausbeute. Aus Benzol/Heptan kristallisiert es in gelben Nadeln. Es ist unschmelzbar, zersetzt sich jedoch bei höherer Temperatur allmählich. Nach Immersion einer Probe in ein Heizbad von 290°C wurde bei 291 bis 293°C ein scharfer Schmelzpunkt unter Zersetzung bestimmt [4].

fc_3PSe gewinnt man ebenfalls in fast quantitativer Ausbeute aus fc_3PO mit Selen in Benzol. Die Verbindung bildet aus Benzol/Heptan gelbe Nadeln, die bei 297 bis 299°C unter Zersetzung schmelzen [4].

Literatur:

[1] G. P. Sollott (Diss. Temple Univ. 1962 nach Diss. Abstr. **23** [1962] 447). — [2] G. P. Sollott, E. Howard (J. Org. Chem. **27** [1962] 4034/40). — [3] A. N. Nesmeyanov, V. D. Vil'chevskaya, N. S. Kochetkova, N. P. Palitsyn (Izv. Akad. Nauk SSSR Ser. Khim. **1963** 2051/2; Bull. Acad. Sci. USSR Div. Chem. Sci. **1963** 1892). — [4] G. P. Sollott, W. R. Peterson (J. Organometal. Chem. **4** [1965] 491/3). — [5] A. N. Nesmeyanov, V. D. Vil'chevskaya, A. I. Makarova (Dokl. Akad. Nauk SSSR **169** [1966] 351/4; Dokl. Chem. Proc. Acad. Sci. USSR **169** [1966] 695/8).

[6] G. P. Sollott, W. R. Peterson, J. L. Snead (AD-634641 [1966] 16 S.). — [7] U.S. Secretary of the Army, G. P. Sollott, W. R. Peterson (U.S.P. 3418350 [1966/68]). — [8] G. P. Sollott, W. R. Peterson (J. Organometal. Chem. **19** [1969] 143/59). — [9] U.S. Secretary of the Army, G. P. Sollott, W. R. Peterson (U.S.P. 3673015 [1969/72]). — [10] A. N. Nesmeyanov, V. D. Vil'chevskaya, A. I. Krylova, Yu. S. Nekrasov, V. S. Tolkunova (Izv. Akad. Nauk SSSR Ser. Khim. **1975** 706/8; Bull. Acad. Sci. USSR Div. Chem. Sci. **1975** 635/6).

7.1.2.1.3 Weitere fc_3M-Verbindungen

Other fc_3M Compounds

Ein fc_3As konnte durch Friedel-Crafts-Reaktion von fc-H mit $AsCl_3$ nicht dargestellt werden, da am As-Atom nur Monosubstitution eintritt [1 bis 3], vgl. auch 6.4.4.5.

Verbindungen mit M = B, Si, Ge, Bi und Tl sind in Tabelle 39 zusammengefaßt. Spektroskopische Daten zu diesen Verbindungen liegen kaum vor.

Tabelle 39. Weitere Verbindungen mit fc_3M-Gruppen.
Für laufende Nummern mit Sternchen folgen am Ende der Tabelle weitere Angaben.

Nr.	Verbindung	Aussehen; Schmelzpunkt und weitere Bemerkungen	Lit.
*1	fc_3B	rote Kristalle; NMR- und IR-Spektren sind untersucht, aber nicht im einzelnen publiziert	[9, 11]
*2	$fc_3B \cdot 3\,fc\text{-}H$	rotorange, kristallin (aus C_2H_5OH); spaltet beim Erhitzen an Luft fc-H ab und bildet fc_2BOH	[4]
*3	$fc_3B \cdot NH_3$	gelbes Pulver (aus Benzol/Äther); 180 bis 181°C, zersetzt sich langsam im festen Zustand unter NH_3-Entwicklung, schneller beim Versuch der Auflösung	[4]

Tabelle 39 [Fortsetzung].

Nr.	Verbindung	Aussehen; Schmelzpunkt und weitere Bemerkungen	Lit.
*4	fc_3SiOH	kurze orangebraune Nadeln (aus n-Heptan); 193.5 bis 195°C	[6]
*5	fc_3GeCl	goldfarbene Blättchen (aus n-Heptan); 222 bis 226°C (Zers.)	[6]
*6	$(C_5H_5FeC_5H_3Cl\text{-}2)_3Bi$	kristallin (aus $CH_3COOC_2H_5$); Zers. oberhalb 230°C	[7]
*7	$(ClC_5H_4FeC_5H_4)_3Bi$	Kristallisation aus $CH_3COOC_2H_5$; 203.5 bis 204.5°C	[7]
*8	$(BrC_5H_4FeC_5H_4)_3Bi$	Kristallisation aus $CH_3COOC_2H_5$; 179.5 bis 181°C	[8]
*9	fc_3Tl	orangefarbene Kristalle; 205 bis 208°C (Zers.), ^{1}H-NMR: nur ein scharfes Signal der fc-Protonen	[14]

* Weitere Angaben:

fc_3B (Tabelle **39**, Nr. **1**) wird neben fc_2BOH und $fc_2B\text{-}O\text{-}Bfc_2$ aus der Umsetzung von $BF_3 \cdot O(C_2H_5)_2$ mit fc-Li isoliert [4, 5, 10, 11]. Nach [11] arbeitet man in Äther mit einem großen Überschuß an fc-Li und trennt nach Hydrolyse die Produkte aus der Ätherphase an Al_2O_3; die Verbindung wird im Gemisch mit $fc_2B\text{-}O\text{-}Bfc_2$ als roter, kristalliner Festkörper isoliert. 30% Ausbeute in Form des Adduktes Nr. 2 ist bei [4] angegeben. Als Ausgangsmaterial bei der Reaktion mit fc-Li können auch BBr_3 [4] und $B(OC_4H_9\text{-}n)_3$ verwendet werden [5]. Die Verbindung läßt sich als $fc_3B \cdot NH_3$ mit 58% Ausbeute isolieren, wenn man das Hydrolysegemisch mit NH_3-Gas sättigt [4]. Sie bildet sich auch bei der Umsetzung von $C_6H_5BCl_2$ mit fc-Li im Überschuß neben $fc_2BC_6H_5$ [5]. Durch Friedel-Crafts-Reaktion zwischen BCl_3 und fc-H läßt sich die Verbindung nicht darstellen, man erhält nur $fc\text{-}B(OH)_2$ [1, 4]. Die Darstellung und Reinigung größerer Mengen an fc_3B bereiten Schwierigkeiten [9, 13]. Von $fc_2B\text{-}O\text{-}Bfc_2$ kann fc_3B durch Sublimation getrennt werden [11], auch die präparative Dünnschichtchromatographie ist geeignet [5].

Es gibt eine zweite Modifikation des fc_3B, die langsam beim Aufbewahren des festen $fc_3B \cdot NH_3$ (Nr. 3) und schneller beim Lösen dieses Adduktes entstehen soll [4, 12].

Beide Modifikationen unterscheiden sich in ihren Schmelzpunkten, IR-Spektren und Röntgenbeugungsdiagrammen, Daten sind jedoch nicht publiziert. Die aus $fc_3B \cdot NH_3$ gewonnene Modifikation ist die tiefer schmelzende und soll eine „pinwheel-type"-Struktur besitzen [12].

Im Massenspektrum erscheint neben dem Molekelion $[M]^+$ mit ungewöhnlicher Häufigkeit auch $[M]^{2+}$; die geringe Häufigkeit weiterer Fragmente weist auf eine recht große Stabilität der Molekel hin [9, 10, 11]. Festes fc_3B ist gegen Luft und Feuchtigkeit beständig [5, 11], wird nach [4, 11] aber durch O_2/H_2O (in Lösung?) oxidiert, s. auch [12]. Zum chemischen Verhalten s. auch Verbindungen Nr. 2 und 3. Mit aliphatischen Aminen und Piperidin oder mit Phosphinen werden keine Addukte gebildet [4].

$fc_3B \cdot 3fc\text{-}H$ (Tabelle **39**, Nr. **2**). Die Zusammensetzung des Adduktes ist nur aus der Beobachtung abgeleitet, daß beim Einleiten von NH_3 in eine Lösung des Adduktes 50 Gew.-% fc-H freigesetzt werden. Man isoliert die Verbindung direkt aus der ersten bei fc_3B angegebenen Darstellungsmethode, wenn man das nach Hydrolyse erhaltene Rohprodukt in n-Heptan an Al_2O_3 chromatographiert; das Addukt wird mit n-Heptan eluiert. Es bildet sich auch aus einer Lösung von Nr. 3 in Äther/Heptan und fc-H [4].

$fc_3B \cdot NH_3$ (Tabelle **39**, Nr. **3**) wird aus Lösungen von Nr. 1 und 2 durch Sättigen mit NH_3 gewonnen. — Der angegebene Schmelzpunkt gilt nur für schnelles Erhitzen durch Eintauchen in ein Bad von 179°C [4].

fc_3SiOH (Tabelle **39**, Nr. **4**) wird durch Friedel-Crafts-Reaktion von $Si(N(CH_3)_2)_2Cl_2$ mit $fc\text{-}H/AlCl_3$ (1:4 mol) in n-Octan unter Rückfluß/20 h dargestellt; das Silanol bildet sich aus dem Primärprodukt durch Hydrolyse während der Chromatographie an SiO_2, 5% Ausbeute neben 4% $fc_2Si(OH)_2$ [6], vgl. 6.4.3.

fc_3GeCl (Tabelle **39**, Nr. **5**). Die Darstellung aus $Ge(N(CH_3)_2)_4$ und fc-H unter den bei Nr. 4 angegebenen Bedingungen gibt 21% Ausbeute neben fc_3Ge-O-$Gefc_3$ (25% Ausbeute) [6].

$(C_5H_5FeC_5H_3Cl\text{-}2)_3Bi$ (Tabelle **39**, Nr. **6**) wird aus $BiCl_3$ und $C_5H_5FeC_5H_3(Cl\text{-}2)Ag$ in Benzol bei Zimmertemperatur/3 bis 4 h dargestellt und durch Dünnschichtchromatographie an Al_2O_3 (Hexan/Äther, 1:1) isoliert, 46% Ausbeute. — Das IR-Spektrum zeigt die für C_5H_5 charakteristischen Banden bei 997 und 1102 cm^{-1}. — Die Verbindung ist in Benzol löslich; durch Behandlung mit konzentrierter Salzsäure und anschließendem Einleiten von H_2S erhält man fc-Cl und Bi_2S_3, was zur quantitativen Bi-Bestimmung benutzt werden kann [7].

$(ClC_5H_4FeC_5H_4)_3Bi$ und **$(BrC_5H_4FeC_5H_4)_3Bi$** (Tabelle **39**, Nr. **7** und **8**) werden analog zu Nr. 6 aus $XC_5H_4FeC_5H_4Ag$ und BiX_3 (X = Cl bzw. Br) mit 67 bzw. 50% Ausbeute dargestellt. — Die angegebenen Schmelzpunkte sind in einem vorgeheizten Bad ermittelt worden [7, 8]. Zum Verhalten gegen HCl/H_2S s. Verbindung Nr. 6.

fc_3Tl (Tabelle **39**, Nr. **9**). Zur Darstellung werden in Äther/Hexan fc-Li und fc-J mit TlCl (2:1:1 mol) bei −70 bis etwa 20°C während 1 h umgesetzt; nach Filtrieren kristallisiert die Verbindung langsam aus der Lösung, 30% Ausbeute. — Das Massenspektrum zeigt Fragmente mit m/e = 575, 554, 426, 423 und 370. Die Verbindung ist im festen Zustand luftstabil und etwas löslich in organischen Lösungsmitteln. Langsame Hydrolyse in Lösung führt quantitativ zu $(fc_2Tl)_2O$ [14].

Literatur:

[1] G. P. Sollott, J. L. Snead, S. Portnoy, W. R. Peterson, H. E. Mertwoy (Proc. Army Sci. Conf. U.S. Military Acad., West Point 1964, Bd. 2, S. 441/52; AD-611869 [1964]; N.S.A. **20** [1966] Nr. 20353). — [2] G. P. Sollott, W. R. Peterson (Abstr. Papers 148th Meeting Am. Chem. Soc., Chicago 1964, 4 S). — [3] G. P. Sollott, W. R. Peterson (J. Org. Chem. **30** [1965] 389/93). — [4] G. P. Sollott, W. R. Peterson, J. L. Snead (AD-634641 [1966] 16 S). — [5] H. Rosenberg, F. L. Hedberg (3rd Intern. Symp. Organometal. Chem., München 1967, Abstr., S. 108).

[6] G. P. Sollott, W. R. Peterson (J. Am. Chem. Soc. **89** [1967] 6783/4). — [7] A. N. Nesmeyanov, N. S. Sazonova, V. N. Plyukhina (Dokl. Akad. Nauk SSSR **177** [1967] 1352/4; Dokl. Chem. Proc. Acad. Sci. USSR **177** [1967] 1193/5). — [8] A. N. Nesmeyanov, N. S. Sazonova, V. A. Sazonova, L. M. Meskhi (Izv. Akad. Nauk SSSR Ser. Khim. **1969** 1827/9; Bull. Acad. Sci. USSR Div. Chem. Sci. **1969** 1689/90). — [9] W. J. Painter (Diss. Kansas State Univ. 1970 nach Diss. Abstr. B **31** [1971] 6482). — [10] E. W. Post (Diss. Kansas State Univ. 1969 nach Diss. Abstr. B **30** [1970] 5414).

[11] E. W. Post, R. G. Cooks, J. C. Kotz (Inorg. Chem. **9** [1970] 1670/7). — [12] G. P. Sollott, J. L. Snead (6th Intern. Conf. Organometal. Chem., Amherst, Mass., 1973, Abstr. Nr. 207). — [13] J. C. Kotz, W. J. Painter (J. Organometal. Chem. **32** [1971] 231/9). — [14] A. N. Nesmeyanov, D. A. Lemenovskii, É. G. Perevalova (Izv. Akad. Nauk SSSR Ser. Khim. **1975** 1667/8: Bull. Acad. Sci. USSR Div. Chem. Sci. **1975** 1558/9).

7.1.2.2 Verbindungen mit drei Ferrocenkernen an verschiedenen Atomen

Compounds with Three Ferrocene Nuclei at Different Atoms

7.1.2.2.1 Drei laterale fc-Gruppen an verschiedenen nichtaromatischen C-Atomen

Three Pendent fc Groups at Different Non-aromatic C Atoms

Ein Produkt, das als Derivat der Cyansäure mit CH_3-C(fc)=N-C(OH)=CH-C(fc)=N-C(OH)=CH-C(fc)=O einheitlich formuliert wird, jedoch einen breiten Schmelzbereich von 250 bis 350°C aufweist, entsteht beim Erhitzen von fc-$COCH_3$ mit NH_4CO_3 auf 170 bis 190°C/5 h in Gegenwart von $ZnCl_2$ mit 60% Ausbeute neben Polymeren. C=C- und OH-Gruppen sind spektroskopisch und analytisch gesichert [10].

fc$_2$CH-CH$_2$-fc wird durch Reduktion von fc$_2$C=CH-fc in absolutem Benzol mit Na/C_2H_5OH unter Rückfluß/3 h dargestellt. Das 1,1,2-Triferrocenyläthan wird bei der Chromatographie an Al_2O_3 mit Benzol/Petroläther (3:5) eluiert, 61% Ausbeute. Umkristallisation aus Benzol/Heptan (1:3). Schmelzpunkt (in verschlossener Kapillare): 209.5 bis 211°C. Im ^{1}H-NMR-Spektrum (in C_6H_6, gegen Hexamethyldisiloxan) bilden die Protonen der C_5H_5-Ringe zwei Singuletts bei $\delta = 3.95$ und 3.96 ppm (Intensitätsverhältnis 1:2) und die C_5H_4-Reste ein Multiplett mit Zentrum um $\delta = 3.86$ ppm aus. Das typische A_2B-Spektrum der CH_2CH-Gruppe erscheint bei $\delta_A = 2.99$ und $\delta_B = 3.22$ mit J(A, B) = 6.7 Hz [3].

fc$_2$C=CH-fc entsteht mit 81 bis 84% Ausbeute durch Wanderung einer Ferrocenyl-Gruppe bei der Reaktion von [fc$_3$C]HCl$_2$ mit Diazomethan. Entsprechend dem Mechanismus für die Reaktion von [$(C_6H_5)_3C$]ClO_4 wird folgender Reaktionsverlauf postuliert [3, 6]:

$$\mathrm{fc_3\overset{+}{C}} \xrightarrow{+\mathrm{CH_2N_2}} \mathrm{fc_3C\text{-}\overset{+}{C}H_2} \rightarrow \mathrm{fc_2\overset{+}{C}\text{-}CH_2\text{-}fc} \xrightarrow{-\mathrm{H^+}} \mathrm{\text{-}fc_2C{=}CH\text{-}fc}$$

Man gibt das Hydrochlorid in fester Form oder in Lösung von CH_3OH, CH_2Cl_2 oder CH_3CN zu Diazomethan in Äther bei 0°C und läßt 3 h bei 0°C reagieren. Nach Verdampfen des Lösungsmittels und bei der Chromatographie des Rückstands an Al_2O_3 eluiert Benzol zuerst eine kleine Menge Diferrocenylfulven, dann das fc$_2$C=CH-fc. Anschließend können mit Benzol/Äther (1:1) noch geringe Anteile an fc$_3$COH und fc$_2$CO (vermutlich auf der Säule entstanden) isoliert werden. — Die aus n-Heptan kristallisierte Verbindung schmilzt in verschlossener Kapillare unter Zersetzung bei 192 bis 194°C. Als Strukturbeweis gelten die Reduktion zu fc$_2$CH-CH$_2$-fc, s. oben, und die Oxidation mit $KMnO_4$ in Aceton/Benzol/Wasser zu fc-CO-fc, fc-CHO und fc-COOH mit 49, 30 und 21% der theoretischen Mengen [3].

fc-CH=CH-C(C≡C-fc)=CH-fc, das Trimere von fc-C≡CH, wird beim Erhitzen des Monomeren in Benzol in Gegenwart von $(P(C_6H_5)_3)_2Ni(CO)_2$ bzw. $(P(C_6H_5)_3)_2Ir(CO)Cl$ auf 80°C/24 h als Hauptprodukt erhalten. Bei der chromatographischen Aufarbeitung an SiO_2 mit Petroläther/Benzol wird nach nicht umgesetztem fc-C≡CH das Dimere, fc-CH=CHC≡C-fc, und anschließend das Trimere eluiert [7]: Mit etwa 1 Mol-% $(P(C_6H_5)_3)_2Ni(CO)_2$ 44.4% Ausbeute neben 9.5% 1,2,4-Triferrocenylbenzol. Durch Aufbringen des Katalysators auf Polymere des Divinylbenzols kann die Ausbeute bis auf 55.8% des linearen Trimeren und 15.4% des cyclischen Produkts gesteigert werden. Mit etwa 20 Mol-% $(P(C_6H_5)_3)_2Ir(CO)Cl$ als Katalysator werden nur das Dimere (5%) und das lineare Trimere (26%) isoliert sowie die Bildung des Komplexes $(P(C_6H_5)_3)_2Ir(CO)(Cl)(H)$C≡C-fc beobachtet [7].

Umkristallisiert aus $CHCl_3/CH_3OH$, schmilzt die Substanz bei 180 bis 182°C. Die Struktur konnte nach dem ^{1}H-NMR-Spektrum (270 MHz in $CDCl_3$) eindeutig festgelegt werden. Die chemischen Verschiebungen betragen $\delta = 4.01$ bis 4.35 (m, C_5H_5 und C_5H_4) und für die Olefinprotonen $\delta = 5.90$ (d, J = 16 Hz), 6.24 (s, geringe Allylkupplung mit $J < 0.5$ Hz), 6.59 (d, J = 16 Hz) ppm. Aus dem IR-Spektrum (KBr) sind charakteristische Absorptionen bei 810, 1000, 1100, 1610, 2160 (C≡C) und 3060 cm^{-1} angegeben, aus dem Massenspektrum (70 eV) die m/e-Werte 630, 594, 445, 389, 324, 316, 265 [7].

1,3,5-(fc-CH$_2$)$_3$C$_6$H$_3$ wird durch Reduktion von 1,3,5-(fc-CO)$_3$C$_6$H$_3$ mit $LiAlH_4/AlCl_3$ in Tetrahydrofuran unter Rückfluß/30 min dargestellt und in üblicher Weise aufgearbeitet. 64% Ausbeute an gelben Kristallen (aus Benzol/Petroläther), die sich ab 215°C zersetzen. Die Verbindung ist durch Elementaranalyse (C, H) und IR-Spektrum identifiziert [8].

$C_{35}H_{33}OFe_3$, das cyclische Keton der Formel I, bildet sich aus der freien Säure (fc-CH$_2$)$_3$C-COOH in Gegenwart von $(CF_3CO)_2O$ mit 66% Ausbeute. Orangefarbene Kristalle, Schmelzpunkt 278°C (aus Äther/Hexan) [11].

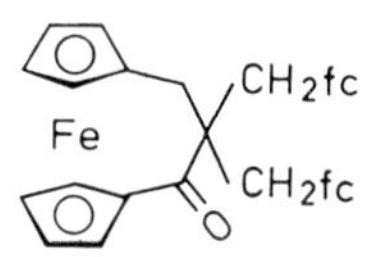

I 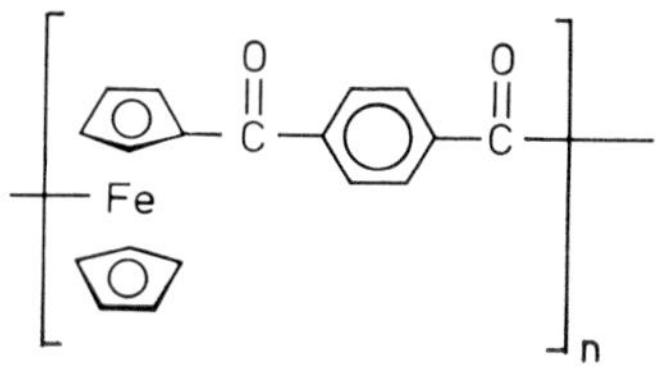 II

p-fc_2CH-C_6H_4-CO-fc wird neben anderen niedermolekularen Substanzen als Nebenprodukt der $ZnCl_2$-katalysierten Acylierung von Ferrocen mit Terephthaloylchlorid isoliert, die hauptsächlich Polymere der Struktur II ergibt. Als Folge von Redoxprozessen zwischen Ferrocen- und CO-Gruppen sollen Intermediäre vom Benzylkation-Typ entstehen, die unter den angewandten Bedingungen der Friedel-Crafts-Reaktion mit weiterem Ferrocen reagieren [2, 4]. Eine maximale Ausbeute der Substanz von 1.1% wird aus Ferrocen, Terephthaloylchlorid, Zinkchlorid und Sulfolan (1.4:1:0.1:56 mol) bei 80°C/50 h erhalten. Aus dem festen Reaktionsprodukt können mit n-Hexan die Anteile mit ein bis drei Ferrocen-Gruppen abgetrennt und an Al_2O_3 bestimmter Aktivität getrennt werden.

Eine rote Zone liefert das Keton, das nach Umkristallisieren aus Benzol/Hexan bei 195 bis 198°C schmilzt.

Das ^1H-NMR-Spektrum (in $CDCl_3$) zeigt chemische Verschiebungen bei $\tau = 2.35$ (m, A_2X_2, C_6H_4), 5.10 und 5.46 (H-2 bzw. H-3 in C_5H_4), 5.82 bis 6.03 (übrige H in fc) und 5.19 (CH). Für das IR-Spektrum (KBr) sind eine starke CO-Bande bei 1639 und ohne Diskussion zwei weitere, etwas schwächere CO-Banden bei 1282 (?) und 1443 cm^{-1} angegeben, ferner eine starke C=C-Bande (aromatisch) bei 1603 und eine sehr schwache CH-Bande bei 2899 cm^{-1} [2].

Die Verbindung ist wahrscheinlich auch in einem roten, kristallinen Produkt enthalten (Schmelzpunkt 212°C), das aus fc-H und p-$ClOCC_6H_4COCl/AlCl_3$ in CH_2Cl_2 gebildet wird [1] und sicher nicht als Polymeres vom Typ II anzusprechen ist [2].

1,3,5-$(fc\text{-}CO)_3C_6H_3$ erhält man bei längerem Stehen (18 h) von fc-CO-CH=CHONa in Eisessig: 57% Ausbeute an dunkelroten Kristallen, die aus Benzol umkristallisiert werden. Sie zersetzen sich ab 250°C. Im IR-Spektrum liegt die ν(CO)-Bande mit 1637 cm^{-1} fast an der gleichen Stelle wie bei fc-COC_6H_5 [8]. Zur Reduktion s. oben, 1,2,5-$(fc\text{-}CH_2)_3C_6H_3$.

$(fc\text{-}CH_2)_3C$-COOH wird durch Verseifung des Äthylesters mit 77% Ausbeute erhalten. Gelbe Kristalle vom Schmelzpunkt 252°C (aus Äther/Benzol). Die Säure cyclisiert mit $(CF_3CO)_2O$ zum Keton der Formel I [11].

$(fc\text{-}CH_2)_3C$-$COOC_2H_5$ entsteht mit 86% Ausbeute durch Clemmensen-Reduktion von $(fc\text{-}CH_2)_2$(fc-CO)C-$COOC_2H_5$ in gelben Kristallen, Schmelzpunkt 158°C (aus Äther), und läßt sich zur freien Säure verseifen [11].

$(fc\text{-}CH_2)_2$(fc-CO)C-$COOC_2H_5$ wird aus dem Ester (fc-CH_2)(fc-CO)CH-$COOC_2H_5$ in Gegenwart von Na durch Umsetzung mit fc-$CH_2N(CH_3)_3J$ dargestellt (60% Ausbeute). Es fällt als dickes Öl an, das sich langsam verfestigt. Die Ketogruppe kann durch Clemmensen-Reduktion in CH_2 umgewandelt werden [11].

$(fc\text{-}COOCH_2)_3C$-CH_2OOCCH=CH_2 wird durch dreifache Veresterung des Pentaerythritmonoacrylsäureesters in CH_2Cl_2/C_6H_5Cl mit fc-COCl in C_6H_5Cl bei 50°C/150 Torr/1 h erhalten. Nach Verdampfen der Lösungsmittel wird der Rückstand aus CH_3OH umkristallisiert. Das Monoacrylat wird zuvor durch Umsetzung des Arsenigsäuretriesters mittels Dicyanobenzochinon in Aceton/H_2O bei 40°C/30 min gewonnen und in situ eingesetzt. Das analysenreine Endprodukt schmilzt bei 107 bis 109°C und wird als Monomeres zu Copolymerisaten mit Butadien verwendet, die als Zusatz zu festen Treibstoffen dienen [12, 13].

$(fc\text{-}COOCH_2)_3C\text{-}CH_2OOCC(CH_3){=}CH_2$ wird analog dem vorangehenden Produkt durch dreifache Veresterung von $(HOCH_2)_3CCH_2OOC(CH_3){=}CH_2$ dargestellt. Dieses erhält man zuvor durch Hydrolyse des Arsenigsäuretriesters mit Dicyanobenzochinon bei 40°C/30 min in Aceton/H_2O, Abtrennung aus dem Reaktionsgemisch und Lösen in CH_2Cl_2/C_6H_5Cl. Die Lösung wird in situ bei 50°C/150 Torr/1 h mit fc-COCl in C_6H_5Cl umgesetzt, das Lösungsmittel verdampft und der Rückstand mit CH_2Cl_2/H_2O ausgeschüttelt. Der CH_2Cl_2-lösliche Teil wird in Pentan/CH_2Cl_2 über SiO_2 chromatographiert. Mit CH_2Cl_2 wird der vierfache Ester des Pentaerythrits isoliert. Nach Umkristallisation aus CH_3OH schmilzt das Reinprodukt bei 109 bis 112°C. Es kann wie das Acrylsäurederivat mit Butadien copolymerisiert werden [12, 13].

$C_8H_5N_4(CH_2\text{-}fc)_3$ (Formel IV) erhält man mit 1 bis 2% Ausbeute aus dem Dimeren des Bernsteinsäurenitrils (Formel III), das zunächst aus $CH_2(CN)\text{-}CH_2(CN)$ und NaH in Tetrahydrofuran bei 60°C/3 h gebildet und dann mit $fc\text{-}CH_2N(CH_3)_3J$ in Dimethylformamid bei 85°C/7.5 h zur Reaktion gebracht wird. Bei der Chromatographie an Al_2O_3

$CH_2(CN)\text{-}CH_2\text{-}C({=}NH)\text{-}CH(CN)\text{-}CH_2(CN)$ III

$fc\text{-}CH_2\text{-}CH(CN)\text{-}CH(CH_2\text{-}fc)\text{-}C({=}NH)\text{-}CH(CN)\text{-}CH(CN)\text{-}CH_2\text{-}fc$ IV

läßt sich eine starke rote Zone wegen Zersetzung nur teilweise mit Benzol eluieren; aus dem erhaltenen roten Öl bilden sich langsam gelbe Kristalle, die aus Benzol/Petroläther umkristallisiert werden, Schmelzpunkt 230°C [5]. Weitere Daten zur Sicherung der Struktur liegen nicht vor.

Literatur:

[1] G. Platau, W. R. Wenger, E. Beekman (AD-609831 [1964]). — [2] E. W. Neuse, K. Koda (J. Macromol. Chem. **1** [1966] 595/609). — [3] A. N. Nesmeyanov, E. G. Perevalova, L. I. Leont'eva, Yu. A. Ustynyuk (Izv. Akad. Nauk SSSR Ser. Khim. **1967** 681/2; Bull. Acad. Sci. USSR Div. Chem. Sci. **1967** 657/8). — [4] E. W. Neuse (Advan. Macromol. Chem. **1** [1968] 1/138, S. 76ff). — [5] J.-P. Ravoux, J. Decombe (Bull. Soc. Chim. France **1969** 146/53).

[6] L. I. Leont'eva (5th Intern. Conf. Organometal. Chem., Moscow 1971, Bd. 2, Nr. 236). — [7] C. U. Pittman, L. R. Smith (J. Organometal. Chem. **90** [1975] 203/10). — [8] K. Schlögl, H. Egger (Monatsh. Chem. **94** [1963] 1054/63). — [9] C. Simionescu, T. Lixandru, L. Tataru, I. Mazilu (J. Organometal. Chem. **73** [1974] 375/82). — [10] Ya. M. Paushkin, T. P. Vishnyakova, S. A. Nizova, A. F. Lunin, F. F. Machus u.a. (Poluprovodnykovye polimery s sopryazhennymi, Sryazami, Neftekhimiya, Moskva 1966, TSNIITE).

[11] A. Dormond, J. Décombe (Compt. Rend. C **267** [1968] 693/6). — [12] U.S. Dept. of the Army, T. E. Stevens, F. Reed (U.S.P. 3847958 [1969/74]). — [13] U.S. Dept. of the Army, T. E. Stevens, S. F. Reed (U.S.P. 3867213 [1969/75]).

Three Pendent fc Groups at Different Aromatic C Atoms

7.1.2.2.2 Drei laterale fc-Gruppen an verschiedenen aromatischen C-Atomen

$[fc_3C_3]^+ClO_4^-$ (Triferrocenylcyclopropenium-perchlorat) erhält man durch Umsetzung von $[C_3Cl_3]^+AlCl_4^-$ mit 3 Moläquivalent Ferrocen in CH_2Cl_2 bei −70°C/3 h, 23°C/16 h, Siedetemperatur/2 h, anschließende Zersetzung mit H_2O/Aceton (4:1) bei −60°C und Behandlung mit $HClO_4$ (70%). Reinigung des Produkts durch Säulenchromatographie (Cellulose, CH_2Cl_2/Petroläther (Siedebereich 40 bis 60°C)) und Umkristallisation aus dem gleichen Lösungsmittel, 38% Ausbeute.

Dunkelrote Kristalle, Zersetzung explosionsartig bei 171°C. Nach der Elementaranalyse tritt das Produkt als Monohydrat auf. Im ^1H-NMR-Spektrum (in $CDCl_3$ bzw. CD_3CN) erscheinen Singuletts für 15H in der 1'-Position der Ferrocen-Gruppen bei $\delta = 4.38$ (4.35) und für 12H in der 1- und 2-Position bei $\delta = 5.13$ (für 6H bei $\delta = 5.08$ und für 6H bei $\delta = 5.17$) ppm, möglicherweise als Ergebnis zweier gegensätzlicher Effekte: $\Delta\delta$ sollte negativ für das Ferrocencarbonium-Ion und positiv für das substituierte Cyclopropylium-Ion sein. Absorptionsmaxima im IR-Spektrum (KBr) bei ν = 478, 490, 620, 675, 820, 900, 1000, 1030, 1052, 1100, 1120, 1146, 1359, 1384, 1412, 1494, 1860, 2930, 3120 cm^{-1}. Die sehr starke Bande bei 1494 cm^{-1} ist für die antisymmetrische degenerierte Streckschwingung (E') des C_3^+-Rings charakteristisch, ebenso wie eine Raman-Absorption bei

1860 cm^{-1} für die symmetrische Streckschwingung A_1^1. Absorptionsmaxima (lg ε) des UV-Spektrums (CH_2Cl_2) sind mit 309 (4.42), 363 (3.98) und 520 (3.85) nm angegeben. Der ungewöhnlich hohe pK_R^+-Wert >10 (potentiometrische Titration in 50% wäßrigem CH_3CN) weist wie die spektralen Eigenschaften auf eine bemerkenswerte Stabilisierung des hochgespannten Dreiringsystems durch den kollektiven Effekt der drei Ferrocen-Gruppen hin [17].

Triferrocenylbenzole und deren Derivate

Triferrocenylbenzenes and Their Derivatives

Alle bekannten Verbindungen dieser Klasse treten in den beiden stellungsisomeren Formen I und II auf. Die Formeln geben ein schematisch vereinfachtes Bild, das keine Aussage über die wahren Bindungswinkel, Entfernungen und Konformationen gestattet.

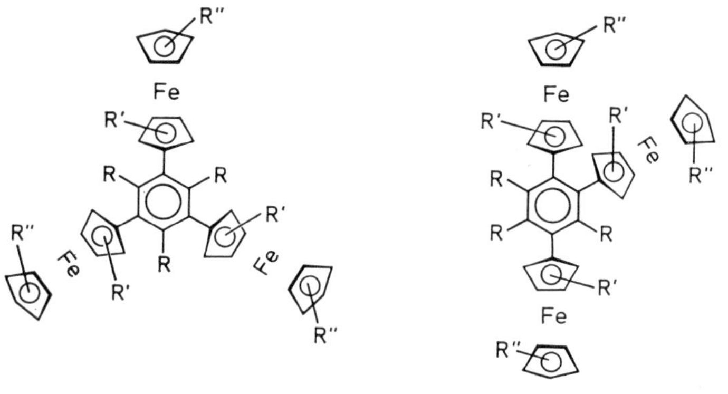

I

II

Das dritte denkbare Isomere mit vicinaler Anordnung aller drei Ferrocen-Gruppen ist unbekannt und seine Existenz unwahrscheinlich, weil sich fc-C≡C-fc nicht zu Hexaferrocenylbenzol trimerisieren läßt. Bereits Raummodelle für das Trimethyltriferrocenylbenzol erscheinen sterisch überladen [2, 4].

Zur Darstellung werden folgende Verfahren angewandt:

Methode I: Cyclisierende Trimerisierung von fc-C≡CH oder seinen Homologen durch Ziegler-Katalysatoren verschiedener Zusammensetzung [2, 4, 6], wobei in Abhängigkeit vom Typ der Katalysatorkomponenten und deren Molverhältnissen auch lineare Polymere entstehen. Mit $Al(C_2H_5)_3/TiCl_4$ (Al/Ti = 5 bis 10), $Al(C_4H_9\text{-}i)_3/TiCl_4$ (Al/Ti = 3), $Al(C_2H_5)_nCl_{3-n}/Ti(OC_4H_9)_4$ (n = 1,2; Al/Ti = 5) werden ausschließlich Benzol-Derivate erhalten, bei den ersten beiden Systemen auch in Gegenwart von Basen wie Pyridin und Anisol. Die Reaktion wird nach Alterung des Katalysators in Toluol oder ähnlichen Lösungsmitteln bei 30 bis 80°C/21 bis 49 h durchgeführt [4, 6].

Methode IIa: Trimerisierung von fc-C≡CH oder Derivaten mit $Co_2(CO)_8$ als Katalysator, entweder durch Erhitzen der Lösungen unter Rückfluß [3] während 3 h oder Erhitzen der Acetylenverbindung mit 10 Gew.-% Katalysator im Vakuum von 0.02 bis 0.05 Torr auf 70 bis 180°C/15 min [2, 4].

Methode IIb: Umsetzung der stabilen Komplexverbindung $Co_2(CO)_6HC_2fc$ mit überschüssigem fc-C≡CH durch Erhitzen in Dioxan unter Rückfluß. Der Komplex kann zuvor aus stöchiometrischen Mengen fc-C≡CH und $Co_2(CO)_8$ in benzolischer Lösung bei 25°C dargestellt werden [1].

Methode III: Katalytische Trimerisierung von Derivaten des fc-C≡CH in Gegenwart einer der Komplexverbindungen $(P(C_6H_5)_3)_2Ni(CO)_2$ oder $(P(C_6H_5)_3)_2NiBr_2$. Die Acetylenverbindung wird 24 h unter N_2 in Benzol mit etwa 1 Mol-% des Nickelcarbonyls [1] bzw. mit dem $(P(C_6H_5)_3)_2NiBr_2$ als Katalysator in Tetrahydrofuran [5] erhitzt.

Literatur s. S. 278

Methode IV: Rühren von 1,1'-Diäthylferrocenylacetylen mit einer Suspension von Natrium in Toluol bei 120°C/0.5 h [15].

Methode V: Behandlung von fc-C≡CH mit CH_3SO-CH_2Na [5].

Methode VI: Radikalisch eingeleitete Trimerisierung von fc-C≡CH:

a) Mit Azodiisobutyronitril als Initiator. Dabei entstehen Cyclotrimere neben Polymeren in wechselnden Mengen [11, 12, 14]. Das Substrat wird mit etwa 1% der Gewichtsmenge an Initiator unter N_2 bei 60 bis 65°C zusammengeschmolzen und die Mischung eine bis mehrere Stunden auf konstanter Temperatur zwischen 140 und 200°C gehalten [14].

b) In Gegenwart von Di-t-butylperoxid. Die Schmelze von fc-C≡CH unter Ar wird bei 160°C tropfenweise mit 0.25 bis 1 Moläquivalent Peroxid versetzt [8, 16].

Methode VII: Erhitzen der Ferrocenylacetylenverbindungen im Vakuum von 0.05 Torr auf 170 bis 180°C/16 bis 42 h [2, 4, 16].

Methode VIIIa: Trimerisierung von fc-$COCH_3$ in Gegenwart von $HC(OC_2H_5)_3$ und HCl-Gas bei 20°C/22 h [2, 4, 6] ohne und mit Lösungsmittel [11].

Methode VIIIb: Gleiches Verfahren mit p-$CH_3C_6H_4COOH$ anstelle von HCl. Molares Verhältnis fc-$COCH_3$/$HC(OC_2H_5)_3$/p-$CH_3C_6H_4COOH$ = 1/1.2/0.05. Reaktion bei Zimmertemperatur/15 min in C_2H_5OH, anschließend 4 h Erhitzen unter Rückfluß [11].

Die folgende Tabelle 40 faßt alle Verbindungen der Gruppe zusammen. IG bedeutet Gemisch der beiden Isomeren I und II. Bei den ^{1}H-NMR-Spektren ist in Klammern auch die Anzahl der betreffenden Protonen angegeben.

* Weitere Angaben:

1,3,5-fc$_3$C$_6$H$_3$ (Tabelle **40**, Nr. **1**) wird nach Methode VIIIa mit wechselnden Ausbeuten erhalten [2, 4, 6, 11], die möglicherweise mit unterschiedlichen Säurekonzentrationen zu Beginn der Reaktion zu erklären sind [1]. Überlegungen zum Mechanismus der Reaktion in [11]. Hinweise auf die säurekatalysierte Trimerisierung von fc-$COCH_3$ und die Bildung von 1,3,5-fc$_3$C$_6$H$_3$ bei der Darstellung von β-Chlorvinylferrocen finden sich in [3]. Symmetrisches 1,3,5-fc$_3$C$_6$H$_3$ wird nach den Methoden I, VIa, VIIIb als Gemisch mit dem 1,2,4-Isomeren erhalten [6, 11, 12, 14]. Nach [6] tritt das Isomerengemisch als einheitlich scheinendes Produkt von gelber Farbe und einem Schmelzpunkt von 230°C auf. Quantitative Bestimmung der Mengenverhältnisse erfolgt durch Dünnschichtchromatographie an SiO_2 (Benzol/Hexan; 1:2) bzw. aus den Flächenintegralen des ^{1}H-NMR-Spektrums oder den Intensitäten charakteristischer Absorptionsbanden im IR-Spektrum der Gemische [6], präparative Trennung der Isomeren durch Dünnschichtchromatographie oder Sublimation des 1,2,4-Isomeren bei 220°C/0.02 Torr [6]. Wird nach Methode VIa statt Azodiisobutyronitril Benzoylperoxid als Katalysator verwendet, so sollen keine cyclischen Trimeren entstehen [14]. Nach Methode V mit CH_3SO-CH_2Na bilden sich Cyclotrimere, deren Struktur nicht bekannt ist [5]. Die Verwendung von p-$CH_3C_6H_6SO_3H$ als Säure für die Methode VIII bewirkt, daß neben anderen Produkten nur 4% eines Gemisches mit gleichen Anteilen beider Isomerer entstehen [11].

Weitere Angaben über ^{1}H-NMR-Spektren in $CDCl_3$ in [2, 3], in CS_2, als Lösungsmittel in [11], in $Cl_2C{=}CCl_2$ bei 130°C in [6], zweifelhafte Messungen in [8]. Aus der Äquivalenz der drei Protonen am Benzolring bzw. der fünfzehn Protonen an den unsubstituierten Cyclopentadienylringen sowie einem A_2B_2-System von je sechs gleichwertigen Protonen in 1- und 2-Stellung der substituierten Fünfringe folgt die völlig symmetrische Struktur der Formel III mit nahezu coplanarer Anordnung aller Ringe. Es konnte jedoch nicht geklärt werden, ob alle fc-Reste auf der gleichen Seite des Benzolringes (Punktgruppe C_{3v}) liegen oder die thermodynamisch wahrscheinlichere Verteilung auf beide Seiten der Benzolring-Ebene (Punktgruppe C_s) bevorzugt ist [4]. Im IR-Spektrum ist eine intensive δ(CH)-Bande bei 818 cm^{-1} (CS_2) nach [6] beiden Isomeren eigen, nach [13] ist sie mit 822 cm^{-1} gegen die des 1,2,4-Isomeren verschoben. Isomerengemische absorbieren in folgenden Bereichen: 730 bis 740, 870 bis 885, 920, 1590 cm^{-1} (Benzolring) und 815, 1000, 1100, 1410, 3060 cm^{-1} (monosubstituierte fc-Kerne) [6]. Die Struktureigenschaften nach Formel III spiegeln sich auch in den UV-Spektren. Die Intensität der Bande bei 280 nm, die als Kriterium des Konjugationsgrades der Chromophoren gilt, ist beim symmetrischen Isomeren wesentlich höher, weil alle Ferrocenkerne coplanar mit dem Benzolring angeordnet sein können [2, 4, 6]. Andererseits steigt der Absorptionskoeffizient der Bande bei 450 nm gegenüber dem des Phenylferrocens auf den dreifachen Wert, was auf eine geringe Wechselwirkung zwischen den Ferrocenkernen im Cyclotrimeren hinweisen soll [7].

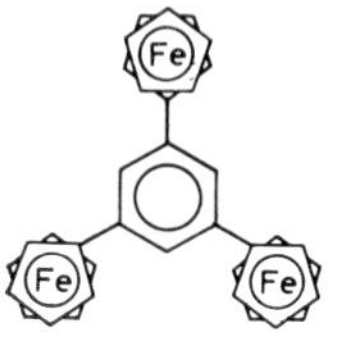

III 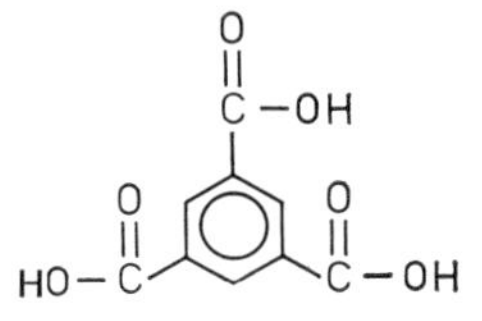 IV

1,3,5-$fc_3C_6H_3$ ist wie sein Isomeres in üblichen organischen Lösungsmitteln wie C_6H_6, CH_2Cl_2 und CS_2 löslich, sein R_f-Wert für die Dünnschichtchromatographie an SiO_2 mit Benzol/Petroläther ist geringer als der des 1,2,4-Isomeren [6]. Aus dem Massenspektrum ist zwecks Molekulargewichtsbestimmung das einfach (m/e = 630) und doppelt geladene (m/e = 315) Molekelion bekannt [2, 4, 6]. Die weitere Fragmentierung entspricht dem Verhalten von fc-Resten [6]. — Bei der polarographischen Bestimmung der Oxidationshalbwellenpotentiale (rotierende Pt-Elektrode gegen Hg, in CH_2Cl_2) wird für ein 1:1-Gemisch der beiden Isomeren nur eine einzige Stufe bei $E_{1/2} = 0.57 \pm 0.02$ V für 10^{-4} molare bzw. bei 0.60 ± 0.03 V für 10^{-3} molare Lösungen gefunden, während Biferrocen in zwei Stufen oxidiert wird. Diese Drei-Elektronen-Einschrittreaktion (bei fast gleichem Potential wie für Ferrocen selbst) wird mit fehlender Wechselwirkung zwischen den fc-Kernen der Triferrocenylbenzole erklärt [7]; nach neueren Ergebnissen müssen noch andere Gründe maßgebend sein [13], s. Triferroceniumsalze bei 1,2,4-$fc_3C_6H_3$. Für den oxidativen Abbau des symmetrischen Isomeren zur Trimellitsäure (Formel IV) wird 1,3,5-$fc_3C_6H_3$ in der Lösung von $KMnO_4$ in 4 N KOH auf 100°C/70 h erhitzt. Die Reaktion dient zur chemischen Identifizierung des Isomeren [2, 3, 4].

1,2,4-$fc_3C_6H_3$ (Tabelle **40**, Nr. **2**) entsteht nach Methode VII überraschend spezifisch [16]. Für den Reaktionsverlauf wurde keine zutreffende Erklärung gefunden [4]. Die höchste Ausbeute nach Methode IIa erhält man durch Erhitzen von fc-C≡CH mit $Co_2(CO)_8$ in Dioxan [3]; bei trocknem Verfahren ohne Lösungsmittel wurden maximal 45% Reinprodukt gewonnen [2, 4]. In siedendem Tetrahydrofuran wurden hauptsächlich braune Pulver erhalten [5]. Bei der stöchiometrischen Umsetzung von fc-C≡CH mit $Co_2(CO)_8$ in Benzol wird der beständige Komplex $Co_2(CO)_6HC_2fc$ isoliert, der als reaktives Zwischenprodukt bei der katalytischen Umsetzung nach Methode IIa angesehen wird. Erst mit weiterem fc-C≡CH wird aus diesem Komplex das 1,2,4-$fc_3C_6H_3$ mit 32% Ausbeute gebildet [1]. Durch Aufbringen des Katalysators $(P(C_6H_5)_3)_2Ni(CO)_2$ auf Polymere des Divinylbenzols konnte dessen Aktivität gesteigert werden, so daß nach Methode III maximal 15.4% des cyclischen Trimeren erhalten wurden [1]. Mit $(P(C_6H_5)_3)_2NiBr_2$ in Tetrahydrofuran entstehen braune Pulver, die nach [5] mit dem 1,2,4-$fc_3C_6H_3$ nach [2] identisch sind. Dagegen werden beim Erhitzen von fc-C≡CH mit $RhCl_2$ als Katalysator auf 60°C/48 h in Äthylalkohol keine cyclischen Produkte gefunden [14]. Nach [2, 4] liefert Methode I nur 1,2,4-$fc_3C_6H_3$ mit 15% Ausbeute statt des nach [6] gefundenen Isomerengemischs, aus dem der Anteil an 1,2,4-$fc_3C_6H_3$ durch Dünnschichtchromatographie oder Sublimation abgetrennt werden kann. Unter Bedingungen der Copolymerisation von fc-C≡CH mit Isopren im Molverhältnis 1/10 mit $Al(C_4H_9\text{-}i)_3/TiCl_4$ (2:1 mol) nach Methode I entsteht immer noch 1,2,4-$fc_3C_6H_3$ mit 4.4% Ausbeute [10]. Im Filtrat der peroxidinitiierten Reaktion nach Methode VIb soll nach [8] Cyclotrimeres enthalten sein, das nicht auf seine Isomerenzusammensetzung untersucht werden konnte, dessen hoher Schmelzpunkt jedoch für das unsymmetrische Produkt spricht. In [9] werden nur lineare und polycyclische Reaktionsprodukte erwähnt.

 Literatur s. S. 278

Tabelle 40. Verbindungen vom Typ des Triferrocenylbenzols.

Für laufende Nummern mit Sternchen folgen am Ende der Tabelle weitere Angaben.
Zu Abkürzungen und Dimensionen s. S. 1.

Nr.	Substituenten in Formeln I und II R R′ R″	Darstellungs-methode	Farbe, Schmelz-punkt	^{1}H-NMR-Spektrum R	fc-Kern	R′ oder R″		IR-Banden	UV-Spektrum (in C_2H_5OH, ε)	Lit.
*1	Formel I: H H H	VIIIa (48) I IG (>80) VIa IG (bis 47) VIIIb IG (4)	gelb, orange, 264 bis 266 250/0.05 Torr (Subl.)	2.53 (s)	5.23 (6) 5.61 (6) 5.86 (15)	—	($CDCl_3$)	730, 815, 920 (CS_2)	235 S (24900) 280 (23600) 330 S (3800) 450 (930)	[2, 3, 4, 5, 6, 8, 11, 12, 14]
*2	Formel II: H H H	VII (>90) IIa (bis 64) IIb (32) III (9.5) I (15) I, VIa IG	gelb, 247 bis 250 (Zersetzung) 230/0.05 Torr (Subl.)	2.37 (m)	5.23 (2) 5.61 (2) 5.88 (23)	—	($CDCl_3$)	750, 810 1000, 1100 1610, 3060 (KBr)	235 S (22600) 284 (15100) 335 S (5600) 450 (1150)	[1, 2, 3, 4, 5, 6, 8, 9, 10, 11, 14]
*3	Formel II: H CH_3-2 H	VII (59)	— 242 bis 245	2.29 (m)	5.50 (1) 5.85 (9) 5.92 (14)	7.64 (3) 8.34 (6)	($CDCl_3$)	—	272 (11600) 320 S (3240) 442 (450)	[4]
*4	Formel II: H H CH_3-1′	VII (71)	— 132 bis 135	2.35 (m)	5.35 (2) 5.70 (2) 6.02 (20)	8.08 (3) 8.15 (3) 8.18 (3)	($CDCl_3$)	—	—	[4]
*5	Formel I: H C_2H_5 C_2H_5	IV (82)	orange, dickliche Flüssigkeit	—	—	—	—	750, 790 1560, 1600	—	[15]

Literatur s. S. 278

Tabelle 40 [Fortsetzung].

Nr.	Substituenten in Formeln I und II R R' R''	Darstellungs-methode	Farbe, Schmelz-punkt	^{1}H-NMR-Spektrum R	fc-Kern	R' oder R''		IR-Banden	UV-Spektrum (in C_2H_5OH, ε)	Lit.
*6	Formel II: CH_3 H H	IIa (82)	— 145 bis 147	7.10 (6, d) 7.40 (3)	5.83 (12) 6.12 (15)	—	(CCl_4)	—	282 (19000) 340 S (3900) 455 (1310)	[2, 4]
*7	Formel II: C_6H_5 H H	IIa (73)	— 155 bis 157	2.58 (5) 2.78 (15)	6.25 (27)	—	(CCl_4)	—	250 S (22700) 310 S (12330) 472 (3000)	[2, 4]

Literatur s. S. 278

Mit der Tabelle übereinstimmende chemische Verschiebungen aus ^{1}H-NMR-Spektren finden sich in [1, 2, 3, 10], weitere, in bezug auf das Isomere und das Lösungsmittel, zweifelhafte Angaben in [8]. Nach [6] ergibt ein Spektrum, in $Cl_2C{=}CCl_2$ bei 130°C vermessen, die gleichen Signale für die fc-Substituenten wie in [4], das Multiplett der Protonen am Benzolkern spaltet sich jedoch auf in ein Dublett bei $\tau = 2.00$, ein Singulett bei 2.36 und ein Dublett bei 2.62, die den 5-, 3- und 6-Positionen zugeordnet werden. Nach [1] erhält man für die Protonen am Benzolkern ein Multiplett im Bereich von 2.04 bis 2.74. Diese Ergebnisse bestätigen für 1,2,4-$fc_3C_6H_3$ die Molekelstruktur der Formel V, die in ausführlicher Diskussion abgeleitet wurde [4].

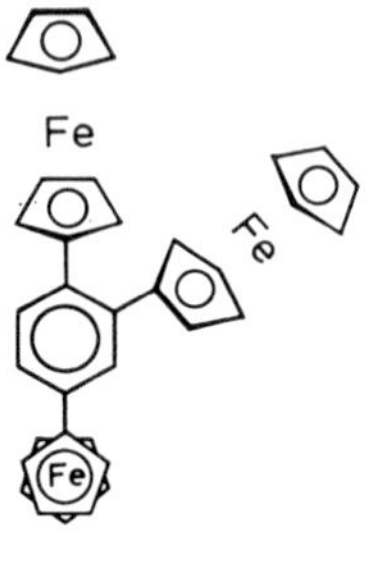

V 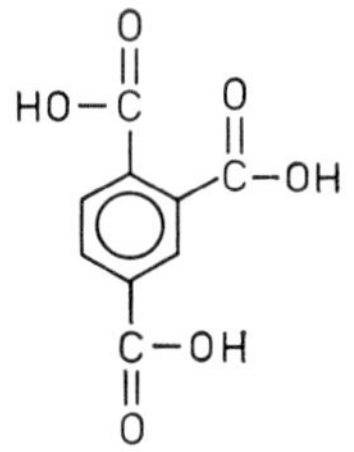 VI

Das IR-Spektrum ist in [6] und [10] abgebildet. Nach [13] absorbiert nur das 1,2,4-$fc_3C_6H_3$ bei 818 cm^{-1}; nach [6] ist in CS_2 die Absorption bei 815 cm^{-1} bei beiden Isomeren vorhanden. Weitere Banden von Isomerengemischen s. beim 1,3,5-Isomeren.

1,2,4-$fc_3C_6H_3$ ist in üblichen organischen Lösungsmitteln wie C_6H_6, CH_2Cl_2 und CS_2 löslich. Der höhere R_f-Wert bei der Dünnschichtchromatographie an SiO_2 mit Benzol/Petroläther ist zur Trennung vom Isomeren geeignet [6]. Im Massenspektrum (70 eV) werden Bruchstücke mit m/e = 630, 420, 117, 115 gefunden [1]. Das einfach und das doppelt geladene Molekelion (m/e = 630, 315) werden in [6] genannt. Eine wichtige Linie bei m/e = 394 kennzeichnet ein charakteristisches Bruchstück fc_2C_2, das nur vom 1,2,4-Isomeren gebildet wird [3]. — Für die polarographische Oxidation und Bestimmung der Halbwellenpotentiale gilt das gleiche wie für das 1,3,5-Isomere [7]. Völlig entsprechend verläuft auch der oxidative Abbau des 1,2,4-$fc_3C_6H_8$ zur Trimellitsäure (Formel VI), der der chemischen Identifizierung des unsymmetrischen Isomeren dient [2, 3, 4].

Triferroceniumsalze des 1,3,5- und 1,2,4-Triferrocenylbenzols mit 2,3-Dichlor-5,6-dicyanchinon (Formel VII und VIII) werden ausschließlich erhalten, wenn die isomeren Triferrocenylbenzole, jeweils in O_2-freien Benzollösungen, unter N_2 bei 22, 40 oder 60°C mit der Lösung des 2,3-Dichlor-5,6-dicyanchinons (DDQ) versetzt werden. Dabei werden niemals Salze der ein- oder zweifach oxidierten Triferrocenylbenzole isoliert, auch wenn das Molverhältnis fc/DDQ = 9 beträgt. Die Salze scheiden sich als schwarze Niederschläge schnell ab und werden mit Ausbeuten bis zu 92% analysenrein erhalten [13]. Da erwartet wurde, daß bei dieser chemischen Oxidation (eher als bei der elektrochemischen) der Feldeffekt den zweiten und dritten Reaktionsschritt behindern müsse, war das Ergebnis überraschend und auch mit Hilfe eines „inneren Solvationseffektes" nicht erklärbar. Es wurde gezeigt, daß auch in hochpolaren Lösungsmitteln wie CH_3CN oder CH_3CN/H_2O (95/5) kein Mono- oder Disalz auftritt [13]. — Erwartungsgemäß führt die Salzbildung zur Verschiebung einiger Absorptionsbanden im IR-Spektrum: ν(CN) liegt im Trisalz bei 2205 bis 2215 cm^{-1} gegenüber 2230 cm^{-1} und ν(CO) bei 1580 bis 1600 gegenüber 1680 cm^{-1} bei DDQ, die Beugeschwingung senkrecht zur Ebene der fc-Ringe bei 845 bis 860 cm^{-1} gegenüber 822 und 818 cm^{-1} in den Triferrocenylbenzolen [13].

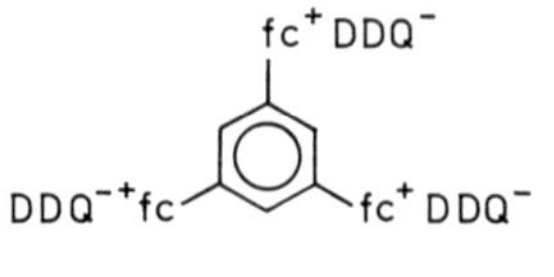

VII 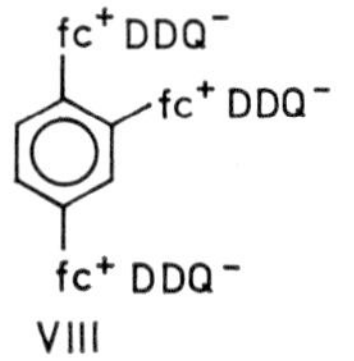 VIII

Literatur s. S. 278

1,2,4-($C_5H_5FeC_5H_3$-CH_3-2)$_3C_6H_3$ (Tabelle **40**, Nr. **3**) entsteht im Vergleich zu 1,2,4-Triferrocenylbenzol mit verminderter Ausbeute. Im ^{1}H-NMR-Spektrum erweist das unsymmetrische Multiplett der Benzolprotonen die 1,2,4-Substitution am Benzolring, für die das Raummodell nur eine zum Benzol coplanar angeordnete Ferrocen-Gruppe zuläßt. Der zusätzliche Raumbedarf der CH_3-Substituenten muß jedoch eine leichte Verdrillung dieser Ferrocen-Gruppe aus der Ebene des Benzols heraus verursachen. Das Spektrum bestätigt diese Vorstellung durch eine Verschiebung der C_5H_3-Signale gegenüber deren Lage im Spektrum des 1,2,4-Triferrocenylbenzols. Die Aufspaltung der CH_3-Signale ist mit der nahezu coplanaren Lage einer CH_3-Gruppe (Verschiebung zu tieferem Feld) und der Anordnung der beiden restlichen CH_3-Reste über oder unter der Benzolebene (Verschiebung zu höherem Feld) vereinbar. ^{1}H-NMR- und UV-Spektren weisen auf die gleiche bevorzugte Konformation A bzw. C in **Fig. 24** hin [4].

Optisch aktives (−)1,2,4-($C_5H_5FeC_5H_3CH_3$-2)$_3C_6H_3$ ist aus optisch aktivem $C_5H_5FeC_5H_3$-(CH_3-2)-C≡CH darstellbar. Schlögl verwendete ein zu 53% optisch reines Präparat mit der absoluten Konfiguration (1 R) und dem Drehwert $[\alpha]_D = +1°$ und erhielt ein stark linksdrehendes Produkt mit $[\alpha]_D = -144°$ und einem positiven Cotton-Effekt in der Gegend des d-d-Übergangs bei 442 nm (in C_6H_6), der dem abfallenden Ast eines kurzwelligen negativen Effekts aufgeprägt ist. Seine hohe molare Amplitude von etwa 10000 für die optisch reine Verbindung wird auf das Überwiegen einer bevorzugten Konformation zurückgeführt, die den Chromophor des Ferrocens stark stört. Unter Berücksichtigung der Absolutkonfiguration des Ausgangsproduktes wurden die drei in der Fig. 24 skizzierten Konfigurationen als die wahrscheinlichsten für das optisch aktive Produkt vorgestellt. Wegen der Behinderung zwischen der CH_3-Gruppe am coplanaren fc-Rest und der nahestehenden fc-Gruppe hat die Konfiguration B geringere Wahrscheinlichkeit als A und C, die miteinander identisch sind. Die Betrachtung der drei Chiralitätszentren in diesen Konfigurationen bestätigt, daß in Übereinstimmung mit dem starken Cotton-Effekt der Ferrocenchromophor gestört ist [4].

Fig. 24

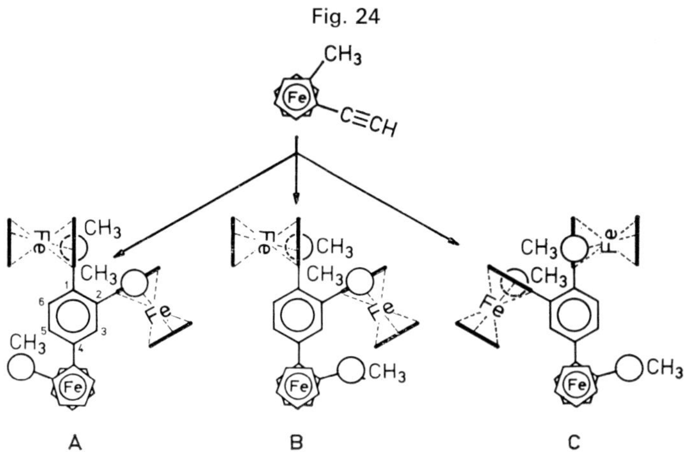

Sterisch mögliche Konfigurationen
für (−)1,2,4-($C_5H_5FeC_5H_3CH_3$-2)$_3C_6H_3$.

1,2,4-(1′-CH_3-$C_5H_4FeC_5H_4$)$_3C_6H_3$ (Tabelle **40**, Nr. **4**) weist τ-Werte der CH_3-Protonen auf, die sich viel weniger als beim 2-Methylisomeren (Nr. 3) unterscheiden. Der Effekt kann mit der freien Drehbarkeit der methylierten Fünfringe erklärt werden. Außerdem fallen die CH_3-Gruppen nach dem Raummodell der Molekel alle noch in das Grenzgebiet des Anisotropiekegels. Das Singulett bei $\tau = 8.02$ dürfte durch die CH_3-Gruppe eines coplanar angeordneten fc-Restes bedingt sein, ähnlich wie in Konfiguration A (Fig. 24) für die isomere optisch aktive Verbindung. Ein A_2B_2-System der Protonen in 2- und 3-Stellung von zwei C_5H_4-Ringen am Benzolkern und ein unsymmetrisches Multiplett der Benzolprotonen stützen die Annahme, daß 1,2,4-(1′-CH_3-$C_5H_4FeC_5H_4$)$_3C_6H_3$ die gleiche Konformation besitzt wie 1,2,4-$fc_3C_6H_3$ und 1,2,4-($C_5H_5FeC_5H_3$-CH_3-2)$_3C_6H_3$ [4].

Literatur s. S. 278

1,3,5-$(C_2H_5\text{-}C_5H_4FeC_5H_3\text{-}C_2H_5\text{-})_3C_6H_3$ (Tabelle **40**, Nr. **5**) ist hinsichtlich der Stellung der Äthyl-Gruppen in den benzolsubstituierten Fünfringen des Ferrocens nicht untersucht [15].

1,2,4-$fc_3C_6(CH_3)_3$-3,5,6 (Tabelle **40**, Nr. **6**) kann durch thermische Isomerisierung von fc-$C{\equiv}CCH_3$ nicht dargestellt werden [2]. ^1H-NMR- und UV-Spektrum beweisen die asymmetrische Substitution des Benzolkerns und die sterische Behinderung zwischen den Substituenten [2]. Die stark überladene Struktur geht auch aus dem Raummodell hervor, aus dem für die spannungsfreie Molekel ein Winkel von etwa 45° zwischen Benzolebene und jedem der beiden orthoständigen fc-Reste (statt 90° bei 1,2,4-$fc_3C_6H_3$, s. Fig. 24) abgeleitet wird [4].

1,2,4-$fc_3C_6(C_6H_5)_3$-3,5,6 (Tabelle **40**, Nr. **7**) spiegelt den unsymmetrischen Aufbau der Molekel in ^1H-NMR- und UV-Spektrum wider [2, 4]. Nach Maßgabe des sterisch überladenen Raummodells können die Phenylsubstituenten nur senkrecht zur Ebene des mittleren Benzolkerns angeordnet sein [4].

Literatur:

[1] C. U. Pittmann, L. R. Smith (J. Organometal. Chem. **90** [1975] 203/10). — [2] K. Schlögl, H. Soukup (Tetrahedron Letters **1967** 1181/4). — [3] M. Rosenblum, N. Brawn, S. J. King, B. King (Tetrahedron Letters **1967** 4421/5). — [4] K. Schlögl, H. Soukup (Monatsh. Chem. **99** [1968] 927/46). — [5] G. A. Yurlova, Yu. V. Chumakov, T. M. Yezhova, L. V. Dzhashi, S. L. Sosin, V. V. Korshak (Vysokomol. Soyedin. A **13** [1971] 2761/7; Polymer Sci. [USSR] **13** [1971] 3104/12).

[6] T. Nakashima, T. Kunitake, C. Aso (Makromol. Chem. **157** [1972] 73/85). — [7] T. Nakashima, T. Kunitake (Bull. Chem. Soc. Japan **45** [1972] 2892/5). — [8] V. V. Korshak, L. V. Dzhashi, B. A. Antipova, S. L. Sosin (Vysokomol. Soyedin. A **15** [1973] 521/6; Polymer Sci. [USSR] **15** [1973] 587/93). — [9] V. V. Korshak, L. V. Dzhashi. S. L. Sosin (La Nuova Chim. **49** [1973] 31/3). — [10] T. P. Vishnyakova, L. I. Tolstykh, G. M. Ignat'eva, B. F. Sokolov, Ya. M. Paushkin (Dokl. Akad. Nauk SSSR **208** [1973] 853/5; Dokl. Chem. Proc. Acad. Sci. USSR **208** [1973] 80/2).

[11] Yu. Sasaki, C. U. Pittman (J. Org. Chem. **38** [1973] 3723/6). — [12] C. U. Pittman, Y. Sasaki, unveröffentlicht, laut [11]. — [13] C. U. Pittman, Yu. Sasaki, G. Wilemon (Tetrahedron Letters **1973** 4399/402). — [14] C. U. Pittman, Y. Sasaki, P. L. Grube (J. Macromol. Sci. Chem. **8** [1974] 923/34). — [15] E. A. Kalennikov, Ya. M. Paushkin, P. G. Svatenko (Vestsi Akad. Navuk Belarusk. SSR Ser. Khim. Navuk **1974** 127/9).

[16] V. V. Korshak, L. V. Dzhashi, B. A. Antipova, S. L. Sosin (Dokl. 4th Vses. Konf. Khim., Atsetilena, Alma Ata, 1972, Bd. 3, S. 217/23). — [17] I. Agranat, E. Aharon-Shalom (J. Am. Chem. Soc. **97** [1975] 3829/30).

Triferrocenyl Compounds with Heteroatoms

7.1.2.2.3 Triferrocenylverbindungen mit Heteroatomen

Den gut charakterisierten Verbindungen des folgenden Abschnittes liegen die in den Formeln I bis III dargestellten Ringsysteme zugrunde.

I II III

Bei der Umsetzung von fc-CH_2OH mit $As(N(CH_3)_2)_3$ (3:1 mol) in siedendem Benzol wird unter Entwicklung von $(CH_3)_2NH$ ein schwerlösliches, nicht destillierbares Öl erhalten, das nach Elementaranalyse und spektroskopischen Daten vermutlich aus $(fc\text{-}CH_2O)_3As$ besteht, aber nicht als gesichert angesehen werden kann [10].

Die Reaktion von $C_6H_5(CH_3)_2SiC_5H_4FeC_5H_4Si(CH_3)_2OLi$ (= ROLi) mit $AlCl_3$ führt wahrscheinlich primär zu dem entsprechenden Al-Silanolat, $(C_6H_5(CH_3)_2SiC_5H_4FeC_5H_4Si(CH_3)_2O)_3Al$, das aber bei der sehr hohen Destillationstemperatur von 270 bis 280°C/0.15 Torr unter Abspaltung eines Disiloxans ROR, vgl. 6.4.3, zersetzt wird [1]. Bei der Umsetzung des gleichen ROLi mit CH_3SiCl_3 (3:1 mol) in Äther bei Zimmertemperatur entsteht ein bei 273 bis 280°C/0.06 Torr destillierendes Öl, dessen Elementaranalyse mit der Zusammensetzung eines $(C_6H_5(CH_3)_2SiC_5H_4FeC_5H_4Si(CH_3)_2O)_3$-$SiCH_3$ gut übereinstimmt [1, 2]. Aus seinem IR-Spektrum sind Banden bei 1000 und 1114 cm^{-1} genannt [1]. Untersuchungen zur hohen thermischen Beständigkeit und Viskosität des Produktes s. bei [2].

$(fc\text{-}CH_2)_3C_3H_6N_3$ (Formel I) wird durch Erhitzen von fc-CH_2NH_2 mit überschüssigem Paraformaldehyd in Toluol unter Rückfluß während 16 h erhalten. Das symmetrisch substituierte Hexahydrotriazin bleibt beim Eindampfen einer Benzollösung als hellbraune Festsubstanz mit 85% Ausbeute zurück. — Aus dem IR- und ^1H-NMR-Spektrum (in $CFCl_3$) ergibt sich kein Hinweis für eine lineare Verknüpfung des Trimeren: $\delta = 3.23$ und 3.35 ppm (d, CH_2) und 4.06 ppm (s, fc) [7].

$fc_3B_3O_3$ (Formel II) entsteht aus fc-$B(OH)_2$ durch Dehydratation beim Trocknen im Vakuum während mehrerer Tage [4], s. auch [3], zeigt aber im IR-Spektrum (in CCl_4) noch schwache OH-Banden der Säure bei 3637 und 3672 cm^{-1}. Bildet sich auch schnell aus der Säure im Massenspektrometer bei 175°C Einlaßtemperatur [4].

Die Verbindung fällt aus n-Heptan als orangefarbene, kristalline Substanz an, die bei 263 bis 265°C schmilzt [3]. Nach dem UV-Spektrum (Daten sind nicht angegeben) besteht keine merkbare Stabilisierung des sechsgliedrigen Ringes durch $O \rightarrow B \rightarrow \pi$-Wechselwirkung [9]. Das Massenspektrum sowie die Intensitätsverteilung der isotopen Massen des Molekelions $[M]^+$ sind bei [4] vollständig angegeben; weitaus häufigstes Fragment mit 68% der Intensität vom $[M]^+$ ist $[fc\text{-}BO]^+$, das beträchtlich stabiler ist als die Ionen $[RBO]^+$ der Boroxine mit R = CH_3 oder C_6H_5 [4]. Schon mit Spuren H_2O in CCl_4-Lösung wird nach dem IR-Spektrum unmittelbar fc-$B(OH)_2$ zurückgebildet [4].

$fc_3B_3(NH)_3$ (Formel III) wird aus fc-BCl_2 in Toluol und NH_3-Gas zunächst bei Zimmertemperatur/30 min und dann unter Rückfluß/1 h unter Abscheidung von NH_4Cl gebildet und aus der filtrierten Lösung durch Eindampfen mit 89% Ausbeute rein isoliert [6].

Die gelborange- bis orangefarbenen Kristalle schmelzen bei 259°C (in geschlossener Kapillare). Im ^1H-NMR-Spektrum (in $CDCl_3$) werden chemische Verschiebungen bei $\tau = 4.91$ (breites s, N-H), 5.53 (s, C_5H_4) und 5.86 (s, C_5H_5) gefunden. Das Singulett der C_5H_4-Protonen deutet auf Elektronendonatoreigenschaften des Borazinrings hin.

Aus dem IR-Spektrum (in KBr), das vollständig angegeben ist, sind außer den fc-Banden folgende hervorzuheben: 728 (B-N-Ringdeformationsschwingung), 1485 als $\delta(BN)$ und 3434 als $\nu(NH)$ in cm^{-1} [6]; die $\nu(NH)$ ist eine der niedrigsten unter den Borazinen, erklärbar durch die induktive Wirkung der fc-Gruppen [5]. Eine Coplanarität zwischen dem B-N-Ring und C_5H_4-Ring läßt sich aus der Lage der $\delta(BN)$ bei 728 cm^{-1} nicht unbedingt ableiten [6]. Das UV-Spektrum (in $CHCl_3$) hat Absorptionsmaxima bei λ_{max} (ε) = 294 (1020, S) und 445 (49.5) nm; in 0.01 M Hexanlösung wird zwischen 300 und 500 nm keine Absorption beobachtet. Mittelstarke bis sehr starke Reflexe des Röntgenstrahl-Pulverdiagramms entsprechen Netzebenenabständen von 3.52, 3.83, 4.92, 5.26, 5.60 und 6.13 Å [6].

Die Verbindung ist löslich in Toluol, Benzol, Chloroform, Methylenchlorid, Schwefelkohlenstoff, Aceton, Glykoldimethyläther, Dioxan, Dimethylformamid und weniger löslich in niedrig siedendem Petroläther, Äthylalkohol, Diäthyläther, Tetrachlorkohlenstoff, Acetonitril, Cyclohexan [4].

Überraschend ist die Beobachtung, daß im Massenspektrum (70 eV) nur die Molekelionen $[M]^+$ und $[M]^{2+}$ (im Verhältnis 100:17) ohne jede Fragmentierung auftreten, was sicher auf hohe Stabilisierung der Kationen durch Ladungsdelokalisierung von den Ferrocenyl-Gruppen zurückzuführen ist [6].

Bei der cyclischen Voltammetrie in Dimethylformamid wird nur eine Oxidationsstufe bei $E_{1/2}$ = 0.37 V (SCE) beobachtet, die einem reversiblen Übergang von drei Elektronen zu $(fc^+\text{-}BNH)_3$ entspricht. Im Verlauf der Coulometrie bei +0.80 V entwickelt sich die typische blaugrüne Ferroceniumfarbe, die selbst an der Luft mehrere Stunden bestehen bleibt; ein ESR-Signal konnte nicht beobachtet werden. Im relativ niedrigen Oxidationspotential und der Stabilität des dreifach positiven Kations kommt ebenfalls die Donorwirkung des Borazinrings zum Ausdruck [6].

$fc_3B_3(NH)_3$ ist an der Luft hydrolysebeständig, wie wegen der sterischen Abschirmung des B-N-Rings durch die fc-Gruppen zu erwarten ist. In Gegenwart von Wasser wird jedoch fc-$B(OH)_2$ gebildet. Innerhalb von vier Tagen zersetzt sich eine Probe in Dioxan mit 10% Wasser quantitativ, während $(C_6H_5)_3B_3(NH)_3$ unter gleichen Bedingungen eine Halbwertszeit von 8.5 min besitzt, jedoch B-Trimesityl-N-trimethylborazin monatelang beständig bleibt [6].

Literatur:

[1] P. T. Kan, C. T. Lenk, R. L. Schaaf (J. Org. Chem. **26** [1961] 4038/43). — [2] Wyandotte Chem. Corp., R. L. Schaaf (U.S.P. 3036105 [1960/62]). — [3] G. P. Sollott, J. L. Snead, S. Portnoy, W. R. Peterson, H. E. Mertwoy (AD-611869 [1964]; Proc. Army Sci. Conf. U.S. Military Acad., West Point 1964, Bd. 2, S. 441/52; C.A. **63** [1965] 18147). — [4] E. W. Post, R. G. Cooks, J. C. Kotz (Inorg. Chem. **9** [1970] 1670/7). — [5] W. J. Painter (Diss. Kansas State Univ. 1970 nach Diss. Abstr. Intern. B **31** [1971] 6482).

[6] J. C. Kotz, W. J. Painter (J. Organometal. Chem. **32** [1971] 231/9). — [7] P. E. Cassidy, D. M. Carlton, L. Fogle (J. Polymer Sci. Polymer Chem. Ed. **9** [1971] 2419/21). — [8] B. L. Therell (Diss. Florida State Univ. 1971 nach Diss. Abstr. Intern. B **32** [1972] 6897). — [9] G. P. Sollott, J. L. Snead (6th Intern. Conf. Organometal. Chem., Amherst, Mass., 1973, Abstr. Nr. 207). — [10] F. Kober (Z. Naturforsch. **29b** [1974] 358/9).

Tetranuclear Ferrocene Compounds

7.2 Vierkernige Ferrocenverbindungen

Die Erweiterung des dreikernigen Molekelgerüsts auf vier Ferroceneinheiten verändert die Eigenschaften dieser oligomeren Verbindungen nur geringfügig. Spezielle Untersuchungen vierkerniger Substanzen wurden nur selten unternommen. Für die vierkernigen Homologen ergeben sich die gleichen Möglichkeiten zur Verknüpfung der einzelnen Ferrocen-Gruppen wie für Verbindungen mit drei Ferrocenresten: kettenartig oder lateral („pendent"). Zwischen beiden Prinzipien ist nicht mehr klar zu unterscheiden, wenn in vierkernigen Verbindungen eine zentrale Ferrocen-Gruppe existiert, von der die Bindungen zu den drei weiteren Ferrocenresten ausgehen, wie unten skizziert:

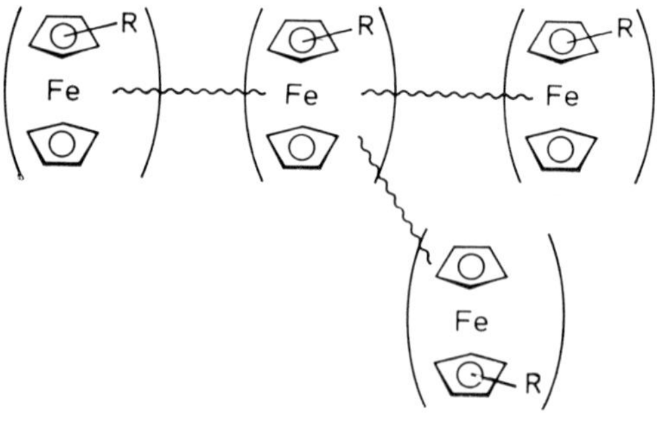

R Fe R Fe R Fe Fe R

Compounds with Chain-linked Ferrocene Nuclei

7.2.1 Verbindungen mit kettenverknüpften Ferrocenkernen

Quaterferrocenes

7.2.1.1 Quaterferrocene, $C_{10}H_9Fe(C_{10}H_8Fe)_2C_{10}H_9Fe$

Die bisher bekannten Quaterferrocene mit 1,1'- und 1,2-Substitution an den beiden mittleren Ferrocen-Kernen sind in der wahrscheinlicheren transoiden Form in I bzw. II skizziert. Untersuchungen über die Konformation liegen nicht vor. Bei 1,2-Quaterferrocen existiert neben dem achiralen II (identisch mit III in cisoider Form) ein chirales Isomeres IV, vgl. auch 6.1.3.2.2, Formeln I und II auf S. 28.

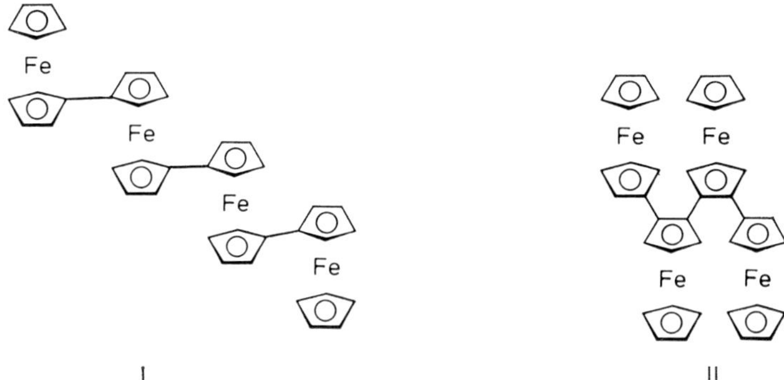

1,1'-Quaterferrocen (Formel I). Da 1,1'-Quaterferrocen nur gemeinsam mit anderen Oligoferrocenen dargestellt worden ist, werden die Verfahren an dieser Stelle kurz behandelt und im übrigen auf die ausführlichere Beschreibung in 7.1.1.1 für 1,1'-Terferrocen verwiesen. Bei der Ullmann-Reaktion mit Mischungen von Mono- und Dihalogenferrocen [1, 2, 8, 10, 11] wird 1,1'-Quaterferrocen mit einer optimalen Ausbeute von 12% (bezogen auf 1,1'-Dijodferrocen) gewonnen, wenn 1,1'-Dijodferrocen mit Jodferrocen im molaren Verhältnis 1:2 in Gegenwart von Cu-Pulver 23 Stunden lang unter Luftausschluß auf 145°C erhitzt wird. Bei entsprechenden Reaktionen von 1,1'-Dijodferrocen mit fc-J, fc-Br und fc-Cl im umgekehrten Molverhältnis (2:1) bewegen sich die Ausbeuten zwischen 9 und 11%. Das Quaterferrocen ist größtenteils im Benzolextrakt des erkalteten Reaktionskuchens enthalten und wird nach Zusatz von n-Hexan zur Ausfällung von 1,1'-Quinqueferrocen durch Säulenchromatographie über Al_2O_3 von anderen löslichen Komponenten getrennt. Nach Ferrocen, Biferrocen und 1,1'-Terferrocen, die mit Hexan bzw. Benzol/Hexan eluiert werden, wird 1,1'-Quaterferrocen mit Benzol allein von der Säule gewaschen [11].

5 bis 6% 1,1'-Quaterferrocen werden neben anderen Oligoferrocenen maximal isoliert, wenn fc-HgCl/$FeC_{10}H_8(HgCl)_2$-1,1' (1:1 bis 1:2 mol) in C_2H_5OH oder CH_3CN als Lösungsmittel bei 25°C/48 h unter N_2 reagieren. Aus der Lösung wird nach Fällung von 1,1'-Quinqueferrocen aus Benzol/Hexan durch Chromatographie an Al_2O_3 und Elution mit Benzol das 1,1'-Quaterferrocen rein erhalten [16].

Bei der Reaktion von Ferrocenyllithium/Ferrocenyldilithium in ätherischer Suspension mit wasserfreiem $CoCl_2$ (etwa 4:1 mol) werden Quaterferrocen und die höheren Oligomeren nur dann gebildet, wenn auch n-C_4H_9Li (4 mol) zugegeben wird. Nach 45 h Reaktion bei etwa 5 bis 35°C isoliert man bei 36% Gesamtumsatz das Quaterferrocen mit 4% Ausbeute durch übliche Lösungsmittelextraktion des Produktgemisches (Benzol) und Chromatographie [6], s. auch [3]. Die Verbindung wird aus Benzol [11], nach [6] aus großen Mengen heißen Benzols umkristallisiert.

Aus dem Dilithiumsalz des Fulvalens, das von seiner Darstellung her mit Natriumcyclopentadienid verunreinigt ist, wird auf Zusatz von $FeCl_2$ außer dem Bisferrocenylen und weiteren Oligoferrocenen auch Quaterferrocen isoliert [12].

Die orangegelbe [16] bis -rote [6, 11] Verbindung I schmilzt unter Zersetzung bei 275 bis 280°C [16], bei 280°C [6], bzw. 279 bis 281°C [8, 11]. Bei über 7000 at hergestellte Preßlinge der Substanz zeigen einen spezifischen Widerstand von 10^7 $\Omega \cdot$cm und eine Aktivierungsenergie der Stromleitung von 0.9 eV; sie verhält sich daher wie ein Halbleiter [7]. Zur Problematik dieser Schlußfolgerungen s. [9, S. 38], vgl. auch 1,1'-Terferrocen. Quaterferrocen und die höheren Oligomeren sind diamagnetisch [1], zur Diskussion s. ebenfalls 1,1'-Terferrocen.

Wegen der geringen Löslichkeit konnte kein NMR-Spektrum aufgenommen werden [6, 16]. Das in [6] abgebildete IR-Spektrum in KBr gleicht weitgehend denen von Bi- und Terferrocen sowie den höheren Oligomeren. Im IR-Spektrum (KBr) treten Banden bei 810, 1000, 1025, 1100, 1105 cm^{-1} auf [16].

Im Massenspektrum treten die Molekelionen $[M]^+$ und $[M]^{2+}$ am häufigsten auf; auch ein $[M]^{3+}$ wird mit geringer Intensität beobachtet [11]. Zum Auftreten eines Fragments mit m/e = 310 s. 1,1'-Terferrocen.

Die Verbindung wird als nahezu unlöslich in organischen Lösungsmitteln bezeichnet [6], jedoch mit großen Mengen Benzol extrahiert, eluiert und umkristallisiert [6, 11]. Monobutylquaterferrocen und Terferrocen sind in organischen Lösungsmitteln leichter, Quinque- und Sexiferrocen noch weniger löslich als Quaterferrocen [6]. In der gleichen Reihenfolge werden die Substanzen mit Benzol von Al_2O_3-Säulen [6, 11] und mit Benzol/Hexan von SiO_2-Dünnschichtplatten [11] eluiert.

Kationen des 1,1'-Quaterferrocens, $[C_5H_5FeC_5H_4\text{-}C_5H_4FeC_5H_4\text{-}C_5H_4FeC_5H_4\text{-}C_5H_4\text{-}FeC_5H_5]^{n+}$ (Formel III bis VI) in Lösung von CH_2Cl_2/CH_3CN (Volumenverhältnis 1:1) werden erhalten und untersucht, wie für die Kationen des 1,1'-Terferrocens beschrieben [14]. Die Ionen III und IV werden durch elektrochemische Oxidation bei konstantem oder begrenzt niedrigem Potential mit Tetra-n-butylammoniumhexafluorphosphat (0.1 molar) als Leitsalz bei 24 ± 2°C mittels Platinelektrode gewonnen. Oxidationen bei Potentialen, die ausreichen, um die Ionen V und VI quantitativ darzustellen, führen zur Zersetzung. Nur IV ist ausreichend löslich, um in seiner Lösung voltammetrische Messungen zuzulassen. Durch cyclische Voltammetrie (0.2 V · s^{-1}) können auch die Ionen V und VI erzeugt werden, wie die Zahl der Stufen erweist. Die ersten drei Oxidationsstufen des Schemas sind elektrochemisch reversibel, beim vierten Schritt tritt beträchtliche Absorption ein. Da alle

$$\underset{\text{I}}{\text{Fc-Fc-Fc-Fc}} \underset{(1)}{\rightleftarrows} \underset{\text{III}}{[\text{Fc-Fc-Fc-Fc}]^{+}} \underset{(2)}{\rightleftarrows} \underset{\text{IV}}{[\text{Fc-Fc-Fc-Fc}]^{2+}} \underset{(3)}{\rightleftarrows} \underset{\text{V}}{[\text{Fc-Fc-Fc-Fc}]^{3+}} \underset{(4)}{\rightarrow} \underset{\text{VI}}{[\text{Fc-Fc-Fc-Fc}]^{4+}}$$

Halbstufenpotentiale für den Reduktionsvorgang angegeben sind, ist $E_{1/2(4)}$ nur als Schätzwert zu betrachten. Die Werte (gegen SCE) betragen: $E_{1/2(1)} = 0.16$, $E_{1/2(2)} = 0.36$, $E_{1/2(3)} = 0.61$, $E_{1/2(4)} = 0.89$ V. Die quantitative Bestimmung der Anzahl Elektronen pro Molekel, die im Schritt (1) übergehen, ergibt einen Wert von 1.8 [14]. — Die frische, leitsalzhaltige Lösung von IV wird innerhalb von 30 min nach der Darstellung spektroskopisch untersucht. Im sichtbaren und IR-nahen Bereich werden Absorptionsmaxima (ε in $mol^{-1} \cdot cm^{-1}$) von $\lambda_{max} = 550$ (4770), ≈680 (S, 2800), 1790 (1720) nm gemessen. Der letzte Wert wurde wegen überlagerter Lösungsmittelabsorption zwischen 1630 und 1760 nm durch Extrapolation ermittelt. In älteren Lösungen bleiben die λ_{max}-Werte unverändert, während die Intensität der Absorption langsam abnimmt. Die Absorption im nahen IR-Bereich wird mit einem Ladungsübergang innerhalb der Molekel („intervalence transfer") erklärt, vgl. 6.1.2. Da sich in den Oligoferrocenen die Gruppen am Ende des Moleküls und in der Mitte chemisch unterscheiden, werden für die teiloxidierten Ionen III, IV und V Oxidationsstufenisomere (z. B. IVa und IVb) postuliert, obwohl der Unterschied der freien Energie gering sein muß. Da das angeregte Produkt ein energetisch

$$\underset{\text{IVa}}{\text{Fc}^{+}\text{-Fc-Fc-Fc}^{+}} \xrightarrow{h\nu} \underset{\text{IVb}}{[\text{Fc}^{+}\text{-Fc}^{+}\text{-Fc-Fc}]^{*}}$$

ungünstigeres Oxidationsstufenisomeres darstellt, muß die aufgenommene Strahlungsenergie neben der Schwingungsenergie die Differenz der freien Energien beider Isomeren im Grundzustand aufbringen, so daß die gemessene Wellenzahl höher ist als beispielsweise für das $fc\text{-}fc^{+}$-Ion mit seinem symmetrisch innermolekularen Elektronenübergang [14], vgl. 6.1.2. — Schon in [13] ist erwähnt, daß in der teiloxidierten Molekel des Quaterferrocens fc- und fc^{+}-Gruppen nebeneinander vorliegen.

1,2-Quaterferrocen (Formel II) und weitere 1,2-verknüpfte Oligomere bilden sich unter den Bedingungen der Ullmann-Reaktion aus 1,2-Dijodferrocen und fc-J [10, 15]. Nach [15] treten zwei Formen mit je 4% Ausbeute auf, die sich im Schmelzpunkt deutlich unterscheiden. Beide ergeben im Massenspektrum das Molekelion mit m/e = 738. Entsprechend den strukturellen Möglichkeiten wird angenommen, daß ein meso-1,2-Quaterferrocen (Formel III), Schmelzpunkt 374 bis 376°C, und ein racemisches d,l-1,2-Quaterferrocen (Formel IV), Schmelzpunkt 251 bis 253°C, entsteht [15].

III IV

n-Butyl-Quaterferrocen (endständiges n-C_4H_9 in 1'-Position) entsteht als Nebenprodukt (0.2% Ausbeute) bei der Darstellung von Oligoferrocenen aus Ferrocenyllithium und $CoCl_2$ in Gegenwart von n-C_4H_9Br [6]. Zu den Reaktionsbedingungen s. Darstellung von 1,1'-Quaterferrocen. Im Gegensatz zu weniger löslichen Oligoferrocenen, die beim Einengen von Benzollösungen ausfallen, verbleibt n-Butylquaterferrocen im Abdampfungsrückstand des Benzols und wird bei der Chromatographie von Al_2O_3 mit Benzol oder Benzol/Petroläther (4:1) eluiert bzw. durch Umkristallisieren aus Benzol/Petroläther gereinigt [6].

Die orangeroten Kristalle schmelzen bei 177.4 bis 179.4°C. Im ^1H-NMR-Spektrum (in $CDCl_3$) werden gemessen: $\tau = 5.91$ (Zentrum eines Multipletts, C_5H_4), 6.07 (C_5H_5), 6.18 (C_4H_9-substituiertes C_5H_4), 8 bis 9.5 (C_4H_9). Die Zuordnung wurde in Analogie zum 1,1'-Terferrocen und Monobutylterferrocen getroffen und bestätigt die heteroanulare Anordnung der Ferrocenkerne. Auch die IR-Spektren (KBr, Abbildung) von Butylquaterferrocen und butylierten Bi- und Terferrocenen gleichen sich nahezu vollständig. Im UV-Spektrum (in Cyclohexan) liegen Absorptionen bei λ_{max} (lg ε) = 228 (4.89), 305 (4.29) und 450 (3.25) nm.

Im Gegensatz zum Quaterferrocen ist Monobutylquaterferrocen in üblichen organischen Lösungsmitteln löslich und wird von Al_2O_3 vor dem Quaterferrocen eluiert [6].

Literatur:

[1] Yu. S. Karimov, I. F. Shchegolev (Dokl. Akad. Nauk SSSR **146** [1962] 1370/1). — [2] A. N. Nesmeyanov, V. N. Drozd, V. A. Sazonova, V. I. Romanenko, A. K. Prokof'ev, L. A. Nikonova (Izv. Akad. Nauk Otd. Khim. Nauk **1963** 667/73; Bull. Acad. Sci. USSR Div. Chem. Sci. **1963** 597/603). — [3] K. Hata, I. Motoyama, H. Watanabe (Bull. Chem. Soc. Japan **37** [1964] 1719/20). — [4] I. J. Spilners, J. P. Pellegrini (Abstr. Papers 148th Meeting Am. Chem. Soc., Chicago 1964, S. S-009). — [5] I. J. Spilners, J. P. Pellegrini (J. Org. Chem. **30** [1965] 3800/4).

[6] H. Watanabe, I. Motoyama, K. Hata (Bull. Chem. Soc. Japan **39** [1966] 790/801). — [7] H. Watanabe, I. Motoyama, K. Hata (Bull. Chem. Soc. Japan **39** [1966] 850/1). — [8] M. D. Rausch, P. V. Roling, A. Siegel (Chem. Commun. **1970** 502/3). — [9] E. W. Neuse, H. Rosenberg (J. Macromol. Sci. Rev. Macromol. Chem. C **4** [1970] 1/145, S. 38ff). — [10] P. V. Roling (Diss. Univ. of Massachusetts 1971 nach Diss. Abstr. Intern. B **31** [1971] 6520).

[11] P. V. Roling, M. D. Rausch (J. Org. Chem. **37** [1972] 729/32). — [12] U. T. Müller-Westerhoff, P. Eilbracht (J. Am. Chem. Soc. **94** [1972] 9272/4). — [13] D. W. Cowan, C. LeVanda, J. Park, F. Kaufman (Accounts Chem. Res. **6** [1973] 1/17). — [14] G. M. Brown, T. J. Meyer, D. O. Cowan, C. LeVanda, F. Kaufman, P. V. Roling, M. D. Rausch (Inorg. Chem. **14** [1975] 506/11). — [15] M. D. Rausch (Pure Appl. Chem. **30** [1972] 523/38; Zh. Vses. Khim. Obshchestva im. D. I. Mendeleeva **17** [1972] 413/9).

[16] T. Izumi, A. Kasahara (Bull. Chem. Soc. Japan **48** [1975] 1955/6).

7.2.1.2 Lineare Verbindungen mit Brücken-Gruppen

Linear Compounds with Bridging Groups

Ein nicht eindeutig definiertes Tetrameres von Cyclopentylferrocen, bezeichnet durch Formel I mit n = 4, entsteht im Gemisch mit höheren Oligomeren bei der Zersetzung von Ferrocen durch $AlCl_3$ in CH_2Cl_2 bei 0°C bis Zimmertemperatur [2, 3]. Zur Isolierung durch Chromatographie und Trennung von den Oligomeren mit n = 5 und 6 durch fraktionierte Fällung s. [3]. Elementaranalyse und Molekulargewicht des bei 97 bis 101°C schmelzenden gelben Pulvers stimmen gut mit den für $(C_{15}H_{16}Fe)_4$ berechneten Werten überein [2].

Fe n

I

CH_3 CH_2– O

Fe Fe

2

II

CH_3 CH_2X

Fe Fe

III

Zur Bildung eines möglicherweise vierkernigen Kondensationsproduktes der ω-Ferrocenylcapronsäure nach [1] vgl. 7.1.3.3.

$C_{44}H_{42}OFe_4$ (Formel II) entsteht mit 62% Ausbeute neben dem Alkohol III (X = OH), wenn eine Suspension des Methojodids III (X = $N(CH_3)_3J$) 30 min lang in 5%igem wäßrigem CH_3COOH unter Rückfluß erhitzt wird.

Bei der Chromatographie des aus dem Ätherextrakt erhaltenen Produktes an Al_2O_3 wird die Verbindung mit Benzol/Petroläther eluiert und aus den gleichen Lösungsmitteln umkristallisiert: gelber, mikrokristalliner Festkörper, Schmelzpunkt 181°C. Die wichtigsten Banden im IR-Spektrum liegen bei 822, 1012, 1052, 1110, 1382 und 1455 cm^{-1} [4].

$C_{56}H_{50}O_3Fe_4$ (Formel V) ist mit 23% Ausbeute als Nebenprodukt bei der Hydrolyse des Methojodids IV (R = $N(CH_3)_3J$) zum Alkohol IV (R = OH) in siedendem 1 N NaOH/24 h entstanden. Bei der Chromatographie des Ätherextraktes an Al_2O_3 läßt sich V mit Benzol/Äther eluieren und aus Benzol/Petroläther als gelbe Festsubstanz vom Schmelzpunkt 210°C (unter Zersetzung) kristallisieren. Die Bildung des Äthers V wird nur bei der Reaktion eines der beiden diastereomeren Methojodide beobachtet [7].

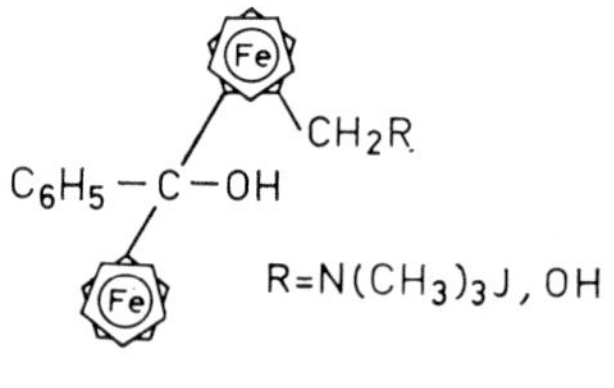

C_6H_5—C—OH, CH_2R; R=$N(CH_3)_3J$, OH

IV

[C_6H_5—C—OH, CH_2—]$_2$O

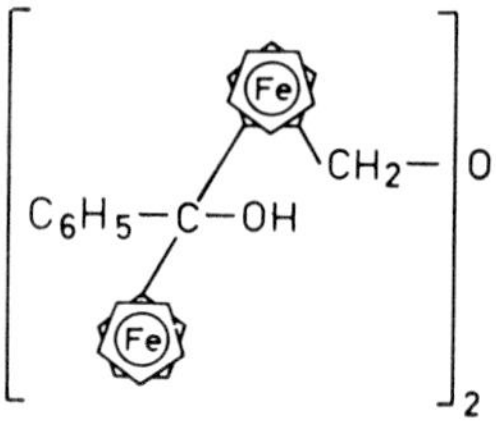

V

$C_{44}H_{38}O_3Fe_4$ (Formel VI) wird als Anhydrid des entsprechenden Säureracemats aus dem Na-Salz der Säure und dem Säurechlorid in siedendem Benzol in Milligrammengen mit 26% Ausbeute dargestellt und nur durch die Anhydridbanden im IR-Spektrum bei 1720 und 1770 cm^{-1} charakterisiert [5]. Zur Verseifung mit (−)$CH_3CH(C_6H_5)NH_2$ s. (−)(1 R,1″S)-$Fe_2C_{20}H_{16}(CH_3\text{-}5)COOH\text{-}2''$ in 6.1.3.2.3.

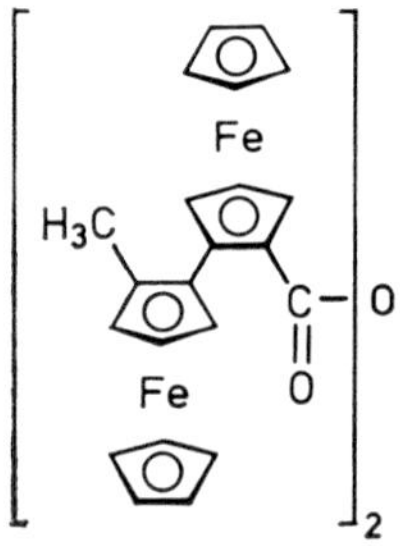

VI

$C_{54}H_{38}Fe_4N_8O_4$ (Formel IX) wird durch Erhitzen des Säurechlorids (Formel VII) mit der Tetrazolkomponente (Formel VIII) (Molverhältnis etwa 1:4) in N,N-Diäthylanilin auf 120°C/10 min erhalten. Der rote Niederschlag wird in 2 n NaOH suspendiert. Die übrigbleibende Festsubstanz (74.2% Ausbeute) fällt als orangefarbenes Pulver an. Da IX als Modellsubstanz für thermobeständige Polymere des Ferrocens und des 1,3,4-Oxadiazols dargestellt wurde, ist sein Verhalten bei hohen Temperaturen untersucht worden. Bei der Thermogravimetrie (N_2, 2°C/min) treten ab 200°C starke Gewichtsverluste auf, bei 400°C ist die Verbindung fast vollständig zersetzt. Ab 280°C sublimiert fast das gesamte Ferrocen als Cyanoferrocen ab, bei etwa 400°C tritt Terephthalsäuredinitril als Sublimat auf. Da aromatisch substituierte 1,3,4-Oxadiazole allgemein bis 400°C stabil sind, wird deren Zerfall im Produkt IX auf einen destabilisierenden Substituenteneffekt des Ferrocens zurückgeführt [6].

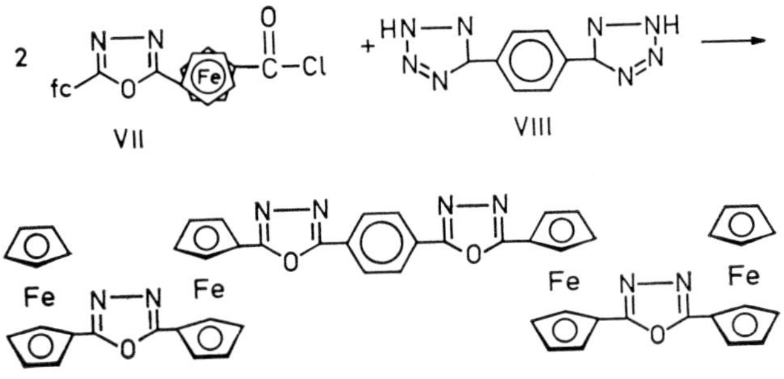

Literatur:

[1] K. L. Rinehart, R. J. Curby, D. H. Gustafson, K. G. Harrison, R. E. Bozak, D. E. Bublitz (J. Am. Chem. Soc. **84** [1962] 3263/9). — [2] S. G. Cottis, H. Rosenberg (J. Polymer Sci. Polymer Letters Ed. **2** [1964] 295/9). — [3] U.S. Secretary of the Air Force, H. Rosenberg, S. G. Cottis (U.S.P. 3350369 [1964/67]). — [4] G. Marr, R. E. Moore, B. W. Rockett (Tetrahedron **25** [1969] 3477/84). — [5] K. Schlögl, M. Walser (Monatsh. Chem. **100** [1969] 1515/39).

[6] H. J. Lorkowski, R. Pannier (J. Prakt. Chem. **311** [1969] 958/69). — [7] J. H. Peet, B. W. Rockett (J. Chem. Soc. Perkin Trans. I **1973** 106/8).

7.2.1.3 [1^4]-Ferrocenophan („Quaterferrocenophan", Formel I)

[1^4]-Ferrocenophane

Die Verbindung mit 1,1'-verknüpften Ferrocenkernen bildet sich stets im Gemisch mit weiteren [1^n]-Ferrocenophanen (n = 2 bis 5).

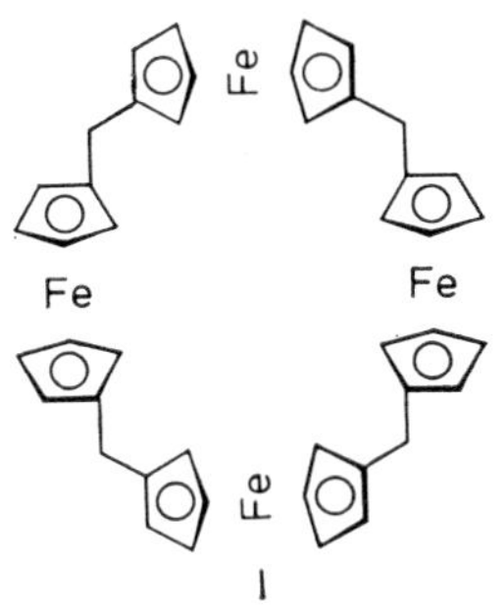

Zur Darstellung s. [1^3]-Ferrocenophan, 7.1.4. Mit $FeCl_2$ als Eisensalz erhält man eine Ausbeute von 3.9 [3] bzw. 5% [1] an [1^4]-Ferrocenophan, mit $[Fe(NH_3)_6][SCN]_2$ sogar 9.2% [3]. Das aus Toluol umkristallisierte Produkt von gelber Farbe dunkelt bei 265°C, schmilzt aber nicht unter 300°C [3], nach älterer Angabe teilweise bei 300°C [1]. Im ^{1}H-NMR-Spektrum zeigt die bei 100°C vermessene Lösung in Toluol-d_8 chemische Verschiebungen von $\tau = 5.97$ (s, C_5H_4) und 6.30 (s, CH_2) [1, 3]. Aus dem IR-Spektrum (KBr) sind folgende Banden angegeben: 480, 728, 750, 799, 808, 826, 852, 918, 930, 1024, 1037, 1047, 1055, 1135, 1147, 1194, 1226, 1292, 1357, 1391, 1427, 1463, 1470, 2831, 2905, 3080 cm^{-1} [3]. Das Spektrum unterscheidet sich wenig von dem der Homologen [1]. Absorptionsmaxima der Lösung in Methylcyclohexan erscheinen im UV-Spektrum bei λ_{max} (ε) = 246 (S, 18450), 320 (S, 1009), 430 (646) nm [3].

Die Konformation der vierkernigen Molekel scheint wie die der Homologen durch minimale Wechselwirkung zwischen nach innen gerichteten Wasserstoffatomen bestimmt zu sein [2]. Das erwartete Molekelion mit m/e = 792 tritt im Massenspektrum (75 eV) nur mit geringer relativer Intensität auf. Das häufigste Bruchstück besitzt den m/e-Wert 446 bzw. 447; zur Angabe einer großen Anzahl weiterer Fragmente s. [3].

Literatur:

[1] T. J. Katz, N. Acton, G. Martin (J. Am. Chem. Soc. **91** [1969] 2804/5). — [2] S. J. Lippard, G. Martin (J. Am. Chem. Soc. **92** [1970] 7291/6). — [3] T. J. Katz, N. Acton, G. Martin (J. Am. Chem. Soc. **95** [1973] 2934/9).

Compounds with Four Pendent Ferrocene Nuclei

7.2.2 Verbindungen mit vier lateralen Ferrocenkernen

Compounds with Four Ferrocene Nuclei at the Same Atom

7.2.2.1 Verbindungen mit vier Ferrocenkernen am gleichen Atom

Verbindungen des Typs fc_4M. In den Tetraferrocenylverbindungen dieser Gruppe ist ein Zentralatom M an vier fc-Einheiten unmittelbar gebunden. Beispiele sind von den Elementen der vierten Hauptgruppe des Periodensystems bekannt. Versuche zur Synthese von fc_4C sind erwähnt [1]. fc_4M-Verbindungen mit M = Ti, Zr und Hf sollen wie die folgenden Verbindungen darstellbar sein [2], jedoch fehlen in [2] experimentelle Angaben dazu.

Zur Darstellung der Verbindungen mit M = Si, Ge, Sn und Pb wird fc-Li mit MCl_4 [4] (etwa 5:1 mol) in Tetrahydrofuran oder in Tetrahydrofuran/Äther oder /n-Hexan unter Rückfluß/17 h umgesetzt und der nach Einengen und Zusatz von viel C_2H_5OH erhaltene gelbe Festkörper an Al_2O_3 chromatographiert. Die Produkte werden mit CH_2Cl_2 eluiert und unter Umständen aus Dioxan/n-Hexan umkristallisiert [2]. Die Verbindungen mit M = Sn und Pb können unter ähnlichen Bedingungen auch aus fc-Li und MCl_2 (2.4:1 mol) dargestellt werden; man erhält zunächst $fc_3M\text{-}Mfc_3$ und daraus durch thermische Zersetzung fc_4M und M^0 [1, 2]; die Zwischenprodukte $fc_3M\text{-}Mfc_3$ sind jedoch nicht charakterisiert, und aus der Beschreibung bei [2] geht nicht hervor, in welchem Stadium der Reaktion oder Aufarbeitung die thermische Zersetzung eintreten soll.

Die hochschmelzenden, thermisch sehr stabilen Verbindungen dieser Reihe sind hellgelb bis rotorange gefärbt. Ihre piezoelektrische Aktivität wird hervorgehoben. Im IR-Spektrum zeigen alle Verbindungen außer den üblichen Absorptionen des Ferrocens zusätzliche Banden, beispielsweise weist fc_4Si drei Banden im Bereich von 1350 bis 1390 cm^{-1} auf, die anderen dagegen eine stärkere Absorption bei 1380 cm^{-1} und nur eine schwache Schulter anstelle der beiden übrigen Banden. Alle Vertreter der Gruppe können in aromatischen und halogenierten organischen Lösungsmitteln gelöst werden, in Kohlenwasserstoffen und Alkoholen sind sie nahezu unlöslich. Bei der Differentialthermoanalyse von fc_4Si (20°C/min) tritt, abgesehen vom Schmelzbereich, bis 475°C keine Unstetigkeit der Meßkurve auf. Die Ge-, Sn- und Pb-Verbindungen sind etwas weniger stabil, aber auch nach längerem Erhitzen bis 300°C bleiben deren Meßkurven unverändert. Sie sind wenig angreifbar durch Hydrolyse mit Säuren und Basen [2]. Vorschläge zur Anwendung s. bei [2].

fc_4Si wird mit „hoher" Ausbeute erhalten. Die hellgelbe Verbindung schmilzt bei 292 bis 294°C und bleibt bei der Differentialthermoanalyse bis 475°C stabil [2].

fc_4Ge, mit 42.5% Ausbeute dargestellt, fällt aus CH_2Cl_2 in feinen gelben Nadeln an, nach dem Umkristallisieren aus Dioxan/n-Hexan in großen orangefarbenen Nadeln vom Schmelzpunkt 293 bis 294°C [2]. — Bei der Umsetzung von Ferrocen mit $(N(CH_3)_2)_2GeCl_2$ oder $(N(CH_3)_2)_4Ge$ in siedendem Octan bei Gegenwart von $AlCl_3$ entsteht kein fc_4Ge, man erhält ausschließlich Verbindungen, in denen Ge-Atome zwei- und dreifach substituiert sind [3], s. auch 7.2.1.3.

fc_4Sn kann mit „hoher" Ausbeute aus $SnCl_4$, aber auch nach der zweiten Methode aus $SnCl_2$ erhalten werden. Schmelzpunkt 275 bis 276°C [2].

fc_4Pb entsteht aus $PbCl_2$ nach der zweiten Methode mit höherer Ausbeute als Substanz von rotoranger Farbe, die bei 287 bis 289°C schmilzt [2].

Literatur:

[1] H. Rosenberg, K. U. Schenk (Abstr. Papers 145th Meeting Am. Chem. Soc., New York 1963, S. 76 Q, Nr. 139). — [2] U.S. Secretary of the Air Force, H. Rosenberg (U.S.P. 3410883 [1966/68]). — [3] G. P. Sollott, W. R. Peterson (J. Am. Chem. Soc. **89** [1967] 6783/4). — [4] H. Rosenberg, J. M. Barton, M. M. Hollander (2nd Intern. Symp. Organometal. Chem., Madison, Wisc., 1965, Abstr. S. 42).

7.2.2.2 Verbindungen mit vier Ferrocenkernen an verschiedenen Atomen

Compounds with Four Ferrocene Nuclei at Different Atoms

7.2.2.2.1 Lineare Molekeln

Linear Molecules

Eine vierkernige Verbindung H-[(fc)C=CH]$_4$-H befindet sich unter den löslichen, niedermolekularen Produkten der Polymerisation von fc-C≡CH [6, 7], wird aber nicht rein isoliert.

Bei der Reaktion von $C_6H_5(CH_3)_2SiC_5H_4FeC_5H_4Si(CH_3)_2OLi$ mit $SiCl_4$ (4:1 mol) in Äther unter Rückfluß wird ein Produkt gebildet, dessen bei 268 bis 287°C/0.3 Torr destillierende Fraktion nach der Analyse aus $(C_6H_5(CH_3)_2SiC_5H_4FeC_5H_4Si(CH_3)_2O)_4Si$ besteht [9].

fc$_2$CH-CHfc$_2$ wird mit 64% Ausbeute dargestellt, indem [fc$_2$CH]HCl$_2$ in kleinen Portionen bei Zimmertemperatur zu C_6H_5Li in Diäthyläther gegeben und noch 2 h gerührt wird. Nach Hydrolyse mit H_2O werden die Extrakte von Benzol und Äther über Al_2O_3 chromatographiert und fc$_2$CH-CHfc$_2$ mit Benzol eluiert [11]. Es entsteht auch durch Clemmensen-Reduktion von fc-CO-fc in C_6H_6/CH_3OH unter Rückfluß/14 h (24% Ausbeute) und durch H^+-induzierte Solvolyse von fc$_2$CHOH, gefolgt von reduzierender Dimerisierung des Diferrocenylcarbonium-Ions [2, 8]. Nach [2] wird die Reduktion der sauren Lösung von fc$_2$CHOH mit Zn-Pulver durchgeführt. Weiter erhält man das Tetraferrocenyläthan durch elektrolytische Reduktion von fc$_2$COH in Dioxan/$HClO_4$ an Hg bei −1.1 V. Aus dem Produkt des Ätherextraktes wird die Verbindung durch Chromatographie an SiO_2 (eluiert mit Benzol/n-Hexan/Äther 10:15:1) isoliert [8]. Wird von Al_2O_3 mit Hexan/Äther (3:2 Volumina) eluiert [12].

Schmelzpunkt 270°C [8], 298 bis 300°C (unter Zersetzung, Kristalle aus Benzol, Erhitzen in geschlossener Kapillare) [11], hochschmelzendes, gefärbtes, kristallines Produkt nach [2]. ^1H-NMR-Spektrum ($CDCl_3$): $\tau = 5.57$ (scheinbares s,) 5.94 (unsymmetrisches d, J = 3.0 Hz), 6.02 (s?). UV-Spektrum (C_2H_5OH): λ_{max} (ε) = 215 (68000), 450 (4200) nm. IR-Spektrum (CCl_4): 820, 998, 1100, 3090 cm^{-1}; die Spektren sind als Figuren angegeben [12].

fc-COC(fc)=C(fc)CO-fc entsteht rasch als eines der Zersetzungsprodukte von Tetraferrocenylcyclopentadienon (Formel I, S. 289), wenn dessen Lösungen der Luft ausgesetzt werden [3]. Die blaue Substanz schmilzt oberhalb 300°C und zeigt im IR-Spektrum Banden bei 1600, 1695 und 1740 cm^{-1}. Die chemischen Verschiebungen im ^1H-NMR-Spektrum (in $CDCl_3$) sind mit $\tau = 5.78$ und 5.87 (Intensitätsverhältnis 1:1) angegeben. Das Molekelion im Massenspektrum erscheint bei m/e = 820 [3].

fc-CO-CH$_2$-CH(fc)-C(-CO-fc)=CH-fc wird als mögliches Produkt der Vinyldimerisation von fc-CO-CH=CH-fc postuliert, um das oszillopolarographische Verhalten der Ausgangsverbindung zu erklären (1mol $HClO_4$ in 50% Äthanol). Im Polarogramm treten drei getrennte reversible Einschnitte auf, die sämtlich der Oxidation von Ferrocen- zu Ferroceniumstufen entsprechen sollen [10].

$CH_3C_5H_4FeC_5H_4$-C(fc)=C(fc)-$C_5H_4FeC_5H_4CH_3$ wird mit 50% Ausbeute aus dem folgenden Ester durch Reaktion mit $LiAlH_4$ und anschließend mit $AlCl_3$ in Äther gewonnen und durch Chromatographie an Al_2O_3 mit Hexan/Äther (5:1 Volumina) als gummiartiges rotes Produkt isoliert. — UV-Spektrum (in C_2H_5OH): λ_{max} (ε) = 206 (87000), 270 (14000), 340 (4600), 402 (4200), 505 (3100) nm. IR-Spektrum (in CCl_4): 997, 1101, 3095 cm^{-1} als Ferrocen-Banden und 2855, 2925, 2955 cm^{-1} als Banden der CH_3-Gruppe; die Spektren sind abgebildet [12].

$HOOCC_5H_4FeC_5H_4$-C(fc)=C(fc)-$C_5H_4FeC_5H_4COOH$ bildet sich neben anderen Produkten bei der Clemmensen-Reduktion von fc-CO-$C_5H_4FeC_5H_4COOH$ in $CH_2Cl_2/H_2O/HCl$ unter Rückfluß/18 h und wird aus alkalisch-wäßriger Lösung beim Ansäuern als roter Festkörper ausgefällt,

40% Ausbeute. — UV-Spektrum (in C_2H_5OH): λ_{max} (ε) = 215 (43000), 280 (13000), 310 (7900), 400 (2300), 500 (1400) nm, alle Banden als Schultern, auch als Figur. IR-Spektrum (KBr): 818, 997, 1105, 3080 (Ferrocen-Banden) und um 1288, 1670 (COOH) cm^{-1} [12].

$CH_3OOCC_5H_4FeC_5H_4$-C(fc)=C(fc)-$C_5H_4FeC_5H_4COOCH_3$ entsteht ebenfalls durch Clemmensen-Reduktion aus fc-CO-$C_5H_4FeC_5H_4COOCH_3$ in C_6H_6/CH_3OH unter Rückfluß/18 h. Das aus Hexanlösung bei −78°C erhaltene tiefrote Pulver wird durch fraktionierte Verdampfung von einem flüchtigen Nebenprodukt befreit. — ^{1}H-NMR-Spektrum ($CDCl_3$): τ = 5.22, 5.57, 5.84, 5.92 (C_5H_4) und 6.22 (CH_3) als Dublett, das durch die Gegenwart von cis- und trans-Isomeren erklärt wird. UV-Spektrum (in C_2H_5OH): λ_{max} (ε) = 210 (47000), 230 (26000), 260 (13000), 330 (6000), 405 (4000), 510 (2800) nm, fast alle Banden als Schultern. IR-Spektrum (KBr): 1000, 1105, 3085 (Ferrocen-Banden), 1138, 1720 (Ester-Gruppe), 1275, 1465, 2950 (OCH_3) cm^{-1}. — Die alkalische Verseifung zur Säure gelingt nicht [12].

fc_2C=N-N=Cfc_2 wird im Zusammenhang mit Untersuchungen zum Donatoreffekt von fc-Gruppen im IR-Spektrum erwähnt. Die ν(C=N)-Bande liegt mit 1540 cm^{-1} (KBr) um 70 cm^{-1} niedriger als bei der phenylanalogen Verbindung [13].

$fc_2C(CH_3)CH_2$-CH_2-COOCONH-CH_2-$CH_2C(CH_3)fc_2$, das gemischte Anhydrid der entsprechenden Carboxyl- und Carbaminsäure, entsteht aus $fc_2C(CH_3)CH_2$-CH_2-COOH und $fc_2C(CH_3)CH_2$-CH_2-NCO (1:1) in Benzol bei 25°C über Molekularsieben und fällt beim Einengen der Lösung (25°C) als amorpher Gummi roh an. Im IR-Spektrum erscheint ein charakteristisches Dublett bei 1740 und 1770 cm^{-1} für das Anhydrid und eine NH-Bande der Carbamoyl-Gruppe bei 3400 cm^{-1} anstelle der vorher vorhandenen Carboxyl- und Isocyanatbanden. Das Spektrum des Anhydrids bleibt auch nach einstündigem Erhitzen der Verbindung in trocknem, siedendem Benzol erhalten. In wäßrigem NaOH bei 25°C zerfällt das Anhydrid jedoch leicht in das Isocyanat und das Na-Salz der Säure [15].

fc_2B-O-Bfc_2, das Anhydrid der Diferrocenylborsäure, wird beim einstündigen Erhitzen der zugehörigen Säure, fc_2BOH, auf 100 bis 110°C im Vakuum quantitativ erhalten [1]. Auch bei der Darstellung von fc_3B aus fc-Li und $BF_3 \cdot O(C_2H_5)_2$ in Äther und Hydrolyse des Reaktionsgemisches mit H_2O an der Luft wird die Verbindung neben fc_3B, fc-H und fc_2BOH isoliert. Bei der chromatographischen Trennung an Al_2O_3 eluiert Benzol das Anhydrid zusammen mit fc_3B; beide können in kleinen Mengen durch Sublimation des fc_3B voneinander getrennt werden [5].

Das Anhydrid ist ein rötlich-orangefarbener Festkörper und schmilzt bei 165 bis 167°C unter Zersetzung, wenn die verschlossene Probe bei 160°C in das Heizbad eingetaucht wird. Im IR-Spektrum liegt die B-O-Valenzschwingung bei 1358 cm^{-1} [1]. Im Massenspektrum [5] tritt außer den Molekelionen $[M]^+$ und $[M]^{2+}$ nur noch ein Ion mit m/e = 527 auf, das durch Abspaltung einer $C_{10}H_9Fe$- und einer C_5H_5-Gruppe entsteht. Die geringe Intensität weiterer Spaltprodukte (bei 1% und darunter) läßt erkennen, daß die B-O-Bindungen bemerkenswert fest sind [4, 5]. Bei Aufbewahrung an Luft verwandelt sich das Anhydrid jedoch vollständig in fc_2BOH zurück [1].

fc_2Tl-O-$Tlfc_2$ entsteht mit 100% Ausbeute durch Hydrolyse von fc_3Tl in absolutem Benzol durch Einwirkung von Luft während 13 h. Es fällt kristallin aus, Zersetzung oberhalb 260°C [14].

Literatur:

[1] G. P. Sollott, W. R. Peterson, J. L. Snead (AD-634641 [1966] 16 S.). — [2] M. Cais, A. Eisenstadt (Omagiu Raluca Ripan, Editura Academiei Republicii Socialiste Romania, Bucuresti 1966, S. 179/81; C.A. **67** [1967] Nr. 54246). — [3] M. Rosenblum, N. Brawn, B. King (Tetrahedron Letters **1967** 4421/5). — [4] E. W. Post (Diss. Kansas State Univ. 1969 nach Diss. Abstr. Intern. B **30** [1970] 5414). — [5] E. W. Post, R. G. Cooks, J. C. Kotz (Inorg. Chem. **9** [1970] 1670/7).

[6] C. Simionescu, T. Lixandriu, I. Mazilu, L. Tartaru (Makromol. Chem. **147** [1971] 69/78). — [7] T. Nakashima, T. Kunitake, C. Aso (Makromol. Chem. **157** [1972] 73/85). — [8] J. Tirouflet, E. Laviron, C. Moïse, Y. Mugnier (J. Organometal. Chem. **50** [1973] 241/6). — [9] P. T. Kan, C. T.

Lenk, R. L. Schaaf (J. Org. Chem. **9** [1961] 4038/43). — [10]. J. Komenda (Chem. Zvesti **18** [1964] 378/84).

[11] A. N. Nesmeyanov, E. G. Perevalova, L. I. Leont'eva, O. F. Filippov (Izv. Akad. Nauk SSSR Ser. Khim. **1967** 464/6; Bull. Acad. Sci. USSR Div. Chem. Sci. **1967** 457/9). — [12] M. L. McGregor (Diss. Univ. of South Carolina 1969; Diss. Abstr. Intern. B **30** [1970] 4944). — [13] V. G. Osinpov, M. D. Reshetova, N. N. Silkina, S. A. Yankovskii, E. A. Chernyshev (Zh. Obshch. Khim. **44** [1974] 599/600; J. Gen. Chem. USSR **44** [1974] 572/3). — [14] A. N. Nesmeyanov, D. A. Lemenovskii, E. G. Perevalova (Izv. Akad. Nauk SSSR Ser. Khim. **1975** 1667/8; Bull. Acad. Sci. USSR Div. Chem. Sci. **1975** 1558/9). — [15] A. T. Nielsen, W. P. Norris (J. Org. Chem. **41** [1976] 655/9).

7.2.2.2.2 Cyclische Systeme

Cyclic Systems

Eine ungesicherte Substanz namens Tetraferrocenylpentan ist in [3] erwähnt, s. auch „Eisen-Organische Verbindungen" A (Ferrocen 1), Erg.-Werk, Bd. 14, 3.1.5.6. Die Bildung aller Verbindungen dieses Abschnitts, mit einer Ausnahme in einer einzigen Publikation [1] beschrieben, geht auf Umsetzungen von Diferrocenylacetylen mit Metallcarbonylen zurück, s. das folgende Reaktionsschema. Analoge Reaktionen mit Diphenylacetylen und anderen Alkinen sind seit längerem bekannt, vgl. auch [2].

Tabelle 41 faßt die Eigenschaften der Verbindungen zusammen. Zusätzliche Hinweise zu den Darstellungsbedingungen für Verbindungen Nr. 1, 3 und 4 finden sich unter weiteren Angaben. Die Eisencarbonyl-Komplexe Nr. 6 bis 10 werden aus dem Produktgemisch der Umsetzung von $Fe_3(CO)_{12}$ mit fc-C≡C-fc in siedendem Benzol isoliert. Komplex Nr. 8 bildet das Hauptprodukt; daneben entstehen kleine Mengen an Nr. 6, 9 und 10 sowie Spuren an 7. Die im Reaktionsschema gezeigten Strukturen werden in Anlehnung an die bekannten Phenylanalogen vorgeschlagen und sind in Übereinstimmung mit den spektralen Eigenschaften der Komplexverbindungen [1].

Bei den IR-Spektren der Komplexverbindungen Nr. 6 bis 10 beziehen sich die in der Tabelle nicht näher bezeichneten Banden auf die Carbonyl-Gruppen an den Fe-Atomen.

Tabelle 41. Cyclische Verbindungen mit vier fc-Gruppen nach [1] (Nr. 11 nach [4]).
Für laufende Nummern mit Sternchen folgen am Ende der Tabelle weitere Angaben.
Zu Abkürzungen und Dimensionen s. S. 1.

Nr.	Verbindung (Struktur)	Farbe, Schmelzpunkt oder Zersetzungspunkt (Z)	^{1}H-NMR-Spektrum ($CDCl_3$), IR-Spektrum
*1	fc_4C_5O (I)	blau, 263 bis 265	^{1}H-NMR: 5.78, 6.00, IR: ν(CO) bei 1695
2	$fc_4C_{11}H_6O$ (II)	orange, 226 bis 228	^{1}H-NMR: 6.03, IR: ν(OH) bei 3570
*3	$fc_4C_5H_2O$ (III)	orange, 237 bis 239	^{1}H-NMR: 5.73, 5.76, 5.83, 5.93, IR: 1590 und 1690
*4	$fc_4C_{10}H_6O_4$ (IV)	rot, 258 bis 260	^{1}H-NMR: 5.83, 6.13, IR: 1740
5	$fc_4C_5O_2$ (V)	kastanienbraun, 262 bis 264	^{1}H-NMR: 5.67, 5.78, 6.00, 6.10, IR: 1615, 1715
6	$fc_4C_4Fe_2(CO)_6$ (VI)	rot, 215 (Z)	^{1}H-NMR: 5.75, 6.08, IR: 1890, 1980, 2020, 2050
7	$fc_4C_5OFe(CO)_3$ (VII)	orange, 110 (Z)	^{1}H-NMR: 5.54, 6.05, IR: 1980, 2005, 2060; ν(C=O) bei 1670
8	$fc_4C_5OFe_2(CO)_6$ (VIII)	grün, 250 (Z)	^{1}H-NMR: 5.65, 5.81, IR: 2000, 2030, 2070; ν(C=O) bei 1675
9	$fc_4C_4Fe_3(CO)_8$ (IX)	violett, 174 (Z)	^{1}H-NMR: 5.23, 5.60, 5.82 (t's), IR: 1970, 1980, 2000, 2030
10	$fc_4C_4Fe_3(CO)_8$ (X)	schwarz —	^{1}H-NMR: 5.79 (m), 5.68 (s), 6.39 (s), IR: 1830, 1960, 2000, 2040
11	$fc_4C_4CoC_5H_5$ (XIII)	— 279 bis 281	— —

* Weitere Angaben:

fc_4C_5O (Tabelle **41**, Nr. **1**, Tetraferrocenylcyclopentadienon, Formel I), wird mit 81% Ausbeute aus dem Kobaltcarbonyl-Komplex XI durch Reaktion mit fc-C≡C-fc in siedendem Dioxan erhalten. Die Verbindung ist im kristallinen Zustand stabil, seine Lösungen zersetzen sich unter der Einwirkung von Luftsauerstoff rasch unter Bildung von fc-C≡C-fc, III, V und XII. Vermutlich wegen sterischer Hinderung reagiert das Keton nicht mit fc-Li oder fc-C≡C-fc, jedoch leicht mit C_6H_5Li zum Alkohol II und in siedendem o-Dichlorbenzol mit $H_3COOCC{\equiv}CCOOCH_3$ zum Phthalat IV. In Gegenwart von $Fe(CO)_5$ bildet die Substanz in siedendem Benzol den Dien-eisentricarbonyl-Komplex VII [1].

$fc_4C_5H_2O$ (Tabelle **41**, Nr. **3**, Tetraferrocenylcyclopentenon, Formel III), entsteht aus fc-C≡C-fc und $Fe(CO)_5$ bei hohen Temperaturen als Hauptprodukt oder durch Umsetzung des gleichen Alkins mit $Mo(CO)_6$ in Diglykoldimethyläther [1]. Zur Bildung aus Nr. 1 s. oben.

$fc_4C_{10}H_6O_4$ (Tabelle **41**, Nr. **4**, Tetraferrocenylphthalsäuredimethylester, Formel IV), bildet sich mit 55% Ausbeute aus Nr. 1, vgl. dort.

Literatur:

[1] M. Rosenblum, N. Brawn, B. King (Tetrahedron Letters **1967** 4421/5). — [2] Gmelin Handbuch, „Kobalt-Organische Verbindungen" 2, Erg.-Werk, Bd. 6, S. 87. — [3] A. N. Nesmeyanov, E. G. Perevalova (Ann. N.Y. Acad. Sci. **125** [1965] 67/88). — [4] M. D. Rausch (Pure Appl. Chem. **30** [1972] 523/38; Zh. Vses. Khim. Obshchestva im. D. I. Mendeleeva **17** [1972] 413/9).

7.3 Fünfkernige Verbindungen

Pentanuclear Compounds

Zur Bildung eines fünfkernigen Oligoferrocens mit 1,2-Verknüpfung der Ferrocenkerne s. 1,2-Quaterferrocen. Ein Tetraferrocenylferrocen, 1,2-$fc_2C_5H_3FeC_5H_3fc_2$-1,2', das bei der gezielten Synthese von 1,2-Terferrocen aus 1,2-$fc_2C_5H_3^-/C_5H_5^-/FeCl_2$ hätte entstehen können, vgl. 7.2.1.2, wurde nicht gefunden [7]. Pentameres Cyclopentylferrocen nicht gesicherter Struktur, s. Formel I (n = 5) in Vorbemerkungen zu 7.2.1.2, wird in der dort beschriebenen Weise gebildet und isoliert. Das nach Elementaranalyse und Molekulargewichtsbestimmung der Formel $(C_{15}H_{16}Fe)_5$ entsprechende Produkt schmilzt bei 126 bis 130°C [1, 4].

1,1'-Quinqueferrocen, $C_5H_5FeC_5H_4$-$(C_5H_4FeC_5H_4)_3$-$C_5H_4FeC_5H_5$, meistens vereinfacht als Quinqueferrocen bezeichnet, wird aus Gemischen von Oligoferrocenen isoliert; zu den Methoden der Darstellung s. 1,1'-Terferrocen in 7.1.1.1. Für 1,1'-Quinqueferrocen gilt insbesondere: Die Verbindung entsteht neben anderen Oligomeren bei der gemischten Ullmann-Reaktion von Monohalogen- und 1,1'-Dihalogenferrocenen [6, 8]; die höchste Ausbeute von 6% erhält man bei Umsetzung von 1,1'-Dijodferrocen mit fc-Cl oder fc-J (1:1 oder 2:1 mol) [6, 8]. Das Quinqueferrocen befindet sich größtenteils im Benzolextrakt des erhaltenen Reaktionsgemischs. Es kann daraus durch Ausfällen mit n-Hexan oder durch Säulenchromatographie an Al_2O_3 und Eluieren mit Benzol nach vorhergehendem Eluieren der niedermolekularen Anteile isoliert werden [8]. Bei der Reaktion von fc-HgCl und $Fe(C_5H_4\text{-}HgCl)_2$ im molaren Verhältnis 1:2 in Gegenwart von Li_2PdCl_4 in C_2H_5OH oder CH_3CN bei Zimmertemperatur/48 h wird 1,1'-Quinqueferrocen mit einer Ausbeute von 3% gebildet. Das schwerlösliche 1,1'-Quinqueferrocen wird aus der Benzollösung des Reaktionsproduktes durch Zusatz von n-Hexan zuerst isoliert. Die Bildung der fünfgliedrigen Ferrocenkette soll über reaktive Zwischenstufen verlaufen, deren abschließende Reaktion mit dem Vorgang $2C_5H_5FeC_5H_4\text{-}C_5H_4FeC_5H_4PdCl + Fe(C_5H_4PdCl)_2 \rightarrow C_5H_5FeC_5H_4\text{-}(C_5H_4FeC_5H_4)_3\text{-}C_5H_4Fe\text{-}C_5H_5 + 2PdCl_2 + 2Pd$ formuliert wird [11]. Bei der Bildung von Oligoferrocenen aus fc-Li/C_4H_9Br/$CoCl_2$, zu den Reaktionsbedingungen s. 7.1.1, wird 1,1'-Quinqueferrocen nur mit einer Ausbeute von 0.1% isoliert [2, 3]. 1,1'-Quinqueferrocen befindet sich auch unter den Oligomeren, die bei der Darstellung von Biferrocenylen, vgl. 6.2.1, aus Biscyclopentadienyl-dilithium und $FeCl_2$ anfallen [9].

Analysenreines 1,1'-Quinqueferrocen fällt aus Benzol [11] bzw. aus Benzol/n-Hexan [6, 8] als gelbes Produkt vom Schmelzpunkt 258 bis 260°C [11] bzw. 262 bis 264°C (unter Zersetzung) [6, 8] an, s. auch [3]. Zum Diamagnetismus s. 1,1'-Terferrocen, 7.1.1.1.

Das IR-Spektrum (KBr) ist mit denen der anderen Oligoferrocene bei [3] abgebildet; charakteristische Banden liegen bei 805, 998, 1020, 1100, 1105 cm^{-1} [11]. Im Massenspektrum treten die Molekelionen $[M]^+$ und $[M]^{2+}$ nur mit geringer Häufigkeit auf [8]. 1,1'-Quinqueferrocen ist in organischen Lösungsmitteln nach [3] kaum noch löslich. Trotzdem gelingt es, die Verbindung mit großen Mengen polarer Lösungsmittel zu extrahieren und umzukristallisieren [3, 8, 11]. Sie wird an Al_2O_3-Säulen in Benzol [3, 8] und an Dünnschichtplatten von SiO_2 (Benzol/n-Hexan als Elutionsmittel) [8] stärker adsorbiert als alle niederen Oligoferrocene.

1,2-Quinqueferrocen, $C_{10}H_9Fe\text{-}(C_5H_3FeC_5H_5)_3\text{-}C_{10}H_9Fe$, wird mit 1% Ausbeute in zwei isomeren Formen neben anderen Oligoferrocenen erhalten, wenn 1,2-Dijodferrocen unter Bedingungen der Ullmann-Reaktion bei 150°C/23 h mit fc-J umgesetzt wird. Im Massenspektrum erscheint für beide Isomeren das Molekelion $[M]^+$ mit m/e = 922 [12].

[1⁵]-Ferrocenophan, auch Quinqueferrocenophan genannt (Formel I), ist das höchste bisher isolierte cyclische Ferrocenophan. Seine Darstellung im Gemisch mit den anderen Gliedern der Reihe ist beim [1³]-Ferrocenophan in 7.1.1.3 beschrieben. Bei der Reaktion mit $[Fe(NH_3)_6][SCN]_2$ als Fe-Salz werden 7% Ausbeute eines gelbbraunen öligen Rohproduktes erhalten, aus dem nach Chromatographie an SiO_2 mit CS_2 und CH_2Cl_2 und Kristallisation aus Toluol ein hellgelber Niederschlag erhalten wird, Schmelzpunkt: 114 bis 122°C (im Vakuum). Das Verfahren mit $FeCl_2$ ergibt nur 1.6% Ausbeute [14]. Für ein offenbar weniger reines Produkt wird ein Erreichungspunkt von etwa 90°C angegeben [5].

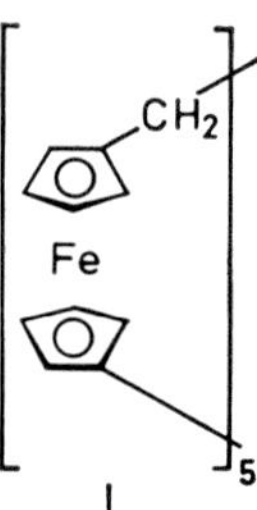

I

Im ¹H-NMR-Spektrum (in CS_2) fallen wie beim [1⁴]-Ferrocenophan die Signale für alle Ringprotonen zusammen: $\tau = 6.12$ (s, C_5H_4), 6.76 (s, CH_2) [5, 10]. Banden im IR-Spektrum (KBr) erscheinen bei 476, 745, 802, 818, 852, 925, 1020, 1034, 1122, 1220, 1289, 1352, 1389, 1425, 1460, 1720, 2918, 3078 cm^{-1}. Im UV-Spektrum (in Methylcyclohexan) liegen Absorptionsschultern (ε) bei 316 (etwa 2005) und 450 (etwa 647) nm. Im Massenspektrum tritt das Molekelion nur mit geringer Intensität auf. Daneben sind 56 Fragmente verschiedener Intensität registriert [10].

Literatur:

[1] S. G. Cottis, H. Rosenberg (J. Polymer Sci. Polymer Letters Ed. **2** [1964] 295/9). — [2] K. Hata, I. Motoyama, H. Watanabe (Bull. Chem. Soc. Japan **37** [1964] 1719/20). — [3] H. Watanabe, I. Motoyama, K. Hata (Bull. Chem. Soc. Japan **39** [1966] 790/801). — [4] U.S. Secretary of the Air Force, H. Rosenberg, S. G. Cottis (U.S.P. 3350369 [1964/67]; C.A. **68** [1968] Nr. 3358). — [5] T. J. Katz, N. Acton, G. Martin (J. Am. Chem. Soc. **91** [1969] 2804/5).

[6] M. D. Rausch, P. V. Roling, A. Siegel (Chem. Commun. **1970** 502/3). — [7] S. I. Goldberg, J. G. Breland (J. Org. Chem. **36** [1971] 1499/503). — [8] P. V. Roling, M. D. Rausch (J. Org. Chem. **37** [1972] 729/32). — [9] U. T. Mueller-Westerhoff, P. Eilbracht (J. Am. Chem. Soc. **94** [1972] 9272/4). — [10] T. J. Katz, N. Acton, G. Martin (J. Am. Chem. Soc. **95** [1973] 2934/9).

[11] T. Izumi, A. Kasahara (Bull. Chem. Soc. Japan **48** [1975] 1955/6). — [12] M. D. Rausch (Pure Appl. Chem. **30** [1972] 523/38; Zh. Vses. Khim. Obshchestva im. D. I. Mendeleeva **17** [1972] 413/9).

Hexanuclear Compounds

7.4 Sechskernige Verbindungen

Für ein hexameres Cyclopentylferrocen der angenäherten Zusammensetzung $(C_{15}H_{16}Fe)_6$ wird ein Schmelzpunkt von 138 bis 140°C angegeben [1, 5]; zur Bildung und Formulierung s. 7.2.1.2. — Als Zwischenprodukte sind fc_6Sn_2 und fc_6Pb_2 erwähnt, aber nicht charakterisiert, s. Darstellung von Verbindungen des Typs fc_4M in 7.2.2.1. Zur möglichen Existenz eines $(fc\text{-}As)_6$ vgl. [11]. Bei der Untersuchung von Addukten des Typs $fc_3PO \cdot xHg(NO_3)_2$ wird auch ein „$(fc_3PN)_2C_6H_4 \cdot xHg(NO_3)_2$" angegeben, Literatur s. unter 7.2.1.2.2.

1,1'-Sexiferrocen, $C_5H_5FeC_5H_4(C_5H_4FeC_5H_4)_4C_5H_4FeC_5H_5$, meistens nur „Sexiferrocen" genannt, kann als größte einheitliche und gerade noch lösliche Verbindung aus Oligoferrocengemischen abgetrennt werden, die sich nach den bei 1,1'-Terferrocen näher beschriebenen Verfahren darstellen lassen. Die gemischte Ullmann-Reaktion von 1,1'-Dijodferrocen mit fc-Cl oder fc-Br ergibt 2% Ausbeute; dabei wird die Verbindung nach der Extraktion aller anderen niederen Oligomeren als letzte mit siedendem C_6H_5Br aus dem festen Reaktionsprodukt herausgelöst [8]. Die Ausbeuten betragen etwa 1% bei der Darstellung der Oligoferrocene aus fc-Li/n-$C_4H_9Br/CoCl_2$ [2, 3] und aus fc-HgCl/Fe$(C_5H_4HgCl)_2/Li_2PdCl_4$ [10], wobei man zur Isolierung ähnlich wie oben verfährt und am Ende aus heißem Benzol kristallisieren läßt [3, 8, 10].

Das gelbbraun gefärbte, analysenreine Material schmilzt unter Zersetzung bei 265 bis 268°C [10] bzw. bei 270 bis 272°C (in geschlossener Kapillare) [7, 8]. Nach anderen Angaben werden glitzernde orangerote, bei 252 bis 256°C schmelzende Kristalle erhalten [3]. Der spezifische elektrische Widerstand von Preßlingen (hergestellt bei mindestens 7000 at) ist mit 10^9 $\Omega \cdot$cm höher als der von Ter- und Quaterferrocen. Die Aktivierungsenergie der Stromleitung beträgt im Bereich von etwa 25 bis 70°C $E_a = 1.1$ eV [4]; zur Diskussion dieser Messungen s. 1,1'-Terferrocen. Das IR-Spektrum von 1,1'-Sexiferrocen ist kaum von denen der zwei- bis fünfkernigen Oligoferrocene zu unterscheiden [3]. In KBr sind folgende Banden registriert worden: 802, 995, 1020, 1100, 1105 cm^{-1} [10]. Das Molekelion tritt im Massenspektrum mit geringster Intensität auf. Im übrigen entstehen vorwiegend Bruchstücke nach dem Fragmentationsschema des Terferrocens [8]. Das übereinstimmende Verhalten des Sexiferrocens mit 1,1'-Terferrocen und den anderen 1,1'-Oligoferrocenen läßt erwarten, daß die einzelnen Ferrocen-Gruppen in allen diesen Verbindungen gleichartig gebunden sind [3, 7, 8]. 1,1'-Sexiferrocen ist von allen bisher isolierten Oligoferrocenen am wenigsten löslich [3]. Es wird bei chromatographischen Trennungen, s. 1,1'-Quinqueferrocen, nach allen anderen Oligoferrocenen eluiert [6, 8].

Kationen des 1,1'-Sexiferrocens, in denen in der gleichen Molekel Ferrocen- und Ferrocenium-Gruppen nebeneinander auftreten, sind in [9] erwähnt, aber sonst nicht beschrieben.

$(fc_2GeO)_3$ entsteht bei der Friedel-Crafts-Reaktion von $(N(CH_3)_2)_2GeCl_2$ mit Ferrocen (Molverhältnis 1:4) während 20 h in siedendem n-Octan bei Gegenwart von $AlCl_3$ und Hydrolyse. Der Mechanismus dieser Umsetzung wird diskutiert, besonders im Hinblick auf die unterschiedlich verlaufende Reaktion von $(N(CH_3)_2)_2SiCl_2$. Nach chromatographischer Trennung an SiO_2 wird $(fc_2GeO)_3$ aus Benzol mit 50% Ausbeute in orangefarbenen Kristallen vom Schmelzpunkt 338 bis 340°C erhalten [6].

$(fc_3Ge)_2O$ wird aus $Ge(N(CH_3)_2)_4$ und Ferrocen entsprechend der vorstehenden Verbindung (Molverhältnis 1:4) dargestellt und isoliert. 25% Ausbeute neben 21% fc_3GeCl. Weil die Bindung Ge-Cl im aktiven Übergangszustand schwerer gelöst wird als die Ge-N-Bindung, ist die dreifache Substitution am Germaniumatom der Ausgangsverbindung $(N(CH_3)_2)_2GeCl_2$ benachteiligt. Aus n-Heptan kristallisieren gold- bis lohfarbene Tafeln vom Schmelzpunkt 224 bis 226°C (unter Zersetzung) [6].

Literatur:

[1] S. G. Cottis, H. Rosenberg (J. Polymer Sci. Polymer Letters Ed. **2** [1964] 295/9). — [2] H. Hata, I. Motoyama, H. Watanabe (Bull. Chem. Soc. Japan **37** [1964] 1719/20). — [3] H. Watanabe, I. Motoyama, K. Hata (Bull. Chem. Soc. Japan **39** [1966] 790/801). — [4] H. Watanabe, I. Motoyama, K. Hata (Bull. Chem. Soc. Japan **39** [1966] 850/1). — [5] U.S. Secretary of the Air Force, H. Rosenberg, S. G. Cottis (U.S.P. 3350369 [1964/67]; C.A. **68** [1968] Nr. 3358).

[6] G. P. Sollott, W. R. Peterson (J. Am. Chem. Soc. **89** [1967] 6783/4). — [7] M. D. Rausch, P. V. Roling, A. Siepel (Chem. Commun. **1970** 502/3). — [8] P. V. Roling, M. D. Rausch (J. Org. Chem. **37** [1972] 729/32). — [9] D. W. Cowan, C. Le Vanda, J. Park, F. Kaufman (Accounts Chem. Res. **6** [1973] 1/7). — [10] T. Izumi, A. Kasahara (Bull. Chem. Soc. Japan **48** [1975] 1955/6).

[11] G. P. Sollott, W. R. Peterson (J. Org. Chem. **30** [1965] 389/93).

Summenformelregister

Im folgenden Register sind die Verbindungen nach steigendem Kohlenstoffgehalt angeordnet. Die Reihenfolge der Elemente in den Summenformeln entspricht den Regeln des Chemical Abstracts HAIC Index. Summenformeln ionischer Verbindungen stehen in eckigen Klammern; Ionen sowie die Komponenten von Solvaten und Addukten werden durch einen Punkt getrennt.

Für die isomeren Verbindungen wurden Namen oder die Struktur verdeutlichende Formeln gewählt, statt eine strenge Nomenklatur anzuwenden. Zur Angabe der Stellung von Substituenten an den Ferrocenkernen s. Formel I. Die Abkürzungen fc und $C_{10}H_8Fe$ stehen für die einfach bzw. doppelt substituierte Ferrocengruppe. Die häufiger auftretenden Formeln $Fe_2C_{20}H_{18-n}R_n$, $Fe_2C_{20}H_{16-n}R_n$ und $Fe_2C_{21}H_{20-n}R_n$ bedeuten Substitutionsprodukte von Biferrocen, Biferrocenylen bzw. Diferrocenylmethan. Komplizierte Strukturen, die kaum durch eine geschriebene Formel auszudrücken sind, werden durch das Symbol „— —" gekennzeichnet.

Über die mit einem Stern (*) versehenen Verbindungen liegen keine weiteren Angaben als die wahrscheinliche Zusammensetzung vor.

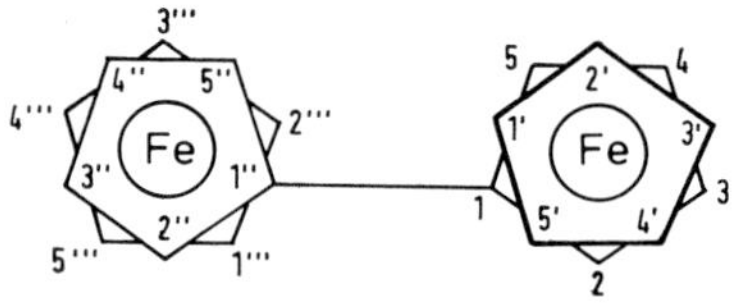

3''' 4'' 5'' 4''' Fe 2''' 3'' 1'' 2'' 5''' 1''' 5 2' 4 1' Fe 3' 3 1 5' 4' 2

I

Empirical Formula Index

In the following index the compounds are sequenced in order of increasing carbon content. The sequence of the elements within an empirical formula conforms to the rules of the Chemical Abstracts HAIC Index. Empirical formulas of ionic compounds are printed in brackets; ions as well as components of solvates and adducts are separated by a period.

In the case of isomeric compounds, names or entries which differentiate the structures were selected rather than using a rigorous nomenclature. For the positional designation of substituents at the ferrocene nuclei see formula I. The abbreviations fc and $C_{10}H_8Fe$ represent a singly and doubly substituted ferrocene group respectively. The more frequently occuring formulas $Fe_2C_{20}H_{18-n}R_n$, $Fe_2C_{20}H_{16-n}R_n$ and $Fe_2C_{21}H_{20-n}R_n$ are used for substitution products of biferrocene, biferrocenylene and diferrocenylmethane respectively. Complicated molecular structures which cannot be expressed by a written formula are indicated by the symbol "— —".

Compounds designated with an asterisk (*) have only been characterized by their probable empirical formula.

Summenformelregister